全国高等师范院校化学类规划教材

无机化学

（上册）

胡宗球 华英杰 朱立红 杜小旺 王成刚 等 编著

科学出版社
北京

内 容 简 介

本书分上、下两册。上册12章，包括物质的三态与水溶液、化学动力学基础、化学热力学与相关化学平衡、物质结构四个板块内容。下册14章，包括物质的结构与性质的规律及相互关系、非金属元素、金属元素、相关领域简介四个板块。本书注重可读性、应用性和研究性。编写中叙述深入浅出，注意知识的关联与融合，适合于学生自主学习；加强理论与应用的相互衔接，力争取材的系统性与完整性；突破常规、激发兴趣。另外，知识的展开具有阶梯性，可供教学选择。

本书可作为高等院校化学类相关专业的无机化学或普通化学教材或教学参考书，也可供相关科技人员参考。

图书在版编目(CIP)数据

无机化学．上册/胡宗球等编著．—北京：科学出版社，2013.6
全国高等师范院校化学类规划教材
ISBN 978-7-03-037623-7
Ⅰ.①无…　Ⅱ.①胡…　Ⅲ.①无机化学-师范大学-教材　Ⅳ.①O61
中国版本图书馆CIP数据核字(2013)第114625号

责任编辑：陈雅娴 / 责任校对：彭　涛
责任印制：徐晓晨 / 封面设计：迷底书装

科学出版社出版
北京东黄城根北街16号
邮政编码：100717
http://www.sciencep.com
北京虎彩文化传播有限公司印刷
科学出版社发行　各地新华书店经销
*
2013年6月第　一　版　　开本：787×1092　1/16
2019年11月第七次印刷　　印张：19　插页：1
字数：486 000

定价：48.00 元

(如有印装质量问题，我社负责调换)

前　　言

经多年的研究型教学探索与实践，2007年就曾有将注入了我们教学体会的讲义编写成教材，服务于学生的想法，如今终于付诸实施。研究型教材和研究型教学是研究型人才培养不可或缺的重要环节。基于百花齐放，接受检验，以利改进的想法，现推出这套教材。

本书分上、下两册，共26章。上册为普化原理部分，包括物质的三态与水溶液、化学动力学基础、化学热力学与相关化学平衡、物质结构四个板块。下册为元素化学部分，包括物质的结构与性质的规律及相互关系、非金属元素、金属元素、相关领域简介四个板块。元素化学部分的整个知识内容都贯穿于物质分子的结构、存在与制备、酸碱性、氧化还原性、稳定性、水解性等。本书第13～16章即是这一部分内容的反映，但不是这些知识的罗列与堆砌，而是从基本原理出发，着重阐释事物的本质属性、规律及其相互联系，以便能更好地指导学生学习元素部分及后续课程。但切记不要因此而忽视、轻视元素及其化合物的个性、特殊性，而应尊重化学事实。规律性是有限的，而元素及其化合物所表现出的个性、特殊性则是无穷尽的。正是这些个性与特殊性才造就了化学的多彩、灿烂与辉煌，才值得我们去研究。

本书编写的指导思想除把握科学性外，还有以下三点。一是可读性。可读性以适应于学生自主学习、有利于激发学生的兴趣为原则。注意大学新生的自学能力及本教材与中学教材、后续课程的衔接，知识的呈现更加自然、顺畅，必要时作出注释或说明。二是应用性。处理好传统内容与现代内容的关系，吐故纳新；原理部分与元素部分相互渗透，理论与应用相互衔接。三是研究性。研究性是个话题更是个课题，有通则又无定则。不墨守成规，勇于提出新问题、新观点，从而激发学生的创新潜能。力求做到“将头脑(思想)复杂化，将问题简单化”。

在内容的选材上尽量兼顾系统性与读者定位。用小字号排印的部分可作为扩展阅读内容，无论“教”与“学”都可以根据实际情况选取。章后的小结概括了基本内容、要求与重点，思考与研讨及习题难易有梯度，可选做或讨论。教材的容量毕竟是有限的，许多地方不可能展开叙述，稍后还将出版与之相应的学习指导书。我们期望读者在学完一章或一个板块后也进行总结归纳，由表及里，建立各知识点的内在联系；理清思路，弄清问题的来龙去脉，使之条理化。

本书由华中师范大学胡宗球老师主编，参加编写的学校有华中师范大学、海南师范大学、重庆师范大学、黄冈师范学院。编写分工为朱立红、胡宗球(第2章)，王成刚(第3、11章)，华英杰(第12、20章)，杜小旺(第17、18、25章)，朱立红(第19章)，温丽丽(第21章)，王崇太(第23、24章)，田正芳(第26章)，胡宗球(其余各章及附录)。全书最后由胡宗球修改、定稿。

由于水平所限，加之时间仓促，谬误或不成熟之处在所难免。“取其精华，去其糟粕”，本书(特别是元素部分)是一种尝试，期望读者批评指正。

路漫漫其修远兮，吾将上下而求索。

胡宗球

2013年1月于桂子山

目　　录

前言
第1章　绪论……(1)
1.1　什么是化学……(1)
1.2　化学发展简史与分支学科的形成……(2)
1.2.1　化学的起源……(2)
1.2.2　化学的分支学科……(2)
1.3　化学的作用与前景……(4)
1.3.1　化学的特长……(4)
1.3.2　化学对人类社会的贡献……(5)
1.3.3　化学的机遇与挑战……(6)
1.4　如何学习化学……(6)
习题……(7)
第2章　物质的三态与水溶液……(8)
2.1　气体及其定律……(8)
2.1.1　理想气体与实际气体……(8)
2.1.2　混合气体定律……(11)
2.1.3　气体分子运动与扩散……(13)
2.2　相变与相平衡……(15)
2.2.1　气体的液化与临界现象……(15)
2.2.2　液体的蒸发……(15)
2.2.3　液-固相变……(17)
2.2.4　水的相图……(17)
2.2.5　液晶……(18)
2.3　水溶液……(19)
2.3.1　非电解质稀溶液的依数性……(19)
2.3.2　电解质溶液的依数性与导电性……(24)
思考与研讨……(27)
习题……(28)
第3章　化学动力学基础……(30)
3.1　化学反应速率……(30)
3.2　化学反应速率方程……(31)
3.2.1　化学反应速率方程的表达……(31)
3.2.2　化学反应速率方程的建立……(32)
3.3　温度对反应速率的影响——Arrhenius方程……(36)

3.3.1 Arrhenius 经验公式 …… (36)
3.3.2 活化能与活化分子 …… (37)
3.4 反应速率理论和反应机理简介 …… (39)
3.4.1 碰撞理论 …… (39)
3.4.2 过渡态理论 …… (40)
3.4.3 反应机理 …… (40)
3.5 催化剂与催化作用 …… (41)
3.5.1 催化作用的本质 …… (42)
3.5.2 均相催化与非均相催化 …… (42)
思考与研讨 …… (44)
习题 …… (44)
第 4 章 化学热力学基础 …… (47)
4.1 热力学基本概念与反应热的测量 …… (48)
4.1.1 体系与环境 …… (48)
4.1.2 状态和状态函数 …… (48)
4.1.3 过程 …… (49)
4.1.4 热和功 …… (50)
4.1.5 热力学标准态 …… (51)
4.1.6 反应热的测量 …… (52)
4.2 焓与焓变 …… (53)
4.2.1 热力学能 U …… (53)
4.2.2 焓 H 与焓变 ΔH …… (54)
4.2.3 化学反应的焓变 …… (56)
4.3 熵 …… (62)
4.3.1 熵的统计意义 …… (62)
4.3.2 标准熵 …… (63)
4.3.3 化学反应的熵变 …… (64)
4.3.4 热力学第二定律 …… (66)
4.4 Gibbs 自由能 …… (67)
4.4.1 Gibbs 自由能 …… (67)
4.4.2 标准 Gibbs 生成自由能 …… (67)
4.4.3 化学反应的标准 Gibbs 自由能变 …… (68)
4.4.4 利用焓变与熵变计算化学反应的标准 Gibbs 自由能变 …… (68)
4.4.5 温度对化学反应 $\Delta G^{\ominus}$ 的影响 …… (69)
4.4.6 任意态下化学反应的 Gibbs 自由能变 …… (73)
思考与研讨 …… (74)
习题 …… (75)
第 5 章 化学平衡 …… (78)
5.1 平衡常数 …… (78)

5.1.1 化学平衡的基本特征 …… (78)
5.1.2 实验平衡常数与标准平衡常数 …… (79)
5.2 平衡常数与 Gibbs 自由能变 …… (83)
5.3 偶合反应与多重平衡 …… (86)
5.4 化学平衡的移动 …… (88)
5.4.1 浓度、压强对化学平衡的影响 …… (88)
5.4.2 温度对化学平衡的影响 …… (90)
思考与研讨 …… (92)
习题 …… (93)
第 6 章 酸碱平衡 …… (96)
6.1 酸碱质子理论 …… (96)
6.1.1 酸碱的定义 …… (96)
6.1.2 酸碱的对立统一关系 …… (96)
6.1.3 酸碱的强弱与酸碱反应的本质 …… (97)
6.2 酸碱电子理论 …… (98)
6.3 水的 pH 和酸碱的强度 …… (99)
6.3.1 水的自偶电离和溶液的 pH …… (99)
6.3.2 酸碱的强度 …… (100)
6.3.3 拉平效应和区分效应 …… (102)
6.4 弱酸弱碱的电离平衡 …… (103)
6.4.1 一元弱酸弱碱的电离平衡与酸碱性 …… (103)
6.4.2 多元弱酸弱碱的电离平衡 …… (104)
6.4.3 盐的水解平衡与酸碱性 …… (106)
6.5 酸碱电离平衡的移动 …… (109)
6.5.1 同离子效应 …… (109)
6.5.2 缓冲溶液 …… (110)
6.5.3 酸碱指示剂 …… (113)
思考与研讨 …… (115)
习题 …… (116)
第 7 章 沉淀溶解平衡 …… (118)
7.1 溶度积原理 …… (118)
7.1.1 沉淀溶解平衡常数——溶度积 …… (118)
7.1.2 溶度积规则 …… (120)
7.2 沉淀溶解平衡及其转化 …… (120)
7.2.1 沉淀的生成与溶解 …… (120)
7.2.2 分步沉淀 …… (124)
7.2.3 沉淀的转化 …… (127)
思考与研讨 …… (128)
习题 …… (129)

第 8 章 氧化还原平衡与电化学 …… (131)
8.1 氧化还原反应概念及氧化还原反应方程式配平 …… (131)
8.1.1 氧化数 …… (131)
8.1.2 氧化还原半反应 …… (133)
8.1.3 氧化还原反应方程式配平 …… (133)
8.2 电极与原电池 …… (135)
8.2.1 原电池 …… (135)
8.2.2 电极电势和电池电动势 …… (136)
8.2.3 参比电极和指示电极 …… (141)
8.3 电池反应热力学 …… (142)
8.3.1 电动势 $E^{\ominus}$ 和电池反应的 $\Delta_r G_m^{\ominus}$、$K^{\ominus}$ 的关系 …… (142)
8.3.2 浓度对电极电势的影响——Nernst 方程式 …… (144)
8.4 实用电池 …… (150)
8.4.1 一次电池 …… (150)
8.4.2 二次电池 …… (151)
8.4.3 燃料电池 …… (152)
8.5 电解 …… (152)
思考与研讨 …… (153)
习题 …… (154)
第 9 章 原子结构与元素周期律 …… (157)
9.1 近代原子结构理论的建立 …… (157)
9.1.1 原子结构理论发展概况 …… (157)
9.1.2 氢原子光谱与 Bohr 理论 …… (158)
9.2 微观粒子的特性及其运动规律 …… (161)
9.2.1 微观粒子的波粒二象性 …… (162)
9.2.2 概率分布和不确定原理 …… (163)
9.3 单电子原子的量子力学模型 …… (164)
9.3.1 Schrödinger 方程和波函数 …… (164)
9.3.2 量子数及其物理意义 …… (165)
9.3.3 波函数和电子云的图形 …… (168)
9.4 多电子原子结构与周期律 …… (172)
9.4.1 中心力场模型、屏蔽效应和钻穿效应 …… (172)
9.4.2 多电子原子轨道能级 …… (174)
9.4.3 核外电子排布及周期律 …… (177)
9.5 元素基本性质的周期性变化规律 …… (182)
9.5.1 原子半径 …… (182)
9.5.2 电离能 …… (183)
9.5.3 电子亲和能 …… (185)
9.5.4 原子的电负性 …… (186)

思考与研讨……(187)
习题……(188)
第 10 章 化学键与分子结构 ……(191)
10.1 离子键理论……(191)
10.1.1 离子键的形成 ……(191)
10.1.2 离子键的强度 ……(192)
10.1.3 离子键的特征 ……(194)
10.2 共价键理论……(196)
10.2.1 经典价键理论 ……(197)
10.2.2 现代价键理论 ……(198)
10.2.3 杂化轨道理论 ……(201)
10.2.4 价层电子对互斥理论 ……(207)
10.2.5 分子轨道理论 ……(209)
10.3 金属键理论……(215)
10.3.1 改性共价键理论——电子海模型 ……(215)
10.3.2 能带理论……(216)
10.4 分子间作用力和氢键……(217)
10.4.1 分子的极性 ……(217)
10.4.2 分子间作用力 ……(218)
10.4.3 氢键 ……(220)
思考与研讨……(223)
习题……(224)
第 11 章 晶体结构 ……(226)
11.1 晶体的特征与类型……(226)
11.1.1 晶体的宏观特征 ……(226)
11.1.2 晶体的微观结构 ……(228)
11.2 金属晶体……(230)
11.2.1 金属晶体的堆积模型 ……(230)
11.2.2 金属晶体……(232)
11.3 离子晶体……(233)
11.3.1 典型离子晶体 ……(233)
11.3.2 离子晶体的半径比关系……(234)
11.4 共价晶体……(235)
11.5 分子晶体……(235)
11.6 化学键键型和晶体构型的变异……(236)
11.6.1 键型和晶型 ……(237)
11.6.2 离子极化……(238)
11.7 晶体缺陷……(240)
思考与研讨……(242)

习题…………(243)
第 12 章 配位化合物与配位平衡…………(244)
12.1 配位化合物的基本概念…………(244)
12.1.1 配位化合物的定义…………(244)
12.1.2 配位化合物的组成…………(244)
12.1.3 配位化合物的命名…………(247)
12.1.4 配位化合物的类型…………(249)
12.2 配位化合物的异构现象…………(250)
12.2.1 配位化合物的空间构型…………(250)
12.2.2 配位化合物的异构现象…………(251)
12.3 配位化合物的成键理论…………(254)
12.3.1 配位化合物的价键理论…………(254)
12.3.2 配位化合物的晶体场理论…………(256)
12.4 配位化合物的稳定性…………(263)
12.4.1 配位化合物的稳定常数…………(263)
12.4.2 配位-解离平衡的移动…………(263)
12.4.3 影响配位化合物稳定性的因素…………(265)
思考与研讨…………(267)
习题…………(267)
部分习题答案…………(270)
附录…………(274)
附录 1 一些非推荐单位、导出单位与 SI 单位的换算…………(274)
附录 2 一些常用的物理化学常数…………(274)
附录 3 不同温度下的水蒸气压…………(275)
附录 4 常见物质的 $\Delta_f H_m^\ominus$、$\Delta_f G_m^\ominus$ 和 $S_m^\ominus$(298.15 K,100.00 kPa)…………(275)
附录 5 常见弱酸、弱碱的电离平衡常数(298.15 K)…………(281)
附录 6 一些难溶化合物的溶度积(298.15 K)…………(282)
附录 7 一些半反应的标准电极电势(298.15 K)…………(284)
附录 8 一些配离子的标准稳定常数(298.15 K)…………(288)
附录 9 离子半径…………(288)
附录 10 原子半径…………(290)
附录 11 元素的第一电离能(eV)…………(291)
附录 12 主族元素第一电子亲和能(eV)…………(291)
附录 13 元素的电负性(χ)(L. Pauling 标度)…………(292)
附录 14 元素名称和相对原子质量…………(292)

第1章　绪　　论

亲爱的读者，当你捧起这本书的时候，说明你即将步入或者想要步入化学的殿堂，或者你将来所从事的专业需要化学的支撑，至少对神奇而又与现代科技和人类生活息息相关的化学感兴趣。那么，你肯定迫不及待地想知道化学到底研究些什么，你一定想了解化学的"前世"与"今生"，化学到底给人类作出了哪些贡献，人类离开了化学将会怎样。当你把化学作为专业来攻读时，你肯定很关心化学的出路在何方，前景怎样，化学的特长、特点是什么，学习化学将来是否有用武之地，可否大展宏图。由于你现在对化学还知之不多，心里难免会担心化学是否难学，又该如何很快地进入角色。别急，下面就让我们为你一一道来。

1.1　什么是化学

什么是化学？**化学是一门在原子、分子层次上研究物质的组成、结构、性质及变化规律的科学。**

这里的物质是指化学物质，包括自然界中存在的一切物质和人类创造(合成)的新物质。

物质的层次是个微观概念。物质由分子组成，分子又由原子组成，化学反应只是改变原子的结合方式，这说明物质的最低层次是原子(包括原子发生电子得失形成的单原子离子)。原子间通过强相互作用力(化学键)结合形成原子聚集体——分子，较原子高一个层次，称为分子层次。分子层次还包括亚分子和超分子。亚分子是指分子"碎片"，即"分子片"、"分子瓣"；超分子一般是指许多分子通过弱相互作用力组装成具有高级结构的巨大分子，也可能是许多小分子通过化学键结合而成的巨大的单一分子。

性质含物理性质与化学性质。变化包括物理变化(如二氧化碳先降温变成干冰，再升华吸热而降雨)、化学变化(如氢气与氮气反应合成氨)以及与生命相关的变化。

因此，可更具体地将化学定义为：**化学是研究原子、分子、分子片、超分子等各种物质不同层次与复杂程度的聚集态的合成和制备、反应和转化、分离和分析、结构和形态、化学物理性能、生物与生理活性及其应用的科学。**

化学变化具有三大特征：①化学变化是质变。化学变化的实质是化学键的重新改组，是旧化学键的破坏和新化学键的形成过程。②化学变化是定量的变化。化学变化涉及原子核外电子的重新组合，而原子核并不发生变化。因此在化学变化前后，参与反应的元素种类不会变化。由于原子核外电子的总数未变，所以化学变化前后物质的总质量不变，即服从质量守恒定律，而且参与反应的各种物质之间有确定的计量关系。③化学变化伴随着能量变化。由于各种化学键的键能不同，所以当化学键发生改组时，必然伴随着能量的变化，伴随着体系与环境的能量交换。

1.2 化学发展简史与分支学科的形成

1.2.1 化学的起源

每届奥运会最庄严神圣的仪式就是在开幕式上点燃主火炬,而且“圣火”要在希腊奥林匹亚圣地用透镜聚集太阳光点燃,接着在世界范围内进行大规模火炬接力。这只是人类各种拜火仪式中的一种。火是最常见、最普通的一种化学现象,是一种发光发热的氧化反应,是可燃物质与氧气发生化学反应的过程。从雷电起火到摩擦生火是人类进步的开端。恩格斯(F. V. Engels)指出“发现摩擦生火的意义超过发明蒸汽机”,甚至把这种发现看成人类历史的开端。有了火,人类可以取暖、烧烤食物。古人发现,某些经过长期取暖、烧烤食物的地方的土壤与别的地方不同,表现为板结、坚硬、不透水。再通过观察、研究、不断实验与改进,便有了将黏土烧制成陶器的方法、从矿石中冶炼出金属等。人类社会经历了陶器时代、青铜时代、铁器时代、蒸汽机时代……直至今天,利用燃烧(火)的本质把人类送入太空。

1.2.2 化学的分支学科

无机化学、有机化学、分析化学和物理化学是传统的四大分支(或称二级)学科。

1. 无机化学的发展简史

人类古代从制陶、炼铜、冶铁等活动就开始了无机化学的相关研究。我国古代的黄帝为了寻求长生不老之药,令术士炼制仙丹。东晋的葛洪(284—364 年)即是炼丹家的代表。葛洪经反复研究,得到了物质可以相互转化的规律,并记入他的著作《抱朴子》:“丹砂烧之成水银,积变又成丹砂”,即丹砂加热可炼出水银,水银和硫磺化合又变成丹砂。事实上,这就是化学上的可逆反应:$HgS \rightleftharpoons Hg + S$。他还记载了用铁还原硫酸铜中铜的反应:“以曾青涂铁,铁赤色如铜”。曾青就是胆矾,主要成分是五水硫酸铜($CuSO_4 \cdot 5H_2O$)。

英国化学家波义耳(R. Boyle)极为崇尚实验,他把严密的实验方法引入化学研究,并于1661 年出版了《怀疑派化学家》一书。正如 Engels 指出的那样,“Boyle 把化学确立为科学”,使化学成为一门实验科学。法国化学家拉瓦锡(A. L. Lavoisier)是第二次化学革命的代表人物,他于 1783 年出版了《关于燃素的回顾》,提出了燃烧的氧化学说;1789 年出版了《初等化学概论》,揭开了困惑人类几千年的燃烧之谜,提出了元素说。由于当时冶金工业的发展,人们逐步掌握了无机矿物的冶炼、提取和合成技术,发现了很多新元素。1803 年,英国的道尔顿(J. Dalton)创立了科学原子论,揭示了各种化学定律、化学现象的内在联系,将化学现象升华为化学理论,并用于指导化学实践。

到 19 世纪中叶,已经有了统一的相对原子质量数据,结束了相对原子质量混乱的局面。元素周期律的发现奠定了现代无机化学的基础。元素的周期性质是人们在长期科学实践活动中通过大量感性材料积累总结出来的自然规律,它把自然界的化学元素连成一个有内在联系的整体。

20 世纪以来,由于化学工业及其他相关产业的兴起,无机化学又有了更广阔的舞台。例如,航空航天、能源石化、信息科学以及生命科学等领域的出现和发展,推动了无机化学的革新步伐。在过去的近 60 年中，人们对于新方法、新理论、新领域、新材料、新催化剂、高产出和低污染等的追求，强力促进了无机化学的发展。新兴的无机化学领域有无机材料化学、生物无机化学、有机金属化学、理论无机化学等。这些新兴领域的出现，使传统的无机化学再次焕发出勃勃生机。

近几十年来，古老的无机化学发生了飞跃，特别是结构理论的发展和现代物理方法的引入及现代测试手段的使用，使人们对大量无机物的结构、性质及变化规律有了比较系统的认识，积累了丰富的热力学和动力学数据。无机化学家也正面临着前所未有的发展机遇和世界性的挑战，在机遇和挑战面前，无机化学的发展和对人类的贡献也将是前所未有的。

当前，无机化学在以下各分支比较活跃：稀有元素、稀土元素、配位、无机高分子、无机合成、同位素、生物无机、金属有机、金属酶、新型无机材料、能源以及链状、笼状和簇状化合物等。

2. 有机化学的形成与发展

有机化学是研究碳氢化合物及其衍生物的化学分支，也有人将其称为“碳的化学”。

随着提取和合成技术的发展，人们发现或合成了很多自然界存在和不存在的新化合物，其中有一类化合物所含元素成分很少，主要由 C、H、O、N 组成。瑞典化学家贝采里乌斯(J. J. Berzelius)认识到这类物质来自生物有机体，具有有机化合物的特征，并认为它只能由生命力来完成，人工不可能合成。1806 年，他倡议把这类化合物作为有机化学的研究领域。1828 年，维勒(F. Wöhler)首次用无机物合成了有机物——尿素，打破了无机和有机的绝对界限，动摇了所谓的“生命力论”，开辟了有机合成的新领域。1830 年，德国人李必希(J. F. Liebig)在前人工作的基础上，发展了有机化学的定量分析方法，将有机物与氧化铜一起燃烧，然后精确测定生成物各种元素的含量，推知有机物的元素结构，这大大推进了有机化学的发展。1858 年，德国人凯库勒(F. A. Kekulé)率先将原子价理论应用于解释有机化合物的结构，提出碳四价的观点和碳链学说。1861 年，Kekulé 编写《有机化学教程》一书，将有机化学定义为“碳化合物的化学”。1865 年，Kekulé 发现苯环结构，这成为化学结构理论发展史上的一项辉煌成就。

当前有机化学主要涉及有机合成化学、金属有机化学和有机催化、天然产物有机化学、物理有机化学、生物有机化学等研究领域。

3. 分析化学的形成与发展

测量、表征物质的组成和结构形成了分析化学。

随着无机物、有机物的增多，要对物质进行鉴定、结构表征、分离等工作，于是便产生了另一分支学科——分析化学。分析化学主要包括成分分析和结构分析两个方面。以化学反应为基础的分析方法称为化学分析法，是分析化学的基础；利用特定仪器并以物质的物理化学性质为基础的分析方法称为仪器分析法。结构分析往往划归为物理化学的研究范畴。

现代分析化学主要内容有光谱分析、电化学分析、色谱分析、质谱分析、核磁共振、表面分析、放射化学分析、单分子(原子)检测、生化分析等。分析化学正沿着快速、准确、灵敏、微量、自动化的方向发展。

4. 物理化学的形成与发展

物理化学是用物理学的原理和方法研究化学变化基本规律的科学,涵盖微观到宏观、结构与性质的关系与规律、化学机理及其控制的研究,主要包括:化学热力学、化学动力学、结构化学、量子化学、电化学、催化化学、胶体化学等。

1887 年,瑞典学者阿伦尼乌斯(S. A. Arrhenius)提出电解质电离理论,解决了电解质在水中的电离问题,进而解决了酸、碱、盐的本质问题。之后,他又涉足化学动力学,提出了反应速率的指数定律和活化分子、活化能的概念。又如,在结构化学、量子化学方面,19 世纪末物理学领域三项重大发现(X 射线、放射性、电子)以及经典物理学在微观领域的失败,导致了量子力学的诞生。量子力学在化学领域的应用形成了量子化学,成为现代化学的理论支柱。

5. 高分子化学

20 世纪 20 年代,德国化学家施陶丁格(H. Staudinger)通过大量实验提出橡胶的化学结构假说,验证了高分子化合物具有巨大的相对分子质量,奠定了高分子化学新领域。第一种人工合成的酚醛塑料于 1910 年生产,1912 年德国生产出合成橡胶,1935 年英国实现了聚乙烯塑料的工业生产,1940 年英国合成了聚酯纤维(涤纶)。合成橡胶、合成塑料、合成纤维是三大高分子合成材料。

随着合成高分子物质的增多,为了便于研究这些链状大分子的合成、大分子的链结构和聚集态结构,以及大分子聚合物作为高分子材料的成型与应用,产生了高分子化学,它是从有机化学中分离出来的。

6. 化学工程学

一切科学活动都应为人类服务。在化学实验室中研究化学合成的条件,需要中试放大,最后进入工业化大规模生产,便产生了化学工程学。化学工程学应属于化学与工程学的交叉学科。

随着科学技术的发展、交叉与融合,化学学科与其他学科交叉结合形成的新兴学科也不断增加。例如,生物化学、材料化学、放射化学、应用化学、激光化学、地质化学、环境化学、计算化学、能源化学、绿色化学、化学信息学、纳米化学、化学生物学、化学教育学等。

1.3 化学的作用与前景

1.3.1 化学的特长

化学的特长、核心是合成化学。它是以人工合成或从自然界分离出新物质供人类需要为中心任务的。化学的成就可用合成或分离出的新物质的数量和质量(重要性和用途)来衡量。1900 年以前,人们知道的化合物只有 55 万种,到 1970 年也不过 237 万种,但 2000 年增加到 3000 万种,2002 年更是达到 4000 万种。化学不仅能合成自然界已有的物质,还能合成自然界没有的物质。化学开辟了一个人造世界,这是化学对人类最大的贡献,也是其他学科望尘莫及的。例如,20 世纪初德国为了解决粮食和炸药生产问题,开始了合成氨的研究。1909 年,哈伯

(F. Haber)法合成氨的转化率虽然只有 6%～8%，每小时的产量在千克数量级，但这一合成方法的改进与工业化，解决了世界约 1/3 人口的粮食问题。柠檬酸虽广泛存在于蔬菜、水果之中，但用于配制饮料和食品添加的柠檬酸主要是人工合成的。另外，合成氨、尿素、抗生素、新药物、高分子材料等不胜枚举。

许多合成出的化合物巧夺天工，令人称奇。例如，《新科学家》网站报道的瑞士、德国等研究人员合成出迄今为止最大的稳定的巨型分子 PG5。科研人员先把小分子连接起来形成长链，合成碳氢骨架后，再为其加上由苯环、氮以及碳和氢构成的分枝。经几次类似的过程，构成像树一样的结构(图 1.1)。PG5 分子直径约 10 nm，质量相当于 2 亿个氢原子，需要合成 17 万个分子键。

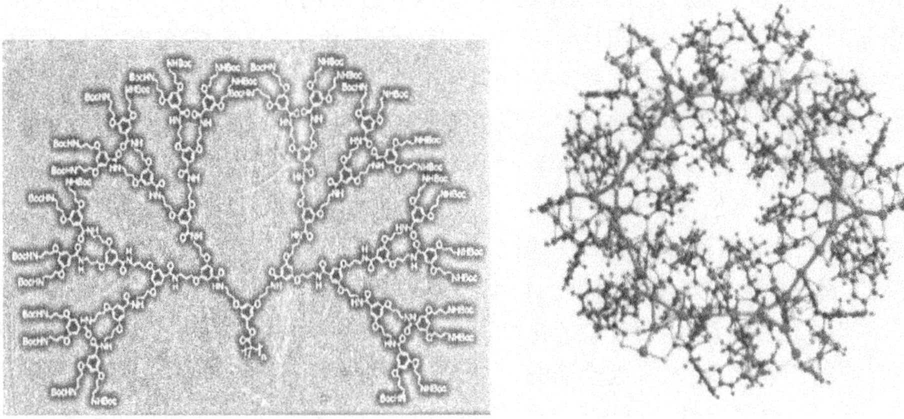

图 1.1 分子树与金皇冠

金皇冠(图 1.1)是由中国化学家合成的，将 36 个金原子组装成皇冠似的环。他们先在溶液中形成由配体支持的 Au_6 分子束，浓缩溶液时，分子束组装成六元的 Au_{36} 结构，Au-Au 平均键长 2.890 Å。Au-Au 间的相互作用很强。

1.3.2 化学对人类社会的贡献

在人类文明的进程中化学起到了不可估量的作用。从刀耕火种的原始社会，到科学技术迅猛发展的今天，人类都在享用化学的成果。人类社会生活的各个方面无一不和化学有着密切的关系，主要表现在以下 8 个方面。

(1) 解决粮食供应：氮、磷、钾及铁、钼、铜、锌等微量元素化肥的开发与生产，新型高效、低毒杀虫剂、杀菌剂、除草剂的研制。

(2) 日用杂物：染料、钢材、水泥、油漆、塑料、玻璃等化工产品。

(3) 医药保健：提供各种各样的高效医药。

(4) 环境保护：“三废”(水、气、渣)处理，汽车尾气(CO、NO_n 及烃类有机物)等的处理。

(5) 提供各种原材料：冶炼、高分子材料、半导体材料等。

(6) 发展新能源：火箭、飞船高能燃料，通信高能电池，宇航员呼吸的“高氧化合物”等。

(7) 军工、航空航天：飞船等高强度和耐高温的特种材料。

(8) 揭示生命：人体含 1000 多种生物酶，每一种酶催化一种反应；生物学界争论 40 多年的血红蛋白运载及输送氧的机理问题，在化学家的合作之下终于得以解决，同时明确了血液内溶入过多的CO会致死的原因。

1.3.3 化学的机遇与挑战

化学作为一门科学的诞生，如果从Boyle时代算起，至今已有350多年的历史。建立在定比、倍比和当量定律基础上的Dalton原子论、以碳四价及Kekulé等的工作为中心内容的原子价理论和分子结构、门捷列夫(D. I. Mendeleev)的化学元素周期律、古尔德贝格(G. M. Guldberg)和瓦格(P. Waage)提出的化学反应质量作用定律，是19世纪化学理论的典范。20世纪的三大理论成就包括：①化学热力学，用以判断化学反应的方向，提出化学平衡和相平衡理论，使得我们可以预见化学反应的可能性，为合成化学指出了方向，为物相和功能材料设计提供了依据。②量子化学和化学键理论，以及结构和性能关系的初步规律，对设计合成具有优良性能的化合物是至关重要的。化学键理论对于现代分子生物学的建立功不可没。例如，量子化学家鲍林(L. C. Pauling)提出的氢键理论和蛋白质分子的螺旋结构模型，为1953年沃生(J. Watson)和克里克(F. Crick)提出DNA分子的双螺旋模型奠定了基础，后者又为破解遗传密码奠定基础，从而创建了现代生物学。③化学动力学和分子反应动态学的研究，特别是催化理论的发展和计算机设计合成方法的推广，大大推动了合成化学的发展。

21世纪也是化学大展宏图的时期。化学家提出了要解决的四大世纪难题：化学反应理论、结构和性能的定量关系、生命现象的化学机理、纳米尺度的基本规律。这些难题如得以解决，将实现农业的工业化，使人口数量倍增；为预防人类疾病提供理论支持与药物，人类将可以享受百岁以上天年；合成出性能好、强度大、质量小的材料；利用太阳能满足世界能源的需要；海水淡化，解决人类生存淡水资源紧缺问题；绿色化工，零排放等。

21世纪的化学将更加重视国家发展目标，从社会发展的需要出发，着重解决一些重大实际问题；将更加重视不同学科之间的交叉和融合，借鉴经验与成果，开拓化学新领域。

1.4 如何学习化学

如何学习化学也是一个课题。在这里针对大一新生提几点建议。

1. 目标与动力

相信你从小学到高中一直是很勤奋也是很成功的。为什么？那是因为有目标：要考上大学甚至是名牌大学，于是便有了动力。现在目标达到了，你作为高等学府的一员，大学四年(应该说人生)的目标又是什么？可能有人只想拿个本科文凭，找个好工作，过安逸日子。这本无可厚非，谁叫中学阶段太苦太累了呢？况且许多年来不是一直强调个人设计和实现自我价值吗？你可能会说：我自己就是这样设计的。不过我们认为，还是应该将我们的学习、工作、奋斗与国家的发展、民族的兴旺、人民的幸福联系在一起，这样我们的目标或许会更高一些，将来的成就或许会更大一些。人生目标、责任感、敬业精神、献身精神、好奇心、兴趣爱好等，都能产生动力。

2. 了解并很快适应大学教学方法

对于大一新生来讲，了解并很快适应大学教学方法尤为重要。大学阶段是以培养学生自主学习的习惯、学习能力、发现和解决问题的能力以及创新能力为目标的。课时紧、课堂内容容量大、进度快、开展课堂讨论是大学教学的特点。可以这么说，适应得快起步就快。我们在大学里学习知识固然重要，但培养获取知识的方法与能力更重要。知识是无穷尽的，大学学习只有四年，而人的学习却是终身的。这就要求大家要养成自学的习惯，努力提高获取知识的能力，大学教师只是培养获取知识的方法与能力的领路人。

3. 理论与实践

"空谈毫无用途，一切来自实验"是Boyle的信条。化学实验是人类认识物质的化学性质、解释化学现象和变化规律的基本手段。例如，很多新元素和新化合物都是在实验室中被发现的，许多理论或规律也是在大量实验事实的基础上总结归纳、建立的。因此，过去一直认为化学是一门以实验为基础的科学。化学键理论的建立和量子化学理论的发展，使人类认识了化学键的本质及其相互作用的基本原理，从而使化学进入了分子理性设计的高层次。理论对实验的指导作用使人们意识到化学是一门实验和理论并重的科学。

学习化学要防止两种倾向：重理论轻实验与重实验轻理论。学习理论知识时要多思考实验基础是什么；做实验时要多思考与理论的联系是什么，可以用哪些理论知识作为指导。要批判性地学习、继承知识，敢于设想，像无数科学家那样观察问题、处理问题。无论是学习理论知识还是做实验，都要认真探究、揭示掩藏在现象背后的要因，并用于解释其他化学现象、解决未来的实际问题。此外，实践并不等同于实验，而是要动脑、动手、动口。例如，准备老师布置的讨论提纲，参加小组活动、课堂讨论，解答习题，撰写学年作业或专题报告，开展文献调研或科学研究，进行实习与毕业设计等。珍惜一切实践机会。

4. 学习方法与时间安排

学习方法是千人千法，但中学阶段的学习方法不一定完全适应大学的教学环境，应提升、总结与交流。课前预习最关键，课堂参与很重要，作业练习不可少，答疑解困惑，交流出思想。

安排好学习、社会活动、休息、娱乐的时间极为重要。要养成三种精神：献身精神，自觉抵御外界的干扰与诱惑，安心学习；拼命精神，刻苦拼搏，脚踏实地，不浮躁；创新精神，有继承，有发展，有创新。平凡的人可以把平凡的工作做得伟大，平庸的人只能使崇高的工作变得卑下。我爱我学，我学我爱，献身化学，让我们做个平凡的人。

习 题

1.1 谈谈你对化学的认识和理解，对我国化学研究的期望。

1.2 化学是一门理论和实验并重的学科，你对从事化学学习和将来从事化学方面的工作或研究有什么打算？有无信心？

1.3 你对本课程的教与学有哪些期望和建议？

第2章　物质的三态与水溶液

物质存在哪些状态？状态之间的转化有什么规律？我们每天看天气预报，如某地气温25 ℃，湿度70%～80%，那么，空气中的水蒸气压是多少？此时家用食盐会不会“出水”？参天大树的营养与水分是如何输送至顶端的？冬天水管冻裂而树却为何很少被冻坏？冬天汽车如何防冻？在结冰的马路上撒食盐的目的和原理又是什么？患者在医院输液时要求加大食盐或葡萄糖的浓度合理吗？为什么吃了太咸的食物后感到口渴，想喝水？我们身边的这些现象太多，不知你是否关注过、思考过。又如核燃料铀是同位素^{235}U，但它在天然铀中的摩尔分数只有0.72%，实用核燃料中^{235}U至少要达到5.0%(摩尔分数)，这又是如何实现的？那就让我们带着这些问题开始本章的学习吧。

2.1　气体及其定律

物质常见的三种状态中，气体的结构和性质相对比较简单，受实验技术条件和人类认识的限制，人们研究得最早也最透彻的便是气体。这些研究不仅使人们认识了气体本身的相关规律，也极大地推动了化学学科的发展。例如，通过对气态物质相对分子质量的测定，可确定相对原子质量，进而推动元素周期表的建立；理想气体定律不仅是各种气体定律的基础，更是指导与气体相关的生产和科研实践的重要依据。

2.1.1　理想气体与实际气体

1. 理想气体定律

理想气体(ideal gas)是指分子本身不占体积($V_{占}\approx 0$)，分子间无相互作用力($f_{吸}\approx 0$)的气体。它是一种理想模型，高温、低压下的实际气体接近于理想气体。

任何一定量(n mol)的气体都具有一定的温度(temperature)、体积(volume)和压强(pressure)，并且它们之间满足如下关系

$$pV=nRT \tag{2.1}$$

式中，R为摩尔气体常量。这个涉及变量多、形式简单、适用范围广的方程式称为理想气体状态方程或理想气体定律(ideal gas law)。

理想气体定律其实是三个有关气体实验定律的综合。1662年，Boyle根据实验得出了在温度T不变时，一定量气体的体积V与它的压强p成反比的结论，即

$$V\propto 1/p \quad 或 \quad pV=恒量 \qquad (T,\ n\ 恒定) \tag{2.2}$$

查理(J. A. C. Charles)和盖・吕萨克(J. L. Gay Lussac)在研究气体的体积V与温度T的关系时，于1802年发现：在恒压下，一定量气体的V与它的热力学温度T成正比，即

$$V\propto T \quad 或 \quad \frac{V}{T}=恒量 \qquad (n,\ p\ 恒定) \tag{2.3}$$

1811 年，阿伏伽德罗(A. Avogadro)指出：当 p 和 T 一定时，气体的体积 V 与气体的物质的量 n 成正比，即

$$V \propto n \qquad 或 \qquad \frac{V}{n} = 恒量 \qquad (p,\ T\ 恒定) \tag{2.4}$$

合并式(2.2)～式(2.4)，有

$$V \propto \frac{nT}{p} \tag{2.5}$$

通过实验，确定式(2.5)的比例系数即式(2.1)的 R。

按国际单位制，式(2.1)中各物理量的单位为：p，Pa 或 kPa；V，dm^3；n，mol；T，K。此时

$$R = \frac{pV}{nT} = \frac{101.325\ kPa \times 22.414\ dm^3}{1\ mol \times 273.15\ K}$$
$$= 8.3149(\approx 8.31)\ kPa \cdot dm^3 \cdot mol^{-1} \cdot K^{-1}$$

R 还随气体压强 p 单位[a]的不同而异，使用时要注意换算。具体关系如下：

p 的单位	R 的值及换算单位
kPa	$8.31\ kPa \cdot dm^3 \cdot mol^{-1} \cdot K^{-1}(8.31\ J \cdot mol^{-1} \cdot K^{-1})$
bar	$0.0831\ bar \cdot dm^3 \cdot mol^{-1} \cdot K^{-1}$
atm	$0.0821\ atm \cdot dm^3 \cdot mol^{-1} \cdot K^{-1}$
mmHg	$62.4\ mmHg \cdot dm^3 \cdot mol^{-1} \cdot K^{-1}$

【例 2.1】 在 27 ℃和 101 kPa 下，1.0 dm^3 某气体质量为 1.30 g，求它的相对分子质量。

解：已知气体的温度、压强和体积，只差式(2.1)中的 n。但题目要求的不是 n 而是相对分子质量 M，而 M、n 及气体质量 m 的关系是 $n=m/M$。代入式(2.1)，整理后有

$$M = \frac{mRT}{pV}$$

将已知数据代入，得气体摩尔质量

$$M = \frac{1.30\ g \times 8.31\ kPa \cdot dm^3 \cdot mol^{-1} \cdot K^{-1} \times 300\ K}{101\ kPa \times 1.0\ dm^3} = 32\ g \cdot mol^{-1}$$

因此该气体分子的相对分子质量 $M_r = 32$。

【例 2.2】 有一容积为 15 dm^3 的高压气瓶，可以耐压 5×10^4 kPa。试求在 298 K 时该气瓶可以装多少氧气而不致发生危险。

解：题中已给出的条件是 V、p 和 T，通过求 n 可得到 m。由理想气体状态方程，得

$$n = pV/RT$$

将题设条件 $p=5\times10^4$ kPa，$V=15$ dm^3，$T=298$ K 代入，得

$$n = \frac{5\times10^4\ kPa \times 15\ dm^3}{8.31\ kPa \cdot dm^3 \cdot mol^{-1} \cdot K^{-1} \times 298\ K} = 302.9\ mol$$

因此氧气的质量　　$m = 302.9\ mol \times 32\ g \cdot mol^{-1} = 9.69\ kg$

即该气瓶可盛装 9.69 kg 氧气而不致发生危险。

2. 实际气体和 van der Waals 方程

由于理想气体作了两个近似：忽略了气体分子本身的体积和分子间的相互作用力，所以实

ⓐ　1 bar$=1\times10^5$ Pa$=100$ kPa，1 MPa$=10^6$ Pa，1 atm$=760$ mmHg$=1.013\ 25\times10^5$ Pa≈101 kPa，1 kPa·$dm^3$$=1$ J。

际气体都会偏离理想气体。偏离的程度取决于气体本身的性质以及温度、压强等因素。一般而言，沸点低的气体在较高温度和较低压强时偏差较小，反之偏差较大。常用压缩系数 Z 来表示实际气体的实验值与理想值的偏差

$$Z=\frac{pV}{nRT}$$

对理想气体，$Z=1$。对实际气体，因 $f_{吸}>0$，分子内聚力使气体分子对器壁碰撞产生的压强减小，即实测的压强比理想状态的压强要小些，$p_{测}<p_{理想}$，使 $Z<1$；另外，分子占有一定的空间体积，$V_{分子}>0$，实测的体积总是大于理想气体的体积，$V_{测}>V_{理想}$，使 $Z>1$。这两种相反的因素相互制约，关键看哪一个因素占主导。

由于实际气体偏离理想气体，所以在实际工作中必须对理想气体状态方程进行修正。产生偏离的原因主要是理想气体忽略了气体分子本身的体积和分子间的相互作用力，因此必须对这两项进行校正。人们通过实验总结出许多描述真实气体的状态方程，其中，荷兰物理学家范德华(J. D. van der Waals)于 1873 年提出的方程

$$\left(p+\frac{an^2}{V^2}\right)(V-nb)=nRT \tag{2.6}$$

最符合实际气体的情况，后称为 van der Waals 方程。式(2.6)是一个半经验的方程，式中的 a 校正压强，b 修正体积，称为 van der Waals 常数。对于不同的气体，a、b 的值不同，由实验确定，如表 2.1 所示。

表 2.1 几种常见气体的 van der Waals 常数

气体	$a/(dm^6 \cdot kPa \cdot mol^{-2})$	$b/(dm^3 \cdot mol^{-1})$	$T_b/℃$	$V_{液}/(dm^3 \cdot mol^{-1})$
He	3.46	0.0238	−268.93	0.0320
H_2	24.52	0.0265	−252.87	0.0285
O_2	138.2	0.0319	−182.95	0.0280
N_2	137.0	0.0387	−195.79	0.0347
CO_2	365.8	0.0429	−78.4(升华)	—
C_2H_2	451.8	0.0522	−84.7	—
Cl_2	634.3	0.0542	−34.04	0.0453*

摘自 CRC Handbook of Chemistry and Physics. 82nd ed. 2001～2002，6-45，4-37～4-96。

* 摘自 Lange's Handbook of Chemistry. 15th ed. 1999，3.2。

由表 2.1 中数据可见，常数 b 大致等于气体在液态时的摩尔体积。这表明气体分子体积虽小，但不等于零而大致相当于 b，因此，物质的量为 n 的气体，其可压缩的体积修正为 $V-nb$。表 2.1 中数据表明，常数 a 随沸点 T_b 升高而增大，液体的沸点高意味着分子间作用力大，分子间的相互吸引力可以看成是气体的内聚力，它使气体的实际压强减小。

【例 2.3】 在 27 ℃时，将 10 mol 乙炔气体压入一容积为 5.0 dm^3 的容器里，容器内的理论压强和实际压强(近似)是多少？二者的偏差有多大？

解：依题意，理论压强意指按理想气体计算所得，实际压强(近似)应按 van der Waals 方程计算。

(1)
$$p_{理}=\frac{nRT}{V}=\frac{10\ \text{mol}\times 8.31\ \text{kPa}\cdot\text{dm}^3\cdot\text{mol}^{-1}\cdot\text{K}^{-1}\times 300\ \text{K}}{5.0\ \text{dm}^3}$$
$$=4.99\times10^3\ \text{kPa}$$

(2) 由表 2.1 知，$a=451.8\ \mathrm{dm^6\cdot kPa\cdot mol^{-2}}$，$b=0.0522\ \mathrm{dm^3\cdot mol^{-1}}$。按式(2.6)，有

$$\left(p_{实}+451.8\times\frac{10^2}{5^2}\right)(5.0-10.0\times0.0522)=10.0\times8.31\times300$$

解得

$$p_{实}=3.77\times10^3\ \mathrm{kPa}$$

$$p_{实}与\ p_{理}的偏差=\frac{(4.99-3.77)\times10^3}{4.99\times10^3}\times100\%=24.4\%$$

van der Waals 方程在几兆帕的压强范围内计算结果比较接近实际情况，在化工生产中应用广泛，但在更高的压强时，误差也会变得更大。

2.1.2　混合气体定律

1. 混合气体与组分气体

由两种或两种以上(相互不发生化学反应)的气体混合在一起组成的气体称为混合气体(mixed gas)，组成混合气体的每种气体都称为该混合气体的组分气体(component gas)。显然，空气是混合气体，其中的 N_2、O_2、CO_2、水蒸气等是空气的组分气体。

理想气体状态方程[式(2.1)]不仅适用于单一气体，同样也适用于混合气体和组分气体。

2. 分体积和分体积定律

物质的量分别为 n_1 和 n_2 的两种气体，在相同压强 p 和温度 T 条件下单独存在时，分别占有体积 V_1 和 V_2，当它们混合后，在 p、T 不变的条件下，体系的总体积是多少？与两气体独处时的体积有何关系？

$$\begin{array}{|c|c|}\hline pT & pT \\ n_1V_1 & n_2V_2 \\ \hline\end{array}\ \rightleftharpoons\ \begin{array}{|cc|}\hline p & T \\ n_1+n_2 & V_{总} \\ \hline\end{array}$$

混合后总物质的量 $n_{总}=n_1+n_2$，设总体积为 $V_{总}$，则在压强 p 和温度 T 不变时，按式(2.1)，有

$$pV_{总}=n_{总}RT$$

变换一下形式，有

$$V_{总}=\frac{(n_1+n_2)RT}{p}=\frac{n_1RT}{p}+\frac{n_2RT}{p}$$

即

$$V_{总}=V_1+V_2$$

对含有 i 个组分的混合气体，有

$$V_{总}=\frac{n_{总}RT}{p}=\sum_i\frac{n_iRT}{p}$$

同理，有

$$V_{总}=V_1+V_2+\cdots+V_i \tag{2.7}$$

式中，V_i 为组分气体 i 的分体积。Amage 分体积定律：**同温下，组分气体具有和混合气体相同压力时所占的体积。**

将式(2.7)两边同除以 $V_{总}$，得

$$1=\frac{V_1}{V_{总}}+\frac{V_2}{V_{总}}+\cdots+\frac{V_i}{V_{总}}=x_1+x_2+\cdots+x_i \tag{2.8a}$$

组分气体的分体积 V_i 与总体积 $V_总$ 之比称为**体积分数**。显然,体积分数$\frac{V_i}{V_总}$之和等于 1。

3. 分压和分压定律

在体积为 V 的容器中充入一定量的混合气体,在温度 T 下,其总压为 $p_总$,显然混合气体总物质的量 $n_总$ 是各组分气体物质的量 n_i 之和,并有

$$p_总V=n_总RT$$
$$p_iV=n_iRT$$

将 $p_总V=n_总RT$ 展开

$$p_总=\frac{n_总RT}{V}=(n_1+n_2+\cdots+n_i)\frac{RT}{V}$$
$$=\frac{n_1RT}{V}+\frac{n_2RT}{V}+\cdots+\frac{n_iRT}{V}$$

即

$$p_总=p_1+p_2+\cdots+p_i \tag{2.9}$$

式(2.9)称 Dalton 分压定律(Dalton's law of partial pressure):**在温度与体积一定时,混合气体的总压强等于各组分气体的分压强之和。恒温下,混合气体中的各组分气体都占据与混合气体相同体积时,对容器所产生的压强称为该组分气体的分压**,以 p_i 表示。

同理

$$1=\frac{p_1}{p_总}+\frac{p_2}{p_总}+\cdots+\frac{p_i}{p_总}=x_1+x_2+\cdots+x_i \tag{2.8b}$$

组分气体的分压 p_i 与总压 $p_总$ 之比称为**压强分数**,显然,压强分数$\frac{p_i}{p_总}$之和等于 1。

因为

$$n_总=\sum_i n_i=n_1+n_2+\cdots+n_i$$

因此有

$$1=\frac{n_1}{n_总}+\frac{n_2}{n_总}+\cdots+\frac{n_i}{n_总}=x_1+x_2+\cdots+x_i \tag{2.8c}$$

$n_i/n_总$称为**摩尔分数**。由式(2.8a)~式(2.8c)有

$$x_i=\frac{p_i}{p_总}=\frac{V_i}{V_总}=\frac{n_i}{n_总} \tag{2.10}$$

可对式(2.10)进行变换,如

$$p_i=p_总\times\frac{V_i}{V_总}=p_总\times\frac{n_i}{n_总}$$

即气体分压等于总压乘以气体摩尔分数或体积分数。

分体积定律和分压定律形式相同,但条件不同。分体积定律是在温度 T 和压强 p 不变的情况下,组分气体的分体积 V_i 与总体积 $V_总$ 的关系,或者说是 V_i 随 n_i 变化的关系;分压定律是在温度 T 和体积 V 不变的情况下,组分气体的分压 p_i 与总压 $p_总$ 的关系,或者说是 p_i 随 n_i 变化的关系,应用时要注意条件。例如,用排水集气法收集气体时,所收集的气体是含水的混合物,要计算有关气体压强或物质的量时必须考虑水蒸气的存在,即 $p_{气体}=p_{总压}-p_{水蒸气}$。

【例 2.4】 在 100 kPa 和 20 ℃时,从水面上收集 28.4 cm^3 的氢气,干燥后氢气的体积是多少?已知在 20 ℃时水的饱和蒸气压 $p(H_2O)=2.33$ kPa。

解:按题意,28.4 cm^{3}的湿氢气是 H_2 和 H_2O 在 100 kPa 和 20 ℃条件下的总体积,即 $V_总=28.4$ cm^3,又已知

水蒸气的分压 $p(H_2O)=2.33$ kPa，那么氢气分压 $p(H_2)=100-2.33=97.7$ (kPa)。干燥氢气(在 97.7 kPa 和 20 ℃条件下)的体积就是 H_2 在湿氢气(100 kPa 和 20 ℃条件下)的分体积[$V(H_2)$]。由式(2.10)

$$\frac{p_i}{p_{总}}=\frac{V_i}{V_{总}}$$

有
$$V(H_2)=V_{总}\times\frac{p(H_2)}{p_{总}}=28.4\ \text{cm}^3\times\frac{97.7\ \text{kPa}}{100\ \text{kPa}}=27.7\ \text{cm}^3$$

干燥后氢气的体积是 27.7 cm^3。

【例 2.5】 在 273 K 时，将相同起始压强的 4.0 dm^3 N_2 和 1.0 dm^3 O_2 压缩到一个容积为 2.0 dm^3 的真空容器中，混合气体的总压强为 3.26×10^5 Pa。试求起始压强和混合后各组分气体的分压。

解：设两气体起始压强为 p，因混合前后气体物质的量守恒，即

$$n_{总}=n(N_2)+n(O_2) \quad ⓐ$$

温度一定时，由理想气体状态方程

混合前
$$n(N_2)+n(O_2)=\frac{pV(N_2)}{RT}+\frac{pV(O_2)}{RT} \quad ⓑ$$

混合后
$$n_{总}=\frac{p_{总}V_{总}}{RT} \quad ⓒ$$

联解ⓐ、ⓑ、ⓒ，得到

$$p_{总}V_{总}=p(N_2)V(N_2)+p(O_2)V(O_2)=p[V(N_2)+V(O_2)]$$

代入相关数据，解得
$$p=1.30\times10^2\ \text{kPa}$$

混合气体中各组分气体的分压为

$$p(N_2)=\frac{4}{5}\times p_{总}=2.61\times10^2\ \text{kPa} \qquad p(O_2)=\frac{1}{5}\times p_{总}=65.2\ \text{kPa}$$

2.1.3　气体分子运动与扩散

物质是运动的。物质运动的剧烈程度与物质的状态、温度、自身特性、相对分子质量等有关。对气体，较所占体积而言，分子本身的体积很小，分子间距离很大，分子间作用力很小，可在整个容器内自由地、无规则地运动。但在运动过程中，分子间会发生碰撞并进行能量的传递，使得体系内分子的能量和运动速率不同。

1. 气体分子的能量分布与速率分布

对一确定的气体物质，气体分子的平均能量与温度有关，但在温度一定时各气体分子的能量并不相同，具有如图 2.1 所示的分布规律。图中，横坐标是分子动能 E，纵坐标是 $\frac{\Delta N}{N}\cdot\frac{1}{\Delta E}$，表示在能量 E 处单位能量间隔(ΔE)内的分子所占比例，其中 $\frac{\Delta N}{N}$ 代表动能在 E 和 $E+\Delta E$ 区间的分子数(ΔN)占总分子数(N)的份额。

气体分子的能量分布可近似地表示为

$$f_{E_0}=\frac{N_i}{N}=e^{-E_0/RT} \tag{2.11}$$

式中，N 是气态物质的量，mol；N_i 是能量等于或大于 E_0 的气态物质的量，mol；E_0 是气体分子的摩尔能量；f_{E_0} 则是能量等于和大于 E_0 的气体分子的比例。式(2.11)是麦克斯韦-玻耳兹曼(Maxwell-Boltzmann)分布律的简化方程。

分子能量分布曲线与温度有关,温度升高,分子平均能量增加,具有较高能量分子的比例增大,曲线峰值右移。

图 2.2 (a)是氮分子在不同温度下的速率分布曲线,横坐标是分子速率 v,纵坐标意义与图 2.1 相同。气体分子运动速率与能量有关,温度越高,能量越高,速率越大。因此,分子能量分布曲线与分子速率分布曲线有共同的特征:能量低、速率小和能量高、速率大的分子所占比例小,处于中间能量与速率的分子所占比例大;温度升高,分子平均能量和平均速率增加,能量高、速率大的分子所占比例增大,曲线峰值右移。

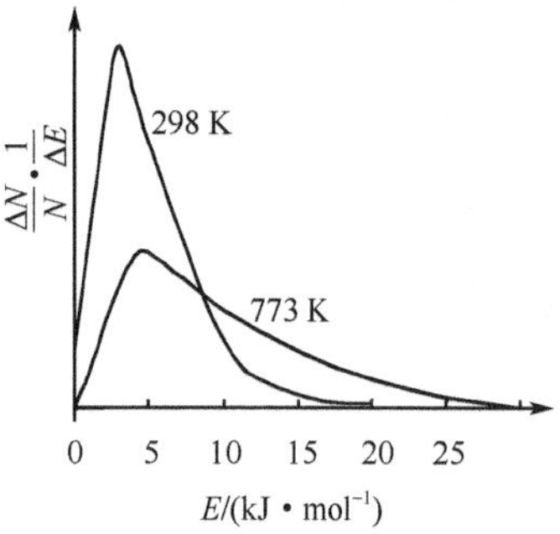

图 2.1　气体分子能量分布曲线

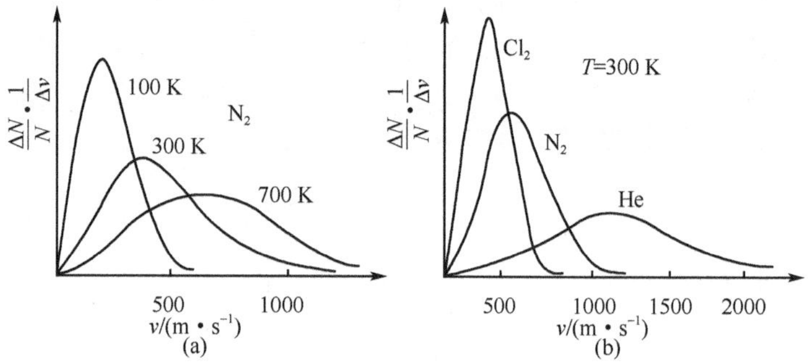

图 2.2　气体分子的速率分布曲线(曲线下的总面积为单位 1)

2. 气体扩散及其定律

在一定的温度下,任何气体的运动速率都呈现如图 2.2(a)所示的分布规律,但不同的气体其平均运动速率是不相同的,还与气体本身的特性有关。这意味着即使温度、压强等条件相同时,两种不同气体的运动速率可能不同,如图 2.2(b)所示。

1828 年,英国化学家格雷姆(T. Graham)通过实验发现:**恒温恒压时,气体的扩散速率(v)和它的密度(ρ)的平方根成反比**,这就是气体扩散定律(law of gas diffusion)。在同温同压下,气体的密度又与摩尔质量(M)成正比,即

$$v \propto \frac{1}{\sqrt{\rho}} \qquad \text{或} \qquad v = \frac{k}{\sqrt{\rho}}$$

又

$$M = \rho\frac{RT}{p} \qquad \text{或} \qquad \rho \propto M$$

可见,M 越小,扩散越快。对相互扩散的 A、B 两种不同气体,扩散速率之比为

$$\frac{v_A}{v_B} = \sqrt{\frac{\rho_B}{\rho_A}} = \sqrt{\frac{M_B}{M_A}} = \frac{t_B}{t_A} \qquad (\text{恒 } T, \text{恒 } p) \tag{2.12}$$

显然,A、B 气体由同一始点到达同一终点,所用时间 t 与扩散速率成反比。

气体扩散速率既可理解为单位时间内扩散的距离,也可理解为单位时间内完成扩散的气体的质量或体积。利用气体扩散定律可进行相对分子质量的测定和物质的分离(如 ^{235}U 的富集)等。

【例 2.6】 将氯化氢气体和氨气同时从一根长 100 cm 的玻璃管的两端分别向管内自由扩散,两气体在管中什么位置相遇而产生白烟(生成 NH_4Cl)?

解:先根据气体扩散定律求出两气体扩散速率比

$$\frac{v(NH_3)}{v(HCl)} = \left[\frac{M(HCl)}{M(NH_3)}\right]^{1/2} = \left(\frac{36.5}{17}\right)^{1/2} = 1.47$$

设经过 t s 后，两气体在离氯化氢气体一端 x cm 处相遇，有

$$(1+1.47)\,x=100 \qquad x=40.5$$

在离氯化氢气体一端约 40.5 cm 处相遇而产生白烟。

2.2　相变与相平衡

上节中我们看到：物质分子的能量和运动速率与温度有关，同时分子间又相互吸引。物质可以以气态、液态、固态三种形式存在。当物质以某种状态存在时，其体系内物理性质（如 p、T、V、ρ 等）及化学性质均匀，把这种状态称为物相，简称相(phase)。随着温度、压强的变化，物质的气、液、固三种状态可相互转化，物质由一种物态向另一物态转化称为相变(phase change)，相变时两相之间的动态平衡称为相平衡(phase equilibrium)。在一定条件下，物质可以以一相形式存在，也可以以两相或三相共存。

2.2.1　气体的液化与临界现象

随着温度的降低，气体分子的热运动速率减小，分子间相互吸引力增加，气体有凝聚变为液体的倾向。由气体变为液体称为气体的液化(liquefaction)。各种物质分子间作用力不同，液化的难易也不同。例如，水蒸气在 101 kPa 下低于 100 ℃就可能液化；室温下，氯气必须加压才能液化，而氮气即使施加再大的压强也不可能液化，必须将温度降到－147 ℃时再加 3.4 MPa 的压强才能液化。这种气体在某温度以下才能液化的现象称为气体液化的**临界现象**(critical phenomenon)，能使气体液化的**最高温度**称为**临界温度**(critical temperature)，用 $\boldsymbol{T}_c$ 表示；在临界温度使气体液化所需的**最低压强**称为**临界压强**(critical pressure)，用 $\boldsymbol{p}_c$ 表示；在 $\boldsymbol{T}_c$ 和 $\boldsymbol{p}_c$ 条件下，1 mol 气体所占的体积称为**临界体积**(critical volume)，用 $\boldsymbol{V}_c$ 表示。

每种气体都有一个临界温度，气体的沸点越低，临界温度也越低，越难液化。沸点和临界温度都低于室温的气体（如 CH_4、O_2、N_2 等，不能在室温加压液化）称为永久气体；沸点低于室温但临界温度高于室温的气体（如 CO_2、C_3H_8、Cl_2 等，在室温加压可以液化，减压即可气化）称为可凝聚气体；沸点和临界温度都高于室温的物质，在常温常压下就是液体了。

2.2.2　液体的蒸发

如图 2.3 所示，液面分子受力不均匀，那些能量足够大、速率足够快的表层分子可以克服分子间的引力，逸出液面而气化。这种液体表面的气化现象称为**蒸发**(evaporative)，在液面上的气态分子群称为**蒸气**(vapor)。在密闭容器中，液面上的蒸气分子在无规则的运动中会触碰液面而被"拉下水"，这个过程称为冷凝(condensation)。恒温时，当蒸发速率与冷凝速率相等时，气相与液相就达到动态平衡，简称相平衡，如图 2.4 所示。与液相处于动态平衡的气体称为饱和蒸气(saturated vapor)，饱和蒸气对器壁所产生的压强称为饱和蒸气压，简称蒸气压(vapor pressure)。

液体的蒸气压(p)是因液体具有挥发性而产生的，除与液体本身的特性有关外，还与温度有关。温度一定时，液体的蒸气压有确定的值。如果在某液体中加入少量的不挥发的溶质构成溶液，那么，与原液体相比，这种溶液的蒸气压会发生变化吗？

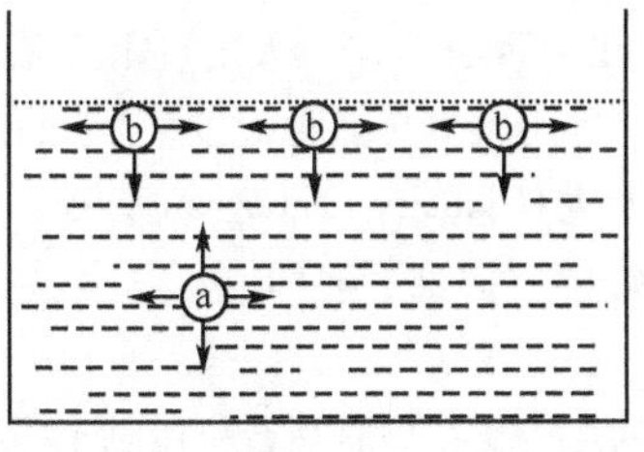

图 2.3　液体内部和表面分子受力情况

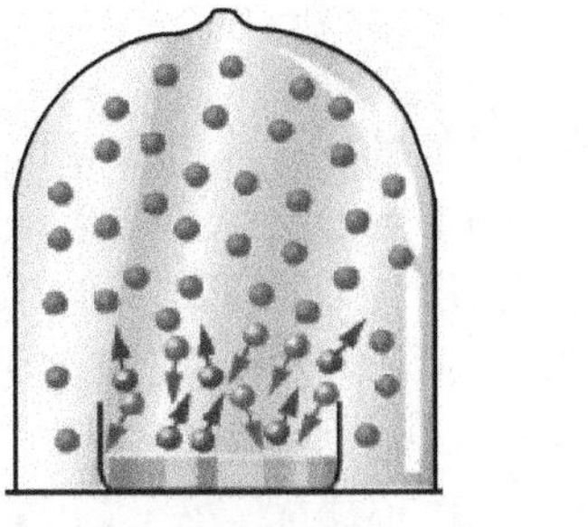

图 2.4　密闭容器中的气-液动态平衡

液体的蒸气压不随容器体积而变，也与液体的物质的量无关，但随 T 的升高而增大。当温度升高时，液体分子中能量高、速率快的分子比例增多，表层分子逸出液面的机会也会增加，蒸气压增大。按式(2.1)，p-T 应为线性关系，但将附录 3 的 $p(H_2O)$ 对温度 T(或 t)作图，得到的却是一条曲线。图 2.5 是 −10～35 ℃区间水的蒸气压-温度曲线，由图可知：①曲线代表了不同的 T、p 条件下气-液共存的各种平衡状态，曲线上任一点所对应的 T 是特定 p 下的沸点，如 A 点压力 2.34 kPa，T=20 ℃；②在蒸气压不变的情况下，降 T，$A\rightarrow D$，蒸气冷凝成液体；升 T，$A\rightarrow B$，液体蒸发成蒸气；③在 T 保持不变的情况下，加 p，$A\rightarrow E$，蒸气冷凝成液体，减 p，$A\rightarrow C$，液体蒸发成蒸气。所以，曲线之上是液相区，之下是气相区。

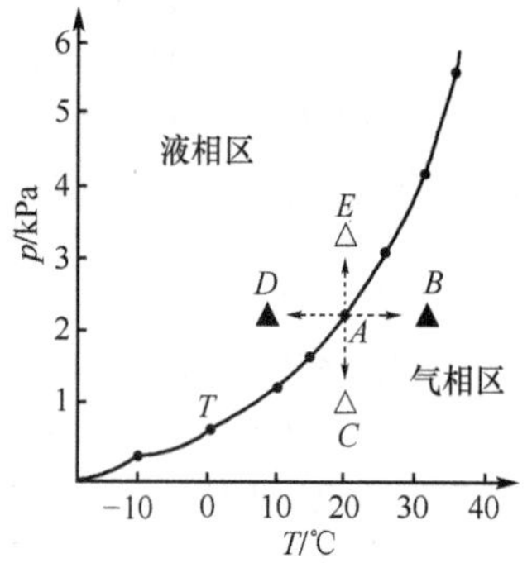

图 2.5　水的蒸气压-温度曲线

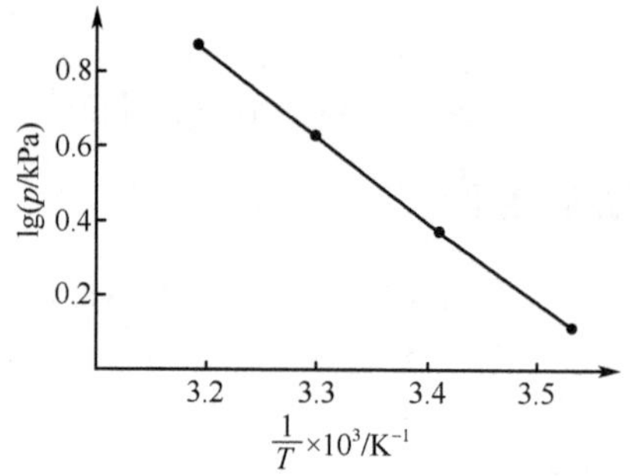

图 2.6　$\lg p(H_2O)$对 $1/T$ 的直线关系

若将 $p(H_2O)$的对数 $\lg p(H_2O)$对 $1/T$ 作图，则得如图 2.6 所示的直线。图 2.6 的线性关系可用代数方程式表示

$$\lg p = \frac{A}{T} + B \tag{2.13}$$

式中，p 为液体蒸气压；A 为直线的斜率；B 为截距。实验证明，常数 A 与液体的摩尔蒸发焓(molar heat of vaporization)ΔH_{vap}有关，在温度区间不太大的情况下

$$A = -\frac{\Delta H_{vap}}{2.303R}$$

代入式(2.13)，得

$$\lg p = -\frac{\Delta H_{vap}}{2.303R} \cdot \frac{1}{T} + B \tag{2.14}$$

式(2.14)对于许多液体(如乙醇、乙醚、丙酮、苯等)都适用。由实验测定不同温度的蒸气压，然后按式(2.14)作图，由直线斜率求出液体的摩尔蒸发热 ΔH_{vap}。

可将式(2.14)改为

$$\left.\begin{aligned} &\lg p_2 - \lg p_1 = -\frac{\Delta H_{vap}}{2.303R}\left(\frac{1}{T_2} - \frac{1}{T_1}\right) \\ \text{或}\quad &\lg\frac{p_2}{p_1} = \frac{\Delta H_{vap}}{2.303R}\left(\frac{T_2 - T_1}{T_2 T_1}\right) \end{aligned}\right\} \tag{2.15}$$

实验测定不同温度 T_1 和 T_2 下液体的蒸气压 p_1 和 p_2，即可用式(2.15)求出液体的摩尔蒸发热 ΔH_{vap}，或者当已知 ΔH_{vap}时，实验测定了某温度 T_1 下的蒸气压 p_1，即可推算出其他温度 T_i 下的蒸气压 p_i。表明液体饱和蒸气压与温度关系的式(2.15)称为克劳修斯-克拉贝龙(Clausius-Clapeyron)方程。

使用式(2.15)时要注意：式中的 ΔH_{vap}和 R 的单位必须一致；温度区间($T_1\rightarrow T_2$)不太大时，ΔH_{vap}才不随温度而变。

【例 2.7】 已知异丙醇在 2.4 ℃时的蒸气压是 1.33 kPa，在 39.5 ℃时的蒸气压是 13.3 kPa。试求异丙醇的蒸发热和沸点。

解:根据式(2.15),有

$$\lg\frac{13.3}{1.33}=\frac{\Delta H_{vap}}{2.303\times 8.31}\left(\frac{312.7-275.6}{312.7\times 275.6}\right)$$

$$\Delta H_{vap}=44.4\ \text{kJ}\cdot\text{mol}^{-1}$$

当外界压力为 101 kPa 时,液体蒸气压 p=101 kPa 时的温度就是沸点(T')

$$\lg\frac{101.3}{1.33}=\frac{4.44\times 10^4}{2.303\times 8.31}\left(\frac{T'-275.6}{T'\times 275.6}\right)$$

即

$$T'=355\ \text{K}\ (\sim 82\ ℃)$$

液体蒸气压随温度升高而增大,当蒸气压与外界压强相等时,液体就**沸腾**,这个温度就是**沸点**(boiling point,T_b)。液体的沸点随外界压强变化而异。例如,水在 101 kPa 时沸点是 100 ℃,在珠穆朗玛峰顶大气压约为 30 kPa,水烧到 70 ℃左右就沸腾了;在密闭容器减压至 1.23 kPa,水在 10 ℃就沸腾了;高压锅炉内气压达到 1000 kPa 时,水在 180 ℃左右才沸腾。外界压强等于 101 kPa 时的沸点称为正常沸点(normal boiling point)。沸腾与蒸发都是液体的气化。加热液体时易产生过热现象(superheat)而造成危害,在日常生活、实验室和工业生产中要尽量避免。

2.2.3 液-固相变

常压下液体冷却到一定温度时就会凝固成固体,如水冷却到 0 ℃就会结冰。液-固两相平衡的温度称为凝固点(freezing point,T_f)或熔点(melting point,T_m)。

对一定量的液体均匀吸热,并将冷却过程的时间对温度作图,可得冷却曲线(cooling curve),如图 2.7(a)所示。开始时,温度沿 AB 线逐渐下降,当温度降到凝固点 A'时,因出现**过冷现象**(super cooling phenomena)而无晶体析出,当温度一直降到凝固点以下的 B 点时,才析出晶体,$A'B$ 所代表的状态称为过冷液体。液体越纯,过冷现象越严重。结晶开始后温度迅速回升至 T_f,之后出现一个放热平台,即 CD 线,此时液-固共存,继续放热,温度不变,液体量减少,固相量增加。至 D 点,液体全部变为固体,随后,固体温度下降。

反过来,均匀地对一定量的固体加热,将加热时间对温度作图,如图 2.7(b)所示。

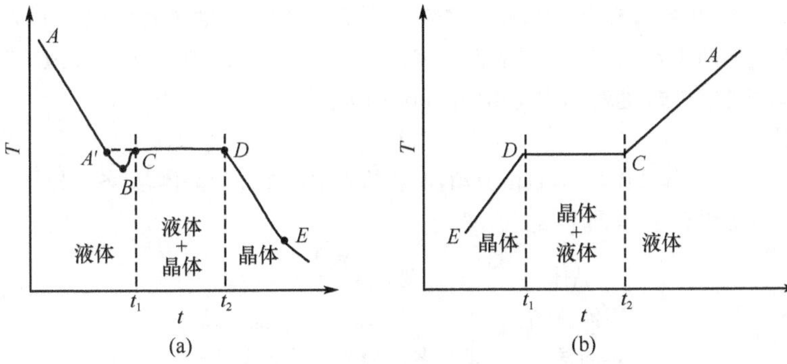

图 2.7　液体的冷却曲线和固体的受热曲线

2.2.4 水的相图

上面讨论了气-液、液-固间的相变,固体升华说明气-固间也可直接发生相变。物质存在的状态既决定于物质的性质,也与温度、压强有关。气、液、固三相间的变化与温度、压强的关系图称为相图(phase diagram)。液体冷却曲线和固体加热曲线出现的水平平台为测定相图提供了重要依据。

下面以水为例对相图进行简单说明。

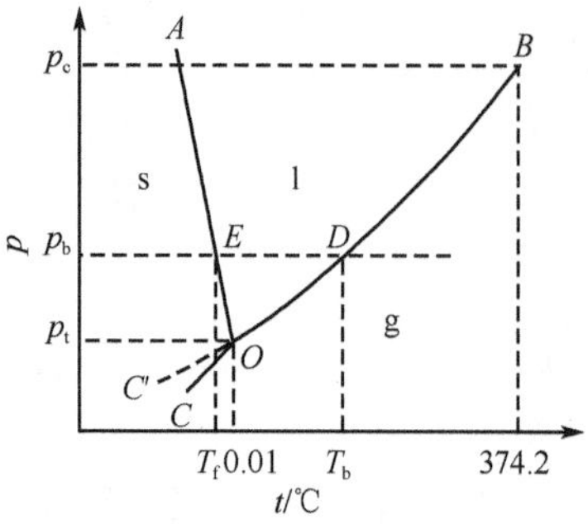

图 2.8　水的相图(坐标未按比例)

p_t=0.611 kPa；p_b=101.325 kPa；

p_c=220.60 kPa

图 2.8 为水的相图。纵坐标为体系压强，横坐标为温度。OB 线是图 2.5 中曲线的延长线，向上延伸到 100 ℃，即沸点 T_b(D 点)，再向上延伸至 374.2 ℃，到达临界点，因此 OB 为气-液共存的蒸气压曲线，B 是临界点。101.325 kPa 下将水冷却至 T_f(0 ℃)，水变成冰(E 点)，因此 OA 为固-液共存的曲线。压强越大，固-液共存的温度越低，OA 线略向左倾斜。OC 是气-固共存的平衡曲线，温度越低，固体蒸气压越小。OC' 是过冷液体曲线。O 点为气-液-固三相共平衡的点(0.01 ℃)，称为三相点(triple point)。

我国已故著名化学家黄子卿教授 1938 年在美国精确测定水的三相点为(0.009 81±0.000 05)℃，0.6105 kPa。后来又经美国、原苏联、加拿大、波兰、日本等各国学者的反复测定和按热力学表达式进行的必要修正，现在国际公认的水的三相点是(0.0099±0.0001)℃，近似值为 0.01 ℃。

水的三相点和冰点不同。三相点是纯水气-液-固三相的平衡点，也就是其平衡水蒸气压下的凝固点，其值不变。而冰点 T_f(0 ℃)则是指在标准压强下，被空气饱和的水的凝固点，即空气的饱和水溶液和冰的平衡温度，随外界条件的不同略有差异。最先人们用水的冰点、水的沸点作为温度的标准点，但由于空气组成总是因时因地而略有差异，所以用它作为标准点很不理想。现行国际单位制选用水的三相点来定义热力学温标，水的三相点定标为 273.16 K，它的 1/273.16 就是热力学温度单位开尔文(Kelvin)，那么水的冰点应为 273.15 K(即 0 ℃)。

2.2.5　液晶

固体物质按其内部结构是否规则排列分为晶体和非晶体。介于液体和晶体之间有一类物质称为液晶(liquid crystal)，它是一类新型材料。

1) 液晶的发现

1888 年，奥地利植物学家莱尼茨尔(F. Reinitzer)合成了一种奇怪的有机化合物(胆甾醇苯甲酸酯)，它有两个熔点。将固态晶体加热到 145.5 ℃时，便熔成液体，但是是浑浊的，如果继续加热到 175.5 ℃时，它似乎再次熔化，变成清澈透明的液体。后来，德国物理学家列曼(O. Lehmann)把处于"中间地带"的浑浊液体称为液晶，是液态和晶态间的过渡态，也称为中间相(mesophase)。

2) 液晶的性质

液晶类物质的力学性质像液体，可以自由流动，而它的光学性质却像晶体，显各向异性，在某个方向远程有序，在另一个方向却近程有序，有两个相变温度。

$$\text{晶体} \underset{}{\overset{\text{熔点}}{\rightleftharpoons}} \text{液晶} \underset{}{\overset{\text{清亮点}}{\rightleftharpoons}} \text{液体}$$

晶体	液晶	液体
不能流动	能流动	能流动
各向异性	各向异性	各向同性

液晶组成与结构的特殊性还使这类物质具有光电效应、偏光性、黏性、极化性等。

3) 液晶的分类

液晶就其成因可分为液向性液晶(lyotropic liquid crystal)和热向性液晶(thermotropic liquid crystal)两类。前者是将化合物溶入适当溶剂，因浓度条件而形成液晶状态，此类大部分为生物体的构成物质。而热向性液晶是由于温度效应而呈现不同的液晶相，此类液晶的电气-光学效果、温度-光学效果显著，因此在基础研究及应用上均令人瞩目。

就其分子结构对称性而言又可分为**向列型液晶**(nematic liquid crystal)、**胆固醇型液晶**(cholesteric liquid crystal)和**层列型液晶**(smectic liquid crystal)。此三类液晶的分子均为棒状(rod-like)分子外形。此外，**碟状液晶**(discotic liquid crystal)与**碗状液晶**(bowlic liquid crystal)也是近年来人们研究的新题材。

4) 液晶的应用

一般显示器所用的液晶是向列型液晶，这类液晶分子呈层状排列，层与层之间的重叠呈螺旋状结构，因而对不同波长的光反射情况不同，液体显示鲜艳的色彩，反射情况还随温度有所变化。例如，将几种液晶化合物按一定的比例混合，并制成胶囊膜，就是一个新型的色彩液晶温度计，它在不同温度显示不同颜色，测量范围宽、精确度高、显示清晰，在肿瘤病变位置检测、金属材料探伤、电子元件检查、彩色电视、全息照相等方面都已取得很好的实用效果。

20 世纪中期，科学家确认了物质第四态，即等离子体态；1995 年，美国国家标准与技术研究院和美国科罗拉多大学的科学家组成的联合研究小组，首次创造出物质的第五态，即玻色-爱因斯坦凝聚态；2004 年，这个联合研究小组又宣布，他们创造出物质的第六种形态，即费米子凝聚态。

2.3 水溶液

两种或两种以上的物质混合，形成均匀稳定的分散系称为溶液(solution)，溶液具有各向同性。溶液可以是液态，也可以是气态或固态。例如，空气是气态溶液，合金是固态溶液。一般把能溶解其他物质的化合物称为溶剂(solvent)，被溶解的物质称为溶质(solute)。最常用的液态溶剂是水，除非特别说明，通常所说的溶液就是指水溶液。除水外，还有许多非水溶剂和非水溶液。如果互溶的两者都是液体，则将量多者视为溶剂，量少者视为溶质。如果两液体能以任意比例互溶，所构成的溶液可看成是理想溶液。

按电解质在溶液中的电离程度可将溶液分为非电解质溶液(nonelectrolyte solution)和电解质溶液(electrolyte solution)，其中电解质溶液又有强电解质溶液和弱电解质溶液之分。本节主要介绍非电解质稀溶液和电解质溶液的依数性等性质。

2.3.1 非电解质稀溶液的依数性

对非电解质稀溶液，有几种性质是溶液所共有的，这类性质与溶液浓度有关而与溶质的性质无关，并且由一种性质能推算其他几种性质，这类性质称为依数性(colligative properties)。它们是蒸气压下降(depression of vapor pressure)、沸点升高(elevation of boiling point)、凝固点降低(depression of freezing point)和渗透压(osmotic pressure)。

1. 蒸气压下降

现在我们来讨论 2.2.2 中提出的问题：如果在某液体(如水)中加入少量的不挥发的非电解质构成稀溶液，那么该稀溶液的蒸气压会发生变化吗？

在非电解质稀溶液中，挥发的是溶剂水，溶质不挥发，但溶质分子部分占据了溶液的表面，阻挡了溶剂分子的蒸发，使溶液表面单位时间内蒸发的溶剂分子少于纯溶剂。在溶剂中加入溶质后，溶液中溶剂水的摩尔分数为 $x_{剂}$，根据式(2.10)，溶液的蒸气压为

$$p_{液}=p_{剂}x_{剂} \qquad 或 \qquad p^{*}=px_{剂} \tag{2.16}$$

式中，p^{*} 和 p 分别表示溶液和溶剂的蒸气压。因 $x_{剂}+x_{质}=1$，式(2.16)可写成

$$p^{*}=p(1-x_{质}) \qquad 或 \qquad p^{*}=p-px_{质}$$

即

$$\Delta p=px_{质} \tag{2.17}$$

式中，Δp 为纯溶剂的蒸气压 p 与溶液蒸气压 p^{*} 之差，即稀溶液蒸气压的降低值。式(2.17)正是拉乌尔(F. M. Raoult)通过研究几十种溶液蒸气压下降与浓度的关系，于 1887 年提出的

经验公式。可以表述为:**溶液蒸气压的下降 Δp 与溶质摩尔分数 $x_{质}$ 成正比,比例常数是纯溶剂的蒸气压 p**。

因为,$x_{质}=n_{质}/(n_{剂}+n_{质})$,当溶液很稀时,$n_{剂}\gg n_{质}$,所以

$$x_{质}\approx n_{质}/n_{剂}$$

如果限定 $n_{质}$ 为 1000 g 溶剂中所含溶质的物质的量,则 $n_{质}$ 可用质量摩尔浓度 m[a] 表示

$$n_{质}\equiv\frac{溶质的量(\text{mol})}{1000\ \text{g}\ 溶剂}=m(\text{mol}\cdot\text{kg}^{-1})$$

则

$$n_{剂}=\frac{1000\ \text{g}}{M_{剂}}$$

将 $n_{质}$、$n_{剂}$ 代入上式,有

$$x_{质}\approx\frac{n_{质}}{n_{剂}}=m\cdot\frac{M_{剂}}{1000\ \text{g}}$$

则式(2.17)成为

$$\Delta p=px_{质}\approx p\cdot\frac{M_{剂}}{1000\ \text{g}}m=km \qquad (2.18)$$

式中,比例常数 $k=pM_{剂}/1000$ g。式(2.18)表明:**溶液蒸气压的下降 Δp 与质量摩尔浓度 m 成正比**,比例常数 k 与纯溶剂的蒸气压 p 和摩尔质量 $M_{剂}$ 成正比。

现在来看实验情况。如图 2.9 的装置中,左管是水,右管是水的蔗糖溶液,两管由 U 形压强计相连,两边水银高度相同。关闭阀门,置水浴恒温。然后打开阀门,一定时间后,可观察到压强计的水银面右柱高于左柱,表明水的蒸气压大于蔗糖溶液的蒸气压。

图 2.10 中的实线即图 2.8 的一部分,实线下的虚线是一定浓度蔗糖溶液在不同温度下的蒸气压曲线。由图 2.10 可见,不论在什么温度下,蔗糖溶液的蒸气压总是小于水的蒸气压;式(2.18)表明,溶液蒸气压下降 Δp 与溶液浓度 m 成正比。纯溶剂的蒸气压随温度升高而增加,溶液的蒸气压也随温度升高而增加,但总是低于纯溶剂。

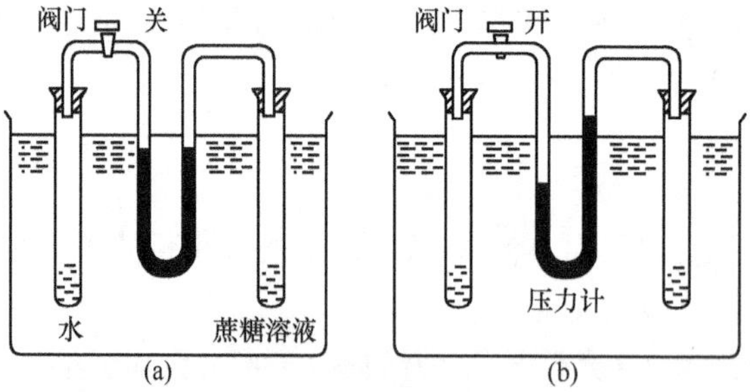

图 2.9　溶液蒸气压的下降

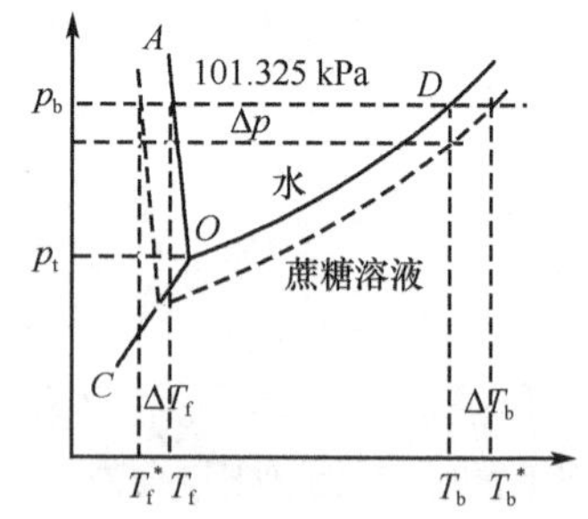

图 2.10　水与蔗糖溶液蒸气压曲线

【例 2.8】　已知 20 ℃时水的饱和蒸气压为 2.34 kPa,分别将 34.20 g 蔗糖($C_{12}H_{22}O_{11}$)与 0.60 g 尿素 $[CO(NH_2)_2]$ 溶于 200 cm^3 水中,分别计算这两种溶液的蒸气压。

解:知道溶剂的蒸气压求溶液的蒸气压,如用式(2.16)[也可按式(2.17)],则要先求出 $x(H_2O)$。又知蔗糖的摩尔质量 $M=342\ \text{g}\cdot\text{mol}^{-1}$,尿素的摩尔质量 $M=60\ \text{g}\cdot\text{mol}^{-1}$,200 cm^3 水≈200 g 水,则

$$n_{糖}=34.20/342=0.100\ (\text{mol})\qquad n_{尿素}=0.60/60=0.100\ (\text{mol})$$

---

[a] 质量摩尔浓度是指 1000 g 溶剂中所含溶质的物质的量。用 m 表示,单位 $\text{mol}\cdot\text{kg}^{-1}$。

$$n(H_2O)=200/18=11.11\ (mol)$$

在两种不同溶液中均有　$x(H_2O)=0.991$

因此，两溶液的蒸气压均为

$$p^*=p(H_2O)\ x(H_2O)=2.34\ kPa\times 0.991=2.32\ kPa$$

也可先求出两溶液的质量摩尔浓度 m。但要注意，题中给出的溶剂水的质量是 200 g 而不是 1 kg，因而要经过换算(注意关系 1 kg=1000 g)

$$m_{糖}=\frac{34.20\ g}{342\ g\cdot mol^{-1}}\times\frac{1000\ g\cdot kg^{-1}}{200\ g}=0.500\ mol\cdot kg^{-1}$$

$$m_{尿素}=\frac{0.60\ g}{60\ g\cdot mol^{-1}}\times\frac{1000\ g\cdot kg^{-1}}{200\ g}=0.500\ mol\cdot kg^{-1}$$

进而求溶液的蒸气压 p^*。

此例告诉我们，虽然这**两种溶液的质量分数不同，但摩尔分数相同，质量摩尔浓度相同，蒸气压也相等**。

蒸气压的降低只与摩尔分数有关，而这种浓度表示方法与溶质及溶剂的摩尔质量有关，所以由实验测得蒸气压下降 Δp，即可求出溶液浓度，进而计算溶质的摩尔质量。

2. 沸点升高

由图 2.10 可见，无论是溶剂还是溶液，其沸点和凝固点都与液体的蒸气压紧密相关。由式(2.16)和图 2.10 不难看出，不管在什么温度下，溶液的蒸气压 p^* 始终低于溶剂的蒸气压 p。100 ℃时水的蒸气压是 101.325 kPa(D 点)，等于外压而沸腾；而在此温度下蔗糖溶液的蒸气压小于 101.325 kPa，并未沸腾，要想使溶液沸腾，必须升高温度以使蒸气压等于外压。或者说，要使溶液的蒸气压 p^* 与外界大气压相等，就必须提高温度，即溶液的沸点总是高于纯溶剂的沸点。

由式(2.18)知，溶液越浓，其蒸气压下降 Δp 越多，则沸点升高 ΔT_b 也越多。或者说溶液沸点升高 ΔT_b 与蒸气压下降 Δp 成正比

$$\Delta T_b \propto \Delta p$$

或

$$\Delta T_b=k'\Delta p=k'px_{质}\approx k'km$$

k' 和 k 都为常数，合并，并用 K_b 表示，有

$$\Delta T_b=K_b m \tag{2.18a}$$

K_b 为沸点升高常数(boiling point constant)，单位为 K · kg · mol^{-1} (或℃ · kg · mol^{-1})。式(2.18a)表明：**溶液沸点的升高 ΔT_b 与质量摩尔浓度 m 成正比**。K_b 与溶剂的摩尔质量、沸点、气化热有关，可由理论推算，也可由实验测定。

【例 2.9】 称取果糖 2.50 g 和某有机物 2.00 g，分别溶入 100.0 g 乙醇中，测得果糖的乙醇溶液沸点升高了 0.201 K，有机物的乙醇溶液沸点升高了 0.185 K。试求算有机物的相对分子质量。

解： 测定溶液的沸点是常用的测定有机物相对分子质量的方法之一。按式(2.18a)应知道沸点升高常数 K_b，但题目并未告知，办法一是查相关数据，二是通过测定另一已知相对分子质量的物质溶液的沸点来获取。本题采取的是后一方法。已知果糖的相对分子质量 $M=180.16$，溶剂都是乙醇，由式(2.18a)有

$$K_b=\Delta T_b(糖)/m(糖)=\Delta T_b(未知)/m(未知)$$

根据质量摩尔浓度的定义，$n_{质}$ 在数值上就等于 m(mol · kg^{-1})。虽然题中所用溶剂乙醇是 100.0 g 而不是 1000.0 g，但量相同，因此上式可写成

$$n(糖)/\Delta T_b(糖)=n(未知)/\Delta T_b(未知)$$

即

$$\frac{2.50}{180.16\times0.201}=\frac{2.00}{M(\text{未知})\times0.185}$$

解得

$$M(\text{未知})=156.59$$

即该有机物的相对分子质量是 156.59。

3. 凝固点降低

由图 2.10 不难看出，溶液蒸气压 p^* 的下降，导致溶液凝固点 T_f^* 低于溶剂的凝固点 T_f，二者之差 $\Delta T_b(T_f-T_f^*)$ 就是溶液凝固点降低值。同样，ΔT_f 与溶液蒸气压下降 Δp 成正比

$$\Delta T_f \propto \Delta p$$

或

$$\Delta T_f = K_f m \tag{2.18b}$$

溶液凝固点的降低 ΔT_f 与质量摩尔浓度 m 成正比。 K_f 为凝固点降低常数(freezing point constant)，单位同 K_b，与溶剂的凝固点、摩尔质量、熔化热有关。表 2.2 列出了常见溶剂的 K_b 和 K_f。

溶液凝固点下降的原理在科研、生产和日常生活中有广泛的应用。对挥发性溶质不能用沸点法或蒸气压法测定摩尔质量而可用凝固点法，用现代实验技术，ΔT_f 可以测准到 0.0001 ℃。汽车散热器的冷却水在冬季常需加入适量的乙二醇或甲醇以防水的冻结，冰盐浴的冷冻温度远比冰浴的低。表 2.3 列出了几种常见无机盐水溶液制冷剂的温度。有机化学实验中常用测定沸点或熔点的方法来检验化合物纯度，这是因为含杂质的化合物可看成是一种溶液。

表 2.2　常见溶剂的 K_b 和 K_f

溶剂	T_b/℃	K_b/(K · kg · mol^{-1})	T_f/℃	K_f/(K · kg · mol^{-1})
水	100.0	0.513	0.0	1.86
乙醇	78.2	1.23	−114	—
丙酮	56	1.80	−95	—
苯	80	2.64	6	5.07
乙酸	118	3.22	17	3.63
氯仿	61	3.80	−64	—
萘	218.9	—	80.5	7.45
硝基苯	211	5.2	6	6.87
苯酚	181.7	3.54	43	6.84

摘自 CRC Handbook of Chemistry Physics. 82nd ed. 2001～2002，15-14，15-20，15-21。

表 2.3 几种常见无机盐和冰(100 g)组成的制冷剂

盐	质量/g	冰盐点/℃	盐	质量/g	冰盐点/℃	盐	质量/g	冰盐点/℃
KOH	47.1	−65.0	$CaCl_2 \cdot 6H_2O$	125.0	−40.3	NH_4Cl	25	−15.8
$ZnCl_2$	108.3	−62.0	NaCl	33	−21.2	KCl	30	−11.0
$CaCl_2 \cdot 6H_2O$	143.0	−55.0	$NaNO_3$	59	−18.5	$CaCl_2$	80	−11.0

4. 渗透压

溶液的蒸气压低于溶剂的蒸气压($p^{*}<p$)，正像大气中的高压气流会自动向低压气流方向转移一样，如果转移通道畅通，高蒸气压的溶剂分子会向低蒸气压的溶液中转移。例如，将一容器的中间用半透膜(semipermeable membrane)隔开，恒温下，一端装水，另一端装溶液，并使两端液面同高。如果溶剂分子能通过半透膜而溶质分子不能通过，则经一定的时间后，发现溶液一端的液面高于溶剂一端的液面，如图 2.11 所示。这是由于溶剂分子通过半透膜渗透到溶液的一端。渗透平衡时，溶液高出部分产生的压强即溶液的渗透压，用 π 表示。

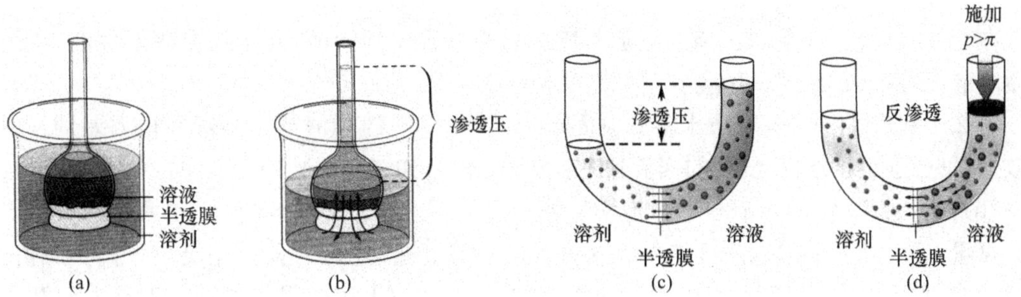

图 2.11　渗透与反渗透

早在 100 多年前科学家就系统地研究过渗透现象，1877 年植物学家菲弗尔(W. Pfeffer)总结许多实验结果发现：在一定的温度下，渗透压与浓度(c)成正比，1885 年，范特霍夫(J. H. van't Hoff)进一步发现稀溶液的渗透压与稀溶液的浓度及温度的关系与理想气体定律相似，可表述为

$$\pi V=nRT \qquad 或 \qquad \pi=\frac{nRT}{V} \tag{2.19}$$

式中，各物理量与式(2.1)相同，n/V 为物质的量浓度，$mol \cdot dm^{-3}$。可见，溶液的渗透压随浓度的增大而增大，通常具有很高的值。式(2.19)最初只是经验公式，后来也能由热力学理论推证。

渗透压的应用非常广泛。生物学家通过对渗透现象的研究，很早就知道生命现象与渗透平衡密切相关。生物细胞膜都具有奇妙的半透性，将红细胞放入纯水，红细胞渐渐肿胀，直到胀裂，这就是水分子透过细胞膜渗入血球所致。若将红细胞放入浓的糖溶液，则水分子运动方向相反，红细胞渐渐干瘪。所以在医疗过程中，人体静脉点滴要用等渗溶液(780 kPa)。人体的器官肾是一个特殊的渗透器，它让代谢过程产生的废物渗透随尿液排出体外，而将有用的蛋白质保留在肾小球内，如果尿中出现蛋白质表明肾功能受损。海鱼和淡水鱼靠鱼鳃渗透功能的不同，维持其体液与水质之间的渗透平衡，所以海鱼不能在淡水中养殖。树根靠渗透作用把水分和养料一直运输到树叶的末端，其渗透压可以高于 1000 kPa。农作物施肥浓度不能过大，过大庄稼就会被“烧死”也是渗透作用在作怪。化学家利用渗透原理，通过反渗透进行海水淡化、污水处理及溶液浓缩等。稳定、长期受压无损和价格便宜的半透膜的研制是解决这类问题的关键。

具有不同浓度的溶液通过半透膜进行物质的转移是由它们的蒸气压之差引起的。不仅如此,处于同一体系的不同蒸气压环境中的物质,也可通过气相进行相应物质的转移。例如,物质的表面能吸收空气中的水分,并在表面形成局部饱和溶液。大气中的水蒸气压若高于某些物质的水蒸气压,则水分子向物质表面转移,发生潮解;反之,若空气中水蒸气压低于某些水合物的水蒸气压,水就会从水合物中转移至环境而风化。例如,25 ℃时,水的饱和蒸气压为 3.17 kPa,大气相对湿度为 60%时,大气中水蒸气的分压 $p(H_2O)=3.17\times 60\%=1.90$ (kPa)。而 $Na_2SO_4\cdot 10H_2O$ 在 25 ℃时的蒸气压为 2.5 kPa,高于 1.90 kPa,此温度下会失水而风化。要使 $Na_2SO_4\cdot H_2O$ 不风化,相对湿度应大于 79%。在物质中放干燥剂就是利用此原理。

2.3.2 电解质溶液的依数性与导电性

1. 电解质溶液的依数性

在上节的讨论中,我们强调溶质是非挥发的非电解质稀溶液,若溶质是挥发性的,或是电解质溶液,难道依数性不适用吗? 其原因又是什么?

表 2.4 列出了一些电解质水溶液凝固点降低值,发现计算值与实验值有很大差别。由这些数据可见:这三种溶液 ΔT_f 的实验值都比计算值大,如 0.10 $mol\cdot kg^{-1}$的 NaCl 溶液,按式(2.18b)计算,ΔT_f 应为 0.1858 ℃,但实验测定值却是 0.3470 ℃,实验值几乎是计算值的两倍。再看 KNO_3 和 NaCl 溶液,相同浓度的 ΔT_f 比较相近,这两种盐的正负离子都是一价的,而 $MgSO_4$ 则是二价离子化合物,它的 ΔT_f 与 KNO_3、NaCl 又有明显差别。于是人们开始研究 van't Hoff 的依数性定律不适用于电解质溶液的原因。

表 2.4 一些电解质水溶液凝固点降低值 ΔT_f

$m/(mol\cdot kg^{-1})$	ΔT_f(实验值)/℃			ΔT_f(计算值)/℃
	KNO_3	NaCl	$MgSO_4$	
0.01	0.035 87	0.036 06	0.030 0	0.018 58
0.05	0.171 8	0.175 8	0.129 4	0.092 90
0.10	0.333 1	0.347 0	0.242 0	0.185 8
0.50	1.414	1.692	1.018	0.929 0

2. 电离学说

Arrhenius 研究了电解质溶液依数性和导电性的关系,于 1887 年提出了电离学说(theory of ionization)。主要观点为:

(1) 电解质在溶液中会自发解离成带电粒子,即离子。

(2) 正负离子不停地运动,相互碰撞时又可结合为分子,所以在溶液里电解质只是部分电离,电离百分数称为**电离度**(degree of ionization)。

(3) 溶液导电是因离子迁移引起的,单位体积溶液中离子越多,导电能力就越强。

Arrhenius 认为,若溶质是电解质,则其质点数将因电离而增加,所以 ΔT_f 等数值就会增大。例如,0.10 $mol\cdot kg^{-1}$的 NaCl 部分解离成 Na^+ 和 Cl^-,从而导致溶液中质点数增加。设电离度为 α,则 1000 g 溶剂中含有 $0.10(1-\alpha)$ mol 的 NaCl、0.10α mol 的 Na^+ 和 0.10α mol 的 Cl^-,总共有 $0.10(1+\alpha)$ mol 的质点。

$$NaCl \longrightarrow Na^+ + Cl^-$$

平衡时浓度/($mol \cdot kg^{-1}$)　　$0.10(1-\alpha)$　0.10α　0.10α

因凝固点只与溶质的物质的量成正比，因此有以下关系

$$\frac{0.10\ mol}{0.10(1+\alpha)mol} = \frac{0.1858\ ℃}{0.3470\ ℃}$$

$$\alpha = 86.8\%$$

根据电离学说，强电解质在水溶液中应完全电离，其电离度应等于 100%。虽然电离度随浓度的增大而减小，0.10 $mol \cdot kg^{-1}$的浓度并不高，但计算得到只有 86.8%的 NaCl 电离成 Na^+和 Cl^-，人们将这个电离度称为**表观电离度**(apparent ionization degree)。

Arrhenius 用电导法、依数性等不同的方法测定了各种电解质溶液的电离度，如表 2.5 所示，发现依数性和导电性测定值的差别已超出实验允许误差范围，且浓度越大，差别也越大。这是由于用电导法和依数性求电离度都有缺陷。电导固然与溶液里离子的多少有关，但离子的电荷、离子间的相互作用、离子迁移的速率对电导都有影响，而各种离子迁移速率都是不相同的。而依数性法是将带电的离子和不带电的中性分子等同看待，所以用 ΔT_f 法求电离度也有不足之处。于是，便提出了活度的概念。

表 2.5　几种电解质水溶液的电离度 α(298.15 K)

电解质	实验方法	溶液浓度 $c/(n_{eq} \cdot dm^{-3})$			
		0.005	0.01	0.05	0.10
NaCl	凝固点法	95.3	93.8	89.2	87.5
	电导法	95.3	93.6	88.2	85.2
$NaNO_3$	凝固点法	—	90.3	87.1	83.2
	电导法	—	93.2	87.1	83.2
$BaCl_2$	凝固点法	—	87.8	81.9	78.8
	电导法	—	88.3	79.8	75.9
$MgSO_4$	凝固点法	64.9	61.8	42.0	32.4
	电导法	74.0	66.9	50.6	44.9

3. 活度和活度系数

实验所测的强电解质的电离度都小于 100%，但这并不意味着强解质溶液中一定有未电离的分子存在。路易斯(F. M. Lewis)认为，非理想溶液之所以不符合 Raoult 定律，是因为溶剂与溶质之间有相当复杂的作用，在没有弄清楚这些相互作用之前，可根据实验数据对实际浓度(x，m，c 等)加以校正，并于 1907 年提出有效浓度概念，称为活度(activity)，用符号 a 表示。它与浓度 c 间的关系为

$$a = \gamma c \tag{2.20}$$

式中，γ 为校正因子，或称活度系数(activity coefficient)，反映溶液中质点间相互牵制作用的程度。一些电解质在不同浓度下的活度系数列于表 2.6 中。

表 2.6 一些电解质的活度系数(298.15 K)

浓度 /(mol·kg^{-1})	HCl	KCl	NaCl	NaOH	H_2SO_4	$CaCl_2$	$CdSO_4$
0.005	0.928	0.927	0.929	—	0.639	0.785	0.50
0.01	0.904	0.901	0.904	0.89	0.544	0.725	0.40
0.05	0.830	0.815	0.823	0.82	0.340	0.57	0.21
0.10	0.796	0.769	0.778	0.766	0.265	0.524	0.17
0.20	0.767	0.718	0.735	0.757	0.209	0.48	0.137
0.50	0.757	0.649	0.681	0.735	0.154	0.52	0.067
1.00	0.809	0.604	0.657	0.757	0.130	0.71	0.041
2.00	1.011	0.576	0.670	0.70	0.124	1.55	0.035
3.00	1.32	0.571	0.710	0.77	0.141	3.38	0.036
4.00	1.76	0.597	0.791	0.89	0.171	—	—

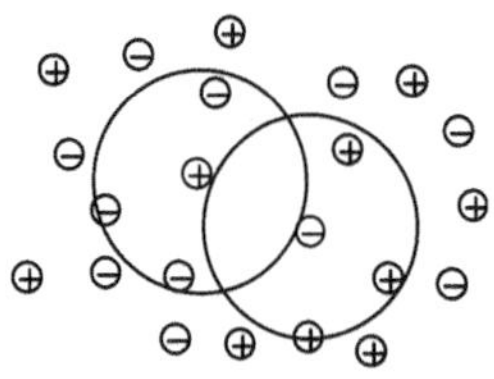

图 2.12 离子氛示意图

1912 年 X 射线结构分析确认强电解质 NaCl 晶体由 Na^+ 和 Cl^- 组成，不存在 NaCl 分子；同年，德拜(P. J. W. Debye)和休克尔(E. Huckel)提出了**离子氛**(ionic atmosphere)的概念：电解质在水溶液中虽已完全电离，但因异性离子之间的相互吸引，在正离子周围聚集了较多的负离子，而在负离子周围聚集了较多的正离子，使离子的行动不能完全自由，如图 2.12 所示。

测定电解质溶液的电导时，因离子间产生相互牵制作用，单位时间内迁移的离子数比理论值要少，迁移速度变慢，相当于离子减少，电离度降低。

1923 年，Debye 和 Huckel 用静电学的泊松(S. D. Poisson)公式和分子运动论的 Boltzmann 公式来处理电解质水溶液问题以求活度系数

$$\lg\gamma_{\pm} = -0.509 z_1 z_2 \left(\frac{I}{m^{\ominus}}\right)^{1/2} \quad (298.15\ \text{K}) \tag{2.21}$$

式中，z_1 和 z_2 为正负离子电价数的绝对值；$m^{\ominus}$ 为标准态浓度(4.1.5 节)；I 称为离子强度

$$I = \frac{1}{2}(c_1 z_1^2 + c_2 z_2^2 + \cdots) = \frac{1}{2}\sum (c_i z_i^2)$$

式(2.21)只适用 $I < 0.001$ mol·kg^{-1}的极稀溶液，而下式

$$\lg\gamma_{\pm} = -0.509 z_1 z_2 \frac{(I/m^{\ominus})^{1/2}}{1+(I/m^{\ominus})^{1/2}} \tag{2.22}$$

则是一个有实用意义的半经验公式，它适用于离子半径约为 3×10^{-8} cm、$I < 0.01$ mol·kg^{-1}的水溶液。利用计算机拟合等方法得到的一些经验参数，可用于较浓的电解质溶液。电解质溶液理论至今仍在不断完善中。

小　　结

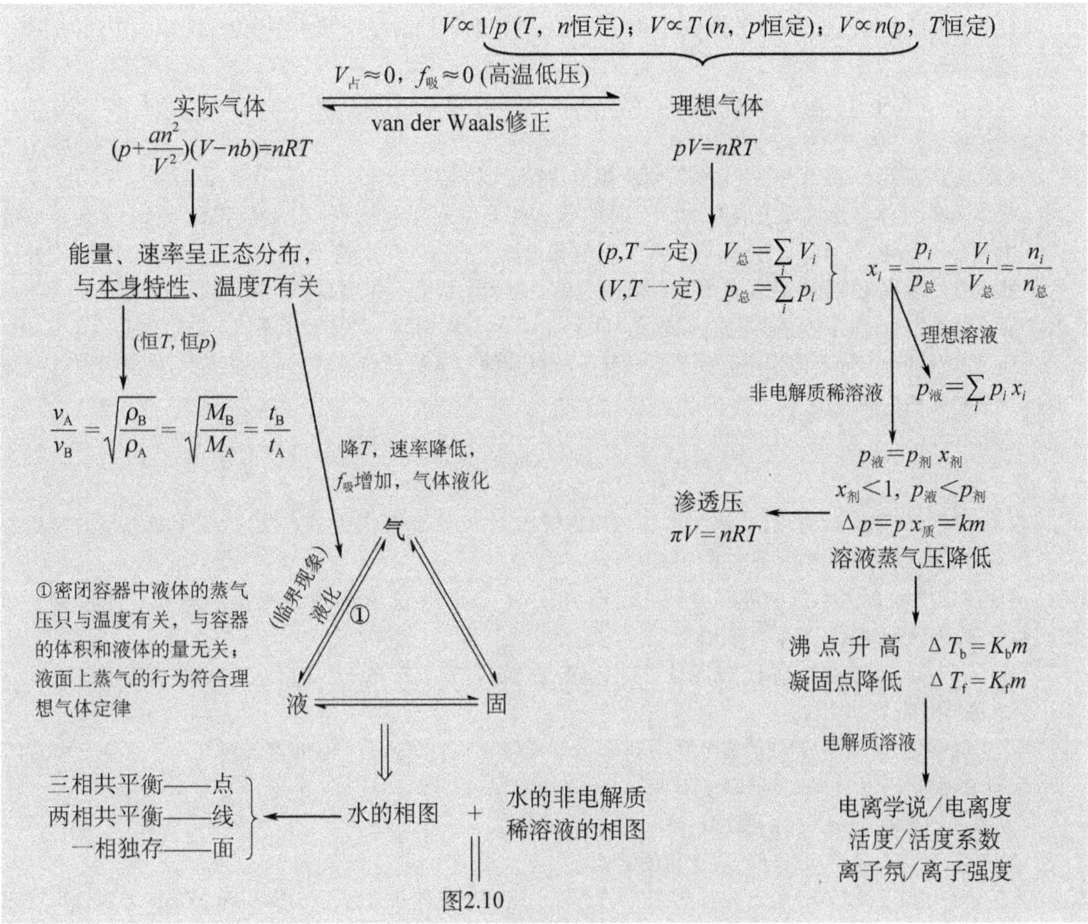

思考与研讨

2.1　什么是临界温度？在沸点以上，液体能否存在？在临界温度，液体能否存在？

2.2　饱和蒸气压随温度变化的规律与理想气体压力随温度变化的规律有何不同？为什么？

2.3　试说明天气预报时，是低气压预示着有降水，还是高气压有降水。

2.4　如果工厂车间的二楼氨气管道泄漏，在同样情况下，是三楼还是一楼的人先发现？如果是二楼的氯气泄漏，情况又如何？

2.5　查阅资料并讨论溶液的几种表示方法：质量分数、摩尔分数、体积分数、质量摩尔浓度、物质的量浓度、比例浓度、波美度、ppm 和 ppb。

2.6　在什么条件下，理想气体状态方程可用于液体蒸气压的计算？

2.7　有一种称“墨海”的带盖砚台，其结构如右图所示，在砚台中加入墨汁，在外圈加入清水，并盖严，经足够长的时间，砚中发生了什么变化？请写出现象并解释原因。如果告诉你所需要的各种数据，能否通过计算来说明？为什么？

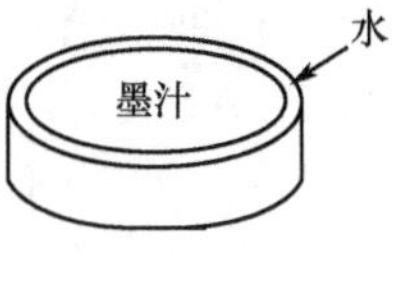

2.8　将一小块 0 ℃的冰放在 0 ℃的水中，另一小块 0 ℃的冰放在 0 ℃的盐水中，现象有什么不同？为什么？

2.9　乙二醇的沸点是 197.9 ℃，乙醇的沸点是 78.3 ℃，作为汽车散热器水箱中的防冻剂，哪一种物质较好？请简述理由。

2.10　有 A、B 两个密闭容器，$V_A=5.0\ dm^3$，$V_B=10.0\ dm^3$，25 ℃时，在 A 内充 101.33 kPa 的 N_2，在 B 内注入 0.30 mol 的水。

(1) 现用连通管连通 A、B(其体积可忽略不计)，并把两球同时浸于沸水中恒温，则球内压强为多少？N_2 的分压是多少？

(2) 在(1)的基础上若 A 球不动，将 B 球浸入 20 ℃水中恒温，平衡时球内压强是多少？B 球中 N_2 的分压是多少？A 球中 N_2 的分压是多少？

(3) 若 B 球不动，将 A 球浸入 20 ℃水中恒温，情况又如何？

2.11　液体 A 和液体 B 形成理想溶液，100 ℃时纯 A 和纯 B 的蒸气压分别是 60 kPa 和 90 kPa。假定一溶液由 N mol A 和 N mol B 组成，在 100 ℃时收集液面上的蒸气并冷凝，然后将冷凝物加热到100 ℃并使此蒸气冷凝生成液体 E。A 在 E 中的摩尔分数是多少？由此有何启发？

2.12　有一种蛋白质，估计它的摩尔质量在 12 000 $g \cdot mol^{-1}$，试问用哪一种依数性来测定摩尔质量最好？

2.13　通过本章的学习你还能列举哪些像本章开头所提到的与本章知识内容相关的现象？你能运用这些知识进行哪些扩展应用？

习　　题

2.1　在 100 kPa 和 298 K 时，有含饱和水蒸气的空气 3.47 dm^3，如将其中的水除去，则干燥空气的体积为 3.36 dm^3。试求在此温度下水的饱和蒸气压。

2.2　试计算三种情况下氧气的摩尔分数。已知水在 20 ℃和 50 ℃时的饱和蒸气压分别为 2.34 kPa 和 12.34 kPa。此题给了我们什么信息？

(1) 在 50 ℃，压强为 100 kPa 的条件下，用排水集气法收集 150 dm^3 的氧气；(2) 将其压缩至 150 kPa；(3) 将其降温至 20 ℃。

2.3　有一氮的氧化物气体，氮的质量分数为 30.5%。现在 0 ℃时将 4.107 g 的该气体充入一 0.500 dm^3 的容器中，测得压强为 202.65 kPa。试求：

(1) 在标准状况下该气体的密度；

(2) 该氮氧化合物的相对分子质量和化学式。

2.4　将 1 mol N_2 在 2.0 dm^3 容器中加热到 50 ℃，分别用理想气体状态方程和 van der Waals 方程计算气体的压强，并比较两者的相对偏差。(已知：N_2 的 van der Waals 常数 $a=1.37\times10^{-1}\ Pa \cdot m^6 \cdot mol^{-2}$，$b=3.87\times10^{-5}\ m^3 \cdot mol^{-1}$)

2.5　0.0396 g Zn-Al 合金片与过量的稀盐酸反应放出氢气，并在液面上收集到 27.10 cm^3 氢气(24.3 ℃，101.3 kPa)。求该合金的组成。已知在 24.3 ℃，$p(H_2O)=3.04$ kPa。

2.6　在 57 ℃及 101.3 kPa 时，用排水集气法收集 1.00 dm^3 氮气，已知 57 ℃时水的蒸气压为 17.3 kPa，计算：

(1) 恒温下压力降为 50.0 kPa 时 N_2 的体积；

(2) 恒压下升温至 100 ℃时 N_2 的体积。

2.7　在 100 ℃，100 kPa 下，将 300 cm^3 H_2 和 100 cm^3 O_2 混合、点燃发生反应，并维持压力不变。问：

(1) 若温度到 97 ℃，是否有液体出现？反应后混合体积是多少？

(2) 若温度到 80 ℃，各气体分压力是多少？

(3) 若原混合气体含 200 cm^3 H_2 和 100 cm^3 O_2，发生反应后也冷却到 97 ℃，情况和前者有何不同？

2.8　已知氢气的相对分子质量为 2，氧气的相对分子质量为 32，根据气体扩散定律，在同等实验条件下氢气与氧气分子的扩散速率之比是多少？

2.9　在 25 ℃时，将 C_2H_6 和过量的 O_2 充入 2.00 dm^3 的氧弹中，压力为 200 kPa。点燃并完全燃烧后将气体通入过量的 $Ca(OH)_2$ 饱和溶液中。过滤、洗涤、干燥，得 4.00 g 沉淀。求原混合气体的组成。($CaCO_3$ 的相对分子质量为 100)

2.10　在 298.15 K 时，质量分数为 9.74%的稀 H_2SO_4 溶液的密度为 $1.06\times10^3\ kg \cdot m^{-3}$，在该温度下纯水

的密度为 997 $kg \cdot m^{-3}$。计算：

(1) 此稀 H_2SO_4 溶液中溶质 H_2SO_4 的质量摩尔浓度；

(2) 此稀 H_2SO_4 溶液的浓度；

(3) 此稀 H_2SO_4 溶液中 H_2SO_4 的摩尔分数。

2.11　在 25 ℃和 101.3 kPa，将 2.00 dm^3 干燥的 CO_2 缓慢通过 1.00 dm^3 水后，用含 10.000 g KOH 的溶液吸收 CO_2，再将溶液蒸干后得固体 11.087 g。假设 CO_2 从水中带走的水蒸气可以忽略不计，求饱和 CO_2 溶液的物质的量浓度。

2.12　用高压锅加热 0.500 $mol \cdot kg^{-1}$ 的蔗糖水溶液，计算当高压锅内压力达到 202.6 kPa 时蔗糖水溶液的沸点。(水的 $K_b = 0.512\ K \cdot kg \cdot mol^{-1}$，摩尔蒸发热为 41.20 $kJ \cdot mol^{-1}$)

2.13　在 25 ℃时测得三氯甲烷($CHCl_3$)和四氯化碳(CCl_4)的蒸气压分别为 199.1 Pa 和 114.5Pa。这两种液体以等物质的量形成理想溶液时，求：

(1) 总蒸气压；

(2) 与液体混合物相平衡的蒸气中 $CHCl_3$ 的质量分数。

2.14　将 4.5 g 葡萄糖溶入 100 g 水中，求该葡萄糖水溶液的沸点。已知水的沸点升高常数 $K_b = 0.512\ K \cdot kg \cdot mol^{-1}$，葡萄糖的相对分子质量为 180。

2.15　烟草的有害成分尼古丁的实验式为 C_5H_7N，今有 0.60 g 尼古丁溶于 12.0 g 水中，所得溶液在 101.3 kPa下的沸点是 373.16 K，求尼古丁的分子式。

2.16　从某种植物中分离出一种未知结构的有抗蛋白血球增多症的生物碱，为了测定其相对分子质量，将 19.0 g 该物质溶入 100 g 水中，测得溶液的沸点升高了 0.060 K，凝固点降低了 0.220 K。计算该生物碱的相对分子质量。

2.17　四氢呋喃(C_4H_8O)曾被建议用作防冻剂，应往相同质量的水中加多少克四氢呋喃才能使它的凝固点下降到与加入 1.0 g 乙二醇($C_2H_6O_2$)的作用相当？

2.18　将某碳氢化合物 3.20 g 溶入 50 g 苯中，溶液的凝固点下降了 0.256 ℃。已知苯的凝固点降低常数为 5.12 $K \cdot kg \cdot mol^{-1}$。

(1) 求该碳氢化合物的相对分子质量；

(2) 若上述溶液在 20 ℃时的密度为 0.920 $g \cdot cm^{-3}$，求溶液的渗透压。

2.19　蛙肌细胞内液的渗透浓度为 240 $mmol \cdot dm^{-3}$，若把蛙肌细胞分别置于质量浓度为 10 $g \cdot dm^{-3}$、7 $g \cdot dm^{-3}$、3 $g \cdot dm^{-3}$ 的 NaCl 溶液中，将各成什么状态？

2.20　密闭钟罩内放有两杯溶液，甲杯溶液含 1.68 g 蔗糖($C_{12}H_{22}O_{11}$)和 20.00 g 水，乙杯中含 2.45 g 某非电解质和 20.00 g 水。在恒温下放置足够长时间到达平衡，甲杯溶液的质量变为 24.90 g，求该非电解质的相对分子质量。

2.21　将 1.22 g 的苯甲酸溶于 10.0 g 的乙醇后，乙醇的沸点升高了 1.13 K。将同样质量的苯甲酸溶于 10.0 g苯后，苯的沸点升高了 1.36 K。试计算苯甲酸在两种溶剂中的相对分子质量，从计算结果可以说明什么问题？(已知：乙醇的 $K_b = 1.19\ K \cdot kg \cdot mol^{-1}$，苯的 $K_b = 2.53\ K \cdot kg \cdot mol^{-1}$)

2.22　人体眼液的渗透压在 37 ℃时约为 770 kPa。市售的某种眼药水由下列四种物质配制而成：5.00 g $ZnSO_4$、17.00 g H_3BO_3(硼酸)、0.20 g 盐酸黄连素和 0.008 g 盐酸普鲁卡因溶入水并稀释到 1000 cm^3。若设 $ZnSO_4$ 完全电离，硼酸是一元弱酸几乎不电离，黄连素和普鲁卡因含量少忽略不计时，计算该眼药水的渗透压。比较考虑和不考虑活度因子的两种计算结果。

2.23　按下列三种要求分别计算 0.020 $mol \cdot kg^{-1}$ NaCl 溶液在 298 K 时的渗透压。将计算值与实验值(约 85 kPa)进行比较。

(1) NaCl 完全电离，离子浓度按 0.040 $mol \cdot kg^{-1}$计算；

(2) 利用公式 $\lg\gamma_B = -0.509Z_B^2\sqrt{\{I\}}$ 求活度，计算渗透压；

(3) 利用公式 $\lg\gamma_B = -0.509Z_B^2\dfrac{\sqrt{\{I\}}}{1+\sqrt{\{I\}}}$ 求活度，计算渗透压。

第 3 章　化学动力学基础

用高压锅煲汤、做饭比一般的锅快，熟食物在盛夏变质、腐烂比在冬天快得多，食品工业常在食品中添加防腐剂，而橡胶工业等常在产品中加入防老剂，这些是生活常识。我们能将这些现象与化学反应联系在一起吗？涉及化学的什么性质问题？

通常，我们写出一个化学反应式，如 $N_2(g)+3H_2(g)$═══$2NH_3(g)$，以表示某一特定的化学反应。实际上，对于一个化学反应，有两方面的问题需要回答：一是在一定条件下反应能否进行，以及能够进行到什么程度，这属于化学热力学的范畴；二是反应进行是快还是慢，以及反应是如何进行的，例如，是 1 个 N_2 分子和 3 个 H_2 分子共 4 个分子一起碰撞而发生反应吗？这是化学动力学研究的问题。从技术角度上说，确定工业生产中的化学反应条件，需要综合考虑反应的热力学和动力学两方面的因素。典型的例子是氨的工业合成，从热力学来看，该反应适宜在低温条件下进行，但从动力学来看，该反应适宜在高温条件下进行。平衡两方面的影响，目前工业生产的常用温度在 400～530 ℃。所以，在实际工业生产中，为使反应能顺利进行，并获得时间和设备效益的最大化，必须对化学反应的热力学和动力学两方面进行研究，认识并掌握化学微观反应的基本规律。事实上，化学动力学和分子反应动态学的研究以及催化理论的发展，大大推动了合成化学的发展。此外，化学反应理论研究也是化学家提出的 21 世纪要解决的四大世纪难题之一。

本章主要讨论动力学中化学反应速率、反应机理和反应速率理论的一些基本概念，讨论浓度、温度、压力、催化剂等因素对于反应速率的影响。

3.1　化学反应速率

一般来说，不同化学反应进行的快慢可以有很大差别，一些反应进行得很快，几乎在一瞬间就能完成，如炸药的爆炸、酸碱中和反应等；但是，也有一些反应进行得较缓慢，如许多氧化还原反应及很多有机化合物之间的反应等。氢气和氧气反应生成水是我们熟悉的反应，在不点燃的情况下，氢气和氧气的混合气体在室温下可以长久保持不发生显著的变化，说明该反应进行得非常慢。大量实验事实表明，同一化学反应，反应进行的快慢与反应的具体条件密切相关。例如，同样是氢气和氧气的混合气体在室温下的反应，如果点燃，将进行爆炸性反应。**化学反应速率**用来表示特定条件下化学反应进行的快慢，其定义**是单位时间内反应物或产物浓度改变量的正值**。例如，对于反应

$$aA+bB \rightleftharpoons cC+dD \tag{3-1}$$

反应速率 v 可以描述为单位时间内反应物 A 或 B 浓度的减少量的负值，或者生成物 C 或 D 浓度的增加值，即 $-\Delta c_A/\Delta t$、$-\Delta c_B/\Delta t$、$\Delta c_C/\Delta t$、$\Delta c_D/\Delta t$ 等，其单位为 $mol \cdot dm^{-3} \cdot s^{-1}$。显然，由于计量关系，应用不同物质浓度的变化值，反应速率不同。为了使一个反应只有一个反应速率 v，现行国际单位制建议将 $\Delta c/\Delta t$ 值除以反应式中的计量系数，即

$$v=-\frac{1}{a}\frac{\Delta c_A}{\Delta t}=-\frac{1}{b}\frac{\Delta c_B}{\Delta t}=\frac{1}{c}\frac{\Delta c_C}{\Delta t}=\frac{1}{d}\frac{\Delta c_D}{\Delta t}$$

从反应速率的定义可以看出，所谓反应速率实际上是该反应在某一时间开始后一段时间内的**平均反应速率**，其大小也与指定时间以及时间间隔有关。图 3.1 是某一反应的反应物和产物浓度随时间变化的关系图。从图 3.1 可以看出，随着反应的进行，开始时反应物的浓度较大，单位时间内反应物浓度减小得较快，反应产物浓度增加也较快，也就是反应较快；在反应后期，反应物的浓度变小，单位时间内反应物浓度减小得较慢，反应产物浓度增加也较慢，也就是反应较慢。一般来说，化学反应的速率与反应的时间有密切关系。在实际工作中，通常测量反应中某指定物质在不同时间 t 的浓度 $c(t)$，以浓度为纵坐标，时间为横坐标作图，得 $c(t)$-t 曲线(图 3.1)，某时刻 t 时该曲线的斜率(图 3.1 中 1、2 两点)即为该反应在时刻 t 时的反应速率，称为**瞬时反应速率**(instantaneous rate)。

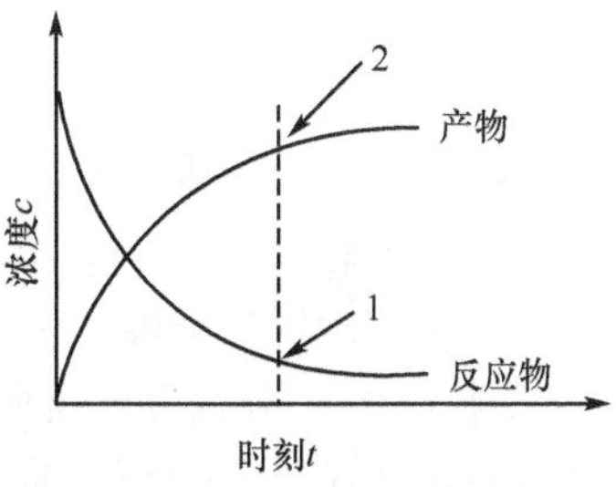

图 3.1　反应物和产物浓度随时间的变化

对于一般反应(3-1)，其瞬时反应速率可以表示为

$$v=-\frac{1}{a}\frac{dc_A}{dt}=-\frac{1}{b}\frac{dc_B}{dt}=\frac{1}{c}\frac{dc_C}{dt}=\frac{1}{d}\frac{dc_D}{dt}$$

综上所述，在测量和表示反应速率的时候需要注意：

(1) 一般来说，化学反应速率随时间而发生变化，不同时间反应速率不同。所以，通常应用瞬时速率表示反应在 t 时的反应速率。化学反应刚开始一瞬间的速率称为反应的**初始速率**。

(2) 一个化学反应的反应速率与反应条件密切相关，同一个反应在不同条件下进行，其反应速率可以有很大的不同。

(3) 浓度是影响反应速率的另外一个重要因素。通常化学反应是可逆的，当正反应开始后，其逆反应也随之进行，所以实验测定的反应速率实际上是正反应和逆反应之差，即**净反应速率**。当然，有些反应的逆反应速率非常小，完全可以不考虑，可以认为是**单向反应**。

测量一个化学反应的速率，需要测定某一时间附近单位时间内某物质浓度的改变量。但是，一般来说在测量时化学反应仍在进行，应用一般化学分析方法测定反应速率存在困难。一个近似的办法是使反应立即停止(如果可以)，如通过稀释、降温、加入阻化剂或除去催化剂等方法可以使反应进行得非常慢，便于进行化学分析。但这样既费时费力，又不准确，可以研究的反应也有限。现在广泛使用的方法是测定物质的性质，如压力、电导率、吸光度等，通过它们与物质浓度的关系实现连续测定。

3.2　化学反应速率方程

3.2.1　化学反应速率方程的表达

如上所述，反应速率是与反应物浓度、反应时间以及反应体系本身特性有关的物理量，那么，其具体关系是什么样的呢？大量实验结果表明，有许多反应的反应速率与反应物浓度的方次的乘积成正比，如对于反应(3-1)，有

$$v=kc_A^m c_B^n$$

式中,k 称为该反应的**速率常数,表示该反应在反应物浓度均为 1 mol · dm^{-3}时的反应速率**,其大小与反应的本性、温度等因素有关;$m+n$ 称为指定反应的**反应级数**,m 为反应对于反应物 A 的反应级数,n 为反应对于反应物 B 的反应级数,分别表示反应物浓度对于指定反应速率的影响程度。反应级数可以是整数,也可以是分数。如果反应的速率方程中反应级数为 1,则该反应为**一级反应**(first order reaction);如果反应级数为 2,则该反应为**二级反应**(second order reaction),依次类推。一级反应和二级反应都是常见的反应类型。

有时,m 和 n 分别等于反应式中的反应物的系数 a 和 b。但需要注意的是 m 和 n 是由实验确定的,a 和 b 只是化学反应计量系数,它们之间没有必然联系。实际中也有一类反应称为**基元反应**(elementary reaction),**是指只包含一个基元步骤的反应,即没有中间产物一步完成的反应**,其动力学方程符合**质量作用定律**(law of mass action),即化学反应方程式表示了反应进行的方式,相应动力学方程可以依化学反应式直接写出,其反应物的反应级数就是反应式中反应物的计量系数。例如,若反应

$$A + B = D$$

是基元反应,则其动力学方程一定为

$$v=kc_A c_B$$

实际反应多数都不是基元反应。一个反应是否为基元反应,需要实验和理论研究加以证明,而不能简单确定。如果一个反应的反应级数与反应式中反应物的计量系数一一对应,则该反应有可能是基元反应,也可能不是。一般来说,基元反应的反应总级数不大于 3。另外需要注意的是,一个非基元反应总是由一系列基元反应组成,它们构成了反应历程或者**反应机理**(reaction mechanism)。

【例 3.1】 340 K 时,N_2O_5 浓度为 0.160 mol · dm^{-3},其分解反应的速率为 0.056 mol · dm^{-3} · min^{-1}。已知该反应为一级反应,试求算该反应的速率常数及 N_2O_5 的浓度为 0.100 mol · dm^{-3}时的反应速率。

解:(1) 求反应速率常数 k

$$v=k \cdot c(N_2O_5)$$

$$k= v / c(N_2O_5)$$

$$=0.056\ \text{mol} \cdot \text{dm}^{-3} \cdot \text{min}^{-1}/0.16\ \text{mol} \cdot \text{dm}^{-3}$$

$$=0.35\ \text{min}^{-1}$$

(2) 求 N_2O_5 浓度为 0.100 mol · dm^{-3}的反应速率

$$v=k \cdot c(N_2O_5)=0.35\ \text{min}^{-1}\times 0.100\ \text{mol} \cdot \text{dm}^{-3}=0.035\ \text{mol} \cdot \text{dm}^{-3} \cdot \text{min}^{-1}$$

3.2.2 化学反应速率方程的建立

对于某一反应,若某反应物大大过量,在反应过程中其浓度几乎不变。例如,H_2 和 Cl_2 反应,若 Cl_2 大大过量,$c(Cl_2)$几乎不变可作常数处理,这时反应速率方程改写为

$$v=kc(H_2)\ c(Cl_2)^{1/2}=k'c(H_2)$$

此时反应表示为一级反应(**假一级反应**)。在实际工作中,经常使其他反应物大大过量,而被研究的反应物浓度相应较小,并随反应的进行发生可以准确测量的变化,也就是反应速率似乎只与所研究的反应物浓度有关,从而确定该反应物的反应级数;依次考察每一反应物对于反应的影响,确定每一反应物的反应级数,综合实验结果,就能获得完整的反应动力学方程。这样,只

要清楚简单级数反应的特点，任何复杂反应都是容易掌握的。下面分别讨论常见的一级、二级、三级和零级反应的特点。

1. 一级反应

对于一级反应，其速率表达式为

$$v=kc$$

假设反应开始时($t=0$)反应物的浓度为 c_0，进行到 t 时浓度为 c，则有

$$-\frac{\mathrm{d}c}{\mathrm{d}t}=kc \tag{3.1}$$

$$\int_{c_0}^{c}\frac{\mathrm{d}c}{c}=-\int_0^t k\,\mathrm{d}t$$

$$\ln\frac{c}{c_0}=-kt \tag{3.2}$$

式(3.1)和式(3.2)分别称为一级反应速率方程的微分和积分形式。由式(3.2)可见，对一级反应，实验测得 $c(t)$-t 曲线后，若以 $\ln c$ 为纵坐标，t 为横坐标作图应得一直线，其斜率为速率常数 k 的负值。另外，反应进行到 $c=c_0/2$ 时的时间 t 称为**半衰期**(half life)，用 $t_{1/2}$表示。由式(3.2)可得

$$t_{\frac{1}{2}}=\frac{\ln 2}{k}=\frac{0.6932}{k} \tag{3.3}$$

从式(3.3)可以看出，一级反应的半衰期与反应物的起始浓度无关，这是一级反应的重要特征之一。放射性元素的核蜕变反应都是一级反应，习惯用半衰期表征核蜕变的速率。例如，以下放射性物质的核蜕变反应：

$${}^{238}_{92}\mathrm{U}\longrightarrow{}^{206}_{82}\mathrm{Pb}+8\,{}^{4}_{2}\mathrm{He}+6\,{}^{0}_{-1}\mathrm{e}\qquad t_{1/2}=4.5\times10^{9}\ \mathrm{a}$$

$${}^{14}_{6}\mathrm{C}\longrightarrow{}^{14}_{7}\mathrm{N}+6\,{}^{0}_{-1}\mathrm{e}\qquad t_{1/2}=5720\ \mathrm{a}$$

$${}^{60}_{27}\mathrm{Co}\longrightarrow{}^{60}_{28}\mathrm{Ni}+6\,{}^{0}_{-1}\mathrm{e}\qquad t_{1/2}=5.26\ \mathrm{a}$$

半衰期越长，k 值越小，反应速率越小，放射性物质存留时间越长。

2. 二级反应

对于二级反应，其速率表达式为

$$v=kc^2$$

假设反应开始时($t=0$)反应物的浓度为 c_0，进行到 t 时浓度为 c，则有

$$-\frac{\mathrm{d}c}{\mathrm{d}t}=kc^2 \tag{3.4}$$

$$-\int_{c_0}^{c}\frac{\mathrm{d}c}{c^2}=\int_0^t k\,\mathrm{d}t$$

$$\frac{1}{c}=\frac{1}{c_0}+kt \tag{3.5}$$

式(3.4)和式(3.5)分别称为二级反应速率方程的微分和积分形式。由式(3.5)可见，对二级反应，实验测得 $c(t)$-t 曲线后，若以 $1/c$ 为纵坐标，t 为横坐标作图应得一直线，其斜率为速率常数 k。二级反应的半衰期 $t_{1/2}$为 $1/(kc_0)$，与反应物的起始浓度有关。

3. 三级反应

三级反应,其速率表达式为

$$v=kc^3 \tag{3.6}$$

速率表达式的积分形式为

$$\frac{1}{c^2}=\frac{1}{c_0^2}+2kt \tag{3.7}$$

相似地,对于三级反应,若以 $1/c^2$ 为纵坐标,t 为横坐标作图应得一直线,其斜率为速率常数 k 的 2 倍。三级反应的半衰期 $t_{1/2}$ 为 $3/(2kc_0^2)$,也与反应物的起始浓度有关。

4. 零级反应

反应速率和反应物浓度零次方成正比的反应称为零级反应

$$v=-\frac{\mathrm{d}c}{\mathrm{d}t}=k \tag{3.8}$$

速率表达式的积分形式为

$$c=c_0-kt \tag{3.9}$$

相似地,对于零级反应,若以 c 为纵坐标,t 为横坐标作图应得一直线,其斜率为速率常数 k 的负值。

许多表面催化反应属零级反应,如氨气在钨丝上的分解反应

$$2NH_3 \xrightarrow{W} N_2+3H_2$$

氧化亚氮在金粉上的分解反应也属于零级反应

$$2N_2O \xrightarrow{Au} 2N_2+O_2$$

这类零级反应大都是在催化剂表面发生的,在给定的气体浓度(分压)下,催化剂表面的反应物气体分子已饱和,再增加气相浓度(分压),并不能改变催化剂表面反应物的浓度,当表面反应是速率控制步骤时,总的反应速率不再依赖于反应物在气相的浓度,这样,反应在宏观上必然遵循零级反应的规律。

【例 3.2】 在 800 ℃下测定如下反应的反应物初始浓度以及反应的初始速率,并列于表 3.1。请确定该反应的动力学方程。

$$2NO+2H_2 = 2H_2O+N_2$$

表 3.1 NO 与 H_2 反应的动力学数据

实验序号	初始浓度/(mol·dm^{-3})		初始速率
	c(NO)	c(H_2)	/(mol·dm^{-3}·s^{-1})
1	6.00×10^{-3}	1.00×10^{-3}	3.19×10^{-3}
2	6.00×10^{-3}	2.00×10^{-3}	6.36×10^{-3}
3	6.00×10^{-3}	3.00×10^{-3}	9.56×10^{-3}
4	1.00×10^{-3}	6.00×10^{-3}	0.48×10^{-3}
5	2.00×10^{-3}	6.00×10^{-3}	1.92×10^{-3}
6	3.00×10^{-3}	6.00×10^{-3}	4.30×10^{-3}

解:对比实验 1、2、3,当反应物 NO 浓度保持不变时,随着 H_2 浓度增加为原来的 2 倍或者 3 倍,反应初始速率相应增加为原来的 2 倍或者 3 倍,说明反应速率和 H_2 浓度成正比;对比实验 4、5、6,当反应物 H_2 浓度保持不变时,随着 NO 浓度增加为原来的 2 倍或者 3 倍,反应初始速率相应增加为原来的 4 倍或者 9 倍,说明反应速率和 NO 浓度的平方成正比。综合考虑,反应速率方程如下

$$v=kc(H_2)c(NO)^2$$

所以该反应为三级反应,对于 NO 是二级,对于 H_2 是一级。

利用表 3.1 的数据,可以计算出速率常数 k。例如,将实验 1 数据代入速率方程有

$$k=\frac{3.19\times10^{-3}\ mol\cdot dm^{-3}\cdot s^{-1}}{(1.00\times10^{-3}\ mol\cdot dm^{-3})(6.00\times10^{-3}\ mol\cdot dm^{-3})^2}=8.86\times10^{-2}\ mol^{-2}\cdot dm^6\cdot s^{-1}$$

按照速率常数的定义,将表 3.1 中任何一组数据代入速率方程计算,理论上都可以得到相同的速率常数。实际上,实验都是有误差的,计算得到的速率常数会有差别。一般情况下,为得到准确的速率常数,在数据足够多的情况下,应对数据进行一定处理。

【例 3.3】 丙酸乙酯在碱性水溶液中的皂化反应为

$$C_2H_5COOC_2H_5+NaOH=\!=\!=C_2H_5COONa+C_2H_5OH$$

实验发现反应速率既与丙酸乙酯的浓度有关,也与氢氧化钠的浓度有关。在 298 K 时测得数据见表 3.2,其中反应物的起始浓度均为 0.025 $mol\cdot dm^{-3}$。请确定反应的速率方程。

表 3.2　丙酸乙酯在碱性水溶液中的皂化反应

t/min	c^*/($mol\cdot dm^{-3}$)	t/min	c^*/($mol\cdot dm^{-3}$)
0	25.00×10^{-3}	80	2.32×10^{-3}
5	15.53×10^{-3}	100	1.89×10^{-3}
10	11.26×10^{-3}	120	1.60×10^{-3}
20	7.27×10^{-3}	150	1.29×10^{-3}
40	4.25×10^{-3}	180	1.09×10^{-3}
60	3.01×10^{-3}		

* c 为丙酸乙酯的浓度。

解:按照反应式,反应消耗一分子丙酸乙酯将消耗一分子氢氧化钠。由于反应开始时反应物的浓度相等,速率方程一般形式 $v=kc_A^m c_B^n$ 可以变化为 $v=kc_A^{m+n}$,根据不同级数反应的特征,利用作图法可以确定反应的速率表达式。图 3.2(a) 是反应的 $c(t)$-t 曲线。若将不同时间 t 时丙酸乙酯的浓度 c 取对数,以 $\ln c$ 对 t 作图,得到的图 3.2(b)并非直线,因此该反应不是一级反应。若取不同时间 t 时丙酸乙酯的浓度 c,按 $1/c$ 对 t 作图,得图 3.2(c),是很好的直线,因此该反应是二级反应。由直线的斜率还可求出 $k=4.88\ mol^{-1}\cdot dm^{-3}\cdot min^{-1}$。

因为丙酸乙酯在碱性水溶液中的皂化反应是简单级数反应,反应的主体显然是丙酸乙酯,所以在 $m+n$ 为 2 时,m 可能为 1 或者 2,n 可能为 1 或者 0。由于实验表明反应速率既与丙酸乙酯的浓度有关,也与氢氧化钠的浓度有关,所以 m 和 n 都取 1。

根据以上结果,丙酸乙酯在碱性水溶液中的皂化反应的速率方程为

$$v=kc(C_2H_5COOC_2H_5)c(NaOH)$$

其中,$k=4.88\ mol^{-1}\cdot dm^{-3}\cdot min^{-1}$。

当然,也可以根据不同反应的特点,直接利用数据进行计算,从而得到反应速率方程。

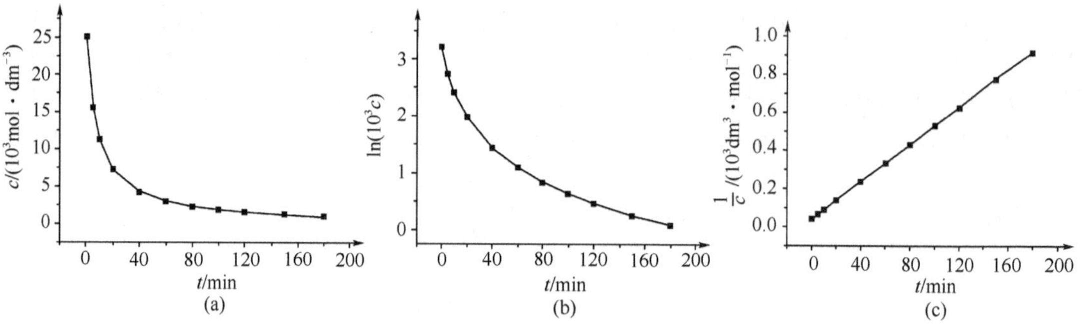

图 3.2　丙酸乙酯在碱性水溶液中的皂化反应

(a) $c(t)$-t 曲线;(b) $\ln c$-t 曲线;(c) $(1/c)$-t 曲线

3.3　温度对反应速率的影响——Arrhenius 方程

我们常说,温度对反应速率有影响,而且其影响程度比浓度要显著得多。例如,H_2 与 O_2 放在一起,在室温下观察不到反应发生的迹象,但温度达到 600 ℃以上时,其反应剧烈到可以发生爆炸的程度。因此研究温度对反应速率影响的规律十分重要。从速率方程的表达式可以看出,温度对反应速率的影响应该体现在反应速率常数 k 上。从历史上说,研究温度对反应速率的影响,曾总结出了多种经验性规律,最早是 van't Hoff,他曾提出一近似规则,即温度每升高 10 ℃,反应速率将增大 2～4 倍,用数学公式可表示

$$k_T/k_{T-10}=2\sim 4 \tag{3.10}$$

这个近似规则至今仍有作用。在此以后,虽有多种经验规则出现,但在动力学研究中,发生重大影响并对动力学的理论研究起重大作用的是 Arrhenius 公式。

3.3.1　Arrhenius 经验公式

在 19 世纪末,Arrhenius 在总结了大量实验结果的基础上,提出了下列表达式

$$\frac{\mathrm{d}\ln k}{\mathrm{d}t}=\frac{E_a}{RT^2} \tag{3.11}$$

式中,E_a 称为**实验活化能**,一般可视为与温度无关的常数,其单位为 $\mathrm{J\cdot mol^{-1}}$ 或 $\mathrm{kJ\cdot mol^{-1}}$。

对式(3.11)作不定积分,可得

$$\ln k=\frac{-E_a}{RT}+C \tag{3.12}$$

由式(3.12)可看出,以 $\ln k$ 对 $\frac{1}{T}$ 作图应为一直线,其斜率即为 $-E_a/R$。对于大多数化学反应,都有这样的关系式。

此外,式(3.11)也可改写为下列形式

$$k=A\mathrm{e}^{-E_a/RT} \tag{3.13}$$

式中,A 称为**指前因子**(preexponential factor)。这个式子表明反应速率常数与温度呈指数关系。因此,人们常将式(3.13)称为反应速率随温度而变的指数定律。

式(3.11)～式(3.13)都称为 Arrhenius 公式,前者是微分形式,后二者是其积分形式。

Arrhenius公式不仅适用于气相反应，也适用于液相反应和复相催化反应。

但是，并不是所有的反应都符合 Arrhenius 公式。各种化学反应的速率与温度的关系相当复杂。目前已知的 k 与 T 的关系有五种类型，如图 3.3 所示。第Ⅰ种类型最为常见，即速率常数 k 与 T 呈指数上升关系，它符合 Arrhenius 公式，也称为 Arrhenius 类型反应。第Ⅱ～Ⅳ种类型反应不多，也不符合 Arrhenius 公式。其中Ⅱ型表现出一开始温度对 k 的影响不太大，但到某个极限后 k 以高速上升，一些爆炸反应都属于此种类型；Ⅲ型反应往往出现在多相催化反应中；Ⅳ型反应则出现在烃类氧化反应中。第Ⅴ种类型较反常，其 k 随 T 上升而下降，NO 氧化为 NO_2 的反应即属于此种类型。

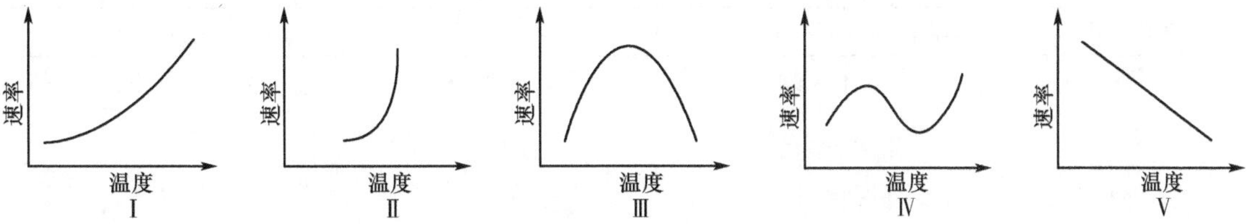

图 3.3　化学反应的速率与温度的关系

Arrhenius 在提出经验公式以后，为了解释这个经验公式，随即提出活化分子和活化能的概念，这些概念的提出有很大的理论价值，目前在动力学研究中仍广泛应用这些概念。但也应指出，关于活化能的定义目前还没有完全统一的提法，随着反应速率理论的发展，人们对活化能这一概念的理解也逐步深化。下面对 Arrhenius 所提出的活化分子和活化能的概念进行简单介绍。

3.3.2　活化能与活化分子

对基元反应而言，不是反应物分子之间任何一次直接作用都能发生反应，而是只有那些能量较高的分子之间的直接作用才能发生反应。这种**能量较高、在直接作用时能发生反应的分子称为活化分子**(activated molecule)。**活化分子能量超出普通分子能量的值称为活化能**(activation energy)。后来，托尔曼(R. C. Tolman)曾用统计力学证明，对于基元反应，**活化能是活化分子的平均能量与所有分子的平均能量之差**，可用下式表示：

$$E_a = \langle E^* \rangle - \langle E \rangle \tag{3.14}$$

式中，$\langle E \rangle$表示能量的平均值。

如图 3.4 所示，对于一指定反应，活化能 E_a 可以理解为反应物经反应过程生成产物，反应物分子必须有足够的能量克服一定势垒(E_a)才能生成产物分子，正如人们从甲地到乙地有可能需要翻山越岭一样。如果反应物分子间的任何一次直接作用都能发生反应，那么，用气体分子运动论可以算出，当气体的浓度为 1 mol·dm^{-3}时，每秒在 1 cm^3 内反应物分子的碰撞数可达 10^{28}次，只需 10^{-5} s 就可完成反应。换句话说，任何反应均可瞬间完成。但实验事实表明，不同的反应其反应速率的差别是很大的，这说明并不是反

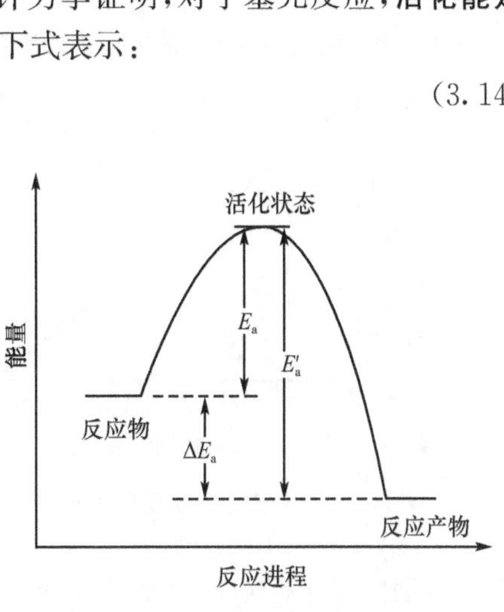

图 3.4　反应势能示意图

应物分子的每一次直接作用都能发生反应，而是只有数量不多的活化分子的直接作用才能发生反应。因为不同的反应所需活化能的数值不同，因此对于反应物总数相同的不同反应，活化分子的数目不同，活化分子的直接作用数也不同，这正是不同反应的反应速率可能相差很大的内在原因。温度升高之所以能加快反应速率是因为随着温度的升高，活化分子数增多。

【例 3.4】 实验分别测定了 HI(g)的生成反应和 N_2O_5(g)的分解反应在不同温度下的速率常数(表 3.3)。试求：(1) 两个反应的实验活化能；(2) HI(g)的生成反应在 298 K 的速率常数。

表 3.3 HI(g)的生成反应和 N_2O_5(g)的分解反应的速率常数

$H_2(g)+I_2(g) \rightleftharpoons 2HI(g)$		$2N_2O_5(g) \rightleftharpoons O_2(g)+4NO_2(g)$	
温度 T/K	速率常数 k/($mol^{-1} \cdot dm^3 \cdot s^{-1}$)	温度 T/K	速率常数 k/s^{-1}
556	4.45×10^{-5}	273	7.87×10^{-7}
575	1.37×10^{-4}	293	1.76×10^{-5}
629	2.52×10^{-3}	298	3.38×10^{-5}
666	1.41×10^{-2}	308	1.35×10^{-4}
700	6.43×10^{-2}	318	4.98×10^{-4}
781	1.35	328	1.50×10^{-3}

解：(1) 利用表 3.3 的数据，对于两个反应，分别以 lg$k$ 对 $1/T$ 作图，得到的图 3.5 和图 3.6 都为一直线。对于 HI(g)的生成反应，直线的斜率为$-E_a/2.303R$

$$-\frac{E_a}{2.303R} = -8636.75\ K$$

$$E_a = -2.303\times8.314\ J \cdot mol^{-1} \cdot K^{-1}\times(-8636.75\ K)$$

$$=165\ 369\ J \cdot mol^{-1}=165.37\ kJ \cdot mol^{-1}$$

即 HI(g)生成反应的实验活化能为 165.37 $kJ \cdot mol^{-1}$。相似地，可以求出 N_2O_5(g)的分解反应实验活化能为 102.67 $kJ \cdot mol^{-1}$。当然，根据活化能与温度的关系式，不同温度下速率常数之间有如下关系：

$$\lg\frac{k_2}{k_1} = \frac{E_a}{2.303R}\left(\frac{T_2-T_1}{T_2T_1}\right) \tag{3.15}$$

所以，也可以利用表 3.3 的数据进行计算，然后取平均值求得实验活化能。

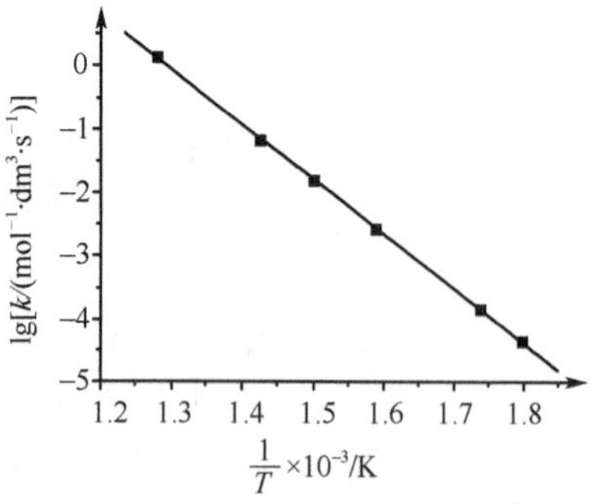

图 3.5 HI(g)的生成反应 lg$k$-$\frac{1}{T}$ 图

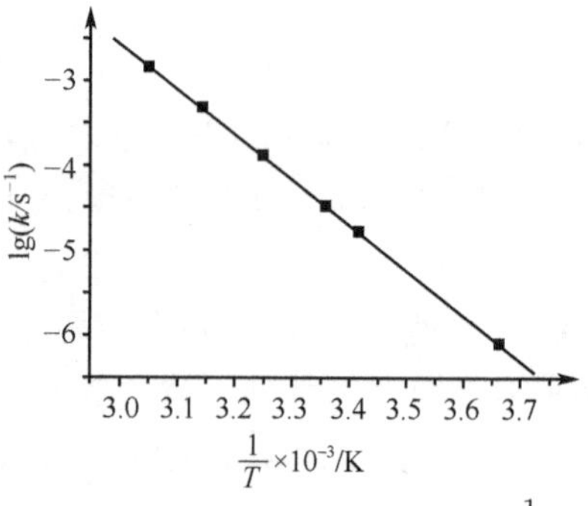

图 3.6 N_2O_5(g)的分解反应 lg$k$-$\frac{1}{T}$ 图

(2) 同样，在求得实验活化能后，利用式(3.15)和表 3.3 的数据，可以求算 HI(g)的生成反应在 298 K 的速率常数

$$\lg \frac{k_{298}}{0.0643} = \frac{165.37 \times 10^3}{2.303 \times 8.314}\left(\frac{298-700}{298 \times 700}\right)$$

$$k_{298} = 1.46 \times 10^{-18} \mathrm{mol^{-1} \cdot dm^3 \cdot s^{-1}}$$

与700 K时速率常数比较，k_{298}非常小。可以看出温度对反应速率的影响非常大，特别是对于活化能非常大的反应。

3.4 反应速率理论和反应机理简介

实验活化能为一宏观物理量，活化分子的概念也不十分清晰。现在流行的基元反应速率理论包括碰撞理论和过渡态理论，它们对于活化能有各自的微观解释。

3.4.1 碰撞理论

碰撞理论(collision theory)以气体分子运动论为基础，主要用于气相双分子反应。碰撞理论的基本要点如下：

(1) 反应物分子为刚性硬球，要发生化学反应，反应分子之间必须发生碰撞。

化学反应的发生总要以反应物之间的接触为前提，即反应物分子之间的碰撞是先决条件，没有粒子间的碰撞，则反应的进行无从说起。所以，化学反应的速率与单位时间内碰撞次数 **Z**(**碰撞频率**)成正比

$$v \propto Z = Z_0 c_A c_B$$

式中，c_A、c_B 分别为反应体系中反应物A和B的浓度；Z_0 为单位浓度时的碰撞频率。

(2) 不是所有的碰撞都能发生反应，只有**有效碰撞**才能发生反应。并非每一次碰撞都发生预期的反应，只有非常少的碰撞是有效的。有效碰撞必须满足两个基本条件：①发生碰撞的分子应有足够的最低能量；②碰撞的几何方位要适宜。

一组碰撞反应物分子的总能量必须具备一个最低的能量值，反应才能发生。反应体系中这种能量分布符合Maxwell-Boltzmann分布。用 E 表示这种最低能量值，则具备 E 和 E 以上的分子组的分数为

$$f = \mathrm{e}^{-E/RT}$$

式中，f 称为**能量因子**。

另外，由于分子有具体的结构，碰撞方向还会有所不同，只有某些方向合适的碰撞才能发生反应。例如，线性分子HI与球形原子Cl反应生成HCl分子和I原子，只有碰撞时H原子和Cl原子能够接触到一定的程度反应才能发生。取向适合的碰撞次数占总碰撞次数的分数用取向因子 p 表示。

综上所述，反应速率可表示为

$$v = Zpf = Zp\mathrm{e}^{-E/RT}$$

$$v = Z_0 p \mathrm{e}^{-E/RT} c_A c_B$$

$$\frac{v}{c_A c_B} = k = Z_0 p \mathrm{e}^{-E/RT}$$

$$\lg \frac{v}{c_A c_B} = \lg k = \lg(Z_0 p) - \frac{E}{2.303RT}$$

即
$$\lg k = \lg(Z_0 p) - \frac{E}{2.303RT} \qquad (3.16)$$

式(3.16)与 Arrhenius 经验公式[式(3.11)]具有一致性，活化能是一组碰撞反应物分子的总能量必须具有的最低能量值。由此可见，速率常数 k 与反应温度、反应物的大小与结构等因素有关。

3.4.2　过渡态理论

过渡态理论（transition-state theory）即**活化络合物理论**，是 1935 年由埃文斯(A. G. Evans)和波拉尼(M. Polany)提出的。过渡状态理论以量子力学对反应过程中能量变化的研究为依据，认为反应物分子并不只是通过简单碰撞直接形成产物，而是必须经过一个形成活化络合物的过渡状态，并且达到这个过渡状态需要一定的活化能。例如

$$A + BC \longrightarrow A\cdots B\cdots C \longrightarrow AB + C$$

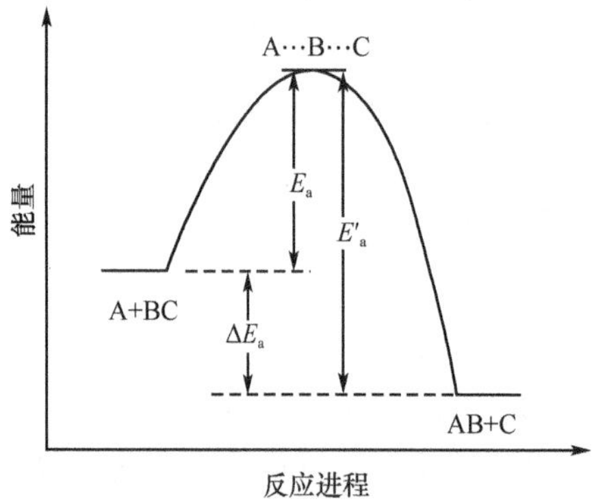

图 3.7　过渡态势能示意图

A 与 BC 反应生成 AB 和 C，必须经过一个过渡状态 A···B···C，这时 BC 键的断裂和 AB 键的形成是同时进行的。这种三原子状态称为反应的过渡态，A···B···C 称为活化络合物。由于过渡态并不是一个稳定的平衡态，所以在形成时需要一定的额外能量，即活化能，如图 3.7 所示。

对于一个反应系统，在一定的原子坐标下，原子之间有一定的相互作用能(**势能**)，随着坐标的变化，体系的势能也将发生变化。连接体系势能与原子坐标将构成一个面，称为势能面。原则上可以用量子力学方法计算反应系统的**势能面**，从势能面上推测出最可能的反应途径，从过渡态在势能面上的位置，可确定活化络合物的构型及反应能垒的高度(反应的活化能)。反应可能有多条途径，但总是势垒低的途径是主要的，犹如人们从一个山谷到另一个山谷有多种路径可走，而跨越高度最低的路则是行人最多的路线。

综上所述，人们在研究温度和反应速率关系时，提出了活化能的概念，并由实验测定了一些反应的活化能，随后反应速率理论的研究对活化能进行了微观阐明。碰撞理论着眼于碰撞“分子对”的相向平动能，而过渡态理论着眼于分子相互作用的势能。它们都能说明一些实验现象，但理论计算与实验结果相符的只限于极少数简单反应。最近 30 年，随着分子束以及激光技术的应用，化学反应速率的实验研究和理论研究都有了快速的发展，是当今研究很活跃的领域。

3.4.3　反应机理

化学中，**反应机理**用来描述某一化学变化所经由的全部基元反应。一般来说，某一反应机理应详细描述反应每一步转化的过程，包括过渡态的形成、键的断裂和生成，以及各步的相对速率大小等。确定反应机理需要进行系统实验研究，测定速率常数、反应级数、活化能、中间产物等，然后综合实验结果，参考理论，利用经验规则推测反应历程，再经过多方面推敲。

例如，实验测定过二硫酸铵与碘化钾在水溶液中的反应是二级反应

$$S_2O_8^{2-} + 3I^- \longrightarrow 2SO_4^{2-} + I_3^-$$

$$v = kc(S_2O_8^{2-})c(I^-) \tag{3.17}$$

现在公认的反应机理由 3 个基元反应来完成：

$$S_2O_8^{2-} + I^- \longrightarrow S_2O_8I^{3-} \quad (慢)$$

$$S_2O_8I^{3-} + I^- \longrightarrow 2SO_4^{2-} + I_2 \quad (快)$$

$$I_2 + I^- \longrightarrow I_3^- \quad (快)$$

其中第一个步骤是最慢步骤，称为**速率控制步骤**，决定反应速率。根据质量作用定律，第一步速率方程如式(3.17)所示，与实验动力学方程一致。

随着实验技术和理论研究的发展，有些反应机理还在不断修改和完善。例如，反应

$$H_2 + I_2 \longrightarrow 2HI$$

实验测定为一个二级反应，其速率方程为

$$v = kc(H_2)c(I_2)$$

长期以来，该反应被认为是 H_2 和 I_2 直接碰撞的基元反应。直到 20 世纪 70 年代，理论研究证明，该反应不可能是基元反应，只能分步进行。实验证明，用波长 578 nm 光照可加大反应速率，且该波长的光只能使 I_2 分子解离，并不能使 H_2 分子解离。在大量实验和理论研究的基础上，拟定的反应机理如下：

$$I_2 \longrightarrow 2I \quad (快) \quad K$$

$$H_2 + 2I \longrightarrow 2HI \quad (慢) \quad k$$

由于步骤 $H_2 + 2I \longrightarrow 2HI$ 是速率控制步骤，所以反应动力学方程为

$$v = kc(H_2)c^2(I)$$

由于反应 $I_2 \longrightarrow 2I$ 是一个快速平衡反应，所以

$$c^2(I) = Kc(I_2)$$

理论反应动力学方程为

$$\begin{aligned} v &= kc(H_2)c^2(I) \\ &= kc(H_2)Kc(I_2) \\ &= kKc(H_2)c(I_2) \\ &= k'c(H_2)c(I_2) \end{aligned}$$

与实验动力学方程一致，拟定的反应机理能够说明现有实验事实。

与 I_2 相似，其他卤素单质都能与 H_2 反应生成 HX，其中 HI 的生成反应比较平稳，而 HF 的生成反应则是爆炸反应。研究表明，所有反应的进行都依赖于卤素单质的解离，但而后的反应机理却是各有特色。与 HI 生成反应一样，H_2 分别与 Cl_2、Br_2 反应生成 HCl、HBr，两个反应的实验动力学方程都具有如下的形式：

$$v = kc(H_2)c^{1/2}(X_2)$$

其中 X_2 代表 Cl_2、Br_2。反应级数出现了分数形式，表示反应机理与 H_2 和 I_2 反应生成 HI 不尽相同。需要注意的是，两个反应具有相同的实验动力学方程，并不表示它们就应该具有相同的反应机理，而实际上上述两 HX 的生成反应具有不同的反应机理。同是卤素单质与 H_2 反应生成 HX 却具有不同的反应机理，其原因值得深入思考研究。

3.5　催化剂与催化作用

氢气和氧气反应生成水在热力学上是非常有利的反应，但氢气和氧气在室温下几乎不发

生反应,因为此条件下化学反应的速率极小。只要在混合气体中加入微量的细铂粉,反应便立即发生,而且反应后铂粉没有减少。凡能改变反应速率而本身的组成和质量在反应前后保持不变的物质,称为**催化剂**。催化剂能改变反应速率的作用称为**催化作用**。铂粉就是氢气和氧气化合反应的催化剂。

催化是化学学科的重要领域。当代化学工业的巨大成就与催化剂的广泛应用分不开。例如,硝酸、硫酸、合成氨的生产,石油的炼制,三大合成材料塑料、合成橡胶和合成纤维的生产,都是得益于工业催化剂的成功应用。现代合成化学依赖于催化剂的合成与应用。

3.5.1 催化作用的本质

许多实验测定指出,催化剂之所以能加速反应,是因为它参与了反应过程,改变了原来反应的途径,降低了反应的活化能。如图 3.8 所示,对于某反应:

(1) 未加催化剂时,反应按途径Ⅰ进行(图 3.8 中细线)

$$A+B = AB \text{ (活化能为 } E_a\text{)}$$

(2) 加催化剂后,反应按途径Ⅱ进行(图 3.8 中粗线)

$$A+K = AK \text{ (活化能为 } E_1\text{)}$$

$$AK + B = AB + K \text{ (活化能为 } E_2\text{)}$$

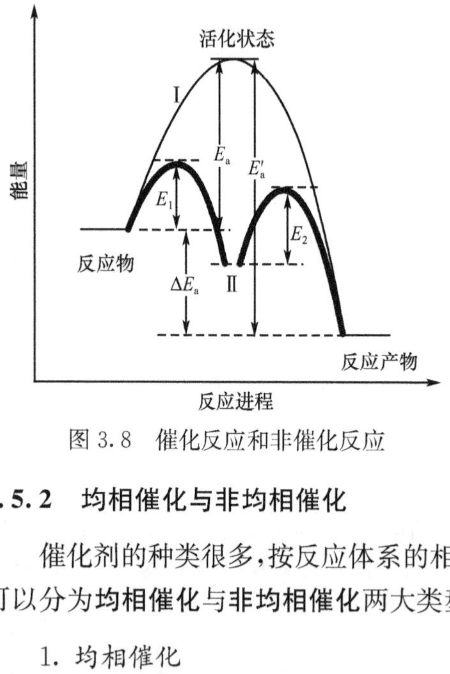

图 3.8 催化反应和非催化反应

由于 E_1、E_2 均小于 E_a,所以反应速率增大了。因为催化剂参与了反应,所以它的物理性质往往有变化,但化学性质和质量没有改变。

从上述讨论可以看出,催化剂通过参与反应改变反应的途径,从而降低反应的活化能,加大反应速率。需要注意的是,根据活化能的意义,催化剂是同等程度地加快正、逆反应的速率。催化剂并不改变反应的始态和终态,只能改变反应到达平衡的时间,而不能改变平衡状态。

3.5.2 均相催化与非均相催化

催化剂的种类很多,按反应体系的相态分为**均相催化剂**和**非均相催化剂**,相应的催化作用可以分为**均相催化**与**非均相催化**两大类型。

1. 均相催化

催化剂和反应物处于同一物相,没有相界存在而进行的反应,称为均相催化作用,能起均相催化作用的催化剂为均相催化剂。均相催化剂包括液体酸、碱催化剂,可溶性过渡金属化合物(盐类和络合物)等。均相催化剂以分子或离子独立起作用,活性中心均一,具有高活性和高选择性。显然,均相催化可以在液相或者气相中进行。

CH_3CHO 可以分解为 CH_4 和 CO,反应的活化能为 190.37 kJ · mol^{-1},是一个非常慢的反应。加入 I_2 可以大大加快 CH_3CHO 分解反应的进行:

$$CH_3CHO + I_2 \longrightarrow CH_3I + HI + CO$$

$$CH_3I + HI \longrightarrow CH_4 + I_2$$

第一步反应比第二步反应慢，是速率控制步骤。第一步反应的活化能为 135.98 $kJ \cdot mol^{-1}$，由 Arrhenius公式计算可知，I_2 的加入改变了反应进行的途径，可以使 CH_3CHO 分解反应加快 10^4 倍。

二氧化硫氧化成三氧化硫是制硫酸的关键，但是这一反应在通常情况下很难进行，需要借助于催化剂的作用。硝化法就是一种利用气相均相催化反应生产硫酸的方法。硝化法用 NO 作为催化剂，改变了 SO_2 氧化为 SO_3 的反应历程，降低了反应的活化能，使反应速率加快。

$$2NO + O_2 \longrightarrow 2NO_2$$

$$SO_2 + NO_2 \longrightarrow SO_3 + NO$$

酸、碱催化是均相催化中最普遍最重要的催化反应，如 H^+ 被用来催化酯的水解。

2. 非均相催化

非均相催化也称多相催化，在化工、石油等部门有着广泛的应用。这类催化剂主要是过渡金属、金属氧化物和金属含氧酸盐等，反应物为液体或气体。催化作用在固体催化剂的表面进行。与均相催化作用不同，非均相催化活性与选择性除取决于催化剂的化学组成外，还与催化剂表面积大小以及表面结构形态密切相关。这是因为非均相催化作用一般与吸附作用有关。

非均相催化的一个经典例子是氨的催化合成。在无催化剂时，氨的合成反应的活化能很高，大约为 335 $kJ \cdot mol^{-1}$。加入铁催化剂后，一般认为反应以生成氮化物和氮氢化物两个阶段进行。第一阶段的反应活化能为 126～167 $kJ \cdot mol^{-1}$，第二阶段的反应活化能为 13 $kJ \cdot mol^{-1}$。合成反应速率的决定步骤是第一阶段反应，反应的活化能大大降低，因而反应速率加大。

一个反应可以被不同的催化剂催化。例如，笑气（N_2O）是一种惰性气体，被用为麻醉剂。然而，当它与氯气和日光发生反应时，就会分解成氮气和氧气。这时，氯气就是一种均相催化剂，它把本来很不易分解的笑气分解成了由组成元素所组成的物质。同样是 N_2O，当它与合适的金属（如金粉）接触时，其分解反应速率可以大大加快。在这里，N_2O 可以在金粉表面吸附重组，使反应的活化能显著降低。金粉是 N_2O 分解的非均相催化剂。

催化剂的催化活性通常是通过其活性中心显示的。需要注意的是，催化剂在使用过程中可能因为中毒而使催化活性衰退或丧失。中毒的机理大致有两类：一类是某些物质吸附在催化剂的活性中心上，由于覆盖而减少了活性中心的数目；另一类是某些物质与构成活性中心的物质发生化学作用转变为无活性的物质。使催化剂中毒的物质称为**催化毒物**。催化毒物通常是反应原料中带入的杂质，或者是催化剂自身的某些杂质；反应产物或副产物也可能使催化剂中毒。显然，有些中毒是可以避免的。催化剂中毒常是使催化剂寿命缩短的重要原因，在化学工业中选用抗毒能力强的催化剂非常重要。

3. 催化剂的选择性

催化剂的另外一个重要特性是催化作用的**专一性**或称**选择性**。催化剂的选择性一般表现为一种催化剂对于不同反应的催化效果不同，即使这些不同反应属于同一类型或者有完全相同的反应物也是如此。例如，淀粉氧化反应，若以 $NaClO_2$ 作为氧化剂，使用 Ni^{2+}、Fe^{2+}、Cu^{2+} 等催化剂催化作用较好；若用 H_2O_2 取代 $NaClO_2$，则 Fe^{2+}、Mn^{2+} 等效果好，而 Ni^{2+}、Cu^{2+}、Co^{2+} 等效果较差。再如，乙醇在高温时可脱氢转变成乙醛，也可脱水转变成乙烯，银催化剂能促进前一反应，氧化铝催化剂则促进后一反应。

均相催化剂的活性中心比较均一，选择性较高，副反应较少。酶是一类在生物体系中具有催化活性的蛋白质，其催化作用显著，并且具有高度的选择性。此外，酶的催化作用还具有反应条件温和等特点。研究酶的结构及其催化作用，进行人工酶模拟，不但有利于人们了解生命现象，还可以为工业生产所应用。

小　结

对于任意一个化学反应 $aA+bB \rightleftharpoons cC+dD$，其反应速率 v 可用单位时间内反应物或产物浓度改变量的正值表示：

$$v=-\frac{1}{a}\frac{dc_A}{dt}=-\frac{1}{b}\frac{dc_B}{dt}=\frac{1}{c}\frac{dc_C}{dt}=\frac{1}{d}\frac{dc_D}{dt}$$

其表达式为 $v=k\,c_A^m\,c_B^n$。速率方程通过反应级数 m、n、$m+n$ 反映反应物的浓度对于反应速率的影响，通过反应速率常数 k 体现反应的本质。反应级数和速率常数一般由实验确定。

反应的速率常数 k 与反应物的浓度无关，与反应温度的关系由 Arrhenius 公式 $k=Ae^{-E_a/RT}$ 给出。指前因子 A 和活化能 E_a 都可以由实验测定，反应速率理论对它们的意义进行了说明。此外，有一些反应并不符合 Arrhenius 公式，需要进一步的研究。

在实验的基础上结合理论分析研究反应机理，有利于了解影响反应进行的各种因素。催化剂的催化本质是改变了反应机理和反应的活化能。反应机理和催化作用是化学动力学研究的重要方面。

结合实验数据，理解和掌握反应速率方程、反应级数、速率常数和实验活化能等基本概念，是本章的重点要求。

思考与研讨

3.1　化学反应的速率是如何定义的?

3.2　影响反应速率的因素有哪些?

3.3　速率常数受哪些因素的影响? 浓度和压力会影响速率常数吗?

3.4　什么是反应级数? 零级、一级、二级、三级反应的量纲各有什么特征?

3.5　不同反应级数的速率常数的量纲不同，零级、一级、二级、三级反应的量纲各是什么?

3.6　质量作用定律适用于哪一类反应?

3.7　为什么不同的反应升高相同的温度，反应速率提高的程度不同?

3.8　试解释浓度、压力、温度和催化剂加快反应的原因。

3.9　试用碰撞理论说明温度对反应速率的影响。

习　题

3.1　在一定温度下五氧化二氮按下式分解

$$2N_2O_5(g) \rightleftharpoons O_2(g)+4NO_2(g)$$

当反应速率 $v=-\frac{dc(N_2O_5)}{dt}=0.056\ mol\cdot dm^{-3}\cdot min^{-1}$ 时，$O_2(g)$ 和 $NO_2(g)$ 的生成速率分别是多少?

3.2　高温下气态甲醚的分解反应为

$$CH_3OCH_3(g) \longrightarrow CH_4(g)+CO(g)+H_2(g)$$

现有如下动力学实验数据：

t/s	0	200	400	600	800
$c(CH_3OCH_3)/(mol\cdot dm^{-3})$	0.010 00	0.009 16	0.008 39	0.007 68	0.007 03

分别计算 0～200 s、200～400 s、400～600 s 的平均速率。

3.3　氯乙烷(C_2H_5Cl)在高温下的分解反应

$$C_2H_5Cl(g) \longrightarrow C_2H_4(g) + HCl(g)$$

为一级反应。有人测得在 800 K 时，C_2H_5Cl 的起始浓度为 0.0098 mol · dm^{-3}，经 340 s 以后，剩下的浓度为 0.0016 mol · dm^{-3}，试计算此反应在 800 K 时的速率常数 k。

3.4　活着的动植物体内^{14}C 和^{12}C 两种同位素的比值和大气中 CO_2 所含这两种同位素的比值是相等的，但动植物死后，由于^{14}C 不断衰变

$$^{14}_{6}C \longrightarrow {}^{14}_{6}N + {}^{0}_{-1}e \qquad t_{1/2} = 5730\ a$$

$^{14}C/^{12}C$ 便不断下降，考古工作者根据$^{14}C/^{12}C$ 的变化推算生物化石的年龄。如果周口店山顶洞遗址出土的斑骨化石的$^{14}C/^{12}C$ 是当今活着的动植物体的 0.109 倍，试估算化石的年龄。

3.5　有一反应，其速率正比于一反应物的浓度和一催化剂的浓度。因催化剂浓度在反应进程中不变，因此表现为一级反应。在某温度下，当催化剂浓度为 0.01 mol · dm^{-3}时，其表观一级反应速率常数为 5.8×10^{-6} s^{-1}。其真正的二级反应速率常数是多少？如果催化剂浓度改为 0.10 mol · dm^{-3}，其表观一级反应速率常数将是多少？

3.6　硝基乙烷与氢氧化钠可以进行如下反应

$$CH_3—CH_2—\underset{\underset{O}{\|}}{N}{=}O + NaOH \longrightarrow CH_3—CH{=}\underset{\underset{ONa}{|}}{N}{=}O + H_2O$$

已求得在 0 ℃此反应的速率常数为 3.91 mol^{-1} · dm^3 · s^{-1}。设 $CH_3CH_2NO_2$ 和 NaOH 的起始浓度分别为0.005 mol · dm^{-3}和 0.003 mol · dm^{-3}，试求 NaOH 反应 99%所需要的时间。

3.7　在 326 ℃的密闭容器中，盛有 1,3-丁二烯，其二聚反应为

$$2C_4H_6(g) \longrightarrow C_8H_{12}(g)$$

在不同时刻测得容器中的压力如下：

t/min	0.00	3.25	12.18	24.55	42.50	68.05
p/kPa	84.25	82.45	77.87	72.85	67.89	63.26

试用反应速率方程的积分形式求反应级数与速率常数。

3.8　以物质的量相等的 NO 和 H_2 进行反应

$$2NO(g) + 2H_2(g) \longrightarrow N_2(g) + 2H_2O(l)$$

当采用不同的起始压力时，相应地有不同的半衰期，数据如下：

p/kPa	35.1	30.3	25.6
$t_{1/2}$/min	78	102	141

试求此反应的级数。

3.9　856 ℃时 NH_3(g)在钨(W)表面分解，当 NH_3 的起始压力为 13.33 kPa 时，100 s 后，NH_3 的分压降低了 1.80 kPa；当 NH_3 的起始压力为 26.66 kPa 时，100 s 后 NH_3 的分压降低了 1.87 kPa。试确定此反应的级数。

3.10　反应 A+B⟶P 有以下实验数据：

$c_{0,A}$/(mol · dm^{-3})	1.0	2.0	3.0	1.0	1.0
$c_{0,B}$/(mol · dm^{-3})	1.0	1.0	1.0	2.0	3.0
v_0 /(mol · dm^{-3} · s^{-1})	0.15	0.30	0.45	0.15	0.15

试确定反应的速率方程 $v=k\,c_A^m\,c_B^n$。

3.11 某抗生素在人体血液中呈现简单级数反应，如患者在上午 8 点注射一针抗生素，然后在不同时刻测定抗生素在血液中的浓度得下列数据：

t/h	4	8	12	16
c/[mg · (100 cm^3)$^{-1}$]	0.480	0.326	0.222	0.151

(1) 试确定反应的级数；

(2) 求反应的速率常数 k 和半衰期 $t_{1/2}$；

(3) 若抗生素在血液中不低于 0.37 mg · (100 cm^3)$^{-1}$才有效，约何时注射第二针？

3.12 在不同温度测定 $H_2+I_2 \longrightarrow 2HI$ 的反应速率常数，结果如下表所示：

T/K	556	629	666	700	781
k/(mol^{-1} · dm^3 · s^{-1})	4.45×10^{-5}	2.52×10^{-3}	1.41×10^{-2}	6.43×10^{-1}	1.24

试用作图法求反应的活化能，并计算该反应在 300 ℃和 400 ℃的速率常数。

3.13 有人认为，同一反应，温度越高，温度升高引起反应速率增长的倍数越高。对此你有什么意见？在回答了上述问题后，作如下估算：设甲、乙的反应活化能分别为 20 kJ · mol^{-1}和 50 kJ · mol^{-1}，若反应温度从 300 K 升高到 310 K 和从 500 K 升高到 510 K，试对比反应甲、乙反应速率增长的倍数。请总结结果并进行解释。

3.14 若基元反应 $A \longrightarrow 2B$ 的活化能为 E_a，而 $2B \longrightarrow A$ 的活化能为 E'_a，请问：

(1) 加催化剂后 E_a 和 E'_a各有何变化？

(2) 加不同催化剂对 E_a 的影响是否相同？

(3) 提高反应温度，E_a 和 E'_a各有何变化？

(4) 改变起始浓度，E_a 有何变化？

3.15 甲酸在金表面上的分解反应在 140 ℃及 185 ℃时速率常数分别为 5.5×10^{-4} s^{-1} 及 9.2×10^{-3} s^{-1}，试求此反应的活化能。

3.16 环氧乙烷的分解是一级反应，380 ℃的半衰期为 363 min，反应活化能为 217.57 kJ · mol^{-1}。求反应在 450 ℃条件下完成 75%所需的时间。

3.17 某酶催化反应的活化能是 51 kJ · mol^{-1}，正常人的体温为 37 ℃，求患者发烧至 39.5 ℃酶催化反应速率增加的百分数。

第 4 章　化学热力学基础

人们都知道 20 世纪初 Haber 合成氨法对人类的重大贡献，却很少有人知道 Haber 的成功得益于能斯特(W. Nernst)的帮助。Haber 之前，奥斯特瓦尔德(F. W. Ostwald)和勒夏特列(L. Chatelier)都进行过用氮气和氢气合成氨的研究，但最终都选择了放弃。1904 年 Haber 把研究重点转向合成氨，但遇到了两个难题：一是常温下打不开氮气分子的化学键，除非将其加热到 1000 ℃以上；二是形成氨分子时会产生大量的热能，如不能快速进行冷却处理，氨分子很容易吸热分解。由于合成氨的产率太低，工业化生产前景渺茫，因此 Haber 也决定放弃这项研究，并公开发表了他在研究过程中获得的部分数据。当时，柏林大学的 Nernst 也在从事与合成氨相关的研究，他在把自己发现的热定理运用到氨的平衡过程研究时，计算出了不同温度条件下用氮气和氢气合成氨的产率。该计算值远小于 Haber 的实验数据。Nernst 认为 Haber 的数据偏大极有可能是由实验误差造成的，于是，指导助手实验验证，并加大压强以提高合成氨的浓度，所得数据与他依据热定理计算出来的数值相当吻合。1906 年秋，Nernst 把自己研究的结果写信告诉了 Haber。Haber 对 Nernst 的质疑非常重视，提高压强进行了一系列测试，尽管 Haber 的新实验数据更加接近 Nernst 的计算值，但两者之间的差距仍然很大。为此，在 1907 年春召开的德国本生协会会议上，两人为谁是谁非发生了争执，Nernst 毫不留情地指出 Haber 新近测得的数据同样充满了谬误。这对已是教授的 Haber 来说无疑是一种羞辱，Haber 发誓一定要洗刷掉 Nernst 泼在自己身上的脏水。回到学校后便一头钻进实验室，几乎把所有时间都用来从事合成氨研究，在此后半年多的时间里，Haber 在助手罗塞格尔(L. Rossignol)的协助下，获得了超出预期的好结果。由此可见，热力学理论对化学合成实验指导的重要性。

用热力学理论指导化学反应实践的例子可谓不胜枚举。例如，相同类型的化学反应为什么有的能进行，有的就不能进行？高炉炼铁过程中的一个主要反应是

$$Fe_2O_3 + 3CO \xlongequal{\quad} 2Fe + 3CO_2$$

是否有可能利用类似的反应进行高炉炼铝？又如，氢氟酸能刻蚀玻璃，而同类的盐酸却为什么不能？再如，NO 和 CO 都是汽车尾气中的有毒成分，它们能否相互起反应生成无毒的 N_2 和 CO_2？为什么常温常压下 $(NH_4)_2CO_3$ 会缓慢分解，而此条件下 $CaCO_3$ 不分解，当受热超过 1100 K 时才能分解，$CaSO_4$ 即使此温度下也不分解？天然金刚石非常珍贵，但其同素异形体石墨却极其普通和价廉，能否找到一种实验条件使石墨转化为金刚石？已知用 O_2 或 H_2 都可以固定大气中的 N_2，反应为

$$N_2(g) + O_2(g) \xlongequal{\quad} 2NO(g)$$

$$N_2(g) + 3H_2(g) \xlongequal{\quad} 2NH_3(g)$$

那么工业上进行人工固氮应该选用哪一种反应更为经济、合理？

根据化学热力学基本原理，可以解释许多化学现象，判断一个化学反应进行的方向，预测反应发生的可能性及反应能进行的条件。化学热力学内容极其丰富，且化学反应总是伴随着吸热或放热，所以化学反应的热效应是最基本、最直接的热力学数据之一。本章就从讨论化学

热力学基本概念与化学反应热效应开始。

4.1　热力学基本概念与反应热的测量

4.1.1　体系与环境

热力学中的体系(system)也称系统,是指要研究的内容或对象,是具有一定种类和一定数量的物质。例如,讨论盐酸和氢氧化钠的反应,盐酸、氢氧化钠、氯化钠和水就是研究的体系。又如,考虑水的蒸发,则水和水蒸气是我们研究的体系。**在体系之外与体系密切相关的部分则称为环境**(surrounding),环境是与体系有密切联系的周围部分(外界),如反应容器、外界温度、压强等。

通常按体系和环境之间是否有物质和能量的交换可将体系分为三类:敞开体系、封闭体系、孤立体系。体系和环境之间既有物质交换又有能量交换的体系是**敞开体系**,如在烧杯中进行的化学反应;体系和环境之间只有能量交换但无物质交换的体系是**封闭体系**,如将一只玻璃杯装上开水并盖紧盖子,或在密闭容器中进行的化学反应;体系和环境之间既无物质交换也无能量交换的体系是**孤立体系**,如在弹式量热计中的化学反应。

4.1.2　状态和状态函数

一个物质体系的所有物理性质和化学性质都确定了,则称为该物质体系处于一种状态(state)。这一概念有些抽象,举两例帮助理解:对具有物质的量为 n 的理想气体,当温度 T、压强 p 都确定时,这个物质体系就处于一种状态;1 kg 的水在 25 ℃和 101 kPa 时的体积 $V=1003\ cm^3$,也是一种状态。而那些决定体系热力学状态的宏观物理量(如 V、m、p、T、ρ 等)称为**状态函数**(state function)。可见,此处所说的物质体系的物理性质和化学性质具体是指物质体系的物态、物质的量、温度、压强、体积、能量等。由状态和状态函数的概念不难理解二者的关系:当物质体系的所有状态函数都一定时,该体系就具有一个确定的状态;反之也一样,体系的状态一定时,其所有的状态函数也随之有确定值。任意改变这些状态函数中的一个或几个,体系就变为另一种状态,反之,体系状态变了,状态函数也相应发生改变。这说明体系状态是可以变化的,而只与体系所处状态有关、与变化路径无关的物理量就是状态函数。

例如,在 25 ℃和 101 kPa 时,1 kg 水的体积 $V=1003\ cm^3$,不论这些水是由冰融化,还是由蒸汽冷凝抑或是由 H_2 和 O_2 化合而成,只要温度、压强不变,其体积都是 $1003\ cm^3$。也就是说,1 kg 水的体积由它所处的状态(25 ℃,101 kPa)决定,而与形成的途径无关,因而体积 V 是状态函数。

1 kg 水由状态Ⅰ(25 ℃,101 kPa)变为状态Ⅱ(90 ℃,101 kPa)时,体积变化

$$\Delta V=(1036-1003)\ cm^3=33\ cm^3$$

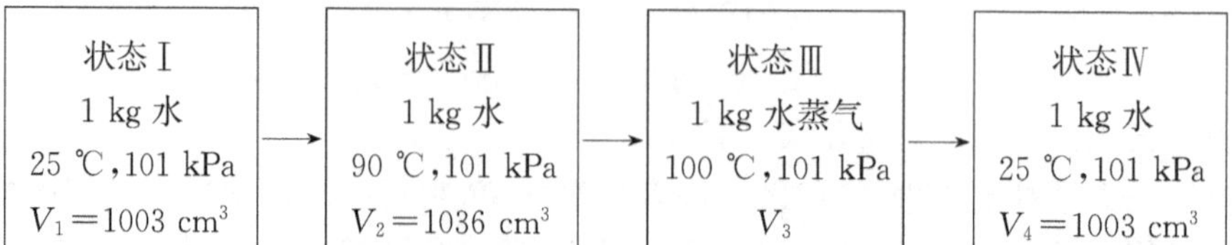

由于 V 是状态函数,所以当状态发生改变时,其体积的改变量 ΔV 与升温的方式或途径无

关。101 kPa 时 1 kg 的水由 25 ℃不论是直接升温到 90 ℃，还是先降温到 0 ℃再升到 90 ℃，只要状态Ⅱ的温度是 90 ℃，其体积总是增加 33 cm^3。体系再经一系列变化(如升温至 100 ℃成水蒸气)到达状态Ⅳ，不难看出，状态Ⅳ即状态Ⅰ，体系恢复到原状。

可见，状态函数具有如下明显的特征：①体系状态一定，各状态函数有确定的值；②状态函数的变化只取决于体系的始态与终态，与变化途径无关；③体系恢复原状，状态函数也恢复原值；④体系的各个状态函数之间是相互制约的，若确定了其中的几个，其余的可能就随之而确定了。例如，对理想气体而言，n、T、p、V 四个量中只要知道了其中的任意三个，就能利用 $pV=nRT$ 确定第四个状态函数。

状态函数具有两类性质：广度性质(extensive quantity)和强度性质(intensive quantity)。**广度性质**又称容量性质，此种性质在一定的条件下具有加和性，即数值与体系中物质的数量成正比。例如，在温度、压强一定时，根据理想气体定律，物质的量为 n_1的气体体积为 V_1，物质的量为 n_2的气体体积为 V_2，将两气体合并时，其物质的量为 n_1+n_2，当温度、压强不变时，则体积必为 V_1+V_2，即体积属广度性质。具有广度性质的还有质量 m、U、H、S、G 等。**强度性质**由体系中物质本身的特性所决定，因此没有加和性，如温度 T、密度 ρ、压强 p、浓度 c、速度 v 等。例如，一杯水的温度为 25 ℃，另一杯水的温度为 75 ℃，将两杯水混合时，温度不会是 100 ℃，即不具有加和性，所以温度是强度性质。

4.1.3　过程

1) 过程

当体系的状态发生改变，由一状态到另一状态时，状态变化的经过称为过程(process)。体系状态发生变化前后温度相同的过程称为**恒温过程**；体系状态发生变化前后压强保持不变的过程称为**恒压过程**；在体系状态变化过程中体系的容积保持不变的过程称为**恒容过程**；在体系状态变化过程中体系与环境间无热传递的过程称为**绝热过程**。

例如，一定量的理想气体由始态($p_1=100$ kPa，$T_1=298$ K)变为终态($p_2=200$ kPa，$T_2=398$ K)，可经过恒温和恒压两过程来实现。

$$\boxed{\begin{array}{l}p_1=100\ \text{kPa}\\T_1=298\text{K}\end{array}}\xrightarrow{\text{恒温过程}}\boxed{\begin{array}{l}p_2=200\ \text{kPa}\\T_1=298\ \text{K}\end{array}}\xrightarrow{\text{恒压过程}}\boxed{\begin{array}{l}p_2=200\ \text{kPa}\\T_2=398\ \text{K}\end{array}}$$

2) 过程的自发性

热力学还把过程分为自发过程和非自发过程。无需借助外力体系能自动发生变化的过程称为**自发过程**；必须借助于一定方式的外部作用才能发生变化的过程称为非自发过程。自发过程是自然界中自然发生的过程，没有外部作用非自发过程是不能进行的。

在化学热力学的研究中，化学家常要考察物理变化或化学变化的方向性。实际上，自然界中任何宏观自动的变化过程都是具有方向性的。联系日常生活经验和化学基础知识可以列举许多实例。

(1) 水自高处流下是自动的，反之将低处的水运往高处则需要动力(做功)，是非自动的；热自动由高温物体传向低温物体，反之(如冰箱、空调)则是要做功的；铁生锈是自发过程，而将铁锈转化成铁则需高温(供给能量)还原，其过程是非自发的；甲烷燃烧，点燃氢气和氧气的混合气体，反应生成水的过程都是自发进行的，反之，将水变成氢气和氧气则需要电解(对体系做电功)，是非自发的。这些自发过程的共同特点是**过程放热或体系**

能量降低。

(2) 两单一气体的混合,气体向真空容器中扩散都是自发过程。反之,要使扩散后的气体返回到原来的容器中,则需要压缩,环境要对体系做功;糖在水中溶解等都是自发进行的,反过程则是非自发的。这类自发过程的共同特点是**体系从有序状态到无序状态或混乱度增大**。

(3) 冰融化,硝酸铵等固体盐溶于水(要吸热)的过程也是自发的。

从所列举的实例不难看出**自发过程的基本特征**:

(1) 体系在没有外界作用或干扰的情况下能自动发生变化的过程才是自发过程。

(2) 有的自发过程开始时需要引发(如甲烷燃烧,点燃氢气和氧气的混合气体),一旦开始,自发变化便立即进行,直到平衡。

(3) 自发过程不受时间限制,与反应速率无关(如铁生锈)。

(4) 自发过程有一定的方向性,正过程自发其逆过程必然为非自发,但不管是自发还是非自发,都遵守能量守恒定律。

4.1.4 热和功

什么是热?由于温差在体系与环境之间所传递的**能量**称为热,常用符号 Q(或 q)来表示。化学反应中的热常有两类:恒压反应热(用 Q_p 表示)和恒容反应热(用 Q_V 表示)。

化学热力学中把除热外以其他形式传递的能量称为做功,常用符号 W(或 w)表示。化学热力学中把体系由始态变为终态时因体积的改变而做的功称为**体积功**,而把除体积功之外的所有其他功,如机械功、电功、表面功等称为**非体积功**。

应当注意的是:

(1) 热和功不是状态函数。因为其大小与进行的过程有关,如绝热膨胀和等温膨胀,热和功均不同。

(2) 应用时,要特别注意各物理量的正、负号。现约定**体系吸收热量**(使体系能量增加)**Q 为正值,体系放出热量 Q 为负值;环境对体系做功 W 为正值,反之 W 为负值**。即无论是热还是功,使体系能量增加时取正值,反之则取负值。对化学反应而言,恒压下,当体系状态发生改变时,体积功(体系终态的体积 $V_{终}$ 小于始态的体积 $V_{始}$,即 $\Delta V<0$ 时)为

$$W_e=-p\Delta V=-p\ (V_{终}-V_{始}) \tag{4.1}$$

(3) 现在用焦耳(J)或千焦(kJ)作为热和功的单位,使用时单位必须一致。如果单位不同,就必须进行换算,然后再计算。

例如,有一定量理想气体由状态Ⅰ($p_1=6$ kPa,$V_1=2$ dm^3,$t=25$ ℃)变为状态Ⅱ($p_2=1$ kPa,$V_2=12$ dm^3,$t=25$ ℃),假定在无摩擦力的状况下气体等温膨胀做功,所需热量从环境吸收。由状态Ⅰ变为状态Ⅱ,可以一步减压,也可以分两步减压、三步减压,直至 $N(N\to\infty)$步减压。

在这些变化过程中,虽然始态和终态都相同,但体系对环境所做的功为

一步膨胀:$W_1=-p\Delta V=-p_2(V_2-V_1)=-[1\times(12-2)]\ \text{kPa}\cdot\text{dm}^3=-10\ \text{kPa}\cdot\text{dm}^3$

两步膨胀:$W_2=-p\Delta V=-[p'\ (V'-V_1)+p_2(V_2-V')\ ]=-[3\times(4-2)+1\times(12-4)]\ \text{kPa}\cdot\text{dm}^3$
$=-14\ \text{kPa}\cdot\text{dm}^3$

三步膨胀:$W_3=-p\Delta V=-[p'\ (V'-V_1)+p''\ (V''-V')+p_2(V_2-V'')]$
$=-[4\times(3-2)+2\times(6-3)+1\times(12-6)]\ \text{kPa}\cdot\text{dm}^3=-16\ \text{kPa}\cdot\text{dm}^3$

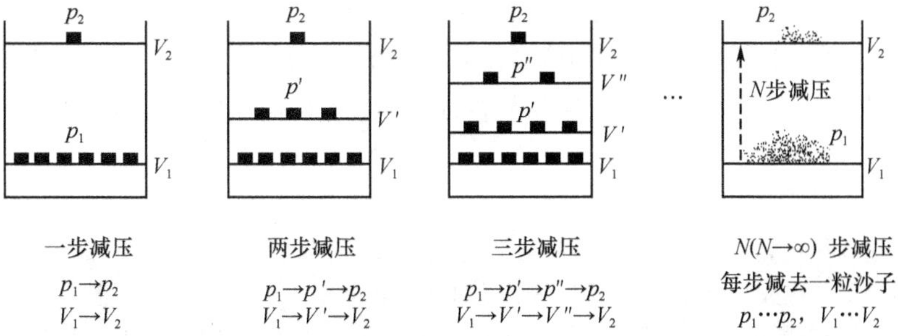

体系所做的体积膨胀功是 $|W_3|>|W_2|>|W_1|$。由此可以类推，当过程分成无数步减压时

N 步膨胀：$W_N=-21.5\ \text{kPa}\cdot\text{dm}^3$　　$(N\to\infty)$，体系做功最多

反之，从状态Ⅱ按相同步等温压缩至状态Ⅰ，则环境对体系所做的功为

一步压缩：$W'_1=-p\Delta V=-p_1(V_1-V_2)=-6\times(2-12)\ \text{kPa}\cdot\text{dm}^3=60\ \text{kPa}\cdot\text{dm}^3$

两步压缩：$W'_2=-p\Delta V=-[p'(V'-V_2)+p_1(V_1-V')]=-[3\times(4-12)+6\times(2-4)]\ \text{kPa}\cdot\text{dm}^3$
$=36\ \text{kPa}\cdot\text{dm}^3$

三步压缩：$W'_3=-p\Delta V=-[p''(V''-V_2)+p'(V'-V'')+p_1(V_1-V')]$
$=-[2(6-12)+4(3-6)+6\times(2-3)]\ \text{kPa}\cdot\text{dm}^3=30\ \text{kPa}\cdot\text{dm}^3$

……

N 步压缩：$W'_N=21.5\ \text{kPa}\cdot\text{dm}^3=-W_N$　　$(N\to\infty)$

此例表明：①功不是状态函数，体系做功随路径不同而异，且按相同步进行压缩或膨胀时，其体积功不相等；②无数步$(N\to\infty)$是一种极限情况，只有在此条件下压缩功才等于膨胀功。这样的过程在热力学中称为**可逆过程**(reversible process)。**等温可逆过程做最大功**。

可逆过程是一种理想的极限变化过程，由此可求得理想的最大功(或热)，以便与实际功进行比较。

4.1.5 热力学标准态

为了研究方便，规定体系的热力学标准态(thermodynamic standard state)，简称**标态**：**气态物质的标态用压强表示，指体系中各种气态物质的分压均为标准压，用符号 $p^\ominus$(“$\ominus$”特指热力学标准态)表示，其值为 1.0×10^5 Pa**[a]**；溶液的标态则是指各溶质的浓度或活度为 1 mol·kg^{-1}，用符号 $c^\ominus$ 或 $a^\ominus$ 表示**。对稀溶液而言，也可用 1 mol·dm^{-3}；纯液体和固体的标态则是指处于标准压 $p^\ominus$ 下的纯物质。

需要注意的是：①只有当体系中各物质均处于标态(各气体的分压均为 $p^\ominus$，溶液中各溶质的浓度均为 $c^\ominus$)时，才是这个体系的热力学标准态。②热力学标态对温度并未加限制，任何温度下都有热力学标态。可见，热力学标态不同于环境状态(298.15 K，101.325 kPa)，也不同于理想气体标准状态(273.15 K，101.325 kPa)，后两者均规定了温度。③纯液体和固体的标态在计算中不标出。例如，活泼金属溶于酸的反应：

$$Zn(s)+2H^+(aq)=\!=\!=H_2(g)+Zn^{2+}(aq)$$

只有当反应体系中 $c(H^+)=1\ \text{mol}\cdot\text{dm}^{-3}$，$c(Zn^{2+})=1\ \text{mol}\cdot\text{dm}^{-3}$，$p(H_2)=1\times10^5$ Pa 时，才是标态。又如合成氨的反应：

ⓐ 旧的标准态压强为 1 atm，推行国际单位制(SI 制)之后，似应改用 101.3 kPa，但这一数字使用起来有诸多不便，国际纯粹与应用化学联合会(IUPAC)的专家建议选用 1.0×10^5 Pa 作为气态物质的热力学标态，改为新的标准态压之后，涉及气态物质的热力学数据有微小变动。

$$N_2(g)+3H_2(g)=\!=\!=2NH_3(g)$$

只有当 $p(N_2)=100\ \text{kPa}$，$p(H_2)=100\ \text{kPa}$，$p(NH_3)=100\ \text{kPa}$ 时，体系才处于标态。

热力学其他的几个重要概念，如热力学能、焓、熵、自由能等在下面各节中相继叙述。

4.1.6　反应热的测量

不少化学反应的热效应是可以直接测量的，测量反应热的仪器统称为量热计(calorimeter)。测量反应热的反应一般反应速率不应太小，反应时间不应太长。如果反应速率太小，反应时间太长，在体系与环境间难免有较多的热传递，反应热的测量就不准确。量热计的种类虽多，但基本原理相近，研究工作性质不同，对精确度要求也有很大差别。

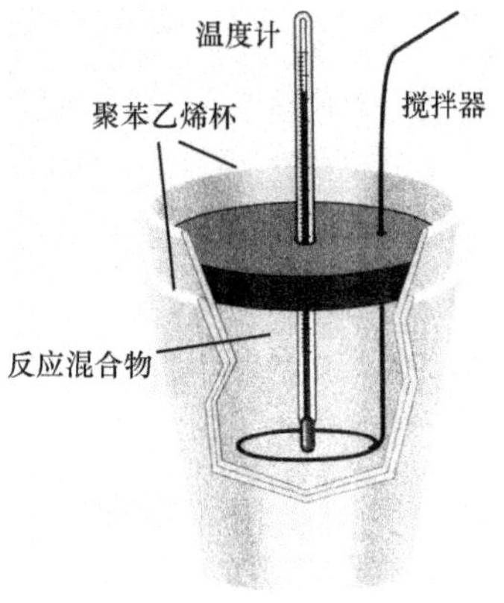

图 4.1　保温杯式量热计(恒压过程)

1. 保温杯式量热计

保温杯式量热计是一种最简单的量热计，如图 4.1 所示。这种装置由保温和测温两部分构成。保温的目的是保证反应过程中不与外界发生热交换。镀银的玻璃瓶胆或聚苯乙烯泡沫杯都具有绝热保温的性能。利用这种简单的仪器装置便可以测量中和热、溶解热及其他溶液反应的热效应。

分别量取一定量已知浓度的稀酸和稀碱溶液置于保温瓶和烧杯中，待酸、碱两份溶液温度恒定并相等时，将碱溶液迅速倒入保温瓶中，盖紧瓶帽并适度搅拌，中和反应放热而使溶液温度升高。反应所放热量 Q 应该等于量热计和反应后溶液升温所需的热量之和

$$Q=cV\rho\Delta t+C\Delta t=(cV\rho+C)\Delta t$$

式中，Δt 为溶液温度的改变量；c 为溶液的比热容；V 为反应后溶液的总体积；ρ 为溶液的密度；C 称为**量热计常数**，它代表量热计各部件(如杯体、搅拌器、加热器、温度计等)热容量的总和，即量热计每升高 1 ℃所需的热量。

【例 4.1】　一个钢制水蒸气锅炉质量为 900 kg，盛有 400 kg 的水。假设有 70%的热传递到锅炉和水中，计算从 10 ℃加热到 90 ℃需要多少热量。已知钢的比热容是 0.46 kJ · kg^{-1} · ℃$^{-1}$。

解：设冷、热水的密度 ρ(水)=1.00 g · cm^{-3}，比热容 c(水)=4.18 kJ · kg^{-1} · ℃$^{-1}$，c(钢)=0.46 kJ · kg^{-1} · ℃$^{-1}$。按 100%的热传递，所需热量：

$$Q=cV\rho\Delta t+C\Delta t=(cV\rho+C)\Delta t$$
$$=(4.18\times400+0.46\times900)\times(90-10)=166\ 880\ (\text{kJ})$$

需要的总热量　$Q'=166\ 880\div0.7=238\ 400\ (\text{kJ})$

这种实验方法的设备和操作都很简便，可用于一般溶液反应的热效应测定。温度计的精密性、搅拌过程摩擦生热以及保温杯绝热不佳等因素都会产生实验误差，所以其缺点是不够精确。这类量热计法所测定的反应热都是恒压条件下的热效应，为便于区别，用符号 Q_p 代表恒压热效应。

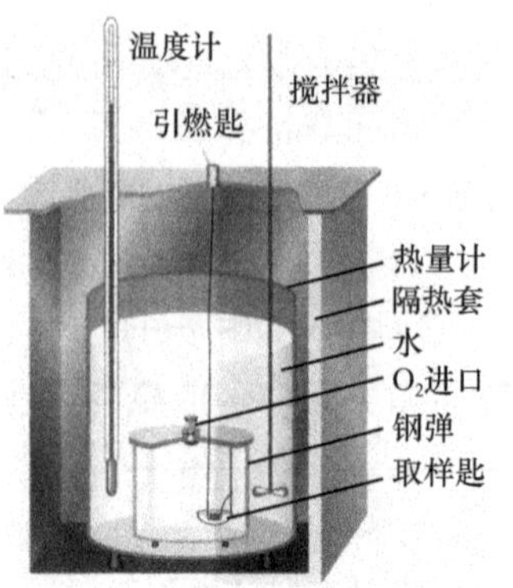

图 4.2　弹式量热计(恒容过程)

2. 弹式量热计

弹式量热计是一种常用的量热计，如图 4.2 所示。该装置形状像个小炸弹，所以称为钢弹。这种量热计适用于测定燃烧热，因实验前需先向钢弹中通入一定量的高压氧气，所以也称“氧弹”。弹内样品池

中的样品燃烧时所放热量等于水浴中水所吸收的热量和钢弹、搅拌器、器壁等各部件所吸收热量之和。

钢弹是密闭容器，反应过程中总体积不变，因此，测定的热效应是恒容反应热 Q_V

$$Q_{放}=Q_{吸} \qquad Q_V=Q_{水}+Q_{弹}$$

恒压反应热(Q_p)和恒容反应热(Q_V)的测定在物理化学实验教材中有较详细的介绍。19 世纪以来科学家积累了大量的反应热数据，并汇集成各种专门的手册[a]，供后人使用。

4.2　焓与焓变

4.2.1　热力学能 *U*

1. 热力学能

热力学能(thermodynamical energy)曾称内能，指物质内部所蕴藏的各种形式能量的总和，如物质所含分子及原子的核能、动能、势能、电子的能量等。用符号 U 表示，是物质的一种内在属性。

物质热力学能的大小由体系所处的状态决定，体系处于一定的状态时，其热力学能就具有一定的值。根据热力学能的定义，我们并不知道(也无需知道)体系处于某一状态时其热力学能的绝对值，但其值是物质的一种内在属性，与体系的状态有关，状态发生改变，热力学能 U 也随之改变，体系变化过程中热力学能的改变量 ΔU 是可求的。或者说，热力学能的改变量 ΔU 只取决于体系变化的始、终态，而与变化的途径无关，即**热力学能 *U* 是状态函数**。另外还应注意，热力学能 U 的值与体系的物质的量成正比，具有加和性，是一种广度性质。

那么体系吸热或是做功是使体系热力学能增加还是减少呢？

设某一体系处于某一状态时具有热力学能 U_1，当环境向体系输入热量 Q，并且环境对体系做功 W 时，使体系变为另一状态，其热力学能变为 U_2。

$$U_1 \xrightarrow[\text{环境对体系做功 } W]{\text{体系从环境吸收热量 } Q} U_2$$

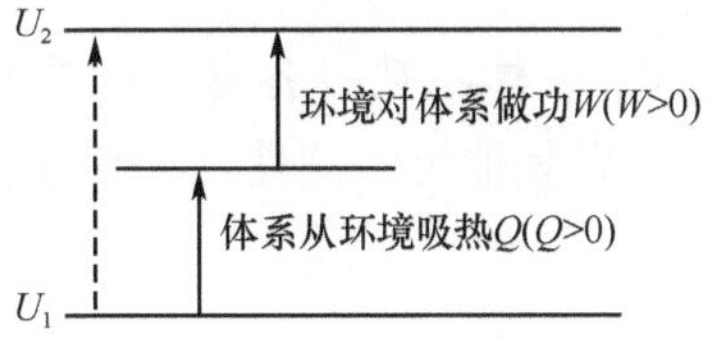

根据能量守恒定律，有

$$U_2=U_1+Q+W$$

$$\Delta U=U_2-U_1=Q+W \tag{4.2}$$

即体系热力学能的改变量等于体系从环境吸收的热加上环境对体系所做的功。此即热力学第一定律，又称为能量守恒定律。

【例 4.2】　某一过程中，体系从环境吸收 100 kJ 的热，体系又对环境做了 30 kJ 的功，则体系热力学能的变化为多少？

---

[a] 热力学数据常用的手册中记录的是 $\Delta_f H_m^\ominus$，而不是 Q_p 或 Q_V。

解:体系从环境吸热,$Q=100\ \mathrm{kJ}$;体系对环境做功,$W=-30\ \mathrm{kJ}$

$$\Delta U=Q+W=100\ \mathrm{kJ}-30\ \mathrm{kJ}=70\ \mathrm{kJ}$$

经过该过程,体系热力学能增加了 70 kJ,温度升高。

2. 热力学能的改变量 ΔU 与恒容反应热 Q_V

对恒容化学反应而言,因为恒容,$\Delta V=0$,所以,$W=-p\Delta V=0$,反应热 Q 即 Q_V。由式(4.2)有

$$\Delta U=Q_V+W$$

即

$$\Delta U=Q_V \tag{4.3a}$$

这一结论表明:**在恒容过程中,体系吸收的热(Q_V)全部用来增加体系的热力学能(ΔU)**。因此 ΔU 也称为恒容反应热效应。对吸热反应,ΔU、Q 均为正值;对放热反应,ΔU、Q 均为负值。

【例 4.3】 在 78.3 ℃及 1.00 atm(1 atm=101 kPa)下,1.00 g 乙醇蒸发变成 626 $\mathrm{cm^3}$ 乙醇蒸气时,吸热 204 cal(1 cal=4.184 J),求热力学能变化 ΔU(J)。

解:本题所给单位既不规范也不一致,计算时要进行换算。已知:1 cal=4.18 J,1 $\mathrm{dm^3\cdot atm}$=101 J。体系吸收热量

$$Q=204\ \mathrm{cal}\times 4.18\ \mathrm{J\cdot cal^{-1}}=853\ \mathrm{J}$$

体系所做的功是指液态乙醇气化时所做的恒压体积膨胀功(忽略液态乙醇所占体积)

$$W=-p\Delta V=-1.00\ \mathrm{atm}\times 0.626\ \mathrm{dm^3}\times 101\ \mathrm{J\cdot atm^{-1}\cdot dm^{-3}}=-63.2\ \mathrm{J}$$

此处为体系对环境做体积膨胀功,W 为负值。

$$\Delta U=Q+W=853\ \mathrm{J}+(-63.2\ \mathrm{J})=790\ \mathrm{J}$$

以上结果表示 1.00 g 乙醇在 78.3 ℃气化时,吸收 853 J 热量,做 63.2 J 的功,其热力学能增加 790 J。

因热力学能 U 是状态函数,对一个可逆过程,体系从始态可逆变化至终态再可逆变化到始态,体系恢复到原来的状态,$\Delta U=Q+W=0$,$Q=-W$。在可逆过程中,体系对环境做最大功 $W_{最大}$(4.1.4 节),那么体系也从环境中吸收最大的热 $Q_{最大}$,反之也一样。

4.2.2 焓 H 与焓变 ΔH

式(4.2)中 W 可以是机械功、电功、体积功等各种形式的功,许多常见的化学变化或物理变化往往只做等压体积功(W_e)而不做其他类型的功($W'=0$)。

1. 焓与焓变

用保温杯式量热计测量的反应热为恒压反应热,Q 即为 Q_p。由于恒压,p 不变、为常数,当体系状态发生改变,由始态 $V_{始}$ 变为终态 $V_{终}$ 时,将式(4.1)代入式(4.2),得

$$\Delta U=Q_p+W=Q_p-p\Delta V \tag{4.4a}$$

有

$$Q_p=U_2-U_1+p\ (V_2-V_1)$$

或

$$Q_p=(U_2+pV_2)-(U_1+pV_1)$$

在热力学中把 $U+pV$ 定义为焓(H),即

$$H\equiv U+pV \tag{4.5}$$

可知

$$\Delta H=H_2-H_1=Q_p \tag{4.3b}$$

式(4.3b)表明:**在恒压过程中,体系吸收的热全部用来增加体系的焓。**

将式(4.3b)代入式(4.4a),则

$$\Delta H=\Delta U+p\Delta V \tag{4.4b}$$

或

$$Q_p=Q_V+p\Delta V \tag{4.4c}$$

ΔH 称为焓变。可见焓是一种与热力学能相联系的物理量,是体系能量的一种表达形式。既然热力学能 U 的绝对值不可知,焓 H 的绝对值也不可知。与热力学能 U 一样,焓也是一种状态函数,当体系状态发生改变时,体系焓的改变量是可求的。同样,体系焓 H 的值与体系的物质的量成正比,也具有加和性,是一种广度性质。

式(4.4b)表明:**在恒压条件下,体系的焓变等于体系的热力学能变化与体系所做的等压膨胀功之和**。对有气体参与的化学反应,若将气体近似为理想气体来处理,则有 $p\Delta V=\Delta nRT$,所以

$$\Delta H=\Delta U+\Delta nRT \tag{4.4d}$$

或

$$Q_p=Q_V+\Delta nRT$$

梳理一下以上内容:

(1) 式(4.2)所表达的热力学第一定律是对任何体系都适用且不附带其他条件的通式;而式(4.4a)~式(4.4c)则是该定律在等压且只做体积功的特定条件下的表达式,如等压下水的蒸发、乙醇的燃烧等都符合后面这些条件。

(2) 焓是人们在处理体系状态变化时引入的一个状态函数,$H=U+pV$ 是焓的严格数学表达式,而 $\Delta H=Q_p$ 则指明在等压和体系不做其他功的条件下焓变的具体物理意义。

(3) 在等压且只做体积功的条件下,体系的焓变等于体系热力学能变化和等压体积功之和,即 $\Delta H=\Delta U+p\Delta V$。式(4.4b)是化学热力学中一个很重要的公式,以后常用到。

(4) 等压变化过程热效应 Q_p 可以直接测定;在等压条件下只做体积功的体系,其焓变等于 Q_p,即 $\Delta H=Q_p$。

(5) 恒容变化过程中的热效应 Q_V,也可以直接测定。不做其他功的体系,其热力学能变化等于 Q_V,即 $\Delta U=Q_V$。

一般化学反应在恒压下进行,因此焓的应用很广,焓变与温度有关。

【例 4.4】 已知 298 K 时,反应 $\frac{1}{2}N_2(g)+\frac{3}{2}H_2(g)=\!=\!=NH_3(g)$ 的 $\Delta_r H_1^\ominus=-46.19\ kJ\cdot mol^{-1}$。求:

(1) $2NH_3(g)=\!=\!=N_2(g)+3H_2(g)$ 的 $\Delta_r H_2^\ominus$;

(2) $2NH_3(g)=\!=\!=N_2(g)+3H_2(g)$ 的 Q_V;

(3) $p\Delta V$ 项占 $\Delta_r H_2^\ominus$ 的百分数。

解:(1)
$$\Delta_r H_2^\ominus=2(-\Delta_r H_1^\ominus)=2\times46.19=92.38\ (kJ\cdot mol^{-1})$$

(2) 由式(4.4)有

$$Q_V=Q_p-\Delta nRT=\Delta_r H_2^\ominus-\Delta nRT$$

$$Q_V=92.38-2\times8.31\times10^{-3}\times298=87.4\ (kJ\cdot mol^{-1})$$

(3)
$$\frac{p\Delta V}{\Delta_r H_2^\ominus}=\frac{\Delta nRT}{\Delta_r H_2^\ominus}=\frac{2\times8.31\times10^{-3}\times298}{92.38}=5.36\%$$

【例 4.5】 373 K、100 kPa 下,2.0 mol H_2 和 1.0 mol O_2 反应,生成 2.0 mol 水蒸气,共放出 484 kJ 的热量。求反应的 ΔH、ΔU。

解:因反应 $2H_2(g)+O_2(g)=\!=\!=2H_2O(g)$ 在恒压下进行,所以

$$\Delta H = Q_p = -484\ \text{kJ} \cdot \text{mol}^{-1}$$

$$\Delta U = \Delta H - \Delta nRT \qquad (\Delta n\ \text{为反应前后物质的量的变化})$$

$$\Delta U = -484 - (2-3) \times 8.314 \times 10^{-3} \times 373$$
$$= -481(\text{kJ} \cdot \text{mol}^{-1})$$

一般化学反应的摩尔反应热大致在几十至几百千焦的数量级,而有气体体积变化的反应中,通常 Δn 只有 1~3 mol,所以 ΔnRT 也只有几千焦,因此多数化学反应的 ΔH 和 ΔU 差值很小。例如,上述两例中的 ΔH 和 ΔU 相差就很小,尤其是溶液反应或固相反应中 ΔH 和 ΔU 往往只相差万分之几或十万分之几。显然,可以认为这些反应的 ΔH 和 ΔU 基本相等。

2. 焓变与过程的自发性

4.1.3 节中列举的一些能自发进行的过程有一个共同特点:放热或体系能量降低,即过程的焓变小于零。也可以这样说,**焓变小于零有利于过程的自发**。

4.2.3 化学反应的焓变

对一个化学反应而言,在等压且只做体积功的情况下,焓变决定于产物总焓值与反应物总焓值之差,即

$$\Delta_r H = \sum H(\text{产物}) - \sum H(\text{反应物}) \tag{4.6}$$

由式(4.3b)可见,它等于恒压反应热 Q_p。

例如,实验测定在 25 ℃、100 kPa 下,1 mol $H_2(g)$ 与 0.5 mol $O_2(g)$ 化合生成 1 mol $H_2O(l)$ 时,$Q_p = -285.8$ kJ(反应时温度较高,但放热量是按产物冷却到反应物原始的压强和温度计算的,即为恒温恒压反应热),即 $\Delta_r H = -285.8\ \text{kJ} \cdot \text{mol}^{-1}$。又如,在 25 ℃、100 kPa 下,0.5 mol $N_2(g)$ 和 1 mol $O_2(g)$ 化合生成 1 mol $NO_2(g)$ 要吸收 33.2 kJ 的热,即 $\Delta_r H = 33.2\ \text{kJ} \cdot \text{mol}^{-1}$。

1. 生成焓

虽然有些化学反应的 $\Delta_r H$ 可以直接测定,但化学方程式成千上万,不可能一一测定,况且有些是无法直接测定的。如果我们要利用式(4.6)进行计算,由于焓的绝对值是不可测的,其 H(产物)或 H(反应物)又是多少呢?既然化学反应的焓变是产物相对于反应物的相对焓值,我们就可以从测定某处高度的方法得到启发:先规定某些物质的焓为零,再测定另外一些物质的(相对)焓。

在标态和温度 T(K)条件下,由稳定态单质生成 1 mol 化合物(或不稳定态单质或其他形式的物种)的焓变称为该物质在 T(K)时的标准生成焓,简称**生成焓**(enthalpy of formation),也称生成热。用符号 $\Delta_f H_m^\ominus(T)$ 表示,298 K 时标准生成焓的符号可以简写为 $\Delta H_f^\ominus$。

焓(H)左下角的 f 代表生成(formation),右下角 m 代表摩尔,右上角的"$\ominus$"表示热力学标准状态,括号内的数字代表热力学温度,单位为 K,ΔH 则为焓变。

很显然,生成焓的定义是规定了**稳定态单质的生成焓为零**。例如,规定 C(石墨)和 $O_2(g)$ 为稳定的单质,其生成焓为零,则在 298 K 时,测定由它们化合生成 1 mol $CO_2(g)$ 时的标准焓变是 $-393.5\ \text{kJ} \cdot \text{mol}^{-1}$:

$$\text{C(石墨)} + O_2(g) = CO_2(g) \qquad \Delta_r H_m^\ominus(CO_2) = -393.5\ \text{kJ} \cdot \text{mol}^{-1}$$

也可以说化合物 $CO_2(g)$ 的标准生成焓 $\Delta_f H_m^\ominus = -393.5\ kJ \cdot mol^{-1}$。

按生成焓定义，稳定态单质的 $\Delta_f H_m^\ominus$ 规定为零，但若一种元素有几种不同结构性质的单质，只有其中的一种是稳定态，而另一些则不是。例如，石墨和金刚石是碳的两种单质，规定石墨是稳定的单质($\Delta_f H_m^\ominus = 0$)，则金刚石就不是，所以

$$C(石墨) \longrightarrow C(金刚石) \qquad \Delta_f H_m^\ominus(金刚石) = 1.9\ kJ \cdot mol^{-1}$$

$O_2(g)$ 的 $\Delta_f H_m^\ominus = 0$，而 $O_3(g)$ 的 $\Delta_f H_m^\ominus = 143\ kJ \cdot mol^{-1}$。由于某些原因规定白磷($\Delta_f H_m^\ominus = 0$)为稳定单质，其实红磷($\Delta_f H_m^\ominus = -17.6\ kJ \cdot mol^{-1}$)更稳定。

可见，生成焓是一种特定形式的焓变 ΔH，是一种物质相对于另一物质(稳定单质)焓的相对值，ΔH 即恒压反应热 Q_p[式(4.3b)]，其理论基础是焓是状态函数，只与始、终态有关而与变化过程无关。生成焓有些是实验测定的，有些则是间接计算的。

本教材附录4汇列了常见化合物的标准生成焓数据，供计算使用。

由附录4的数据可见，绝大多数化合物的 $\Delta_f H_m^\ominus$ 是负值，即由单质形成该化合物时是放热的，这说明该化合物比相应的单质能量更低、更稳定。大多数化合物的 $\Delta_f H_m^\ominus$ 负值都在几百 $kJ \cdot mol^{-1}$ 的数量级，有些化合物如 Al_2O_3、Fe_3O_4、$BaSO_4$ 等的 $\Delta_f H_m^\ominus$ 在 $-1000\ kJ \cdot mol^{-1}$ 以上，这说明Fe和Al是亲氧元素，它们都是很稳定的化合物。只有少数化合物的 $\Delta_f H_m^\ominus$ 为正值，如 NO_2、HI等，相对而言这类化合物都不稳定。

2. 化学反应的焓变

通常的化学反应都是在恒压下进行的。因此，有了各种物质的生成焓数据，就可以很容易地按式(4.6)计算许多化学反应的焓变：**任何一个化学反应的焓变等于产物总生成焓与反应物总生成焓之差**

$$\Delta_r H_m^\ominus = \sum \nu_i \Delta_f H_m^\ominus(产物) - \sum \nu_i \Delta_f H_m^\ominus(反应物) \tag{4.6a}$$

式中，ν_i 表示化学反应中的计量系数；r表示反应(reaction)。这是一个非常有用的关系式。

例如，利用附录4中的标准生成焓数据计算 $NH_3(g)$ 燃烧反应的热效应。NH_3 燃烧反应的反应式为

$$4NH_3(g) + 5O_2(g) = 4NO(g) + 6H_2O(g)$$

$$\Delta_f H_m^\ominus/(kJ \cdot mol^{-1}) \quad -46.1 \qquad 0 \qquad 90.4 \qquad -241.8$$

按式(4.6a)，有

$$\begin{aligned}\Delta_r H_m^\ominus &= [4\times(90.4)+6\times(-241.8)]-[4\times(-46.1)+5\times 0] \\ &= -904.8\ (kJ \cdot mol^{-1})\end{aligned}$$

因此，可将这一反应完整地表示为

$$4NH_3(g) + 5O_2(g) = 4NO(g) + 6H_2O(g) \qquad \Delta_r H_m^\ominus(298\ K) = -904.8\ kJ \cdot mol^{-1}$$

像这种注明了反应热的化学反应方程式称为**热化学方程式**(thermochemical equation)。如反应

$$H_2(g) + \frac{1}{2}O_2(g) \longrightarrow H_2O(l) \qquad \Delta_r H_m^\ominus(298\ K) = -286\ kJ \cdot mol^{-1}$$

由于焓是状态函数，所以

$$H_2(g) + \frac{1}{2}O_2(g) \longrightarrow H_2O(g) \qquad \Delta_r H_m^\ominus(298\ K) = -242\ kJ \cdot mol^{-1}$$

焓又是广度量，因此

$$2H_2(g)+O_2(g)\longrightarrow 2H_2O(g)\qquad \Delta_r H_m^{\ominus}(298\ K)=-484\ kJ\cdot mol^{-1}$$

由此可见,在书写热化学方程式时要注意:

(1) 应注明反应温度和压强。最常用的焓变值是 298 K(25 ℃)的,严格地说,焓变值是随温度的变化而变化的,但在一定温度范围内变化不大。若 $T=298$ K,习惯上不予注明,也可以简写为 $\Delta H^{\ominus}$。

(2) 应注明物态、浓度和晶型。例如,上面 $H_2(g)$和$\frac{1}{2}O_2(g)$反应生成 H_2O 的两个反应式,始态[$H_2(g)$、$\frac{1}{2}O_2(g)$]都是气态,但终态分别为液态和气态,是不相同的。在标态及 298 K 下,液态水变为气态的水要吸热,或者说 $H_2O(l)$的焓值低于 $H_2O(g)$的焓值,所以 $\Delta_r H_m^{\ominus}$不同。

(3) 焓是广度量,$\Delta H^{\ominus}$的大小与物质的量成正比。在书写热化学方程式时,焓变应该与一定的反应式相联系。在此,mol^{-1}[ⓐ]已不是指 1 mol H_2或 1 mol O_2,而是指 1 mol 反应。所谓 1 mol 反应是把该化学反应看成一个整体单元,或者说“有 Avogadro”数单元的反应,称为“1 mol 反应”。所以 1 mol [$H_2(g)+\frac{1}{2}O_2(g)\longrightarrow H_2O(g)$]反应,放热 242 kJ;而 1 mol [$2H_2(g)+O_2(g)\longrightarrow 2H_2O(g)$]反应,放热 484 kJ。热化学反应方程式的 $\Delta H^{\ominus}$必须与某一特定的反应方程式相联系,使 mol^{-1}有明确的含义,不会混淆。

(4) 在相同的条件下,正向反应和逆向反应的 ΔH 数值相等,但符号相反。例如

$$H_2O(g)\longrightarrow H_2(g)+\frac{1}{2}O_2(g)\qquad \Delta H^{\ominus}=242\ kJ\cdot mol^{-1}$$

又如在 298 K

$$\frac{1}{2}N_2(g)+\frac{3}{2}H_2(g)\longrightarrow NH_3(g)\qquad \Delta H^{\ominus}=-45.9\ kJ\cdot mol^{-1}$$

则

$$NH_3(g)\longrightarrow \frac{1}{2}N_2(g)+\frac{3}{2}H_2(g)\qquad \Delta H^{\ominus}=45.9\ kJ\cdot mol^{-1}$$

氮和氢化合生成 1 mol 氨时放热 45.9 kJ,那么 1 mol 氨分解生成氮和氢时就需要吸收 45.9 kJ 的热。

总之,$\Delta_r H_m^{\ominus}(T)$代表体系在标态、温度为 T 时化学反应的摩尔焓变,而 $\Delta H^{\ominus}$则为在标态和 298 K 时摩尔焓变的简写符号,如果反应不是在标态而是在任意状态下进行,则焓变用 ΔH 表示。

由式(4.6a)可知,焓变等于负值,即 $\sum H$(产物)$<\sum H$(反应物),反应过程放热;焓变等于正值,即 $\sum H$(产物)$>\sum H$(反应物),反应过程吸热。例如,NH_3氧化生成 NO 和H_2O的反应是放热的,因此 $\Delta H^{\ominus}<0$;而合成 NH_3的反应则是吸热的,$\Delta H^{\ominus}>0$,如图 4.3 所示。

ⓐ mol^{-1}也可以用反应进度定义。反应进度(extent of reaction)的符号为ζ,与物质的量具有相同的量纲。设有化学反应:

$$\nu_A A+\nu_B B\rightleftharpoons \nu_C C+\nu_D D$$ (式中 ν_i为化学计量数,为无单位的纯数)

t_0	n_{0A}	n_{0B}	n_{0C}	n_{0D}
t	n_A	n_B	n_C	n_D

定义 t 时刻的反应进度

$$\zeta=\frac{n_{0A}-n_A}{\nu_A}=\frac{n_{0B}-n_B}{\nu_B}=\frac{n_C-n_{0C}}{\nu_C}=\frac{n_D-n_{0D}}{\nu_D}$$

$\zeta=1$ mol 时,$n_{0i}-n_i=\nu_i$,反应物消耗掉的物质的量和产物生成的物质的量均等于各自的化学计量数,即以 ν_A个 A 粒子与 ν_B个 B 粒子为一个单元,进行了 6.02×10^{23}(1 mol)单元反应。

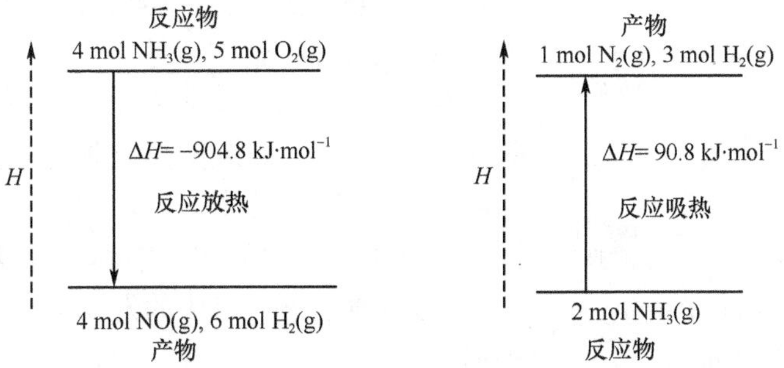

图 4.3　焓变示意图

3. 热化学定律——Hess 定律

虽然我们可以利用式(4.6a)通过物质的生成焓来计算化学反应的焓变,但仍面临两大困难:①化学反应方程式成千上万,热化学方程式也成千上万,而且是与日俱增,不可能直接测定所有化学反应的反应热,也不可能对所有物质的生成焓进行测定,目前能从手册中查到的仅是几千种常见纯净物的标准生成焓;②有些化学反应的 ΔH 是无法直接测定的。例如,反应

$$C(s)+\frac{1}{2}O_2(g)\longrightarrow CO(g)$$

因为炭燃烧时不可能完全变成 CO,总有一部分变成 CO_2。这个反应的 ΔH 是冶金工业很有用的数据,但是不能直接测定,只能间接求算。

如何解决这些困难呢? 19 世纪中叶俄国化学家盖斯(G. H. Hess)在综合分析大量实验数据的基础上,提出一个间接求算化学反应热的关系:**无论化学反应是一步完成还是分多步完成,只要始、终态一定,其热效应总是相同的,总反应的 ΔH 等于各分步反应的 ΔH 之和**。后人称之为 Hess 定律或反应热加和定律。利用这一性质,可从一些已知的反应热数据求算另一些反应的反应热。

例如,上面提到的 $C(s)+\frac{1}{2}O_2(g)\longrightarrow CO(g)$ 的反应热问题,通过实验不难测得下列两个反应的反应热:

$$① \quad C(s)+\frac{1}{2}O_2(g)\longrightarrow CO(g) \qquad \Delta_r H_1^{\ominus}=?$$

$$② \quad CO(g)+\frac{1}{2}O_2(g)\longrightarrow CO_2(g) \qquad \Delta_r H_2^{\ominus}=-283\ \mathrm{kJ\cdot mol^{-1}}$$

$$③ \quad C(s)+O_2(g)\longrightarrow CO_2(g) \qquad \Delta_r H^{\ominus}=-394\ \mathrm{kJ\cdot mol^{-1}}$$

反应式:③=①+②,其能量关系如图 4.4 所示。按热化学定律,有

$$\Delta_r H^{\ominus}=\Delta_r H_1^{\ominus}+\Delta_r H_2^{\ominus}$$

即

$$\Delta_r H_1^{\ominus}=[-394-(-283)]\ \mathrm{kJ\cdot mol^{-1}}=-111\ \mathrm{kJ\cdot mol^{-1}}$$

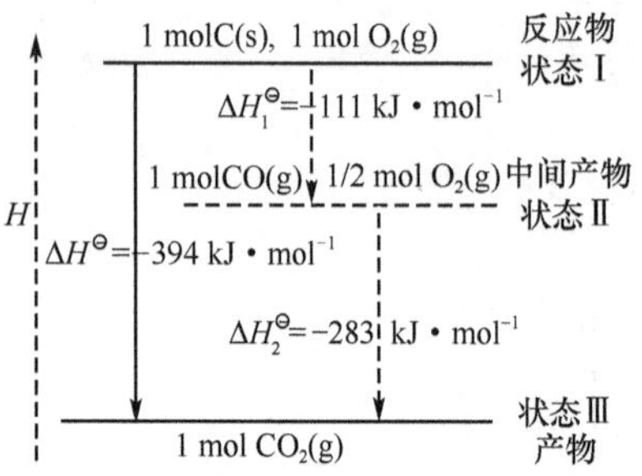

图 4.4 总反应的 $\Delta H^{\ominus}$ 等于分步反应 $\Delta H^{\ominus}$ 之和

由此例可知,若已知其中任意两个反应的 $\Delta H^{\ominus}$,即可求算第三个反应的焓变。当我们测定了一定数量反应的焓变后,就可利用热化学定律求得许多其他反应的反应热。

热化学定律的本质是什么?当我们有了"状态函数"概念之后就不难理解热化学定律的本质。焓是状态函数,ΔH 与路径无关。

热化学定律很简单、实用,也是大量实验数据的总结,它为热力学第一定律的发现提供了许多重要的实验根据。

【例 4.6】 已知下列反应的数据:

① $2C(石墨)+O_2(g)=\!=\!=2CO(g)$ $\qquad \Delta_r H_1^{\ominus}=-221.1\ kJ\cdot mol^{-1}$

② $C(石墨)+O_2(g)=\!=\!=CO_2(g)$ $\qquad \Delta_r H_2^{\ominus}=-393.5\ kJ\cdot mol^{-1}$

③ $2CH_3OH(l)+3O_2(g)=\!=\!=2CO_2(g)+4H_2O(l)$ $\qquad \Delta_r H_3^{\ominus}=-1453.3\ kJ\cdot mol^{-1}$

④ $2H_2(g)+O_2(g)=\!=\!=2H_2O(l)$ $\qquad \Delta_r H_4^{\ominus}=-571.7\ kJ\cdot mol^{-1}$

计算下列反应的焓变 $\Delta_r H_5^{\ominus}$。

⑤ $CO(g)+2H_2(g)=\!=\!=CH_3OH(l)$

解:上面 5 个反应式间具有如下关系:

$$⑤=\frac{1}{2}[2\times②-①-③+2\times④]$$

根据 Hess 定律,有

$$\Delta_r H_5^{\ominus}=\frac{1}{2}[2\times(-393.5)-(221.1)-(-1453.3)+2\times(571.7)]$$
$$=-128.0\ (kJ\cdot mol^{-1})$$

【例 4.7】 已知 298 K 时,丙烯加 H_2 生成丙烷的反应焓变 $\Delta_r H_m^{\ominus}=-123.9\ kJ\cdot mol^{-1}$,丙烷恒容燃烧热 $Q_V=-2213.0\ kJ\cdot mol^{-1}$,$\Delta_f H_m^{\ominus}(CO_2,g)=-393.5\ kJ\cdot mol^{-1}$,$\Delta_f H_m^{\ominus}(H_2O,l)=-286.0\ kJ\cdot mol^{-1}$。

计算:(1)丙烯的燃烧焓;(2)丙烯的生成焓。

解:(1) ① $C_3H_6(g)+\frac{9}{2}O_2(g)=\!=\!=3CO_2(g)+3H_2O(l)$ $\qquad \Delta_r H_1^{\ominus}=$丙烯燃烧热

② $H_2(g)+\frac{1}{2}O_2(g)=\!=\!=H_2O(l)$ $\qquad \Delta_r H_2^{\ominus}(H_2O,l)=-286.0\ kJ\cdot mol^{-1}$

③ $C_3H_8(g)+5O_2(g)=\!=\!=3CO_2(g)+4H_2O(l)$ $\qquad Q_V=-2213.0\ kJ\cdot mol^{-1}$

④ $C_3H_6(g)+H_2(g)=\!=\!=C_3H_8(g)$ $\qquad \Delta_r H_4^{\ominus}=-123.9\ kJ\cdot mol^{-1}$

$$④+③-②=①$$

所以
$$\Delta_r H_1^{\ominus}=\Delta_r H_4^{\ominus}+\Delta_r H_3^{\ominus}-\Delta_r H_2^{\ominus}$$

因为
$$\Delta_r H_3^{\ominus}=\Delta U+\Delta(pV)=-2213.0+(-3)\times(8.314\times298\times10^{-3})$$
$$=-2220.4\ (kJ\cdot mol^{-1})$$

所以
$$\Delta_r H_1^{\ominus}=-123.9-2220.4-(-286.0)=-2058.3\ (kJ\cdot mol^{-1})$$

即 $C_3H_6(g)$ 的燃烧焓为$-2058.3\ kJ\cdot mol^{-1}$。

(2) 因为
$$\Delta_r H_1^{\ominus}=3\Delta_f H_m^{\ominus}(H_2O,l)+3\Delta_f H_m^{\ominus}(CO_2,g)-\Delta_f H_m^{\ominus}(C_3H_6,g)$$

所以
$$-2058.3=3(-286.0)+3(-393.5)-\Delta_f H_m^{\ominus}(C_3H_6,g)$$
$$\Delta_f H_m^{\ominus}(C_3H_6,g)=19.8\ kJ\cdot mol^{-1}$$

利用 Hess 定律可以使化学方程式像普通代数方程那样运算，从而可根据少量已知的热力学数据计算出许多化学反应的反应热。但要注意：①为求反应热，可借某些已知反应热的反应，把该反应设计成分步进行，至于反应是否真实按设计的途径进行则无关紧要。②若有适当的数据应选择最短的途径，以致计算方便、误差小。③注意所有物质的物质的量、物态以及反应条件的一致性。

4. 用键焓估算化学反应的焓变

在标准压强与温度 T 时，断开 1 mol 气态分子中某化学键的焓变称为该键的键焓（bond enthalpy）。通常用缩写符号 BE 代表键焓，也可用符号 $EH^{\ominus}_{m}$ 表示。

化学键具有一定的能量，不同化学键其能量不同。化学变化过程是一个旧键断裂和新键形成的过程，断裂旧键需要能量，生成新键又放出能量，化学变化的热效应主要是化学键改组时键焓的变化。

例如，对双原子分子，分子中只有一种键，键焓即键的分解能

$$N_2(g) \longrightarrow 2N(g) \qquad BE(N\equiv N)=946\ kJ\cdot mol^{-1}$$

$$O_2(g) \longrightarrow 2O(g) \qquad BE(O=O)=498\ kJ\cdot mol^{-1}$$

$$F_2(g) \longrightarrow 2F(g) \qquad BE(F-F)=159\ kJ\cdot mol^{-1}$$

$$HCl(g) \longrightarrow H(g)+Cl(g) \qquad BE(H-Cl)=432\ kJ\cdot mol^{-1}$$

一个 $H_2O(g)$ 分子含有两个 O—H 键，断开第一个和第二个 O—H 键的焓变是不一样的，在 298 K 时

$$HOH(g) \longrightarrow H(g)+OH(g) \qquad BE(O-H)=502\ kJ\cdot mol^{-1}$$

$$OH(g) \longrightarrow H(g)+O(g) \qquad BE(O-H)=426\ kJ\cdot mol^{-1}$$

断开不同化合物中的 O—H 键的焓变，也是略有差别的。因此，键焓应是一种平均近似值，而不是直接的实验结果。

根据键焓的定义，断开化学键需要能量，即要吸热，因此键焓都是正值。原子间结合力越强，要断开这种键需要吸收的热量就越多，键焓就越大；反之，键焓就越小。所以，BE(N≡N)＞BE(O=O)＞BE(F—F)。生成化学键时会放热，焓变就要取负值，生成的键越强，放出的热也越多。表 4.1 为常见化学键的键焓（298 K，$p^{\ominus}$）。

利用键焓数据可以估算化学反应的焓变。因为断键需要能量，即要吸热，键焓是正值；反之，成键会放热，其值为负，所以

$$\begin{aligned}\Delta_r H^{\ominus}_{m} &\approx \sum BE(\text{反应物}) - \sum BE(\text{产物}) \\ &= -\left[\sum BE(\text{产物}) - \sum BE(\text{反应物})\right]\end{aligned} \tag{4.7}$$

写成式(4.7)的形式是为了方便与式(4.6)比较。

表 4.1　常见化学键的键焓 BE(X—Y)（单位：$kJ\cdot mol^{-1}$，298 K，$p^{\ominus}$）

键型		H	F	Cl	Br	I	O	S	N	P	C	Si
单键	H	436										
	F	570	159									
	Cl	432	256	243								
	Br	366	280	218	193							
	I	298	271	211	179	151						
	O	465	184	205	—	201	138					
	S	364	340	272	214	—	—	264				
	N	389	272	201	243	201	201	247	159			

续表

键型		H	F	Cl	Br	I	O	S	N	P	C	Si
单键	P	318	490	318	272	214	352	230	300	214		
	C	415	486	327	276	239	343	289	293	264	344	
	Si	320	540	360	289	214	368	226	—	214	281	197
双键	C=C	615	C=N	620	C=O	708	C=S	578				
	O=O	498	N=N	419	S=O	518	S=S	425				
叁键	C≡C	812	N≡N	945	C≡N	879	C≡O	1076				

【例 4.8】 试用表 4.1 中平均键焓的数据，估算由 SF_4生成 SF_6的反应焓变。

解:反应为

$$SF_4(g)+F_2(g)\longrightarrow SF_6(g)$$

该反应破坏 1 mol F—F 键和 4 mol S—F 键(SF_4中)，同时形成 6 mol S—F 键(SF_6中)，这相当于破坏 1 mol F—F 键，生成 2 mol S—F 键。相应的焓变为

$$\Delta_r H_m^\ominus = -(2\times 340-159) = -521\ (kJ\cdot mol^{-1})$$

有了这些键焓数据，我们可以对某些无法从 $\Delta_f H_m^\ominus$求反应热的情况进行估算。例如，反应

$$CH_4(g)+OH(g)\longrightarrow CH_3(g)+H_2O(g)$$

是 CH_4燃烧机理的一个中间步骤，其中涉及两个自由基(free radicals)，自由基的 $\Delta_f H_m^\ominus$不易得到，但我们可用键焓估算反应热。上述过程中化学键改组的情况为

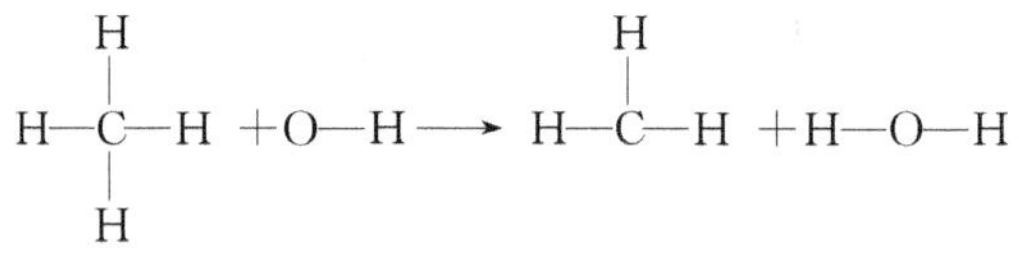

该反应实际上是断开 1 mol C—H 键，生成 1 mol H—O 键，由键焓估算其焓变：

$$\Delta_r H_m^\ominus(298\ K) = -[BE(H—O)-BE(C—H)] = -465+415 = -50\ (kJ\cdot mol^{-1})$$

由此求得的 $\Delta_r H_m^\ominus(298\ K)$数据虽然不够准确，但在进行化工设计时非常有用。另需指出，键焓虽从微观角度阐明了反应热的实质，但键焓数据并不完善，只是平均的近似值，而且只限于气态物质，所以由键焓估算反应热是有一定局限性的。

本节给出了 $\Delta H<0$ 有利于过程自发的结论，但能不能用 ΔH 作为判别反应进行的方向呢，或者说只要焓变小于零的过程就一定能自发进行吗？在 4.1.3 节中列举的两种单一气体的混合、气体向真空容器中扩散、糖在水中溶解等过程体系焓变很小，冰融化、硝酸铵等固体盐溶于水要吸热的过程也是自发的。这些过程为什么也能自发进行？

4.3 熵

4.3.1 熵的统计意义

熵用符号 S 表示，是另一种热力学状态函数。

什么是熵？Boltzmann 从微观角度用统计热力学方法证明 S 和 Ω 呈以下的对数形式，即

$$S=k\ln\Omega$$

后人称之为 Boltzmann 方程。式中，k 为 Boltzmann 常量，且 $k=R/N_A$，R 是摩尔气体常量($8.314\ J\cdot mol^{-1}\cdot K^{-1}$)，$N_A$为 Avogadro 常数，符号 Ω 表示微观状态数目。微观状态数越多

表明体系中微观粒子的混乱度越大。因此，从微观角度看，可以定性地、粗浅地把熵看成体系混乱度或有序度的量度，也可以说熵是微观状态数目的量度。体系中微观粒子越混乱，或者说体系中微观粒子的有序程度越差，则熵越大。

什么是混乱度呢？图 4.5 的始态是两种液体分别在两个容器中，将两液体混合后两液体分子相互渗透，相比之下终态的混乱度比始态大。

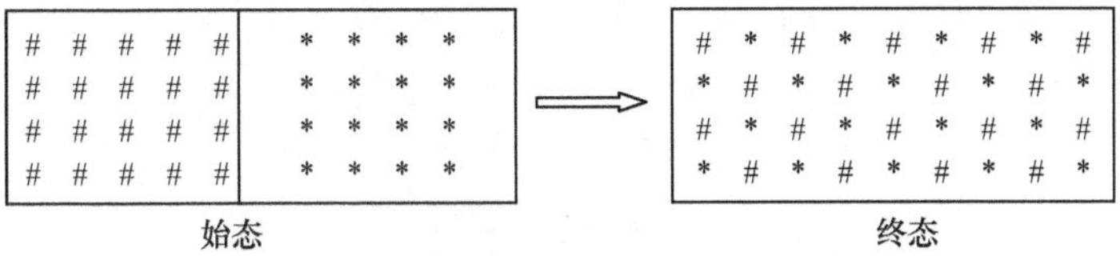

图 4.5 由始态变成终态，混乱度增加

可从下节讨论的吉布斯(J. W. Gibbs)-亥姆霍兹(H. V. Helmholtz)方程来理解熵的物理意义：当 $\Delta G=\Delta H-T\Delta S=0$ 时，体系处于热力学平衡态，此时 $\Delta S=\Delta H/T$ 。**热力学平衡态下发生的正过程与它的逆过程必定是一对方向相反的可逆过程**。此时，$\Delta H=Q_r$(下标 r 表示热力学可逆过程)，就有

$$\Delta S_{体系}=\frac{Q_r}{T} \quad 或 \quad Q_r=T\Delta S \tag{4.8a}$$

式中，Q_r是可逆过程中所吸收的热量，熵变(ΔS)是可逆过程的热效应(Q_r)与温度(T)之商——Q_r/T，简称**热温商**。熵就是热温商的综合字。T 与 ΔS 的乘积等于可逆过程所吸收的热。$T\Delta S$ 也可看成功的一种形式，因为 T 是强度量，ΔS 是广度量。19 世纪人们在广泛使用热机的基础上，就总结提出了这一关系式。熵乘以温度才有能量的量纲，所以**熵不是能量**。

物质在一定的压强条件下于熔点或沸点时发生相变的过程是一可逆过程。例如，在 101.3 kPa 下，将 1 mol 水于 100 ℃时向真空完全蒸发为同温、同压下的水蒸气，已知水的气化热为 41 kJ · mol^{-1}，则此蒸发过程的 $\Delta S^{\ominus}$

$$\Delta S^{\ominus}=\frac{41\times 10^3}{373}=110\ \mathrm{J \cdot mol^{-1} \cdot K^{-1}}$$

【例 4.9】 Ag 的熔点为 960 ℃，熔化热为 10.56 kJ · mol^{-1}，计算熔化 54.0 g Ag 的熵变。

解：金属 Ag 在熔点熔化是一可逆过程，按式(4.8a)，过程的摩尔熵变为

$$\Delta S^{\ominus}=\frac{Q_r}{T}=\frac{10.56\times 10^3}{960+273}=8.56\ (\mathrm{J \cdot mol^{-1} \cdot K^{-1}})$$

溶解 54.0 g Ag
$$\Delta S^{\ominus}=\frac{54.0}{108}\times 8.56=4.28\ (\mathrm{J \cdot K^{-1}})$$

4.3.2 标准熵

1) 标准熵

标准态下，1 mol 纯物质的熵值称为标准摩尔熵，简称**标准熵**。用符号 $S_m^{\ominus}$表示，单位是 J · mol^{-1} · K^{-1}[过去曾用 cal · mol^{-1} · K^{-1}，有时也用 e. u. (entropy unit)作为单位]。

各种物质在热力学标准状态的熵既可以根据实验数据按一定规律计算，也可以按统计力学方法计算。附录 4 列出了 298 K 时一些常见物质的标准熵 $S_m^{\ominus}$。

2) 熵值的比较

熵既是体系混乱度的量度,则其值与下列因素有关(对照附录 4 数据):

(1) 同一种物质(有时需要在同一种物理状态下),其熵随着体系温度的降低而减小。当温度降低到热力学零度时,所有微粒都位于理想的晶格点上,这是理想的有序状态,任何理想晶体在热力学零度时,熵都等于零,即 $T=0$ K 时,$S_m^\ominus(0)=0$。此即热力学第三定律。

设标态下,任何纯物质在指定温度(T)时的熵值为 $S_m^\ominus(T)$,则有

$$S_m^\ominus(T)-S_m^\ominus(0)=\Delta S$$

$$S_m^\ominus(T)-0=\Delta S$$

$$S_m^\ominus(T)=\Delta S \tag{4.9}$$

因此,$S_m^\ominus(T)$称为绝对熵,即物质在某一温度下 S 的绝对值是可测的。

(2) 不同状态的同一物质,其熵值大小顺序为

$$S_{气}^\ominus \geqslant S_{液}^\ominus > S_{固}^\ominus$$

该规律与上一规律是有直接联系的,气态的温度高于液态的温度,液态的温度高于固态的温度。因此,微粒的运动自由程度是气态的大于液态的、液态的大于固态的。例如

$$S_{气}^\ominus(188.8) \geqslant S_{水}^\ominus(69.91) > S_{冰}^\ominus(39)$$

(3) 同类物质,相对分子质量 M 越大,$S_m^\ominus$越大。因为原子数、电子数越多,微观状态数目也越多,熵就越大。例如

$$S_m^\ominus(O_3, 238.9) > S_m^\ominus(O_2, 205.2) > S_m^\ominus(O, 161)$$

(4) 相对分子质量 M 相同的不同物质,分子结构越复杂,混乱度越大,$S_m^\ominus$越大。例如,同分异构体的乙醇(CH_3CH_2OH)和甲醚(CH_3OCH_3),298 K 时其气态的 $S_m^\ominus$($J \cdot mol^{-1} \cdot K^{-1}$)分别是 283 和 267。又如各种戊烷中,正戊烷[$CH_3(CH_2)_3CH_3$]是直链结构,随着碳链的旋转,分子构象丰富,其熵最大,新戊烷[$C(CH_3)_4$]为四面体结构,其熵最小。此外,同素异形体或同分异构体的标准熵也互不相同,如白磷的熵大于红磷的熵。因为白磷是分子晶体,红磷是原子晶体,数量相同时白磷的微观状态数大于红磷。

(5) 相同物质其晶型不同、结构不同、水合或结晶水不同等,其熵值也不同。例如,PbO(黄)、PbO(红);C(金刚石)、C(石墨);$CuSO_4$、$CuSO_4 \cdot 5H_2O$;$H_2O_2(l)$、$H_2O_2(aq)$等。

(6) 压强对固态、液态物质的熵的影响较小,而对气态物质的熵的影响较大。压强越大,微粒运动的自由程度越小,熵就越小。例如,298 K 时,O_2在 100 kPa 和 600 kPa 的 $S_m^\ominus$分别是 205 $J \cdot mol^{-1} \cdot K^{-1}$和 190 $J \cdot mol^{-1} \cdot K^{-1}$。

总之,熵的变化与物质的比热容、摩尔质量、温度、熔化热、气化热等性质及组成与结构有关。

4.3.3 化学反应的熵变

化学反应的熵变称为**标准摩尔反应熵**,简称**反应熵**,用符号 $\Delta_r S_m^\ominus$表示。知道了各种物质的标准熵($S_m^\ominus$),就很容易计算化学变化的反应熵。因熵是状态函数,为广度量,所以热化学定律的计算方法同样适用于熵变计算

$$\Delta_r S_m^\ominus = \sum \nu_i S_m^\ominus(产物) - \sum \nu_i S_m^\ominus(反应物) \tag{4.6b}$$

例如,前面提到的固体氯化铵溶于水

$$NH_4Cl(s) \longrightarrow NH_4^+(aq) + Cl^-(aq)$$

$$\begin{aligned}\Delta_r S_m^\ominus(298\ K) &= S_m^\ominus(NH_4^+, aq) + S_m^\ominus(Cl^-, aq) - S_m^\ominus(NH_4Cl, s) \\ &= (113.4 + 56.5 - 94.6)\ J \cdot mol^{-1} \cdot K^{-1} \\ &= 75.3\ J \cdot mol^{-1} \cdot K^{-1}\end{aligned}$$

【例 4.10】 求 298.15 K，$CaCO_3(s) = CaO(s) + CO_2(g)$ 的熵变 $\Delta_r S_m^\ominus$。

解：298.15 K，100 kPa 时

	$CaCO_3(s)$	$CaO(s)$	$CO_2(g)$
$S_m^\ominus/(J \cdot mol^{-1} \cdot K^{-1})$	92.9	38.2	213.7

$$\Delta_r S_m^\ominus = 38.2 + 213.7 - 92.9 = 159\ (J \cdot mol^{-1} \cdot K^{-1})$$

$\Delta_r S_m^\ominus > 0$ 说明熵增大。

根据上面对熵影响因素的讨论，有时可对化学反应的熵变是增大还是减小作出定性的判断：**凡气体计量系数增加的反应，熵一定是增加的；反之，一定是熵减小的反应**；反应前后气体计量系数不变的反应，则熵变难以判断，但其值 $\Delta_r S_m^\ominus$ 总是很小的；对于没有气体参加的反应，一般规律是反应中物质计量系数增加，混乱度增加，$\Delta_r S_m^\ominus > 0$。表 4.2 列举了若干反应的 $\Delta_r S_m^\ominus$。

表 4.2　若干反应的标准摩尔反应熵

化学反应	$\Delta_r S_m^\ominus/(J \cdot mol^{-1} \cdot K^{-1})$	$\Delta n_气$	$\Delta n_总$
$N_2O_4(g) \longrightarrow 2NO_2(g)$	176.0	1	
$2Fe_2O_3(s) + 3C(s) \longrightarrow 4Fe(s) + 3CO_2(g)$	558.7	3	
$Fe_2O_3(s) + 3CO(g) \longrightarrow 2Fe(S) + 3CO_2(g)$	15.5	0	
$CaO(s) + SO_3(g) \longrightarrow CaSO_4(s)$	−188.4	−1	
$N_2(g) + 3H_2(g) \longrightarrow 2NH_3(g)$	−198.1	−2	
$NH_4Cl(s) \longrightarrow NH_4^+(aq) + Cl^-(aq)$	75.3		1
$CuSO_4 \cdot 5H_2O(s) \longrightarrow CuSO_4(s) + 5H_2O(l)$	158.4		5

【例 4.11】 求 298.15 K 时，反应

$$Ba(OH)_2 \cdot 8H_2O(s) + 2NH_4^+(aq) = Ba^{2+}(aq) + 2NH_3(g) + 10H_2O(l)$$

的焓变 $\Delta_r H_m^\ominus$ 和熵变 $\Delta_r S_m^\ominus$。

解：由附录 4 查出 298.15 K 各反应物和产物的标准生成焓和标准摩尔熵

	$Ba(OH)_2 \cdot 8H_2O(s)$	$2NH_4^+(aq)$	$Ba^{2+}(aq)$	$2NH_3(g)$	$10H_2O(l)$
$\Delta_f H_m^\ominus/(kJ \cdot mol^{-1})$	−3342.2	−132.51	−537.64	−80.29	−285.83
$S_m^\ominus/(J \cdot mol^{-1} \cdot K^{-1})$	427	113.4	9.6	192.4	69.91

$$\begin{aligned}\Delta_r H_m^\ominus &= [-537.64 + 2 \times (-80.29) + 10 \times (-285.83)] - [-3342.2 + 2 \times (-132.51)] \\ &= 50.7\ (kJ \cdot mol^{-1}) > 0\end{aligned}$$

$$\begin{aligned}\Delta_r S_m^\ominus &= [9.6 + 2 \times 192.4 + 10 \times 69.91] - [427 + 2 \times 113.4] \\ &= 400\ (J \cdot mol^{-1} \cdot K^{-1}) > 0\end{aligned}$$

应当注意的是：①由 2.1 节知道压强对气体的影响很大，所以，凡涉及气体计量系数变化的反应，压强对熵变也有明显影响，所以压强条件必须注明；②虽然熵受温度的影响较大，但温度对化学反应熵变的影响却不大。因为当温度改变时，生成物和反应物处于同一体系，其熵值都随温度的改变同时增大或减小。在实际应用时，在一定温度范围内可忽略温度对反应熵变的影响。

例 4.11 的反应和 $NH_4Cl(s)$ 溶于水都是吸热过程，不利于反应的进行，但在常温下这两个反

应能正向自发进行,其原因是熵增加起了主导作用。然而,碳酸钙的分解也是吸热熵增加的反应,但在常温下并不能自发进行,只有在高温下才能自发分解。另外,还有一些熵减少的变化也是能自发进行的,如水蒸气的冷凝、水结冰等。有无一个普遍适用的判据来判断一个过程是否自发呢? 可以从熵增加原理——热力学第二定律和 Gibbs 自由能两个方面来回答。

4.3.4 热力学第二定律

热力学第二定律有多种表述形式,按熵的概念可表述为孤立体系(isolated system)中的自发过程其混乱度(熵)总是增加的——熵增加原理。这是自然界的普遍规律,即

$$\Delta S_{\text{总}} = \Delta S_{\text{体系}} + \Delta S_{\text{环境}} > 0 \tag{4.10a}$$

$$\left.\begin{aligned} &\Delta S_{\text{总}} > 0 \quad \text{自发变化} \\ &\Delta S_{\text{总}} < 0 \quad \text{非自发变化} \\ &\Delta S_{\text{总}} = 0 \quad \text{平衡状态} \end{aligned}\right\} \tag{4.10b}$$

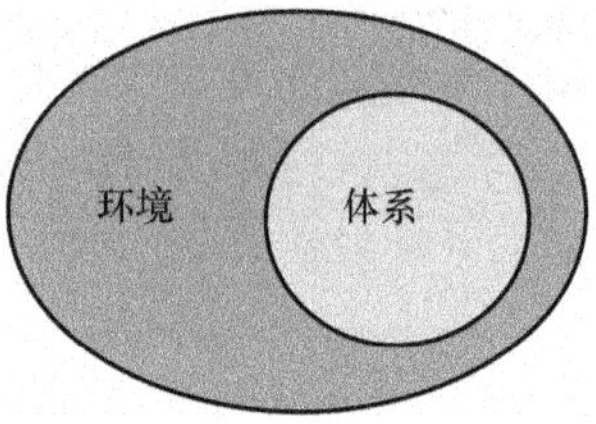

图 4.6　体系和环境所构成的孤立体系

真正的孤立体系是不存在的,但若把与体系有物质和能量交换的那部分环境也包括进去,组成一个新的体系,如图 4.6 所示,则这个新体系可作为孤立体系。

前已述及,体系处于热力学平衡态(可逆)时,$\Delta S_{\text{体系}} = \Delta H_{\text{体系}} / T$,即在温度 T 下体系吸收的热用于体系熵的增加;反之,在温度 T 下体系放热给环境,$\Delta_r H < 0$,使环境分子的热运动增加,熵增加,$\Delta S_{\text{环境}} > 0$。即有

$$\Delta S_{\text{环境}} = -\frac{\Delta H_{\text{体系}}}{T} \tag{4.8b}$$

对可逆过程,$|\Delta S_{\text{环境}}| = |\Delta S_{\text{体系}}|$,但符号相反;对非可逆过程,$|\Delta S_{\text{环境}}| \neq |\Delta S_{\text{体系}}|$,相差的部分以热(焓)的形式呈现。

【例 4.12】 根据热力学第二定律,通过计算说明在 298.15 K 及标准态下,金属铁能否被氧气氧化成三氧化二铁。

解:铁被氧化成氧化铁的反应式及各物质的相关数据为

	$4Fe(s)$	$+\ 3O_2(g)$	$=\!=\!=\ 2Fe_2O_3(s)$
$\Delta_f H_m^\ominus/(kJ \cdot mol^{-1})$	0	0	−824.2
$S_m^\ominus/(J \cdot mol^{-1} \cdot K^{-1})$	27.28	205.14	87.4

$$\Delta_r S^\ominus_{\text{体系}} = 2\times 87.4 - [4\times 27.28 + 3\times 205.14] = -549.74\ (J \cdot mol^{-1} \cdot K^{-1})$$

这是一个气体分子数减少($\Delta n_{\text{气}} = -3$)的反应,$\Delta_r S^\ominus_{\text{体系}} < 0$ 是预料之中的。同时这也是一个非可逆的氧化反应,$|\Delta S_{\text{环境}}| \neq |\Delta S_{\text{体系}}|$,体系要对环境放热:

$$\Delta_r H^\ominus_{\text{体系}} = 2\times(-824.2) - (4\times 0 + 3\times 0) = -1648.4\ (kJ \cdot mol^{-1})$$

按式(4.8b),体系放出的这部分热使环境的熵增加:

$$\Delta_r S^\ominus_{\text{环境}} = -\frac{\Delta H_{\text{体系}}}{T} = \frac{1648.4\times 10^3}{298.15} = 5529\ (J \cdot mol^{-1} \cdot K^{-1})$$

$$\Delta_r S^\ominus_{\text{总}} = \Delta_r S^\ominus_{\text{体系}} + \Delta_r S^\ominus_{\text{环境}} = -549.74 + 5529 = 4979\ (J \cdot mol^{-1} \cdot K^{-1})$$

$\Delta_r S^\ominus_{\text{总}} > 0$,说明铁的氧化反应在 298.15 K、标准状态下能自发进行,与实际情况一致。

热力学第一定律给出了能量守恒关系,热力学第二定律发现了孤立体系熵增加过程的自发性,但熵不是能量,且不像能量那样守恒,而是随着自然的发展越来越大,热力学第二定律指出了宏观过程进行的方向与条件。同热力学第一定律一样,它也是大量经验事实的总结,至今还没有发现有违背热力学第二定律的事实,因而它被普遍接受而得到广泛应用。

4.4　Gibbs 自由能

4.4.1　Gibbs 自由能

既然一个体系的自发过程要从 ΔH 和 ΔS 两方面来考虑，能不能把二者综合在一起呢？1876 年，Gibbs 就提出了一个把焓和熵归并在一起的热力学函数，称为 Gibbs 自由能（也曾称为自由焓），用符号 G 表示，其定义为

$$G=H-TS$$

根据定义，等温变化过程的 Gibbs 自由能变化[a]

$$\Delta G=\Delta H-T\Delta S \tag{4.11}$$

式(4.11)称为 Gibbs-Helmholtz 方程。在化学研究工作中，这是一个非常重要而实用的方程。

由于 H、T、S 都是状态函数，所以 G 也是状态函数，它具有状态函数的各种特点。G 为广度量，可用热化学定律的方法计算。

在等温、等压条件下，Gibbs 自由能变是焓变和熵变的综合效应，那么

(1) 若 $\Delta H<0$，$\Delta S>0$ 时，ΔG 必定是负值，即焓减、熵增的过程，$\Delta G<0$，是能自发进行的过程。

(2) 反之，若 $\Delta H>0$，$\Delta S<0$ 时，ΔG 必定是正值，即焓增、熵减的过程，$\Delta G>0$，是不能自发进行的过程。

(3) 若 $\Delta G=0$，则体系处于动态平衡。

综上：

$$\left.\begin{array}{ll}\Delta G<0 & \text{自发变化}\\ \Delta G>0 & \text{非自发变化}\\ \Delta G=0 & \text{平衡状态}\end{array}\right\} \tag{4.12}$$

所以，我们可以用 ΔG 是正还是负来判别过程的自发性。

4.4.2　标准 Gibbs 生成自由能

有了 Gibbs-Helmholtz 方程，并可用 ΔG 值的正、负来判别过程的自发性，那么，对于化学反应来讲，剩下的就是如何计算反应的 Gibbs 自由能变了。同 4.2.3 节中规定的标准生成焓一样，规定标准生成自由能（将那里的“焓”换成“Gibbs 自由能”即可）：

在标态和温度 T(K)条件下，由稳定态单质生成 1 mol 化合物（或不稳定态单质或其他形式的物种）的自由能变称为该物质在 T(K)时的标准 Gibbs 生成自由能，简称生成自由能。 用符号 $\Delta_f G_m^\ominus(T)$表示，298 K 的标准生成自由能的符号可以省去(T)，单位为 $kJ\cdot mol^{-1}$。

---

[a] ΔG 是在等温、等压条件下体系与环境交换的最大其他（非体积）功 W'_{max}，即 $\Delta G=W'_{max}$。这是 ΔG 的另一意义。推导如下：根据热力学第一定律，$\Delta U=Q+W$，等温、等压可逆过程体系做最大功 $\Delta U=Q_r+W_{max}$，因 $W_{max}=-p\Delta V+W'_{max}$，即有 $\Delta U=Q_r-p\Delta V+W'_{max}$。代入式(4.4b)得，$\Delta H=Q_r+W'_{max}$，由第二定律知 $Q_r=T\Delta S$ [式(4.8a)]，代入得 $\Delta H=T\Delta S+W'_{max}$，将此结果再代入式(4.11)，即得 $\Delta G=W'_{max}$（等温、等压）。如果将一个化学反应放入一个可逆电池中进行，则可做最大电功 $\Delta G=W'_{max}=-nFE$（第 8 章）。可见，Gibbs 自由能既可用 $G=H-TS$ 表达，也可用 $\Delta G=W'_{max}$表示。其物理意义是：Gibbs 自由能的降低为等温、等压条件下体系在可逆过程中所做最大其他功。若 $W'_{max}<0$，则体系对环境做功，$\Delta G<0$，反应自发进行；反之，$W'_{max}>0$，环境对体系做功，$\Delta G>0$，反应不能自发进行。

同样,生成自由能的定义隐含**稳定态单质的生成自由能为零**。例如,C(石墨)和 O_2(g)的生成自由能为零,则在 298 K 时,由它们化合生成 1 mol CO_2(g)时的标准自由能变是 $-394\ kJ \cdot mol^{-1}$:

$$C(石墨)+O_2(g) = CO_2(g) \qquad \Delta_r G_m^\ominus = -394.4\ kJ \cdot mol^{-1}$$

也可以说化合物 CO_2(g)的标准生成自由能 $\Delta_f G_m^\ominus = -394.4\ kJ \cdot mol^{-1}$。同理,生成自由能是一种物质相对于另一物质(稳定单质)自由能的相对值,是一种特定形式的自由能变 ΔG。

一些常见物质在 298 K 时的 $\Delta_f G_m^\ominus$(298 K)列于附录 4。由附录 4 可见,绝大多数物质的标准 Gibbs 生成自由能都是负的,只有少数物质是正的,类似于标准生成焓 $\Delta_f H_m^\ominus$。

4.4.3 化学反应的标准 Gibbs 自由能变

同样,利用各种物质的 $\Delta_f G_m^\ominus$,可以计算化学反应的自由能变 $\Delta_r G_m^\ominus$:

$$\Delta_r G_m^\ominus = \sum \nu_i \Delta_f G_m^\ominus(产物) - \sum \nu_i \Delta_f G_m^\ominus(反应物) \tag{4.6c}$$

例如,可由附录 4 的 CH_4、O_2、CO_2 及 H_2O 的 $\Delta_f G_m^\ominus$,计算在标态和 298 K 下,1 mol 甲烷燃烧生成 CO_2(g)和 H_2O(l)的自由能变 $\Delta G^\ominus$:

$$CH_4(g)+2O_2(g) = CO_2(g)+2H_2O(l)$$

$$\Delta_f G_m^\ominus/(kJ \cdot mol^{-1}) \quad -50.5 \quad 0 \quad -394.4 \quad -237.13$$

$$\begin{aligned}\Delta_r G_m^\ominus &= [\Delta_f G_m^\ominus(CO_2,g)+2\times\Delta_f G_m^\ominus(H_2O,l)]-[\Delta_f G_m^\ominus(CH_4,g)+2\times\Delta_f G_m^\ominus(O_2,g)] \\ &= [-394.4+2\times(-237.13)-(-50.5)+0]\ kJ \cdot mol^{-1} \\ &= -818.2\ kJ \cdot mol^{-1}\end{aligned}$$

CH_4 燃烧反应的 $\Delta_r G_m^\ominus < 0$,意味着该反应在标态、298 K 条件下可以自发进行。

【例 4.13a】 试根据物质的 $\Delta_f G_m^\ominus$,通过计算判断氯化铵的分解反应在 25 ℃时能否自发进行。

解:氯化铵分解反应方程式及相关物质的 $\Delta_f G_m^\ominus$ 如下

$$NH_4Cl(s) = NH_3(g)+HCl(g)$$

$$\Delta_f G_m^\ominus/(kJ \cdot mol^{-1}) \quad -202.9 \quad -16.4 \quad -95.3$$

当 T=298 K 时

$$\begin{aligned}\Delta_r G_m^\ominus &= [\Delta_f G_m^\ominus(NH_3,g)+\Delta_f G_m^\ominus(HCl,g)]-\Delta_f G_m^\ominus(NH_4Cl,s) \\ &= [-16.4+(-95.3)]-(-202.9)\ kJ \cdot mol^{-1} \\ &= 91.2\ kJ \cdot mol^{-1}\end{aligned}$$

由于 $\Delta_r G_m^\ominus > 0$,所以室温时 NH_4Cl(s)在标态下是稳定的,分解反应不能自发进行。

4.4.4 利用焓变与熵变计算化学反应的标准 Gibbs 自由能变

像碳酸钙的分解反应一样,许多在常温下不能进行($\Delta_r G_m^\ominus > 0$)的化学反应,改变温度(有时还要改变其他条件),反应就能自发进行了。在 4.2 节和 4.3 节中曾讨论过温度的变化对化学反应的 $\Delta_r H_m^\ominus$ 和 $\Delta_r S_m^\ominus$ 的影响很小,一般是可以忽略的。但从式(4.11)看到,温度对 $\Delta_r G_m^\ominus$ 的影响是非常明显的。

由生成自由能的定义看,虽然在不同 T 下物质标准 Gibbs 生成自由能均有确定值 $\Delta_f G_m^\ominus(T)$,但现有的自由能数据 $\Delta_f G_m^\ominus$ 都是在 298 K 下的,而化学反应并不都在 298 K 下进行。当温度改变时,如何计算 $\Delta_r G_m^\ominus(T)$?如果忽略温度的变化对化学反应的 $\Delta_r H_m^\ominus$ 和 $\Delta_r S_m^\ominus$ 的影响,则在标准状态下,Gibbs-Helmholtz 方程式(4.11)就变为

$$\Delta_r G_m^\ominus(T) = \Delta_r H_m^\ominus(298\ K) - T\Delta_r S_m^\ominus(298\ K)$$

或简写为

$$\Delta_r G_m^{\ominus}=\Delta_r H_m^{\ominus}-T\Delta_r S_m^{\ominus} \tag{4.11a}$$

我们可以利用式(4.11a)进行计算，计算时用 $\Delta_f H_m^{\ominus}$(298 K)和 $S_m^{\ominus}$(298 K)代替 $\Delta_f H_m^{\ominus}(T)$ 和 $S_m^{\ominus}(T)$。

【例 4.13b】 试用式(4.11a)重新计算氯化铵在 298 K 时分解反应的 $\Delta_r G_m^{\ominus}$，并与例 4.13a 的结果进行比较。标态下氯化铵于 673 K 时能否分解？

解：按式(4.11a)计算，查得相关物质的 $\Delta_f H_m^{\ominus}$、$S_m^{\ominus}$ 如下

	$NH_4Cl(s)$	$NH_3(g)$	$HCl(g)$
$\Delta_f H_m^{\ominus}/(kJ\cdot mol^{-1})$	−314.4	−46.1	−92.3
$S_m^{\ominus}/(J\cdot mol^{-1}\cdot K^{-1})$	94.56	192.34	186.82

($NH_4Cl(s) = NH_3(g) + HCl(g)$)

$$\Delta_r H_m^{\ominus}=[-46.1+(-92.3)]-(-314.4)=176.0\ (kJ\cdot mol^{-1})$$

$$\Delta_r S_m^{\ominus}=(192.34+186.82)-94.56=284.6\ (J\cdot mol^{-1}\cdot K^{-1})$$

当 $T=298$ K 时

$$\begin{aligned}\Delta_r G_m^{\ominus}(298\ K)&=\Delta_r H_m^{\ominus}(298\ K)-298\times\Delta_r S_m^{\ominus}(298\ K)\\&=176.0\ kJ\cdot mol^{-1}-298\ K\times 284.6\times10^{-3}\ kJ\cdot mol^{-1}\cdot K^{-1}\\&=91.2\ kJ\cdot mol^{-1}\end{aligned}$$

与例 4.13a 通过 $\Delta_f G_m^{\ominus}$ 计算的 91.2 $kJ\cdot mol^{-1}$ 完全一致。

假定 $\Delta_r H_m^{\ominus}$、$\Delta_r S_m^{\ominus}$ 不随温度而变，那么，当 $T=673$ K 时

$$\begin{aligned}\Delta_r G_m^{\ominus}(673\ K)&=\Delta_r H_m^{\ominus}(298\ K)-673\times\Delta_r S_m^{\ominus}(298\ K)\\&=176.0\ kJ\cdot mol^{-1}-673\ K\times 284.6\times10^{-3}\ kJ\cdot mol^{-1}\cdot K^{-1}\\&=-15.54\ kJ\cdot mol^{-1}<0\end{aligned}$$

$\Delta_r G_m^{\ominus}(673\ K)<0$，说明标态下 $NH_4Cl(s)$ 于 673 K 时能发生分解反应。

4.4.5 温度对化学反应 $\Delta G^{\ominus}$ 的影响

1. 化学反应按温度影响的分类

根据 Gibbs-Helmholtz 方程，标态下，$\Delta_r G_m^{\ominus}=\Delta_r H_m^{\ominus}-T\Delta_r S_m^{\ominus}$，可用 $\Delta_r G_m^{\ominus}$ 大于零或小于零来判断化学反应发生的方向。因 $\Delta_r G_m^{\ominus}$ 受 $\Delta_r H_m^{\ominus}$、$\Delta_r S_m^{\ominus}$ 和 T 三者共同的影响，按 Gibbs-Helmholtz 方程，可将化学反应分为以下 4 类(表 4.3)。

表 4.3　温度对自发性的影响

类型		$\Delta_r G_m^{\ominus}=\Delta_r H_m^{\ominus}-T\Delta_r S_m^{\ominus}$	反应自发性随温度的变化	
$\Delta_r H_m^{\ominus}$	$\Delta_r S_m^{\ominus}$			
(−)	(+)	(−)	任意温度	正向自发，逆向不自发
(+)	(−)	(+)	任意温度	正向不自发，逆向自发
(+)	(+)	高温(−)	高温	正向自发
		低温(+)	低温	逆向自发
(−)	(−)	高温(+)	低温	正向自发
		低温(−)	高温	逆向自发

(1) $\Delta_r H_m^{\ominus}<0$，$\Delta_r S_m^{\ominus}>0$(焓减熵增)，无论在任何温度条件下，$\Delta_r G_m^{\ominus}$ 必定为负值，反应总是自发正向进行。例如，

$$H_2+F_2 = 2HF$$

$$\Delta_r H_m^{\ominus}=-546.6\ kJ\cdot mol^{-1},\ \Delta_r S_m^{\ominus}=347.6\ J\cdot mol^{-1}\cdot K^{-1},\ \Delta_r G_m^{\ominus}=-550.8\ kJ\cdot mol^{-1}$$

【例 4.14】 常温时,N_2O 比较稳定,但当它与金丝接触时,即发生分解反应。通过计算说明 N_2O 在室温时的热力学稳定性和动力学稳定性。

解:查附录 4 可得如下数据

	$2N_2O(g) \longrightarrow$	$O_2(g)$ +	$2N_2(g)$
$\Delta_f H_m^\ominus/(kJ\cdot mol^{-1})$	82.0	0	0
$S_m^\ominus/(J\cdot mol^{-1}\cdot K^{-1})$	219.74	205.03	191.50

$$\Delta_r H_m^\ominus = 0+2\times0-2\times82.0=-164.0\ (kJ\cdot mol^{-1})$$

$$\Delta_r S_m^\ominus = (205.03+2\times191.50)-2\times219.74=148.55\ (J\cdot mol^{-1}\cdot K^{-1})$$

$$\Delta_r G_m^\ominus = \Delta_r H_m^\ominus - T\Delta_r S_m^\ominus = -164.0-298\times10^{-3}\times148.55=-208.3\ (kJ\cdot mol^{-1})$$

$N_2O(g)$分解是一焓减熵增的过程,说明在室温时 N_2O 是热力学不稳定的。室温时 N_2O 稳定是由于分解活化能较高,在室温时热力学不稳定但动力学是稳定的,而一旦遇到催化剂(金)即发生分解。

(2) $\Delta_r H_m^\ominus>0$,$\Delta_r S_m^\ominus<0$(焓增熵减),无论在任何温度下,$\Delta_r G_m^\ominus$ 总大于零,正反应非自发,但逆反应可自发进行。例如

$$CO(g) = C(s) + \frac{1}{2}O_2(g)$$

$$\Delta_r H_m^\ominus = 111\ kJ\cdot mol^{-1},\ \Delta_r S_m^\ominus = 90\ J\cdot mol^{-1}\cdot K^{-1},\ \Delta_r G_m^\ominus>0$$

这是一个(+,−)型反应,在标准状态,任意温度下该反应都是不能自发进行的。这实际上意味着汽车尾气中的 CO 不会自动热分解成单质而消除,因而,试图用热分解法使 CO 分解或寻找 CO 分解反应的催化剂的努力都将是劳而无功的。

这两类反应中焓效应和熵效应对 $\Delta_r G_m^\ominus$ 的贡献是相互加强的,方向是一致的,因此温度因素不能改变 $\Delta_r G_m^\ominus$ 的符号。

(3) $\Delta_r H_m^\ominus>0$,$\Delta_r S_m^\ominus>0$(焓熵双增),$\Delta_r H_m^\ominus$ 对反应不利,$\Delta_r S_m^\ominus$ 对反应有利。常温下倾向于非自发,随着 T 的升高,加强了熵效应,$\Delta_r G_m^\ominus$ 改变了符号,反应可自发进行。

【例 4.15】 试根据计算分析在常温常压下,用焦炭还原 Fe_2O_3 的可能性。

解:用 C 还原 Fe_2O_3 的反应方程式和查得的相关数据如下:

	$3C(s)$ +	$Fe_2O_3(s) =$	$3CO(g)$ +	$2Fe(s)$
$\Delta_f H_m^\ominus/(kJ\cdot mol^{-1})$	0	−822.2	−110.5	0
$S_m^\ominus/(J\cdot mol^{-1}\cdot K^{-1})$	5.74	90	197.56	27.28

$$\Delta_r H_m^\ominus = 3\times(-110.5)+2\times0-3\times0-(-822.2)=490.7\ (kJ\cdot mol^{-1})$$

$$\Delta_r S_m^\ominus = 3\times197.56+2\times27.28-3\times5.74-90=540.02\ (J\cdot mol^{-1}\cdot K^{-1})$$

在 298 K 时

$$\Delta_r G_m^\ominus = \Delta_r H_m^\ominus - 298\Delta_r S_m^\ominus = 490.7-298\times0.540=330\ (kJ\cdot mol^{-1})$$

反应的 $\Delta_r G_m^\ominus>0$,显然常温下上述反应不能自发进行。

假定上述热力学数据不随温度而变化,则将温度升高到 1000 K 时

$$\Delta_r G_m^\ominus(1000\ K) = 490.7-1000\times0.540=-49.3\ (kJ\cdot mol^{-1})$$

$T\Delta_r S_m^\ominus$ 变得有利于反应。

可见,这类反应低温下为非自发,随着 T 的升高,高温下反应可能成为自发。实际上,炼铁高炉用的还原剂主要是 CO,而不是焦炭,主要反应是 $Fe_2O_3(s)+3CO(g) \longrightarrow 2Fe(s)+3CO_2(g)$。

(4) $\Delta_r H_m^\ominus<0$,$\Delta_r S_m^\ominus<0$(焓熵双减),$\Delta_r H_m^\ominus$ 对反应有利,$\Delta_r S_m^\ominus$ 对反应不利。常温下,正反应倾向自发,但随 T 的升高,加强了熵效应的影响,$\Delta_r G_m^\ominus$ 改变符号,反应变为不自发。和第

(3)类刚好相反，这类反应低温下自发，高温下反应可能变为非自发。

2. 转换温度 $T_{转}$

对焓熵双增和焓熵双减的反应，温度的影响是不可忽略的。例如，N_2和 H_2化合生成 NH_3 的反应是(－，－)型反应

$$N_2(g)+3H_2(g) \longrightarrow 2NH_3(g)$$

$\Delta_r H_m^\ominus=-92.22\ kJ \cdot mol^{-1}$，$\Delta_r S_m^\ominus=-0.199\ kJ \cdot mol^{-1} \cdot K^{-1}$，$\Delta_r G_m^\ominus(298\ K)=-32.9\ kJ \cdot mol^{-1}$，$\Delta_r G_m^\ominus(673\ K)=41.71\ kJ \cdot mol^{-1}$。显然，反应在低温 $\Delta_r G_m^\ominus<0$，而在高温 $\Delta_r G_m^\ominus>0$，所以从热力学的角度看合成氨反应宜在低温下进行，但第 3 章知识告诉我们，温度低了，反应速率又太小，有的反应甚至不能发生。所以，我们总希望提高温度以增加反应速率，那么温度提高到多少合适呢？我们可从 $\Delta_r G_m^\ominus$ 由负值转变为正值的温度来确定。

对一个在温度 T 时不能进行的反应，当温度升高或降低达到某个临界温度时，反应就能进行，这个温度临界点称为转换温度，用 $T_{转}$表示。对许多反应，这一温度是值得关注的。

显然从 $\Delta_r G_m^\ominus>0$ 到 $\Delta_r G_m^\ominus<0$ 的转换，在其温度临界点时，$\Delta_r G_m^\ominus=0$：

$$\Delta_r G_m^\ominus(T) \approx \Delta_r H_m^\ominus - T\Delta_r S_m^\ominus=0$$

即

$$T_{转} \approx \Delta_r H_m^\ominus / \Delta_r S_m^\ominus \tag{4.13}$$

【例 4.16】 SiC 是高温半导体、金属陶瓷和磨料等不可缺少的原料。现在以硅石(SiO_2)和焦炭为原料制备 SiC，问在 298 K、标准状态下能否获得 SiC？要获得 SiC，生产温度最低为多少？(仅从热力学考虑)

解：化学反应方程式和查得各物质的相关数据如下：

	$SiO_2(s)$	$+3C(s)$	$=\!=\!=SiC(s)$	$+\ 2CO(g)$
$\Delta_f H_m^\ominus/(kJ \cdot mol^{-1})$	−910.94	0	−111.71	−110.52
$S_m^\ominus/(J \cdot mol^{-1} \cdot K^{-1})$	42.09	5.74	16.46	197.4

$$\Delta_r H_m^\ominus=-111.71+2\times(-110.52)-(-910.94)=578.19\ (kJ \cdot mol^{-1})$$

$$\Delta_r S_m^\ominus=197.4\times2+16.46-42.09-3\times5.74$$
$$=352.0\ (J \cdot mol^{-1} \cdot K^{-1})$$

$$\Delta_r G_m^\ominus(298\ K)=578.19-298\times352.0\times10^{-3}=473.3\ (kJ \cdot mol^{-1})$$

因为 $\Delta_r G_m^\ominus>0$，所以标准状态下 298 K 时反应不能实现。

这是(＋，＋)型反应，当 $\Delta_r G_m^\ominus=0$ 时，反应达平衡

$$T_{转} \approx \frac{\Delta_r H_m^\ominus}{\Delta_r S_m^\ominus}=\frac{578.19}{0.352}=1643\ (K)$$

所以从热力学考虑，此条件下要想反应能自发进行，温度不能低于 1643 K。

【例 4.17】 煤里总有一些含硫杂质，当煤燃烧时，就有 SO_2 和 SO_3 生成。试问是否可能用 CaO 来吸收 SO_3 以减少烟道废气对空气的污染？

解：

	$CaO(s)$	$+SO_3(g)$	$=\!=\!=CaSO_4(s)$
$\Delta_f H_m^\ominus/(kJ \cdot mol^{-1})$	−635	−396	−1435
$S_m^\ominus/(J \cdot mol^{-} \cdot K^{-1})$	38	257	107

由以上数据计算可得到：

$$\Delta_r H_m^\ominus=-404\ kJ \cdot mol^{-1}, \Delta_r S_m^\ominus=-188\ J \cdot mol^{-1} \cdot K^{-1}, \Delta_r G_m^\ominus=-348\ kJ \cdot mol^{-1}$$

反应可以自发进行。但这是(－，－)型反应，温度不宜太高。ΔG 由(－)到(＋)的转变温度：

$$T_{转} \approx \Delta H^\ominus / \Delta S^\ominus=-404\times10^3/(-188)$$
$$=2.15\times10^3(K)=1.88\times10^3(℃)$$

一般炉温在 1200 ℃左右,所以从热力学的分析看,用价格低廉的 CaO 来吸收 SO_3 以减少大气污染的可能性是存在的。现在已有人采用这种方法。

【例 4.18】 CaO 是将石灰石($CaCO_3$ 是其主要成分)经高温分解而得到的。(1)试通过计算说明在常温常压下,石灰石是非常稳定的物质而不发生分解;(2)标态下 $CaCO_3$ 在什么温度时才开始分解;(3)作出 $\Delta G^\ominus$ 随温度 T 变化的图。

解:石灰石分解反应方程式及相关物质的热力学数据如下:

	$CaCO_3(s) \longrightarrow$	$CO_2(g)$ +	$CaO(s)$
$\Delta_f H_m^\ominus/(kJ \cdot mol^{-1})$	−1207.6	−393.5	−634.9
$S_m^\ominus/(J \cdot mol^{-1} \cdot K^{-1})$	91.7	213.8	38.1
$\Delta_f G_m^\ominus/(kJ \cdot mol^{-1})$	−1129	−394.4	−603

(1) 当 $T=298$ K 时

$$\begin{aligned}\Delta_r G_m^\ominus &= [\Delta_f G_m^\ominus(CO_2, g) + \Delta_f G_m^\ominus(CaO, s)] - \Delta_f G_m^\ominus(CaCO_3, s)\\ &= [-603+(-394)]-(-1129)(kJ \cdot mol^{-1})\\ &= 132(kJ \cdot mol^{-1})\end{aligned}$$

在 298 K 由 $\Delta_f G_m^\ominus$ 计算的 $\Delta_r G_m^\ominus>0$,说明在此条件下 $CaCO_3$ 分解反应不能自发进行,与事实相一致。

(2) 由 $\Delta_f H_m^\ominus$、$S_m^\ominus$ 可算出 $\Delta_r H_m^\ominus=179.2\ kJ \cdot mol^{-1}$、$\Delta_r S_m^\ominus=160.2\ J \cdot mol^{-1} \cdot K^{-1}$,$CaCO_3$ 分解反应的转换温度为

$$\begin{aligned}T_{转} &\approx \Delta_r H_m^\ominus/\Delta_r S_m^\ominus = 179.2\ kJ \cdot mol^{-1} \times 10^3/160.2\ J \cdot mol^{-1} \cdot K^{-1}\\ &= 1118.6\ K = 845.5\ ℃\end{aligned}$$

此结果意味着标态下,只有当 $T>1118.6$ K 时,$CaCO_3$ 的分解才有可能自发进行。

(3) 要作 $\Delta_r G_m^\ominus$ 随温度 T 变化的图,得计算系列温度下的 $\Delta_r G_m^\ominus$,先列表再作图。将计算所得不同温度时标态和非标态(计算办法见第 5 章)下的值列于表 4.4。

表 4.4　反应 $CaCO_3(s) \longrightarrow CaO(s)+CO_2(g)$ 的 $\Delta_r G_m^\ominus(kJ \cdot mol^{-1})$ 随温度与压强的变化

T / K	p/ kPa		
	1×10^2	1	1×10^{-2}
298	132	120.6	109.2
473	103.4	85.9	67.2
673	71.4	45.7	19.9
873	39.3	5.9	−27.4
1073	7.3	−33.7	−74.7
1273	−24.7	−73.4	−122

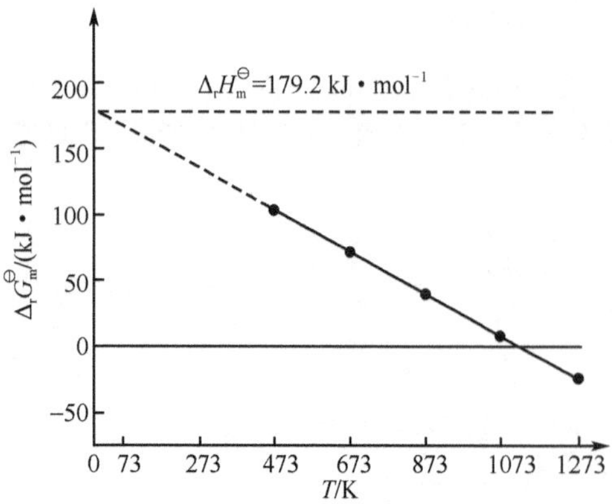

图 4.7　$CaCO_3 \longrightarrow CaO+CO_2$ 的 $\Delta_r G_m^\ominus(T)$-T 图

按表 4.4 数据,将 $p=100$ kPa 时的 $\Delta_r G_m^\ominus$ 对 T 作图得图 4.7。由图可见,随温度升高,$\Delta_r G_m^\ominus$ 逐渐减小;到约 1120 K 时就接近于零;超过 1120 K,$\Delta_r G_m^\ominus$ 变为负值,此时 $CaCO_3$ 分解反应就能自发进行了。这就是在敞口石灰窑中所发生的反应。图 4.7 表明 $\Delta_r G_m^\ominus(T)$与温度 T 呈直线关系,其延长线截距等于该反应的 $\Delta_r H_m^\ominus=179.2\ kJ \cdot mol^{-1}$,直线斜率等于 $-\Delta S^\ominus=-160.2\ J \cdot mol^{-1} \cdot K^{-1}$。其实这条直线所代表的正是 Gibbs-Helmholtz 方程 $\Delta G=\Delta H-T\Delta S$[式(4.11)]在标态时的情况。

4.4.6　任意态下化学反应的 Gibbs 自由能变

在 4.4.1 节中所讨论的 Gibbs 自由能变 ΔG 以及在等温、等压条件下用式(4.11)$\Delta G=\Delta H-T\Delta S$ 来判别过程的自发性，是体系处于任意态下的情况，而在 4.4.3 节～4.4.5 节中讨论的内容是将体系限定在标态情况下。4.1.5 节对热力学标准态的定义意味着，只要体系中的一种或几种物质不为标准态，则该体系就是非标准态体系。很显然，标准态只是非标准态的一种特殊情况，换句话说，式(4.11)$\Delta G=\Delta H-T\Delta S$ 是一个普适的式子，而式(4.11a)$\Delta_r G_m^\ominus=\Delta_r H_m^\ominus-T\Delta_r S_m^\ominus$ 是式(4.11)的特例。式(4.11a)的意义在于，标准态 $\Delta_r G_m^\ominus$ 可作为一个尺度，一个比较的标准。实际的化学反应不可能只在标态下进行，而总是在非标准态下进行。

例如，4.1.5 节讨论的 $N_2(g)+3H_2(g)=\!=\!=2NH_3(g)$ 反应，只有当 $p(N_2)=1\times10^5$ Pa，$p(H_2)=1\times10^5$ Pa，$p(NH_3)=1\times10^5$ Pa 时，体系才处于标态。实际上，通过不断地压入氢气和氮气(空气)并及时地移去生成的氨气，使合成塔里的压强保持 30 MPa，即使反应温度高于 673 K(常用温度为 500 ℃)，反应也能自发进行。

又如例 4.18 表明，在标态下，只有当温度高于 1120 K 时，$CaCO_3$分解反应才有可能发生。由表 4.6 可知，假如我们用抽风机把石灰窑的压强降到 1 kPa 时，只要 $CaCO_3$受热超过 900 K 就可以自发分解了。

以上例子说明，在使用 ΔG 数据时，除要注明温度外，还必须注意压强的影响。一般而言，压强对有气体参与的反应影响较大，对无气体参与的反应影响很小，可忽略；对溶液中的反应，浓度变化的影响也是不可忽略的。有关这方面的问题将在第 5 章中进行讨论。

小　　结

(1) 重要的基本概念：体系与环境，状态与状态函数，热(Q)与功(W)，热力学标准态，恒容热效应(Q_V)与恒压热效应(Q_p)，热力学能变(ΔU)，焓(H)与焓变(ΔH)，熵(S)，Gibbs 自由能(G)，298.15 K 时物质的标准摩尔生成焓($\Delta_f H_m^\ominus$)与反应的标准摩尔焓变($\Delta_r H_m^\ominus$)等。

(2) 4 种热力学函数热力学能(U)、焓(H)、熵(S)和 Gibbs 自由能(G)，都是状态函数，且具有广度性质。它们之间的相互联系是

$$H=U+pV \quad 或 \quad \Delta H=\Delta U+p\Delta V$$

$$G=H-TS \quad 或 \quad \Delta G=\Delta H-T\Delta S$$

当体系发生变化时，它们的改变量 ΔU、ΔH、ΔS 和 ΔG 都与变化路径无关，而只与始态和终态的值有关，是终态的相关量与始态相关量之差。U、H、G 是能量(kJ · mol^{-1})，而 S(J · mol^{-1} · K^{-1})则不是，它是物质混乱度的量度。在书写热化学方程式时要注明温度和压强，在进行相关计算时要注意它们的正、负号，注意反应物、产物的计量系数及物态。

(3) 因物质的热力学能(U)的绝对值无法直接测定，因而 H 和 G 的绝对值也无法直接测定，但化学反应过程中的 $\Delta U(\Delta U=Q_V)$以及 $\Delta H(\Delta H=Q_p)$是可直接测量的(有的是通过间接计算的)。物质的标准生成焓 $\Delta_f H_m^\ominus(T)$和标准 Gibbs 生成自由能 $\Delta_f G_m^\ominus(T)$是在标态和温度 T(通常是 298 K)条件下，某物质相对于稳定态单质(均规定为零)的焓或自由能的值，是一种特定形式的焓变 $\Delta_r H_m^\ominus$ 或 Gibbs 自由能变 $\Delta_r G_m^\ominus$。$\Delta_f H_m^\ominus$有些是直接测定的，有些则是通过间接计算求得的。因 $S_m^\ominus(T)=\Delta S$，因此标准熵 $S_m^\ominus$也称为绝对熵。

(4) Hess 定律的实质是焓是状态函数，化学反应过程的焓变只与始态和终态有关，而与变化路径无关。因此 Hess 定律不仅适用于化学反应过程的焓变 ΔH，同样也适用于化学反应过程的 ΔU、ΔS 和 ΔG。因而化学反应的焓变 $\Delta_r H_m^\ominus$、熵变 $\Delta_r S_m^\ominus$ 和 Gibbs 自由能变 $\Delta_r G_m^\ominus$ 有相同的计算公式：

$$\Delta_r X_m^\ominus = \sum \nu_i Y(\text{产物}) - \sum \nu_i Y(\text{反应物}) \qquad (X=H、S、G;Y=\Delta_f H_m^\ominus、S_m^\ominus、\Delta_f G_m^\ominus)$$

(5) 298 K时化学反应的 $\Delta_r G_m^\ominus$ 既可由标准生成自由能 $\Delta_f G_m^\ominus$ 计算,也可通过式(4.11a) $\Delta_r G_m^\ominus = \Delta_r H_m^\ominus - T\Delta_r S_m^\ominus$ 计算,因温度对 $\Delta_r H_m^\ominus$ 和 $\Delta_r S_m^\ominus$ 的影响较小,所以式(4.11a)可以计算非 298 K 时的 $\Delta_r G_m^\ominus(T)$,对焓熵双增和焓熵双减型的反应还可求得反应得以自发进行的转换温度。

(6) 热和功虽不是状态函数,但体系经一系列变化并复原时,$\Delta U=Q+W=0$,有 $Q=-W$。对一个可逆过程,体系对环境做最大功 $W_{最大}$,体系也从环境吸收最大的热 $Q_{最大}$。对化学反应而言,体积功 $W=-p\Delta V=-\Delta nRT$,$\Delta H=\Delta U-\Delta nRT$。由于 ΔnRT 一般都较小,所以 ΔH(或 Q_p)和 ΔU(或 Q_V)差别很小。

(7) ΔG 是我们判别化学反应自发方向的可靠依据,$\Delta_r G_m^\ominus$ 是 ΔG 的一个特例,是化学反应处于标态下能否自发进行的依据。

总之,热力学定律是自然界最基本最重要的规律,应用这些规律不仅可以解释许多物理现象和化学现象,还能预测一个化学反应的自发性,进而给出化学反应的限度。因而初步正确理解化学热力学的有关概念,熟悉它们之间的相互关系,学会利用 $\Delta_f H_m^\ominus$、$\Delta_f G_m^\ominus$和 $\Delta S_m^\ominus$并运用热化学定律正确地进行相关计算是非常重要的。

思考与研讨

4.1 区别下列概念。

(1) 系统与环境　　(2) 等容反应热与等压反应热

(3) 反应热效应与焓变　　(4) 标准摩尔生成焓与反应的标准摩尔焓变

4.2 简述下列问题。

(1) 什么是状态函数? Q、W、H、G 是否是状态函数? 为什么?

(2) 化学热力学中所说的"标准状态"意指什么? 对于单质、化合物和水合离子所规定的标准摩尔生成焓有何区别?

(3) 什么类型的化学反应 $Q_p=Q_V$? 什么类型的化学反应 $Q_p>Q_V$?

(4) 什么是焓? 非恒压过程是否有焓变? 如果有,等于什么?

(5) 反应 $H_2(g)+S(g) \longrightarrow H_2S(g)$的 $\Delta_r H_m^\ominus$ 值是否等于 $H_2S(g)$的 $\Delta_f H_m^\ominus$? 为什么?

(6) 在标准态下,稳定单质的熵为零吗?

(7) 在气相反应中 $\Delta_r G_m^\ominus$和 $\Delta_r G_m$有何不同? 在液体的正常沸点时,能否用 $\Delta_r G_m^\ominus=0$ 来表示该体系达到平衡? 为什么?

4.3 以下各种说法是否正确? 为什么?

(1) 理想气体恒温膨胀过程热力学能不变,是否意味着理想气体恒温膨胀过程不做功?

(2) $\Delta_r G_m^\ominus<0$ 的反应都能自发进行。

(3) 因为焓是状态函数,而恒压反应的焓变等于恒压反应热,所以热也是状态函数。

(4) $H_2(g)$、$H(g)$和 $H^+(aq)$的标准摩尔生成焓都等于零。

(5) 对孤立体系而言,$\Delta_r S_m^\ominus>0$ 的反应总是自发进行的。

(6) 某气相反应 $\Delta_r G_m^\ominus$是指反应物与产物都处于 298 K,且气体总压为 101.3 kPa 时该反应的自由能变。

4.4 对于一般反应,用弹式量热计所测得的热量是否就等于反应的热效应? 为什么? 能否用弹式量热计测定反应的 ΔH? 举例说明。

4.5 Q、H、U 之间,p、V、U、H 之间存在哪些重要关系? 试用公式表示。

4.6 热化学方程式与一般的化学反应方程式有何异同? 书写热化学方程式时有哪些注意事项?

4.7 试根据标准摩尔生成焓的定义,说明在该条件下指定单质的标准摩尔生成焓必须为零。

4.8 如何应用 Hess 定律计算反应的焓变?

4.9 用生成焓、键焓或应用热化学定律都能求算 $\Delta_r H_m^\ominus$,试比较三种方法的异同。

4.10　查阅热力学数据表，试回答：若在常温下将碳（石墨）氧化为一氧化碳的反应作为燃烧电池，这个电池可以提供的最大电能多少？在电池放电时，吸热还是放热？这个电池的焓变多大？是正值还是负值？由此题你对焓的概念有什么新的认识？

4.11　设反应 $A(g) \longrightarrow B(g)$ 在 25 ℃，标准压强下按下列两种情况进行。

第Ⅰ种情况：反应没有做功，但有 41.8 $kJ \cdot mol^{-1}$ 热释放出来。

第Ⅱ种情况：反应做了最大功，放热 1.67 $kJ \cdot mol^{-1}$。

计算这两种情况的 Q，W，$\Delta_r U_m^\ominus$，$\Delta_r H_m^\ominus$，$\Delta_r S_m^\ominus$，$\Delta_r G_m^\ominus$ 值并填入表中：

	Q /($kJ \cdot mol^{-1}$)	W /($kJ \cdot mol^{-1}$)	$\Delta_r U_m^\ominus$ /($kJ \cdot mol^{-1}$)	$\Delta_r H_m^\ominus$ /($kJ \cdot mol^{-1}$)	$\Delta_r S_m^\ominus$ /($J \cdot mol^{-1} \cdot K^{-1}$)	$\Delta_r G_m^\ominus$ /($kJ \cdot mol^{-1}$)
Ⅰ						
Ⅱ						

4.12　有些油井的天然气中含一定量有毒的 H_2S，无法开采。有人想利用下列化学反应变害为利。试从热力学角度分析其可行性。

(1) $H_2S(g) \rightleftharpoons H_2(g) + S$(斜方)

(2) $H_2S(g) + \frac{1}{2}O_2 \rightleftharpoons H_2O(g) + S$(斜方)　[S(斜方)为稳定单质，$S_m^\ominus = 31.80\ J \cdot mol^{-1} \cdot K^{-1}$]

4.13　很早就有人用热力学理论估算过，CuI_2 固体在 298 K 下的标准摩尔生成焓和标准摩尔生成自由能分别为 $-21.34\ kJ \cdot mol^{-1}$ 和 $-23.85\ kJ \cdot mol^{-1}$。可是，碘化铜固体却至今并没有制得过。有人认为，这不是动力学上的原因而是热力学上的原因，试分析是什么原因。

4.14　仿照第 2 章“小结”的形式，试给本章及后续各章进行小结。

习　题

4.1　钢弹的总热容 $c_{弹}$ 可由一已知反应热效应的样品求得。设将 0.500 g 苯甲酸(C_6H_5COOH)在盛有 1.2 kg 水的弹式热量计的钢弹内(通入氧气) 完全燃烧，体系的温度由 296.35 K 上升到 298.59 K。已知在此条件下苯甲酸完全燃烧的反应热效应为 $-3226\ kJ \cdot mol^{-1}$。已知水的比热容是 4.18 $kJ \cdot kg^{-1} \cdot ℃^{-1}$，试计算该钢弹的总热容 $c_{弹}$。

4.2　用保温杯式量热计可测定溶解热。若有 1.50 g NH_4NO_3 溶于 200 g H_2O，温度降低了 0.551 ℃。溶解过程是吸热，还是放热？设量热计常数 C=46.8 J · ℃，求 NH_4NO_3 的摩尔溶解热。(因溶液很稀，可假定其密度和比热容都近似和纯水的相等)

4.3　10 g 水在 373 K 和 100 kPa 下完全气化，所做的功多大？至少要向体系供多少热？(设水蒸气为理想气体)

4.4　在 298.15 K 和 100 kPa 下，1/2 mol 的 OF_2 同水反应，放出 161.5 kJ 热量，求反应

$$OF_2(g) + H_2O(g) \longrightarrow O_2(g) + 2HF(g)$$

的 $\Delta_r H_m^\ominus$ 和 $\Delta_r U_m^\ominus$。

4.5　已知反应 $CaC_2(s) + 2H_2O(l) = Ca(OH)_2(s) + C_2H_2(g)$ 在 298 K 下的标准摩尔热力学能变为 $-128.0\ kJ \cdot mol^{-1}$，求该反应的标准摩尔焓变。

4.6　葡萄糖 $C_6H_{12}O_6$ 完全燃烧的热化学反应方程式为

$$C_6H_{12}O_6(s) + 6O_2(g) = 6CO_2(g) + 6H_2O(l) \qquad \Delta_r H_m^\ominus = -2820\ kJ \cdot mol^{-1}$$

当葡萄糖在人体内氧化时，上述反应热效应的热量约 30%可作为肌肉的活动能量。试估计一食匙葡萄糖(3.8 g)在人体内氧化时，可获得的肌肉活动的能量。

4.7　由以下两个反应热求 NO 的生成焓，并和附录 4 数据比较。

(1) $4NH_3(g) + 5O_2(g) \longrightarrow 4NO(g) + 6H_2O(l) \qquad \Delta_r H_m^\ominus = -1166\ kJ \cdot mol^{-1}$

(2) $4NH_3(g)+3O_2(g) \longrightarrow 2N_2(g)+6H_2O(l)$　　$\Delta_r H_m^\ominus=-1531\ kJ \cdot mol^{-1}$

4.8 阿波罗登月火箭用 $N_2H_4(l)$作燃料,用 $N_2O_4(g)$作氧化剂,燃烧后产生 $N_2(g)$和 $H_2O(l)$。写出配平的化学方程式,利用 $\Delta_f H_m^\ominus$计算 $N_2H_4(l)$的摩尔燃烧热。

4.9 已知 $Al_2O_3(s)$和 $MnO_2(s)$的标准摩尔生成焓为$-1676\ kJ \cdot mol^{-1}$和$-521\ kJ \cdot mol^{-1}$,计算 1 g 铝与足量的 $MnO_2(s)$反应(铝热法)产生的热量。

4.10 已知 Cl^- 的标准摩尔生成焓为$-167.5\ kJ \cdot mol^{-1}$,计算 1 mol HCl (g)溶于足量的水释放多少热?[注:计算得到的值为氯化氢的溶解热,HCl (g)的标准摩尔生成焓可从本书附录中查获]。假设水量的多少与水合反应的程度无关(事实上是有关的,因此溶解热的数值通常设定为无限稀释)。

4.11 火柴头中的 $P_4S_3(s)$燃烧热为$-3677\ kJ \cdot mol^{-1}$[燃烧产物为 $P_4O_{10}(s)$和 $SO_2(g)$],利用本书附录的数据计算 $P_4S_3(s)$的标准摩尔生成焓。

4.12 已知下列热化学方程式:

(1) $Fe_2O_3(s)+3CO(g) = 2Fe(s)+3CO_2(g)$　　$\Delta_r H_1^\ominus=-27.6\ kJ \cdot mol^{-1}$

(2) $3Fe_2O_3(s)+CO(g) = 2Fe_3O_4(s)+CO_2(g)$　　$\Delta_r H_2^\ominus=-58.6\ kJ \cdot mol^{-1}$

(3) $Fe_3O_4(s)+CO(g) = 3FeO(s)+CO_2(g)$　　$\Delta_r H_3^\ominus=-38.1\ kJ \cdot mol^{-1}$

(4) $FeO(s)+CO(g) = Fe(s)+CO_2(g)$　　$\Delta_r H_4^\ominus=?$

不用查表,计算反应(4)的 $\Delta_r H_4^\ominus$。

4.13 已知:

(1) $Fe(s)+2H^+(aq) = Fe^{2+}(aq)+H_2(g)$　　$\Delta_r H_m^\ominus=-42.00\ kJ \cdot mol^{-1}$

(2) $1/2H_2(g) = H^+(g)+e^-$　　$\Delta_r H_m^\ominus=1530\ kJ \cdot mol^{-1}$

(3) $Fe(s) = Fe^{2+}(g)+2e^-$　　$\Delta_r H_m^\ominus=2739\ kJ \cdot mol^{-1}$

(4) $Fe^{2+}(g) = Fe^{2+}(aq)$　　$\Delta_r H_m^\ominus=-1901\ kJ \cdot mol^{-1}$

求 $H^+(g)$ 的水合焓。

4.14 N_2H_4和 H_2O_2的混合物可作为火箭燃料,它们的反应如下:

$$N_2H_4(g)+2H_2O_2(g) = N_2(g)+4H_2O(g)$$

(1) 若已知 $N_2H_4(g)$ 的 $\Delta_f H_m^\ominus=95.8\ kJ \cdot mol^{-1}$;反应 $H_2(g)+H_2O_2(g) = 2H_2O(g)$ 的 $\Delta_r H_m^\ominus=-348.6\ kJ \cdot mol^{-1}$,求上述反应的 $\Delta_r H_m^\ominus$。

(2) 已知 BE(H—H)=436 $kJ \cdot mol^{-1}$,BE(O—H)=465 $kJ \cdot mol^{-1}$,求 H_2O_2中 O—O 键的键能。

4.15 设反应物和产物均处于标准状态,试用键焓数据估算说明,298.15 K 乙炔(C_2H_2)和乙烯(C_2H_4)完全燃烧时哪个放出的热量更多。

(1)以 $kJ \cdot mol^{-1}$表示;

(2)以 $kJ \cdot g^{-1}$表示。

4.16 实验表明,NF_3在室温下稳定而 NCl_3却遇震爆炸,试用键焓数据推算出两化合物的 $\Delta_f H_m^\ominus$,以此说明两化合物稳定性的差别。(已知 N≡N,N—F,N—Cl,F—F,Cl—Cl 的键焓分别为 945 $kJ \cdot mol^{-1}$,272 $kJ \cdot mol^{-1}$,201 $kJ \cdot mol^{-1}$,155 $kJ \cdot mol^{-1}$,243 $kJ \cdot mol^{-1}$)

4.17 比较下列各对物质的熵值哪个大。

(1) 1 mol O_2(298 K,1×10^5 Pa),1 mol O_2(398 K,1×10^5 Pa)

(2) 0.1 mol H_2O(s,273 K,10×10^5 Pa),0.1 mol H_2O(l,273 K,10×10^5 Pa)

(3) 1 g He(298 K,1×10^5 Pa),1 mol He(298 K,1×10^5 Pa)

(4) n mol C_2H_4(293 K,1×10^5 Pa),2 mol$(—CH_2—)_n$　(293 K,1×10^5 Pa)

(5) 1 mol Li (323 K,2×10^5 Pa),1 mol K (323 K,2×10^5 Pa)

4.18 在相变温度 291 K 下,Sn(白)$\rightleftharpoons$Sn(灰),$\Delta_r H_m^\ominus=-2.1\ kJ \cdot mol^{-1}$。求:

(1) 相变过程的熵变。

(2) 已知 $S_m^\ominus$(Sn,白)=51.5 J · mol⁻¹ · K⁻¹,求灰锡的标准摩尔熵。

4.19 碘钨灯发光效率高,使用寿命长,灯管中所含少量碘与沉积在管壁上的钨化合生成 $WI_2(g)$:

$$W(s)+I_2(g)\longrightarrow WI_2(g)$$

WI_2 又可扩散到灯丝周围的高温区,分解成钨蒸气沉积在钨丝上。已知 298 K 时

	$WI_2(g)$	$W(s)$	$I_2(g)$
$\Delta_f H_m^\ominus/(kJ\cdot mol^{-1})$	−8.37	0	62.24
$S_m^\ominus/(J\cdot mol^{-1}\cdot K^{-1})$	250.4	33.5	260.0

(1) 计算反应 $W(s)+I_2(g)\longrightarrow WI_2(g)$ 在 623 K 时的 $\Delta_r G_m^\ominus$;

(2) 计算反应 $WI_2(g)\longrightarrow I_2(g)+W(s)$ 发生时的最低温度是多少?

4.20 斜方硫和单斜硫的 $S_m^\ominus$ 分别为 31.9 $J\cdot mol^{-1}\cdot K^{-1}$ 和 32.6 $J\cdot mol^{-1}\cdot K^{-1}$,其标准燃烧焓分别为 −296.81 $kJ\cdot mol^{-1}$ 和 −297.14 $kJ\cdot mol^{-1}$。计算 S(斜方)⟶S(单斜)的 $\Delta_r G_m^\ominus$。

4.21 1 mol Hg(l) 在沸点(630 K)可逆地蒸发,其标准摩尔蒸发焓为 54.56 $kJ\cdot mol^{-1}$,求:

(1) 汞蒸发过程中所吸收的热量 Q;

(2) 对环境做功 W;

(3) $\Delta_r U_m^\ominus$;

(4) $\Delta_r S_m^\ominus$;

(5) $\Delta_r G_m^\ominus$。

4.22 已知

	Ni(s)	+ 4CO(g) ⇌	Ni(CO)$_4$
$\Delta_f H_m^\ominus/(kJ\cdot mol^{-1})$	0	−111	−605
$S_m^\ominus/(J\cdot mol^{-1}\cdot K^{-1})$	30	198	402
$\Delta_f G_m^\ominus/(kJ\cdot mol^{-1})$	0	−137	−587

制取纯镍是在 50 ℃下,CO 和粗镍反应生成 $Ni(CO)_4$,后者在 150~300 ℃分解而得到纯镍。通过计算说明此过程的热力学原理。

4.23 在实际科研与生产中,化学反应一般都要在加热条件下进行,从热力学与动力学两方面指出加热的原因(假设 $\Delta_r H_m^\ominus$、$\Delta_r S_m^\ominus$、E_a 不随温度变化)。另外,指出下列两个反应在高温下进行,有无热力学的目的。提高反应温度对产率(或转化率)有何影响。

	$\Delta_r H_m^\ominus/(kJ\cdot mol^{-1})$	$\Delta_r S_m^\ominus/(kJ\cdot mol^{-1}\cdot K^{-1})$
(1) $CaCO_3(s)\rightleftharpoons CaO(s)+CO_2(g)$	177.85	0.16
(2) $N_2(g)+3H_2(g)\rightleftharpoons 2NH_3(g)$	−92.38	−0.20

4.24 已知:$\Delta_f G_m^\ominus(H_2S,\ g)=-33.56\ kJ\cdot mol^{-1}$ 和

$$H_2S(g)+\frac{1}{2}O_2(g)\longrightarrow H_2O(l)+S(s)\qquad \Delta_r G_m^\ominus=-203.64\ kJ\cdot mol^{-1}$$

请根据此描述 $H_2S(g)$ 的稳定性。

4.25 在 1300 K 时反应 $Si(s)+SiCl_4(g)\longrightarrow 2SiCl_2(g)$ 的 $\Delta_r H_m^\ominus=531\ kJ\cdot mol^{-1}$、$\Delta_r G_m^\ominus=-5.837\ kJ\cdot mol^{-1}$。

(1) 计算反应的 $\Delta_r S_m^\ominus$(1300 K);

(2) 在较低温度时,硅的两种氯化物中何者较为稳定?

4.26 查出生成焓和标准熵,计算汽车尾气中的一氧化氮和一氧化碳在催化剂表面反应生成氮气和二氧化碳在什么温度范围内是自发的。这一反应能否实际发生?

4.27 已知二氧化钛(金红石)在常温下的标准摩尔生成焓和标准熵分别为 −912 $kJ\cdot mol^{-1}$ 和 50.25 $J\cdot mol^{-1}\cdot K^{-1}$,试分析以下哪一种还原反应是消耗热能最省的。

$$TiO_2(s)+2H_2(g)\longrightarrow Ti(s)+2H_2O(g)$$

$$TiO_2(s)+C(s)\longrightarrow Ti(s)+2CO_2(g)$$

$$TiO_2(s)+2Cl_2(g)+C(s)+2H_2(g)\longrightarrow CO_2(g)+Ti(s)+4HCl(g)$$

[注:$TiCl_4$(l)在 298 K 下的生成焓和标准熵分别为 −750.2 $kJ\cdot mol^{-1}$ 和 252.7 $J\cdot mol^{-1}\cdot K^{-1}$]

第5章 化学平衡

绪论中谈到，化学为人类的生活和进步做出了巨大的贡献，但是我们也应该看到化学实验、化工生产和化学品的广泛应用对环境造成的危害。为了扬化学合成之长避污染环境之短，如今大力推行绿色化学。可从三个方面努力：尽量减少或不从事有毒或重污染的实验与生产、处理三废、减少排放。为了在化学实验与化工生产中减少三废、降低排放，化学家提出了原子经济性(atom economy)、零排放(zero emission)等理念。例如，将1.00 mol的NaI与1.00 mol的$AgNO_3$配成溶液后反应，就可得到1.00 mol(6.023×10^{23}个)的AgI与1.00 mol的$NaNO_3$，而不留下废气、废渣、废液，从而达到零排放。降低化学反应的排放量是个重大课题，涉及很多方面。但就化学反应本身来讲，是否所有的化学反应都能像NaI与$AgNO_3$的反应那样按化学计量关系反应彻底，且没有副反应。这就是本章所要讨论的化学平衡问题。

我们当然希望一个化学反应能按化学方程式反应彻底，如果这样就能得到更多的产物，反应物利用率高，而且废料少，环境污染也少。然而事实并不总是以人的意志为转移，许多化学反应并不能反应彻底，不同的反应进行的程度是不相同的，这就是化学反应的限度(即最大程度)问题。另外，知道了化学反应的限度也就知道炼制1 t生铁最少需要多少铁矿石、多少焦炭；合成1 mol的氨需要多少$H_2(g)$等。有无办法促进反应进行的程度，如何提高反应物的利用率等，要了解这些问题，我们还是从化学平衡入手吧。

5.1 平衡常数

5.1.1 化学平衡的基本特征

在一定条件下，各种化学反应反应物转化成产物的限度是不相同的，热力学假设所有化学反应都是可逆的，但不同的化学反应其可逆程度差别很大，例如

$$2KClO_3(s)\xrightarrow[\triangle]{MnO_2}2KCl(s)+3O_2(g) \qquad \text{不可逆}$$

$$CO(g)+H_2O(g)\rightleftharpoons CO_2(g)+H_2(g) \qquad \text{可逆程度大}$$

$$Ag^+(aq)+Cl^-(aq)\rightleftharpoons AgCl(s) \qquad \text{可逆程度小}$$

一些物质(如$KClO_3$)的分解反应几乎能进行到底，反应物实际上能全部转化为产物，其逆反应趋势很小，或者说KCl不能与O_2直接反应生成$KClO_3$。像这种实际上只能向一个方向进行到底的反应称为不可逆反应。放射性元素的蜕变就是典型的不可逆反应。

大多数化学反应是可逆的。例如，常温下将一定量的无色N_2O_4气体置于一密闭烧瓶里，并将该烧瓶置于373 K的恒温槽里，瓶内气体的颜色逐渐变为棕色，说明N_2O_4部分分解生成NO_2

$$N_2O_4(g)\longrightarrow 2NO_2(g)$$

同样，在同一温度下，若将一定量棕红色的NO_2置于另一个1 dm^3的烧瓶中，会发现气体颜色变浅，即NO_2部分聚合生成了N_2O_4

$$2NO_2(g) \longrightarrow N_2O_4(g)$$

上述两个反应都能发生并且方向相反，可以写成

$$N_2O_4(g)\ (\text{无色}) \rightleftharpoons 2NO_2(g)\ (\text{棕红色})$$

符号"$\rightleftharpoons$"表示可逆。这种在同一条件（T，p，c 等）下，既可以按反应方程式从左向右进行，也可以从右向左进行的反应，称为可逆反应。将从左向右进行的反应称为正反应，从右向左进行的反应称为逆反应。一般来说，反应的可逆性是化学反应的普遍特征。

虽然无论是工业生产还是科学实验，其化学反应几乎都是在非平衡态下进行的，但在本节我们仍然先要讨论平衡态的问题，平衡态是一个标准，是研究非平衡态下化学反应的基础。在第 4 章讨论过在平衡态时 $\Delta_r G_m=0$，宏观上看反应好像是停止了，但在微观上，无论是正反应还是逆反应都仍在进行着，只不过是正、逆反应速率相等，因而这种平衡是一种动态平衡。这种动态平衡可通过同位素标记实验来证实。**在平衡态时**，因 $v_+=v_-$，或 $v=v_+-v_-=0$，所**以反应物浓度和产物浓度就不再随时间而变**。

化学平衡具有哪些基本特征呢？我们以 $NH_4Cl(s) \rightleftharpoons NH_3(g)+HCl(g)$ 反应为例进行分析：① 将 $NH_4Cl(s)$放入一个烧杯中加热至 340 ℃（分解温度 337.8 ℃），只要时间足够长，$NH_4Cl(s)$就会完全分解而消失；② 将一定量 $NH_4Cl(s)$放入一个密闭容器中，加热到与①相同的温度，不管时间有多长，$NH_4Cl(s)$部分分解但不会消失，分解反应达平衡后 $NH_4Cl(s)$的量不再随时间而改变，但将温度降到室温时，$NH_3(g)$和 $HCl(g)$又会生成$NH_4Cl(s)$；③ 将一定量的 $NH_3(g)$和 $HCl(g)$充入到与②相同的真空密闭容器中，容器中会产生白色 $NH_4Cl(s)$"烟雾"；④ 在③的基础上按一定比例不断向容器中充入 $NH_3(g)$和$HCl(g)$，容器中的白色"烟雾"变浓，冷却后得到较多的 $NH_4Cl(s)$。由此可见，化学平衡具有下列基本特征：

（1）只有在恒温条件下，封闭体系中进行的可逆反应，才能建立化学平衡，这是建立化学平衡的前提。

（2）正、逆反应速率相等是平衡建立的**条件**。但微观上反应仍在进行。

（3）平衡状态是可逆反应进行的最大限度，此时各物质的浓度不再随时间而变，这是建立平衡的**标志**。

（4）可以从正、逆两个方向达到平衡。

（5）化学平衡是有条件的，平衡体系是可以改变的。

5.1.2 实验平衡常数与标准平衡常数

1. 化学平衡定律与实验平衡常数

下面以 N_2O_4与 NO_2的相互转化反应为例，分析可逆反应的基本特征。

于 373 K 时平行做三组实验：实验Ⅰ起始时只有 N_2O_4，浓度为 0.100 mol·dm^{-3}，而无 NO_2，当体系达平衡后，测得 N_2O_4和 NO_2的浓度分别为 0.040 mol·dm^{-3}和 0.120 mol·dm^{-3}；实验Ⅱ起始时只有 NO_2，浓度为 0.100 mol·dm^{-3}，而无 N_2O_4，当体系达平衡后，测得 N_2O_4和 NO_2的浓度分别为 0.014 mol·dm^{-3}和 0.072 mol·dm^{-3}；实验Ⅲ起始时 N_2O_4和 NO_2的浓度均为0.100 mol·dm^{-3}，当体系达平衡后，测得 N_2O_4和 NO_2的浓度分别为 0.070 mol·dm^{-3}和 0.160 mol·dm^{-3}。将实验结果列入表 5.1 中。

表 5.1 N_2O_4-NO_2 体系的平衡浓度(373 K)

实验次序	物质	起始浓度/($mol \cdot dm^{-3}$)	平衡浓度/($mol \cdot dm^{-3}$)	$\frac{[NO_2]^2}{[N_2O_4]}$ *
Ⅰ	N_2O_4	0.100	0.040	0.36
	NO_2	0.000	0.120	
Ⅱ	N_2O_4	0.000	0.014	0.37
	NO_2	0.100	0.072	
Ⅲ	N_2O_4	0.100	0.070	0.37
	NO_2	0.100	0.160	

* 为书写方便,常用[ ]表示平衡浓度,用( )表示任意浓度。

反应物(Ⅰ)或产物(Ⅱ)或反应物与产物按一定比例组成反应混合物(Ⅲ),达平衡时,各组分的浓度不再随时间而改变,但反应混合物的组成不同时,平衡体系的组成并不相同。比较表5.1中数据可见:在恒温条件下,起始状态不同,平衡浓度也不同。但产物 NO_2 平衡浓度的平方$[NO_2]^2$和反应物 N_2O_4 平衡浓度$[N_2O_4]$之商却是相同的

$$K=\frac{[NO_2]^2}{[N_2O_4]}=0.36 \qquad (373\ K)$$

这个商值 0.36 就是在 373 K 时反应 $N_2O_4 \rightleftharpoons 2NO_2$ 的平衡常数。

这一规律具有普适性:**在一定温度下,可逆反应达到平衡后,产物浓度计量系数次方的乘积与反应物浓度计量系数次方的乘积之比是一个常数,称为化学平衡定律**。

对于一个普通的可逆反应

$$aA + bB \rightleftharpoons cC + dD \tag{5-1}$$

在一定温度下达到平衡时,各物质浓度间有如下关系

$$\frac{[C]^c \cdot [D]^d}{[A]^a \cdot [B]^b}=K_c \tag{5.1}$$

K_c 是平衡状态时体系各物质浓度间的定量关系,称为浓度平衡常数,单位是$(mol \cdot dm^{-3})^{\Delta n}$。**注意**:$\Delta n=(c+d)-(a+b)$,右下标 c 表示浓度。这个常数可以由实验直接测定,称为经验平衡常数或实验平衡常数 K。

在书写和应用平衡常数时要注意:

(1) 平衡常数表达式要与化学反应方程式相对应,还要注明温度。按化学平衡定律式(5.1),化学方程式的写法不同时,平衡常数 K 的表示形式也随之不同,其值也有所差别,但其实际含义是相同的。例如

$$N_2O_4(g) \rightleftharpoons 2NO_2(g) \qquad K=\frac{[NO_2]^2}{[N_2O_4]}=0.36 \qquad (373\ K)$$

$$\frac{1}{2}N_2O_4(g) \rightleftharpoons NO_2(g) \qquad K'=\frac{[NO_2]}{[N_2O_4]^{1/2}}=0.60 \qquad (373\ K)$$

$$2NO_2(g) \rightleftharpoons N_2O_4(g) \qquad K''=\frac{[N_2O_4]}{[NO_2]^2}=2.80 \qquad (373\ K)$$

(2) 对气相反应,既可用浓度来表示平衡时各物质间的定量关系,也可用 2.1 节中介绍的分压或摩尔分数来表示,相应的平衡常数称为压强平衡常数(K_p)与摩尔分数平衡常数(K_x)。例如,对反应 $N_2(g)+3H_2(g) = 2NH_3(g)$,可表示为

$$K_c=\frac{[NH_3]^2}{[N_2][H_2]^3} \qquad K_p=\frac{p^2(NH_3)}{p(N_2)\cdot p^3(H_2)} \qquad K_x=\frac{x^2(NH_3)}{x(N_2)\cdot x^3(H_2)}$$

K_c、K_p和K_x三者之间有什么联系呢？对一般反应式(5-1)，如果 A、B、C、D 均是理想气体，根据理想气体状态方程式

$$p_i=\frac{n_i}{V}RT=c_iRT$$

代入K_p表达式，有

$$K_p=\frac{p_C^c\cdot p_D^d}{p_A^a\cdot p_B^b}=\frac{[C]^c(RT)^c\cdot[D]^d(RT)^d}{[A]^a(RT)^a\cdot[B]^b(RT)^b}=\frac{[C]^c\cdot[D]^d}{[A]^a\cdot[B]^b}(RT)^{(c+d)-(a+b)}$$

即

$$K_p=K_c(RT)^{\Delta n} \tag{5.2}$$

同理可得

$$K_p=K_x\, p^{\Delta n} \tag{5.3}$$

式中，$\Delta n=(c+d)-(a+b)$；p 为总压强；$R=8.314\ \text{kPa}\cdot\text{dm}^3\cdot\text{mol}^{-1}\cdot\text{K}^{-1}$。

【例 5.1】 已知 $p=100$ kPa 时 反应 $2SO_2(g)+O_2(g)=\!=\!=2SO_3(g)$ 的 $K_p(1000\ \text{K})=3.46\ \text{kPa}^{-1}$。试求 1000 K 及 150 kPa 下的$K_c$和$K_x$。

解：按式(5.2)

$$K_c=K_p(RT)^{-\Delta n}=3.46\times(8.31\times1000)^1=2.88\times10^4(\text{dm}^3\cdot\text{mol}^{-1})$$

按式(5.3)

$$K_x=K_p(p)^{-\Delta n}=3.46\times(150)^1=519$$

(3) 由起始状态到平衡状态过程中，凡浓度或压强几乎保持恒定不变的物质项可不必写入平衡常数关系式中。这样处理其实也就是把该项浓度(或压强)归并入常数项，例如

$$HAc(aq)+H_2O(l)\longrightarrow H_3O^+(aq)+Ac^-(aq)$$

平衡常数应等于$\frac{[H_3O^+][Ac^-]}{[HAc][H_2O]}$，但 HAc 在溶液中电离所消耗的 H_2O 分子数占 H_2O 总分子数的比例非常小，所以把$[H_2O]$当成常数归并在平衡常数之中，而写成

$$K_c=\frac{[H_3O^+][Ac^-]}{[HAc]}$$

又如，加热 NH_4Cl 固体：$NH_4Cl(s)\overset{\triangle}{\rightleftharpoons}NH_3(g)+HCl(g)$，当温度恒定时，固态物质 NH_4Cl 的压强是定值，与该固体存在的量是无关的，即 $p(NH_4Cl,s)$是常量，因此 NH_4Cl 分解反应的 $K_p=p(NH_3)p(HCl)$。对在溶液中发生的平衡，如 AgCl(s)溶于水的溶解平衡

$$AgCl(s)\longrightarrow Ag^+(aq)+Cl^-(aq) \qquad K_c=[Ag^+][Cl^-]$$

上面讨论的平衡常数 K_c、K_p及K_x都称为实验平衡常数，在使用实验平衡常数时遇到两方面的困难：① K_c的单位为 $(\text{mol}\cdot\text{dm}^{-3})^{\Delta n}$，取决于 Δn，K_p的单位为 $\text{Pa}^{\Delta n}$，只有当 $\Delta n=0$ 时，K_c、K_p的量纲才为 1，在使用时容易出现混乱；② 对于涉及固、液、气三相的反应，平衡常数不好表示。于是，人们提出了标准平衡常数。

2. 标准平衡常数 $K^\ominus$

在上面的平衡常数表达式中，若各物质均以各自的标准态为参考态，所得的平衡常数即为

标准平衡常数,用 $K^\ominus$ 表示[ⓐ]。按标准平衡常数的概念,有以下几种情况:

(1) 对有气体参与的反应,各组分气体的分压均除以标准压强 $p^\ominus$(100 kPa),其商为该组分的**相对分压**。例如,对一般反应式(5-1)

$$K^\ominus=\frac{(p_C/p^\ominus)^c\cdot(p_D/p^\ominus)^d}{(p_A/p^\ominus)^a\cdot(p_B/p^\ominus)^b}$$

式中,$p_i/p^\ominus$ 为各组分平衡时的相对分压,其量纲为 1(如果 p_i 单位为 Pa,直接去掉 Pa 就可以了)。

(2) 对溶液中的反应,溶质的标准态 $c^\ominus=1.0\ \text{mol}\cdot\text{dm}^{-3}$。例如

$$Sn^{2+}(aq)+2Fe^{3+}(aq)\rightleftharpoons Sn^{4+}(aq)+2Fe^{2+}(aq)$$

$$K^\ominus=\frac{\{[Sn^{4+}]/c^\ominus\}\cdot\{[Fe^{2+}]/c^\ominus\}^2}{\{[Sn^{2+}]/c^\ominus\}\cdot\{[Fe^{3+}]/c^\ominus\}^2}$$

式中,$[i]/c^\ominus$ 是各组分平衡时相对浓度,是量纲为 1 的量。对于溶液中的反应,其标准平衡常数表达式中常可将 $c^\ominus$ 隐藏起来,将 $K^\ominus$ 简写。例如,上式可简写为

$$K^\ominus=\frac{[Sn^{4+}]\cdot[Fe^{2+}]^2}{[Sn^{2+}]\cdot[Fe^{3+}]^2}$$

(3) 对于多相反应

$$Zn(s)+2H^+(aq)\rightleftharpoons H_2(g)+Zn^{2+}(aq)$$

$$K^\ominus=\frac{\{[Zn^{2+}]/c^\ominus\}\cdot\{p(H_2)/p^\ominus\}}{\{[H^+]/c^\ominus\}^2}$$

纯液体或纯固体其活度为 1,因而不出现在标准平衡常数的表达式中。

将上述三个式子合并成一个式子,即对一般反应式(5-1),有

$$K^\ominus=\frac{X_C^c\cdot X_D^d}{X_A^a\cdot X_B^b}\qquad \begin{array}{l}\text{对气体 } X_i=p_i/p^\ominus\\ \text{对溶液 } X_i=[i]/c^\ominus\end{array}\tag{5.1a}$$

显然,标准平衡常数不再区分为压强平衡常数和浓度平衡常数。标准平衡常数量纲为 1。

由化学平衡定律及式(5.1a)不难看出平衡常数的意义:**平衡常数 $K^\ominus$ 值的大小表示反应进行的限度。$K^\ominus$ 值越大,平衡体系中产物的量越多,反应物的量越少,表明反应进行得越完全,或反应物的转化率越高**。

3. 反应商 Q

前已述及,化学反应的平衡态是个特殊情况,非平衡态才是常态。平衡常数 $K^\ominus$ 只能反应平衡时体系各物质的浓度或分压间的情况,非平衡态时体系各物质的浓度或分压间的关系该如何表达呢?其实可像平衡常数 $K^\ominus$ 的表达式一样来表达。例如,对一般反应式(5-1),任意态时体系各物质浓度或分压间具有如下关系:

$$Q=\frac{X_C^c\cdot X_D^d}{X_A^a\cdot X_B^b}\qquad \begin{array}{l}\text{对气体 } X_i=p_i/p^\ominus\\ \text{对溶液 } X_i=(i)/c^\ominus\end{array}\tag{5.1b}$$

从形式上看式(5.1b)与式(5.1a)完全相同,但二者是有本质的差别:式(5.1a)中的浓度或

ⓐ 还因为 $K^\ominus$ 可通过标准态时的 Gibbs 自由能 $\Delta_r G_m^\ominus$ 来计算。实验测定的平衡常数,只要用实测分压除以 $p^\ominus$ 得到的相对压强表示,那么实验平衡常数作为量纲为 1 处理也是合理的。实验平衡常数和标准平衡常数从来源和量纲看似有区别,但又可以用相对压强予以统一。所以在实际工作中往往并不严格区分 $K^\ominus$ 和 K。

分压是体系处于平衡态时的，而式(5.1b)中的浓度或分压则是体系在任意态时的。既然式(5.1b)反映的是任意态时的情况，当然也包括平衡态，或者说式(5.1a)是式(5.1b)的一个特例。这意味着，当 $Q=K^\ominus$ 时，体系处于平衡态；$Q\neq K^\ominus$ 时，体系处于非平衡态。既然不处于平衡态，那么反应会向一定的方向进行，反应会向哪一方向进行呢？

我们以平衡态为参照系，平衡态时体系各物质的浓度或分压一定且不随时间而变。对可逆反应，此时若增加反应物，平衡便被打破，反应即向右进行，此时，因式(5.1b)的分母大于式(5.1a)的分母，使 $Q<K^\ominus$；同样，减少产物也使反应正向进行，此时，式(5.1b)的分子小于式(5.1a)的分子，使 $Q<K^\ominus$。反之，若减少反应物或增加产物，反应即向左进行，便有 $Q>K^\ominus$。因此，可通过 Q 与 $K^\ominus$ 的比较来判断反应的方向性。

$$\left.\begin{array}{ll} Q<K^\ominus & \text{反应正向进行} \\ Q>K^\ominus & \text{反应逆向进行} \\ Q=K^\ominus & \text{平衡状态} \end{array}\right\} \tag{5.4}$$

4. 转化率 α

能反映一个化学反应在平衡态时反应进行限度的除了平衡常数 $K^\ominus$ 外，还有转化率 α。化学反应达到平衡时，反应物转化为产物的百分率称为平衡转化率。转化率可用下式表示：

$$\alpha=\frac{\text{反应物起始浓度}-\text{反应物平衡浓度}}{\text{反应物起始浓度}}\times100\%$$

$$=\frac{(\text{反应物})_{\text{始}}-[\text{反应物}]}{(\text{反应物})_{\text{始}}}\times100\%$$

【例 5.2】　可逆反应 $H_2O+CO \rightleftharpoons H_2+CO_2$ 在密闭容器中建立平衡，在 749 K 时该反应的平衡常数 $K_c=2.6$。

(1) 求 $n(H_2O)/n(CO)$ 为 1 时，CO 的平衡转化率；

(2) 求 $n(H_2O)/n(CO)$ 为 3 时，CO 的平衡转化率；

(3) 从计算结果说明物料比对 CO 转化率的影响。

解：设有 a mol CO，反应达平衡时有 x mol 的 CO 转化成 CO_2，则

$$\begin{array}{ccccccc} CO & + & H_2O & \rightleftharpoons & H_2 & + & CO_2 \\ a-x & & b-x & & x & & x \end{array}$$

(1) $n(H_2O)/n(CO)=1$

$$b=a \qquad x^2/(a-x)^2=2.6 \qquad x/a=0.617$$

所以 CO 的平衡转化率是 61.7%。

(2) $n(H_2O)/n(CO)=3$

$$b=3a \qquad x^2/[(a-x)(3a-x)]=2.6 \qquad x/a=0.865$$

所以 CO 的平衡转化率是 86.5%。

(3) H_2O 和 CO 物料比不同，CO 的转化率不同，增加 A 反应物的浓度即可提高 B 反应物的转化率。

5.2　平衡常数与 Gibbs 自由能变

前面我们用 $K^\ominus$ 和 Q 分别表示平衡态和非平衡态时反应体系各物质浓度或分压间的关系，并用 $Q>K^\ominus$、$Q=K^\ominus$ 或 $Q<K^\ominus$ 来判断可逆反应进行的方向；而在第 4 章中，我们曾用

$\Delta_r G_m^\ominus(T)$ 和 $\Delta_r G_m(T)$ 代表在温度 T 下,反应物和产物分别处于标态和非标态时的 Gibbs 自由能变,并用 $\Delta_r G_m(T)>0$、$\Delta_r G_m(T)=0$ 或 $\Delta_r G_m(T)<0$ 来判断可逆反应进行的方向。那么某一反应在温度 T 时,任意状态的 $\Delta_r G_m(T)$ 和标准状态的 $\Delta_r G_m^\ominus(T)$ 之间有什么关系?它们和平衡常数又有什么联系呢?

van't Hoff 给出了 $\Delta_r G_m(T)$、$\Delta_r G_m^\ominus(T)$、$K^\ominus$、Q 间的关系

$$\Delta_r G_m(T)=\Delta_r G_m^\ominus(T)+2.30RT\lg Q \tag{5.5}$$

称为 van't Hoff 等温式,式中 Q 为反应商。例如,对反应式(5-1),若体系各物质 A、B、C、D 均处于标准态,则 $Q=1$,即有 $\lg Q=0$。此时,式(5.5)成为 $\Delta_r G_m(T)=\Delta_r G_m^\ominus(T)$。

若体系处于平衡状态,则 $\Delta_r G_m(T)=0$ 且 $Q=K^\ominus$。代入式(5.5),得

$$\Delta_r G_m^\ominus(T)+2.30RT\lg K^\ominus=0$$

即

$$\Delta_r G_m^\ominus(T)=-2.30RT\lg K^\ominus$$

或

$$\lg K^\ominus=-\frac{\Delta_r G_m^\ominus(T)}{2.30RT} \tag{5.6}$$

将式(5.6)代入式(5.5)中,有

$$\Delta_r G_m(T)=2.30RT\lg Q-2.30RT\lg K^\ominus=2.30RT\lg\frac{Q}{K^\ominus} \tag{5.5a}$$

式(5.5)和式(5.6)都是非常重要的方程式。通过查表可以计算反应的 $\Delta_r G_m^\ominus(298\ \text{K})$,而任意温度 T 的 $\Delta_r G_m^\ominus(T)$ 也可由 Gibbs-Helmholtz 方程计算。有了 $\Delta_r G_m^\ominus(T)$ 即可利用式(5.6)计算平衡常数 $K^\ominus$,因 $K^\ominus$ 是根据 $\Delta_r G_m^\ominus(T)$ 间接计算得到的,所以称为标准平衡常数。

【例 5.3】 计算合成氨反应 $N_2(g)+3H_2(g)=\!=\!=2NH_3(g)$

(1) 在 298 K 下的 $\Delta_r G_m^\ominus$、$K^\ominus$ 和转化率 α;

(2) 在 673 K 下的 $\Delta_r G_m^\ominus$ 和 $K^\ominus$;

(3) 在 673 K 下,若开始时 $p(N_2)=1.0\times10^5\ \text{Pa}$,$p(H_2)=2.0\times10^5\ \text{Pa}$,而无 NH_3,通过求 $\Delta_r G_m$ 判断反应能否正向进行。若能进行求出转化率 α。

解:(1) 由附录 4 查得 $NH_3(g)$ 的 $\Delta_f G_m^\ominus=-16.45\ \text{kJ}\cdot\text{mol}^{-1}$,因此该反应在 298 K 下 $\Delta_r G_m^\ominus=-32.9\ \text{kJ}\cdot\text{mol}^{-1}$

$$-32.9=-2.30\times8.31\times10^{-3}\times298\lg K^\ominus$$

$$\lg K^\ominus=5.78 \qquad K^\ominus(298\ \text{K})=6.02\times10^5$$

	$N_2(g)$	$+3H_2(g)=\!=\!=$	$2NH_3(g)$
反应起始分压/kPa	100	100	100
平衡时分压/kPa	$100-x$	$100-3x$	$100+2x$

$$K^\ominus=\frac{[p(NH_3)/p^\ominus]^2}{[p(N_2)/p^\ominus][p(H_2)/p^\ominus]^3}=\frac{[(100+2x)/100]^2}{[(100-x)/100][(100-3x)/100]^3}$$

用逼值法可求得

$$x\approx32.6\ \text{kPa}$$

因此,转化率

$$\alpha(N_2)=\frac{32.6}{100}\times100\%=32.6\% \qquad \alpha(H_2)=\frac{97.8}{100}\times100\%=97.8\%$$

$\Delta_r G_m^\ominus<0$,合成氨反应能自发进行;$K^\ominus$ 很大,说明常温下合成氨反应达平衡时反应进行的程度很大,平衡时 NH_3 的分压要比 N_2 和 H_2 的分压大得多,也就是转化率高,反应进行得比较彻底。

(2) 先查附录 4,计算 298 K 时反应的 $\Delta_r H_m^\ominus=-92.22\ \text{kJ}\cdot\text{mol}^{-1}$ 和 $\Delta_r S_m^\ominus=-199\ \text{J}\cdot\text{mol}^{-1}\cdot\text{K}^{-1}$,并设在 298~673 K 范围内 $\Delta_r H_m^\ominus$ 和 $\Delta_r S_m^\ominus$ 不随温度而变,则

$$\Delta_r G_m^\ominus(673\text{K}) = \Delta_r H_m^\ominus(298\ \text{K}) - T\Delta_r S_m^\ominus(298\ \text{K})$$
$$= -92.22 - 673(-0.199) = 41.71\ \text{kJ}\cdot\text{mol}^{-1}$$

有
$$41.71 = -2.30\times 0.00831\times 673\lg K^\ominus$$
$$\lg K^\ominus = -3.24 \qquad K^\ominus(673\ \text{K}) = 5.75\times 10^{-4}$$

此值只有 $K^\ominus$(298 K)的 $1/10^9$,说明升高温度对(一,一)型反应极为不利。$\Delta_r G_m^\ominus(673\ \text{K}) = 41.71\ \text{kJ}\cdot\text{mol}^{-1}$ 是在体系各物质均处于标准态[$p(N_2)=100$ kPa,$p(H_2)=100$ kPa,$p(NH_3)=100$ kPa]时的情况,此时反应只能向左进行,即氨的分解反应达平衡时 $p(NH_3)$要比 $p(N_2)$和 $p(H_2)$小得多。

(3) 因开始时只有反应物而无产物,为非标准态。可以按式(5.5)或式(5.5a)计算此条件下的 $\Delta_r G_m$。为了方便 Q 的计算,可设 $p(NH_3)=1.0\times 10^{-7}$ kPa,则

$$Q = \frac{[p(NH_3)/p^\ominus]^2}{[p(N_2)/p^\ominus][p(H_2)/p^\ominus]^3} = \frac{(1.0\times 10^{-7}/100)^2}{(100/100)(200/100)^3}$$
$$= 1.25\times 10^{-19}$$

$$\Delta_r G_m(673\ \text{K}) = 2.30\times 0.00831\times 673\lg\frac{Q}{K^\ominus} = -227.5\ (\text{kJ}\cdot\text{mol}^{-1})$$

因 $K^\ominus$ 只与 $\Delta_r G_m^\ominus$ 有关,反映的是标准态情况,此条件下仍有 $K^\ominus(673\ \text{K}) = 5.75\times 10^{-4}$。$Q<K^\ominus$ 或 $\Delta_r G_m$(673 K)是个很大的负值,都说明此条件下反应能正向进行。

转化率可计算如下:

	$N_2(g)$	$+3H_2(g)$	$\Longrightarrow 2NH_3(g)$
起始分压/bar	1	2	0
平衡时分压/bar	$1-p$	$2-3p$	$2p$

$$K^\ominus = \frac{(2p/p^\ominus)^2}{[(1-p)/p^\ominus][(2-3p)/p^\ominus]^3} = 5.75\times 10^{-4}$$

因 $p^\ominus = 1$ bar,计算得 $p = 0.033$ bar,因此转化率

$$\alpha(N_2) = \frac{0.033}{1}\times 100\% = 3.3\% \qquad \alpha(H_2) = \frac{0.099}{2}\times 100\% = 5\%$$

如果开始时 $p(N_2)=200$ kPa,$p(H_2)=100$ kPa,而无 NH_3,则反应在 673 K 时的转化率 $\alpha(N_2)\approx 1.05\%$,$\alpha(H_2)\approx 6.3\%$。

在合成氨生产中,兼顾化学平衡和反应速率两个方面,经研究,选用适当的催化剂,并不断压入 N_2和 H_2,同时移去混合气中的 NH_3,合成氨反应塔的最佳温度范围选在 300~500 ℃(573~773 K)时,反应仍不断向生成 NH_3的方向进行。

上例给我们提供了哪些信息呢?

(1) 恒温恒压条件下,化学反应方向的判据是 $\Delta_r G_m$(标态时用 $\Delta_r G_m^\ominus$)或通过 Q 与 $K^\ominus$ 的比较;$\Delta_r G_m^\ominus > 0$ 的反应不一定就不能正向进行。其判断标准为

$$\left.\begin{array}{ll} Q<K^\ominus,\ \Delta_r G_m<0 & \text{反应正向进行} \\ Q=K^\ominus,\ \Delta_r G_m=0 & \text{平衡状态} \\ Q>K^\ominus,\ \Delta_r G_m>0 & \text{反应逆向进行} \end{array}\right\} \tag{5.7}$$

但对大多数化学反应,仍能通过计算得到的 $\Delta_r G_m^\ominus$大体上判断是否能通过 Q 的改变使反应的方向发生改变:

$\Delta_r G_m^\ominus < -40\ \text{kJ}\cdot\text{mol}^{-1}$	或 $K^\ominus > 10^6$	反应一般难以逆向进行
$\Delta_r G_m^\ominus > 40\ \text{kJ}\cdot\text{mol}^{-1}$	或 $K^\ominus < 10^{-6}$	反应一般难以正向进行
$\Delta_r G_m^\ominus$在$-40\sim 40\ \text{kJ}\cdot\text{mol}^{-1}$		非平衡态时有可能改变方向

(2) $\Delta_r G_m$ 能判断反应方向，却较难反映平衡的位置。例如，例 5.3 中，$\Delta_r G_m(673\ K) = -227.5\ kJ \cdot mol^{-1}$，是个很大的负值，但 $K^\ominus(673\ K) = 5.75 \times 10^{-4}$ 很小，反应进行的程度很小；条件(2)和(3)时 $K^\ominus$ 均为 5.75×10^{-4}，但条件(2)的反应左移，条件(3)反应却右移。说明不能用 $K^\ominus$ 来判断反应方向。但通常若 $K^\ominus > 10^6$ 或 $K^\ominus < 10^{-6}$，则难以通过 Q 的变化改变反应的方向。

(3) $\Delta_r G_m^\ominus$ 和 $K^\ominus$ 是反应自发性和反应进行限度的标志；$K^\ominus$ 与 $\Delta_r G_m^\ominus$ 相联系，$\Delta_r G_m^\ominus$ 越负 $K^\ominus$ 就越大，反应进行得越彻底，$\Delta_r G_m^\ominus$ 越正 $K^\ominus$ 就越小。

(4) 平衡常数 $K^\ominus$ 与反应体系各物质的初始浓度无关，其大小仅取决于反应的本性，所以平衡常数是化学反应的特性常数；但平衡常数是温度的函数，通常随温度 T 的升高，放热反应的 $K^\ominus$ 减小，吸热反应的 $K^\ominus$ 增大(5.4.2 节)。

(5) $K^\ominus$ 和转化率 α 都能反映一个化学反应进行的限度，一般而言，$K^\ominus$ 大时 α 就大，$K^\ominus$ 小时 α 也小。与 $K^\ominus$ 不同的是，α 不是反应的特性常数，它随体系各物质起始浓度的变化而变化。因此，可通过改变反应物的物料配比，使某一反应物的转化率提高从而得以充分利用，但物料配比的变化对反应计量系数小的物质的转化率影响较大(如例 5.3 中 N_2 的转化率由 3.3%到 1.05%，缩小为原来的 1/3)，而对反应计量系数大的物质的转化率影响较小(H_2 的转化率由 5%到 6.3%，变成了原来的 1.2 倍)。

5.3　偶合反应与多重平衡

当一个化学反应的 $\Delta_r G_m > 0$ 时，反应就不能正向进行。然而，许多化学反应的 $\Delta_r G_m > 0$，如果这些反应都不能进行，对化学工作者而言将是件多么遗憾的事情，化学也会为之逊色不少。幸运的是，化学家总能找到解决的办法。

前面讨论的都是单一体系的化学平衡问题，在实际的化学反应过程中由于要考虑反应进行的可能性、反应的限度和反应速率等问题，往往需向反应体系加入其他物质，这些物质也参与了不同的反应(有时反应产物也参与其他反应)。这样，反应体系就同时存在若干种平衡，一种物质同时参与几种平衡，这种现象就称为多重平衡。

例如，化工生产中采用炭粉还原自然界中的磷酸盐矿(如磷酸钙[$Ca_3(PO_4)_2$]和磷灰石[$Ca_5F(PO_4)_3$]等)来制备单质磷

①　$2Ca_3(PO_4)_2 + 10C = 6CaO + P_4 + 10CO$　　$\Delta_r G_m^\ominus = 117\ kJ \cdot mol^{-1}$

$\Delta_r G_m^\ominus$ 是一个很大的正值，反应显然不能自发进行。生产实践中，是在 $Ca_3(PO_4)_2$、炭粉反应体系中加入石英砂(SiO_2)，混合后放在 1400 ℃左右的电炉中加热，制得单质磷。为什么加入 SiO_2 反应就能发生呢？究其原因是酸性氧化物 SiO_2 可和上一反应的产物之一 CaO 发生下面的反应

②　$CaO + SiO_2 = CaSiO_3$　　$\Delta_r G_m^\ominus = -92\ kJ \cdot mol^{-1}$

生成了非常稳定的 $CaSiO_3$ 从而带动了反应①的发生。其总反应为

③　$2Ca_3(PO_4)_2 + 6SiO_2 + 10C = 6CaSiO_3 + P_4 + 10CO$

该反应的 $\Delta_r G_m^\ominus = -435\ kJ \cdot mol^{-1}$，是一个很大的负值，反应自然就能顺利进行。在此反应中 CaO 参与了两个反应。

像这种**由两个或两个以上的体系通过各种相互作用而彼此影响以至联合起来的现象称为**

偶合。在化学中常把一个不能自发进行的反应和另一个容易自发进行的反应偶合，从而构成一个可以自发进行的反应，这种情况称为反应的偶合或偶合反应。

分析上面三个反应不难得出如下关系：

反应③＝反应①＋6×反应②

因 G 是广度性质，具有加和性，因此

$$117\ \text{kJ}\cdot\text{mol}^{-1}+6\times(-92\ \text{kJ}\cdot\text{mol}^{-1})=-435\ \text{kJ}\cdot\text{mol}^{-1}$$

正好是反应③的 $\Delta_r G_m^\ominus$。

一般而言，若

反应①＝a 反应②＋b 反应③－c 反应④

则有

$$\Delta_r G_1^\ominus = a\Delta_r G_2^\ominus + b\Delta_r G_3^\ominus - c\Delta_r G_4^\ominus \tag{5.8}$$

由式(5.6)，有

$$-2.30RT\lg K_1^\ominus = a(-2.30RT)\lg K_2^\ominus + b(-2.30RT)\lg K_3^\ominus - c(-2.30RT)\lg K_4^\ominus$$

$$\lg K_1^\ominus = a\lg K_2^\ominus + b\lg K_3^\ominus - c\lg K_4^\ominus$$

即

$$K_1^\ominus = \frac{(K_2^\ominus)^a \times (K_3^\ominus)^b}{(K_4^\ominus)^c} \tag{5.9}$$

【例 5.4】　空气中有少量的 SO_2、SO_3 和 H_2S 气体，银首饰长期暴露在空气中会因生成硫化银而变黑。试用热力学计算 $\Delta_r G_m$，判别 Ag 在 25 ℃，1 标准大气压下，H_2S 体积分数为 0.0001，氧体积分数为 0.20，氢体积分数为 0.020 时，会发生如下哪个反应生成 Ag_2S。为什么？

①　$$H_2S(g)+2Ag(s)=\!=\!=Ag_2S(s)+H_2(g)$$

②　$$\frac{1}{2}O_2(g)+H_2S(g)+2Ag(s)=\!=\!=Ag_2S(s)+H_2O(l)$$

解：查表知 $\Delta_f G_m^\ominus(Ag_2S,\ s)=-40.67\ \text{kJ}\cdot\text{mol}^{-1}$，$\Delta_f G_m^\ominus(H_2S,\ g)=-33.6\ \text{kJ}\cdot\text{mol}^{-1}$，$\Delta_f G_m^\ominus(H_2O,\ l)=-237.19\ \text{kJ}\cdot\text{mol}^{-1}$

$$\Delta_r G_m^\ominus(①)=-40.67+33.6+2.30\times0.008\ 31\times298\ \lg\frac{0.020}{0.0001}=6.0\ (\text{kJ}\cdot\text{mol}^{-1})$$

若将反应②看成是反应①与反应③的偶合，则

③　$O_2(g)+2H_2(g)=\!=\!=2H_2O(l)$　　$\Delta_r G_m^\ominus(③)=-474.38\ \text{kJ}\cdot\text{mol}^{-1}$

$$\Delta_r G_m(③)=\Delta_r G_m^\ominus(③)+2.30RT\lg Q=-474.38-2.30\times0.008\ 31\times298\ \lg(0.20)(0.02)^2$$
$$=-459.0\ (\text{kJ}\cdot\text{mol}^{-1})$$

则有

$$\Delta_r G_{②}=\Delta_r G_{①}+\frac{1}{2}\Delta_r G_{③}=6.0+\frac{1}{2}(-459.0)=-223.5\ (\text{kJ}\cdot\text{mol}^{-1})$$

所以会发生反应②生成 Ag_2S。

【例 5.5】　已知 823 K 时下列两个反应的 $K_p^\ominus$

① $CO_2(g)+H_2(g)=\!=\!=CO(g)+H_2O(g)$　　$K_p^\ominus(①)=0.14$

② $CoO(s)+H_2(g)=\!=\!=Co(s)+H_2O(g)$　　$K_p^\ominus(②)=67$

试求在 823 K，反应③：$CoO(s)+CO(g)=\!=\!=Co(s)+CO_2(g)$的平衡常数 $K_p^\ominus(③)$。

解：依题意知 CoO、Co、CO、CO_2、H_2 与 H_2O 等 6 种物质共处于一个反应体系，参加上述 3 个反应的化学平衡，其中 CoO 和 Co 是固相。由于反应③＝ 反应②－ 反应①，由多重平衡规则

$$K_p^\ominus(③)=\frac{K_p^\ominus(②)}{K_p^\ominus(①)}=\frac{p(H_2O)}{p(H_2)}\times\frac{p(CO_2)p(H_2)}{p(CO)p(H_2O)}=\frac{p(CO_2)}{p(CO)}=\frac{67}{0.14}=480$$

由 $K_p^\ominus(②)$和 $K_p^\ominus(③)$可知：H_2 和 CO 都可作为还原剂，使 CoO 变成 Co，且 CO 还原的程度大于 H_2。

此例告诉我们,可利用多重平衡间接求算化学反应的平衡常数。在应用多重平衡规则时,各个反应的状态(如温度、压强、浓度等)必须相同。

在无机化学中,反应的偶合现象是相当普遍的。例如,弱酸和强碱的中和反应;某些盐的水解反应;难溶强电解质通过形成弱电解质、配合物或发生氧化还原反应而溶解;Au、Pt 等贵金属溶于王水等都能用偶合作用原理予以说明。不仅如此,通过反应的偶合还可以大大降低反应温度,选择最佳的反应条件,提高生产效率。

5.4 化学平衡的移动

任何化学平衡都是有条件的、暂时的动态平衡,一旦反应条件发生变化,原有的平衡即被破坏,继而向新的平衡状态转化。讨论化学平衡移动的目的是要利用反应条件的改变,破坏旧的平衡,使化学反应向我们期望的方向进行最大程度的移动。影响化学反应的主要因素有浓度、压强、温度。

5.4.1 浓度、压强对化学平衡的影响

浓度、压强对化学平衡的影响的本质是一样的。

1. 浓度对化学平衡的影响

$K^\ominus$和 $\Delta_r G_m^\ominus(T)$反映的是可逆反应达到平衡时的情况,温度一定时 $K^\ominus$不随浓度而变,而 Q 则随各物质浓度的改变而改变。正如在 5.1.2 节中讨论 $K^\ominus$与 Q 的关系时所看到的:**一个可逆反应达平衡后,若增加反应物浓度或减少产物浓度,均使 $Q<K^\ominus$,$\Delta_r G_m<0$,反应即向右移动;若减少反应物浓度或增加产物浓度,均使 $Q>K^\ominus$,$\Delta_r G_m>0$,则反应向左移动**。所以可以通过 Q 与 $K^\ominus$的大小来判断可逆反应移动的方向。

【例 5.6】 713 K 时,可逆反应 $H_2(g)+I_2(g) \rightleftharpoons 2HI(g)$ 的 $K_c^\ominus=50.3$。问:

(1) H_2、I_2、HI 三种气体的浓度均为 1.00 mol·dm^{-3}时;

(2) H_2、I_2的浓度均为 0.10 mol·dm^{-3},HI 的浓度为 1.00 mol·dm^{-3}时;

(3) H_2的浓度为 1.00 mol·dm^{-3},I_2和 HI 的浓度均为 0.10 mol·dm^{-3}时

反应向哪一方向进行?达平衡时各物质的浓度是多少?

解:(1) $Q=(1.00)^2/(1.00\times1.00)=1.00<K_c^\ominus$ 反应正向进行

设反应达平衡时 H_2的浓度减少 x,平衡时 H_2、I_2、HI 的浓度分别为 $1.00-x$、$1.00-x$、$1.00+2x$,则

$$K_c^\ominus=(1.00+2x)^2/[(1.00-x)(1.00-x)]=50.3$$

解得 $x=0.67$ (mol·dm^{-3})

平衡时浓度:$[H_2]=[I_2]=0.33$ mol·dm^{-3},$[HI]=2.34$ mol·dm^{-3}。

$$\alpha(H_2)=\alpha(I_2)=33\%\ (H_2)$$

(2) $Q=(1.00)^2/(0.10\times0.10)=100>K_c^\ominus$ 反应逆向进行

同理 $K_c^\ominus=(1.00+2x)^2/[(0.10-x)(0.10-x)]=50.3$

解得 $x=-0.032$ (mol·dm^{-3})

平衡时浓度:$[H_2]=[I_2]=0.132$ mol·dm^{-3},$[HI]=0.936$ mol·dm^{-3}。

(3) $Q=(0.10)^2/(0.10\times1.00)=0.10<K_c^\ominus$ 反应正向进行

以及 $K_c^\ominus=(0.10+2x)^2/[(0.10-x)(1.00-x)]=50.3$

解得 $x\approx 0.097\ (\mathrm{mol\cdot dm^{-3}})$

平衡时浓度：$[H_2]=0.903\ \mathrm{mol\cdot dm^{-3}}$，$[I_2]=0.003\ \mathrm{mol\cdot dm^{-3}}$，$[HI]=0.294\ \mathrm{mol\cdot dm^{-3}}$。

$$\alpha(H_2)=9.7\% \qquad \alpha(I_2)=97\%$$

(1)和(3)的结果均是 $Q<K_c^\ominus$，但 $Q/K^\ominus$ 之值不同，$Q/K^\ominus$ 之值不仅决定反应进行的方向，而且也反映了起始状态和平衡状态之间的差距，预示着平衡移动的相对多少。

2. 压强对化学平衡的影响

压强对化学平衡的影响有两个方面：体系总压对平衡的影响和组分气体分压对平衡的影响。如果所涉及的气体均为理想气体，根据理想气体状态方程可以导出 $p=cRT$，那么，在反应温度不变的条件下，上面所讨论的浓度对平衡的影响完全适用于分压对平衡的影响；而总压对平衡的影响，则要看反应前后气体分子的总数是否发生变化。

【例 5.7】 已知在 325 K，反应 $N_2O_4(g) \rightleftharpoons 2NO_2(g)$ 在总压为 100 kPa 时 N_2O_4 的摩尔分解率 $\alpha=0.502$。现在该温度下将一定量 N_2O_4 气体装入一带活塞的反应器中，并使总压为 100 kPa，问达平衡时两气体的分压各为多少？推动活塞，使总压分别为 1000 kPa 和 10 kPa，达平衡时 N_2O_4 的分解率各是多少？

解：该反应前后气体分子数不相等（$\Delta n=1$）。设有 1 mol N_2O_4，在 325 K 及压强 p 时的分解率为 α，则

	$N_2O_4(g)$	$\rightleftharpoons 2NO_2(g)$
起始 n/mol	1.0	0
平衡 n/mol	$1.0-\alpha$	2α

达平衡状态时

$$n_{总}=(1-\alpha)+2\alpha=1+\alpha\ (\mathrm{mol})$$

则

$$p(N_2O_4)=p\times\frac{1-\alpha}{1+\alpha} \qquad p(NO_2)=p\times\frac{2\alpha}{1+\alpha}$$

$$K_p^\ominus=\frac{[p(NO_2)/p^\ominus]^2}{[p(N_2O_4)/p^\ominus]}=\frac{p}{p^\ominus}\times\frac{4\alpha^2}{(1-\alpha)(1+\alpha)}=\frac{p}{p^\ominus}\times\frac{4\alpha^2}{1-\alpha^2}$$

当 $p=100$ kPa 时，$p/p^\ominus=1.00$，$\alpha=50.2\%$

$$K_p^\ominus=1.00\times\frac{4\times0.502^2}{1-0.502^2}=1.35$$

$$p(N_2O_4)=33.16\ \mathrm{kPa} \qquad p(NO_2)=66.84\ \mathrm{kPa}$$

因为 $K_p^\ominus$ 不随压强而变，所以，当 $p=1000$ kPa 时，$p/p^\ominus=10.00$

$$K_p^\ominus=10.00\times\frac{4\alpha^2}{1-\alpha^2}=1.35 \qquad \alpha=18.1\%$$

在 1000 kPa 时，N_2O_4 的分解率等于 18.1%，比 100 kPa 时的分解率（50.2%）小得多。

同理，当 $p=10$ kPa 时，$p/p^\ominus=0.10$，可得 $\alpha=87.8\%$。在 10 kPa 时 N_2O_4 的分解率等于 87.8%，比 100 kPa 时的分解率大得多。

由此可见：**在恒温下，增加总压强，平衡向分子数目减少的方向移动；减小总压强，平衡向分子数目增加的方向移动**。

对那些反应前后计量系数不变的气相反应，如 $H_2(g)+I_2(g) \rightleftharpoons 2HI(g)$ 或 $N_2(g)+O_2(g) \rightleftharpoons 2NO(g)$，总压强的变化对平衡没有影响，因为增大或减小压强对产物和反应物的分压产生的影响是等效的，所以对平衡的位置没有影响。压强的变化对固相反应或液相反应

的平衡位置也几乎没有影响。

5.4.2　温度对化学平衡的影响

因 $K^{\ominus}$ 不随浓度、压强的改变而变化,因而上面讨论的浓度、压强对平衡的影响是在 $K^{\ominus}$ 不变的情况下进行的,但温度的变化会改变平衡常数 $K^{\ominus}$,进而推动化学平衡的移动。

由式(5.6)和式(4.11a)

$$\Delta_r G_m^{\ominus}(T) = -2.30RT\lg K^{\ominus} \qquad \Delta_r G_m^{\ominus}(T) = \Delta_r H_m^{\ominus} - T\Delta_r S_m^{\ominus}$$

$$\lg K^{\ominus} = -\frac{\Delta_r H_m^{\ominus} - T\Delta_r S_m^{\ominus}}{2.30RT} = -\frac{\Delta_r H_m^{\ominus}}{2.30RT} + \frac{\Delta_r S_m^{\ominus}}{2.30R} \tag{5.10}$$

此式也可表示为直线方程式:

$$\lg K^{\ominus} = -\frac{\Delta_r H_m^{\ominus}}{2.30R} \times \frac{1}{T} + C \tag{5.10a}$$

式中,C 为常数。设在 T_1 时平衡常数为 $K_1^{\ominus}$,在 T_2 时为 $K_2^{\ominus}$,并设在 $T_1 \sim T_2$ 范围内 $\Delta_r H_m^{\ominus}$、$\Delta_r S_m^{\ominus}$ 不随温度而变,则有

$$\lg K_1^{\ominus} = -\frac{\Delta_r H_m^{\ominus}}{2.30RT_1} + \frac{\Delta_r S_m^{\ominus}}{2.30R}$$

$$\lg K_2^{\ominus} = -\frac{\Delta_r H_m^{\ominus}}{2.30RT_2} + \frac{\Delta_r S_m^{\ominus}}{2.30R}$$

两式相减,得

$$\lg K_1^{\ominus} - \lg K_2^{\ominus} = -\frac{\Delta_r H_m^{\ominus}}{2.30R}\left(\frac{1}{T_1} - \frac{1}{T_2}\right)$$

或

$$\lg \frac{K_2^{\ominus}}{K_1^{\ominus}} = \frac{\Delta_r H_m^{\ominus}}{2.30R}\left(\frac{T_2 - T_1}{T_1 T_2}\right) \tag{5.11}$$

式(5.11)给出了不同温度时 $K^{\ominus}$、$\Delta_r H_m^{\ominus}$ 与温度 T 之间的关系,称为 van't Hoff 方程式。当已知化学反应 $\Delta_r H_m^{\ominus}$ 时,只要测定某一温度 T_1 的平衡常数 $K_1^{\ominus}$,即可利用式(5.11)求另一温度 T_2 的 $K_2^{\ominus}$;或当已知不同温度的 $K^{\ominus}$ 时,则可用式(5.11)求反应的 $\Delta_r H_m^{\ominus}$。

【例 5.8】 NH_4Cl 固体分解反应:$NH_4Cl(s) \rightleftharpoons NH_3(g) + HCl(g)$ 的 $\Delta_r H_m^{\ominus} = 1.6 \times 10^2\ kJ \cdot mol^{-1}$,在 427 ℃时分解反应的 $K_p^{\ominus} = 9.24$,求

(1) 457 ℃时分解反应的 $K_p^{\ominus}$;

(2) 457 ℃分解时体系的蒸气压。

解:(1) 依题给出的信息,已知反应的 $\Delta_r H_m^{\ominus}$、427 ℃时的 $K_p^{\ominus}$,求 527 ℃时的 $K_p^{\ominus}$,用式(5.11)

$$\lg \frac{K_p^{\ominus}}{9.24} = \frac{160 \times 10^3}{2.30 \times 8.31}\left(\frac{730 - 700}{730 \times 700}\right)$$

$$\lg K_p^{\ominus} = 1.46 \qquad K_p^{\ominus} = 28.65$$

(2) 因反应物 NH_4Cl 是固体,产物 NH_3 和 HCl 是气体,且 NH_3 和 HCl 是 1∶1 的关系,所以

$$p(NH_3) = p(HCl) = \frac{1}{2}p \qquad p\ 是总压$$

而

$$K_p^{\ominus} = [p(NH_3)/p^{\ominus}] \times [p(HCl)/p^{\ominus}] = \frac{1}{4}(p/p^{\ominus})^2 = 28.65$$

即

$$p/p^{\ominus} = 10.71 \qquad p = 1071\ kPa$$

【例 5.9】 已知合成氨反应 $N_2(g) + 3H_2(g) \rightleftharpoons 2NH_3(g)$ 的 $\Delta_r H_m^{\ominus} = -91.8\ kJ \cdot mol^{-1}$,$K_p^{\ominus}(298\ K) =$

5.8×10^5。求合成氨反应在 473 K 和 673 K 的平衡常数。

解：利用式(5.11)

$$\lg\frac{K_p^\ominus}{5.8\times10^5}=\frac{-91.8\times10^3\ \mathrm{J\cdot mol^{-1}}}{2.30\times8.31\ \mathrm{J\cdot mol^{-1}\cdot K^{-1}}}\left(\frac{473-298}{473\times298}\right)\mathrm{K^{-1}}=-5.96$$

$$K_p^\ominus(473\ \mathrm{K})=1.1\times10^{-6}\times5.8\times10^5=0.64$$

同理可求得

$$K_p^\ominus(673\ \mathrm{K})=1.05\times10^{-9}\times5.8\times10^5=6.1\times10^{-4}$$

NH_4Cl 的分解反应当温度由 427 ℃升高到 457 ℃时，平衡常数 $K_p^\ominus$ 从 9.24 增加到 28.65；而在合成氨反应中，温度 298 K、473 K、673 K 时的 $K_p^\ominus$ 分别为 5.8×10^5、0.64、6.1×10^{-4}，$K_p^\ominus$ 随温度的升高而减小。为何出现这种情况呢？究其原因是由于 NH_4Cl 的分解是吸热反应，$\Delta_r H_m^\ominus>0$，而合成氨的反应是放热反应，$\Delta_r H_m^\ominus<0$。现将这种关系总结如下：

反应热	$\Delta_r H_m^\ominus$	T	$K^\ominus$ 值变化	平衡移动
吸热反应	>0	$T_2>T_1$	$K_2^\ominus>K_1^\ominus$	→ 正向移动
放热反应	<0	$T_2>T_1$	$K_2^\ominus<K_1^\ominus$	← 逆向移动
吸热反应	>0	$T_2<T_1$	$K_2^\ominus<K_1^\ominus$	← 逆向移动
放热反应	<0	$T_2<T_1$	$K_2^\ominus>K_1^\ominus$	→ 正向移动

通过以上分析，可得如下结论：

(1) 温度对平衡的影响是通过改变平衡常数 $K^\ominus$ 产生的。

(2) 升高温度，平衡向吸热方向移动；降低温度，平衡向放热方向移动。

(3) $|\Delta_r H_m^\ominus|$ 越大，温度变化越大，平衡的推动力也越大。

前面两个结论是显而易见的，而结论(3)可通过对例 5.8 和例 5.9 反应作 $K^\ominus$ 与 T 图来说明。将 NH_4Cl 分解反应和合成氨反应的 $K_p^\ominus$ 随温度变化的数据列入表 5.2 中。

表 5.2　氯化铵分解反应与合成氨反应 $K_p^\ominus$ 随温度的变化

	合成氨($\Delta_r H_m^\ominus=-91.8\ \mathrm{kJ\cdot mol^{-1}}$)			氯化铵分解($\Delta_r H_m^\ominus=160\ \mathrm{kJ\cdot mol^{-1}}$)		
T/K	298	473	673	700	730	760
$1/T\times10^3/\mathrm{K^{-1}}$	3.36	2.11	1.49	1.43	1.37	1.32
$K_p^\ominus$	5.8×10^5	6.4×10^{-1}	6.1×10^{-4}	9.24	28.65	81.25
$\lg K_p^\ominus$	5.76	−0.19	−3.21	0.97	1.46	1.91

将 $\lg K_p^\ominus$ 对 $1/T$ 作图得图 5.1 和图 5.2，得到合成氨反应直线的斜率为正值，氯化铵分解反应直线的斜率为负值。对比式(5.10a)，直线斜率$=-\Delta_r H_m^\ominus/2.30R$，直线与纵轴的交点即常数 C。由图可知：① $\Delta_r H_m^\ominus<0$ 时，温度越低，$1/T$ 越大，$K_p^\ominus$ 越大；反之，$\Delta_r H_m^\ominus>0$ 时，温度越高，$1/T$ 越小，$K_p^\ominus$ 越小。② $|\Delta_r H_m^\ominus|$ 越大，斜率越大。相同温度变化时，斜率大的 $K_p^\ominus$ 改变得越多，即对平衡的推动力越大。③ 当斜率一定时，温度变化越大，$K_p^\ominus$ 改变也越大。

如果改变平衡体系的任一条件，如温度、压强或浓度，平衡就向能减弱这个改变的方向移动——Le Chatelier 原理（平衡移动原理）。

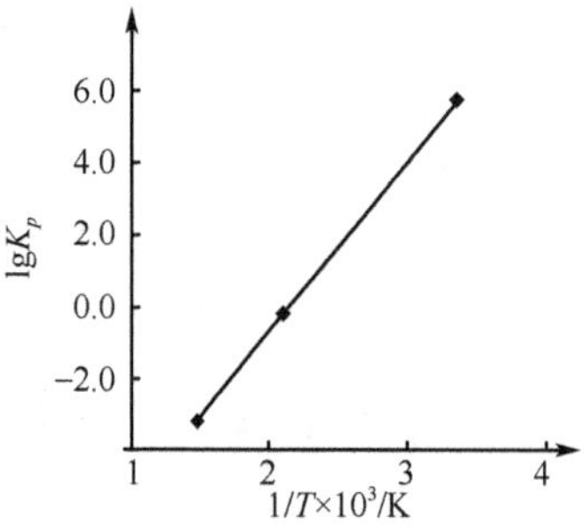

图 5.1　合成氨反应的 $\lg K_p^\ominus$-T^{-1} 图

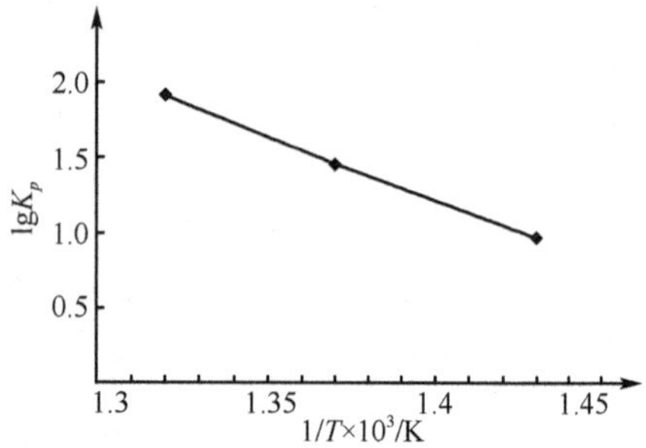

图 5.2　氯化铵分解反应的 $\lg K_p^\ominus$-T^{-1} 图

小　　结

(1) 对任一可逆反应(5-1),标准平衡常数 $K^\ominus$ 为

$$K^\ominus=\frac{X_C^c\cdot X_D^d}{X_A^a\cdot X_B^b}\qquad \begin{matrix}对气体\ X_i=p_i/p^\ominus\\ 对溶液\ X_i=[i]/c^\ominus\end{matrix}$$

多重平衡中总反应的平衡常数与各分反应的平衡常数是相互联系、相互制约的。

(2) $\Delta_r G_m^\ominus(T)$与 $K^\ominus$ 的关系是

$$\Delta_r G_m^\ominus(T)=-2.30RT\lg K^\ominus$$

二者虽关联但意义不相同。一方面,一个反应的 $\Delta_r G_m^\ominus(T)$越负,只能表明在标准态时反应向右进行的趋势越大,但随着反应的不断进行,到平衡时,反应进行的程度如何,这正是 $K^\ominus$ 所表达的问题。因此,可以说用 **$\Delta_r G_m^\ominus$ 来判断标准态时反应进行的方向,用 $K^\ominus$ 判断反应进行的限度**。$K^\ominus$ 比转化率更为深刻地揭示了化学反应的本质。另一方面,$K^\ominus$ 的变化和$-\Delta_r G_m^\ominus(T)$变化不一定成正相关性,$K^\ominus$ 随$-\Delta_r G_m^\ominus(T)$的变化是增大还是减小还与 $\Delta_r H_m^\ominus$ 是正或负有关。

(3) 非标准态时体系各物质浓度或分压间的关系用反应商 Q 来表示,其表达式与 $K^\ominus$ 的表达式形式上完全相同。非标准态对 Gibbs 自由能的影响用 van't Hoff 等温式表示

$$\Delta_r G_m(T)=\Delta_r G_m^\ominus(T)+2.30RT\lg Q=2.30RT\lg\frac{Q}{K^\ominus}$$

在温度 T 时,可用 $\Delta_r G_m$ 的大小或用 Q 与 $K^\ominus$ 的比较来判断化学反应进行的方向。

(4) 平衡常数 $K^\ominus$ 是化学反应的特性常数,与体系各物质的起始浓度或压强无关,只随温度的变化而变化

$$\lg K^\ominus=-\frac{\Delta_r H_m^\ominus}{2.30R}\times\frac{1}{T}+C$$

因此,浓度、压强对平衡的影响是直接作用从而推动反应,而温度对平衡的影响是通过改变 $K^\ominus$,变更平衡点的结果。

在随后的 3 章和第 12 章中,将要涉及不同类型的平衡及其平衡常数 $K_a^\ominus$、$K_b^\ominus$、$K_w^\ominus$、$K_{sp}^\ominus$、$K_{稳}^\ominus$ 等,第 4 章和本章的知识对指导后面各类平衡以及无机元素化学的学习非常重要。

思考与研讨

5.1　怎样正确理解化学反应的平衡状态?书写经验平衡常数和标准平衡常数时要注意什么?

5.2　平衡浓度是否随时间变化?是否随起始浓度变化?是否随温度变化?

5.3　平衡常数是否随起始浓度变化?转化率是否随起始浓度变化?

5.4　气固两相平衡体系的平衡常数与固相存在量是否有关?

5.5　经验平衡常数与标准平衡常数有何区别?有何联系?

5.6 在一带活塞的容器中，反应 $2SO_2(g)+O_2(g)\rightleftharpoons 2SO_3(g)$ 达到平衡后，在保持温度不变时，(1) 加一定量 N_2 并保持总压强不变；(2) 保持体积不变加一定量的 N_2(总压改变)，平衡将如何移动？

5.7 NO_2 在一密闭容器中发生聚合反应 $2NO_2(g)\rightleftharpoons N_2O_4(g)$ 的 $K_p^\ominus(300\ K)=6.0$，$K_p^\ominus(384\ K)=0.04$，此反应是吸热反应还是放热反应？

5.8 下列叙述是否正确？为什么？

(1) 一种反应物的转化率随另一种反应物的起始浓度不同而异。

(2) 当一个化学反应处于平衡时，混合物中各种物质的浓度都相等。

(3) 化学反应的 $\Delta_r G_m^\ominus(T)$为正时，任何状态下反应都不能正向自发进行。

(4) $\Delta_r G_m(T)$值越负，$K^\ominus(T)$ 就一定很大，反应就进行得越彻底。

5.9 $K^\ominus$变了，平衡位置是否移动？平衡位置移动了，$K^\ominus$是否改变？催化剂是否能改变平衡位置？

5.10 在 298 K，100 kPa 下，① $2P(s,白)+3Cl_2(g)\rightleftharpoons 2PCl_3(g)$，② $2P(s,红)+3Cl_2(g)\rightleftharpoons 2PCl_3(g)$。问：

(1) 哪个反应的 $\Delta_r H_m^\ominus$ 大？

(2) 温度升高时，反应②的 $\Delta_r G_m^\ominus$ 是增大还是减小？为什么？平衡常数 $K_p^\ominus$是增大还是减小？为什么？

5.11 用氯化法还原氧化铝来制备金属铝

$$Al_2O_3(s)+3Cl_2(g)\rightleftharpoons 2AlCl_3(s)+3/2O_2(g)\qquad \Delta_r G_m^\ominus>0$$

是一个焓增熵减的反应，在任何温度下都不能发生，但现在人们采用偶合反应在 800～900 ℃时制备金属铝。请设计一个偶合反应，使上述反应能够发生。

5.12 $NiSO_4\cdot 6H_2O(s)$失水反应为 $NiSO_4\cdot 6H_2O(s)\rightleftharpoons NiSO_4(s)+6H_2O(g)$

(1) 计算该反应在 25 ℃和 40 ℃时的 $K_p^\ominus$；

(2) 两温度下 H_2O 在固体 $NiSO_4\cdot 6H_2O$ 上的平衡蒸气压为多少？

(3) 夏天高温时将 $NiSO_4\cdot 6H_2O(s)$置于大气中会不会失水而风化？

已知：$NiSO_4\cdot 6H_2O(s)$、$NiSO_4(s)$、$H_2O(g)$的 $\Delta_f G_m^\ominus$ 分别为$-2221.7\ kJ\cdot mol^{-1}$、$-773.62\ kJ\cdot mol^{-1}$、$-228.6\ kJ\cdot mol^{-1}$；$\Delta_f H_m^\ominus$分别为$-2688.2\ kJ\cdot mol^{-1}$、$-891.2\ kJ\cdot mol^{-1}$、$-241.8\ kJ\cdot mol^{-1}$。

习 题

5.1 写出下列反应的平衡常数表达式(K_p，K_c和K_x都可以)。

(1) $CH_4(g)+2O_2(g)=CO_2(g)+2H_2O(l)$

(2) $2H_2S(g)=2H_2(g)+2S(s)$

(3) $PbI_2(s)=Pb^{2+}(aq)+2I^-(aq)$

(4) $AgCl(s)+2NH_3(aq)=Ag(NH_3)_2^+(aq)+Cl^-(aq)$

5.2 500 K 时，反应 $SO_2(g)+\frac{1}{2}O_2(g)\rightleftharpoons SO_3(g)$ 的 $K_p^\ominus=50$，在同温下计算

(1) 反应 $2SO_2(g)+O_2(g)\rightleftharpoons 2SO_3(g)$ 的 $K_p^\ominus$；

(2) 反应 $2SO_3(g)\rightleftharpoons 2SO_2(g)+O_2(g)$ 的 $K_p^\ominus$。

5.3 将 1.00 mol SO_2和 1.00 mol O_2的混合物在 600 ℃ 和总压强为 100 kPa 的恒压下，通过 V_2O_5催化剂生成 SO_3，达到平衡后测得混合物中剩余的 O_2 为 0.62 mol，求此反应的平衡常数 $K_p^\ominus$。

5.4 298 K 时在 1.0 dm^3容器中，1.0 mol NO_2 发生 $2NO_2(g)\rightleftharpoons 2NO(g)+O_2(g)$ 分解反应，达平衡时，若有 $3.3\times10^{-3}\%$ 的 NO_2发生分解，求平衡常数 K_c。

5.5 PCl_5 遇热按式 $PCl_5(g)=PCl_3(g)+Cl_2(g)$分解。2.695 g PCl_5 装在 1.00 dm^3 密闭容器中，在 523 K 达平衡时总压强为 100 kPa。求 PCl_5 的摩尔分解率及平衡常数 K_p，K_c和 K_x。

5.6 在 1000 K 的恒容器中发生反应 $2NO(g)+O_2(g)\rightleftharpoons 2NO_2(g)$，反应发生前 $p(NO)=100$ kPa，$p(O_2)=300$ kPa，$p(NO_2)=0$，反应达到平衡时，$p(NO_2)=12$ kPa，计算平衡时 NO 和 O_2 的分压、平衡常数 $K_p^\ominus$ 及 NO 的转化率。

5.7 单质磷在 1273 K 和 20 kPa 下存在下列平衡：$P_4(g) \rightleftharpoons 2P_2(g)$，测得此条件下磷蒸气密度为 0.18 g · dm^{-3}，试计算 $P_4(g)$的解离度。(P 的相对原子质量为 31)

5.8 根据 298 K 的 $\Delta_f H_m^\ominus$、$\Delta_f G_m^\ominus$ 和 $S_m^\ominus$，计算相平衡 $H_2O(l) \rightleftharpoons H_2O(g)$ 的转变温度。分别计算 $\Delta_r G_m^\ominus(300\ K)$ 和 $\Delta_r G_m^\ominus(400\ K)$，判定在 300 K 和 400 K 相变发生的方向，并和水的相图对照。

5.9 根据热力学数据计算 BCl_3 在 298 K 时的饱和蒸气压及正常沸点。在 298 K 和 100 kPa 条件下，BCl_3 呈液态还是气态?

5.10 某化工厂生产中需用银作催化剂，它的制法是将浸透 $AgNO_3$ 溶液的浮石在一定温度下焙烧，使发生反应：$AgNO_3(s) \longrightarrow Ag(s) + NO_2(g) + \frac{1}{2}O_2(g)$，求

(1) 理论上 $AgNO_3$ 分解成金属银所需的最低温度；

(2) $AgNO_3$ 于 700 K 下在一密闭容器中分解，达平衡时体系的总压和分压各是多少?

5.11 以白云石为原料，用 Si 作还原剂来冶炼 Mg，在 1450 K 下发生的主反应为

$$CaO(s) + 2MgO(s) + Si(s) = CaSiO_3(s) + 2Mg(g) \qquad \Delta_r G_m^\ominus = -126\ kJ \cdot mol^{-1}$$

(1) 此反应在 1450 K 下的平衡常数 $K_p^\ominus$ 是多少?

(2) 反应器内蒸气压升高到多少，反应将不能自发进行?

5.12 实验室制备 $Cl_2(g)$常利用下列反应：

	$MnO_2(s)$	$+4H^+$	$+2Cl^-$	$= Cl_2(g)$	$+Mn^{2+}$	$+2H_2O(l)$
$\Delta_f G_m^\ominus/(kJ \cdot mol^{-1})$	−464.8		−131.17		−228	−237.19

若选用浓度为 12 mol · dm^{-3}的浓 HCl(aq)，其他物质均为标准态时，在 298 K 上述反应能否自发进行? 平衡常数 $K^\ominus$ 是多少? 此反应的趋势有多大?

5.13 已知 298 K，100 kPa 下，水的饱和蒸气压为 3.12 kPa；$CuSO_4 \cdot 5H_2O(s)$、$CuSO_4(s)$、$H_2O(g)$ 的 $\Delta_f G_m^\ominus$ 分别为 −1880.06 kJ · mol^{-1}、−661.91 kJ · mol^{-1}、−228.50 kJ · mol^{-1}。

(1) 在此条件下，反应 $CuSO_4 \cdot 5H_2O(s) \rightleftharpoons CuSO_4(s) + 5H_2O(g)$ 的 $\Delta_r G_m^\ominus$ 和 $K_p^\ominus$ 各是多少?

(2) 若空气中水蒸气相对湿度为 60.0%，上述反应的 $\Delta_r G_m$ 是多少? $CuSO_4 \cdot 5H_2O$ 是否会风化? $CuSO_4$是否会潮解?

5.14 在 673 K 时，反应：$N_2(g) + 3H_2(g) \rightleftharpoons 2NH_3(g)$，$K_p^\ominus = 1.64 \times 10^{-4}$，$\Delta_r H_m^\ominus = -92.4\ kJ \cdot mol^{-1}$，计算在 873 K 时的 $K_p^\ominus$。

5.15 100 ℃时，光气分解反应

$$COCl_2(g) \rightleftharpoons CO(g) + Cl_2(g) \quad K_p^\ominus = 8.00 \times 10^{-9},\ \Delta_r S_m^\ominus = 125.5\ J \cdot K^{-1} \cdot mol^{-1}$$

(1) 计算 100 ℃、$p_{总} = 200$ kPa 时 $COCl_2$的解离度 α；

(2) 计算 100 ℃ 时，上述反应的 $\Delta_r H_m^\ominus$。

5.16 已知乙醇的下列热力学数据

	$\Delta_f H_m^\ominus/(kJ \cdot mol^{-1})$	$S_m^\ominus/(J \cdot mol^{-1} \cdot K^{-1})$
$C_2H_5OH(l)$	−277.6	161
$C_2H_5OH(g)$	−235.4	282

(1) 计算乙醇在 25.0 ℃ 时的蒸气压；

(2) 计算乙醇的正常沸点 T_b。

5.17 已知下列热力学数据和反应方程式：

	$Fe_2O_3(s)$	$H_2(g)$	$Fe(s)$	$H_2O(g)$
$\Delta_f H_m^\ominus/(kJ \cdot mol^{-1})$	−822.1	0.0	0.0	−241.83
$S_m^\ominus/(J \cdot K^{-1} \cdot mol^{-1})$	90.0	130.59	27.2	188.72

$$Fe_2O_3(s)+3H_2(g) \rightleftharpoons 2Fe(s)+3H_2O(g)$$

判断在 1000 K 用压强为 101.3 kPa 含有饱和 $H_2O(g)$[$p(H_2O)$=3.17 kPa]的 H_2 能否将 Fe_2O_3 还原为金属铁。

5.18　汞(Ⅱ)氧化物按下列方程式解离：$2HgO(s) \rightleftharpoons 2Hg(g)+O_2(g)$，在 693 K 时解离压 [$p(Hg)+p(O_2)$]为 5.16×10^4 Pa，在 723 K 时解离压为 1.08×10^5 Pa，计算在该温度范围内 $\Delta_r H_m^\ominus$(kJ · mol^{-1})的平均值。

5.19　根据下列热力学数据，计算溶解过程 $AgX(s) \longrightarrow Ag^+(aq)+X^-(aq)$的自由能变 $\Delta_r G_m^\ominus$，并判断它的溶解性，对于难溶盐还应计算其 $K_{sp}^\ominus$。

	AgF(s)	AgCl(s)	AgBr(s)	AgI(s)
$\Delta_f H_m^\ominus$/(kJ · mol^{-1})	−20.5	65.7	84.5	112.1
$S_m^\ominus$/(J · mol^{-1} · K^{-1})	12.3	33.8	46.7	68.5

5.20　已知　$Fe^{2+}+Co^{3+} \rightleftharpoons Fe^{3+}+Co^{2+}$　$K_1^\ominus=1.1\times10^{18}$

$Cu^++Co^{3+} \rightleftharpoons Cu^{2+}+Co^{2+}$　$K_2^\ominus=1.6\times10^{25}$

计算反应 $Cu^++Fe^{3+} \rightleftharpoons Cu^{2+}+Fe^{2+}$ 的 $K^\ominus$，并判断反应进行的程度。

5.21　已知在 298 K，以下反应的平衡常数如下：

(1) $HNO_2 \rightleftharpoons H^++NO_2^-$　$K_1^\ominus=7.2\times10^{-4}$

(2) $NH_3+H_2O \rightleftharpoons NH_4^++OH^-$　$K_2^\ominus=1.8\times10^{-5}$

(3) $H_2O \rightleftharpoons H^++OH^-$　$K_w^\ominus=1.0\times10^{-14}$

计算下列反应 $NH_3+HNO_2 \rightleftharpoons NH_4^++NO_2^-$ 的平衡常数。

5.22　根据下列热力学数据

	$CaHPO_4(s)$	$H^+(aq)$	$H_2PO_4^-(aq)$	$HPO_4^{2-}(aq)$	$Ca^{2+}(aq)$
$\Delta_f G_m^\ominus$/(kJ · mol^{-1})	−1679.9	0	−1135.1	−1089.1	−553.6

(1) 通过计算判断 $CaHPO_4$ 的溶解性，如果不溶则计算其 $K_{sp}^\ominus$，并与附录 6 的值比较。

(2) 设计一个使 $CaHPO_4$ 溶解的偶合反应，并计算偶合反应的 $K^\ominus$。

5.23　CuS 和 FeS 都不溶于水，通过计算说明二者是否溶于稀酸。已知 CuS 和 FeS 的 $K_{sp}^\ominus$分别为 6×10^{-37} 和 6×10^{-19}，$H_2S(aq)$的 $K_{a_1}^\ominus=1.0\times10^{-7}$，$K_{a_2}^\ominus=1.0\times10^{-19}$。

第6章　酸碱平衡

中学阶段我们对酸碱已有了初步的认识，你能对酸碱给出一个明确的概念吗？$Al_2(SO_4)_3$、NH_4Cl、$FeCl_3$等盐的水溶液呈酸性，Na_2CO_3、Na_3PO_4等水溶液显碱性，气体物质CO_2、NH_3等也具有酸碱性，这些又如何理解？我们知道酸和碱中和的产物是盐和水，但你可曾逆向思考过，如果把盐拆分成两个部分(如 $FeCl_3 \longrightarrow Fe^{3+} + 3Cl^-$)，这两部分与酸和碱有必然的联系吗？如果有联系，那么哪部分是酸，哪部分是碱呢？另外，我们如何定性地、定量地去衡量这些酸、碱和盐的酸碱性强弱？酸碱平衡理论在工业、科研、日常生活、医疗乃至生物体内平衡中有哪些应用？酸碱平衡与第5章的化学平衡原理有何关系，其本身又有哪些规律特点？在本章我们将带你一步步地去探讨。

6.1　酸碱质子理论

6.1.1　酸碱的定义

布朗斯台德(J. N. Bronsted)和劳里(T. M. Lowry)认为：**凡能给出质子的物质便是酸，凡能接受质子的物质就是碱**。酸是质子的给予体(proton donor)，碱是质子的接受体(proton acceptor)。

质子酸碱既包含了强酸、强碱、弱酸、弱碱，也包括了中性分子、阳离子、阴离子和两性物。表6.1给出了水溶液中常见的无机弱酸和弱碱。

表6.1　水溶液中常见的无机弱酸和弱碱

	一元弱酸或弱碱		多元弱酸或弱碱	
	弱　酸	弱　碱	弱　酸	弱　碱
分子型	HF HNO_2 HAc* HClO HCN	$NH_3 \cdot H_2O$	$H_2C_2O_4$ H_2SO_3 H_3PO_4 H_2CO_3 H_2S	$H_2NCH_2CH_2NH_2$ (乙二胺) H_2NNH_2(肼)
阳离子型	NH_4^+	$[Al(OH)(H_2O)_5]^{2+}$	$[Al(H_2O)_6]^{3+}$及一些过渡金属阳离子	$[Al(OH)_2(H_2O)_4]^+$等
阴离子型	HSO_4^-	F^- Ac^- ClO^- CN^-	$H_2PO_4^-$ $H_2AsO_4^-$	CO_3^{2-} PO_4^{3-} SiO_3^{2-} S^{2-}等
两性物	H_2O、HSO_3^-、HCO_3^-、HS^-、$H_2PO_4^-$、HPO_4^{2-}、$HSiO_3^-$等			

* 乙酸(acetic acid)分子式为CH_3COOH，常简写成HAc，乙酸根离子则为Ac^-。

6.1.2　酸碱的对立统一关系

由质子酸碱的定义和组成可以看出，酸和碱不是彼此孤立的，而是统一在对质子的关系

上，如对 HCl、NH_4^+ 和 HCO_3^- 可表示为

$$\begin{array}{lclcl} HCl & \rightleftharpoons & Cl^- & + & H^+ \\ NH_4^+ & \rightleftharpoons & NH_3 & + & H^+ \\ HCO_3^- & \rightleftharpoons & CO_3^{2-} & + & H^+ \\ \text{(共轭)酸} & \rightleftharpoons & \text{(共轭)碱} & + & \text{质子} \end{array} \tag{6-1}$$

共轭酸碱对(conjugate acid-base pairs)

这些例子表明：

(1) 酸给出质子后变为碱；反之，碱接受质子后变为酸，酸是碱与 H^+ 的结合体。这种酸与碱的相互依存关系称为共轭关系，左边的酸是右边碱的共轭酸(conjugate acid)，而右边的碱则是左边酸的共轭碱(conjugate base)，彼此联系在一起称为共轭酸碱对。

(2) 共轭酸碱对的半反应不能单独进行，共轭酸必须同时存在另一物质作为碱接受质子才能变为共轭碱，反之亦然。例如，通常我们所说的酸在水中的电离：$HCl = H^+ + Cl^-$，是因为有作为两性的 H_2O 起碱的作用，与 HCl 给出的 H^+ 反应生成 H_3O^+

$$\overset{H^+ \ (\text{HCl} \to H_2O)}{}$$

$$\begin{array}{ccccccc} HCl & + & H_2O & \rightleftharpoons & H_3O^+ & + & Cl^- \\ A_1 & + & B_2 & \rightleftharpoons & A_2 & + & B_1 \end{array}$$

同样碱性物质 NH_3 在水中只有结合 H_2O 给出的 H^+ 才能变为酸(NH_4^+)

$$\overset{H^+ \ (H_2O \to NH_3)}{}$$

$$\begin{array}{ccccccc} H_2O & + & NH_3 & \rightleftharpoons & NH_4^+ & + & OH^- \\ A_1 & + & B_2 & \rightleftharpoons & A_2 & + & B_1 \end{array}$$

这意味着两个共轭酸碱对的半反应必须同时进行。在与 HCl 反应时，H_2O 作为共轭碱，接受 H^+ 后就变成了共轭酸(H_3O^+)，HCl 给出 H^+ 成了共轭碱(Cl^-)；而在与 NH_3 的反应中，H_2O 起酸的作用，给出 H^+ 变成共轭碱(OH^-)，NH_3 接受 H^+ 变成共轭酸(NH_4^+)。可见，水既可作为酸，也可作为碱，是两性物质。

这种酸碱共轭关系，正好体现了酸碱这对矛盾的相互依存和相互转化的辩证关系。

6.1.3　酸碱的强弱与酸碱反应的本质

1) 酸碱强弱的判断

Arrhenius 的酸碱电离理论可应用化学平衡原理给出衡量酸碱强度的定量标度。那么如何衡量 Bronsted 质子酸碱的相对强弱呢？

根据酸碱质子理论，可得出酸碱强弱的定性结果：给出质子能力强的物质是强酸，对应的共轭碱就弱，即接受质子的能力弱；接受质子能力强的物质是强碱，对应的共轭酸就弱，即给出质子的能力弱。

例如，HCl 给出 H^+ 的能力强，是强酸，其共轭碱 Cl^- 则为弱碱，结合 H^+ 的能力弱；HAc 给出 H^+ 的能力较弱，是弱酸，其共轭碱 Ac^- 则为较强的碱，结合 H^+ 的能力较强；HCN 给出 H^+ 的能力比 HAc 弱，是比 HAc 更弱的酸。因此，三者酸性为 HCl＞HAc＞HCN，对应的共轭碱的碱性为 Cl^-＜Ac^-＜CN^-。

2) 酸碱反应的本质

根据质子理论观点,任何酸碱反应都是两个共轭酸碱对之间的质子传递反应:

$$\overset{H^+}{\overbrace{HCl + NH_3}} \rightleftharpoons NH_4^+ + Cl^-$$

$$A_1(强) + B_2(强) \rightleftharpoons A_2(弱) + B_1(弱) \qquad (6\text{-}2)$$

酸碱反应是较强碱(B_2)从较强酸(A_1)中得到质子的过程。因此反应方向是:**较强的碱与较强的酸作用生成相应较弱的共轭酸和共轭碱**。因此根据酸碱强弱可判断反应的方向。

质子理论发展了 Arrhenius 酸碱概念,将酸碱统一于质子的传递;按质子理论就没有盐的概念,把电离、水解、中和等各类离子反应统统归纳为质子传递的酸碱反应,从而扩大了酸碱反应的范围,并解决了酸碱的定量标度问题。该理论不仅适用于水溶液,而且也适用非水溶液或无溶剂体系,如 NH_3 和 HCl 的气相反应,反应的本质都是质子的传递反应。该理论明确易懂,实用价值大,应用范围广,能解决电离理论所不能解释的某些问题,不足之处在于只限于质子的传递,把非质子物质 SO_3、BF_3 等排斥在外。

6.2　酸碱电子理论

1923 年,Lewis 在研究反应过程中,结合酸碱的电子结构,提出了一个广义的酸碱理论——酸碱电子理论,简称电子论。这种酸碱常称 Lewis 酸碱。

1. 酸碱的定义

凡是能够接受电子对的物质称为酸,凡是能够给出电子对的物质称为碱。酸也称电子对接受体(duplet acceptor),简称受体;碱也称电子对给予体(duplet donor),简称授体。

可见,Lewis 酸碱统一于**电子对**的给予与接受。能接纳电子对作为 Lewis 酸的物质不仅是可以给出质子的物质,也可以是金属离子或缺电子的分子(如 BF_3)等;Lewis 碱与 Bronsted 质子碱有共同之处,Bronsted 碱要接受一个质子,它必定有未共享的电子对。例如,H_2O 分子、NH_3 分子都能提供一对电子给予外来质子生成 H_3O^+、NH_4^+。因此它们既是 Bronsted 质子碱,也是 Lewis 碱。

2. 酸碱反应的本质

根据酸碱定义及原子结构与分子的结构知识,不难知道 Lewis 酸碱的特点:**酸的中心原子必具有空的价轨道,碱的中心原子一定有未共用的电子对**。

酸碱反应的本质:酸提供空的价轨道接受碱提供的孤对电子,形成配位键,产物是酸碱加合物。Lewis 酸碱反应包括了除氧化还原反应以外的几乎所有的反应。

Lewis 酸碱反应的方向是:较强的酸或较强的碱取代较弱的酸或较弱的碱,破较弱的配键,立较强的配键,生成更加稳定的加合物。

由于含配位键的化合物是普遍存在的,因此电子论的应用范围十分广泛,酸碱配合物无所不包,一切盐类、金属氧化物及大多数无机化合物都是酸碱配合物,有机化合物也可解析为酸和碱两部分。例如,$C_2H_5OH \longrightarrow C_2H_5^+ + :OH^-$,$C_6H_5Cl \longrightarrow C_6H_5^+ + :Cl^-$ 等。

Lewis 酸碱通过电子对的给出和接受说明酸碱反应，更能体现物质的本质属性，较前几种酸碱理论更为全面和广泛，具有更为重要的应用价值。但概念过于笼统，酸碱强度没有统一的标准，缺乏质子论那样的定量关系，为后来的软硬酸碱理论留下了用武之地。

6.3 水的 pH 和酸碱的强度

酸碱强弱不仅取决于酸碱本身释放质子和接受质子的能力，同时也取决于溶剂接受质子和释放质子的能力，因此要比较各种酸、碱的强度必须指定溶剂。水是我们最常用的重要溶剂，因此必须了解水本身的电离问题。

6.3.1 水的自偶电离和溶液的 pH

1. 水的电离平衡

按 Bronsted 酸碱质子理论，溶剂分子之间的质子传递反应统称为溶剂自偶电离平衡(self-ionization equilibrium)，又称质子自递平衡。实验证明，纯水有微弱的导电性，这是因为水是很弱的电解质，有自偶电离平衡存在

$$\mathrm{H_2O(l)+H_2O(l)\rightleftharpoons H_3O^+(aq)+OH^-(aq)}$$
$$\mathrm{A_1 \quad + \quad B_2 \quad \rightleftharpoons \quad A_2 \quad + \quad B_1}$$

其中一个水分子作为酸放出质子，另一个水分子作为碱接受质子，二者反应产生 H_3O^+ 和 OH^-。25 ℃时，实验测得在纯水中

$$[\mathrm{H_3O^+}]=[\mathrm{OH^-}]=1.0\times10^{-7}\ \mathrm{mol\cdot dm^{-3}}$$

根据化学平衡的原理

$$K_w=[\mathrm{H_3O^+}][\mathrm{OH^-}]=1.0\times10^{-14} \tag{6.1}$$

K_w称为水的离子积常数，简称为水的离子积(ionization product of water)。K_w的意义在于：一定温度下，水溶液中[H^+]和[OH^-]之积为一定值，且此定值关系也适用于任何水溶液体系。因水的电离过程是吸热的($\Delta_r H_m^\ominus=55.84\ \mathrm{kJ\cdot mol^{-1}}$)，所以温度升高时，$K_w$略有增大(表 6.2)。为简便，一般在室温(25 ℃)时采用 $K_w=1.0\times10^{-14}$。

表 6.2 不同温度时水的离子积常数(K_w)

t/℃	0	10	20	25	50	100
K_w	1.153×10^{-15}	2.915×10^{-15}	6.871×10^{-15}	1.012×10^{-14}	5.309×10^{-14}	5.445×10^{-13}

根据热力学中对溶剂和溶质标准态的规定，K_w还可由热力学数据计算

$$\mathrm{H_2O(l)+H_2O(l)\rightleftharpoons H_3O^+(aq)+OH^-(aq)}$$

$$-\Delta_f G_m^\ominus/(\mathrm{kJ\cdot mol^{-1}})\quad 237.13 \quad 237.13 \quad 237.13 \quad 157.24$$

$$\lg K_w^\ominus=-\frac{\Delta_r G_m^\ominus}{2.30RT}=\frac{-79.89\times10^3}{2.30\times8.31\times298.15}=-14.00$$

$$K_w^\ominus=[\mathrm{H_3O^+}][\mathrm{OH^-}]=1.0\times10^{-14}$$

可见，水的离子积实际上是一个标准电离平衡常数。

2. 溶液的酸碱性和 pH

根据式(6.1),任何物质的水溶液中,H^+和OH^-之间存在着相互依存、互相制约的关系,溶液所呈现的酸碱性,可由溶液中$[H_3O^+]$和$[OH^-]$的大小来决定。室温时

酸性溶液: $[H^+] > 10^{-7}\ mol \cdot dm^{-3}$ $[H^+] > [OH^-]$

中性溶液: $[H^+] = [OH^-] = 10^{-7}\ mol \cdot dm^{-3}$

碱性溶液: $[H^+] < 10^{-7}\ mol \cdot dm^{-3}$ $[H^+] < [OH^-]$

因此,水溶液的酸碱性可用$[H^+]$(溶液的酸度[a])统一来表示,但当浓度很小时这种表示方法使用起来很不方便。为了简便,1909 年丹麦生物化学家索伦森(S. P. L. Sorensen)首先提出用$-\lg[H^+]$来表示溶液的酸度,并称$-\lg[H^+]$为 pH,表示为

$$pH = -\lg[H^+] \tag{6.2}$$

pH 改变 1 个单位,相应于$[H^+]$改变了 10 倍。同样$[OH^-]$的浓度用 pOH 表示

$$pOH = -\lg[OH^-]$$

那么,对式(6.1)两边取对数,就有

$$pK_w^\ominus = pH + pOH = 14 \tag{6.3}$$

所以,酸性溶液 pH<7<pOH,中性溶液 pH=7=pOH,碱性溶液 pH>7>pOH。pH 和 pOH 使用范围一般为 0~14,在这个范围以外,用浓度($mol \cdot dm^{-3}$)表示酸度和碱度反而更方便。

6.3.2 酸碱的强度

根据电离度的大小酸碱可分为强酸强碱和弱酸弱碱。在经典电离理论中,强酸强碱属强电解质,进入水时将完全电离,生成相应的离子,如 HCl、HNO_3、H_2SO_4[b]、$HClO_4$、NaOH、KOH 等。而弱酸弱碱在水中的电离是不完全的,存在着电离平衡。

1. 电离平衡常数 $K^\ominus$

弱酸弱碱的电离平衡常数表示酸碱传递质子能力的强弱。根据有关物质的$\Delta_f G_m^\ominus$可求出电离平衡常数(ionization equilibrium constants)$K^\ominus$。以 HAc 为例,其电离方程式为

$$HAc(aq) + H_2O(l) \rightleftharpoons H_3O^+(aq) + Ac^-(aq)$$

$$-\Delta_f G_m^\ominus/(kJ \cdot mol^{-1}) \quad 396.46 \qquad 237.1 \qquad 237.13 \qquad 369.31$$

$$\lg K_a^\ominus = -\Delta_r G_m^\ominus / 2.30\,RT = -4.76$$

$$K_a^\ominus = \frac{\{[H_3O^+]/c^\ominus\} \cdot \{[Ac^-]/c^\ominus\}}{[HAc]/c^\ominus} = \frac{[H^+][Ac^-]}{[HAc]} = 1.75 \times 10^{-5}$$

$K_a^\ominus$表示弱酸的电离常数。

同理,一元弱碱氨水的电离过程(质子转移反应)为

$$NH_3 + H_2O \rightleftharpoons NH_4^+ + OH^- \qquad K_b^\ominus = \frac{[NH_4^+][OH^-]}{[NH_3]}$$

ⓐ 注意酸度与酸的浓度的区别。酸度指氢离子浓度,常用 pH 表示。酸的浓度包括未电离酸和已电离酸浓度之和。

ⓑ H_2SO_4的二级电离是不完全的。

前面已讨论过，质子酸碱之间存在着共轭对关系：

共轭酸 $HAc + H_2O \rightleftharpoons Ac^- + H_3O^+$ $K_a^\ominus = \dfrac{[H_3O^+][Ac^-]}{[HAc]}$

共轭碱 $Ac^- + H_2O \rightleftharpoons HAc + OH^-$ $K_b^\ominus = \dfrac{[HAc][OH^-]}{[Ac^-]}$

两式相加，并依据多重平衡规则有

$$H_2O + H_2O \rightleftharpoons H_3O^+ + OH^-$$

$$K_a^\ominus \cdot K_b^\ominus = \frac{[H_3O^+][Ac^-]}{[HAc]} \cdot \frac{[HAc][OH^-]}{[Ac^-]} = [H^+][OH^-] = K_w^\ominus \tag{6.4}$$

$$K_b^\ominus = K_w^\ominus / K_a^\ominus$$

即共轭酸碱对的 K_a、K_b成反比，弱酸的酸性越强，其共轭碱的碱性越弱。$K_a^\ominus$和 $K_b^\ominus$可互求算，如已知 $K^\ominus(HAc)=1.75\times10^{-5}$，则 $K^\ominus(Ac^-)=K_w^\ominus/K^\ominus(HAc)=5.7\times10^{-10}$；又如已知 $K^\ominus(NH_4^+)=5.6\times10^{-10}$，则 $K^\ominus(NH_3)=K_w^\ominus/K^\ominus(NH_4^+)=1.8\times10^{-5}$。

2. 电离常数 $K^\ominus$与电离度 α 的关系——稀释定律

电解质的相对强弱也常用电离度 α 来衡量。电离度 α 即 5.1.2 节中的转化率，它与电解质本性、溶剂、溶液温度、浓度等因素有关。

设电解质 HA 的浓度为 c $mol \cdot dm^{-3}$，电离度为 α，那么

	$HA + H_2O \rightleftharpoons$	A^-	$+ H_3O^+$
初始浓度	c	0	0
平衡浓度	$c(1-\alpha)$	$c\alpha$	$c\alpha$

$$K_a^\ominus = \frac{[H^+][A^-]}{[HA]} = \frac{(c\alpha)^2}{c(1-\alpha)} = \frac{c\alpha^2}{1-\alpha}$$

当 $c/K^\ominus \geqslant 400$[a] 或 $\alpha \leqslant 5\%$时，$1-\alpha \approx 1$，则

$$K_a^\ominus = c\alpha^2 \qquad 或 \qquad \alpha = \sqrt{\frac{K_a^\ominus}{c}} \tag{6.5}$$

式(6.5)称为稀释定律，表示 AB 型弱电解质溶液的浓度、电离度和电离常数之间的定量关系。很显然，当浓度 c 一定时，α 随 $K^\ominus$的增大而增大；当 $K^\ominus$不变时，溶液越稀 α 越大。

3. 酸碱的强弱

测定或计算各种酸碱共轭对的 $K_a^\ominus$、$K_b^\ominus$，即可比较它们的相对强弱。表 6.3 和附录 5 给出了水溶液中常见的共轭酸碱对和 $K_a^\ominus$值。

表 6.3 中第一列最上面的是强酸，在水中几乎 100%电离，不能以分子形式存在于水溶液中；第三列最下面的 O^{2-}(如 Na_2O)、H^-(如 NaH)等是强碱，在水中 100%质子化，所以也不能存在于水溶液中；位于中间部分的是能存在于水溶液中的质子给予体，其中 H_3O^+ 是最强的，其他各共轭弱酸按 $K_a^\ominus$递降的次序排列。可见在水溶液中，水既是一种最弱的酸也是一种最弱的碱，在

ⓐ 由 $K_a^\ominus = c\alpha^2/(1-\alpha)$移项，得 $(c/K_a^\ominus)=(1-\alpha)/\alpha^2$，若 $\alpha=5$，则 $(c/K_a^\ominus)=(1-0.05)/(0.05)^2=380$。所以当 $c/K_a^\ominus \geqslant 400$ 或 $\alpha \leqslant 5\%$时，可近似计算。

讨论无机化合物的两性物质时，看其是酸性大于碱性还是碱性大于酸性，即是与水作比较的。

表 6.3　水溶液中的共轭酸碱对和 $K_a^\ominus$

	共轭酸(HA)	$K_a^\ominus$	共轭碱(B)	
	$HClO_4$		ClO_4^-	
	HI		I^-	
	HBr		Br^-	
	HCl		Cl^-	
	H_2SO_4		HSO_4^-	
	HNO_3		NO_3^-	
最强酸	H_3O^+	1	H_2O	最弱碱
↓	$H_2C_2O_4$	$5.4\times10^{-2}(K_{a_1}^\ominus)$	$HC_2O_4^-$	↑
	H_2SO_3	$1.3\times10^{-2}(K_{a_1}^\ominus)$	HSO_3^-	
	HSO_4^-	$1.1\times10^{-2}(K_{a_2}^\ominus)$	SO_4^{2-}	
	H_3PO_4	$7.1\times10^{-3}(K_{a_1}^\ominus)$	$H_2PO_4^-$	
	HF	6.6×10^{-4}	F^-	
	HNO_2	7.2×10^{-4}	NO_2^-	
	$HC_2O_4^-$	5.3×10^{-5}	$C_2O_4^{2-}$	
	HAc	1.75×10^{-5}	Ac^-	
	H_2CO_3	$4.4\times10^{-7}(K_{a_1}^\ominus)$	HCO_3^-	
	H_2S	$1.0\times10^{-7}(K_{a_1}^\ominus)$	HS^-	
	$H_2PO_4^-$	$6.3\times10^{-8}(K_{a_2}^\ominus)$	HPO_4^{2-}	
	HSO_3^-	$6.2\times10^{-8}(K_{a_2}^\ominus)$	SO_3^{2-}	
	HClO	2.9×10^{-8}	ClO^-	
	HCN	6.2×10^{-10}	CN^-	
	NH_4^+	5.6×10^{-10}	NH_3	
	H_2SiO_3	$1\times10^{-10}(K_{a_1}^\ominus)$	$HSiO_3^-$	
	HCO_3^-	$4.7\times10^{-11}(K_{a_2}^\ominus)$	CO_3^{2-}	
	$HSiO_3^-$	$2.0\times10^{-12}(K_{a_2}^\ominus)$	SiO_3^{2-}	
	HPO_4^{2-}	$4.2\times10^{-13}(K_{a_3}^\ominus)$	PO_4^{3-}	
↓	HS^-	$1.3\times10^{-13}(K_{a_2}^\ominus)$	S^{2-}	↑
最弱酸	H_2O	1.0×10^{-14}	OH^-	最强碱
	OH^-		O^{2-}	
	+	$OH^- \longleftarrow H_2O$	+	
	H_2		H^-	

影响酸碱强弱的因素主要有：① 温度；② 在同一溶剂中，酸碱的相对强弱决定于各酸碱的本性；③ 同一酸碱在不同溶剂中的相对强弱则由溶剂的性质决定。上面对酸碱强弱的讨论是以水作溶剂，如果改用其他的溶剂情况又会如何呢？

6.3.3　拉平效应和区分效应

中学阶段我们已知 HCl、$HClO_4$、H_2SO_4、HNO_3 等强酸在水中几乎 100%电离，必然得出相同浓度的强酸酸度相等的结论，可表示为

$$HA + H_2O \longrightarrow A^- + H_3O^+$$

然而这些不同强酸中的化学键和键强度是各不相同的，为什么会有相同的酸度呢？这些强酸的酸性强度其实是不相同的，那为什么这些强酸的相对强弱在水中表现不出来呢？这是因为作为两性溶剂的水能够表现出一定的酸、碱性所致；或者说与强酸相比，水所表现出的酸性太弱，与强碱相比，水所表现出的碱性太弱；还可以说由于水较强的夺取质子形成 H_3O^+ 的能力把各种强酸的强度都拉平了。

我们把**能将不同强度的酸(或碱)拉平到溶剂化质子的作用称为拉平效应，具有拉平效应能力的溶剂称为拉平溶剂。**

如果我们把表 6.3 中的强酸配成乙酸溶液，电导实验表明这些溶液具有弱电解质的特征，也存在着电离平衡，也就是说这些强酸在乙酸中酸性变弱，并可以区分了。酸强度顺序为

	HI	>	HBr	>	HCl	>	HF(弱酸)
电离常数 $K_a^\ominus$	10^9		10^8		1.3×10^6		6.3×10^{-4}

我们把**能将强酸(或碱)的强弱进行区分的作用称为区分效应，具有区分效应能力的溶剂称为区分溶剂。**

表 6.4 给出了几个强酸强碱和弱酸弱碱与溶剂的关系。

表 6.4　几个强酸强碱和弱酸弱碱与溶剂的关系

溶剂	强酸 (HI、HBr、HCl)	强碱 (NaOH、KOH)	弱酸 (HClO、HCN)	弱碱 (NH_3、N_2H_4、NH_2OH)
H_2O	拉平	拉平	区分：HCLO>HCN	区分：$NH_3>N_2H_4>NH_2OH$
HAc	区分：HI>HBr>HCl			拉平
NH_3		区分	拉平	

由表 6.4 可见：**凡是酸性比水强的溶剂，能区分在水中被拉平的强酸，但使在水中可区分的弱碱被拉平；凡是碱性比水强的溶剂，能区分在水中被拉平的强碱，但使在水中可区分的弱酸被拉平**。因此，溶质和溶剂的相对酸碱性对区分效应和拉平效应均有影响。

由此可见，酸碱的相对强弱与溶剂的酸碱性也有密切关系。在不同溶剂作用的影响下，物质的酸碱性"强可以变弱，弱可以变强；酸可以变碱，碱可以变酸"，这不仅是酸碱质子理论与 Arrhenius 酸碱理论的又一区别，也凸显其对研究非水溶液化学的重要性。

因 $pH+pOH=14(pK_w^\ominus)$，所以，凡在水溶液中比 H_3O^+ 弱的酸($pK_a^\ominus>0$)和比 OH^- 弱的碱($pK_a^\ominus<14$)，即只有弱酸弱碱才有可能被区分，区分范围为 $pK_a^\ominus=0\sim14$。由此可知水的 pH 有效区分范围等于 $pK_a^\ominus$，其他质子溶剂的有效区分范围均可由 $pK_a^\ominus$求得。

6.4　弱酸弱碱的电离平衡

弱酸弱碱的电离平衡实质是弱酸弱碱与溶剂水分子之间的质子传递反应。按它们在水溶液中电离出 H_3O^+ 或 OH^- 的数目，分为一元弱酸弱碱和多元弱酸弱碱。下面依次介绍。

6.4.1　一元弱酸弱碱的电离平衡与酸碱性

一元弱酸弱碱在水溶液中只给出一个 H_3O^+ 或 OH^-，电离平衡关系相对较为简单，利用

第 4 章和 6.3 节的知识进行分析、计算即可。

以 HAc 的电离平衡为例,设酸的起始浓度为 c_a,溶液中同时存在下列两个平衡:

$$\begin{array}{l} HAc + H_2O \rightleftharpoons H_3O^+ + Ac^- \\ H_2O + H_2O \rightleftharpoons H_3O^+ + OH^- \end{array} \xrightarrow{K_a^\ominus \gg K_w^\ominus} \begin{array}{llll} HAc + H_2O \rightleftharpoons & H_3O^+ & + Ac^- & \\ c_a - [H_3O^+] & [H_3O^+] & [Ac^-] & \text{平衡时浓度} \end{array}$$

由于 $K^\ominus(HAc) \gg K_w^\ominus$,且由水电离出的 H_3O^+ 还受到 HAc 电离的抑制,与 HAc 的电离相比,完全可以忽略,即有 $[H_3O^+] \approx [Ac^-]$。因此

$$K_a^\ominus = \frac{[H_3O^+][Ac^-]}{[HAc]} = \frac{[H_3O^+]^2}{[HAc]}$$

平衡时 $[HAc] = c_a - [H_3O^+]$,我们分两种情况来整理此式:

(1) 当 $c_a/K_a^\ominus \geqslant 400$ 或 $\alpha < 5\%$ 时,$c_a \gg [H^+]$,上式可进行简化处理,有

$$[H_3O^+] \approx \sqrt{K_a^\ominus \cdot c_a} \qquad \{同理有\ [OH^-] \approx \sqrt{K_b^\ominus \cdot c_b}\} \tag{6.6}$$

$$pH = -\frac{1}{2}\lg(K_a^\ominus \cdot c_a) \qquad \{同理有\ pOH = -\frac{1}{2}\lg(K_b^\ominus \cdot c_b)\} \tag{6.7}$$

(2) 当 $c_a/K_a^\ominus < 400$ 或 $\alpha > 5\%$ 时,不能近似处理,需解一元二次方程,得

$$[H_3O^+] = -\frac{1}{2}K_a^\ominus + \sqrt{\frac{K_a^{\ominus 2}}{4} + K_a^\ominus c_a} \qquad \left\{[OH^-] = -\frac{1}{2}K_b^\ominus + \sqrt{\frac{K_b^{\ominus 2}}{4} + K_b^\ominus c_b}\right\} \tag{6.8}$$

电离度 α 按式(6.5)计算。

【例 6.1】 现有 1.0 dm^3 0.10 $mol \cdot dm^{-3}$ 氨水,此溶液的 pH 是多少? 已知 NH_3 的 $K_b = 1.8 \times 10^{-5}$。

解: $c_b/K_b^\ominus = 0.10/1.8\times10^{-5} \geqslant 400$,可用近似式计算氨水溶液的 $[H^+]$

$$[OH^-] \approx \sqrt{K_b^\ominus \cdot c} = \sqrt{1.8\times10^{-5}\times0.10} = 1.3\times10^{-3}(mol \cdot dm^{-3})$$

$$[H^+] = \frac{1\times10^{-14}}{1.3\times10^{-3}} = 7.7\times10^{-12}(mol \cdot dm^{-3}) \qquad pH = -\lg[H^+] = 11.11$$

【例 6.2】 求 0.010 $mol \cdot dm^{-3}$ $CHCl_2COOH$ 溶液的 pH。已知 $K_a^\ominus = 3.32\times10^{-2}$。

解: 因 $c_a/K_a^\ominus = 0.010/0.0332 \ll 400$,不能用简化法。设平衡时该酸电离了 x $mol \cdot dm^{-3}$,则

$$\begin{array}{lll} CHCl_2COOH + H_2O \rightleftharpoons & CHCl_2COO^- & + H_3O^+ \\ 0.010 - x & x & x \end{array}$$

有
$$\frac{x^2}{0.010 - x} = 3.32\times10^{-2} \qquad x^2 + 3.32\times10^{-2}x - 3.32\times10^{-4} = 0$$

解方程得
$$x = [H_3O^+] = 8.0\times10^{-3}\ mol \cdot dm^{-3} \qquad pH = -\lg[H^+] = 2.10$$

$$\alpha = \frac{[H_3O^+]}{c_a}\times100\% = (8.0\times10^{-3}/0.010)\times100\% = 80\%$$

可见 0.010 $mol \cdot dm^{-3}$ $CHCl_2COOH$ 的电离度相当大,若按近似公式计算,则

$$[H_3O^+] = \sqrt{K_a^\ominus \cdot c_a} = (3.32\times10^{-2}\times1.0\times10^{-2})^{1/2} = 1.8\times10^{-2}\ mol \cdot dm^{-3} > c_a$$

这就告诉我们在用近似公式(6.6)计算之前需要进行判断,以免造成较大的误差甚至得出荒谬的结论。

6.4.2 多元弱酸弱碱的电离平衡

多元弱酸弱碱在水溶液中能电离出多个 H_3O^+ 或 OH^-,且电离是分步进行的。溶液中同时存在着多种电离平衡,溶液中各种离子也同时满足这些平衡的条件,要运用多重平衡规则进行处理,因此,情况比一元弱酸弱碱的电离要复杂一些。

1. 二元弱酸弱碱的电离平衡

对二元弱酸，我们以 H_2S 为例进行分析。H_2S 分两步电离，同时存在两个电离平衡

第一步　$H_2S + H_2O \rightleftharpoons HS^- + H_3O^+$　　$K_{a_1}^{\ominus} = \dfrac{[H_3O^+][HS^-]}{[H_2S]} = 1.0\times10^{-7}$

第二步　$HS^- + H_2O \rightleftharpoons S^{2-} + H_3O^+$　　$K_{a_2}^{\ominus} = \dfrac{[H_3O^+][S^{2-}]}{[HS^-]} = 1.3\times10^{-13}$

$K_{a_1}^{\ominus}$、$K_{a_2}^{\ominus}$ 分别称为第一电离常数和第二电离常数。在分析二元弱酸时需要注意：

(1) 因静电效应与同离子效应，$K_{a_1}^{\ominus} \gg K_{a_2}^{\ominus}$，第二步电离比第一步要弱得多，溶液中 H_3O^+ 主要来自第一步电离，可认为 $[H_3O^+]\approx[HS^-]$。当 $c_a/K_{a_1}^{\ominus}\geqslant 400$ 时，$[H_3O^+]=\sqrt{K_{a_1}^{\ominus}\cdot c}$，因此比较多元酸强弱时只需比较 $K_{a_1}^{\ominus}$，且一元弱酸与多元弱酸的强弱也可以比较。

(2) 在二元弱酸溶液中，各步离子平衡是同时建立起来的，涉及各步平衡的离子，其浓度必须同时满足所有平衡。根据

$$K_{a_2}^{\ominus} = \frac{[H_3O^+][S^{2-}]}{[HS^-]} = 1.3\times10^{-13}$$

所以，$[S^{2-}]\approx K_{a_2}^{\ominus} = 1.3\times10^{-13}\ mol\cdot dm^{-3}$，与酸的原始浓度关系不大。可见，多元弱酸根浓度极低，当需要大量此酸根时，往往用其盐（如 Na_2S）而不用酸。

(3) 根据多重平衡规则

$$H_2S \rightleftharpoons S^{2-} + 2H^+$$

$$K_a^{\ominus} = K_{a_1}^{\ominus}\cdot K_{a_2}^{\ominus} = \frac{[H^+][HS^-]}{[H_2S]}\times\frac{[H^+][S^{2-}]}{[HS^-]} = \frac{[H^+]^2[S^{2-}]}{[H_2S]} = 1.3\times10^{-20}$$

此式并非表示 H_2S 是按 $H_2S \rightleftharpoons 2H^+ + S^{2-}$ 的方式电离，它仅表示在 H_2S 溶液中达到平衡时 $[H^+]$、$[S^{2-}]$、$[H_2S]$ 三者之间的关系。$[H^+]\neq 2[S^{2-}]$。

(4) 饱和 H_2S 水溶液中 H_2S 的浓度为定值，即 $[H_2S]_0 = 0.1\ mol\cdot dm^{-3}$，那么

$$[S^{2-}] = \frac{K_{a_1}^{\ominus}\cdot K_{a_2}^{\ominus}\times 0.1}{[H^+]^2} = \frac{1.3\times10^{-21}}{[H^+]^2}$$

$[S^{2-}]$ 与 $[H^+]^2$ 成反比。通过外加酸碱，调节溶液的 pH，即可控制饱和水溶液中的 $[S^{2-}]$，以实现某些硫化物的分离。

(5) 在弱酸水溶液中还存在着水的电离平衡：$H_2O \rightleftharpoons H^+ + OH^-$，由于同离子效应，可忽略由此电离出的 H^+，但对极弱的酸且浓度很小时，不能忽略，如习题 6.5。

同样可分析二元弱碱的电离平衡。

【例 6.3】 25 ℃标准压力下的 CO_2 气体在水中的溶解度为 $0.034\ mol\cdot dm^{-3}$，求溶液的 pH 和 $[CO_3^{2-}]$。已知 H_2CO_3 的 $K_{a_1}^{\ominus} = 4.4\times10^{-7}$ⓐ，$K_{a_2}^{\ominus} = 4.7\times10^{-11}$。

解：　　　　$H_2CO_3 \rightleftharpoons H^+ + HCO_3^-$

平衡时浓度/$(mol\cdot dm^{-3})$　　0.034　　x　　x

$$K_{a_1}^{\ominus} = \frac{[H^+][HCO_3^-]}{[H_2CO_3]} = \frac{x^2}{0.034}$$

ⓐ 假定碳酸的浓度为 $[H_2CO_3]$ 与 $[CO_2]$ 之和给出的常数。

$$[H^+]=x=1.22\times10^{-4}\ mol\cdot dm^{-3}\qquad pH=3.91$$

$$HCO_3^- \rightleftharpoons H^+ + CO_3^{2-}$$

$$[CO_3^{2-}]=K_{a_2}^{\ominus}=\frac{[H^+][CO_3^{2-}]}{[HCO_3^-]}=4.7\times10^{-11}\ mol\cdot dm^{-3}$$

2. 三元弱酸的电离平衡

三元弱酸分三步电离。例如,H_3PO_4的 $K_{a_1}^{\ominus}=7.1\times10^{-3}$,$K_{a_2}^{\ominus}=6.3\times10^{-8}$,$K_{a_3}^{\ominus}=4.2\times10^{-13}$。多元弱酸电离常数都是 $K_{a_1}^{\ominus}\gg K_{a_2}^{\ominus}\gg K_{a_3}^{\ominus}$,$pK_a^{\ominus}$之差约为 5。第二步电离远比第一步困难,而第三步又比第二步困难。在三元酸中,酸碱共轭对的酸常数与碱常数间有如下关系

$$H_3A+H_2O \rightleftharpoons H_2A^-+H_3O^+\quad K_{a_1}^{\ominus}\qquad H_2A^-+H_2O \rightleftharpoons H_3A+OH^-\quad K_{b_3}^{\ominus}=K_w^{\ominus}/K_{a_1}^{\ominus}$$

$$H_2A^-+H_2O \rightleftharpoons HA^{2-}+H_3O^+\quad K_{a_2}^{\ominus}\qquad HA^{2-}+H_2O \rightleftharpoons H_2A^-+OH^-\quad K_{b_2}^{\ominus}=K_w^{\ominus}/K_{a_2}^{\ominus}$$

$$HA^{2-}+H_2O \rightleftharpoons A^{3-}+H_3O^+\quad K_{a_3}^{\ominus}\qquad A^{3-}+H_2O \rightleftharpoons HA^{2-}+OH^-\quad K_{b_1}^{\ominus}=K_w^{\ominus}/K_{a_3}^{\ominus}$$

例如,求 H_3PO_4的共轭碱的 $K_b^{\ominus}$,H_3PO_4的共轭碱是 $H_2PO_4^-$,因此 $K_{b_3}^{\ominus}=K_w^{\ominus}/K_{a_1}^{\ominus}=1.0\times10^{-14}/(7.1\times10^{-3})=1.4\times10^{-12}$。

应当注意:二元弱酸酸根的浓度等于其二级酸常数 $K_{a_2}^{\ominus}$的结论不能推广到三元弱酸,即三元弱酸酸根的浓度不等于其三级酸常数 $K_{a_3}^{\ominus}$。

【例 6.4】 三元酸 H_3AsO_4的解离常数为 $K_{a_1}^{\ominus}=6.0\times10^{-3}$,$K_{a_2}^{\ominus}=1.0\times10^{-7}$,$K_{a_3}^{\ominus}=3.2\times10^{-12}$,多大浓度的 H_3AsO_4可使$[AsO_4^{3-}]=4.0\times10^{-18}\ mol\cdot dm^{-3}$?

解:因为 $K_{a_1}^{\ominus}\gg K_{a_2}^{\ominus}\gg K_{a_3}^{\ominus}$,溶液中的 H^+主要来自 H_3AsO_4的一级解离,忽略二级和三级电离时有

$$K_{a_1}^{\ominus}=\frac{[H^+]^2}{[H_3AsO_4]}=\frac{[H^+]^2}{c(H_3AsO_4)-[H^+]}$$

由 H_3AsO_4的解离平衡有:$K_{a_1}^{\ominus}K_{a_2}^{\ominus}K_{a_3}^{\ominus}=\dfrac{[H^+]^3[AsO_4^{3-}]}{[H_3AsO_4]}=K_{a_1}^{\ominus}[H^+][AsO_4^{3-}]$,所以

$$[H^+]=\frac{K_{a_2}^{\ominus}K_{a_3}^{\ominus}}{[AsO_4^{3-}]}=\frac{1.0\times10^{-7}\times3.2\times10^{-12}}{4.0\times10^{-18}}=8.0\times10^{-2}(mol\cdot dm^{-3})$$

$$c(H_3AsO_4)=\frac{[H^+]^2}{K_{a_1}^{\ominus}}+[H^+]=\frac{(8.0\times10^{-2})^2}{6.0\times10^{-3}}+8.0\times10^{-2}=1.15(mol\cdot dm^{-3})$$

6.4.3 盐的水解平衡与酸碱性

按酸碱质子理论只有酸和碱,没有盐的概念。盐类物质在水溶液中并不电离出 H^+和 OH^-,却呈现出不同的酸碱性,归因于盐类的水解。盐的酸碱性是由于相应的弱酸、弱碱在水溶液中的电离平衡发生移动,应归并在弱酸弱碱电离平衡中一起讨论。但由于历史的习惯,在后续课程中讨论无机化合物的酸碱性时仍沿用水解的概念,所以在此单独列出。

1. 一元弱酸强碱盐与弱碱强酸盐

一元弱酸强碱盐与弱碱强酸盐可分别当成一元弱碱和一元弱酸处理。例如,NaAc 的水溶液中存在两个电离平衡:

$$\begin{array}{llllllll} & & NaAc & \longrightarrow & Na^+ & + & Ac^- & \\ & & & & & & + & \rightleftharpoons\ HAc\quad 1/K_a^{\ominus}\quad ② \\ ① & K_w^{\ominus} & H_2O & \rightleftharpoons & OH^- & + & H^+ & \end{array}$$

①式+②式,即

$$Ac^- + H_2O \rightleftharpoons OH^- + HAc \quad K_h^\ominus(\text{水解常数})$$

按多重平衡规则，有

$$K_h^\ominus = K_b^\ominus = \frac{K_w^\ominus}{K_a^\ominus} = \frac{1.0\times10^{-14}}{1.75\times10^{-5}} = 5.68\times10^{-10}$$

根据质子理论，Ac^- 是 HAc 的共轭碱，因此上述水解反应实际上是弱碱 Ac^- 的电离平衡反应，$K_h^\ominus = K_b^\ominus$，或者 $K_w^\ominus = K_a^\ominus \cdot K_h^\ominus = K_a^\ominus \cdot K_b^\ominus$。

可见：**一元弱酸强碱盐对应的酸常数 $K_a^\ominus$ 越小，其共轭碱的碱常数越大，盐的水解度越大，盐溶液的碱性越强**；组成盐的浓度越小，盐的水解度越大。

【例 6.5】 计算 0.10 mol · dm^{-3} NaAc 溶液的[H^+]、pH 和 h（水解度）。已知 $K^\ominus(HAc)=1.75\times10^{-5}$。

解：已知 $c_s = c_b = 0.10$ mol · dm^{-3}，将式(6.4)代入式(6.6)，有

$$[OH^-] \approx \sqrt{K_b^\ominus \cdot c_b} = \sqrt{(K_w^\ominus/K_a^\ominus)\cdot c_b} = 7.56\times10^{-6}(\text{mol}\cdot\text{dm}^{-3}) \qquad pH = 8.87$$

或

$$pH = 7 - \frac{1}{2}\lg\frac{K_a^\ominus}{c_b} = 7 - \frac{1}{2}\lg\frac{1.75\times10^{-5}}{0.10} = 8.87$$

水解度（即 5.1.2 中的转化率）

$$h(=\alpha) = \{[OH^-]/c_b\}\times100\% = (7.56\times10^{-6}/0.10)\times100\% = 0.0075\%$$

2. 多元弱酸强碱盐与弱碱强酸盐

这种盐的水解过程与多元弱酸弱碱的电离过程相似，也是分步进行的，且溶液 pH 仅取决于第一步过程。

【例 6.6】 计算 0.10 mol · dm^{-3} Na_2CO_3 溶液的 pH。

解：Na_2CO_3 的水解平衡等效于弱碱 CO_3^{2-} 的电离平衡

$$CO_3^{2-} + H_2O \rightleftharpoons HCO_3^- + OH^- \qquad K_{b_1}^\ominus = \frac{K_w^\ominus}{K_{a_2}^\ominus} = 1.78\times10^{-4}$$

$$HCO_3^- + H_2O \rightleftharpoons H_2CO_3 + OH^- \qquad K_{b_2}^\ominus = \frac{K_w^\ominus}{K_{a_1}^\ominus} = 2.32\times10^{-8}$$

$$[OH^-] = \sqrt{K_{b_1}^\ominus \cdot c_b} = 4.22\times10^{-3}\,\text{mol}\cdot\text{dm}^{-3} \qquad pH = 14 - 2.37 = 11.63$$

多元弱碱强酸盐的水解即高价金属阳离子的水解。金属离子在水溶液中是以水合离子的形式存在的。有的具有确定的配位数，如$[Fe(H_2O)_6]^{3+}$等；有的结合水分子数不定，如$[Cd(H_2O)_x]^{2+}$等。为简便，常省略配位水分子，而将水解方程写成下列形式：

$$Fe^{3+} + 2H_2O \rightleftharpoons Fe(OH)^{2+} + H_3O^+$$

$$Fe(OH)^{2+} + 2H_2O \rightleftharpoons Fe(OH)_2^+ + H_3O^+$$

水解主要是第一步。只有当加碱或加热时，使水解平衡右移，才可能发生第三级水解，生成 $Fe(OH)_3$ 沉淀。

目前，对于大多数金属离子，它们的逐级解离常数尚未测得精确值，因此，还难以进行定量计算。

3. 多元弱酸的酸式盐

多元弱酸的酸式盐的水解即多元弱酸的电离。例如，Na_2HPO_4 的水解平衡其实就是弱酸 HPO_4^{2-} 的电离平衡，溶液中存在着三个平衡关系：

$$HPO_4^{2-} + H_2O \rightleftharpoons H_2PO_4^- + OH^- \qquad K_{b_2}^\ominus = \frac{K_w^\ominus}{K_{a_2}^\ominus} = 1.6\times10^{-7}$$

$$HPO_4^{2-} + H_2O \rightleftharpoons PO_4^{3-} + H_3O^+ \qquad K_{a_3}^\ominus = 3.6\times10^{-13}$$

$$H_3O^+ + OH^- \rightleftharpoons 2H_2O \qquad 1/K_w^\ominus$$

三式相加得总水解方程式

$$2HPO_4^{2-} \rightleftharpoons H_2PO_4^- + PO_4^{3-} \qquad K^\ominus = K_{b_2}^\ominus \cdot K_{a_3}^\ominus / K_w^\ominus = K_{a_3}^\ominus / K_{a_2}^\ominus \text{ (多重平衡规则)}$$

即

$$[H^+] \approx \sqrt{K_{a_2}^\ominus \cdot K_{a_3}^\ominus} \qquad pH = -\frac{1}{2}\lg(K_{a_2}^\ominus \cdot K_{a_3}^\ominus) \tag{6.9}$$

【例 6.7】 计算 0.10 mol · dm^{-3} Na_2HPO_4溶液和 0.20 mol · dm^{-3}的 KHC_2O_4(乙二酸氢钾)溶液的 pH。已知 H_3PO_4:$pK_{a_1}^\ominus=2.1$,$pK_{a_2}^\ominus=7.2$,$pK_{a_3}^\ominus=12.4$;$H_2C_2O_4$:$K_{a_1}^\ominus=5.4\times10^{-2}$;$K_{a_2}^\ominus=5.3\times10^{-5}$。

解:由式(6.9),对 Na_2HPO_4溶液有

$$pH = -\frac{1}{2}\lg(K_{a_2}^\ominus \cdot K_{a_3}^\ominus) = \frac{1}{2}(pK_{a_2}^\ominus + pK_{a_3}^\ominus) = 9.8$$

对 KHC_2O_4溶液,有

$$[H^+] = \sqrt{K_{a_1}^\ominus \cdot K_{a_2}^\ominus} = \sqrt{5.4\times10^{-2}\times5.3\times10^{-5}} = 1.7\times10^{-3}\ \text{mol}\cdot\text{dm}^{-3}$$

$$pH = 2.71$$

此例说明,**两性物的酸碱性取决于相应的酸常数和碱常数的相对大小,若酸常数大于相应的碱常数,则释放质子的能力大于结合质子的能力,溶液呈酸性,反之则呈碱性。**

计算结果与实验测定接近。其他两性物质也可用式(6.9)计算。分析化学课程中,利用质子平衡方法推导出更精确的公式。但通常情况下简化使用的即式(6.9)。

4. *弱酸弱碱盐*

这类盐水解时,盐的阳离子和阴离子分别与水电离出的 H^+或 OH^-结合,生成弱碱和弱酸,如 NH_4Ac

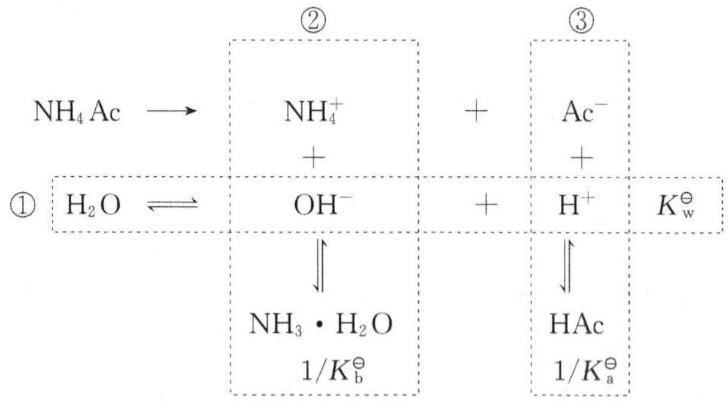

总反应方程式(=①式+②式+③式)

$$NH_4^+ + Ac^- + H_2O \rightleftharpoons NH_3\cdot H_2O + HAc \qquad K_h^\ominus$$

由多重平衡规则

$$K_h^\ominus = \frac{K_w^\ominus}{K_a^\ominus K_b^\ominus}$$

$$[H^+] = \sqrt{K_w^\ominus K_a^\ominus / K_b^\ominus} \qquad pH = 7 - \frac{1}{2}\lg K_a^\ominus + \frac{1}{2}\lg K_b^\ominus \qquad h = \sqrt{\frac{K_w^\ominus}{K_a^\ominus \cdot K_b^\ominus}} \times 100\%$$

这类盐的水解程度主要决定于 $K_a^\ominus$和 $K_b^\ominus$,且水解度较单弱盐要大得多;溶液的 pH 与盐的浓度无关。当 $K_a^\ominus = K_b^\ominus$时,pH=7,溶液呈中性,如 NH_4Ac;当 $K_a^\ominus > K_b^\ominus$时,pH<7,溶液呈酸性,如 NH_4F;当 $K_a^\ominus < K_b^\ominus$时,pH>7,溶液呈碱性,如 NH_4CN。

6.5　酸碱电离平衡的移动

现在我们要用5.4.1节浓度对化学平衡的影响来讨论酸碱电离平衡的移动问题。

6.5.1　同离子效应

在6.4.1节开始就介绍了HAc的电离平衡

$$HAc+H_2O \rightleftharpoons H_3O^+ + Ac^- \qquad K^\ominus(HAc)=\frac{[H_3O^+][Ac^-]}{[HAc]}$$

例如，在1.00 dm^3 0.10 $mol \cdot dm^{-3}$的HAc溶液中，$[H_3O^+]=[Ac^-]=1.3\times10^{-3}$ $mol \cdot dm^{-3}$，电离度$\alpha=1.3\%$。现在向该溶液中加入0.10 mol的固体NaAc，HAc的电离平衡就会发生如下的变化：

$$\begin{array}{lll} HAc + H_2O \rightleftharpoons H_3O^+ & + \; Ac^- \;\; [c(Ac^-)=0.0013] & \\ \qquad NaAc \longrightarrow Na^+ & + \; Ac^- \;\; [c(Ac^-)=0.10] & \end{array} \quad \text{相同离子}[c(Ac^-)\gg 0.0013]$$

由于强电解质NaAc的加入，体系中Ac^-的浓度大大超过平衡时的浓度，使

$$Q(HAc)=\frac{c(H_3O^+)\cdot c(Ac^-)}{c(HAc)}\gg K^\ominus(HAc)$$

HAc的电离平衡向左移动，α降低，达到新的平衡时$[H_3O^+]$降低。

这种**在已建立起离子平衡的弱电解质溶液中，由于加入与弱电解质具有相同离子的另一强电解质，而使平衡向降低弱电解质的电离度方向移动的作用称为同离子效应**(common ion effect)。

设固体的加入不影响溶液的体积，由于同离子效应，HAc电离度比原来的更小。所以，HAc电离平衡浓度可以忽略其电离部分，而等于其起始浓度，即

$$[HAc]=c(HAc)=0.10\ mol\cdot dm^{-3},[Ac^-]=c(Ac^-)=0.10\ mol\cdot dm^{-3}$$

设$[H_3O^+]=x$ $mol \cdot dm^{-3}$，则

$$[H_3O^+]=x=K^\ominus(HAc)\frac{[HAc]}{[Ac^-]}\approx K^\ominus(HAc)\frac{c(HAc)}{c(Ac^-)}$$

$$=1.75\times10^{-5}\ mol\cdot dm^{-3}$$

$$pH=4.75 \qquad \alpha=0.018\%$$

由于同离子效应抑制了HAc的电离，HAc的电离度大为减小。$[H_3O^+]$和α均降为原来的$\frac{1}{72}$。

注意在达新的平衡时，$[H_3O^+]$很小，$[HA]\approx c_a$、$[A^-]\approx c_b c_s$，均较大，这是下面即将讨论的缓冲溶液的基础。

将混合溶液的氢离子(或氢氧根离子)浓度、共轭酸碱浓度的关系归纳一下，有

$$[H_3O^+]=K_a^\ominus\frac{c_a}{c_s} \qquad \text{同理有} \qquad [OH^-]=K_b^\ominus\frac{c_b}{c_s} \tag{6.10}$$

$$pH=pK_a^\ominus+\lg\frac{c_s}{c_a} \qquad\qquad pOH=pK_b^\ominus+\lg\frac{c_s}{c_b} \tag{6.11}$$

式中，c_a、c_s、c_b为相应共轭酸碱对的浓度，如$HAc(c_a)+H_2O \rightleftharpoons H_3O^+ + Ac^-(c_s=c_b)$。

不仅具有相同离子的强电解质会抑制弱电解质的电离，具有相同离子的弱电解质间也会相互抑制。

【例 6.8】 计算含 0.10 mol · dm^{-3} HCOOH($K_a^\ominus=1.8\times10^{-4}$)和 0.10 mol · dm^{-3} HNO_2($K_a^\ominus=7.2\times10^{-4}$)的混合溶液中 H^+ 的浓度。

解：这两种弱酸都贡献 H^+，且彼此抑制电离，设 HCOOH 电离出的 H^+ 浓度为 x，HNO_2 电离出的 H^+ 浓度为 y，则

$$HCOOH \rightleftharpoons H^+ + HCOO^- \qquad\qquad HNO_2 \rightleftharpoons H^+ + NO_2^-$$

$$0.10-x\approx0.10 \quad x+y \quad x \qquad\qquad 0.10-y\approx0.10 \quad x+y \quad y$$

$$\frac{x(x+y)}{0.10}=1.80\times10^{-4} \quad ① \qquad\qquad \frac{y(x+y)}{0.10}=7.2\times10^{-4} \quad ②$$

联解两式得　　$x=1.9\times10^{-3}$　　$y=7.6\times10^{-3}$

$$[H^+]=1.9\times10^{-3}+7.6\times10^{-3}=9.5\times10^{-3}(\text{mol}\cdot\text{dm}^{-3})$$

同离子效应有很多重要的应用，如控制离子的浓度以实现物质的分离、去除杂质、构成缓冲溶液等。

还有一种效应称为盐效应(salt effect)：在难溶电解质的饱和溶液中加入不同离子的强电解质，将产生使难溶电解质的溶解度略为增大的现象。盐效应也称异离子效应，可通过离子氛或活度来解释。盐效应和同离子效应是影响沉淀溶解度的两个重要因素，但一般盐效应不如同离子效应所起的作用大。这两种效应的机制完全不同，盐效应是由溶液中离子间物理静电吸引力作用引起的，同离子效应则属于化学作用。在一般计算中，特别是在较稀的溶液中不必考虑盐效应。

6.5.2　缓冲溶液

1. 缓冲溶液的概念和组成

先来看一个实验：分别向 1 dm^3 的纯水中和 1 dm^3 的 HAc(0.1 mol · dm^{-3})-NaAc(0.1 mol · dm^{-3})溶液中滴加 2 滴 1.0 mol · dm^{-3} 的 HCl

① 1 dm^3　纯水　pH=7　　$\xrightarrow[\text{HCl}]{\text{2 滴 1 mol · dm}^{-3}}$　　pH=4，ΔpH=3

② 1 dm^3 HAc-NaAc 混合液　　　　　　　　pH 几乎不变

前者 pH 由 7 变到 4，改变了 3 个单位，而对同样体积的 HAc-NaAc 混合液，pH 却几乎保持不变，说明这种溶液能够抵抗少量的外加强酸，同样也能抵抗少量的外加强碱或者稀释。

这种**能够抵抗少量外来强酸或强碱或稀释的影响，而保持溶液 pH 基本不变的溶液称为缓冲溶液**(buffer solution)。缓冲溶液的这种作用称为缓冲作用。缓冲溶液的缓冲作用是由同离子效应引起的结果。

缓冲溶液的组成有三种类型(共轭酸碱对)：

弱酸和它的盐，如 HAc-NaAc
弱碱和它的盐，如 NH_3-NH_4Cl　　　　　　　　　　　　　缓冲对
多元弱酸的酸式盐和它对应的次级盐，如 KH_2PO_4-K_2HPO_4

2. 缓冲作用原理

缓冲溶液为什么能够抵抗少量外来强酸或强碱而起到缓冲作用呢？先分析一下缓冲溶液的特点。6.5.1 节中计算得到 0.10 mol · dm^{-3} HAc 和 0.10 mol · dm^{-3} NaAc 混合溶液中，HAc 的电离平衡和各物种的浓度(mol · dm^{-3})为

$$HAc + H_2O \rightleftharpoons H_3O^+ + Ac^-$$
$$0.10 \qquad 1.75\times10^{-5} \qquad 0.10$$

[HAc]和[Ac^-]都很大，而[H^+]很小。可见**缓冲溶液的特点是体系中同时储备着大量的弱酸(如 HAC)和大量的碱(如 Ac^-)或大量的弱碱和大量的酸。**

(1) 当加少量强酸于该溶液时，由于溶液中有大量的碱，它立即和外加的 H^+ 结合成弱酸，使弱酸电离平衡逆向移动，结果好像没有加 H^+ 似的，溶液的 pH 不会有明显的变化，因此将共轭碱称为此缓冲溶液的抗酸成分。

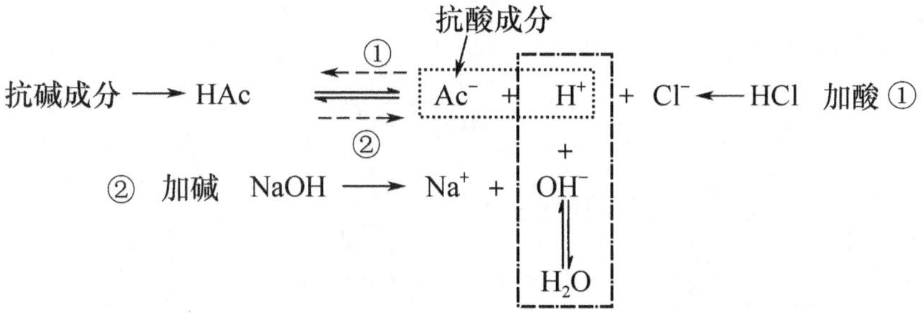

(2) 当加少量强碱于该溶液时，由于溶液中有大量的弱酸，它电离产生的 H^+ 立即和外加的 OH^- 结合成水分子，使电离平衡向右移动，结果好像没加 OH^- 似的，溶液的 pH 基本不变，因此把共轭对的弱酸称为此缓冲溶液的抗碱成分。

可见，按酸碱质子理论，**缓冲对的酸成分抗碱，缓冲对的碱成分抗酸**。

总之，由于 HAc-NaAc 混合溶液中储备着大量的 Ac^- 和 HAc，可分别抵抗外加酸、碱，所以具有缓冲能力，当然随着加入的酸、碱量的增加，缓冲溶液的缓冲能力是逐渐下降的。

3. 缓冲溶液的 pH

对一元弱酸及其盐(一元弱碱及其盐类似)组成的缓冲溶液，设酸和盐的起始浓度分别为 c_a 和 c_s，则

	$HA + H_2O \rightleftharpoons$	$A^- +$	H_3O^+
初始浓度	c_a	c_s	0
平衡浓度	$c_a - x \approx c_a$	$c_s + x \approx c_s$	x

[H^+]和 pH 分别由式(6.10)和式(6.11)计算。

由于多元弱酸的酸式盐及其次级盐组成的缓冲溶液存在下列平衡

$$H_2PO_4^- \rightleftharpoons H^+ + HPO_4^{2-} \qquad K_{a_2}^\ominus$$

所以
$$pH = pK_{a_2}^\ominus + \lg(c_s/c_a)$$

pH 取决于 $K_a^\ominus$ 和 c_a/c_s，当种类一定时，则取决于 c_a/c_s 比值。若加水稀释，则 c_a/c_s 比值不变，pH 也基本不变。

缓冲溶液的定义和上面的叙述总是强调抵抗外来的强酸强碱必须是少量的，意味着缓冲溶液的缓冲能力是有一定限度的。实验表明：① 缓冲组分的浓度比 c_a/c_s(或 c_b/c_s)一定时，缓冲能力与总浓度有关。抗酸、抗碱成分的浓度越大，缓冲能力越强。② 缓冲溶液的总浓度一定时，缓冲能力与缓冲组分浓度比有关，当 c_a/c_s(或 c_b/c_s)=1 时，溶液的缓冲能力最大，抗酸或抗碱能力均最强。

【例 6.9】 将 50.0 cm^3 4.20 $mol \cdot dm^{-3}$ $NH_3 \cdot H_2O$ 与 50.0 cm^3 4.00 $mol \cdot dm^{-3}$ HCl 混合，试计算此混合溶液中的$[OH^-]$和溶液的 pH。已知：$K^\ominus(NH_3)=1.8\times10^{-5}$。

解：混合后 $NH_3 \cdot H_2O$ 过量

$$[NH_3 \cdot H_2O]=\frac{(4.20-4.00)\times50.0}{100.0}=0.100(mol \cdot dm^{-3})$$

$$[NH_4^+]=\frac{4.00\times50.0}{100.0}=2.00(mol \cdot dm^{-3})$$

设溶液中 $[OH^-]=x\ mol \cdot dm^{-3}$

$$NH_3 \cdot H_2O \rightleftharpoons NH_4^+ + OH^-$$

平衡浓度/$(mol \cdot dm^{-3})$　　$0.10-x$　　$2.00+x$　　x

$$K_b^\ominus=\frac{[NH_4^+][OH^-]}{[NH_3 \cdot H_2O]}$$

所以

$$[OH^-]=\frac{1.8\times10^{-5}(0.10-x)}{2.00+x}=9.0\times10^{-7}(mol \cdot dm^{-3})$$

$$pH=14-pOH=14-(-\lg 9.0\times10^{-7})=7.95$$

4. 缓冲溶液的选择和配制

缓冲溶液的配制主要要考虑三方面问题：选择共轭酸碱对、共轭酸碱对浓度的配比、共轭酸碱对的总浓度。

(1) 缓冲溶液都有一定的 pH 缓冲范围要求，$pK_a^\ominus$、$pK_b^\ominus$是配制缓冲溶液的主要依据。选择缓冲对时，要使 $pK_a^\ominus$ 与 pH 相等或相近。表 6.5 列出了几种常用的缓冲溶液。如要配制 pH=9左右的缓冲溶液，则可选用 $pK_a^\ominus$ 为 9.25 的 $NH_3 \cdot H_2O$-NH_4Cl 缓冲对。另外还应注意，所选择的缓冲溶液不能与体系物质发生作用，药用缓冲溶液还必须考虑是否有毒性。

(2) 如果缓冲对的 $pK_a^\ominus$ 与要求的 pH 不相等，依式(6.11)计算 c_a/c_s浓度比。$c_a/c_s=1$ 是最理想的情况，溶液的缓冲能力最大。在实际工作中往往只需控制 pH 于一定范围内而无须控制在某一固定 pH，所以常用缓冲溶液各组分的浓度比最好保持在 c_a/c_s(或 c_b/c_s)$=0.1\sim10$，其相应的 pH 及 pOH 变化范围为

$$pH=pK_a^\ominus\pm1 \qquad\qquad pOH=pK_b^\ominus\pm1$$

称为缓冲溶液最有效的缓冲范围。

表 6.5　常用的缓冲溶液及缓冲范围

缓冲溶液	共轭酸碱对形式	$pK_a^\ominus$	缓冲范围(计算值)
HCOOH-NaOH	$HCOOH$-$HCOO^-$	3.74	2.74～4.74
CH_3COOH-CH_3COONa	HAc-Ac^-	4.76	3.76～5.76
NaH_2PO_4-Na_2HPO_4	$H_2PO_4^-$-HPO_4^{2-}	7.21	6.21～8.21
$Na_2B_4O_7$-HCl	H_3BO_3-$B(OH)_4^-$	9.27	8.27～10.27
$NH_3 \cdot H_2O$-NH_4Cl	NH_4^+-NH_3	9.26	8.26～10.26
$NaHCO_3$-Na_2CO_3	HCO_3^--CO_3^{2-}	10.33	9.33～11.33
Na_2HPO_4-NaOH	HPO_4^{2-}-PO_4^{3-}	12.32	11.32～13.32

(3) 根据实际需要选择共轭酸碱对的浓度。共轭酸碱对的浓度较大对控制 pH 是有利的，但也不要盲目过高，一般在 0.1～1.0 $mol \cdot dm^{-3}$为宜。

【例 6.10】 欲配制 pH=4.70 的缓冲溶液 500 cm^3，问应用 50 cm^3 1.0 $mol \cdot dm^{-3}$ NaOH 和多少 cm^3 1.0 $mol \cdot dm^{-3}$ HAc 溶液混合，并需加多少水？$K^{\ominus}(HAc)=1.75\times10^{-5}$。

解：pH=4.70 意味着 $[H^+]=2.0\times10^{-5}(mol \cdot dm^{-3})$。设需要 HAc 的体积为 V cm^3，有

	HAc	+ NaOH	⇌ NaAc + H_2O
初始浓度/($mol \cdot dm^{-3}$)	$1.0V/500$	$1.0\times50/500=0.1$	0
平衡浓度/($mol \cdot dm^{-3}$)	$(1.0V/500)-0.1$	0	0.1

将式 $K^{\ominus}(HAc)=\dfrac{[H^+][Ac^-]}{[HAc]}$ 整理一下，有

$$[HAc]/[Ac^-]=[H^+]/K^{\ominus}(HAc)=2.0\times10^{-5}/1.75\times10^{-5}=1.1$$

$$[HAc]/[Ac^-]=1.1=[(1.0V/500)-0.1]/0.1$$

$$V(HAc)=105\ cm^3$$

需加水约 $500-105-50=345(cm^3)$。

注意，此题是用强碱 NaOH 和弱酸 HAc 中和反应后组成缓冲体系，二者都是一元的，这就要求 NaOH 的物质的量要少于 HAc 的物质的量，溶液显弱酸性或中性；当 NaOH 的物质的量与 HAc 的物质的量相等时，相当于 NaAc 的水解，溶液显弱碱性；若 NaOH 的物质的量大于 HAc 的物质的量，则 HAc 全部反应完而还有剩余的 NaOH，溶液显强碱性。

在化学工作中，缓冲溶液有广泛的应用。例如，在用氢氧化物沉淀法分离 Al^{3+} 与 Mg^{2+} 时，因 $Al(OH)_3$ 具有两性，用氨水沉淀 Al^{3+} 时，如$[OH^-]$过高，$Al(OH)_3$ 沉淀不完全，而 Mg^{2+} 也将会有少量沉淀；但如溶液中$[OH^-]$太低，Al^{3+} 沉淀又不完全。然而，若用氨水和氯化铵的混合溶液作为缓冲溶液，保持溶液 pH 在 9 左右就能使 Al^{3+} 沉淀完全而与 Mg^{2+} 分离。

另外，当有些化学反应进行时，往往伴随着 H_3O^+ 的产生或消耗，而使反应受到影响。例如，用 $K_2Cr_2O_7$ 作为沉淀剂分离 Ba^{2+} 和 Sr^{2+} 时，反应过程中产生 H_3O^+

$$2Ba^{2+}(aq)+Cr_2O_7^{2-}(aq)+3H_2O(l)\longrightarrow 2BaCrO_4(s)+2H_3O^+(aq)$$

溶液中$[H_3O^+]$的增加将使 Ba^{2+} 沉淀不完全。而用加碱的方法降低溶液酸度，控制不当时，将会增高 CrO_4^{2-} 的浓度而引起 Sr^{2+} 沉淀，在此情况若采用乙酸及乙酸钠混合液作为缓冲溶液，控制溶液 pH 在 5 左右能很好地分离 Ba^{2+} 和 Sr^{2+}。

酸碱缓冲作用在自然界也是很普遍的现象：土壤由于硅酸、磷酸、腐殖酸等及其共轭碱的缓冲作用，得以使 pH 保持为 5～8，适宜农作物的生长。在动植物体内也有复杂和特殊的缓冲体系在维持体液的 pH，以保证生命的正常活动，如人体血液中有机血红蛋白和血浆蛋白缓冲体系以及 HCO_3^--H_2CO_3 是最重要的缓冲对，使血液 pH 始终保持在 7.40 ± 0.05 范围内。超出这个 pH 范围，就会不同程度地导致“酸中毒”或“碱中毒”；若改变量超过 0.4 pH 单位，患者就有生命危险。

6.5.3 酸碱指示剂

酸碱指示剂(acid-base indicator)是一些结构比较复杂的有机弱酸或弱碱，它们的存在形式随溶液酸度不同而改变，并呈现不同的颜色。在溶液中能电离出 H^+ 的称为酸色型，以 HIn 表示，而能接受 H^+ 的称为碱色型，以 In^- 表示。例如，酚酞就是一种有机弱酸(HIn)，在溶液中无色，其共轭碱(In^-)在溶液中显紫红色：

$$\underset{\text{无色(酸色型)}}{HIn} + H_2O \rightleftharpoons H_3O^+ + \underset{\text{紫红色(碱色型)}}{In^-}$$

$$K^{\ominus}(\mathrm{HIn})=\frac{[\mathrm{H_3O^+}][\mathrm{In^-}]}{[\mathrm{HIn}]} \qquad \frac{[\mathrm{In^-}]}{[\mathrm{HIn}]}=\frac{K^{\ominus}(\mathrm{HIn})}{[\mathrm{H_3O^+}]}$$

当溶液中$[H_3O^+]$增大,平衡向左移动,以酸色型 HIn 为主要存在形式,溶液无色;反之,若$[H_3O^+]$减小,平衡向右移动,主要以碱色型 In^- 存在,则溶液呈现紫红色。这样,$[H_3O^+]$的大小就决定了溶液中$[In^-]/[HIn]$比值,而 $K^{\ominus}(HIn)$是确定指示剂变色范围的依据。

人眼一般能察觉到的颜色变化范围为$[In^-]/[HIn]=\frac{1}{10}\sim\frac{10}{1}$。$pK_a^{\ominus}\pm1$ 范围就称为指示剂的 pH 变色范围,指示剂的变色范围一般小于 2 个 pH 单位。

$\frac{[In^-]}{[HIn]}=\frac{1}{10}=\frac{K^{\ominus}(HIn)}{[H_3O^+]}$	$[H_3O^+]=10\ K^{\ominus}(HIn)$ $pH=pK_a^{\ominus}-1$	溶液以 HIn 为主,显酸色(酚酞显无色)
$\frac{[In^-]}{[HIn]}=1=\frac{K^{\ominus}(HIn)}{[H_3O^+]}$	$[H_3O^+]=K^{\ominus}(HIn)$ $pH=pK_a^{\ominus}$	溶液呈现酸色与碱色的混合色,又称过渡色(酚酞显粉红色)
$\frac{[In^-]}{[HIn]}=\frac{10}{1}=\frac{K^{\ominus}(HIn)}{[H_3O^+]}$	$[H_3O^+]=K^{\ominus}(HIn)/10$ $pH=pK_a^{\ominus}+1$	溶液中以 In^- 为主,显碱色(酚酞显紫红色)

各种酸碱指示剂的 $K^{\ominus}(HIn)$值不同,它们的变色范围也就不同。一些常用酸碱指示剂列于表 6.6。酸碱中和滴定的终点,就是利用各指示剂在不同 pH 变色范围内颜色的突变来确定的。

表 6.6 几种常用酸碱指示剂的变色范围

指示剂	酸色型	颜色 过渡色	碱色型	$pK_{HIn}^{\ominus}$	变色 pH 范围 (18 ℃)
甲基橙(弱碱)	红	橙	黄	3.4	3.1~4.4
甲基红(弱酸)	红	橙	黄	5.0	4.4~6.2
溴百里酚蓝(弱酸)	黄	绿	蓝	7.3	6.0~7.6
百里酚蓝(二元弱酸)	红(H_2In)	橙	黄(HIn)	1.65,$pK_{H_2In}^{\ominus}$	1.2~2.8
	黄(HIn^-)	绿	蓝(In^{2-})	8.9,$pK_{HIn^-}^{\ominus}$	8.0~9.6
酚酞(弱酸)	无色	粉红	红	9.1	8.0~10.0

小　结

本章从酸碱质子理论入手,给出了水溶液中酸碱性的标度($K_a^{\ominus}$、$K_b^{\ominus}$、$K_w^{\ominus}$),运用化学平衡的基本原理,讨论了弱酸弱碱与溶剂水分子之间的质子传递平衡,它们的逆反应即是酸碱中和反应。几个关系归纳如下:

(1) 酸碱概念

	Arrhenius	Bronsted	Lewis
概念	在水溶液中电离生成的阳(阴)离子全部是 H^+(OH^-)的物质是酸(碱)	凡能给出质子的物质是酸 凡能接受质子的物质是碱	凡能接受电子对的物质称为酸 凡能给出电子对的物质称为碱
关系	H^+、OH^-	统一于质子	统一于电子

(2) 酸碱标度——平衡常数 $K^{\ominus}$($K_a^{\ominus}$、$K_b^{\ominus}$、$K_w^{\ominus}$)

测定	计算	关系
测定平衡浓度,并按式(6.1)计算	$\Delta_r G_m^{\ominus}=-RT\ln K^{\ominus}$	$K_a^{\ominus}\cdot K_b^{\ominus}=K_w^{\ominus}$

(3) 溶液中$[H^+]$($[OH^-]$)

一元弱酸(弱碱类似) 一元弱碱强酸盐(弱酸强碱盐同弱碱)	多元弱酸(弱碱类似)	多元弱酸的酸式盐	弱酸弱碱盐
$\sqrt{K_a^\ominus \cdot c_a}$	$\sqrt{K_{a_1}^\ominus \cdot c_a}$	$\sqrt{K_{a_1}^\ominus \cdot K_{a_2}^\ominus}$、$\sqrt{K_{a_2}^\ominus \cdot K_{a_3}^\ominus}$	$\sqrt{K_w^\ominus K_a^\ominus / K_b^\ominus}$

(4) 浓度对酸碱电离平衡的影响

同离子效应──→缓冲溶液

$$[H_3O^+]=K_a^\ominus \frac{c_a}{c_s} \qquad pH=pK_a^\ominus+\lg\frac{c_s}{c_a}$$

合理地利用同离子效应，可控制溶液的 pH，控制沉淀剂离子的浓度，达到物质分离的目的；配制各种酸碱缓冲溶液，满足于不同的实际需要。

思考与研讨

6.1　在 NH_3、Cu^{2+}、HCO_3^-、Cl^- 四种分子和离子中：哪些既是 Bronsted 酸又是 Bronsted 碱？其共轭碱是什么？哪些既是 Lewis 碱又是 Bronsted 碱？哪些是 Lewis 酸但不是 Bronsted 酸？哪些是 Bronsted 酸但不是 Lewis 酸？

6.2　从下列 4 个反应：

$$H_3O^+ + NH_3 = NH_4^+ + H_2O \qquad H_2S + S^{2-} = HS^- + HS^-$$

$$NH_4^+ + HS^- = H_2S + NH_3 \qquad H_2O + O^{2-} = OH^- + OH^-$$

给出各碱强度减小的顺序和各酸强度减小的顺序。

6.3　试解释下列问题。

(1) 根据酸碱电子理论，判断在反应 $SbF_5 + BF_3 \rightleftharpoons SbF_6^- + BF_2^+$ 及反应 $KF + BF_3 \rightleftharpoons K^+ + BF_4^-$ 中，BF_3 所起的作用。

(2) 在 BrF_3 溶剂中，BrF_2AsF_6 属于哪类物质？试说明。

(3) 当 SbF_5 加到氟磺酸中，获得一种超酸(superacid)，试写出有关反应式来说明超酸的形成。超酸体系能否在水溶液中形成？试说明你的结论。(注：超酸的酸性比强酸如 HNO_3、H_2SO_4 的水溶液大 $10^6 \sim 10^{10}$ 倍)

6.4　下列说法是否正确？为什么？

(1) 用相同浓度的 NaOH 溶液中和 pH 相同的同体积的 HCl、HAc 和 H_2S 溶液，所需用量也相同。

(2) 式(6.5)表明，弱酸弱碱的电离常数 $K^\ominus$ 与酸碱浓度有关，电离度 α 与酸碱浓度也有关。

(3) pH＝1.0 和 pH＝3.0 两种强酸溶液等体积混合后溶液的 pH＝1.3。

(4) 将过量 AgCl 分别溶解在水、0.2 $mol \cdot dm^{-3}$ KCl 溶液和 0.2 $mol \cdot dm^{-3}$ KNO_3 溶液中，则各溶液中 Ag^+ 浓度的大小顺序为：水＞KNO_3 溶液＞KCl 溶液。

(5) 在 0.1 $mol \cdot dm^{-3}$ HAc 溶液中加入 NaAc 固体后，HAc 浓度增大，HAc 电离度变小，pH 变小，电离常数变小。

(6) 在 $COCl_2 + AlCl_3 \rightleftharpoons COClAlCl_4$ 反应中，$COCl_2$ 是 Lewis 碱。

(7) 对 pH 相同的乙酸和盐酸稀溶液同等程度稀释时，乙酸溶液的 pH 上升较多。

6.5　根据酸碱质子理论比较：① 硫酸在水中和乙酸中酸性的强弱；② 氢氟酸在液态乙酸和液氨中的酸性强弱；③ 氨在水中和氢氟酸中碱性的强弱；④ 相同浓度的氢溴酸和盐酸在水中酸性的强弱。

6.6　实验室有 NaOH、HCl、HAc、NaAc 四种浓度相同的溶液，现要配制 pH＝4.44 的缓冲溶液，有几种配法写出每种配法所用的两种溶液及其体积比。($K_{HAc}^\ominus = 1.75 \times 10^{-5}$)

6.7　试以 $NH_3 \cdot H_2O$-NH_4Cl 体系为例，分析为什么向其中加入少量强酸、强碱或稀释时，溶液 pH 基本不变。试写出反应方程式说明。如果这个共轭酸碱对浓度比值接近于 1，溶液能保持的 pH 是多少？

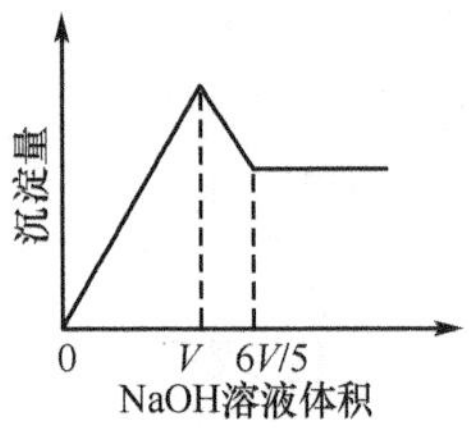

6.8　向 $Al_2(SO_4)_3$ 和 $MgSO_4$ 混合溶液中加入 NaOH 溶液，加入 NaOH 溶液的体积与沉淀量的关系如左图所示，则原混合液中 $Al_2(SO_4)_3$ 与 $MgSO_4$ 物质的量之比是多少？

习　题

6.1　标明 HClO、$NaNO_2$、Na_2CO_3、Na_3PO_4 在水中的酸碱共轭对，写出它们的电离平衡常数表达式并计算平衡常数 $K^\ominus$。

6.2　通过计算判断在水溶液中 NH_3 与 HPO_4^{2-} 哪一个碱性较强。(NH_3 的 $K_b^\ominus = 1.8\times10^{-5}$，$H_3PO_4$ 的 $K_{a_1}^\ominus = 7.1\times10^{-3}$，$K_{a_2}^\ominus = 6.3\times10^{-8}$，$K_{a_3}^\ominus = 4.2\times10^{-13}$)

6.3　最早是通过测定溶液的冰点降低来测定弱电解质的电离度。反过来，能否计算 0.050 mol·dm^{-3} HAc(aq)的冰点降低值？

6.4　计算下列溶液的 pH。

(1) 20.0 cm^3 0.100 mol·dm^{-3} HAc 与 20.0 cm^3 H_2O

(2) 0.10 mol·dm^{-3} Na_3PO_4 溶液

(3) 20.0 cm^3 1.00 mol·dm^{-3} $H_2C_2O_4$ 和 20.0 cm^3 蒸馏水混合配成溶液(忽略体积变化)

已知 HAc：$K_a^\ominus = 1.75\times10^{-5}$；$H_2C_2O_4$：$K_{a_1}^\ominus = 5.4\times10^{-2}$，$K_{a_2}^\ominus = 5.3\times10^{-5}$。

6.5　求算下列溶液的 pH。

(1) 在 1.0 dm^3 纯水中，加入 1.0 cm^3 1.0×10^{-5} mol·dm^{-3} 的 HCl 溶液。

(2) 0.01 mol·dm^{-3} 的 HIO 溶液。$K^\ominus(HIO) = 2.3\times10^{-11}$。

6.6　已知：S^{2-} 的 $\Delta_f G_m^\ominus$ 为 85.80 kJ·mol^{-1}，HS^- 的 $\Delta_f G_m^\ominus$ 为 12.05 kJ·mol^{-1}，试计算 H_2S 的第二级电离常数并与表 6.3 中的数据进行比较。

6.7　已知 0.20 mol·dm^{-3} 钠盐 NaX 溶液的 pH=9.0，试求算弱酸 HX 的电离常数 $K_a^\ominus$。

6.8　(1) 将 2.0 cm^3 0.10 mol·dm^{-3} HCl 加入 48.0 cm^3 水中配成溶液，测得该溶液的 pH 与某弱酸 HA($K_a^\ominus = 4.0\times10^{-5}$)溶液的 pH 完全相同，求弱酸 HA 的浓度是多少？

(2) 某 NaA 溶液的 pH=9.00，此溶液的浓度是多少？

6.9　0.15 mol·dm^{-3} Na_2S 溶液中 $[Na^+]$、$[S^{2-}]$、$[HS^-]$、$[H_2S]$、$[H^+]$ 和 $[OH^-]$ 各为多少？已知 H_2S 的 $K_{a_1}^\ominus = 1.0\times10^{-7}$，$K_{a_2}^\ominus = 1.3\times10^{-13}$。

6.10　将 7.5 g $Al(NO_3)_3\cdot 9H_2O$ 溶于水中，配成 200 cm^3 溶液，计算溶液中 H^+、OH^-、$Al(OH)^{2+}$、Al^{3+} 的浓度(假定只发生一步水解)。已知：$Al(OH)^{2+}$ 的 $\lg K_{稳}^\ominus = 9.27$，$Al(NO_3)_3\cdot 9H_2O$ 的相对分子质量为 375。

6.11　某溶液由 300 cm^3 0.25 mol·dm^{-3} 的 HNO_2 和 200 cm^3 0.50 mol·dm^{-3} 的 HAc 混合组成，计算该溶液中的 H^+、NO_2^- 和 Ac^- 的浓度。已知：$K^\ominus(HAc) = 1.75\times10^{-5}$，$K^\ominus(HNO_2) = 7.2\times10^{-4}$。

6.12　计算下列溶液的 pH。

(1) 50 cm^3 0.20 mol·dm^{-3} NaOH 和 50 cm^3 0.20 mol·dm^{-3} HAc 的混合液

(2) 50 cm^3 0.40 mol·dm^{-3} $NH_3\cdot H_2O$ 和 50 cm^3 0.10 mol·dm^{-3} HCl 混合液

已知 HAc 的 $K_a^\ominus = 1.75\times10^{-5}$，$NH_3$ 的 $K_b^\ominus = 1.8\times10^{-5}$。

6.13　有 pH 为 3.0 的 HAc、HCl、HAc-NaAc 溶液，用等体积的水稀释后，它们的 pH 分别是多少？已知 $K^\ominus(HAc) = 1.75\times10^{-5}$。

6.14　计算下列混合溶液的 pH。

(1) 0.20 mol·dm^{-3} H_2SO_4 溶液与等体积 0.40 mol·dm^{-3} Na_2SO_4 溶液

(2) 等体积 0.10 mol·dm^{-3} H_3PO_4 与 0.10 mol·dm^{-3} Na_3PO_4 的溶液

已知 H_2SO_4：$K_{a_2}^\ominus = 1.1\times10^{-2}$，$H_3PO_4$：$K_{a_1}^\ominus = 7.1\times10^{-3}$，$K_{a_2}^\ominus = 6.3\times10^{-8}$，$K_{a_3}^\ominus = 4.2\times10^{-13}$。

6.15　10.0 cm^3 0.20 mol·dm^{-3} 的 HCl 溶液与 10.0 cm^3 0.50 mol·dm^{-3} 的 NaAc 溶液混合后

(1) 溶液的 pH 是多少？

(2) 在混合溶液中加入 1.0 cm^3 0.50 mol·dm^{-3}的 NaOH,溶液的 pH 变为多少?
(3) 在混合溶液中加入 1.0 cm^3 0.50 mol·dm^{-3}的 HCl,溶液的 pH 变为多少?
(4) 将最初的混合溶液用水稀释一倍,溶液的 pH 又是多少?
以上计算结果说明什么问题?

6.16 今有 1.0 dm^3 0.10 mol·dm^{-3}氨水,问:
(1) 氨水的[H^+]是多少?
(2) 加入 5.35 g NH_4Cl 后,溶液的[H^+]是多少?(忽略加入 NH_4Cl 后溶液体积的变化)
(3) 加入 NH_4Cl 前后氨水的电离度各为多少?(NH_3:$K_b^\ominus=1.8\times10^{-5}$)
(相对原子质量:Cl 35.5, N 14)

6.17 现有 100 cm^3 1.00 mol·dm^{-3}的 H_2SO_4溶液,现要配制成 pH=1.96 溶液,需要加入多少体积的 1.00 mol·dm^{-3} NaOH? [$K^\ominus(HSO_4^-)=1.1\times10^{-2}$]

6.18 将含有 5.01 g HCl 的水溶液和 6.74 g NaCN 混合,并加水稀释到 0.275 dm^3,求 H_3O^+、CN^-、HCN 的浓度是多少? 该溶液是否具有缓冲作用? (已知:HCN 的 $K_a^\ominus=6.2\times10^{-10}$,HCl 的相对分子质量为 36.46,NaCN 的相对分子质量为 49.01)

6.19 下列各组水溶液等体积相混合时,哪些可以作为缓冲溶液? 为什么?
(1) NaOH(0.100 mol·dm^{-3})和 HCl(0.200 mol·dm^{-3})
(2) HCl(0.100 mol·dm^{-3})和 NaAc(0.200 mol·dm^{-3})
(3) HCl(0.100 mol·dm^{-3})和 $NaNO_2$(0.050 mol·dm^{-3})
(4) HNO_2(0.300 mol·dm^{-3})和 NaOH(0.150 mol·dm^{-3})

6.20 在人体血液中,H_2CO_3-$NaHCO_3$缓冲对的功能之一是从细胞组织中迅速地除去运动产生的乳酸(HLac)
(1) 求 $HLac + HCO_3^- \rightleftharpoons H_2CO_3 + Lac^-$ 的平衡常数 K。
(2) 在正常血液中,[H_2CO_3]=1.4×10^{-3}mol·dm^{-3},[HCO_3^-]=2.7×10^{-2}mol·dm^{-3},求 pH。
(3) 若 1.0 dm^3血液中加入 5.0×10^{-3} mol HLac 后,pH 为多少?
已知 HLac:$K_a^\ominus=8.4\times10^{-4}$,$H_2CO_3$:$K_{a_1}^\ominus=4.4\times10^{-7}$。

6.21 计算下列溶液的 pH:
(1) 100.0 $cm^3$0.030 mol·dm^{-3} NaH_2PO_4溶液和 50.0 $cm^3$0.020 mol·$dm^{-3}$$Na_3PO_4$溶液混合;
(2) 向(1)的混合液中加 0.10 mmol NaOH (设加入 NaOH 前后溶液体积不变)后,溶液的 pH 又为多少? 此混合液是否具有缓冲作用?
已知:H_3PO_4的 $K_{a_1}^\ominus=7.1\times10^{-3}$,$K_{a_2}^\ominus=6.3\times10^{-8}$,$K_{a_3}^\ominus=4.2\times10^{-13}$。

6.22 已知 $H_2C_2O_4$的 $K_{a_1}^\ominus=5.4\times10^{-2}$,$K_{a_2}^\ominus=5.3\times10^{-5}$,欲配制 pH=4.28 的溶液,0.100 mol·dm^{-3}的 $H_2C_2O_4$溶液和 0.100 mol·dm^{-3}的 NaOH 溶液需按怎样的体积比混合?

6.23 要配制 450 cm^3 pH=9.30 的缓冲溶液,需用 0.10 mol·dm^{-3}氨水和 0.10 mol·dm^{-3}盐酸各多少? 如果在此溶液中含有 0.020 mol·dm^{-3} $MgCl_2$,能否产生 $Mg(OH)_2$沉淀? 已知:NH_3的 $pK_b^\ominus=4.74$,$K_{sp}^\ominus[Mg(OH)_2]=1.8\times10^{-11}$。

6.24 将 400 cm^3 含 211.68 g 硒酸钠的溶液和 0.17 cm^3密度为 1.50 g· cm^{-3}的无水硝酸溶液混合。向混合液中加入甲基橙,观察其颜色变化。甲基橙在此溶液中的颜色与它在 250 cm^3的含有 0.357 g 乙酸钠和 1.500 g 乙酸的溶液中颜色相同。根据这些资料计算硒酸的二级解离常数(硒酸一级解离完全)。

6.25 (1)酚红是一种常用的酸碱指示剂,其 $K_a^\ominus=1.0\times10^{-8}$。它的酸型是黄色的,而它的共轭碱是红色的。这种指示剂在 pH 为 6、7、8、9、12 的溶液中各显什么颜色?
(2) 百里酚蓝是二元弱酸($K_{a_1}^\ominus=2.24\times10^{-2}$,$K_{a_2}^\ominus=6.31\times10^{-10}$)指示剂:$H_2In$ 是红色,HIn^- 是黄色,In^{2-}是蓝色。为什么它有两个 pH 变色范围? 各是多少? 该指示剂分别在 pH 为 1、5、11 的溶液中显什么颜色?

第7章 沉淀溶解平衡

你参观过溶洞吗？当我们漫步于自然界中的溶洞时，你一定会为各种自然奇观所震撼，此时你是否想过这便是沉淀溶解反应的绝作。沉淀溶解平衡在自然界、人类生活、医疗、工业等各方面无处不在。例如，水垢的形成、消除与水的净化；过多地吃含乙二酸或尿酸较高的食物为何易得结石；工业废水、废渣中重金属离子与一些非金属（砷、氟、硫、硼）的处理和回收利用；工业生产中通过控制各种条件（如 pH）进行固液分离或转化等。而今，人们可通过一定的方法与手段控制条件，控制沉淀生长的速度和方向，实现晶体的培养，从而合成出各式各样、结构奇特的化合物。

沉淀的生成与溶解是自然界中常见的一类化学反应，它遵循什么样的原理？有哪些变化规律？与前面各章有哪些内在的联系？

7.1 溶度积原理

7.1.1 沉淀溶解平衡常数——溶度积

通常我们按溶解度的大小将电解质分为易溶电解质和难溶电解质，"滴水石穿"表明，绝对不溶的不溶物是不存在的。就水为溶剂而言，习惯上把溶解度小于 0.01 g·(100 g 水)$^{-1}$的电解质称为难溶物。难溶物溶液中因涉及固体物的生成与溶解，属多相离子平衡。下面以 $BaSO_4$ 为例讨论难溶强电解质在水中的溶解情况。

1. 溶度积

在一定温度下，将适量 $BaSO_4$ 固体放入水中，$BaSO_4$ 表面的 Ba^{2+} 和 SO_4^{2-} 在极性水分子的作用下，以水合离子 $Ba^{2+}(aq)$ 和 $SO_4^{2-}(aq)$ 的形式进入水中，同时，$Ba^{2+}(aq)$ 和 $SO_4^{2-}(aq)$ 在水中重新沉积到 $BaSO_4$ 固体表面上，最后建立如下平衡：

$$BaSO_4(s) \underset{\text{沉淀}}{\overset{\text{溶解}}{\rightleftharpoons}} Ba^{2+}(aq) + SO_4^{2-}(aq) \qquad \text{特征：} v_{溶} = v_{沉} \qquad \text{饱和溶液}$$

它也服从于化学平衡的一般规律，其平衡常数表达式为

$$K_{sp}^{\ominus} = [Ba^{2+}][SO_4^{2-}]$$

$K_{sp}^{\ominus}$是标准平衡常数，称为溶度积常数，简称溶度积（solubility product），也可用式(5.6)来计算。

对一般沉淀溶解平衡 $A_mB_n(s) \rightleftharpoons mA^{n+}(aq) + nB^{m-}(aq)$，式(5.1a)变为

$$K_{sp}^{\ominus}(A_mB_n) = [A^{n+}]^m \cdot [B^{m-}]^n \qquad (7.1)$$

式(7.1)表明，**在一定温度下，难溶电解质饱和溶液中，离子浓度（活度）的系数幂次方的积为一常数**，它的大小反映了难溶电解质的溶解能力。

$K_{sp}^{\ominus}$同 $K_w^{\ominus}$、$K_a^{\ominus}$、$K_b^{\ominus}$、$K_h^{\ominus}$一样，属化学平衡常数的一种，溶液中离子浓度变化只能使平衡发生移动，并不改变溶度积。附录 6 列出了 25 ℃时一些常见难溶电解质的溶度积。

2. 溶度积与溶解度

溶解度用 S 表示。为了计算方便，溶解度通常不用 g·(100 g 水)$^{-1}$而用饱和溶液的浓度(单位：mol·dm^{-3})来表示，即 $S=c_{饱和}$。溶解度 S 和溶度积 $K_{sp}^{\ominus}$的数值都能表示难溶电解质的溶解能力，两者之间既有联系又有区别，可相互换算。

$$A_mB_n(s) \rightleftharpoons mA^{n+}(aq) + nB^{m-}(aq)$$

平衡时($c_{饱和}=S$)　　mS　　nS

$$[A^{n+}]=mS \qquad [B^{m-}]=nS$$

$$K_{sp}^{\ominus}=(mS)^m(nS)^n=m^m n^n S^{(m+n)} \quad 或 \quad S=\sqrt[(m+n)]{K_{sp}^{\ominus}/(m^m \cdot n^n)} \tag{7.2}$$

【例 7.1】 已知 $CaSO_4$、$BaSO_4$、Ag_2CrO_4、AgCl 的 $K_{sp}^{\ominus}$分别为 7.1×10^{-5}、1.1×10^{-10}、1.1×10^{-12}、1.8×10^{-10}，试比较下列难溶盐的溶解度大小：(1)$CaSO_4$ 和 $BaSO_4$；(2)Ag_2CrO_4 和 AgCl；(3)AgCl 在$[Cl^-]=0.1$ mol·dm^{-3}溶液中。

解：(1) $CaSO_4$ 和 $BaSO_4$ 均为 AB 型，类型相同。按式(7.2)

$$S(CaSO_4)=\sqrt{7.1\times10^{-5}}=8.43\times10^{-3}(mol\cdot dm^{-3})$$

$$S(BaSO_4)=\sqrt{1.1\times10^{-10}}=1.05\times10^{-5}(mol\cdot dm^{-3})$$

(2) Ag_2CrO_4 为 A_2B 型，AgCl 为 AB 型，类型不同。

$$S(Ag_2CrO_4)=\sqrt[3]{1.1\times10^{-12}/4}=6.50\times10^{-4}(mol\cdot dm^{-3})$$

$$S(AgCl)=1.34\times10^{-5}(mol\cdot dm^{-3})$$

可见，虽然 $K_{sp}^{\ominus}(Ag_2CrO_4)<K_{sp}^{\ominus}(AgCl)$，但 $S(Ag_2CrO_4)>S(AgCl)$。

(3) 在$[Cl^-]=0.1$ mol·dm^{-3}的溶液中 AgCl 的溶解度

$$S(AgCl)=K_{sp}^{\ominus}/0.1=1.8\times10^{-9}(mol\cdot dm^{-3})$$

因同离子效应，其溶解度比它在纯水中的溶解度小得多。

此例表明：①只有类型相同的难溶物才可通过 $K_{sp}^{\ominus}$的大小来判断溶度积 S 的大小，类型不同时不能直接按 $K_{sp}^{\ominus}$来比较，要以计算的 S 为准；②$K_{sp}^{\ominus}$与溶液中离子的浓度无关，而 S 与溶液中离子的浓度有关；③溶解度 S 不同于第 4 章中的转化率 α，对一确定的难溶物而言，在一定的温度条件下在水中的溶解度是一定的，与固体存在量的多寡无关。

此外，我们还应注意，式(7.2)是在难溶物溶解部分完全电离且电离后的离子不发生其他反应的条件下得到的。根据浓度对化学平衡的影响，如果条件发生变化，改变了溶液中离子的浓度，则式(7.2)的换算就不正确了。出现这种情况主要有：① 难溶物其溶解部分不能完全电离，如 $HgCl_2$ 溶解的部分主要以 $HgCl_2$ 分子形式存在于水中，只有少量的 Hg^{2+} 和 Cl^-；② 难溶电解质发生不完全的分步电离，如 $Fe(OH)_3$ 在水溶液中电离实际是分三步进行的

$$Fe(OH)_3(s) \rightleftharpoons Fe^{3+}(aq)+3OH^-(aq) \qquad K_{sp}^{\ominus}$$

与弱电解质 H_2S 的电离情况一样，虽然关系 $K_{sp}^{\ominus}=[Fe^{3+}][OH^-]^3$ 成立，但因电离不完全，在沉淀溶解平衡时，$[Fe^{3+}]\ll3[OH^-]$；③ 在水中溶解并电离后的阴阳离子发生酸式或碱式电离(水解)，如一些弱酸、弱碱生成的难溶盐 $BaCO_3$、PbS 等，详见酸溶沉淀。

3. 溶度积的测定

溶度积 $K_{sp}^{\ominus}$可通过热力学式(5.6)来求算，实验上也可通过测定饱和溶液中相应的离子浓度来得到。例如，25 ℃时测得 $SrSO_4$ 的溶解度为 7.35×10^{-4} mol·dm^{-3}，根据式(7.2)有

$$K_{sp}^{\ominus}=S^2=(7.35\times10^{-4})^2=5.40\times10^{-7}$$

此值略大于附录 6 所列之值，这也许是因为 $SrSO_4$ 溶解度较大，溶液中的离子强度不等于零，即离子活度系数不等于 1。

7.1.2 溶度积规则

如同第 4 章的反应商 Q，我们把难溶电解质溶液中离子浓度的系数幂次方之积 Q 称为离子积。例如

$$A_mB_n(s) \rightleftharpoons mA^{n+}(aq) + nB^{m-}(aq) \qquad Q(A_mB_n) = c^m(A^{n+}) \cdot c^n(B^{m-})$$

则在任意给定的溶液中：

(1) $Q < K_{sp}^{\ominus}$ 时，溶液未饱和，无沉淀析出。如果溶液中有足量的固体存在，沉淀将继续溶解，直至饱和为止。

(2) $Q = K_{sp}^{\ominus}$ 时，溶液饱和，达到动态平衡。

(3) $Q > K_{sp}^{\ominus}$ 时，溶液过饱和，有沉淀析出，直至饱和为止。

以上关系称为**溶度积规则**，也称溶度积原理。据此可控制溶液的离子浓度，使沉淀生成或溶解。

7.2 沉淀溶解平衡及其转化

下面按平衡移动的原理和溶度积规则，讨论溶液中沉淀的生成、溶解和转化等相关问题。

7.2.1 沉淀的生成与溶解

沉淀的生成与溶解(formation and dissolution of precipitation)是既矛盾又互为关联的两个方面。根据溶度积规则，创造条件若使 $Q > K_{sp}^{\ominus}$，溶液中的离子便能生成相应的固体沉淀；反之，若使 $Q < K_{sp}^{\ominus}$，溶液中的固体物就会溶解。

【例 7.2】 根据溶度积判断在下列条件下是否有沉淀生成。已知：$K_{sp}^{\ominus}(CaC_2O_4) = 4.0\times10^{-9}$，$K_{sp}^{\ominus}(CaCO_3) = 2.8\times10^{-9}$。

(1) 将 75 cm^3 0.20 $mol\cdot dm^{-3}$ NaOH 溶液与 25 cm^3 0.40 $mol\cdot dm^{-3}$ $H_2C_2O_4$ 溶液混合后，再加入 1.0 cm^3 2.0 $mol\cdot dm^{-3}$ 的 Ca^{2+} 溶液(忽略该体积的影响)；

(2) 在 0.1 $mol\cdot dm^{-3}$ $CaCl_2$ 溶液中通入 CO_2 气体至饱和。

解：(1)第一步混合后

$$[OH^-] = 0.20\times75/100 = 0.15(mol\cdot dm^{-3})$$

$$[H_2C_2O_4] = 0.40\times25/100 = 0.10(mol\cdot dm^{-3})$$

即 $$[C_2O_4^{2-}] = 0.050\ mol\cdot dm^{-3} \qquad [HC_2O_4^-] = 0.050\ mol\cdot dm^{-3}$$

$$[Ca^{2+}] = (2.0\times1.0)/100 = 2.0\times10^{-2}(mol\cdot dm^{-3})$$

因此 $$Q(CaC_2O_4) = [Ca^{2+}][C_2O_4^{2-}] = 2.0\times10^{-2}\times0.050 = 1.0\times10^{-3} > K_{sp}^{\ominus}(CaC_2O_4)$$

所以有 CaC_2O_4 沉淀生成。

(2) 饱和 CO_2 水溶液中

$$[CO_3^{2-}] = K_{a_2}^{\ominus}(H_2CO_3) = 4.7\times10^{-11}\ mol\cdot dm^{-3}$$

$$CaCO_3(s) \rightleftharpoons Ca^{2+}(aq) + CO_3^{2-}(aq)$$

起始浓度/($mol\cdot dm^{-3}$) 0.1 4.7×10^{-11}

$$Q(CaCO_3) = c(Ca^{2+})\cdot c(CO_3^{2-}) = 0.1\times4.7\times10^{-11} = 4.7\times10^{-12} < K_{sp}^{\ominus}(CaCO_3)$$

因此不会析出 $CaCO_3$ 沉淀。

【例 7.3】 将 1.00 dm^3 饱和 AgCl 溶液过滤，将滤液分成两份，分别向其中加入 0.5 mmol 的 Na_2CrO_4 和 NaBr 固体，并充分搅拌，有无新的沉淀生成？两溶液中 Ag^+ 的浓度各是多少？如果将 NaBr 换成 NaI，溶液中残留的 Ag^+ 的浓度又是多少？已知 AgCl、Ag_2CrO_4、AgBr、AgI 的 $K_{sp}^{\ominus}$ 分别为 1.8×10^{-10}、1.1×10^{-12}、5.0×10^{-13}、8.5×10^{-17}。

解： 因 $K_{sp}^{\ominus}(AgCl)=1.8\times10^{-10}$，则饱和溶液中 $[Ag^+]=S=1.34\times10^{-5}\ mol\cdot dm^{-3}$，分别向两溶液中加入 0.5 mmol 的 Na_2CrO_4 和 NaBr 固体后，$c(CrO_4^{2-})=c(Br^-)=0.001\ mol\cdot dm^{-3}$，则

$$Q(Ag_2CrO_4)=(1.34\times10^{-5})^2\times0.001=1.80\times10^{-13}<K_{sp}^{\ominus}(Ag_2CrO_4)$$

不能生成 Ag_2CrO_4 沉淀。Ag_2CrO_4 溶液中 $c(Ag^+)=1.34\times10^{-5}\ mol\cdot dm^{-3}$，而

$$Q(AgBr)=1.34\times10^{-5}\times0.001=1.34\times10^{-8}>K_{sp}^{\ominus}(AgBr)$$

能生成 AgBr 沉淀。

AgBr 沉淀溶解平衡时　$[Ag^+]=K_{sp}^{\ominus}/0.001=5.0\times10^{-13}/0.001=5.0\times10^{-10}(mol\cdot dm^{-3})$

AgI 沉淀溶解平衡时　$[Ag^+]=K_{sp}^{\ominus}/0.001=8.5\times10^{-17}/0.001=8.5\times10^{-14}(mol\cdot dm^{-3})$

本例提供的信息是：① 对同一离子，加入不同的沉淀剂其沉淀效果是不相同的，AgBr 和 Ag_2CrO_4 的 $K_{sp}^{\ominus}$ 虽相近，但二者生成沉淀的类型不同，沉淀的效果不同；② 没有任何一个沉淀反应是绝对完全的。因为溶液中沉淀溶解平衡总是存在的，在一定温度下其 $K_{sp}^{\ominus}$ 总保持为一个常数。不论所加入的沉淀剂如何过量，总会有极少量待沉淀的离子残留在溶液中，但通常分析天平只能精确到 10^{-4} g，所以在定量分析中，只要溶液中剩余的离子浓度 $\leqslant1\times10^{-6}\ mol\cdot dm^{-3}$，就可认为沉淀完全了。有些情况下，溶液中剩余离子浓度 $\leqslant1\times10^{-5}\ mol\cdot dm^{-3}$ 时，也就可认为沉淀完全了。

对于 $K_{sp}^{\ominus}$ 很小的物质，如 AgBr，只要加入等物质的量的试剂就能使沉淀的完全度达到定量分析要求；对于中等溶解度的物质，如 AgCl，若借助同离子效应，稍加过量试剂就可以达到完全沉淀的要求；但对溶解度较大的物质，如 Ag_2CrO_4，即使加入过量试剂也难以使沉淀完全度达到要求，所以难溶电解质沉淀的完全度主要取决于沉淀物的本质（$K_{sp}^{\ominus}$ 大小）。可见，根据溶度积原理能判断有无沉淀生成和沉淀是否完全以及同离子效应对沉淀完全度的影响。

【例 7.4】 将 10.0 cm^3 0.020 $mol\cdot dm^{-3}$ $CaCl_2$ 溶液，(1)与等体积等浓度的 $Na_2C_2O_4$ 溶液相混合，(2)加入 0.001 mol 的固体 $Na_2C_2O_4$。试问溶液中 Ca^{2+} 是否沉淀完全？已知：$K_{sp}^{\ominus}(CaC_2O_4)=4.0\times10^{-9}$。

解： 两溶液等浓度等体积混合后

$$Q(CaC_2O_4)=0.010\times0.010=1.0\times10^{-4}>K_{sp}^{\ominus}(CaC_2O_4)\qquad 有\ CaC_2O_4\ 沉淀析出$$

$$CaC_2O_4(s)\rightleftharpoons Ca^{2+}(aq)+C_2O_4^{2-}(aq)$$

平衡浓度/$(mol\cdot dm^{-3})$　①　S　S

②　S　$0.10-(0.02-S)\approx0.08$

(1)　$$[Ca^{2+}]=S=\sqrt{K_{sp}^{\ominus}}=6.32\times10^{-5}\ mol\cdot dm^{-3}$$

这一浓度已经超出定量分析允许的测试下限，所以 Ca^{2+} 没有沉淀完全。

(2)　$$[Ca^{2+}]=S=\frac{K_{sp}^{\ominus}(CaC_2O_4)}{[C_2O_4^{2-}]}\approx\frac{4.0\times10^{-9}}{0.08}=5.0\times10^{-8}(mol\cdot dm^{-3})$$

溶液中残留的 Ca^{2+} 浓度为 $5.0\times10^{-8}\ mol\cdot dm^{-3}$，可以认为 Ca^{2+} 已经完全沉淀了。

利用 5.3 节中介绍的偶合反应，如果想办法让难溶电解质在溶液中电离出的离子发生化学反应，降低难溶盐饱和溶液中某一离子的浓度，就能促使沉淀溶解平衡向溶解的方向移动，使沉淀溶解。办法主要有以下 4 种。

1. 酸溶沉淀

有许多难溶强电解质的溶解度受溶液酸度的影响，如氢氧化物、硫化物、碳酸盐、磷酸盐、

乙酸盐等。

$$CaCO_3(s)+2H_3O^+(aq) \rightleftharpoons Ca^{2+}(aq)+CO_2(g)+3H_2O(l) \qquad K$$

$$Mg(OH)_2(s)+2H_3O^+(aq) \rightleftharpoons Mg^{2+}(aq)+4H_2O(l) \qquad K$$

$$MnS+2H_3O^+ \rightleftharpoons Mn^{2+}+H_2S+2H_2O \qquad K$$

平衡常数 K 称为酸溶平衡常数。由于生成 H_2O 等弱电解质和挥发性气体,使沉淀-溶解平衡向溶解方向移动,而且,难溶电离质的溶度积越大,溶液中提供的 H^+ 浓度越大,形成的电解质越弱,气体越易逸出,酸溶平衡常数 K 就越大,则该难溶盐的溶解度也越大。

$MnS(K_{sp}^{\ominus}=2.5\times10^{-13})$溶于酸而 $CuS(K_{sp}^{\ominus}=6.0\times10^{-37})$不溶于酸:

$$MnS \rightleftharpoons Mn^{2+}+S^{2-} \qquad K_{sp}^{\ominus}=2.5\times10^{-13}$$

$$S^{2-}+H_3O^+ \rightleftharpoons HS^-+H_2O \qquad 1/K_{a_2}^{\ominus}=1/1.3\times10^{-13}$$

$$HS^-+H_3O^+ \rightleftharpoons H_2S+H_2O \qquad 1/K_{a_1}^{\ominus}=1/1.0\times10^{-7}$$

总 $$MnS+2H_3O^+ \rightleftharpoons Mn^{2+}+H_2S+2H_2O \qquad K$$

根据多重平衡规则,有

$$K=\frac{K_{sp}^{\ominus}(MnS)}{K_{a_1}^{\ominus}K_{a_2}^{\ominus}(H_2S)}=1.92\times10^{7}$$

同理 $$CuS+2H_3O^+ \rightleftharpoons Cu^{2+}+H_2S+2H_2O$$

$$K=\frac{K_{sp}^{\ominus}(CuS)}{K_{a_1}^{\ominus}K_{a_2}^{\ominus}(H_2S)}=4.62\times10^{-17}$$

可见,$K_{sp}^{\ominus}$越大的沉淀越易溶于酸。

【例 7.5】 要使 0.010 mol FeS(s) 完全溶于 100.0 cm^3 HCl(aq)中,盐酸的最低浓度应为多少? 已知:$K_{sp}^{\ominus}(FeS)=6.0\times10^{-19}$,$H_2S$ 的 $K_{a_1}^{\ominus}=1.0\times10^{-7}$,$K_{a_2}^{\ominus}=1.3\times10^{-13}$。

解:设所需 H^+ 最低浓度为 c,则

$$FeS(s) \ + \ 2H^+ \rightleftharpoons Fe^{2+} \ + \ H_2S \qquad K$$

平衡浞度/($mol\cdot dm^{-3}$) $\qquad c-2\times0.10 \qquad 0.10 \qquad 0.10$

$$K=\frac{K_{sp}^{\ominus}(FeS)}{K_{a_1}^{\ominus}K_{a_2}^{\ominus}(H_2S)}=\frac{6.0\times10^{-19}}{1.0\times10^{-7}\times1.3\times10^{-13}}=46.1$$

$$K=\frac{0.10\times0.10}{(c-2\times0.10)^2}=46.1 \qquad c=0.21\ mol\cdot dm^{-3}$$

酸溶平衡常数 K 为 46.1,不太小,是因为生成了弱酸 H_2S,FeS 溶解完全。有些溶度积不太小的难溶盐不仅溶于强酸,甚至可溶于弱酸,如 HAc。

【例 7.6】 如果用 100.0 cm^3 的 HAc 溶解 0.010 mol $CaCO_3$,需要多大浓度的 HAc? 如果用于溶解 CaC_2O_4,其情况又如何? 已知:$K_{sp}^{\ominus}(CaCO_3)=2.8\times10^{-9}$;$K_{sp}^{\ominus}(CaC_2O_4)=4.0\times10^{-9}$;$K_a^{\ominus}(HAc)=1.75\times10^{-5}$;$H_2CO_3$:$K_{a_1}^{\ominus}=4.4\times10^{-7}$,$K_{a_2}^{\ominus}=4.7\times10^{-11}$;$H_2C_2O_4$:$K_{a_1}^{\ominus}=5.4\times10^{-2}$,$K_{a_2}^{\ominus}=5.3\times10^{-5}$。

解:设 HAc 的浓度为 c,则 $CaCO_3$ 完全溶解时

$$CaCO_3 + 2HAc \rightleftharpoons Ca^{2+} + 2Ac^- + H_2CO_3(H_2O + CO_2) \qquad K$$

平衡浓度/($mol\cdot dm^{-3}$) $\qquad c-0.2 \qquad 0.1 \qquad 0.2 \qquad 0.1$

$$K=\frac{K_{sp}^{\ominus}(CaCO_3)K_a^{\ominus 2}(HAc)}{K_{a_1}^{\ominus}K_{a_2}^{\ominus}(H_2CO_3)}=\frac{2.8\times10^{-9}\times(1.75\times10^{-5})^2}{4.4\times10^{-7}\times4.7\times10^{-11}}=0.04$$

$$K=\frac{(0.1)^2\times(0.2)^2}{(c-0.2)^2}=0.04 \qquad c=0.30\ mol\cdot dm^{-3}$$

酸溶平衡常数 K 值虽然不大,但所需酸的浓度大于 0.30 $mol\cdot dm^{-3}$ 即可将 0.010 mol $CaCO_3$ 溶解完全。

如果用于溶解 CaC_2O_4，则

$$CaC_2O_4 + HAc \rightleftharpoons Ca^{2+} + Ac^- + HC_2O_4^- \qquad K$$

$$K=\frac{K_{sp}^{\ominus}(CaC_2O_4)K_a^{\ominus}(HAc)}{K_{a_2}^{\ominus}(H_2C_2O_4)}=\frac{4.0\times10^{-9}\times1.75\times10^{-5}}{5.3\times10^{-5}}=1.3\times10^{-9}$$

酸溶平衡常数 K 太小，说明 CaC_2O_4 不溶于 HAc。

$CaCO_3$ 和 CaC_2O_4 类型相同，$K_{sp}^{\ominus}$ 很相近（分别为 2.8×10^{-9} 和 4.0×10^{-9}），为何 $CaCO_3$ 溶于 HAc 而 CaC_2O_4 不溶？虽然 HAc 是弱酸，但 $CaCO_3$ 溶解后生成的产物 H_2CO_3 的 $K_{a_1}^{\ominus}$ 与 HAc 相近，而 $K_{a_2}^{\ominus}$ 却比 $K_{sp}^{\ominus}(CaCO_3)$ 更小，且反应过程中不断放出 CO_2 气体降低了 H_2CO_3 的浓度，而 $H_2C_2O_4$ 的 $K_{a_1}^{\ominus}$ 比 HAc 大得多，$K_{a_2}^{\ominus}$ 比 $K_{sp}^{\ominus}(CaC_2O_4)$ 也大得多，所以不溶于 HAc，但能溶于 HCl。

可见，**酸溶平衡常数 K 的大小是由 $K_{sp}^{\ominus}$ 和 $K_a^{\ominus}$ 两个因素决定的，沉淀的 $K_{sp}^{\ominus}$ 越大或生成弱酸的 $K_a^{\ominus}$ 越小，酸溶反应进行得越彻底。**

既然溶液的酸度对某些类型物质的溶解有影响，那么对这些类型沉淀的生成也必然有影响，在 7.2.3 节中将要讨论如何控制溶液的酸度，使某些物质沉淀（或溶解）而另一些不发生沉淀（或溶解），从而实现物质的分离。

2. 利用氧化还原反应

$K_{sp}^{\ominus}$ 很小的难溶盐不溶于一般的酸，只能溶于氧化性酸，如 CuS、PbS 等。

【例 7.7】 已知 298 K 时 PbS 的 $K_{sp}^{\ominus}=3.0\times10^{-28}$，$H_2S$ 的 $K_{a_1}^{\ominus}=1.0\times10^{-7}$，$K_{a_2}^{\ominus}=1.3\times10^{-13}$，试通过计算说明 PbS 是否溶于 HCl 和 HNO_3。

解：

$$PbS(s) + 2H^+ \rightleftharpoons Pb^{2+} + H_2S \qquad K$$

$$K=\frac{K_{sp}^{\ominus}(PbS)}{K_{a_1}^{\ominus}K_{a_2}^{\ominus}(H_2S)}=\frac{3.0\times10^{-28}}{1.0\times10^{-7}\times1.3\times10^{-13}}=2.3\times10^{-8}$$

酸溶平衡常数 K 太小，PbS 不溶于 HCl。溶于 HNO_3 时发生下列几个反应：

$$PbS \rightleftharpoons Pb^{2+} + S^{2-} \qquad K_{sp}^{\ominus} \qquad ①$$

$$2H^+ + S^{2-} \rightleftharpoons H_2S \qquad 1/K_{a_1}^{\ominus}\cdot K_{a_2}^{\ominus} \qquad ②$$

$$3H_2S + 2NO_3^- + 2H^+ \rightleftharpoons 2NO + 4H_2O + 3S \qquad K' \qquad ③$$

3×①+3×②+1×③ 得

$$3PbS(s) + 8H_3O^+ + 2NO_3^-(aq) \rightleftharpoons 3Pb^{2+}(aq) + 2NO(g) + 3S(s) + 12H_2O(l) \qquad K$$

$$K=K_{sp}^{\ominus 3}(PbS)\times K' / [K_{a_1}^{\ominus}K_{a_2}^{\ominus}(H_2S)]^3$$

其中，K' 可通过式(5.6)计算

$$\lg K'=\frac{\Delta_r G_m^{\ominus}}{-2.30RT}=\frac{-473\times10^3}{-2.30\times8.31\times298}=\frac{-473\times10^3}{-5.70\times10^3}=83.05 \qquad K'=1.1\times10^{83}$$

所以

$$K=K_{sp}^{\ominus 3}(PbS)\times K' / [K_{a_1}^{\ominus}K_{a_2}^{\ominus}(H_2S)]^3$$

$$=(3.0\times10^{-28})^3\times1.1\times10^{83} / (1.3\times10^{-20})]^3=1.4\times10^{60}$$

反应平衡常数非常大，即 PbS 可溶于 HNO_3。

3. 利用生成配合物

例如，AgCl 固体溶于氨水：

$$AgCl(s) \rightleftharpoons Ag^+ + Cl^- \qquad K_{sp}^{\ominus}$$

$$Ag^+ + 2NH_3\cdot H_2O \rightleftharpoons [Ag(NH_3)_2]^+ + 2H_2O \qquad K_{稳}^{\ominus}$$

总反应 $AgCl(s) + 2NH_3 \cdot H_2O \rightleftharpoons [Ag(NH_3)_2]^+ + Cl^- + 2H_2O \quad K$

总反应常数 $K = K_{sp}^{\ominus}(AgCl) \cdot K_{稳}^{\ominus}[Ag(NH_3)_2{}^+]$

AgCl 不仅溶于氨水,还能与过量 Cl^- 生成配离子而使溶解度增大

$$AgCl(s) + Cl^-(aq) = AgCl_2^-(aq)$$

因此,对于那些加入过量试剂希望沉淀更趋完全的反应,沉淀剂的用量也不是越多越好,因为加入过多试剂,有时反而使溶解度相对增大。此外,由于盐效应的影响,过量沉淀剂还因增大溶液中离子强度而使沉淀的溶解度增大。

7.2.2 分步沉淀

1. 分步沉淀

上面讨论的是溶液中只有一种被沉淀的离子或一种沉淀的情况,在科学实验和化工生产实践中,溶液体系中往往有多种离子同时存在或混有多种沉淀物,在这种情况下如何控制条件,使其中一种或几种离子沉淀或固体溶解,从而与其他离子分离,是在实际工作中经常要解决的一类问题。**在一定条件下,使一种离子先沉淀,而其他离子在另一条件下沉淀的现象称为分步沉淀(fractional precipitation)或称选择性沉淀(selective precipitation)。相反的过程称为分步溶解或选择性溶解。**

例如,向 Cl^- 和 I^- 浓度均为 0.010 $mol \cdot dm^{-3}$ 的溶液中逐滴加入 $AgNO_3$ 溶液,哪一种离子先沉淀?当第二种离子开始沉淀时第一种离子是否已沉淀完全?

忽略滴加 $AgNO_3$ 溶液引起的体积变化,并设 AgCl 和 AgI 开始沉淀时所需的 $[Ag^+]$ 分别为 x_1 $mol \cdot dm^{-3}$ 和 x_2 $mol \cdot dm^{-3}$,则

$$Ag^+(aq) + X^-(aq) \longrightarrow AgX(s) \qquad [Ag^+] = \frac{K_{sp}^{\ominus}(AgX)}{[X^-]}$$

$$x_1 = \frac{1.8 \times 10^{-10}}{0.010} = 1.8 \times 10^{-8} \qquad x_2 = \frac{8.5 \times 10^{-17}}{0.010} = 8.5 \times 10^{-15}$$

$x_2 \ll x_1$,即沉淀 I^- 所需要的 Ag^+ 浓度比沉淀 Cl^- 所需要的 Ag^+ 浓度要小得多,显然 I^- 先沉淀。随着 AgI 沉淀的析出,I^- 浓度逐渐降低,就需要增加 Ag^+ 浓度,但当 Ag^+ 达到某一浓度时,$Q(AgCl) \geqslant K_{sp}^{\ominus}(AgCl)$,$Cl^-$ 也开始沉淀,此时,$[Ag^+]$ 同时满足 AgCl 和 AgI 两个沉淀溶解平衡

$$[Ag^+] = \frac{K_{sp}^{\ominus}(AgCl)}{[Cl^-]} = \frac{K_{sp}^{\ominus}(AgI)}{[I^-]}$$

则

$$\frac{[I^-]}{[Cl^-]} = \frac{K_{sp}^{\ominus}(AgI)}{K_{sp}^{\ominus}(AgCl)} = 4.7 \times 10^{-7}$$

$$[I^-] = \frac{K_{sp}^{\ominus}(AgI)}{K_{sp}^{\ominus}(AgCl)} \times [Cl^-] = 4.7 \times 10^{-9}\ mol \cdot dm^{-3}$$

表明,当 Cl^- 开始沉淀时,I^- 早已沉淀完全了($[I^-] \ll 10^{-6}\ mol \cdot dm^{-3}$)。

可见**对于同类型的沉淀,$K_{sp}^{\ominus}$ 小的先沉淀,而且 $K_{sp}^{\ominus}$ 差别越大,分离的效果越好**。但对于不同类型的沉淀物,因有不同浓度幂次关系,不能直接根据 $K_{sp}^{\ominus}$ 值来判断沉淀的先后次序和分离效果。例如,例 7.1 中的 Ag_2CrO_4 和 AgCl,是 $K_{sp}^{\ominus}$ 较大的 AgCl 先沉淀。因此,**无论类型是否相同,先满足 $Q > K_{sp}^{\ominus}$ 条件的难溶电解质先沉淀**;如果生成各个沉淀所需试剂离子的浓度相差较大,就能分步沉淀,从而达到分离目的。当然,分离效果还与溶液中被沉淀离子的初始浓度有关。

2. 酸度对分步沉淀的影响

上面讲到，氢氧化物、硫化物、碳酸盐、磷酸盐、乙酸盐等难溶盐的溶解度受溶液酸度的影响，利用这种影响可实现某些物质的分离，其中用得最多的是氢氧化物和硫化物的分离问题。

1）氢氧化物

由于氢氧化物要电离出 OH^-，所以沉淀溶解平衡受到酸度的影响。

$$M(OH)_n(s) \rightleftharpoons M^{n+}(aq) + nOH^-(aq) \qquad K_{sp}^{\ominus}$$

$$[H_3O^+]=\sqrt[n]{\frac{[M^{n+}]\cdot(K_w)^n}{K_{sp}^{\ominus}}} \tag{7.3}$$

由此可计算氢氧化物开始沉淀和沉淀完全时的 pH。例如，某酸性溶液中 Fe^{3+} 的浓度为 $0.010\ mol\cdot dm^{-3}$，则使刚开始沉淀和沉淀完全时的 pH 分别为

$$[H_3O^+]=\sqrt[3]{\frac{0.010\times(1.0\times10^{-14})^3}{2.64\times10^{-39}}}=1.56\times10^{-2}\ mol\cdot dm^{-3} \qquad pH=1.81$$

$$[H_3O^+]=\sqrt[3]{\frac{1\times10^{-6}\times(1.0\times10^{-14})^3}{2.64\times10^{-39}}}=7.24\times10^{-4}\ mol\cdot dm^{-3} \qquad pH=3.14$$

一些常见金属氢氧化物开始沉淀和沉淀完全时的 pH 列于表 7.1，按表中数据作出溶解度与 pH 的关系图得图 7.1。

表 7.1　一些常见金属氢氧化物沉淀的 pH

金属氢氧物	$K_{sp}^{\ominus}$	开始沉淀的 pH $[M^{n+}]=10^{-2}\ mol\cdot dm^{-3}$	接近完全沉淀的 pH $[M^{n+}]=10^{-6}\ mol\cdot dm^{-3}$
$Fe(OH)_3$	2.64×10^{-39}	1.8(2.2)*	3.1(4)
$Al(OH)_3$	1.3×10^{-33}	3.7(3.8)	5.0(6)
$Cr(OH)_3$	6.3×10^{-31}	4.6(5.0)	5.9(8)
$Zn(OH)_2$	1.2×10^{-17}	6.5(6.8)	8.5(9)
$Fe(OH)_2$	4.87×10^{-17}	6.8(5.8)	8.8(7)
$Ni(OH)_2$	2.0×10^{-15}	7.6(7.2)	9.6(9)
$Mn(OH)_2$	1.9×10^{-13}	8.6(8.3)	10.6(10)
$Mg(OH)_2$	1.8×10^{-11}	9.6(10.6)	11.7(12)

* 括号内为实际沉淀的 pH，与理论计算的有一定出入。这是因为难溶金属氢氧化物是不同程度的弱碱，在溶液中除以离子形式存在外，还可能以羟基配离子形式存在，此外“共沉淀”现象也是引起误差的原因之一。

在化学试剂和化工生产中，控制铁离子的含量是衡量产品质量的重要指标之一。由图 7.1 可见，如果铁以 Fe^{2+} 形式存在，$Fe(OH)_2$完全沉淀的 pH 范围与其他一些二价金属离子沉淀的 pH 范围极相近，沉淀难以分离；而 Fe^{3+} 的沉淀范围则和其他离子相差较多。因此要从溶液中分离杂质铁，往往在沉淀以前先用 H_2O_2将 Fe^{2+} 氧化成 Fe^{3+}，然后调节溶液 pH≈4，铁就以 $Fe(OH)_3$形式完全沉淀，而其他金属离子仍留在溶液之中。但需注意，实际工作中溶液的情况一般比较复杂，碱式盐的生成、氢氧化物的聚合

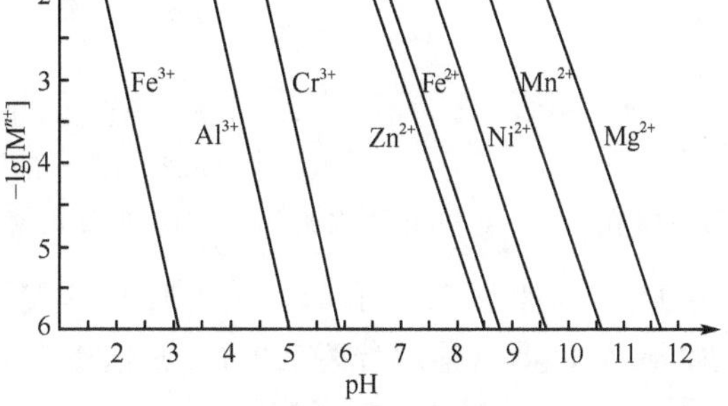

图 7.1　一些金属氢氧化物的溶解度-pH 关系图

等,都会使实际沉淀的pH与理论计算值有一定出入(表7.1),这就需要参考计算值,并通过实验来确定各金属离子最适合的分离条件。

【例7.8】 在离子浓度均为0.10 mol·dm^{-3}的Fe^{3+}、Cu^{2+}、H_3O^+的溶液中,是否会生成铁和铜的氢氧化物沉淀?当向溶液中逐滴加入NaOH溶液时(设总体积不变),如何控制pH将$Fe(OH)_3$全部沉淀出来,Cu^{2+}则仍留在溶液中?已知:$K_{sp}^{\ominus}[Fe(OH)_3]=2.64\times10^{-39}$,$K_{sp}^{\ominus}[Cu(OH)_2]=2.2\times10^{-20}$。

解: $c(H^+)=0.10\ mol\cdot dm^{-3}$ $\qquad c(OH^-)=1.0\times10^{-13}\ mol\cdot dm^{-3}$

此时 $c(Fe^{3+})\cdot c^3(OH^-)=0.10\times(1.0\times10^{-13})^3=1.0\times10^{-40}<K_{sp}^{\ominus}[Fe(OH)_3]$

$c(Cu^{2+})\cdot c^2(OH^-)=0.10\times(1.0\times10^{-13})^2=1.0\times10^{-27}<K_{sp}^{\ominus}[Cu(OH)_2]$

因此无沉淀生成。

若使$Fe(OH)_3$沉淀完全,此时$[Fe^{3+}]<1.0\times10^{-6}\ mol\cdot dm^{-3}$,即pH>3.14时,$Fe(OH)_3$沉淀完全。

当$Cu(OH)_2$开始沉淀时

$$[H_3O^+]=\sqrt{\frac{0.10\times(1.0\times10^{-14})^2}{2.2\times10^{-20}}}=2.13\times10^{-5}(mol\cdot dm^{-3}) \qquad pH=4.67$$

即pH<4.67不会生成$Cu(OH)_2$沉淀。

所以当溶液的pH控制在3.14~4.67时,就能使$Fe(OH)_3$沉淀完全,而Cu^{2+}仍留在溶液中。

2) 硫化物

很多金属硫化物的溶解度很小,可以利用其溶解度的差别,通过调节pH来控制溶液中的$[S^{2-}]$而进行沉淀分离。

$$[H_3O^+]=\sqrt{\frac{K_{a_1}^{\ominus}\cdot K_{a_2}^{\ominus}[H_2S]}{[S^{2-}]}} \tag{7.4}$$

【例7.9】 在某含$[Fe^{2+}]$、$[Mn^{2+}]$均为0.02 mol·dm^{-3}的溶液中,若通入H_2S气体至饱和,哪一离子先沉淀?pH控制在什么范围才能使Fe^{2+}、Mn^{2+}定量分离?已知:$K_{sp}^{\ominus}(FeS)=6.0\times10^{-19}$,$K_{a_1}^{\ominus}(H_2S)=1.0\times10^{-7}$,$K_{a_2}^{\ominus}=1.3\times10^{-13}$,$K_{sp}^{\ominus}(MnS)=2.5\times10^{-13}$。

解: 因$K_{sp}^{\ominus}(FeS)<K_{sp}^{\ominus}(MnS)$,FeS先沉淀。要使混合液中$Mn^{2+}$、$Fe^{2+}$定量分离,则要求

$$[Fe^{2+}]<1.0\times10^{-6}\ mol\cdot dm^{-3}$$

所以 $[S^{2-}]=K_{sp}^{\ominus}(FeS)\ /\ [Fe^{2+}]=(6.0\times10^{-19})\ /\ (1.0\times10^{-6})=6.0\times10^{-13}(mol\cdot dm^{-3})$

对饱和H_2S溶液,$[H_2S]=0.10\ mol\cdot dm^{-3}$

$$[H_3O^+]=\sqrt{\frac{K_{a_1}^{\ominus}\cdot K_{a_2}^{\ominus}[H_2S]}{[S^{2-}]}}=\sqrt{\frac{1.3\times10^{-20}\times0.1}{6.0\times10^{-13}}}=4.65\times10^{-5}(mol\cdot dm^{-3}) \qquad pH=4.33$$

即当pH>4.33时,Fe^{2+}已沉淀完全了。

MnS开始沉淀时

$$[S^{2-}][Mn^{2+}]=2.5\times10^{-13}$$

所以

$$[S^{2-}]=1.25\times10^{-11}\ mol\cdot dm^{-3}$$

$$[H_3O^+]=8.3\times10^{-7}\ mol\cdot dm^{-3} \qquad pH=6.08$$

所以,pH在4.33~6.08范围内通H_2S至饱和,便可使Mn^{2+}、Fe^{2+}定量分离。

从表7.1和图7.1可知,如果不通H_2S气体而只调节pH,不能使Mn^{2+}、Fe^{2+}很好地定量分离,通入H_2S气体后分离是可行的,这也提醒我们,当要分离某些离子时,除了调节溶液的pH外,还可以选择适当的沉淀剂。

应该注意,在FeS沉淀析出的同时还不断放出H^+,酸度增高会影响FeS的沉淀完全。

$$Fe^{2+}(aq)+H_2S(aq)+2H_2O \Longrightarrow FeS(s)+2H_3O^+(aq)$$

因此在实际工作中必须加入缓冲溶液来控制酸度。

图 7.2 是 4 种金属硫化物的溶解度-pH 关系图。由图可见各金属硫化物沉淀完全的 pH 以及分离两种离子所需要控制的 pH 范围，图中线上的任意一点代表该金属硫化物与溶液所处的平衡状态，表示处于该 pH 时，该硫化物的溶解度，或在此离子浓度时，硫化物开始沉淀的 pH。线的右方为该硫化物的沉淀区，在该区域内溶液中 M^{n+} 和 S^{2-} 生成沉淀；线的左方则为沉淀溶解区，在此区域内金属硫化物溶解为 S^{2-} 及相应金属离子。

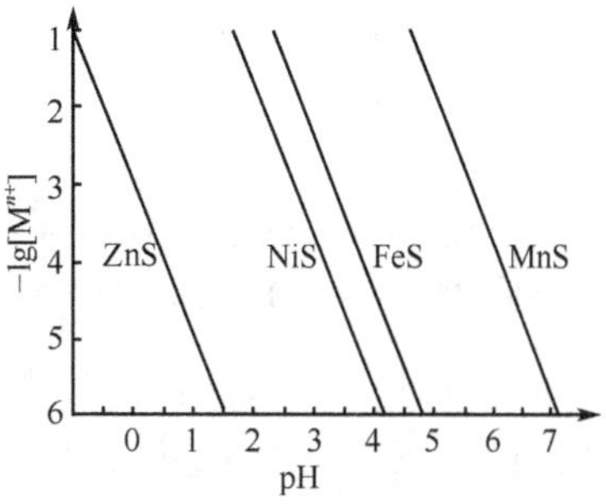

图 7.2　金属硫化物的溶解度-pH 图

由表 7.1 和图 7.1、图 7.2 可见，无论是氢氧化物还是硫化物，开始沉淀和沉淀完全不一定都在碱性环境；由于各沉淀物沉淀的 pH 不同，因此可通过控制 pH 达到分离金属离子的目的，差别越大，分离越彻底。

7.2.3　沉淀的转化

使某一难溶盐溶解可采取的办法除上面提到的酸溶、利用氧化还原和生成配合物外，还有一种办法是加入另外一种沉淀剂，使该难溶盐离子生成另一种沉淀而溶解，这便是沉淀的转化(transformation of precipitation)。

例如，在 100 cm^3 水中加入 0.01 mol 红棕色固体粉末 Ag_2CrO_4，充分搅拌，再加入 100 cm^3浓度为 0.10 $mol \cdot dm^{-3}$的 $(NH_4)_2S$ 溶液并搅拌，可以观察到红色固体消失，灰黑色沉淀生成。此过程可表示为

$Ag_2CrO_4(s) \rightleftharpoons$ $2Ag^+(aq)$ $+ CrO_4^{2-}(aq)$　$K_{sp}^{\ominus}(Ag_2CrO_4)=[Ag^+]^2[CrO_4^{2-}]=1.1\times10^{-12}$

$+$

$(NH_4)_2S(aq) \longrightarrow$ $S^{2-}(aq)$ $+ 2NH_4^+(aq)$

$\Downarrow$

$Ag_2S(s)$

$$K_{sp}^{\ominus}(Ag_2S)=[Ag^+]^2[S^{2-}]=6.0\times10^{-51}$$

总反应为

$$Ag_2CrO_4(s,\text{红棕})+(NH_4)_2S(aq) \Longrightarrow Ag_2S(s,\text{灰黑})+(NH_4)_2CrO_4 \qquad K=1.83\times10^{38}$$

其平衡常数非常大，是由于 $K_{sp}^{\ominus}(Ag_2S)$非常小，第二步沉淀使$[Ag^+]$变得非常小，打破了第一个平衡，使 $Q(Ag_2CrO_4)<K_{sp}^{\ominus}(Ag_2CrO_4)$，因而固体 Ag_2CrO_4不断溶解至完全。

由此可得到结论：**类型相同时，$K_{sp}^{\ominus}$较大的难溶盐可转化成 $K_{sp}^{\ominus}$更小的难溶盐。**如果两难溶盐类型不同，结论是否正确呢？

【例 7.10】 在 100 cm^3水中加入 0.01 mol Ag_2CrO_4固体粉末，充分搅拌，再加入等体积浓度为 0.20 $mol \cdot dm^{-3}$的 NaCl 溶液，Ag_2CrO_4固体能否全部转化成 AgCl 沉淀？已知：$K_{sp}^{\ominus}(AgCl)=1.8\times10^{-10}$，$K_{sp}^{\ominus}(Ag_2CrO_4)=1.1\times10^{-12}$。

解：虽然 $K_{sp}^{\ominus}(AgCl)>K_{sp}^{\ominus}(Ag_2CrO_4)$，但这是两种不同类型的电解质，沉淀的转化仍可进行

$$Ag_2CrO_4(s,红棕)+2Cl^-(aq)=\!=\!=2AgCl(s,白)+CrO_4^{2-}(aq) \qquad K$$

$$K=\frac{K_{sp}^{\ominus}(Ag_2CrO_4)}{K_{sp}^{\ominus 2}(AgCl)}=\frac{1.1\times10^{-12}}{(1.8\times10^{-10})^2}=3.4\times10^{7}$$

K 值较大,说明转化是完全的。当 AgCl 沉淀完全时,溶液中 Ag^+ 的浓度为

$$[Ag^+]=\sqrt{K_{sp}^{\ominus}}=1.34\times10^{-5}\ mol\cdot dm^{-3}$$

此时

$$Q(Ag_2CrO_4)=c(Ag^+)^2\cdot c(CrO_4^{2-})=(1.34\times10^{-5})^2\times(0.005)=9.0\times10^{-13}<K_{sp}^{\ominus}(Ag_2CrO_4)$$

此结果也表明 Ag_2CrO_4 固体完全溶解而转化成 AgCl 沉淀。

此例表明:$K_{sp}^{\ominus}$较小的由较多离子组成的难溶物有可能转化成 $K_{sp}^{\ominus}$较大的由相对较少离子组成的难溶物。不仅如此,即使两难溶电解质类型相同,但若 $K_{sp}^{\ominus}$相差不大,那么 $K_{sp}^{\ominus}$较小的也能适当转化成 $K_{sp}^{\ominus}$较大的,只不过反应的平衡常数较小,每次转化的量较少。

【例 7.11】 若用 100.0 cm^3浓度为 2.0 $mol\cdot dm^{-3}$的 Na_2CO_3溶液来处理 $BaSO_4$固体粉末,能溶解多少 $BaSO_4$固体?已知:$K_{sp}^{\ominus}(BaCO_3)=2.58\times10^{-9}$,$K_{sp}^{\ominus}(BaSO_4)=1.1\times10^{-10}$。

解:转化反应

$$BaSO_4(s)+CO_3^{2-}(aq)\rightleftharpoons BaCO_3(s)+SO_4^{2-}(aq) \qquad K$$

$$K=\frac{K_{sp}^{\ominus}(BaSO_4)}{K_{sp}^{\ominus}(BaCO_3)}=\frac{[SO_4^{2-}]}{[CO_3^{2-}]}=\frac{1.1\times10^{-10}}{2.58\times10^{-9}}=\frac{1}{23}=0.044$$

$$[SO_4^{2-}]=0.044\times[CO_3^{2-}]=0.088\ mol\cdot dm^{-3}$$

即能溶解 0.88 mmol 或 0.205 g $BaSO_4$。换言之,每含有 23 mol 的 Na_2CO_3溶液可将 1 mol 的 $BaSO_4$转化成 $BaCO_3$。

通过沉淀的转化,再结合酸溶沉淀,在实验室和工业生产中常将不溶于酸的难溶物转化成易溶于酸的难溶物,再经酸溶,从而达到不同的目的。例如,用 Na_2CO_3 溶液处理锅炉锅垢 $CaSO_4$,使之转化成较为疏松的 $CaCO_3$而清除掉;工业生产锶盐时,先用热的饱和 Na_2CO_3溶液溶解天青石(主要成分是 $SrSO_4$,$K_{sp}^{\ominus}=3.2\times10^{-7}$,不溶于酸)粉末,使之转化为溶解度更小、但可溶于酸的 $SrCO_3$($K_{sp}^{\ominus}=1.1\times10^{-10}$);用饱和 Na_2CO_3溶液处理重晶石矿($BaSO_4$),以制备各种钡盐。

小　　结

本章内容实际上是浓度对化学平衡的影响在沉淀溶解反应中的具体应用。

沉淀溶解平衡常数简称为溶度积,用 $K_{sp}^{\ominus}$表示,其值可通过式(5.6)计算或通过测定难溶盐饱和溶液中相应离子浓度求得。

溶度积 $K_{sp}^{\ominus}$和溶解度 S 都能表示难溶电解质的溶解能力,两者换算关系为

$$K_{sp}^{\ominus}=m^m n^n S^{m+n} \qquad 或 \qquad S=\sqrt[(m+n)]{K_{sp}^{\ominus}/(m^m\cdot n^n)}$$

沉淀溶解平衡是化学平衡的一个特定形式,溶度积 $K_{sp}^{\ominus}$是一个特定的平衡常数。根据溶度积规则可以判断沉淀的生成与溶解。在实际工作中,总是想办法创造条件,如控制溶液 pH、利用氧化还原或配位反应、改用沉淀剂等,并结合同离子效应与盐效应,使溶液中具有不同 $K_{sp}^{\ominus}$物质的离子或不同的固体物实现分步沉淀或分步溶解,从而达到物质分离的目的。通过沉淀的转化,来制备有关物质或达其他目标。

思考与研讨

7.1　写出下列反应的平衡常数关系式(已知各物质的 $K_{sp}^{\ominus}$和 $K_a^{\ominus}$)。

(1) $Ca_5(PO_4)_3F(s) \rightleftharpoons 5Ca^{2+}(aq) + 3PO_4^{3-}(aq) + F^-(aq)$　　K_1

(2) $Ca_3(PO_4)_2(s) + 2H_2CO_3(aq) \rightleftharpoons 2CaHPO_4(s) + Ca^{2+}(aq) + 2HCO_3^-(aq)$　　K_2

(3) $CaHPO_4(s) + H_2CO_3(aq) \rightleftharpoons H_2PO_4^- + Ca^{2+}(aq) + HCO_3^-(aq)$　　K_3

7.2 判断下列结论是否正确，并说明原因。

(1) 一定温度下，AgCl 的饱和水溶液中，$[c(Ag^+)/c^\ominus]$和$[c(Cl^-)/c^\ominus]$的乘积是一个常数。

(2) 在任何 AgCl 溶液中，$[c(Ag^+)/c^\ominus]$和$[c(Cl^-)/c^\ominus]$的乘积都等于 $K_{sp}^\ominus(AgCl)$。

(3) Ag_2CrO_4的标准溶度积常数表达式为 $K_{sp}^\ominus(AgCrO_4)=4[c(Ag^+)/c^\ominus]^2 \cdot [c(CrO_4^{2-})/c^\ominus]$。

(4) 难溶电解质的 $K_{sp}^\ominus$是温度和离子浓度的函数。

(5) 已知 $K_{sp}^\ominus(ZnCO_3)=1.4\times10^{-11}$，$K_{sp}^\ominus[Zn(OH)_2]=1.2\times10^{-17}$，则在 $Zn(OH)_2$ 饱和溶液中的 $c(Zn^{2+})$小于 $ZnCO_3$饱和溶液中的 $c(Zn^{2+})$。

(6) 根据同离子效应，沉淀剂加入越多，其离子沉淀越完全。

7.3 向含有较多固体 AgCl 的饱和水溶液中：① 加入 $AgNO_3$，② 加入 NaCl，③ 加入更多的固体 AgCl，④ 再加入一些水，⑤ 升高温度。在上述各种情况下，沉淀溶解平衡向什么方向移动？溶液中$[Ag^+]$和$[Cl^-]$是增加还是减少？Ag^+ 和 Cl^- 浓度的乘积是否变化？

7.4 溶液中离子被沉淀完全的标准是什么？标准的依据是什么？

7.5 促使沉淀溶解可采取的措施有哪些？为什么？溶液的酸度对哪些类型的难溶盐的沉淀溶解平衡有影响，为什么？

7.6 实验中欲洗涤新沉淀的 CaC_2O_4，应该选择用水洗还是用$(NH_4)_2C_2O_4$溶液洗或选用 NaCl 溶液洗？[注：实验室准备有 0.01 mol · dm^{-3}的$(NH_4)_2C_2O_4$溶液和 0.01 mol · dm^{-3}的 NaCl 溶液]。为什么？

7.7 因 $PbSO_4$不溶于酸，现欲用沉淀转化法将其转化为可溶于 HNO_3 的 $PbCrO_4$ 或 PbC_2O_4。那么，选用二者中的哪一种更好？说明理由。已知：$K_{sp}^\ominus(PbSO_4)=1.6\times10^{-8}$，$K_{sp}^\ominus(PbCrO_4)=2.8\times10^{-13}$，$K_{sp}^\ominus(PbC_2O_4)=3.2\times10^{-11}$，$K_{a2}^\ominus(H_2CrO_4)=3.2\times10^{-7}$，$K_{a2}^\ominus(H_2C_2O_4)=5.1\times10^{-5}$。

7.8 $Zn(OH)_2$为两性物质，与酸和碱作用都能生成盐，通常以 Zn^{2+} 浓度和对应的 pH 作图就可得到两性 $Zn(OH)_2$的溶解度对酸度的曲线，称为 *S*-pH 曲线。已知：

$$Zn(OH)_2 \rightleftharpoons Zn^{2+} + 2OH^- \qquad K_{sp}^\ominus[Zn(OH)_2]=1.2\times10^{-17}$$

$$Zn(OH)_2 + 2H_2O \rightleftharpoons 2H^+ + [Zn(OH)_4]^{2-} \qquad K=1.0\times10^{-29}$$

请绘出 $Zn(OH)_2$的 *S*-pH 图，表明不同物种存在区域。

7.9 某实验教材中有从海盐提纯试剂级氯化钠的实验。海盐中除含有泥沙等不溶性杂质外，还含有钙、镁、钾的卤化物(其中氯、溴、碘的物质的量之比约为 1 : 1.44×10^{-3} : 5.0×10^{-7})和硫酸盐等杂质。现需由海盐制备 20 g 试剂级氯化钠(要求杂质离子浓度小于 10^{-6} mol · dm^{-3}，为何？在此提纯实验中，将加 NaOH 和 Na_2CO_3后，过滤所得的沉淀物，加足量稀 $FeCl_3$溶液，观察有何现象发生，或者在该沉淀物中加入足量的1 mol · dm^{-3} 的 HAc，沉淀是否完全溶解？)。请设计一提纯和检验方案，要求将本章的主体内容：溶度积原理、沉淀的生成、沉淀的溶解、分步沉淀、沉淀的转化贯穿在此方案中。

已知 $K_{sp}^\ominus$：$BaSO_4$ 1.1×10^{-10}；$CaCO_3$ 2.8×10^{-9}；$BaCO_3$ 2.5×10^{-9}；$MgCO_3$ 6.82×10^{-6}；$Ca(OH)_2$ 5.5×10^{-6}；$Ba(OH)_2$ 5.0×10^{-3}；$Mg(OH)_2$ 1.8×10^{-11}；$Fe(OH)_3$ 2.64×10^{-38}；$FeCO_3$ 3.2×10^{-11}。

习　题

7.1 根据下列各物质的 $K_{sp}^\ominus$数据，求溶解度 *S*。

(1) $BaSO_4$，$K_{sp}^\ominus=1.1\times10^{-10}$　[*S* 以 g · (100 g 水)$^{-1}$表示]

(2) CaF_2，$K_{sp}^\ominus=5.3\times10^{-9}$　[*S* 分别用 mol · dm^{-3}和 g · (100 g 水)$^{-1}$表示]

(3) $Ca_5(PO_4)_3F(s)$，$K_{sp}^\ominus=1.1\times10^{-68}$　(*S* 以 mol · dm^{-3}表示)

7.2 根据下列物质在某温度时的溶解度求该物质在此温度下的溶度积。

(1) AgBr 在 100 ℃时的溶解度为 0.000 37 g/(100 cm^3 水)$^{-1}$。

(2) $Ag_2Cr_2O_7$在 15 ℃时的溶解度为 0.0083 g/(100 cm^3 水)$^{-1}$。

7.3 将 50.0 cm^3 4.20 mol·dm^{-3} $NH_3 \cdot H_2O$ 与 50.0 cm^3 4.00 mol·dm^{-3} HCl 混合，再向此混合溶液中滴加 Fe^{2+}，当 Fe^{2+} 浓度达到 5.6×10^{-4} mol·dm^{-3}时，开始出现 $Fe(OH)_2$沉淀，试计算 $K_{sp}^{\ominus}[Fe(OH)_2]$ 并与附录 6 的值进行比较。已知：$K_b^{\ominus}(NH_3 \cdot H_2O)=1.8\times10^{-5}$，$K_{sp}^{\ominus}[Fe(OH)_2]=1.0\times10^{-15}$。

7.4 已知：25 ℃ 时，$\Delta_f G_m^{\ominus}(Ca^{2+}, aq) = -553.6$ kJ·mol^{-1}，$\Delta_f G_m^{\ominus}(CO_3^{2-}, aq) = -528.1$ kJ·mol^{-1}，$\Delta_f G_m^{\ominus}(CaCO_3, s)=-1129.0$ kJ·mol^{-1}，计算 $K_{sp}^{\ominus}(CaCO_3)$。

7.5 室温下 $Mg(OH)_2$的溶度积是 1.8×10^{-11}。若 $Mg(OH)_2$在饱和溶液中完全电离，试计算：

(1) $Mg(OH)_2$在水中溶解度及 Mg^{2+}、OH^-的浓度。

(2) 在 0.010 mol·dm^{-3} NaOH 溶液中 Mg^{2+}的浓度。

(3) $Mg(OH)_2$在 0.010 mol·dm^{-3} $MgCl_2$溶液中的溶解度。

7.6 在 0.250 dm^3 0.100 mol·dm^{-3} 的 $Mg(NO_3)_2$溶液中能溶解多少克固体 MgF_2？已知：$K_{sp}^{\ominus}(MgF_2)=8.0\times10^{-8}$，$M_r(MgF_2)=62.31$。

7.7 要在 1.00 dm^3 HAc 溶液中溶解 0.10 mol 的 MnS，问 HAc 的最初浓度至少应是多少？(完全生成 Mn^{2+} 和 H_2S)

7.8 计算 AgSCN 和 AgBr 共同存在时的溶解度(mol·dm^{-3})。

7.9 将 100 cm^3 0.10 mol·dm^{-3} H_2S 溶液与等体积等浓度的 $ZnCl_2$溶液混合后，(1) 有无沉淀生成？(2) 若有，Zn^{2+} 能否沉淀完全？(3) 如想抑制上述沉淀，需在此混合液中至少加入多少 12 mol·dm^{-3} HCl 溶液？(已知 H_2S 的 $K_{a_1}=1.0\times10^{-7}$，$K_{a_2}=1.7\times10^{-14}$，$K_{sp}(ZnS)=2.5\times10^{-22}$，忽略加入 HCl 后的体积变化)

7.10 把过量的 $Cu(OH)_2$ 放入 500 cm^3 的 HAc 溶液中(假设溶液体积不变，且 Cu^{2+} 不与 Ac^- 生成配位离子)，如最后达平衡时，$[HAc]=\frac{1}{2}[Ac^-]$，则有多少摩尔的 $Cu(OH)_2$溶解了？原 HAc 的浓度为多少？

7.11 在乙二酸溶液中加入 $CaCl_2$溶液产生 CaC_2O_4沉淀，当过滤出沉淀后，加氨水于滤液中，又产生 CaC_2O_4 沉淀，请解释上述实验现象。

7.12 某试剂厂制备分析纯化学试剂乙酸锰 $[Mn(CH_3COO)_2 \cdot 4H_2O]$ 时，常控制 pH 为 4～5，以除去溶液中杂质 Fe^{2+}，试用溶度积原理解释并通过计算说明。

7.13 在下列溶液中通入 H_2S 至饱和，计算溶液中残留的 Cu^{2+} 浓度。

(1) 0.10 mol·dm^{-3} $CuSO_4$

(2) 0.10 mol·dm^{-3} $CuSO_4$ 和 1.0 mol·dm^{-3} HCl

(提示：要考虑反应 $Cu^{2+}+H_2S+2H_2O \rightleftharpoons CuS+2H_3O^+$ 和 $H_3O^+ + SO_4^{2-} \rightleftharpoons HSO_4^- + H_2O$)

7.14 溶液中含有的 Mn^{2+}、Cu^{2+}、Bi^{3+}浓度均为 0.10 mol·dm^{-3}，控制溶液 pH=0.50，并不断通入 H_2S，使沉淀反应充分发生，并保持 H_2S 饱和，求溶液中剩余的 Mn^{2+}、Cu^{2+}、Bi^{3+} 浓度。哪种离子最先沉淀？已知：$K_{sp}^{\ominus}(Bi_2S_3)=1.1\times10^{-99}$。

7.15 用 Na_2CO_3或 Na_2S 溶液处理固体 AgI，能不能将 AgI 固体转化成 Ag_2CO_3或 Ag_2S？

7.16 牙齿有一个大约 2 mm 厚的珐琅防护层，主要成分是 $Ca_5(PO_4)_3OH$，食品在细菌作用下易变成有机酸，可促进其溶解，损坏牙齿。大部分含氟牙膏含 NaF、SnF_2，促使珐琅层矿化生成 $Ca_5(PO_4)_3F$。由热力学数据计算两种物质的溶度积常数，从化学性质上分析哪一个物质在有机酸中较稳定。

已知：	$Ca_5(PO_4)_3OH(s)$	$Ca_5(PO_4)_3F(s)$	$PO_4^{3-}(aq)$	$F^-(aq)$	$OH^-(aq)$	$Ca^{2+}(aq)$
$\Delta_f G_m^{\ominus}$(298 K)/(kJ·mol^{-1})	−6339	−6491	−1019.0	−278.8	−157.79	−53.6

第 8 章　氧化还原平衡与电化学

自 19 世纪末锌锰干电池发明以来，特别是近三四十年来，各种各样的电池如雨后春笋般相继被开发，不仅广泛用于人类的日常生活，还广泛用于工业、军事、航天等各个领域。如果抛开电池开发工艺及其他方面的问题，仅就原理而言，你能设计开发出哪些电池，或者就地取材制出哪些简易电池？又如何控制及测定电池的电压？电池除提供电源外，利用电池原理在科研中还有哪些重要的应用？又是如何应用的？另外，除了可利用一般的氧化还原反应进行物质的制备外，随着电解工业与工艺的发展，电解产品从早期制备活泼金属（如钠、铝等）与活泼非金属（如氟、氯等），到现在已远超出了人们的想象。在电镀（如镀银）时，有时需往电镀液中加入配位剂，为何要“多此一举”？还有金属防腐问题等。此外，无论是电池还是电解，都有效率的问题。带着这些问题我们来探讨氧化还原反应及其规律。

8.1　氧化还原反应概念及氧化还原反应方程式配平

18 世纪末，人们把与氧化合的反应称为氧化反应，把从氧化物中夺取氧的反应称为还原反应。1852 年英国化学家弗兰克兰（E. Frankland）提出了化合价的概念，后人把化合价升高的过程称为氧化，把化合价降低的过程称为还原。1916 年，德国化学家柯塞尔（W. Kossel）提出电价键理论，后来，美国化学家 Lewis 和朗格缪尔（I. Langmuir）提出共价键理论。从此人们把失电子的过程称为氧化，得电子的过程称为还原。例如

$$Zn+Cu^{2+} \rightleftharpoons Cu+Zn^{2+}$$

是一氧化还原反应，Zn 是还原剂，Cu^{2+} 是氧化剂。

8.1.1　氧化数

1）氧化数

在中学阶段，确定一个反应是否是氧化还原反应的依据是看元素的“化合价”是否发生了变化，如 $Cl_2+2Na = 2NaCl$，反应中 Cl 获得电子，化合价由 0 下降至－1，而 Na 失去电子，化合价从 0 上升到＋1。然而，在许多氧化还原反应中，元素得失电子并不完全，而是共用，只不过共用的程度不同而已，如 $Cl_2+H_2 = 2HCl$。又如，我们常说 SO_4^{2-} 中 S 的化合价为＋6，可 S 并没有获得 6 个电子。因此，用“化合价”来表示化合物中元素原子的电荷变化情况并不严谨。1970 年国际纯粹与应用化学联合会（IUPAC）建议将“化合价”改为“氧化数”，或称“氧化态”。

2）确定规则

氧化数是元素的形式荷电数，是将共价键中的电子指定给电负性更大的原子而求得。

（1）单质中元素的氧化数为零，如 Fe、P_4、H_2、Cl_2、S_8 等。

（2）电中性的化合物各元素的氧化数之和为零，离子化合物中组成离子的各元素的氧化数之和等于该离子的电荷数。

(3) 氧的氧化数一般为−2(但在过氧化物如 O_2F_2 中为+1,在 OF_2 中为+2),氟的氧化数总是为−1,非金属氢化物中氢的氧化数为+1(在活泼金属氢化物如 NaH 中为−1)。

根据氧化数的概念再结合这些规则,就可确定化合物中各元素的氧化数了。

单质　如 H_2、Cl_2、O_2、P_4、S_8 等,因分子中各原子属同一元素,电负性相同,成键环境[ⓐ]相同,成键电子不偏向任何一方。

简单中性化合物　如 CH_4、NH_3 等,因 H 的氧化数为+1,所以 C、N 的氧化数分别为−4 和−3。在 PCl_3、PCl_5、HClO、$HClO_3$、$HClO_4$ 中 Cl 的氧化数分别为−1、−1、+1、+5 和+7;P 的氧化数分别为+3 和+5。As_2S_3 中 S 的氧化数与 O 相同,为−2,As 的氧化数则为+3,与 N 相同。

离子化合物　简单离子化合物,如过氧化物 O_2^{2-}、超氧化物 O_2^-、臭氧化物 O_3^- 等,O 的氧化数分别为−1、−1/2、−1/3;MnO_4^- 中 Mn 的氧化数为+7,SO_4^{2-} 中 S 为+6 等。

对于 $S_4O_6^{2-}$、$S_2O_3^{2-}$、Fe_3O_4、O_3^- 等,我们常用分数表示氧化数,如 Fe 为+8/3,但这不是它们的真实氧化数。

还有一些化合物,如 $S_2O_8^{2-}$、CrO_5 等,如果直接按上面的规律去求算,可能会得到 S 为+7、Cr 为+10 的错误结论。那么如何确定元素原子的最高氧化数呢?

我们知道,同一元素原子在不同化合物中其氧化数可能不同,如 N 最高为+5,最低为−3;卤素中除 F 只有−1 和 0 外,其他有−1、0、+1、+3、+5、+7;Mn 有 0、+2、+3、+5、+7 等。那么一个元素的最高氧化数和最低氧化数有无规律或限制?事实上,氧化数的确定体现了原子结构的特点。**元素原子的最高氧化数不超过该元素所在的族数,主族元素最低氧化数不超过(族数−8)。**

按这一规则,S、Cr 的最高氧化数都为+6。这可借助结构来确定,例如

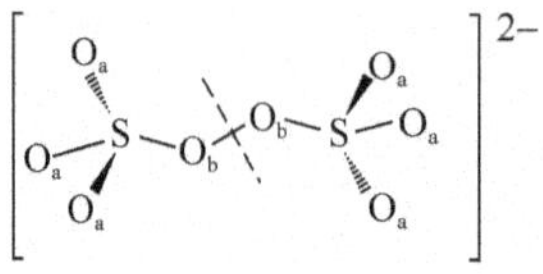

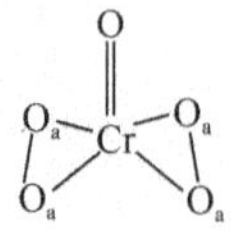

$S_2O_8^{2-}$ 中 $O_b—O_b$ 是过氧键,若沿虚线断开,两边完全相同,或是说 O_b 的成键环境相同,即 $O_b—O_b$ 共用的电子对不偏向任何一边,所以其氧化数为−1,这样 S 的氧化数就为+6;同理,CrO_5 中的 O_a 其氧化数为−1,Cr 的氧化数就为+6。同样,在 $S_2O_3^{2-}$ 中,中心 S 的电负性大于端点 S 的电负性,所以中心 S 的氧化数为+4 而端点 S 为 0,平均为+2。按氧化数的概念虽然可将同一物质分子中的同一元素赋予不同的氧化数,但在实际应用中常使用平均氧化数,从而使问题简单化,见例 8.1。

氧化数的确定方法并非完全是人为的规定,也有着实验根据。例如,电化学实验证明 1 mol MnO_4^- 还原为 MnO_2 时,需要得到 3 mol 电子;而还原为 Mn^{2+} 时,则需得到 5 mol 电子

ⓐ　当有多个同一元素原子组成的化合物分子或离子时,还应注意它们的成键环境。P_4、S_8 中和 4 个 P 或 8 个 S 的成键环境完全相同,而 O_3、N_3^-、N_5^+ 等中,它们各自的成键环境是不相同的(第 13 章),因此,这些分子或离子中各原子的氧化数并不为零。在 $S_4O_6^{2-}$ 中 4 个 S 的成键环境不同,但两两对应相同。如果将氧化数"是将共价键中的电子指定给电负性更大的原子而求得"改成"是将共价键中的电子指定给电负性更大的原子(或基团)而求得"可能更能说明问题。

$$\overset{+7}{Mn}O_4^- + 4H^+ + 3e^- = \overset{+4}{Mn}O_2 + 2H_2O$$

$$\overset{+7}{Mn}O_4^- + 8H^+ + 5e^- = \overset{+2}{Mn}{}^{2+} + 4H_2O$$

1 mol Mn 的氧化数由+7 降为+4，需获得 3 mol 电子；而由+7 降为+2 时，则需获得 5 mol 电子。由此可见，氧化数反映了元素所处的氧化状态。

8.1.2　氧化还原半反应

每一个氧化还原反应都可拆分成两个半反应。例如

$$Cu^{2+} + Zn \longrightarrow Cu + Zn^{2+}$$

可拆分成铜半反应

$$Cu^{2+} + 2e^- \underset{\text{氧化}}{\overset{\text{还原}}{\rightleftharpoons}} Cu$$

和锌半反应

$$Zn^{2+} + 2e^- \underset{\text{氧化}}{\overset{\text{还原}}{\rightleftharpoons}} Zn$$

Cu^{2+} 和 Cu 是这个半反应中一对不可分离的物质，氧化数相对较高的称为氧化态(oxidizing state)物质，氧化数相对较低的称为还原态(reducing state)物质。像上面这种将氧化态物质置于反应式左边、还原态物质置于反应式右边构成的半反应称为还原半反应，其逆过程是氧化半反应。这样，我们就可将千千万万的氧化还原反应缩编成有限的半反应，进而研究这些半反应的氧化还原能力和本质，使研究的问题大大简化。半反应不仅具有理论上的意义，在电化学实验研究中也是切实可行的。

同质子酸碱是矛盾的对立统一体一样，氧化还原半反应将氧化态物质与还原态物质统一于电子的得失(用 ox 代表氧化态物质，red 代表还原态物质)：

$$\text{氧化态(ox)} + ne^- = \text{还原态(red)} \qquad \text{电子的转移}$$

$$\text{酸(a)} = \text{碱(b)} + nH^+ \qquad \text{质子的转移}$$

根据物质不灭定律，显然半反应是不能单独发生的，一个还原半反应发生的同时必定有另一氧化半反应发生。

8.1.3　氧化还原反应方程式配平

方程式的配平常有几种情况：①给出了所有的反应物和产物；②给出了主要的反应物和部分产物及反应条件；③只给出主要反应物和反应条件。前两种情况比较好办一些，对后一种情况，首先得根据实验事实正确写出产物，然后再着手配平，这一点很关键。

1. 氧化数法

氧化数法的配平原则是还原剂和氧化剂氧化数升高和降低相等。

配平步骤：①左边写反应物的化学式，右边写生成物的化学式；②计算氧化剂中原子的氧化数降低值和还原剂中原子氧化数的升高值，根据氧化数升高和降低相等的原则找出化学计量系数；③配平除 H 和 O 以外的各种元素的原子数；④用 H_2O 配平 O 原子数，并找出参加反应或生成的水的分子数。

【例 8.1】 完成并配平反应方程式 $I_2 + Na_2S_2O_3 \longrightarrow$。

解:根据实验事实该反应方程式(碘量法)为

① $\overset{0}{I_2} + Na_2\overset{+2}{S_2}O_3 \longrightarrow Na_2\overset{+2.5}{S_4}O_6 + Na\overset{-1}{I}$

② 2I:氧化数变化$(0 \rightarrow -1)$　　氧化数降低 $2\times1=2$　$\times1$

4S:氧化数变化$(2\rightarrow2.5)$　　氧化数升高 $4\times0.5=2$　$\times1$

③ $I_2 + 2Na_2S_2O_3 = Na_2S_4O_6 + 2NaI$

要注意的是,产物 $Na_2S_4O_6$ 中含有 4 个 S 而反应物 $Na_2S_2O_3$ 中只含 2 个 S,$4\times0.5=2$ 是按 4 个 S 计算的,所以,在计算计量系数时,$Na_2S_2O_3$ 前要乘以 2。

在大多数反应里,这一原则是很清楚的,但有少数情况一种化合物里某元素同时参加了氧化反应与还原反应,那么就必须把氧化数升降关系综合起来计算。

【例 8.2】 三硫化二砷和浓硝酸反应生成砷酸($HAsO_3$)、析出硫磺并放出一氧化氮气体。配平该反应的方程式。

解:　① 反应方程式为　$\overset{+3}{As_2}\overset{-2}{S_3} + \overset{+5}{N}O_3^- \longrightarrow \overset{+5}{As}O_3^- + \overset{0}{S} + \overset{+2}{N}O$

② N:氧化数变化$(+5\rightarrow+2)$　　氧化数降低 $1\times3=3$　$\times10$

2As:氧化数变化$(+3\rightarrow+5)$　　氧化数升高 $2\times2=4$ }

3S:氧化数变化$(-2\rightarrow0)$　　氧化数升高 $3\times2=6$ } 10　$\times3$

③ $3As_2S_3 + 10NO_3^- \longrightarrow 6AsO_3^- + 9S + 10NO$

左边有 30 个 O,右边只有 28 个 O,比左边少 2 个,用 H_2O 补上

④ $3As_2S_3 + 10NO_3^- + 4H^+ = 6AsO_3^- + 9S + 10NO + 2H_2O$

右边少的 2 个 O 如果用 OH^- 补上,左边加 H_2O 则

$$3As_2S_3 + 10NO_3^- + 2H_2O = 6AsO_3^- + 9S + 10NO + 4OH^-$$

此式从元素个数和电荷方面看是配平了,但条件却出了问题。反应用的是浓硝酸,是强酸性条件,而在方程式中出现了 $4OH^-$,是强碱性条件,与题给条件不同。此外,As_2S_3 在强碱性和强酸性条件下的反应产物也是不相同的。

2. 半反应法

半反应法也称离子-电子法。该法是将氧化还原反应分别写成两个半反应:氧化半反应和还原半反应,分别按电子得失并相等的原则配平,再相加即得总的反应方程式。

【例 8.3】 在酸性条件下,将高锰酸钾溶液与乙二酸钾溶液混合后,溶液呈无色并有气体放出。写出并配平反应式。

解:高锰酸钾呈紫色,酸性条件下的还原产物 Mn^{2+} 正是无色,气体是乙二酸钾的氧化产物 CO_2。

① 写出氧化半反应和还原半反应

还原半反应:$MnO_4^- \longrightarrow Mn^{2+}$

氧化半反应:$C_2O_4^{2-} \longrightarrow CO_2$

② 分别配平　$MnO_4^- + 8H^+ + 5e^- = Mn^{2+} + 4H_2O$　$\times2$

$C_2O_4^{2-} = 2CO_2 + 2e^-$　$\times5$

③ 两式分别乘以各自的系数(使得失电子数相等)后相加

$$2MnO_4^- + 5C_2O_4^{2-} + 16H^+ = 2Mn^{2+} + 10CO_2 + 8H_2O$$

【例 8.4】 配平反应式 $FeS_2 + HNO_3 \longrightarrow Fe_2(SO_4)_3 + H_2SO_4 + NO$。

解:①还原半反应:　$NO_3^- \longrightarrow NO + H_2O$

氧化半反应：　$FeS_2 \longrightarrow Fe^{3+}$

$FeS_2 \longrightarrow SO_4^{2-}$

②分别配平：　$NO_3^- + 4H^+ + 3e^- = NO + 2H_2O$

$FeS_2 \longrightarrow Fe^{3+} + e^-$

$FeS_2 + 8H_2O \longrightarrow 2SO_4^{2-} + 16H^+ + 14e^-$

总的氧化半反应：$FeS_2 + 8H_2O = Fe^{3+} + 2SO_4^{2-} + 16H^+ + 15e^-$

还原半反应氧化数降低(3×5)＝氧化半反应氧化数升高(15×1)，得

$$FeS_2 + 5NO_3^- + 4H^+ = Fe^{3+} + 2SO_4^{2-} + 5NO + 2H_2O$$

配平此反应时要注意：①FeS_2 中 S 为－1 氧化态而不是－2，这样 Fe 就为＋2 氧化态；② HNO_3 的氧化性强，S 会被氧化为＋6，同时要注意 Fe^{2+} 同时也会被氧化为 Fe^{3+}；③ 两个元素被同时氧化，其氧化数升高的总数应等于氧化剂被还原时氧化数降低的总数。

另外必须注意：氧化剂(还原剂)在不同的酸碱条件下其还原(氧化)产物可能有别，反应要根据实际酸碱性情况用 H^+、H_2O、OH^- 等配平 H 和 O，酸性条件要用 H^+、H_2O 来配平，碱性条件要用 H_2O、OH^- 来配平，切不可混淆。

8.2　电极与原电池

8.2.1　原电池

1) 电池与电极

我们知道，伴随着氧化还原反应的发生必有电子的转移。1836 年，英国人丹尼尔(J. F. Daniell)将铜片和锌片分别浸入硫酸铜溶液和硫酸锌溶液，用多孔陶瓷将两种溶液隔开，使氧化反应和还原反应分开进行，得到了稳定的电流和电压。这便是 Daniell 电池。

图 8.1 就是由铜片和硫酸铜溶液、锌片和硫酸锌溶液、盐桥(salt bridge)、检流计构成的一个**原电池**(primary cell)。当电路形成闭路时，可通过检流计观察到电流的流动。

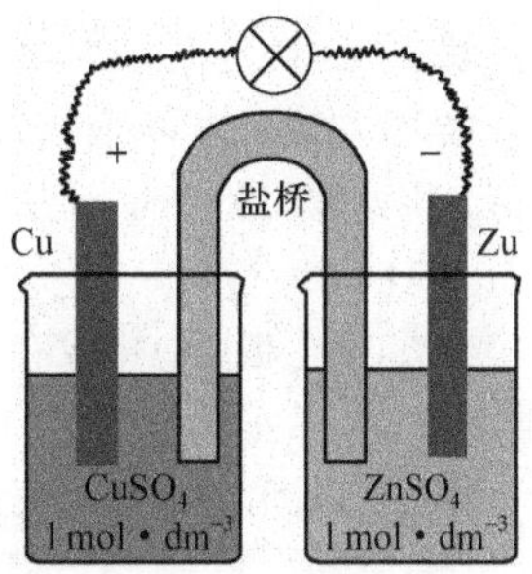

图 8.1　铜锌原电池

图 8.1 所构成的电池称为铜-锌电池。电池由两个电极(electrode)组成，电极也称电对或半电池。由铜片和硫酸铜溶液构成铜电极，由锌片和硫酸锌溶液构成锌电极。当电路接通时，电压表指针发生一定的偏转，电流由铜极流向锌极：即锌电极为负极，发生氧化反应，向外电路输出电子；铜电极为正极，从外电路接受电子，发生还原反应。其氧化还原反应

$$Zn + Cu^{2+} = Cu + Zn^{2+}$$

是在电池中进行的，称为电池反应。该反应实际是分别在两电极上发生的

正极　$Cu^{2+} + 2e^- = Cu$

负极　$Zn = Zn^{2+} + 2e^-$

2) 电极的表示方法

任何一个电极都是由同一元素的两种不同的氧化态物质构成的，表示电极时，常用斜线“/”，并将氧化型写在斜线前面，还原型写在斜线的后面：

氧化型/还原型　　(ox/red)

如锌电极 Zn^{2+}/Zn,铜电极 Cu^{2+}/Cu。这样表示的电极称为还原电极。

3) 电池符号

从理论上讲,任何一个氧化还原反应都可以构成原电池。由于原电池的动力与诸多因素有关,所以当人们研究或报道它们时都要画出如图 8.1 所示的图,后来人们想到了用简洁、统一的符号来替代图示,这便是电池符号。

电池符号包含:电极、组成物质及其浓度或分压、盐桥、物相界面符号。书写电池符号时人们约定:①将负极写在左边,正极写在右边,正负两极之间用符号“‖”隔开,代表盐桥;②电极是由金属和溶液(或气体)组成的,固-液或固-气或液-气间存在的物相界面用符号“|”分开,若参与电极反应的氧化态物质和还原态物质中没有固体金属时,需加上惰性电极(通常是 Pt 电极);③因溶液的浓度或气体的压强对电池的原动力有影响,所以必须注明溶液的浓度和气体的压强;④如果参与电极反应的氧化态物质和还原态物质都是溶液中的离子,则用逗号“,”将其分开;⑤还有最后一点不要忘记,即将电极的氧化态物质置于中间,还原态物质置于两边。这样铜锌电池的符号及意义是

(−) $Zn|Zn^{2+}(1\ mol \cdot dm^{-3})\ \|\ Cu^{2+}(1\ mol \cdot dm^{-3})|Cu$ (+)

负极 界面 盐桥 界面 正极

氧化半电池(半反应) ‖ 还原半电池(半反应)

虽然有了上面的约定,但对于初学者,要完全正确地写出任意电池的电池符号可能还不是一件易事。现再举两例进行说明。

【例 8.5】 写出由氧化还原反应 $2Fe^{3+}(c_1)+Sn^{2+}(c_2) = 2Fe^{2+}(c_3)+Sn^{4+}(c_4)$构成的原电池的电池符号。

解:首先,确定正负极。$Fe^{3+} \longrightarrow Fe^{2+}$夺取电子,为还原反应,是正极,放右边;$Sn^{2+} \longrightarrow Sn^{4+}$为氧化反应,是负极,放左边。按⑤,$Sn^{4+}$和 Fe^{3+}其氧化数较 Sn^{2+}和 Fe^{2+}高,是氧化态,放中间;Sn^{2+}和 Fe^{2+}是还原态,放两旁。因此按①和⑤有

$$(-)\ Sn^{2+}\quad Sn^{4+}\ \|\ Fe^{3+}\quad Fe^{2+}\ (+)$$

其次,因电极反应中没有固体金属作为电极,按②加上惰性 Pt 电极

$$(-)\ Pt\ |\ Sn^{2+}\quad Sn^{4+}\ \|\ Fe^{3+}\quad Fe^{2+}\ |\ Pt\ (+)$$

最后,按③和④注明浓度并将不同离子溶液用“,”分开,得

$$(-)Pt\ |\ Sn^{2+}(c_2),Sn^{4+}(c_4)\ \|\ Fe^{3+}(c_1),Fe^{2+}(c_3)\ |\ Pt(+)$$

【例 8.6】 写出由氧化还原反应

$$2Fe^{3+}(1.0\ mol \cdot dm^{-3})+H_2(100\ kPa) = 2H^+(0.1\ mol \cdot dm^{-3})+2Fe^{2+}(0.1\ mol \cdot dm^{-3})$$

构成的原电池的电池符号。

解:氢电极为负极、铁电极为正极,因此按①和⑤有

$$(-)\ H_2\quad H^+\ \|\ Fe^{3+}\quad Fe^{2+}\ (+)$$

按②加上惰性 Pt 电极

$$(-)\ Pt\ |\ H_2\quad H^+\ \|\ Fe^{3+}\quad Fe^{2+}\ |\ Pt(+)$$

按③和④注明浓度和气体压强,并用“,”分开不同离子溶液,得

$$(-)\ Pt\ |\ H_2(100\ kPa),H^+(0.1\ mol \cdot dm^{-3})\ \|\ Fe^{3+}(1.0\ mol \cdot dm^{-3}),Fe^{2+}(0.1\ mol \cdot dm^{-3})\ |\ Pt(+)$$

8.2.2 电极电势和电池电动势

如图 8.1 所示,当两个半电池连通后便产生电流,说明两个电极的电势(electrode

potential)不同。因正极的电势高于负极，电流就从正极流向负极。电池电动势(electromotive force of cell)等于正极与负极的平衡电势差。如用 E 表示电池电动势，φ 表示电极电势(也有用 E 表示)，则

$$E=\varphi_{+}-\varphi_{-} \tag{8.1}$$

如图 8.1 所示，用高阻抗的晶体管伏特计或电位差计测出电池

$$(-)\ Zn|Zn^{2+}(1.00\ mol\cdot dm^{-3})\parallel Cu^{2+}(1.00\ mol\cdot dm^{-3})|Cu\ (+)$$

的电动势等于 1.10 V，这意味着铜电极的电势比锌电极高出 1.10 V。如图 8.2 所示，银电极和铜电极构成下列电池

$$(-)Cu|Cu^{2+}(1.00\ mol\cdot dm^{-3})\parallel Ag^{+}(1.00\ mol\cdot dm^{-3})|Ag(+)$$

测得电动势为 0.46 V，表明银电极的电势比铜电极高出 0.46 V。可见，它们的电势高低顺序为：银电极>铜电极>锌电极。那么，为何不同的电极其电势不同呢？这与电极电势的产生有关。

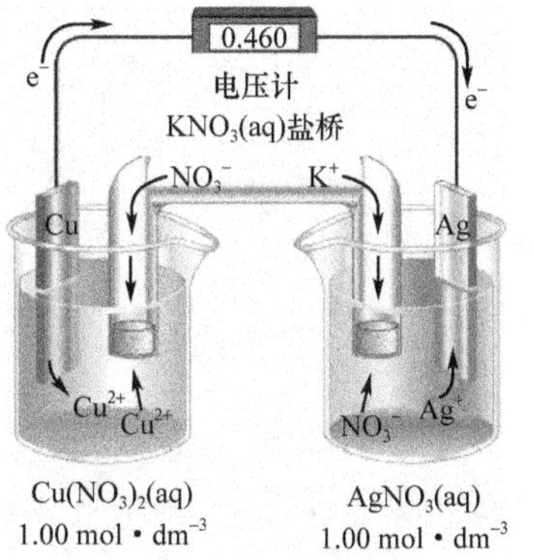

图 8.2　铜银原电池

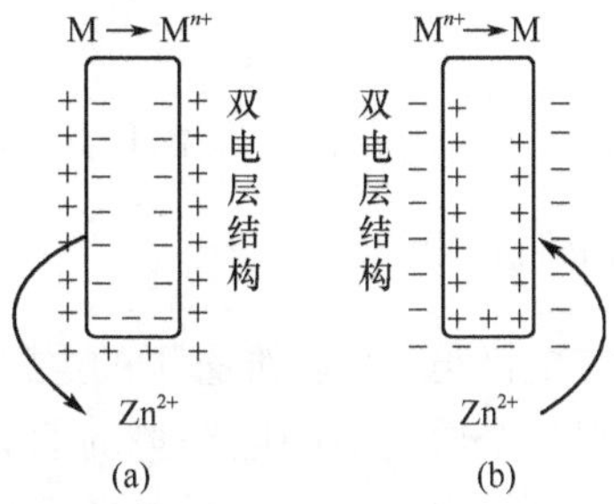

图 8.3　双电层结构示意图

1. 电极电势的产生

在 Cu-Zn 电池反应中，为何总是 Zn 失去电子，Cu^{2+} 得到电子？原来，在金属晶体中存在金属阳离子和自由电子，当把某金属 M 插入到含有该金属离子 M^{n+} 的溶液中时有两种倾向，如 Zn：① 金属表面的 Zn 失去电子成 Zn^{2+} 进入溶液 $Zn(s)-2e^{-}=\!=\!=Zn^{2+}(aq)$；② Zn^{2+} 在金属表面获得电子沉积到金属表面 $Zn^{2+}(aq)+2e^{-}=\!=\!=Zn(s)$。

平衡时　　$Zn(s)\underset{溶解}{\overset{沉积}{\rightleftharpoons}}Zn^{2+}(aq)+2e^{-}$　　$v_{溶}=v_{积}$

对任何电极，这两种倾向同时存在，但不同的金属因其内部结构不同，金属失去电子成阳离子或阳离子获得电子成金属的能力也不同，或者说上面两种倾向的程度不同。金属越活泼，倾向①越大，金属越不活泼，倾向②越大。当倾向①强于倾向②时，因电子留在金属表面使金属表面的负电荷较多，而金属表面附近的溶液聚集了较多的正电荷，在金属和溶液界面间形成一**双电层结构**[图 8.3(a)]；反之，如果倾向①弱于倾向②，金属表面聚集了较多的正电荷，而附近的溶液聚集了较多的负电荷，界面间形成双电层结构[图 8.3(b)]。界面间的双电层结构使金属-溶液界面间产生电势差，该电势差就是该电极的电极电势。不同电极因其产生的双电层结构的程度不同，产生的电势差不同，电极电势也就有别。

2. 标准氢电极

了解了电极电势产生的原因,下一个要解决的问题就是电极电势的测定。当外界条件一定时,电极电势的高低主要取决于金属的活泼性大小。至今我们只能测定电池的电动势,却无法测定单个电极的电势。但这并不妨碍实际应用,因氧化还原反应是两电极反应同时进行的,电池电动势是两电极电势之差。正如测定的某地高度是海拔高度一样,如果选定某一电极的电势为基准,通过电池电动势的测定,就可确定另一电极的相对电势了。

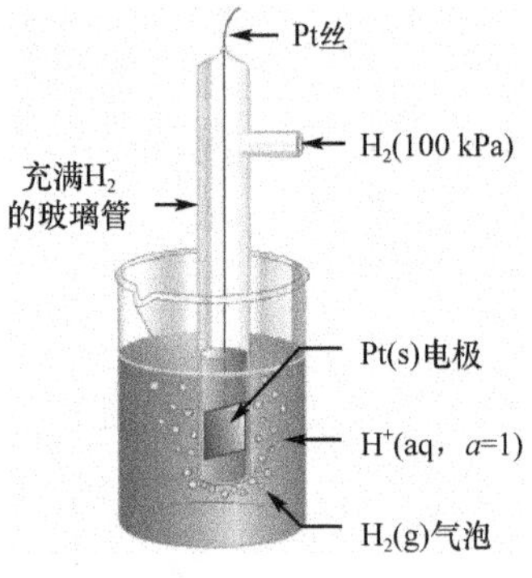

图 8.4　标准氢电极

经比较,IUPAC 选择标准氢电极(图 8.4)作为理想的标准电极。规定,298 K 下,把镀了铂黑的铂片插入 H^+ 浓度为 1 $mol \cdot dm^{-3}$ 的溶液中,并通入标准压强(100 kPa)的纯净氢气,这样的电极称为标准氢电极(standard hydrogen electrode,SHE),并规定其电极电势值为零

$$\varphi^\ominus(H^+/H_2)=0.000\ V$$

电极反应为

$$2H^+(c^\ominus)+2e^- \rightleftharpoons H_2(p^\ominus)$$

3. 标准电极电势

将标准氢电极与其他标准态下的电极组成原电池,并将标准氢电极作负极,定在左边,用实验方法测得这个原电池的电动势的值就是该电极的标准电极电势(standard electrode potential)或称还原电势。如将标准氢电极与标准态下的铜电极构成原电池,测得 $E^\ominus=0.34$ V

负极(氢电极)	$2H^+ + 2e^- = H_2$	$\varphi^\ominus(H^+/H_2)=0.000$ V
正极(铜电极)	$Cu^{2+}+2e^- = Cu$	$\varphi^\ominus(Cu^{2+}/Cu)=?$
电池反应	$H_2+Cu^{2+}=Cu+2H^+$	$E^\ominus=0.34$ V

$$E^\ominus=\varphi^\ominus_+-\varphi^\ominus_-=\varphi^\ominus(Cu^{2+}/Cu)-\varphi^\ominus(H^+/H_2)=0.34\ V$$

$$\varphi^\ominus(Cu^{2+}/Cu)=0.34\ V$$

同理,如将标准氢电极与标准态下的锌电极构成原电池,测得 $E^\ominus=-0.763$ V,即

$$(-)Pt|\ H_2(100\ kPa), H^+(1\ mol\cdot dm^{-3})\ \|\ Zn^{2+}(1\ mol\cdot dm^{-3})\ |\ Zn(+)\qquad E^\ominus=-0.763\ V$$

即

$$\varphi^\ominus(Zn^{2+}/Zn)=-0.763\ V$$

用类似的方法,可以测定各种电极的电势。有些不能直接测定的,可以间接计算(8.3节)。附录 7 列出了一些常用的电极电势。

应用标准电极电势时应注意:

(1) 采用的是还原电势:$M^{n+}+ne^- = M$,与实际反应方向无关。例如,不论是 Fe^{2+} 被氧化为 Fe^{3+},还是 Fe^{3+} 被还原为 Fe^{2+},其标准电极电势[$\varphi^\ominus(Fe^{3+}/Fe^{2+})$]均为 0.771 V。

(2) 根据介质不同,分酸表($\varphi^\ominus_A$)和碱表($\varphi^\ominus_B$)。因为在不同酸碱性条件下半反应物质形态不同,如 Fe^{3+}/Fe^{2+} 电对,酸性条件 $Fe^{3+}(aq)+e^- = Fe^{2+}(aq)$,$\varphi^\ominus(Fe^{3+}/Fe^{2+})=0.771$ V,碱性条件下 $Fe(OH)_3(s)+e^- = Fe(OH)_2(s)+OH^-(aq)$,$\varphi^\ominus[Fe(OH)_3/Fe(OH)_2]=-0.56$ V。

(3) φ 是强度性质,与反应的计量系数和反应式的写法无关。

(4) φ 是热力学数据,与反应速率无关,所以,存在 $\varphi^{\ominus}$ 的数据与反应活性不一致的情况。例如,钠与水反应比钙与水反应剧烈,但钠的电极电势比钙大,前者属动力学反应活性,与电极电势大小无关。

(5) $\varphi^{\ominus}$ 是 298 K 下在水溶液体系中测定的,只适用于标准态下的水溶液体系。影响电极电势的因素有很多,如物质的酸度、浓度、温度、压强、溶剂等,但对标态下的水溶液体系,$\varphi^{\ominus}$ 为定值。非标态时的电极电势将在 8.3 节中讨论。

【例 8.7】 试通过计算说明,在标准状况下,锌既能从酸中又能从碱中置换出氢气。

解:首先要知道锌在酸碱性溶液中氧化产物的形态,正确写出两种条件下的电池反应,再查电极电势值。

酸性　$Zn^{2+} + 2e^- \rightleftharpoons Zn$　　$\varphi^{\ominus}(Zn^{2+}/Zn) = -0.763\ V$　　$\varphi^{\ominus}(H^+/H_2) = 0.00\ V$

电池反应　$Zn + 2H^+ = Zn^{2+} + H_2\uparrow$

$E^{\ominus} = 0.00 - (-0.763) = 0.763(V) > 0$　　Zn 置换 H_2 能自发进行

碱性　$Zn(OH)_2(s) + 2e^- \rightleftharpoons Zn(s) + 2OH^-(aq)$　　$\varphi^{\ominus}[Zn(OH)_2/Zn] = -1.25\ V$

$2H_2O(l) + 2e^- \rightleftharpoons H_2(g) + 2OH^-(aq)$　　$\varphi^{\ominus}(H_2O/H_2) = -0.83\ V$

电池反应　$Zn + 2H_2O = Zn(OH)_2 + H_2\uparrow$

$E^{\ominus} = -0.83 - (-1.25) = 0.42(V) > 0$　　Zn 置换 H_2 也能自发进行

4. 电极电势的意义与应用

由电极电势产生的原因不难看出,**电极电势越高,表明该电对的氧化态物质越容易夺得电子而呈现出强的氧化性,对应的还原态物质就不易失去电子表现出弱的还原性**;反之,**电极电势越低,表明该电对的还原态物质越容易失去电子而呈现出强的还原性,对应的氧化态物质就不易夺得电子表现出弱的氧化性。**

(1) 比较氧化剂和还原剂的相对强弱。标准电极电势 $\varphi^{\ominus}$ 的大小反映的是金属得失电子能力的相对强弱,从而能比较不同氧化剂和不同还原剂的相对强弱。将附录 7 中酸性条件下的部分电极电势按从低到高的顺序重新排列于表 8.1 中,即可看出此规律。

(2) 根据电极电势的高低可以判断标态下氧化还原反应的方向。例如,因 $\varphi^{\ominus}(Ag^+/Ag) > \varphi^{\ominus}(Cu^{2+}/Cu)$,$Ag^+$ 的氧化性比 Cu^{2+} 强,而 Cu 的还原性又比 Ag 的强,所以 $2Ag^+(aq) + Cu(s) = Cu^{2+}(aq) + 2Ag(s)$。可将此结果写成一般规律(表 8.1 中两虚线的对应关系):

A 电对

强氧化剂(A)+ 强还原剂(B) ═══ 弱氧化剂(B) + 弱还原剂(A)

B 电对

这一规律也可表示为:对由两电对(A^{n+}/A)和(B^{m+}/B)构成的氧化还原反应,若 $\varphi(A^{n+}/A) > \varphi(B^{m+}/B)$,则

$$A^{n+} + B \longrightarrow B^{m+} + A \qquad (8\text{-}1)$$

即 φ 较大的电对中的氧化型物质氧化 φ 较小的电对中的还原型物质,生成 φ 较大电对中的还原型物质和 φ 较小的电对中的氧化型物质。

这一规律对标准态和非标准态都适用。

表 8.1　部分电极电势 $\varphi_A^\ominus$

ox	$+ne^-$	══	red	$\varphi_A^\ominus$/V
$Li^+(aq)$	$+e^-$	══	$Li(s)$	−3.04
$K^+(aq)$	$+e^-$	══	$K(s)$	−2.924
$Cs^+(aq)$	$+e^-$	══	$Cs(s)$	−2.923
$Ca^{2+}(aq)$	$+2e^-$	══	$Ca(s)$	−2.84
$Na^+(aq)$	$+e^-$	══	$Na(s)$	−2.713
$Mg^{2+}(aq)$　氧化产物	$+2e^-$	══	还原剂　$Mg(s)$	−2.356
$Al^{3+}(aq)$	$+3e^-$	══	$Al(s)$	−1.676
$Zn^{2+}(aq)$	$+2e^-$	══	$Zn(s)$	−0.763
$2H^+(aq)$	**$+2e^-$**	══	**$H_2(g)$**	**0.000**
$SO_4^{2-}(aq)+4H^+(aq)$	$+2e^-$	══	$SO_2(g)+2H_2O(l)$	0.17
$Cu^{2+}(aq)$	$+2e^-$	══	$Cu(s)$	0.34
$Fe^{3+}(aq)$	$+e^-$	══	$Fe^{2+}(aq)$	0.771
$Ag^+(aq)$	$+e^-$	══	$Ag(s)$	0.80
$O_2(g)+4H^+(aq)$	$+4e^-$	══	$2H_2O(l)$	1.229
$Cl_2(g)$　氧化剂	$+2e^-$	══	还原产物　$2Cl^-(aq)$	1.358
$MnO_4^-(aq)+8H^+(aq)$	$+5e^-$	══	$Mn^{2+}(aq)+4H_2O(l)$	1.51
$Au^{3+}(aq)$	$+3e^-$	══	$Au(s)$	1.52
$S_2O_8^{2-}(aq)$	$+2e^-$	══	$2SO_4^{2-}(aq)$	2.01
$F_2(g)$	$+2e^-$	══	$2F^-(aq)$	2.866

(左侧箭头向下：氧化剂的氧化能力增强；右侧箭头向上：还原剂的还原能力增强)

【例 8.8】 某溶液中含有 Cl^-、Br^- 和 I^- 三种离子，若要将 I^- 氧化成 I_2，而 Cl^- 和 Br^- 又不被氧化，现有 $Fe_2(SO_4)_3$ 和 $KMnO_4$ 两种氧化剂，选用哪种合适？

解:先由附录 7 查出有关电对的 $\varphi^\ominus$，再按电极电势由低到高将电极反应列出：

$$I_2+2e^- = 2I^- \qquad \varphi^\ominus=0.535\ V$$

$$Fe^{3+}+e^- = Fe^{2+} \qquad \varphi^\ominus=0.771\ V$$

$$Br_2+2e^- = 2Br^- \qquad \varphi^\ominus=1.065\ V$$

$$Cl_2+2e^- = 2Cl^- \qquad \varphi^\ominus=1.358\ V$$

$$MnO_4^-+8H^++5e^- = Mn^{2+}+4H_2O \qquad \varphi^\ominus=1.51\ V$$

可见，在酸性条件下，MnO_4^- 的氧化能力最强，Cl^-、Br^-、I^- 都能被它所氧化；但 $\varphi^\ominus(Fe^{3+}/Fe^{2+})$ 只高于 $\varphi^\ominus(I_2/I^-)$ 而低于 $\varphi^\ominus(Br_2/Br^-)$ 和 $\varphi^\ominus(Cl_2/Cl^-)$，即 Fe^{3+} 将 I^- 氧化成 I_2，而 Cl^- 和 Br^- 不能被氧化。所以应选 $Fe_2(SO_4)_3$ 作氧化剂。

此例说明，当铁电极与碘电极构成电池时，因 $E^\ominus=\varphi^\ominus(Fe^{3+}/Fe^{2+})-\varphi^\ominus(I_2/I^-)=0.236\ V>0$，所以以下氧化还原反应能正向进行

$$2Fe^{3+}(c^\ominus)+2I^-(c^\ominus) = I_2(s)+2Fe^{2+}(c^\ominus)$$

而 $E^\ominus=\varphi^\ominus(Fe^{3+}/Fe^{2+})-\varphi^\ominus(Br_2/Br^-)=-0.294\ V<0$，所以氧化还原反应

$$2Fe^{3+}(c^\ominus)+2Br^-(c^\ominus) = Br_2(l)+2Fe^{2+}(c^\ominus)$$

不能正向进行，但逆反应可以进行。

【例 8.9】 根据 $\varphi^{\ominus}$ 说明为什么 $CuCl_2$ 能腐蚀铁板而 $FeCl_3$ 又能腐蚀铜板。

解:查相关电对的标准电极电势,并按电极电势由低到高将电极反应列出:

$$Fe^{2+} + 2e^- \longrightarrow Fe \qquad \varphi^{\ominus} = -0.44\ V$$

$$Cu^{2+} + 2e^- \longrightarrow Cu \qquad \varphi^{\ominus} = 0.34\ V$$

$$Fe^{3+} + e^- \longrightarrow Fe^{2+} \qquad \varphi^{\ominus} = 0.771\ V$$

因 $\varphi^{\ominus}(Fe^{3+}/Fe^{2+}) > \varphi^{\ominus}(Cu^{2+}/Cu)$,而 $\varphi^{\ominus}(Cu^{2+}/Cu) > \varphi^{\ominus}(Fe^{2+}/Fe)$,所以,下面的氧化还原反应均能发生

$$Fe^{3+} + Cu \longrightarrow Cu^{2+} + Fe^{2+}$$

$$Cu^{2+} + Fe \longrightarrow Cu + Fe^{2+}$$

除了上述两个基本的应用外,还可根据已有的标准电极电势间接计算某些不易测定的电极电势,计算非标准态下的电极电势和电动势,电池反应自由能、平衡常数等。

8.2.3 参比电极和指示电极

1. 参比电极

参比电极是用于测量指示电极的电极电势的一种参比标准电极。标准氢电极就是一种参比电极,虽"理想"但制备和使用都很不方便,所以实际工作中常采用其他稳定而又方便的电极作为间接比较的标准。常用的参比电极有饱和甘汞电极(saturated calomel electrode,SCE)、AgCl/Ag(sat'd KCl)电极等。

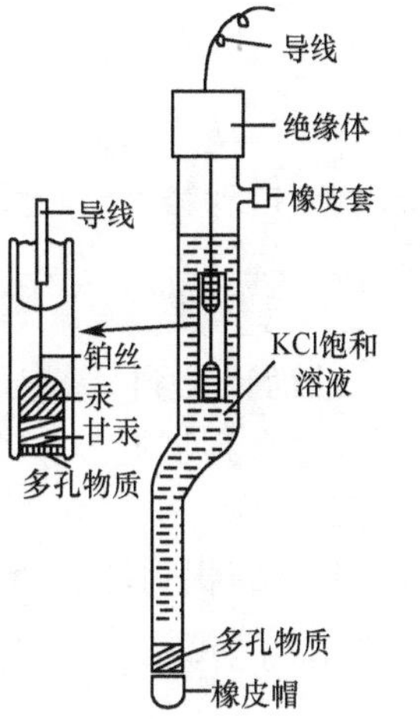

图 8.5　饱和甘汞电极

如图 8.5 所示,饱和甘汞电极由金属汞(Hg)、固体甘汞(Hg_2Cl_2)、氯化钾饱和溶液等组成,其电极反应为

$$Hg_2Cl_2 + 2e^- \longrightarrow 2Hg + 2Cl^-$$

298 K 时,饱和甘汞电极电势 $\varphi_{SCE} = 0.244\ V$。

2. 指示电极

用于指示未知溶液中氢离子浓度的电极称为指示电极。常用 pH 计的 H^+ 浓度指示电极是玻璃电极(glass electrode),如图 8.6 所示。玻璃电极主要由 AgCl/Ag 电极、一定 pH 的缓冲溶液和对 H^+ 特别敏感的玻璃薄膜球泡组成。球泡内是含 KCl 的缓冲溶液,pH=7,当玻璃膜两侧溶液 pH 不同时,就产生一定的膜电势,所以可作为 H^+ 浓度的指示电极。玻璃电极和待测溶液组成的电极为

$$Ag|AgCl, H^+(10^{-7}\ mol \cdot dm^{-3}) \,\vdots\, 待测溶液\ H^+(x)$$

(玻璃膜)

电势　$$\varphi_{玻} = \varphi'_G - 0.0591\ pH$$

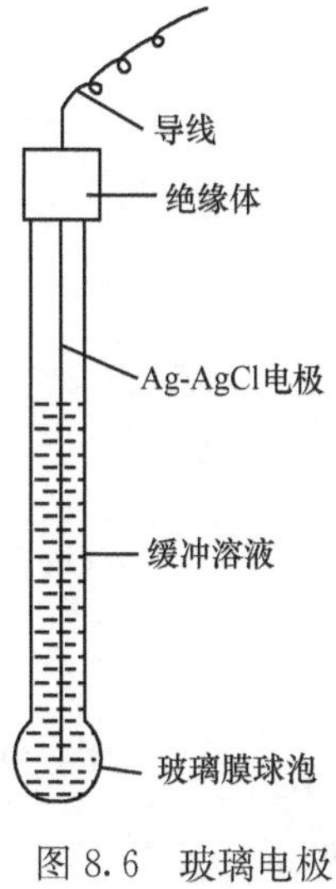

图 8.6　玻璃电极

将玻璃电极和饱和甘汞电极一起插入待测溶液,组成的电池为

$$(-)\ Ag|AgCl, H^+(10^{-7}\ mol \cdot dm^{-3}), H^+(x) \parallel KCl(饱和), Hg_2Cl_2|Hg(+)$$

这个电池的电动势

$$E = \varphi_{SCE} - \varphi_{玻} = 0.244 - (\varphi'_G - 0.0591\ pH)$$

$$= 常数 + 0.0591\ pH$$

其中 φ'_G是各玻璃电极的仪器常数，随玻璃膜和球内 H^+ 浓度而异。实际上，先用已知 pH 的标准缓冲溶液校准上述常数，然后直接测 E，即可知待测溶液的 pH。通用 pH 计的表头读数直接用 pH 表示，或将 pH 直接用数字显示。具体构造及操作详见有关实验教材。

适当调整玻璃薄膜的组成或用其他敏感材料，还可制成 Na^+、K^+、NH_4^+、Ag^+ 等各种离子指示电极。只要把这种特殊的电极用已知浓度的溶液校正后，再插入未知溶液，即可直接读出离子浓度。这是非常方便而又快速的测定方法。

8.3 电池反应热力学

8.3.1 电动势 $E^\ominus$ 和电池反应的 $\Delta_r G_m^\ominus$、$K^\ominus$ 的关系

1. $E^\ominus$、$\Delta_r G_m^\ominus$、$K^\ominus$ 三者的关系

前面论及到，标态下 $E^\ominus$ 是否大于零是一个氧化还原反应能否正向进行的判据，依第 4 章，这个判据是反应的 $\Delta_r G_m^\ominus$ 是否小于零。那么，$E^\ominus$ 与 $\Delta_r G_m^\ominus$ 之间必然存在着一定的关系。

第 4 章提到，恒温恒压下，体系自由能的减少等于体系对外所做的最大其他功，即 $-\Delta G = -W'_{max}$。在电池反应中，这个其他功就是电功，所以在标准态时

$$-\Delta_r G_m^\ominus = -W'_{max} = q \cdot E^\ominus = nFE^\ominus$$

式中，$E^\ominus$ 是电池电动势；n 是反应中转移的电子数(mol)；q 是 1 mol 电子的电量；W'_{max}是转移 1 mol 电子时所做的电功；F 是法拉第(M. Faraday)常量。因为 1 mol 电子的电量

$$\begin{aligned} q &= 6.022\times10^{23}\ \text{mol}^{-1}\times1.602\times10^{-19}\text{C} \\ &= 9.6487\times10^4\ \text{C}\cdot\text{mol}^{-1} = 1\ \text{F}(\text{J}\cdot\text{V}^{-1}\cdot\text{mol}^{-1}) \end{aligned}$$

在一般计算中 F 常用 $96.5\ \text{kJ}\cdot\text{V}^{-1}\cdot\text{mol}^{-1}$。

电池反应中若有 n mol 电子转移，则电量为 nF。所以，标态下

$$\Delta_r G_m^\ominus = -nFE^\ominus \tag{8.2}$$

又因为

$$\Delta_r G_m^\ominus = -2.303RT\lg K^\ominus$$

当 $T=298.15$ K，$R=8.314$，$F=96\ 487\ \text{C}\cdot\text{mol}^{-1}$ 时，有

$$E^\ominus = \frac{2.303RT}{nF}\lg K^\ominus = \frac{0.0591}{n}\lg K^\ominus \tag{8.3a}$$

或

$$\lg K^\ominus = \frac{nE^\ominus}{0.0591} = \frac{n(\varphi_+^\ominus - \varphi_-^\ominus)}{0.0591} \tag{8.3b}$$

式(8.2)、式(8.3)不仅适用于电池反应，也适用于电极反应。把电池反应的 $E^\ominus$、$\Delta_r G_m^\ominus$ 和 $K^\ominus$ 的关系总结在一起，如图 8.7 所示。因此，标态下氧化还原反应自发进行的方向的判据有

$\Delta_r G_m^\ominus$	$K^\ominus/Q$	$E^\ominus$	反应方向
<0	>1	>0	正向进行
=0	=1	=0	平衡态
>0	<1	<0	逆向进行

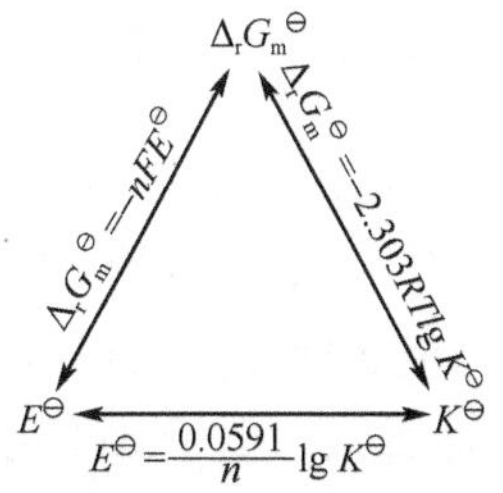

图 8.7　电池反应 $E^\ominus$、$\Delta_r G_m^\ominus$ 和 $K^\ominus$ 的关系

【例 8.10】 已知：AgCl(s)和 Cl^-(aq)的 $\Delta_f G_m^\ominus$(kJ · mol^{-1})分别为−109.8 和−131.2，求 298 K 时电极反应 $AgCl(s)+e^- = Ag(s)+Cl^-(aq)$的 $\varphi^\ominus$。

解：电极反应的 $\Delta_r G_m^\ominus = -131.2+0-(-109.8) = -21.4$(kJ · mol^{-1})，按式(8.2) $\Delta_r G_m^\ominus = -nF\varphi^\ominus$ 有

$$\varphi^\ominus = -\Delta_r G_m^\ominus/nF = 21.4/(1\times 96.5) = 0.222(\text{V})$$

即 $\varphi^\ominus$[AgCl(s)/Ag]=0.222 V，与附录 7 中的数据一致。

【例 8.11】 求 298 K 时，酸性环境中下列两反应的平衡常数 $K^\ominus$。

① $Ag^+ + MnO_4^{2-} = MnO_4^- + Ag$

② $ClO_3^- + 2Cr^{3+} + 4H_2O(l) = Cl^- + Cr_2O_7^{2-} + 8H^+(aq)$

解：查表知 $\varphi^\ominus(Ag^+/Ag) = 0.80$ V，$\varphi^\ominus(MnO_4^{2-}/MnO_4^-) = 0.56$ V；$\varphi^\ominus(ClO_3^-/Cl^-) = 1.45$ V，$\varphi^\ominus(Cr_2O_7^{2-}/Cr^{3+}) = 1.33$ V

电池电动势

$$E_①^\ominus = \varphi^\ominus(Ag^+/Ag) - \varphi^\ominus(MnO_4^{2-}/MnO_4^-) = 0.24\ \text{V}$$

$$\lg K_①^\ominus = \frac{nE_①^\ominus}{0.0591} = \frac{1\times 0.24}{0.0591} = 4.06 \qquad K_①^\ominus = 1.15\times 10^4$$

同理　$E_②^\ominus = 0.12$ V　　$\lg K_②^\ominus = 12.18$　　$K_②^\ominus = 1.52\times 10^{12}$

此题给出了两个信息：① 电池电动势 $\varphi^\ominus$ 虽都不大，但平衡常数都很大，说明反应进行得彻底；② 虽然 $E_①^\ominus > E_②^\ominus$，但 $K_①^\ominus < K_②^\ominus$。那么，为什么会出现这种情况？前面给出了用 $\Delta_r G_m^\ominus$ 和 $K^\ominus$ 来判断反应彻底的大概范围，那么用 $E^\ominus$ 来判断时，其大概范围是多少？

2. 反应彻底的 $E^\ominus$ 标准

为什么会出现 $E_①^\ominus > E_②^\ominus$，但 $K_①^\ominus < K_②^\ominus$ 的情况呢？其原因就在于氧化还原反应中所转移的电子数不同，在电池反应中，转移的电子数不同所做的功也不同。式(8.2)、式(8.3) $E^\ominus$ 与 $\Delta_r G_m^\ominus$ 和 $K^\ominus$ 的关系中都有 n 在起作用。按式(8.3)及 $K^\ominus > 10^6$ 的标准，有

$$n=1 \qquad E^\ominus = 0.36\ \text{V}$$

$$n=2 \qquad E^\ominus = 0.18\ \text{V}$$

$$n=3 \qquad E^\ominus = 0.12\ \text{V}$$

因此，常用 $E^\ominus$ 是否大于 0.12V 或 0.18V 或 0.36V 来判断一个氧化还原反应是否彻底。正如体系的条件(如离子浓度、气体压强等)发生改变会影响 $\Delta_r G_m^\ominus$ 一样，体系条件的改变也会影响电池电动势 E，但 $E^\ominus$ 判断标准表明，当 $E^\ominus$ 不大时，可通过改变条件来改变反应方向，当 $E^\ominus$ 较大时，难以通过改变条件来改变反应方向。

3. 电极电势的间接求算

并非所有的电极反应都能组成一个真正被直接测量的电池。有了 $E^\ominus$(或 $\varphi^\ominus$)、$\Delta_r G_m^\ominus$、$K^\ominus$ 三者之间的关系，一个电极的 $\varphi^\ominus$ 值既可由其电极反应的 $\Delta_r G_m^\ominus$ 和 $K^\ominus$ 求算，也可由其他电极的 $\varphi^\ominus$ 间接求算。但必须注意，ΔG 是广度性质，具有加和性，而 φ 是强度性质，不具加和性，因此计算时，必须通过乘以电量 nF 变成自由能变后，根据自由能的可加和性进行计算，否则会出现错误。

【例 8.12】 已知：① $ClO_3^- + 6H^+ + 6e^- \longrightarrow Cl^- + 3H_2O$　　$\varphi_1^\ominus = 1.45\ V$

② $\frac{1}{2}Cl_2 + e^- \longrightarrow Cl^-$　　$\varphi_2^\ominus = 1.358\ V$

试求　③ $ClO_3^- + 6H^+ + 5e^- \longrightarrow \frac{1}{2}Cl_2 + 3H_2O$　　$\varphi_3^\ominus = ?$

解：电极反应①式减去②式可得③式，所以可利用 $\Delta_r G_m^\ominus$ 的加和性质来求算：

$$\Delta_r G_3^\ominus = \Delta_r G_1^\ominus - \Delta_r G_2^\ominus$$

$$-n_3 F\varphi_3^\ominus = -n_1 F\varphi_1^\ominus - (-n_2 F\varphi_2^\ominus)$$

$$5\times\varphi_3^\ominus = 6\times\varphi_1^\ominus - 1\times\varphi_2^\ominus$$

$$\varphi_3^\ominus = \frac{6\times1.45 - 1\times1.358}{5} = 1.47\ V$$

8.3.2 浓度对电极电势的影响——Nernst 方程式

首先我们考察一下标准态下反应 $MnO_2(s) + 4HCl(aq) \longrightarrow MnCl_2(aq) + Cl_2\uparrow + 2H_2O(l)$ 的可能性。经查表知 $\varphi^\ominus(Cl_2/Cl^-) = 1.358\ V$，$\varphi^\ominus(MnO_2/Mn^{2+}) = 1.23\ V$，$E^\ominus = -0.128\ V < 0$。但我们在初中就知道氯气的实验室制备就是通过该反应进行的。该反应为何能够发生？是因为体系处于非标态，反应用的是浓盐酸，$c(H^+) > 1\ mol\cdot dm^{-3}$，$p(Cl_2)$ 也不是 100 kPa。正如浓度对 ΔG 有影响一样，浓度对电极电势 φ 也有影响。

1. Nernst 方程

Nernst 方程反映的是浓度对电极电势的影响，通过该方程可计算非标态下的电极电势。该方程可通过任意状态的 $\Delta_r G_m(T)$ 与标准状态的 $\Delta_r G_m^\ominus(T)$ 的关系(van't Hoff 等温式)及 φ 和 $\Delta_r G_m$ 的关系来导出。

设某两电极的电极反应为

正极　$a\ ox_1 + ne^- \longrightarrow c\ red_1$

负极　$d\ ox_2 + ne^- \longrightarrow b\ red_2$

所构成电池的电池反应为

$$a\ ox_1 + b\ red_2 \longrightarrow c\ red_1 + d\ ox_2$$

式中，a、b、c、d 分别代表反应物及产物的计量系数。该式与式(5-1)一样，其反应商 Q 为

$$Q = \frac{(red_1)^c(ox_2)^d}{(ox_1)^a(red_2)^b}$$

此即式(5.1b)。由 van't Hoff 等温式(5.5)

$$\Delta_r G_m(T) = \Delta_r G_m^{\ominus}(T) + 2.30RT\lg Q$$

及式(8.2)，有

$$-nFE = -nFE^{\ominus} + 2.30RT\lg Q$$

或

$$E = E^{\ominus} - \frac{0.0591}{n}\lg\frac{(\text{red}_1)^c(\text{ox}_2)^d}{(\text{ox}_1)^a(\text{red}_2)^b} = E^{\ominus} - \frac{0.0591}{n}\lg Q \tag{8.4a}$$

式(8.4a)对电极反应同样适用，如对电极反应

$$a\ \text{ox} + ne^- \rightleftharpoons c\ \text{red}$$

$$\varphi = \varphi^{\ominus} - \frac{0.0591}{n}\lg\frac{(\text{red})^c}{(\text{ox})^a} \tag{8.4b}$$

式(8.4)称为 Nernst 方程(1889 年提出)，表示了电池电动势或电极电势随浓度的变化关系。由式(8.4b)可见：**电极电势随氧化态物质浓度的增加而升高，随还原态物质浓度的增加而降低。**

既然溶质的浓度能改变电极电势，那么，通过改变浓度能否改变氧化还原反应的方向呢？前面给出了反应彻底的 $E^{\ominus}$ 判断标准，下面再举一例进行说明。

【例 8.13】 试通过计算说明下列两个反应在标态和题给条件下向哪个方向进行。

① $2Fe^{3+}(0.001) + 2I^-(0.001) \rightleftharpoons 2Fe^{2+}(c^{\ominus}) + I_2(s)$

② $Fe(s) + Cu^{2+}(1\times10^{-6}) \rightleftharpoons Fe^{2+}(c^{\ominus}) + Cu(s)$

解：① $E^{\ominus} = \varphi_+^{\ominus} - \varphi_-^{\ominus} = 0.771 - 0.535 = 0.236(\text{V}) < 0.36\ \text{V}\ (n=1)$

标态下反应正向进行，但改变条件可能逆转

$$\begin{aligned} E &= E^{\ominus} - (0.0591/2)\lg[(Fe^{2+})^2/(Fe^{3+})^2(I^-)^2] \\ &= 0.236 - (0.0591/2)\lg[1/(0.001)^2(0.001)^2] \\ &= -0.12(\text{V}) < 0 \end{aligned}$$

方向改变，逆向进行，与判断的一致。

② $E^{\ominus} = \varphi_+^{\ominus} - \varphi_-^{\ominus} = 0.34 - (-0.44) = 0.78(\text{V}) \gg 0.18\ \text{V}\ (n=2)$

标态下反应正向进行，且不可能通过改变条件使之逆转

$$\begin{aligned} \varphi(Cu^{2+}/Cu) &= \varphi^{\ominus}(Cu^{2+}/Cu) - (0.0591/2)\lg[1/(Cu^{2+})] \\ &= 0.34 - (0.0591/2)\lg[1/1\times10^{-6}] = 0.163\ \text{V} \end{aligned}$$

$$E = \varphi(Cu^{2+}/Cu) - \varphi^{\ominus}(Fe^{2+}/Fe) = 0.163 - (-0.44) = 0.603\ \text{V} \gg 0$$

即使将氧化剂 Cu^{2+} 的浓度降到 $1\times10^{-6}\ \text{mol}\cdot\text{dm}^{-3}$，$E$ 值仍很大，不能使反应逆向进行，与判断的一致。

可见离子浓度的影响是有限的。不仅浓度对电极电势有影响，当有气体参与氧化还原反应时，气体的压强对电极电势也有影响，见例 8.14。

2. 浓度对电极电势影响的几种情况——Nernst 方程的应用

按 Nernst 方程，改变浓度即可改变电极电势，那么，可以通过哪些手段来改变溶液中离子的浓度呢？在回答此问题之前，我们先思考另一个问题，能配制浓度分别为 $5.0\ \text{mol}\cdot\text{dm}^{-3}$、$0.03\ \text{mol}\cdot\text{dm}^{-3}$、$0.0007\ \text{mol}\cdot\text{dm}^{-3}$、$1.8\times10^{-10}\ \text{mol}\cdot\text{dm}^{-3}$、$8.5\times10^{-17}\ \text{mol}\cdot\text{dm}^{-3}$、$1.8\times10^{-19}\ \text{mol}\cdot\text{dm}^{-3}$ 的 Ag^+ 溶液吗？如果能，如何配制？将银棒插入这些不同浓度的银盐溶液中所构成的电极其电势是多少呢？

1) 浓差电池

由两个浓度不同的同种电极构成的电池称为**浓差电池**(concentration cell)。例如，下列氧

化还原反应就能发生

$$Cu+Cu^{2+}(0.1)=\!=\!=Cu^{2+}(0.001)+Cu$$

正极　$Cu^{2+}(0.1)+2e^-=\!=\!=Cu$　　$\varphi_+=0.31\ V$

负极　$Cu^{2+}(0.001)+2e^-=\!=\!=Cu$　　$\varphi_-=0.25\ V$

$E=\varphi_+-\varphi_-=0.06\ V$。对一般的浓差电池

$$M+M^{n+}(c_1)=\!=\!=M^{n+}(c_2)+M \qquad c_1>c_2$$

浓度大的电极是正极,浓度小的电极是负极,电池电动势

$$E=-\frac{0.0591}{n}\lg\frac{c_2}{c_1}$$

(1) **利用浓差电池测定溶液的 pH。**若将未知氢离子浓度的氢电极和标准氢电极(或其他已知氢离子浓度的氢电极)组成氢浓差电池(图 8.8),测定其电池电动势,就可求得未知氢离子浓度,并换算成 pH:

$$(-)\ Pt\ |\ H_2(p^\ominus),H^+(x\ mol\cdot dm^{-3})\ \|\ H^+(c^\ominus),H_2(p^\ominus)\ |\ Pt\ (+)$$

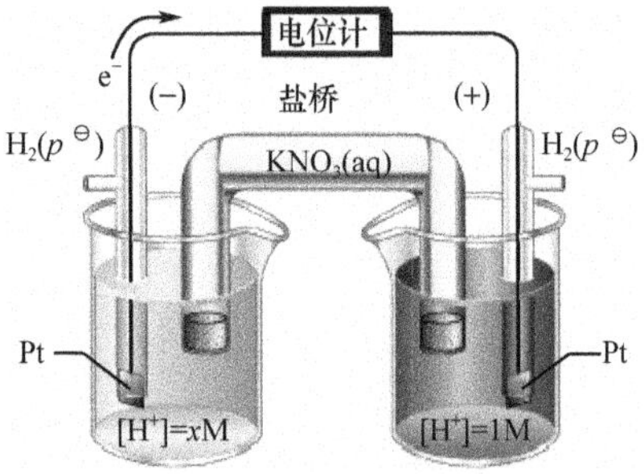

图 8.8　氢浓差电池

$$E=-\frac{0.0591}{2}\lg\frac{x^2}{1^2}=-0.0591\lg x=0.0591\ pH$$

$$pH=E/0.0591$$

(2)**利用浓差电池求酸(碱)常数 $K_a^\ominus$($K_b^\ominus$)。**既然能测溶液的 pH,就能求弱酸或弱碱的酸常数或碱常数(习题 8.14 和习题 8.15)。

2) 沉淀的生成对氧化还原反应的影响

因溶液中离子浓度对电极电势有影响,从而影响氧化还原性。对银电极,当 Ag^+ 浓度降到 $1.8\times10^{-10}\ mol\cdot dm^{-3}$ 时,电极电势为

$$\varphi(Ag^+/Ag)=\varphi^\ominus(Ag^+/Ag)-\frac{0.0591}{1}\lg\frac{1}{1.8\times10^{-10}}$$
$$=0.80+0.0591\lg(1.8\times10^{-10})=0.224\ V$$

剩下的问题是我们如何配制浓度为 $1.8\times10^{-10}\ mol\cdot dm^{-3}$ 的 Ag^+ 溶液。显然,通过称量法(分析天平只能精确到 10^{-4} g)是不行的。能否通过第 7 章的知识去寻找解决问题的方法?如果在银盐溶液中加入 Cl^- 生成 AgCl 沉淀,并使 Cl^- 的浓度为 $1.0\ mol\cdot dm^{-3}$ 时

$$AgCl(s)=\!=\!=Ag^+(x)+Cl^-(1.0) \qquad K_{sp}^\ominus=1.8\times10^{-10}$$

则 $x=c(Ag^+)=1.8\times10^{-10}\ mol\cdot dm^{-3}$。

也就是说,$\varphi(Ag^+/Ag)=0.224\ V$ 是在 Cl^- 浓度为 $1.0\ mol\cdot dm^{-3}$ 时银盐溶液所构成的银电极的电极电势。为了区别这一特殊 Ag^+ 浓度与其他任意 Ag^+ 浓度的电极电势,将其表示成

$$\varphi^\ominus(AgCl/Ag)=0.224\ V$$

与附录 7 中的值一致。此处 $\varphi^\ominus$ 中标准态"⊖"是指 Cl^- 处于标准浓度。它们之间的关系可表示成

$$\varphi^\ominus(AgCl/Ag)\equiv\varphi(Ag^+/Ag)=\varphi^\ominus(Ag^+/Ag)-\frac{0.0591}{1}\lg\frac{1}{1.8\times10^{-10}}$$

Ag^+浓度由 1.0 mol·dm^{-3} 降到 1.8×10^{-10} mol·dm^{-3} 时，电极电势由 0.80 V 降为 0.224 V，Ag^+的氧化性大大降低。由此可得结论：

电对的氧化型物质生成沉淀时，使[ox]降低，φ 降低，氧化型物质的氧化能力降低，还原型物质的还原能力增加；反之亦然。

上面是以难溶盐的 $K_{sp}^{\ominus}$ 求算难溶盐溶液构成的电极的电极电势，现在反其道而行之，设计适当的电池，实验测定电池电动势，求出待测离子的浓度，便可得到难溶盐的 $K_{sp}^{\ominus}$。

以 AgI 为例，根据 $\varphi^{\ominus}$求 298 K 时反应 $Ag^+ + I^- = AgI(s)$的平衡常数 K 及 $K_{sp}^{\ominus}$。直接求算该反应的 $K_{sp}^{\ominus}$ 有一定困难，但可将其改为电子转移反应

$Ag^+ + I^- + Ag = AgI(s) + Ag$　　（这实际是一个浓差电池）

（+）　$Ag^+ + e^- = Ag$　　$\varphi^{\ominus}(Ag^+/Ag)=0.80$ V

（−）　$Ag + I^- - e^- = AgI(s)$　　$\varphi^{\ominus}(AgI/Ag)=-0.152$ V

$$\lg K^{\ominus}=\frac{0.80-(-0.152)}{0.0591}=16.11$$

$$K^{\ominus}=1.29\times10^{16}$$

$$K_{sp}^{\ominus}=\frac{1}{K^{\ominus}}=\frac{1}{1.29\times10^{16}}=7.76\times10^{-17}$$

此结果与附录 6 中之值一致。

3）配合物的生成对氧化还原反应的影响

溶液中的离子如果生成了配合物，其浓度大大降低，对电对的氧化还原能力的影响与离子生成沉淀后对氧化还原能力的影响完全相同。例如，以下电池的电动势为零

（−）　Ag | Ag^+(1.0 mol·dm^{-3}) ‖ Ag^+(1.0 mol·dm^{-3}) | Ag　（+）

若往左边电极溶液中加入适量的 NaCN，$Ag(CN)_2^-$ 的形成使 Ag^+浓度降低，电极电势降低，从而导致电池电动势不为零。当配位平衡后[CN^-]=1.0 mol·dm^{-3} 时，溶液中[Ag^+]=1.79×10^{-19} mol·dm^{-3}，测得电动势为 1.108 V，即左边电极的电势降为−0.308 V。

同理，可通过电势法测定配合物的稳定性常数 $K_{稳}^{\ominus}$。此处不再详述，读者也可仿照电势法测 $K_{sp}^{\ominus}$ 自行分析。

现在我们把几种银电极的情况总结一下（[Ag^+]单位均为 mol·dm^{-3}）：

$Ag^+ + e^- = Ag$	$[Ag^+]=1.0$	$\varphi^{\ominus}(Ag^+/Ag)=0.80$ V
$Ag^+ + Cl^- = AgCl$	$[Ag^+]=1.8\times10^{-10}$	$\varphi^{\ominus}(AgCl/Ag)=0.224$ V
$Ag^+ + I^- = AgI$	$[Ag^+]=8.5\times10^{-17}$	$\varphi^{\ominus}(AgI/Ag)=-0.152$ V
$Ag(CN)_2^- = Ag^+ + 2CN^-$	$[Ag^+]=1.79\times10^{-19}$	$\varphi^{\ominus}[Ag(CN)_2^-/Ag]=-0.308$ V

4）介质的酸度对氧化还原反应的影响

凡有 H^+或 OH^-参与的电极反应，酸度对电极电势都是有影响的。所以标准电极电势表常分为酸性表（H^+浓度为 1.0 mol·dm^{-3}）和碱性表（OH^-浓度为 1.0 mol·dm^{-3}）。对一个电极反应，当其他离子浓度或气体压强均处于标准态时，Nernst 方程式(8.4b)成为

$$\varphi=\varphi^{\ominus}-0.0591\frac{m}{n}\mathrm{pH} \qquad (8.5)$$

此即电极电势 φ 随 pH 变化的关系。式中，m 是电极反应中 H^+的计量系数。例如，前面讲过的玻璃电极和待测溶液组成的电极：

$$Ag|AgCl, H^+(10^{-7} mol\cdot dm^{-3})；待测溶液\ H^+(x)$$

电极 AgCl/Ag 的特性是球泡内 KCl 缓冲溶液的 pH=7 及其他外界环境的影响都是不变的，可合并成一个常数 φ'_G，电势只随待测溶液 $H^+(x)$的浓度而变

$$\varphi_{玻}=\varphi'_G-\frac{0.0591}{2}\lg\frac{1}{[H^+]^2}=\varphi'_G-0.0591\ pH$$

又如，电极反应

$$Cr_2O_7^{2-}+14H^++6e^-\!=\!=\!=2Cr^{3+}+7H_2O \qquad \varphi^\ominus(Cr_2O_7^{2-}/Cr^{3+})=1.33\ V$$

$m=14$。根据式(8.4b)

$$\varphi(Cr_2O_7^{2-}/Cr^{3+})=\varphi^\ominus(Cr_2O_7^{2-}/Cr^{3+})-(0.0591/6)\lg Q$$

当$[Cr_2O_7^{2-}]=[Cr^{3+}]=1.0\ mol\cdot dm^{-3}$时，上式变为

$$\varphi(Cr_2O_7^{2-}/Cr^{3+})=1.33-0.0591\times\frac{14}{6}\times pH$$

当$[H^+]$分别为 $1.0\times10^{-3}\ mol\cdot dm^{-3}$、$1.0\ mol\cdot dm^{-3}$、$10.0\ mol\cdot dm^{-3}$ 时，$\varphi(Cr_2O_7^{2-}/Cr^{3+})$分别为 0.916 V、1.33 V、1.47 V。可见，酸度越大，电极电势越高，$Cr_2O_7^{2-}$ 的氧化性也越强。

【例 8.14】 已知在 298 K，100 kPa 时，电极反应 $O_2+4H^++4e^-\rightleftharpoons2H_2O$ 的 $\varphi^\ominus=1.229$ V。计算：

(1) 电极反应 $O_2+2H_2O+4e^-\rightleftharpoons4OH^-$ 的 $\varphi^\ominus$ 值；

(2) 中性溶液中暴露于空气里的 $\varphi(O_2/H_2O)$。

解：(1) 求此条件下的 $\varphi^\ominus$ 意味着$[OH^-]=1.0\ mol\cdot dm^{-3}$或$[H^+]=1.0\times10^{-14}\ mol\cdot dm^{-3}$，$p(O_2)=100$ kPa

$$\begin{aligned}\varphi^\ominus(O_2/OH^-)&=\varphi(O_2/H_2O)\\&=\varphi^\ominus(O_2/H_2O)+\frac{0.0591}{4}\lg\{[p(O_2)/p^\ominus]\times[H^+]^4\}\\&=1.229+\frac{0.0591}{4}\lg(1.0\times10^{-14})^4\\&=1.229-0.0591\frac{4}{4}pH=0.401(V)\end{aligned}$$

(2) 中性溶液 $[H^+]=[OH^-]=1.0\times10^{-7}\ mol\cdot dm^{-3}$，空气中 $p(O_2)=21$ kPa

$$\begin{aligned}\varphi(O_2/H_2O)&=\varphi^\ominus(O_2/H_2O)+\frac{0.0591}{4}\lg\{[p(O_2)/p^\ominus]\times[H^+]^4\}\\&=1.229+\frac{0.0591}{4}\lg\{0.21\times(1.0\times10^{-7})^4\}=0.775(V)\end{aligned}$$

如果按反应 $O_2+2H_2O+4e^-\rightleftharpoons4OH^-$ 计算，则

$$\begin{aligned}\varphi(O_2/OH^-)&=\varphi^\ominus(O_2/OH^-)-\frac{0.0591}{4}\lg\frac{[OH^-]^4}{p(O_2)/p^\ominus}\\&=0.401-\frac{0.0591}{4}\lg\frac{(1.0\times10^{-7})^4}{0.21}=0.775(V)\end{aligned}$$

按 Nernst 方程式(8.5)，当其他离子浓度不变时，电极电势 φ 随介质酸度的变化是线性的。因此，可将不同电极的电势对 pH 作图，得 φ-pH 图。

图 8.9 是几种电对的 φ-pH 图。由图可见：①没有 H^+或 OH^-参与的电极反应其电极电势不受 pH 的影响；② 直线的斜率($-0.0591m/n$)不同，说明电极电势受酸度的影响不同，其原因是电极反应中 H^+或 OH^-的参与程度(即计量系数)及转移的电子数不同；③ 通过调节

pH 可使某些氧化还原反应向正逆两个方向进行。例如,由图 8.9 的 a 线和 b 线,计算反应

$$2BrO_3^- + 12H^+ + 10Cl^- = Br_2 + 5Cl_2 + 6H_2O$$

正逆向进行的 pH 范围。由图可见,在两线交点处,反应处于平衡态,$\varphi(BrO_3^-/Br_2) = \varphi(Cl_2/Cl^-)$,所以

$$1.48 - 1.36 - \frac{0.0591}{10}\lg\frac{[p(Cl_2)/p^\ominus]^5}{[BrO_3^-]^2[Cl^-]^{10}[H^+]^{12}} = 0$$

当其他物质均处于标态时,有

$$0.12 - 0.071\ \mathrm{pH} = 0 \qquad \mathrm{pH} = 1.69$$

即 pH<1.69 时,$\varphi(BrO_3^-/Br_2) > \varphi(Cl_2/Cl^-)$,反应正向进行;pH>1.69 时,反应逆向进行。

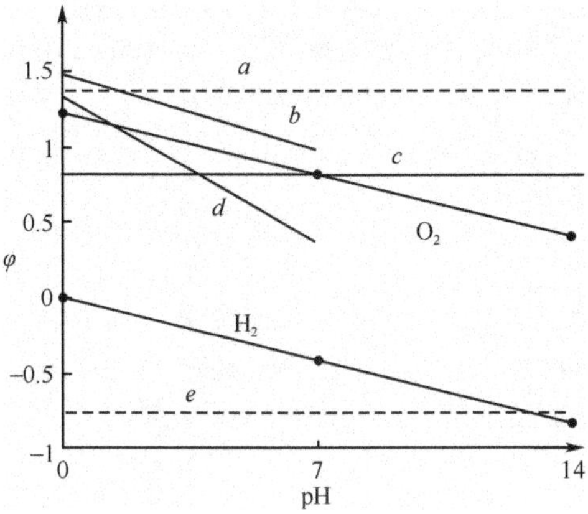

氧线:$O_2 + 4H^+ + 4e^- = 2H_2O$

$O_2 + 2H_2O + 4e^- = 4OH^-$

氢线:$2H^+ + 2e^- = H_2$

$2H_2O + 2e^- = H_2 + 2OH^-$

a:$Cl_2 + 2e^- = 2Cl^-$

b:$2BrO_3^- + 12H^+ + 10e^- = Br_2 + 6H_2O$

c:$Ag^+ + e^- = Ag$

d:$Cr_2O_7^{2-} + 14H^+ + 6e^- = 2Cr^{3+} + 7H_2O$

e:$Zn^{2+} + 2e^- = Zn$

图 8.9　几种电对的 φ -pH 图

例 8.8 中曾讨论氧化剂的选择问题,如果想将混合液中的 I^- 和 Br^- 氧化,而 Cl^- 不被氧化,应如何选择氧化剂?溶液的 pH 应控制在何范围?(假定体系中的 MnO_4^-,Mn^{2+},Cl^-,Br^-,Cl_2,Br_2 都处于标准态)。由于 $\varphi^\ominus(Fe^{3+}/Fe^{2+})$ 与 $\varphi^\ominus(Br_2/Br^-)$ 的差别太大,显然不能选 $Fe_2(SO_4)_3$ 作氧化剂,只能选 $KMnO_4$。但 $\varphi^\ominus(MnO_4^-/Mn^{2+})$ 又大于 $\varphi^\ominus(Cl_2/Cl^-)$,这可通过调节 pH 来控制:

氧化 Br^-,$\varphi(MnO_4^-/Mn^{2+}) > 1.07$

$$1.51 - 0.0591 \times (8/5)\mathrm{pH} > 1.07 \qquad \mathrm{pH} < 4.65$$

不氧化 Cl^-,$\varphi(MnO_4^-/Mn^{2+}) < 1.36$

$$1.51 - 0.0591 \times (8/5)\mathrm{pH} < 1.36 \qquad \mathrm{pH} > 1.59$$

所以应控制 1.59<pH<4.65

酸度不仅对氧化还原的能力有影响,有时还能影响氧化还原的产物。例如,$KMnO_4$ 是强氧化剂,在浓的强碱性介质(如 6 mol · dm^{-3} NaOH)中,一般只能被还原到氧化态为+6 的 MnO_4^{2-};在中性或弱酸性或弱碱性的介质中,一般被还原到氧化数为+4 的 MnO_2;在较强的酸性介质中,则能被还原为 Mn^{2+}。例如,亚硫酸钠(Na_2SO_3)和高锰酸钾在不同介质中的反应

$$2MnO_4^-(\text{紫红}) + 5SO_3^{2-} + 6H^+ = 2Mn^{2+}(\text{无色}) + 5SO_4^{2-} + 3H_2O \quad (\text{强酸性介质})$$

$$2MnO_4^-(\text{紫红}) + 3SO_3^{2-} + H_2O = 2MnO_2(\text{棕}) + 3SO_4^{2-} + 2OH^- \quad (\text{中性、弱酸性、弱碱性})$$

$$2MnO_4^-(紫红)+SO_3^{2-}+2OH^- = 2MnO_4^{2-}(绿)+SO_4^{2-}+H_2O \quad (强碱性介质)$$

可见,电极电势的大小主要由电极物质的特性所决定,物质的浓度(气态物质的压强)对电极电势也有显著的影响。后者的影响包括:①电极物质本身浓度的变化;②生成难溶物使电极物质浓度发生变化——沉淀对氧化还原的影响;③生成配合物使电极物质浓度变化——配合物对氧化还原的影响;④参与反应的 H^+ 浓度的变化——酸度对氧化还原的影响。

8.4 实用电池

理论上,任何一个 $E>0$ 的氧化还原反应都能组成一个电池,但将理论电池变成实用电池并非易事。目前市场上可供实际应用的电池大致可分三类:一次电池,如锌锰干电池、锌银纽扣式电池、锂锰电池、锂碘电池等;二次电池,如铅酸蓄电池、镍氢电池、镍镉电池、锂离子电池等;燃料电池,如碱性燃料电池(AFC)、熔融碳酸盐电池(MCFC)、磷酸盐电池(PAC)、固体氧化物电池(SOFC)、固体聚合物电池(SPEFC)等。

8.4.1 一次电池

1. 锌锰干电池

锌锰干电池发明于 19 世纪后期,是人类使用最早也最广泛的一次性电池。按电解质和 pH 的不同有酸性和碱性两种,电池电动势一般为 1.5~1.7 V,如酸性锌锰电池

$$(-)Zn|NH_4Cl,ZnCl_2 \| MnO_2,MnO(OH)|C(石墨棒)(+)$$

电池反应为

$$2MnO_2+Zn+2NH_4Cl = 2MnO(OH)+Zn(NH_3)_2Cl_2$$

以裹敷着 MnO_2 和炭粉的碳棒为正极,锌筒外壳为负极,用 NH_4Cl、$ZnCl_2$、淀粉浆等胶冻状的混合物作为电解质,置于两极之间,锌筒上口用沥青密封,防止电解质的渗出(图 8.10)。

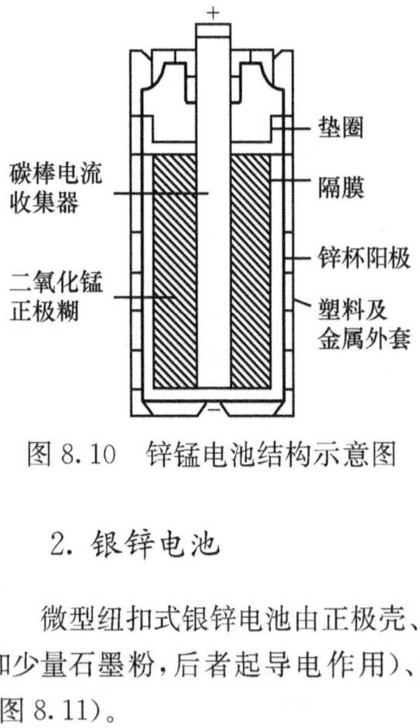

图 8.10 锌锰电池结构示意图

这种电池原材料丰富,价格低廉,携带方便;缺点是在使用过程中电压不断下降,放电功率低,低温性能差。碱性锌锰干电池大电流连续放电其容量是酸性锌锰电池的 5 倍左右,工作温度范围为 −20~60 ℃,适于高寒地区使用。

2. 银锌电池

微型纽扣式银锌电池由正极壳、负极盖(二者都用不锈钢做成)、绝缘密封圈、隔离膜、正极活性材料(AgO 和少量石墨粉,后者起导电作用)、负极活性材料(锌汞合金)、电解质溶液(浓 KOH 溶液)等组装而成(图 8.11)。

正极 $Ag_2O+H_2O+2e^- = 2Ag+2OH^-$

负极 $Zn+2OH^- = ZnO+H_2O+2e^-$

电池 $Zn+Ag_2O = ZnO+2Ag$

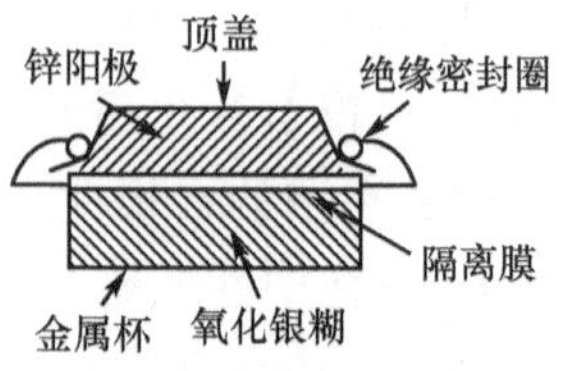

图 8.11 银锌纽扣电池结构示意图

银锌电池质量小,体积小,拥有极高的电容量和稳定的电池性能。手表、助听器、液晶计算器等只需微安或毫安数量级的电流,大容量银锌电池可用于航天飞机、导弹、潜艇等尖端领域。这种电池虽可充电,但次数不多,所以一般还是作为一次电池使用。

3. 锂碘电池

1972 年制成的锂碘电池，负极是金属锂，正极是聚 2-乙烯吡啶（简写 P_2VP）和 I_2 的复合物，电解质是固态薄膜状的碘化锂，电极反应为

$$\text{正极}\quad P_2VP\cdot nI_2+2Li^++2e^-=\!=\!=P_2VP\cdot(n-1)I_2+2LiI$$

$$\text{负极}\quad 2Li=\!=\!=2Li^++2e^-$$

电池电势约为 3 V。锂碘电池主要用于心脏起搏器，寿命在 10 年以上，是心脏病患者的福音，也可作为电动车的电源。

8.4.2　二次电池

二次电池即常说的蓄电池或充电电池，循环充放电在几百次甚至上千次。

1. 铅蓄电池

铅蓄电池充放电过程为

$$Pb+PbO_2+2H_2SO_4\underset{\text{充电}}{\overset{\text{放电}}{\rightleftharpoons}}2PbSO_4+2H_2O$$

铅蓄电池由正极板群、负极板群、电解液和容器等组成。充电后的正极板是棕褐色的二氧化铅，负极板是灰色的绒状铅，两极板间的电解液是质量分数为 27%～37%的硫酸溶液。在放电过程中，负极板上的电子不断经外电路流向正极板，电解液内硫酸分子电离的 H^+ 和 SO_4^{2-} 分别向正负极移动，SO_4^{2-} 与负极板周围的 Pb^{2+} 结合成 $PbSO_4$。电子自外电路流入正极板，使 Pb^{4+} 还原为 Pb^{2+}，并与正极板附近的 SO_4^{2-} 结合成 $PbSO_4$ 附着在正极上。

铅蓄电池具有稳定的工作电压，使用温度及使用电流范围宽，储存性能好，价格便宜，但太笨重，对环境腐蚀性强。它常被用作汽车、矿山坑道车等的启动电源。

2. 镍镉电池与镍氢电池

镍镉电池与镍氢电池是常见的商品电池之一，充放电反应为

$$Cd+2NiO(OH)+2H_2O\underset{\text{充电}}{\overset{\text{放电}}{\rightleftharpoons}}2Ni(OH)_2+Cd(OH)_2$$

镍镉电池具有良好的大电流放电特性、耐过充放电能力强、可充电次数较多、保养方便，是最早应用于手机等设备的电池，但价格较高、镉元素对环境有污染，于是又开发了镍氢电池。

镍氢电池是利用 $LaNi_5$ 合金或其他吸氢材料代替镉电极。$LaNi_5$ 合金有很高的储氢能力，每 1 cm^3 可吸收约 6×10^{22} 个氢原子。用 M 代表吸氢的金属或合金，充放电反应为

$$MH+NiO(OH)\underset{\text{充电}}{\overset{\text{放电}}{\rightleftharpoons}}Ni(OH)_2+M$$

镍氢电池是 20 世纪 80 年代研制成功的，储电量为镍镉电池的 1.3 倍，比镍镉电池轻且使用寿命更长，现已广泛用于手机和笔记本电脑中。缺点是价格比镍镉电池高，性能比锂电池差。

3. 锂离子电池

选作锂离子电池的正极材料很多，如锂铁磷酸盐。负极多采用嵌锂离子的层状石墨，新的研究发现钛酸盐可能是更好的材料。电解质是无机盐 $LiClO_4$（或 $LiPF_6$）的非水电解质溶液，电池反应为

$$Li_xC_6+Li_{1-x}FePO_4\underset{\text{充电}}{\overset{\text{放电}}{\rightleftharpoons}}6C+LiFePO_4$$

电池反应的实质是锂离子从一个化合物转移到另一个化合物。

锂离子电池具有体积小、比能量高、寿命长(可达到 6 年以上)、额定电压高(3.3～3.8 V)、高功率承受力、自放电率低等优点,主要用于手机和笔记本电脑,目前正在进行用于电动汽车的研发。

8.4.3 燃料电池

严格说来,燃料电池(fuel cell)也属于一次电池。不同的是,一次电池的正负极活性物质是固体并放在电池内,用完后不能补充,因而容量较小,而燃料电池的活性物质是放在电池外储罐中的气体或液体,只要气体或液体的活性物质源源不断地输入燃料电池中,电池就能连续发电。

燃料电池实质上不能"储电"而是一个"发电厂",是把化学能转化为电能的能量转换机器。电池工作时,燃料和氧化剂由外部供给。原则上只要反应物不断输入,反应产物不断排除,燃料电池就能连续发电。

例如,20 世纪 60 年代美国航天局用于载人宇宙飞船的碱性氢氧燃料电池,其原理是电解水的逆过程

正极反应　$O_2 + 2H_2O + 4e^- = 4OH^-$

负极反应　$H_2 + 2OH^- = 2H_2O + 2e^-$

电池反应　$2H_2 + O_2 = 2H_2O$

燃料电池具有能量转化效率高、燃料适用范围广、环境友好、运行质量高等特点。但电极材料和催化剂的选择等关键问题制约着燃料电池的研究与应用,且成本太高,目前主要用于军事、航天。如何把燃料电池转为民用也是当今一个重要课题。

可见,体积小、质量小、能量高的各种化学电源既是电化学理论与实际应用的完美结合,也是化学对人类的重要贡献之一。

8.5 电　　解

本章所讨论的原电池实际是一种可逆电池,二次电池就是可逆电池具体的应用。在第 13 章中将要讨论的化合物的电解法制备,实际上是相应的电池反应的逆反应。

例如,氢氧原电池反应

$$2H_2(g) + O_2(g) = 2H_2O(l) \qquad E^\ominus = 1.23\ V$$

$E^\ominus > 0$,反应自发进行。发生电池反应时,体系向环境提供能量。反之

$$2H_2O(l) = 2H_2(g) + O_2(g) \qquad E^\ominus = -1.23\ V$$

$E^\ominus < 0$,反应不能自发进行。但如果由外部向体系反向施加一大于 1.23 V 的电压,使 $E_{体}$ $(= E_{外} + E^\ominus) > 0$,反应也能由左向右进行。$H_2O(l)$的分解过程是在外部电压的作用下发生的,环境向体系提供能量,将此过程称为电解,使电解反应发生的装置称为电解池。

可见,电解反应是电池反应的逆反应。因历史的原因,电池反应的两极称为正极和负极,电解反应的两极称为阴极和阳极。以上述反应为例,它们的关系如下

$$H_2(g) + O_2(g) \underset{电解池}{\overset{原电池}{\rightleftharpoons}} H_2O(l)$$

正极(还原)　$O_2 + 4H^+ + 4e^- \rightleftharpoons 2H_2O$　(氧化)阳极

负极(氧化)　$H_2 \rightleftharpoons 2H^+ + 2e^-$　(还原)阴极

电解时,H_2O 在阳极失去电荷,发生氧化反应,生成 O_2 和 H^+;H^+ 在阴极获得电荷并结合成 H_2,被还原。

对于水的电解反应,理论上只要外加直流电压超过 1.23 V 电解反应即可发生,这个电压称为理论分解电压。但实际上,外加电压超过 1.23 V 不多时,电解池的电流极小,电解反应并

不明显或不发生，只有当电压超过 1.70 V 后，电解才明显发生，这个电压称为分解电压。分解电压与理论分解电压之差称为超电压。

超电压与电极材料的性质、表面状态、溶液中离子的扩散、浓差极化、电流密度、电解池温度等有关。超电压有时还会影响电解反应的产物。电解过程除热力学因素外还有动力学因素的影响，电解槽的操作电压实际上是经过实验选定的。

小　　结

研究化学电池中氧化还原反应过程以及化学能和电能相互变换规律的化学分支称为电化学。

凡有电子转移或偏移的反应称为氧化还原反应。氧化数反映的是原子核外成键电子转移或偏移的情况。

在原电池中的氧化还原反应其电子可定向流动。约定采用还原电势，并规定标准氢电极电势等于零作参照系，以此而确定的一系列标准电极电势，反映了各种物质在水溶液中的氧化还原能力。利用这些数据，可以计算任意两个电极所组成的电池的电动势、计算电池反应的平衡常数、判别电池反应自发进行的可能性。

电极电势受氧化态和还原态物质浓度的影响，用 Nernst 方程式表示。改变浓度的手段有人为配制、使生成沉淀、生成配合物，有时还可改变溶液的酸碱度。由于电池电动势容易直接测定，所以我们又可通过上述原理，借实验测定的 E，测定溶液的 pH、沉淀物的 $K_{sp}^{\ominus}$ 及配合物的 $K_{稳}^{\ominus}$。使用 $E^{\ominus}$ 时要注意条件，高温熔融盐的电极反应不能用这些数据。

人类根据电化学原理制备出了各式各样的实用电池，电池反应的逆反应即电解。无论是实用电池还是利用电解制备化合物，都是化学对人类的贡献。

思考与研讨

8.1　举例说明什么是氧化数，它的实验依据是什么。指出化合物 $FeCl_2$、$FeCl_3$、Fe_2O_3、H_2O_2、NaH、$K_2Cr_2O_7$ 中各元素的氧化数。

8.2　试讨论 $S_4O_6^{2-}$ 中四个 S 的氧化数及 S 的平均氧化数。

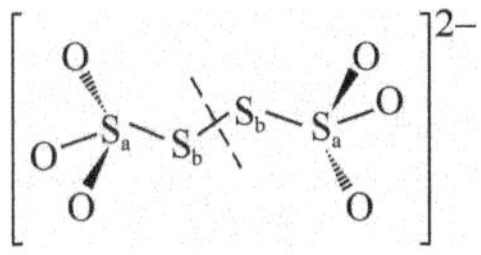

8.3　电极电势产生的原因是什么？电极电势的意义是什么？

8.4　书写电池符号的一般规律是什么？

8.5　有了标准氢电极为何还要用参比电极？二者之间有何关系？

8.6　试举例说明 $\Delta_r G_m^{\ominus}$、$E^{\ominus}$、$K^{\ominus}$ 三者之间的关系，讨论它们性质的区别。

8.7　什么类型的电极反应其电极电势不受酸度的影响？什么类型的电极反应其电极电势受酸度的影响？酸度的变化对这类反应的电极电势影响相同吗？

8.8　查 $K_{sp}^{\ominus}$ 数据，比较下列各标准电极电势的大小：$\varphi^{\ominus}(Ag^+/Ag)$、$\varphi^{\ominus}(AgCl/Ag)$、$\varphi^{\ominus}(AgBr/Ag)$、$\varphi^{\ominus}(AgI/Ag)$、$\varphi^{\ominus}(Ag_2SO_4/Ag)$、$\varphi^{\ominus}(Ag_2CrO_4/Ag)$、$\varphi^{\ominus}(Ag_2S/Ag)$。

8.9　试比较电池与电解间的相互关系。

8.10　一未名湖水中含有 Cl^-，并略带酸性，设计一个方便的电池，测定其中的 Cl^- 浓度。写出电池符号和被测半电池的电极电势表示式。

8.11 试根据电极电势讨论说明。

(1) MnO_2 能否和稀 HCl(1 mol · dm^{-3})反应?

(2) 若使反应进行,盐酸的最低浓度必须是多少?

(3) 若用浓盐酸(12 mol · dm^{-3}),反应进行的程度又如何?

已知:$\varphi^\ominus(MnO_2/Mn^{2+})=1.23$ V,$\varphi^\ominus(Cl_2/Cl^-)=1.36$ V。

8.12 在分别电解 $CuSO_4$、$ZnSO_4$ 和 $MgSO_4$ 溶液时,阴极产物分别是 Cu、Zn 和 H_2。试查相应电极的电极电势,分析阴极产物与理论预期的产物是否一致?一致或不一致的原因又是什么?

习 题

8.1 配平下列各反应方程式。

(1) $PbO_2+MnBr_2+HNO_3 \longrightarrow Pb(NO_3)_2+Br_2+HMnO_4+H_2O$

(2) $CrI_3+Cl_2+KOH \longrightarrow K_2CrO_4+KIO_4+KCl+H_2O$ (半反应法)

(3) $I^-+HOCl \longrightarrow IO_3^-+Cl^-$ (半反应法)

(4) $Cr(OH)_3^-+IO_3^- \xrightarrow{\text{碱性溶液}} CrO_4^{2-}+I^-$ (半反应法)

(5) $MnO_4^-+H_2O_2 \xrightarrow{\text{酸性溶液}} O_2$ (离子-电子法)

8.2 写出下列反应的电池符号。

(1) $I_2+Fe^{2+} \longrightarrow Fe^{3+}+I^-(1.0\times10^{-4})$

(2) $Ag+Cu^{2+}(0.010\ mol\cdot dm^{-3})+I^-(0.10\ mol\cdot dm^{-3}) \longrightarrow AgI+Cu$

(3) $MnO_4^-+Cl^-+H^+ \longrightarrow Mn^{2+}+Cl_2+H_2O$

8.3 写出下列电池的电极反应、电池反应,并计算电池电动势(25 ℃)。

(1) $Cu|Cu^{2+}(0.01\ mol\cdot dm^{-3})\,\|\,Ag^+(1.0\times10^{-6}\ mol\cdot dm^{-3})|Ag$

(2) $Cu|Cu^{2+}(c_2)\,\|\,Cu^{2+}(c_1)|Cu \quad c_1>c_2$

(3) $Pt,H_2(p^\ominus)|HAc(0.10\ mol\cdot dm^{-3})\,\|\,KCl(\text{饱和}),Hg_2Cl_2|Hg$

8.4 根据 $\varphi^\ominus$ 值判断下列反应能否进行。通过改变浓度可否逆向反应?再通过平衡常数 $K^\ominus$ 的计算进行比较。

(1) 在酸性溶液中 I_2 能否将 Cu 氧化成 Cu^{2+}

(2) $O_2(g)+2H^+(aq)+2I^-(aq) = I_2(s)+H_2O_2(aq)$

(3) $ClO_3^-(aq)+Ag \longrightarrow Cl^-(aq)+Ag^+(aq)$

(4) $Fe^{3+}(aq)+Br^-(aq) \longrightarrow Br_2+Fe^{2+}(aq)$

8.5 若以饱和甘汞电极电势为标准,并设 $\varphi_{SCE}=0.0$ V,则 $\varphi^\ominus(H^+/H_2)$、$\varphi^\ominus(Cu^{2+}/Cu)$各是多少?

8.6 已知 $\varphi^\ominus(MnO_4^-/Mn^{2+})=1.51$ V,$\varphi^\ominus(Cl_2/Cl^-)=1.36$ V,若将此两电对组成电池

(1) 计算电池反应在 25℃时 $\Delta_rG_m^\ominus$ 和 $K^\ominus$;

(2) 当$[H^+]=1.0\times10^{-2}$ mol · dm^{-3},而其他离子浓度均为 1.0 mol · dm^{-3},$p(Cl_2)=100$ kPa 时的电池电动势;

(3) 在(2)的情况下,K 和 Δ_rG_m 各是多少?

8.7 已知:反应 $\frac{1}{2}H_2+AgCl(s) = H^++Cl^-+Ag(s)$ 的 $\Delta_rH_m^\ominus=-40.44$ kJ · mol^{-1},$\Delta_rS_m^\ominus=-63.6$ J · mol · K^{-1},求 298 K 时 $AgCl(s)+e^- = Ag(s)+Cl^-$ 的 $\varphi^\ominus$。

8.8 在 25℃时,测定下列电池(浓度单位:mol · dm^{-3})的电动势为 $E=+0.670$ V。

$$(-)Pb(s)|Pb^{2+}(0.01)\,\|\,VO^{2+}(0.1),V^{3+}(1.0\times10^{-5}),H^+(0.1)|Pt(s)(+)$$

(1) 计算电对 VO^{2+}/V^{3+} 的标准电极电势 $\varphi^\ominus$;

(2) 写出电池反应,并计算电池反应的平衡常数 $K^\ominus$。

已知：$Pb^{2+}+2e^- \xlongequal{} Pb$，$\varphi^\ominus=-0.126$ V。

8.9　298 K 时，在 Ag^+/Ag 电极中加入过量 I^-，设达到平衡时 $[I^-]=0.10$ mol·dm^{-3}，而另一个电极为 Cu^{2+}/Cu，$[Cu^{2+}]=0.010$ mol·dm^{-3}，现将两电极组成原电池，写出电池反应式并计算电池反应的平衡常数。

已知：$\varphi^\ominus(Ag^+/Ag)=0.80$ V，$\varphi^\ominus(Cu^{2+}/Cu)=0.34$ V，$K_{sp}^\ominus(AgI)=8.5\times10^{-17}$。

8.10　已知：$\varphi^\ominus(H_3AsO_4/HAsO_2)=0.56$ V，$\varphi^\ominus(I_2/I^-)=0.54$ V。298 K 时反应

$$H_3AsO_4+2I^-+2H^+ \rightleftharpoons HAsO_2+I_2+2H_2O$$

在 pH＝1.00 和 pH＝7.00 的溶液中（其余各物质的浓度均为 1.0 mol·dm^{-3}），反应是正向进行还是逆向进行？

8.11　在 1.0 cm^3 含 0.10 mmol AgCl 沉淀的溶液中加入 Zn 粉，问 AgCl 能否被 Zn 全部还原而生成 Ag 和 Cl^-。已知：$\varphi^\ominus(Ag^+/Ag)=0.80$ V，$\varphi^\ominus(Zn^{2+}/Zn)=-0.76$ V，$K_{sp}^\ominus(AgCl)=1.6\times10^{-10}$。

8.12　求氯气与水反应的平衡常数，$Cl_2+H_2O \rightleftharpoons HClO+H^++Cl^-$，并计算氯气分压强为 101.3 kPa 时的氯水的 pH。已知：$\frac{1}{2}Cl_2+e^- \xlongequal{} Cl^-$，$\varphi^\ominus=1.36$ V；$2HOCl+2H^++2e^- \xlongequal{} Cl_2+2H_2O$，$\varphi^\ominus=1.63$ V。

8.13　试以中和反应 $H^+(aq)+OH^-(aq) \xlongequal{} H_2O(l)$ 为电池反应

(1) 设计成一种原电池（用电池符号表示）；

(2) 分别写出电极半反应和电池反应；

(3) 计算该电池在 25℃时的标准电动势；

(4) 通过电池电动势计算该反应的平衡常数。

8.14　已知 $S+2e^- \xlongequal{} S^{2-}$，$\varphi^\ominus=-0.46$ V；$S+2H^++2e^- \xlongequal{} H_2S$，$\varphi^\ominus=0.144$ V，求 $H_2S \xlongequal{} 2H^++S^{2-}$ 的 $K_a^\ominus$。

8.15　实验测定 0.10 HX 的氢电极和饱和甘汞电极所组成电池的电势为 0.48 V，求 HX 的电离常数。

8.16　已知 $K_{sp}^\ominus(CuCl)=1.2\times10^{-6}$

$Cu^{2+}+2e^- \xlongequal{} Cu$　　$\varphi^\ominus=0.337$ V

$Cu^{2+}+e^- \xlongequal{} Cu^+$　　$\varphi^\ominus=0.159$ V

(1) 计算反应 $2Cu^+ \rightleftharpoons Cu+Cu^{2+}$ 的平衡常数；

(2) 计算反应 $Cu+Cu^{2+} \rightleftharpoons 2Cu^+$ 的平衡常数；

(3) 计算反应 $Cu+Cu^{2+}+2Cl^- \rightleftharpoons 2CuCl(s)$ 的平衡常数。

计算结果说明了哪些问题？

8.17　已知：$Mg(OH)_2+2e^- \rightleftharpoons Mg+2OH^-$　　$\varphi^\ominus[Mg(OH)_2/Mg]=-2.67$ V

$Mg^{2+}+2e^- \rightleftharpoons Mg$　　$\varphi^\ominus(Mg^{2+}/Mg)=-2.37$ V

求 $Mg(OH)_2$ 的 $K_{sp}^\ominus$。

8.18　通过查相关数据，计算下列氧化还原反应的平衡常数。

$$3CuS(s)+2NO_3^-(aq)+8H^+(aq) \rightleftharpoons 3S(s)+2NO(g)+3Cu^{2+}(aq)+4H_2O(l)$$

8.19　已知下列电极反应的标准电极电势。

(1) $H_3BO_3(s)+3H^+(aq)+3e^- \rightleftharpoons B(s)+3H_2O(l)$　　$\varphi^\ominus=-0.87$ V

(2) $4H^+(aq)+O_2(g)+4e^- \rightleftharpoons 2H_2O(l)$　　$\varphi^\ominus=1.229$ V

$\Delta_rG_m^\ominus[H_2O(l)]=-237.1$ kJ·mo^{-1}。求 $H_3BO_3(s)$ 的 $\Delta_fG_m^\ominus$。

8.20　已知在 25℃时

$Cr_2O_7^{2-}+H_2O \rightleftharpoons 2CrO_4^{2-}+2H^+$　　$K=1.0\times10^{14}$

$Cr_2O_7^{2-}+14H^++6e^- \rightleftharpoons 2Cr^{3+}+7H_2O$　　$\varphi^\ominus=1.33$ V

$K_{sp}^\ominus[Cr(OH)_3]=6.3\times10^{31}$

试求算:(1) $CrO_4^{2-}+8H^++3e^- \rightleftharpoons Cr^{3+}+4H_2O$ $\varphi^\ominus=?$

(2) $CrO_4^{2-}+4H_2O+3e^- \rightleftharpoons Cr(OH)_3+5OH^-$ $\varphi^\ominus=?$

8.21 从金矿中提取金,传统的方法是氰化法。

已知:$Au^++e^- = Au$ $\varphi^\ominus=1.69\ V$

$O_2+2H_2O+4e^- = 4OH^-$ $\varphi^\ominus=0.40\ V$

$[Zn(CN)_4]^{2-}+2e^- = Zn+4CN^-$ $\varphi^\ominus=-1.26\ V$

$K^\ominus_{稳}([Au(CN)_2]^-)=2.0\times10^{38}$

(1) 写出氰化法提取 Au 的全部化学反应式,简单说明反应为何能进行。

(2) 计算氧气存在时,Au 在 NaCN 溶液中溶解反应的平衡常数。

8.22 已知 $Fe^{3+}+e^- = Fe^{2+}$ $\varphi^\ominus=0.77\ V$

$I_2+2e^- = 2I^-$ $\varphi^\ominus=0.54\ V$

$K^\ominus_{稳}([Fe(CN)_6]^{3-})=1\times10^{42}$,$K^\ominus_{稳}([Fe(CN)_6]^{4-})=1\times10^{35}$

试通过计算回答:在标准状况下,下列反应 $2[Fe(CN)_6]^{4-}+I_2 \rightleftharpoons 2[Fe(CN)_6]^{3-}+2I^-$ 的方向。

8.23 Co(Ⅲ)盐因其强的氧化性不能存在于水溶液中,但其氨(或其他)配合物(在常温常压下)却能在水溶液中稳定存在。试通过相关计算解释这一事实。

已知:$Co(NH_3)_6^{2+}$ $K^\ominus_{稳}=3.5\times10^5$ $Co(NH_3)_6^{3+}$ $K^\ominus_{稳}=1.6\times10^{35}$

$O_2(g)+4H^+(aq)+4e^- = 2H_2O(l)$ $\varphi^\ominus=1.229\ V$

$O_2+2H_2O+4e^- = 4OH^-$ $\varphi^\ominus=0.40\ V$

$Co^{3+}+e^- = Co^{2+}$ $\varphi^\ominus=1.92\ V$

$K^\ominus_b(NH_3\cdot H_2O)=1.8\times10^{-5}$

第 9 章　原子结构与元素周期律

中学阶段我们对 Mendeleev 元素周期表及元素性质的某些周期性已有了大致的了解，但你可知道各元素为什么要这样排布？划分、确定周期及族的本质是什么？未来元素将如何排列？元素基本性质变化的规律和原因是什么？原子是用什么形成分子的？110 多种元素为什么能形成几千万种物质？现在人们知道，所有这些都与原子中电子的结构有关。那么，原子体系的运动规律符合以牛顿(I. Newton)三大定律为基础的经典物理学的规律吗？原子中几十个甚至一百多个电子在原子核外空间中又是如何彼此相处、和谐运动的？遵循什么样的运动规律？如果让你从甲地到乙地而不允许你经过甲乙间的某个区域，你能办到吗？电子又是如何做到的？那就让我们追寻人类探索原子结构的足迹探寻原子结构的秘密。

9.1　近代原子结构理论的建立

“一尺之棰，日取其半，万世不竭”，2000 多年前庄子就提出了物质可以无限分割的哲学思想。公元前 5 世纪的希腊哲学家德谟克利特(Democritus)则提出了一个原子的概念：世界由不可再分的原子所组成。原子“atom”一词源于希腊语，意为“不可再分的部分”。古人对原子只有一个模糊的意识，直到 18 世纪末，科学家从化学事实总结出了定比定律(也称定组成定律)；19 世纪初，Dalton 根据实验事实发现了倍比定律，为解释化学反应的比例关系提出了原子学说。Dalton 的原子学说是人类首次通过科学实践揭示物质的微观结构，对于后来的物理和化学学科发展产生了深远影响。

9.1.1　原子结构理论发展概况

19 世纪末至 20 世纪初是人类认识原子结构的一个重要时期，我们沿着时间的顺序对人类探索原子结构的过程作一简单回顾。

在电子、质子的认识方面，1879 年英国人克鲁科斯(W. Crookes)发现了阴极射线(cathode rays)，揭开了人类对电子的本质的认识。Crookes 等研究了阴极射线的性质，发现电子带有负电荷，具有质量和动能。1897 年英国人汤姆孙(J. J. Thomson)利用电场及磁场对带电质点运动的影响测定了电子的荷质比，即电子的电荷 e 与质量 m 之比值：

$$\frac{e}{m}=\frac{E}{H^2 r}$$

式中，E、H 分别代表电场和磁场的强度；r 是电子运动的曲率半径。E、H、r 都可由实验测定，求出的 $e/m=1.76\times10^{11}\ \mathrm{C\cdot kg^{-1}}$。Thomson 等还证明，阴极线的 e/m 不因电极材料或放电管中残余气体的性质而改变，是一个常量。如能测得电子的电荷，就可由 e/m 直接求得电子的质量(m)。1909 年，密立根(R. A. Millikan)设计了一个著名的油滴实验，来测定电子的电荷。实验表明所有油滴所带电量总是一个最小电量(1.6×10^{-19} C)的整数倍，这个最小电荷量就是一个电子所具有的基本电量。根据 e/m 即可以得到电子的质量 $m=9.11\times10^{-31}$ kg。

Thomson 和 Millikan 都是用十分简单的实验装置与最基本的物理定律确定了电子的电荷和质量。此外,用紫外光照射物质、加热金属丝、放射性元素放出 β 射线等都能产生电子,各种来源的电子的 e/m 值相同,可见电子普遍存在于原子之中。

在原子结构模型的建立方面,Thomson 在发现电子的荷质比之后,于 1904 年提出了一个正电荷均匀分布的原子模型,即"葡萄干布丁(plum pudding)"模型,但此模型 1911 年就遭到了英国物理学家卢瑟福(E. Rutherford)的否定,看来即使是顶尖级的科学家有时也会犯错误。Rutherford 通过 α 粒子散射实验建立起原子有核模型,或称行星式原子模型——原子中心有一个核,它所占空间很小,但集中了原子全部正电荷和几乎全部质量,而带负电荷的电子则在核外"广袤"的空间里绕核高速运动。Rutherford 的散射实验不仅认识了原子核的存在,还能根据不同散射角(θ)的 α 粒子的比例,近似得到原子核电荷数(Z)及核的大小。

19 世纪末放射性的发现对电子、质子的发现及原子模型的建立有着重要的贡献。德国人伦琴(W. C. Röngen)于 1895 年发现了 X 射线。X 射线能穿透一定厚度的物质,能使荧光物质发光、感光材料感光、空气电离等。第二年,法国人贝克勒(A. H. Becquerel)通过对几十种物质进行实验,发现铀具有放射性。随后,波兰人玛丽·居里(M. S. Curie)以铀的放射性为基础进行研究,在随后的两年时间里便陆续发现了放射性元素镭和钋等。

在理论研究领域,随着经典物理学理论在黑体辐射和原子光谱解释上的无能为力,1900 年德国人普朗克(M. Planck)提出了著名的量子论;为解释光电效应,瑞士人爱因斯坦(A. Einstein)于 1905 年提出了光子论;为解释氢原子光谱,1913 年丹麦人玻尔(N. Bohr)提出了 Bohr 理论;1924 年法国人德布罗意(Louis de Broglie)提出了微观粒子具有波粒二象性的假设;1926 年奥地利人薛定谔(E. Schrödinger)建立了微观粒子的波动方程,用于描述微观粒子的运动状态。至此,不仅从实验上,也从理论上解决了人们对原子结构的认识问题。

9.1.2　氢原子光谱与 Bohr 理论

19 世纪末,理论发展已达顶峰的经典物理学在两个实验事实面前遭遇到前所未有的挫折,即黑体辐射(blackbody radiation)和原子光谱(atomic spectrum)。

1. 黑体辐射和量子论

黑体是能全部吸收投射到它上面的辐射而无反射的物体。开一个小孔的金属空腔可以看成是黑体(图 9.1)。黑体既是理想的吸收体,也是理想的辐射体,在受到强热时能发出连续波长的电磁辐射。实验发现,黑体受热时辐射出光的强度与波长的关系只与黑体的热力学温度有关(图 9.2),而与空腔的形状及物质的组成无关。

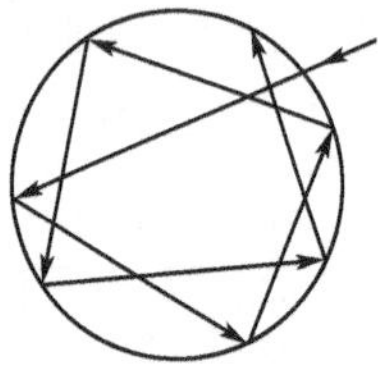

图 9.1　黑体模型:带孔金属球

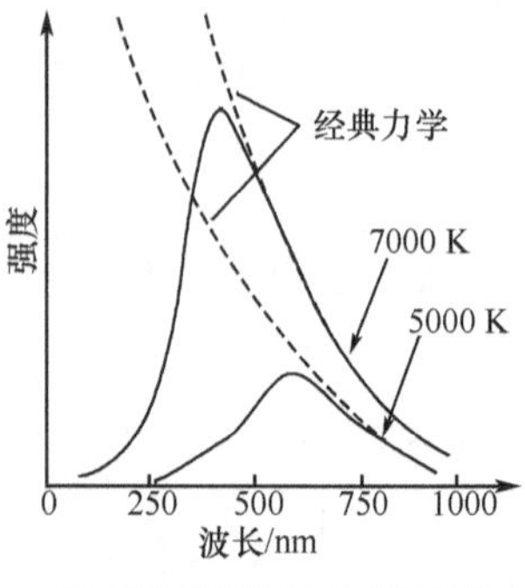

图 9.2　不同温度下黑体辐射的相对强度

自 18 世纪始，许多人试图用经典物理学来解释这个实验事实，但都以失败而告终。因为按照经典物理理论，它只有在波长相当长时才与实验相符，随波长减小，辐射强度应无限增大(图 9.2 中虚线)，人们看到的应是蓝、紫辐射。物理学家曾把这种与经典理论相违背的实验事实称为紫外灾难(ultra-violet catastrophe)，即经典理论在紫外区崩溃了。

在前人工作的基础上，1900 年 Planck 得到了一个能成功描述整个实验曲线的公式，继而进一步从理论上导出了这一公式

$$E_\nu = \frac{2\pi h\nu^3}{c^2}(e^{h\nu/KT}-1)^{-1}$$

为了导出这一公式，他不得不提出一个与经典物理学“背道而驰”的大胆假设——能量量子化：黑体吸收或发射的能量是不连续的(discontinuous)，**能量由最基本的分立的能量单位构成，将这个能量单位称为量子**(quantum)。不管物质是吸收或还是发射能量，总是吸收或发射相当于量子整数倍的能量，每一个量子的能量与相应电磁波的频率成正比

$$E = h\nu \tag{9.1}$$

式中，比例常数为 h，称 Planck 常量，其值为 6.626×10^{-34} J · s；n 为正整数(1，2，3，…)。也就是说能量是量子化的，而不是连续的。

Planck 关于黑体辐射的研究第一次摆脱了经典物理的束缚，能量量子化的概念开启了人类认识微观世界的大门，堪称 Newton 发现万有引力之后人类最伟大的发现。Planck 在《科学自传》中这样评价自己：“我设法将基本作用量子纳入经典理论的徒劳尝试继续了好几个年头，它们使我花费了大量心血，我的许多同事把此近乎看成是一个悲剧。但我不是这样认为的，从中得到的启示对我来说是格外有价值的。我现在明白了一个事实，即基本作用量子在物理学中起着远大于我原先倾向于设想过的作用，这一认识使我清楚地看到在处理原子问题时需要引入全新的分析和推理方法。” Planck 常量 h 的引入是物理学一个新纪元的开始，h 是标志微观世界特征的一个普适常量。经过一个世纪的发展，量子论在众多自然科学领域取得了巨大成功，已经成为自然科学的重要理论基础。后人将 Planck 在德国物理学会宣读论文的那一天(1900 年 12 月 14 日)定为量子论的诞生日。

2. 氢原子光谱

氢原子是最简单的一种原子，核外只有 1 个电子。人们很早就发现了氢原子的光谱，如在抽成真空的放电管中充入少量氢气，并通过高压放电，则氢气放出玫瑰红色的可见光、紫外光和红外光。利用三棱镜可得到不连续的线状光谱(图 9.3)，在可见光区可以看到到四条明显的谱线，通常用 H_α、H_β、H_γ、H_δ 来表示。这些谱线的特点是：①线状光谱，不连续；②相邻两谱线间隔不等，但有规律地依次减小。

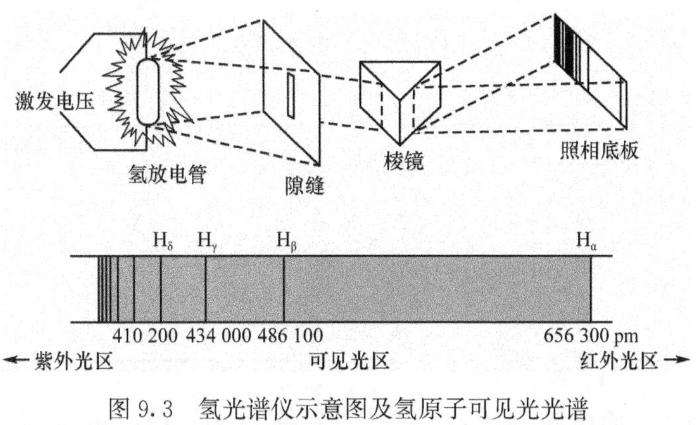

图 9.3　氢光谱仪示意图及氢原子可见光光谱

1885年瑞士一位中学数学教师巴尔麦(J. J. Balmer)发现谱线的波长(wave length)符合经验公式

$$\tilde{\nu}=\frac{1}{\lambda}=R_{\mathrm{H}}\left(\frac{1}{2^2}-\frac{1}{n^2}\right) \tag{9.2a}$$

式中,$\tilde{\nu}$ 为波数,即波长(λ)的倒数;n 为大于 2 的正整数;R_{H} 称为 H 原子的里德伯(J. Rydberg)常量,$1.096\ 775\ 76\times10^7\ \mathrm{m}^{-1}$。

继 Balmer 之后,莱曼(Lyman)及帕邢(Paschen)等又相继发现在氢原子紫外及红外光谱区的若干谱线系。1913 年 Rydberg 找出了能概括氢原子所有谱线波数之间联系的经验公式

$$\tilde{\nu}=\frac{1}{\lambda}=R_{\mathrm{H}}\left(\frac{1}{n_1^2}-\frac{1}{n_2^2}\right) \tag{9.2}$$

式中,n_1 和 n_2 都是正整数,且 $n_2>n_1$。

后来发现,每种原子都有自己的特征光谱,这使人们联想到原子光谱与原子结构之间是否存在着必然的联系。

当人们试图按照经典电磁学理论利用 Rutherford 的有核原子模型来解释氢原子的线状光谱时,却受到了空前的挑战。

3. Bohr 氢原子理论

1913 年,年轻的物理学家 Bohr 在 Rutherford 有核原子模型、Planck 量子论和 Einstein 的光子学说基础上,提出了自己的原子结构理论,从理论上解释了氢原子光谱。

Bohr 理论有两个基本假设:

(1) 核外电子只能在一些有确定半径和能量的特定轨道上运动,这种状态称为定态。Bohr 计算出氢原子中电子运动的速度、轨道半径和能量:

$$\begin{aligned} v &=\frac{e^2}{2\varepsilon_0 nh}=\frac{(1.602\times10^{-19}\ \mathrm{C})^2}{2\times(8.854\times10^{-12}\ \mathrm{C^2\cdot J^{-1}\cdot m^{-1}})(6.626\times10^{-34}\ \mathrm{J\cdot s})n} \\ &=(2.187\times10^6/n)\mathrm{m\cdot s^{-1}} \\ r &=\frac{\varepsilon_0 n^2h^2}{\pi me^2}=\frac{(8.854\times10^{-12}\ \mathrm{C^2\cdot J^{-1}\cdot m^{-1}})(6.626\times10^{-34}\ \mathrm{J\cdot s})^2n^2}{3.1416\times(9.109\times10^{-31}\ \mathrm{kg})(1.602\times10^{-19}\ \mathrm{C})^2} \\ &=52.93n^2\ \mathrm{pm}\approx 53n^2\ \mathrm{pm} \end{aligned} \tag{9.3}$$

$$E=-\frac{13.6}{n^2}\mathrm{eV} \tag{9.4}$$

表 9.1 给出了不同 n 时的 r_n、E_n 和体系所处的状态。

表 9.1　原子轨道半径 r_n、轨道能 E_n 及原子所处状态和 n 的关系

n	r_n/pm	E_n/eV	原子所处状态
1	53	$E_1=-13.6$	基态
2	212	$E_2=E_1/4=-3.4$	激发态
3	477	$E_3=E_1/9=-1.51$	激发态
4	848	$E_4=E_1/16=-0.85$	激发态
…	…	…	激发态

当 $n=1$ 时,电子在离核最近的原子轨道上运动,称为**基态**,体系能量最低。比基态能量

高的所有其他状态都是**激发态**。随着量子数 n 的增加，电子离核越来越远，能量也随之以量子化的形式不断增加(负得更少)。当 $n\to\infty$ 时，则电子离核无穷远，已脱离了原子核的束缚成为自由电子，其能量 $E=0$。

(2) 电子在这些特定轨道上运动时并不吸收或辐射能量，只有当电子在不同轨道之间跃迁时，原子才会吸收或辐射出光子。吸收和辐射出光子能量的多少取决于跃迁前后两个轨道的能量之差，即

$$\Delta E = E_{n2} - E_{n1} = h\nu = \frac{hc}{\lambda} \tag{9.5}$$

按 Bohr 理论，可解释氢原子光谱的不连续性。原子中的电子可处在离核最近的轨道上运动，即处于基态，受到外界能量激发时电子将跃迁到激发态。处于激发态的电子因能量较高不稳定，当再次跃迁回到能量较低的轨道上时，就以光能形式释放能量。因原子中两个能级间的能量差是确定的，所以释放出光的频率是确定的。例如，Balmer 系的 H_α、H_β、H_γ、H_δ 谱线就是电子分别从 $n=3$、4、5、6 的轨道跃迁到 $n=2$ 轨道时所放出的辐射。正是由于能级的不连续性，跃迁时释放出光的频率是量子化的，因而产生的谱线是分立的。

根据 Bohr 模型，现将 Lyman、Balmer、Paschen 等线系所代表的不同能级之间的跃迁、轨道能级差与各系谱线示于图 9.4 中。

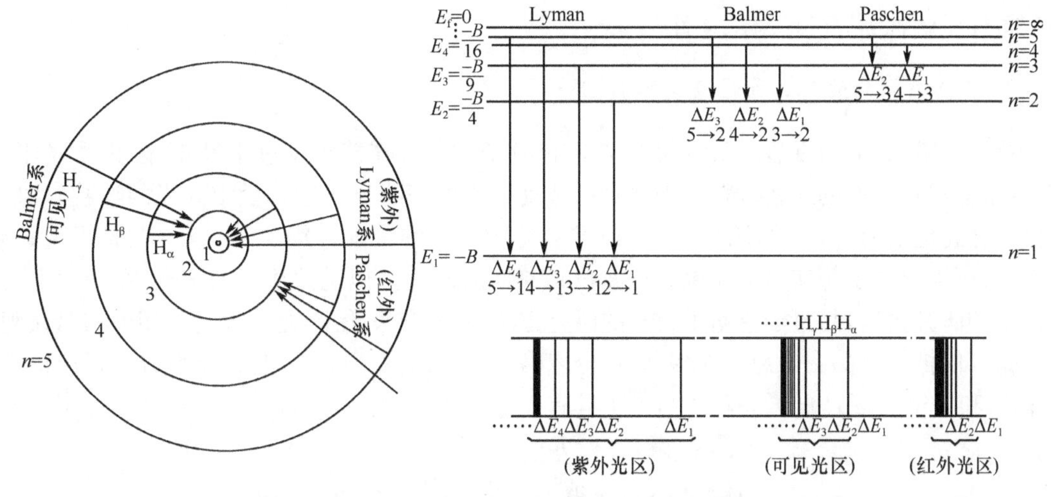

图 9.4　氢原子电子跃迁、轨道能级差与各系谱线形成示意图

Bohr 理论虽然引用了 Planck 的量子论，但仍沿用经典力学的思路，人为地引入轨道的概念，虽然能成功地解释氢原子及一些单电子离子的光谱，但仍有很大的局限性。例如，对于这些光谱的精细结构、对于多电子原子，哪怕只有两个电子的 He 原子的光谱的解释都无能为力。由于 Bohr 理论没有给出量子化的根源，所以，人们把 Bohr 理论称为旧量子论。事实表明，从宏观到微观，物质的运动规律发生了本质的变化，适用于宏观物体运动规律的经典理论已无法处理微观粒子的运动。

9.2　微观粒子的特性及其运动规律

宏观物体只具有粒子性而无波动性，而微观粒子(microscopic particle)具有粒子性和波动

性的双重性质，即波粒二象性(wave-particle dualism)，因此，具有与宏观物体不同的运动规律，其动量与位置是不能同时准确测定的，电子在原子空间的概率分布只具有统计性规律。

9.2.1　微观粒子的波粒二象性

1. 光的波粒二象性

关于光究竟是具有粒子性还是具有波动性，科学家至少争论了两个多世纪。直到1905年，Einstein才第一次应用Planck量子论概念成功地解释了光电效应，并提出光子学说：一束光由具有粒子特征的光子(photon)组成。每一个光子的能量与光的频率成正比，即

$$E=h\nu$$

按Einstein相对论的质能联系定律 $E=mc^2$，因光子的动量 $P=mc$，所以光的动量(P)与光波波长(λ)成反比，即

$$P=h\nu/c \qquad 或 \qquad P=h/\lambda \tag{9.6}$$

式(9.1)和式(9.6)左边的 E 和 P 是表征粒子性的物理量，右边的 ν 和 λ 是表征波动性的物理量，它们通过Planck常量 h，把经典物理中两个彼此矛盾、互不相容的概念——粒子性和波动性有机地联系在一起。一般来说与光传播有关的现象，如干涉、衍射，表现出光的波动性；而涉及光与实物相互作用有关的现象，如发射、吸收、光电效应等则表现出光的粒子性。这样的双重性质就称为光的波粒二象性。

2. 实物微粒的波粒二象性及实验验证

静止质量为零、通常显示波动性的光具有粒子性。现在能否反过来设想：静止质量不为零、通常显示粒子性的实物微粒是否也具有波动性呢？正当不少物理学家为光的波粒二象性感到十分迷茫的时候，一个刚从历史学研究转向物理学的法国青年de Broglie在光子说的启发下，大胆提出电子等实物微粒也具有波粒二象性的假设。他说："整个世纪来，在光学上，比起波动的研究方法，是过于忽略了粒子的研究方法，在实物理论上，是否发生了相反的错误呢？是不是我们把粒子的图像想得太多，而过分忽略了波的图像？"从这个思想出发，他将具有一定能量 E 和一定动量 P 的微观粒子与一个具有一定频率和波长的平面单色波相联系

$$E=h\nu$$

$$P=h\nu/c \qquad 或 \qquad \lambda=h/P=h/mv$$

这就是著名的de Broglie关系式。式中，m 代表微粒如电子的质量；v 为微粒的运动速度。

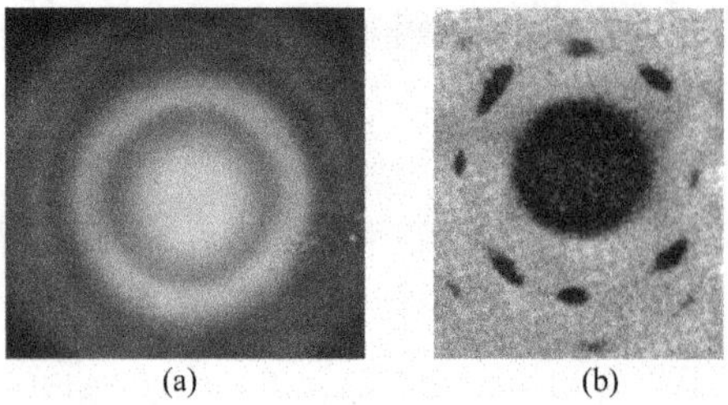

图9.5　电子通过金箔(a)和金属铝晶体(b)的衍射图

de Broglie的假设当时面临两大挑战：一是能否实验验证；二是这是种什么波。著名物理学家佩兰(J. B. Perrin)在1924年de Broglie举行题为"量子理论的研究"的博士论文答辩上就这样问他："能否用实验证实这些波呢？"de Broglie回答："用晶体对电子的衍射实验可以做到。"事隔仅3年，也就是在1927年，戴维森(G. J. Davisson)和革末(L. H. Germer)让电子束在镍单晶上反射以及汤姆孙(G. P. Thomson)让电子束通过多晶都得到如图9.5所示的电子衍射

图。根据电子衍射图计算得到的电子射线的波长与 de Broglie 关系式预期的波长完全一致。后来的实验表明，α 粒子、中子、原子或分子等粒子流做类似实验，都同样可以观察到衍射现象，完全证实了实物微粒具有波动性的结论。

de Broglie 的实物粒子波不同于电磁波，而是一种物质波。一个常见的关于波粒二象性的误解就是把电磁波和实物粒子的波动性混为一谈。电磁波是有方向的、各向异性的，而实物粒子波是各向同性的，不可能由于观察角度的不同而看到不同的东西。另外一个经常被问到的问题是电子到底是波还是粒子？其实，电子在某些时候表现出粒子性，而在其他一些时候则表现出波动性。波粒二象性原理就是描述这种实物粒子的两重性。

9.2.2 概率分布和不确定原理

1. 微观粒子运动的统计规律

实验事实表明，波粒二象性是微观粒子具有的共同特征。但一个新的问题又摆在了当时的物理学家面前，即如何使粒子性与波动性统一？或怎样理解实物粒子的波动性？1926 年 6 月，玻恩(M. Born)在题为《散射过程的量子力学》一文中首次提出概率解释，用他自己的话说："粒子运动遵循概率定律，而概率本身按照因果律传播。"按此观点，在电子衍射中，一束较强的电子流经过晶体衍射，电子落在底片很多之处形成衍射明纹，电子落在底片很少之处则是衍射强度很弱的地方。如果改用很弱的电子流进行衍射实验，使得电子一个个到达底片上，虽每个电子到达的位置不能预测，看似杂乱无章，但只要时间足够长，电子在衍射图中各处出现的机会与用强电子流出现的机会是一样的。对大量粒子行为而言，粒子出现数目多的区域衍射强度(或波强度)大，粒子出现数目少的区域波强度小。对一个粒子行为而言，粒子到达机会多的区域是衍射强度大的地方。由此可见，**实物粒子的波动性是其统计行为的体现，de Broglie 波是一种概率波**(probability density)，或称物质波(matter-wave)。

2. 不确定原理

由经典物理学我们知道，对宏观物体的一切运动，都能同时准确地测定某一时刻运动物体的位置、速度及具有的动量。然而，对微观物体的运动情况则完全不同，遵循所谓的不确定原理(uncertainty principle)。这一原理是海森伯(W. Heisenberg)于 1927 年提出来的，它是微观粒子波粒二象性的体现，是微观粒子运动的一条基本规律。也就是说，人们不可能同时确切知道微观粒子的位置和动量，不确定度的乘积的数量级以 Planck 常量 h 表征，即

$$\Delta x \cdot \Delta P_x \geqslant h/4\pi \tag{9.8}$$

此式表明，位置的不确定度 Δx 与动量的不确定度 ΔP_x 成反比。当位置越确定，即 Δx 越小时，其动量越不确定，即 ΔP_x 越大；反之亦然。

例如，原子中的电子，其速度 $v \approx 10^6\ \mathrm{m \cdot s^{-1}}$，电子位置的不确定度不会超过原子的尺度，即 $\Delta x \leqslant 10^{-10}$ m，因此，电子速度的不确定度

$$\Delta v \geqslant h/(4\pi m \Delta x) \approx 0.6 \times 10^6\ \mathrm{m \cdot s^{-1}}$$

电子速度的不确定度 Δv 与其本身的速度 v 数量级相同，误差如此之大，意味着电子运动轨道不复存在。

应当注意，不确定原理不是测量误差引起的问题，不能把它归结为仪器测量精度限制的结

果。不确定原理可用量子力学来证明。在不确定关系中,一个关键的量又是 Planck 常量 h。正如光速的数量级规定了 Newton 力学的适用范围,把它和相对论力学划分开来,Planck 常量的数量级从另一方面规定了 Newton 力学的适用范围,并把经典理论和量子理论划分开来。

9.3　单电子原子的量子力学模型

至此,我们已知具有波粒二象性的实物粒子的运动具有不确定性质,原子中电子的运动不服从经典力学规律。1926 年,Schrödinger 联系到微观粒子的波粒二象性和不确定原理,提出了一个波动力学方程——Schrödinger 方程,用以描述电子的运动规律。

氢原子和类氢离子(如 He^{+}、Li^{2+} 等)的共同特征是核外只有一个电子,仅核电荷数 Z 不同,常称为单电子体系,可放在一起进行讨论。

9.3.1　Schrödinger 方程和波函数

Schrödinger 方程是一个描述电子运动的二阶线性偏微分方程

$$\frac{\partial^2\psi}{\partial x^2}+\frac{\partial^2\psi}{\partial y^2}+\frac{\partial^2\psi}{\partial z^2}+\frac{2m}{\hbar^2}(E-V)\psi=0$$

式中,$\hbar=h/2\pi$;m 为电子的质量;V 为电子的势能;E 为电子的能量,波函数(wave function)ψ(音为 psi)是电子坐标 x,y,z 的函数。解 Schrödinger 方程即可得到波函数 ψ 和相应的能量 E。

解 Schrödinger 方程是一个复杂的过程,这里只介绍求解主要步骤,而将重点放在求解 Schrödinger 方程所得结论的讨论,以利于我们更好地了解原子结构。

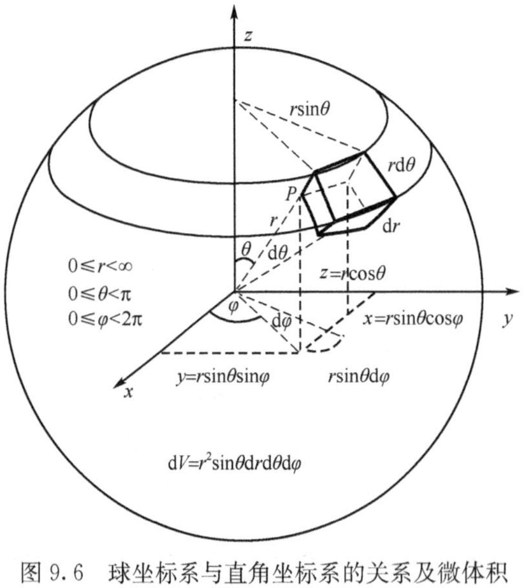

图 9.6　球坐标系与直角坐标系的关系及微体积

因 Schrödinger 二阶偏微分方程中 $\psi(x,y,z)$ 是三个变量 x,y,z 的函数,因此,首先必须分离变量,将其变为三个常微分方程再分别求解。但又因电子势能

$$V=-\frac{Ze^2}{4\pi\varepsilon_0 r}$$

其中 r 也是三个坐标变量 x,y,z 的函数

$$r=\sqrt{x^2+y^2+z^2}$$

且数学家至今还未找到分离 x,y,z 的方法,因而直角坐标系下 Schrödinger 方程是无法求解的。好在直角坐标系和球坐标系可以相互转换,因此需先将 $\psi(x,y,z)$ 转换成 $\psi(r,\theta,\varphi)$,且 $\psi(r,\theta,\varphi)$ 可分离成 $R(r)$、$\Theta(\theta)$ 和 $\Phi(\varphi)$ 的乘积

$$\psi(r,\theta,\varphi)=R(r)\,\Theta(\theta)\Phi(\varphi)$$

根据直角坐标和球坐标的关系(图 9.6),有

$$x=r\sin\theta\cos\varphi\qquad y=r\sin\theta\sin\varphi\qquad z=r\cos\theta$$

$$r=\sqrt{x^2+y^2+z^2}$$

球坐标系下的 Schrödinger 方程变成

$$\left[\frac{1}{r^2}\cdot\frac{\partial}{\partial r}\left(r^2\cdot\frac{\partial}{\partial r}\right)+\frac{1}{r^2\sin\theta}\cdot\frac{\partial}{\partial\theta}\left(\sin\theta\cdot\frac{\partial}{\partial\theta}\right)+\frac{1}{r^2\sin^2\theta}\cdot\frac{\partial^2}{\partial^2\varphi}\right]\psi+\frac{8\pi^2 m}{h^2}\left(E+\frac{Ze^2}{4\pi\varepsilon_0 r}\right)\psi=0$$

现在可以进行变量分离,将 Schrödinger 方程分解成三个分别只含一个变量的常微分方程 $R(r)$、$\Theta(\theta)$ 和

$\Phi(\varphi)$。其形式分别为

$$\frac{1}{R}\frac{\mathrm{d}}{\mathrm{d}r}\left(r^2\cdot\frac{\mathrm{d}R}{\mathrm{d}r}\right)+\frac{8\pi^2 m}{h^2}Er^2+\frac{2\pi mZe^2r}{\varepsilon_0 h^2}=\beta$$

$$\frac{\sin\theta}{\Theta}\frac{\mathrm{d}}{\mathrm{d}\theta}\left(\sin\theta\cdot\frac{\mathrm{d}\Theta}{\mathrm{d}\theta}\right)+\beta\sin^2\theta=m^2$$

$$-\frac{1}{\Phi}\frac{\mathrm{d}^2\Phi}{\mathrm{d}\varphi^2}=m^2$$

在分别求解 $\Phi(\varphi)$、$\Theta(\theta)$和 $R(r)$方程时，要求得到的解是合理的。满足合理解的限制条件分别是

解 $\Phi(\varphi)$方程　　$m=0,\pm1,\pm2,\cdots$

解 $\Theta(\theta)$方程　　$\beta=l(l+1)$　　且 $l=0,1,2,\cdots$　　及 $l\geqslant|m|$

解 $R(r)$方程　　$E=-13.6\,Z^2/n^2(\mathrm{eV})$　　且 $n=1,2,3,\cdots$　　及 $n\geqslant l+1$

解得的合理波函数分别是 $R_{n,l}(r)$、$\Theta_{l,m}(\theta)$和 $\Phi_m(\varphi)$，它们分别只与径向 r、角度 θ 和 φ 有关且相互独立。为方便方程的求解，曾将 $\psi(r,\theta,\varphi)$分离成 $R(r)$、$\Theta(\theta)$和 $\Phi(\varphi)$的乘积，现在需再还原，将得到的合理解 $R_{n,l}(r)$、$\Theta_{l,m}(\theta)$和 $\Phi_m(\varphi)$相乘便得到电子运动波函数

$$\psi_{n,l,m}(r,\theta,\varphi)=R_{n,l}(r)\,\Theta_{l,m}(\theta)\,\Phi_m(\varphi)$$

或

$$\psi_{n,l,m}(r,\theta,\varphi)=R_{n,l}(r)Y_{l,m}(\theta,\varphi)$$

式中，$R_{n,l}(r)$为波函数的径向部分；$Y_{l,m}(\theta,\varphi)$为波函数的角度部分。显然，$Y_{l,m}(\theta,\varphi)=\Theta_{l,m}(\theta)\,\Phi_m(\varphi)$。我们将波函数 $\psi_{n,l,m}(r,\theta,\varphi)$称为原子轨道。

参数 n,l,m 对波函数 $\psi_{n,l,m}(r,\theta,\varphi)$的限制，保证了 $\psi_{n,l,m}(r,\theta,\varphi)$的合理性。表 9.2 列出了氢原子及类氢离子的一些波函数及波函数的径向和角度两个部分。

表 9.2　氢原子和类氢离子的几个波函数(a_0=Bohr 半径)

n	l	m	$\psi_{n,l,m}(r,\theta,\varphi)$	$R_{n,l}(r)$	$Y_{l,m}(\theta,\varphi)$
1	0	0	ψ_{1s}(或 ψ_{100})$=\frac{1}{\sqrt{\pi}}\left(\frac{Z}{a_0}\right)^{3/2}\mathrm{e}^{-Zr/a_0}$	$2\sqrt{\frac{1}{a_0^3}}\mathrm{e}^{-Zr/a_0}$	$\sqrt{\frac{1}{4\pi}}$
2	0	0	ψ_{2s}(或 ψ_{200})$=\frac{1}{4\sqrt{2\pi}}\left(\frac{Z}{a_0}\right)^{3/2}\left(2-\frac{Zr}{a_0}\right)\mathrm{e}^{-Zr/2a_0}$	$\sqrt{\frac{1}{8a_0^3}}\left(2-\frac{Zr}{a_0}\right)\mathrm{e}^{-Zr/2a_0}$	$\sqrt{\frac{1}{4\pi}}$
	1	0	ψ_{2p_z}(或 ψ_{210})$=\frac{1}{4\sqrt{2\pi}}\left(\frac{Z}{a_0}\right)^{3/2}\frac{Zr}{a_0}\mathrm{e}^{-Zr/2a_0}\cos\theta$		$\sqrt{\frac{3}{4\pi}}\cos\theta$
		±1	$\psi_{2p_x}=\frac{1}{4\sqrt{2\pi}}\left(\frac{Z}{a_0}\right)^{3/2}\frac{Zr}{a_0}\mathrm{e}^{-Zr/2a_0}\sin\theta\cos\varphi$	$\sqrt{\frac{1}{24a_0^3}}\frac{Zr}{a_0}\mathrm{e}^{-Zr/2a_0}$	$\sqrt{\frac{3}{4\pi}}\sin\theta\cos\varphi$
			$\psi_{2p_y}=\frac{1}{4\sqrt{2\pi}}\left(\frac{Z}{a_0}\right)^{3/2}\frac{Zr}{a_0}\mathrm{e}^{-Zr/2a_0}\sin\theta\sin\varphi$		$\sqrt{\frac{3}{4\pi}}\sin\theta\sin\varphi$

9.3.2　量子数及其物理意义

将上面解方程时的限制条件整理一下得三个量子数，加上第四个量子数 m_s，其名称及相互关系如下：

$$\left.\begin{array}{lll}\text{主量子数} & n=1,2,3,\cdots & \\ \text{角量子数} & l=0,1,2,\cdots,n-1 & (\text{有 } n \text{ 个取值}) \\ \text{磁量子数} & m=0,\pm1,\pm2,\cdots,\pm l & (\text{有 } 2l+1 \text{ 个取值}) \\ \text{自旋磁量子数} & m_s=\pm\dfrac{1}{2} & \end{array}\right\} \tag{9.9}$$

它们的取值是量子化的,这种量子化不像 Bohr 理论是人为强加进来的,而是解 Schrödinger 方程的自然结果。波函数 $\psi_{n,l,m}$ 不仅规定了电子在空间的概率分布,而且还决定了在该状态下原子的各种性质。

1. 主量子数 n

主量子数 n(principal quantum number)取 1,2,3,…正整数值。① n 决定了另两个量子数 l 和 m 的取值范围。按取值规则,对一个确定的 n,有 n 个不同的 l,而对每个 l 又可有$(2l+1)$个不同的 m。因此,对一个确定的 n 可有

$$g=\sum_{l=0}^{n-1}(2l+1)=n^2 \tag{9.10}$$

个不同的波函数 $\psi_{n,l,m}$ 或状态。②由解 $R(r)$方程的限制条件知,**处于 $\boldsymbol{\psi_{n,l,m}}$ 状态的电子其能量 $\boldsymbol{E_n}$ 只与 $\boldsymbol{n}$ 有关**,与 l 和 m 无关

$$E_n=-13.6\frac{Z^2}{n^2}(\text{eV}) \tag{9.11}$$

n 越大,能量越高。这意味着 n^2 个波函数 $\psi_{n,l,m}$ 或状态其能量相同,均为 E_n。我们把**具有相同能量的多个不同的状态称为简并态,简并态的数目 $\boldsymbol{g}$ 称为简并度**。③描述电子出现最大概率区域离核的远近。在光谱学中常用大写字母 K,L,M,N,O,P,…依次代表 $n=1,2,3,4,5,6,\cdots$,即 $n=1$ 为 K 层,$n=2$ 为 L 层等。n 越大,轨道离核越远。④稍后还将看到,n 还决定原子状态的总节面数 $n-1$。

2. 角量子数 l

角量子数 l(angular quantum number)受 n 的限制,能取小于 n 的正整数。光谱学中用小写字母 s,p,d,f,g,h 等依次表示 $l=0,1,2,3,4,5$ 等轨道。① l 决定了轨道**角动量**的大小。电子绕核做"圆周运动"具有的轨道角动量是一矢量,其值为 $|\boldsymbol{M}|=\sqrt{l(l+1)}\hbar$,也是量子化的。② 多电子原子中 l 还影响着电子的能量[式(9.13)]。因电子间的排斥,同一主层中 l 不同的电子其能量不同,l 相同的轨道其能量相同。**把 $\boldsymbol{l}$ 相同的轨道归为同一亚层或支壳层**。例如,在 $n=3$ 的主层中,$l=0$、1、2,有 3s、3p、3d 共 3 个亚层,位于这 3 个亚层上的电子分别称为 3s、3p、3d 电子,以此类推。③l 还决定波函数或概率密度的**角度分布**[$Y(\theta,\varphi)$或$|Y(\theta,\varphi)|^2$]的形状及**角节面**数(l 个)。

3. 磁量子数 m

m 称为磁量子数(magnetic quantum number)。① 若将原子放入磁场中,原来能量相同的亚层电子其能量不再相同,轨道角动量$|\boldsymbol{M}|$在磁场中的取向也不同,也是量子化的。②每一亚层中的电子有 $2l+1$ 个取向(见 9.3.3 节波函数的角度部分图像),每一个取

向相当一个“轨道”。

现以 $n=3$ 为例，将量子数 n,l,m 与原子轨道间的关系列于表 9.3 中。

表 9.3　$n=3$ 时量子数与原子轨道间的关系

n	l	亚层符号	m	原子轨道*	亚层轨道数($2l+1$)	主层轨道数 n^2
3	0	3s(3s 轨道)	0	ψ_{3_s} 或 $\psi_{3,0,0}$	1	9
	1	3p(3p 轨道)	0	$\psi_{3_{p_z}}$ 或 $\psi_{3,1,0}$	3	
			±1	$\psi_{3_{p_x}}$, ψ_{3p_y} 或 $\psi_{3,1,\pm1}$		
	2	3d (3d 轨道)	0	$\psi_{3_{dz^2}}$ 或 $\psi_{3,2,0}$	5	
			±1	$\psi_{3_{d_{xz}}}$, $\psi_{3_{dyz}}$ 或 $\psi_{3,2,\pm1}$		
			±2	$\psi_{3_{d_{xy}}}$, $\psi_{3_{d_{x^2-x^2}}}$ 或 $\psi_{3,2,\pm2}$		

* 波函数既可用实函数，如 ψ_s，ψ_{p_x}，ψ_{p_y}，$\psi_{d_{xy}}$，$\psi_{d_{xz}}$，$\psi_{d_{z^2}}$，$\psi_{d_{x^2-y^2}}$ 等表示，也可用复函数形式，如 $\psi_{n,0,0}$、$\psi_{n,1,0}$、$\psi_{n,1,\pm1}$、$\psi_{n,2,\pm2}$ 等表示，二者可通过欧拉公式 $e^{\pm ix}=\cos x\pm i\sin x$ 进行变换。例如，$n=3$、$l=1$、$m=\pm1$ 时，$\psi_{3d_{xz}}$、$\psi_{3d_{yz}}$ 和 $\psi_{3,2,+1}$、$\psi_{3,2,-1}$ 它们两两对应，相互之间可通过线性组合得到。

4. *自旋磁量子数 m_s*

电子自旋是因解释氢原子精细谱线而提出的。1896 年塞曼(P. Zeeman)发现，当有外磁场时光谱线分裂，分裂后的分支谱线相对于原谱线波数的位移与理论计算吻合，证实了角动量和磁矩方向分量量子化的结论，从而证明了量子数 l 和 m 的存在。按轨道角动量分析，在无外磁场时氢原子 2p→1s 的跃迁应是一条谱线，然而，用分辨率很高的仪器观察却发现是两条靠得很近的谱线：$\tilde{\nu}_1=82\ 259.27\ \mathrm{cm^{-1}}$，$\tilde{\nu}_2=82\ 258.91\ \mathrm{cm^{-1}}$，称为谱线的精细结构。我们熟知的钠的黄线就是由两条靠得很近的谱线 $\lambda=589.6$ nm 和 $\lambda=589.0$ nm 组成的。

为解释这一实验现象，1925 年，乌仑贝克(G. Uhlenbeck)和哥希密特(S. Goudsmit)提出了自旋的假设：电子在绕核运动的同时还有自身旋转运动，具有自旋角动量 M_s，它在空间任一方向(如轴)上的投影能且只能取两个分立的值：$M_s=\pm\frac{1}{2}\hbar$。用 m_s 表示 $\pm\frac{1}{2}$，为第四个量子数——自旋磁量子数(spin magnetic quantum number)。m_s 为 $+\frac{1}{2}$ 时常用“↑”表示，称为自旋向上或为 α 态；m_s 为 $-\frac{1}{2}$ 时常用“↓”表示，称为自旋向下或为 β 态。考虑自旋后由于自旋磁矩和轨道磁矩相互作用分裂成两个相隔很近的 2p 能级，因此 2p 与 1s 间的跃迁可得两条很相近的谱线。

斯特恩(O. Stern)和盖拉赫(W. Gerlach)将 Ag 原子束通过狭缝再经非均匀磁场，结果原子束在磁场中沿磁场梯度方向一分为二，一半向上偏转，一半向下偏转(图 9.7)。Ag 原子是由原子实(相应的稀有气体构型)和一个 5s 电子组成的，原子实和 5s 电子的轨道角动量和磁矩都为零，显然不能引起分裂；此外，按角动量理论，对一确定的 l，有 $2l+1$ 个 m 值，谱线应分裂为奇数条，且总有 $m=0$ 的态存在。实验结果只有沿准直方向上下对称且均匀分布的两条，表明这种磁矩一定是由一种新的、电子本身固有的因素所引起，这个因素就是电子自旋。

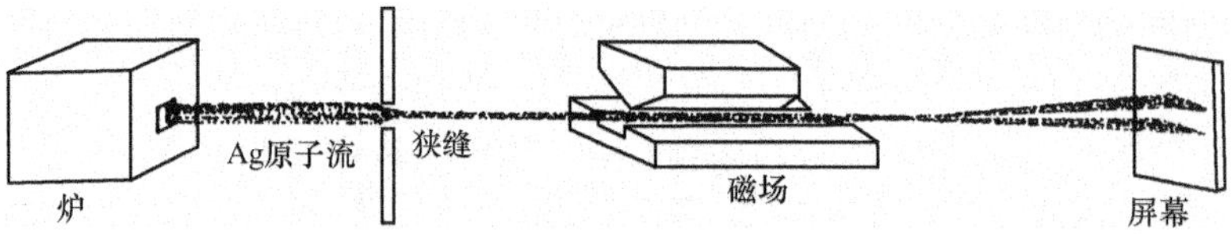

图 9.7　证明电子有自旋运动的实验示意图

应当注意,正如电子的轨道运动没有经典力学的含义一样,电子自旋绝非像地球自转那样做经典力学式的运动,但它的机制是什么至今仍是一个谜。电子自旋虽是由实验事实引入的,但在相对论量子力学中是解狄拉克(P. Dirac)方程的自然结果。

综上所述,量子数 n、l、m 决定原子中每个电子的空间运动状态 $\psi_{n,l,m}$:主量子数 n 决定 l 和 m 的取值范围、电子的能量和电子离核的远近;角量子数 l 决定轨道角动量、轨道或概率密度的角度分布形状及角节面数,在多电子原子中也影响电子的能量;磁量子数 m 决定轨道角动量 $|\boldsymbol{M}|$ 在磁场中的取向;自旋磁量子数 m_s 决定电子自旋的方向。

9.3.3　波函数和电子云的图形

由于电子在原子核外运动没有确定的轨道,在各处出现的机会是按概率分布的。因此,理解并掌握波函数和电子云(electron cloud)的空间图形及其物理意义,对分析由原子形成分子、化学键的形成及其状态特别重要。但描述 $\psi_{n,l,m}(r,\theta,\varphi)$ 的图像需要四维空间,常是一些复杂的空间曲面。因 $\psi_{n,l,m}(r,\theta,\varphi)=R_{n,l}(r)Y_{l,m}(\theta,\varphi)$,所以常出自不同目的,可先分别从径向($r$)和角度($\theta,\varphi$)两个方面来考察,然后再综合在一起来讨论。

1. 角度部分图像

1) 波函数的角度分布图

将波函数 $\psi_{n,l,m}(r,\theta,\varphi)$ 的角度部分 $Y_{l,m}(\theta,\varphi)$ 对 θ,φ 作图,就得到波函数的角度分布图。

下面以 $\psi_{2,1,0}$ 为例说明作图过程。①找出函数关系。由表 9.2 知,$\psi_{2,1,0}$ 的角度部分 $Y(\theta,\varphi)=\sqrt{\frac{3}{4\pi}}\cos\theta$。②列表。为了作 $Y(\theta,\varphi)$ 对 θ,φ 的图,先以 $\sqrt{\frac{3}{4\pi}}$ 为单位列表(表 9.4)。③描点。按坐标系图 9.8(a),从坐标原点出发,以表中对应的值(取长度 Y)描点,得图 9.8(b)。④连线。将图 9.8(b)中的各点连接成光滑的曲线,得到“3”形的曲线,如图 9.8 (c)所示。⑤作完整图。因 $Y(\theta,\varphi)=\sqrt{\frac{3}{4\pi}}\cos\theta$ 只是 θ 的函数,与 φ 无关,表明在任意 φ 角度的情况均如此,因此需将曲线绕 z 轴(φ 角)旋转 2π,形成空间曲面,如图 9.8(d)所示。该曲面是以圆点为中心,相切于 xy 平面的两个球体,球上每一个点到原点的距离代表在这个角度方向(θ,φ)上 Y 的相对大小;$\theta<90°$(上部分)时为“+”号,$\theta>90°$(下部分)时为“−”号。$\theta=90°$的 xy 平面是此函数图的节面,$\theta=0°$ 和 180°的 z 轴方向上,Y 有极大的绝对值。

表 9.4　角度波函数 $Y_{l,m}(\theta,\varphi)$ 及 $|Y_{l,m}(\theta,\varphi)|^2$ 与 θ 的关系

θ/(°)	0	15	30	45	60	90	120	135	150	165	180
$Y=\cos\theta$	1.00	0.966	0.866	0.707	0.500	0.0	−0.500	−0.707	−0.866	−0.966	−1.00
$\|Y\|^2=\cos^2\theta$	1.00	0.933	0.750	0.500	0.250	0.0	0.250	0.500	0.750	0.933	1.00

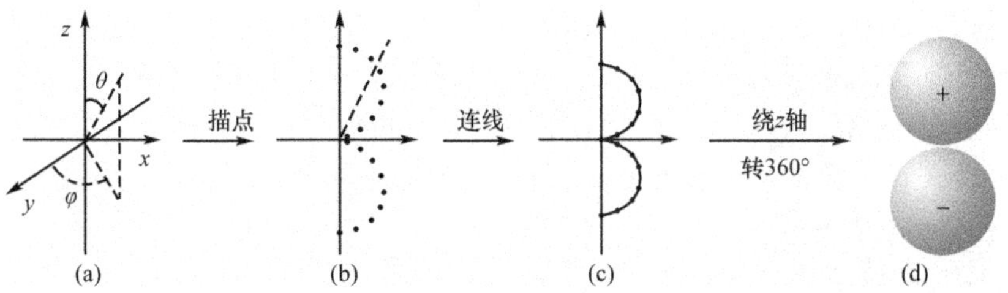

图 9.8　波函数的角度分布图作图过程

用类似的方法可作出其他原子轨道的角度分布图。图 9.9 是 s、p、d 原子轨道角度分布图，f 轨道角度分布图更为复杂，此处未给出。

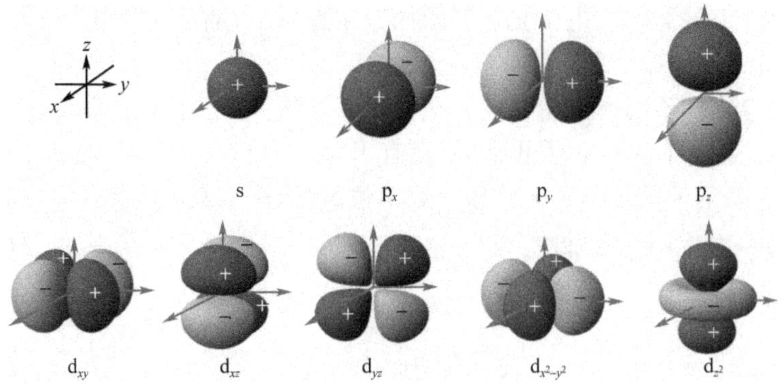

图 9.9　s、p、d 原子轨道角度分布图

波函数角度分布主要决定于量子数 l 和 m，而与量子数 n 无关。s、p、d、f 状态的角度分布图各不相同，但 **l 相同 n 值不同的轨道**，如 2p，3p，4p，…**形状相同**。l 相同的轨道构成一亚层，并有 $2l+1$ 个取向。由图可见，s 态是一个球体，无取向；p_x、p_y、p_z 都是“8”字形双球体，这些双球体均通过相应坐标轴并相切于与该坐标轴垂直的平面(也是该轨道的节面)，有 3 种取向；d 轨道有 5 种取向，d_{xy}、d_{yz}、d_{xz}、$d_{x^2-y^2}$ 是叶瓣形曲球体，前三个曲球体分别位于对应两个主轴之间，而 $d_{x^2-y^2}$ 的曲球体落在主轴上。d_{z^2} 态有两个叶瓣在 z 轴方向上，还有一个位于 xy 平面的小环。原子轨道角节面数为 l。由此可见，波函数角度分布图突出**表示原子轨道的形状、极大值方向以及原子轨道的正负号区域**，它们在化学键成键方向和能否成键方面有重要作用。

2) $|Y|^2$ 的分布图

$|Y|^2$ 的分布图即电子概率密度的角度分布图，也称电子云的角度分布图。作图方法与作波函数的角度分布图完全一样，所得图的形状与波函数的角度分布图也相似。不同之处一是没有了“+”“−”号之别，二是图形较瘦。图 9.10 以 p_z 和 d_{yz} 为例给出了函数(虚线)与电子云(实立体)角度分布图的比较。

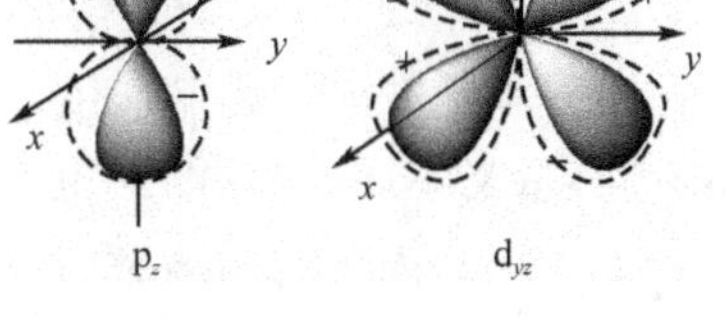

图 9.10　角度部分 Y 与 $|Y|^2$ 图像比较

2. 径向部分图像

1) 径向函数 $R(r)$ 图

径向函数 $R(r)$ 图是 $R(r)$ 对 r 所作的图形,反映的是在任意给定角度方向上 ψ 随 r 变化的情况,它取决于量子数 n 和 l 的大小。如图 9.11(a)中实线所示。图中有正负值,这正是波函数是粒子波动性的反映。

2) 径向密度函数 $R^2(r)$ 图

径向密度函数 $R^2(r)$(或电子云径向分布)图描述的是 $|\psi|^2$ 随 r 变化的情况,反映的是在任意给定方向上,电子在距核为 r 的某点附近**单位体积内**出现的概率[图 9.11(a)中虚线]。由图可见,只有 s 状态在原子核附近电子云密度最大,随着 r 增大,密度逐渐减小;2s,3s,…在离核较远处分别还有一,二,…处电子云密度较大。p 态和 d 态的特点是在原子核附近电子云密度接近于零,随半径的增大,电子云密度增加至某点最大,随后又降低。

3) 径向分布函数 $D(r)$ 图

如果只考虑电子在不同 r 处概率的分布情况,就要将电子在此处的概率 $|\psi|^2 dV$ 对 θ 和 φ 的全部区域积分。用 $D(r)dr$ 表示此结果,就有 $D(r)dr = r^2R^2(r)dr$ 或 $D(r) = r^2R^2(r)$,称为径向分布函数,表示的是在半径 r 的球面处**单位厚度(dr)球壳内**电子出现的概率。图 9.11(b)是氢原子的部分径向分布函数图。对 s 态,因 $l=0, m=0, Y_{0,0}(\theta,\varphi)=1/\sqrt{4\pi}$,所以 $D(r) = r^2R^2(r) = 4\pi r^2\psi_{n,0,0}^2$。

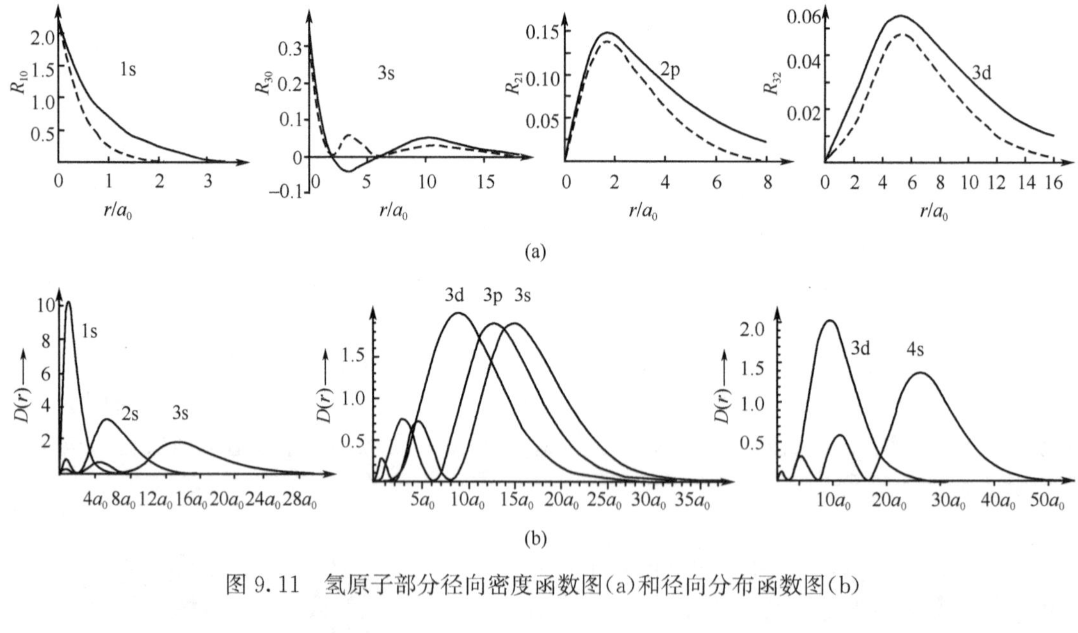

图 9.11 氢原子部分径向密度函数图(a)和径向分布函数图(b)

径向分布函数图与径向密度函数图都是考察电子在核外空间出现的概率密度,但考察的角度不同,意义不同,因而图形也不相同。径向密度函数 $R^2(r)$ 图比较的标准是在**单位体积元** $dV_i(=dxdydz)$ 内出现的概率,显然,$dV_1 = dV_2 = dV_3 = \cdots$;径向分布函数 $D(r)$ 图比较的标准是在**单位厚度(dr)球壳夹层**(半径 r 与 $r+dr$ 之间)内出现的概率,体积 $dV_i = 4\pi r_i^2 dr$。显然,当 $r \to 0$(原子核处)时,$dV_0 \to 0$,随着半径的增加,有 $\cdots < dV_b < \cdots < dV_a < \cdots$,如图 9.12 所示。

对 1s 电子而言，靠近核时 $R^2(r)$ 虽最大，但 $r\to 0$，$dV_0\to 0$，所以 $D(r)\to 0$；随 r 的增大，虽然 $R^2(r)$ 减小，但 $4\pi r^2$ 增加很快，因而 $D(r)$ 是增加的。这两个变化趋势相反的因素相互影响，至离核很远处虽球壳夹层体积很大，但 $R^2(r)\to 0$，$D(r)\to 0$，这就会在中间某处（如 r_1 处）出现极大值。对氢原子的 1s 态，$D(r)$ 函数的极大值正好位于 Bohr 半径 $r=53$ pm 处。

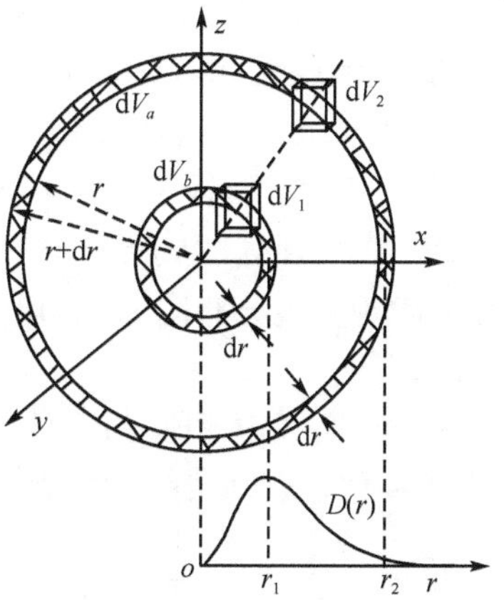

图 9.12　氢原子 1s 态 $D(r)$ 的含义图

观察径向分布函数图不难看出：①有 $(n-l)$ 个峰，$(n-l-1)$ 个节面。②n 相同时，峰数 ns$>n$p$>n$d$>n$f。随 l 的减小，主峰离核相对较远，但依次多一个离核较近的小峰，所以轨道能量 $E_{ns}<E_{np}<E_{nd}<E_{nf}$。③$l$ 相同（形状相同）时，n 越大，曲线的最高峰离核越远，受核吸引力越弱，轨道能量越高，电子越不稳定。

3. 电子云的空间分布示意图

1）电子云分布图

上面分别讨论了径向密度函数 $R^2(r)$ 和角度密度函数 $|Y|^2$ 的图形，现将二者图形综合在一起 $\psi^2(r,\theta,\varphi)=R^2(r)Y^2(\theta,\varphi)$，就是电子在空间的概率密度 ψ^2 图。如**用小黑点的疏密来形象地表示空间各处电子概率密度 $|\psi_{n,l,m}(r,\theta,\varphi)|^2$ 的相对大小，黑点密（稀）的地方就表示电子在那里的概率密度大（小），将这种小黑点图称为电子云图**。如图 9.13 的 $\psi^2(r,\theta,\varphi)$ 所示，它们只是一种近似的图像。

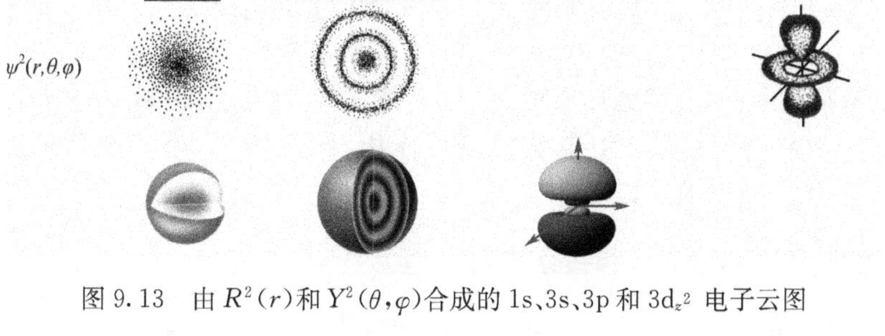

图 9.13　由 $R^2(r)$ 和 $Y^2(\theta,\varphi)$ 合成的 1s、3s、3p 和 $3d_{z^2}$ 电子云图

s 态　$l=0$，$Y_{0,0}(\theta,\varphi)$ 等于常数，则 $\psi^2_{n,0,0}=R^2_{n,0}(r)Y^2_{0,0}(\theta,\varphi)=c\cdot R^2_{n,0}(r)$。所以，$n$s 电子云都是球形对称的，这意味着 ns 电子在核外空间半径相同的各个方向上的概率密度都相等。ns 电子虽然在靠近核附近出现机会最多，概率最大，但随 n 增加，会出现 n 个概率较大的区域，相邻两个较大概率区域之间有一节面，这种状况是由径向密度函数 $R^2(r)$ 图的特征所决

定的。例如，3s 电子云有 3 个概率密度较大的区域和 2 个节面，其他 ns 电子云依此类推。

p 态　$l=1$，因 $|Y_{l,m}(\theta,\varphi)|^2$ 是 θ,φ 的函数，$\psi^2_{n,l,m}=R^2_{n,l}(r)Y^2_{l,m}(\theta,\varphi)$ 图不仅与径向有关还与角度有关，p 电子云是沿着一个坐标轴（x 或 y 或 z）圆柱形对称分布的两个"叶瓣"，两个叶瓣间有一角度节面。对 3p，4p，5p…，还分别有 1，2，3…个径向节面将此"叶瓣"分开。

d 态　$l=2$，同 p 电子云一样，d 电子云也与 r,θ,φ 有关，它们在空间的取向和形状与图 9.9 中 d 轨道角度分布图相似，电子云密度最大的地方不是在靠近核之处，而是在各叶瓣的中心。

电子云图是立体图像，上面给出的只是在某一平面上的剖面图。电子云的形状与它的角度分布图相似，但节面数增加，为径向节面（$n-l-1$）和角度节面（l）之和（$n-1$）。

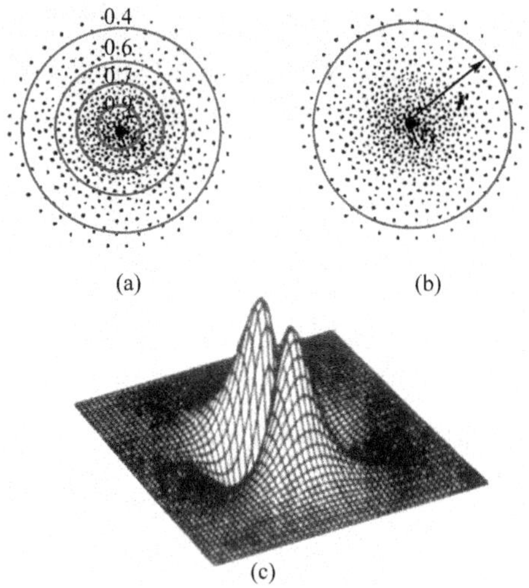

图 9.14　1s 态的等密度面图(a)、界面图(b)和 2p 电子云网络线图(c)

2）等密度面图

用小黑点的疏密表示电子的概率密度虽形象但不能确定其值，如果将核外空间 $|\psi|^2$ 数值相等的点连接成曲面，即为等密度面，即面上电子云密度相等之意。对于 ψ_{ns} 态，等密度面是一系列的同心球面，其剖面是一系列的同心圆，如图 9.14(a)所示，每个圆上的值表示概率密度 $|\psi|^2$ 的相对大小而非绝对值。

3）界面图

由径向分布函数图可知，电子在空间的分布没有明确的边界，但实际上对不同的态，在离核某处以外电子出现的概率已微不足道。若画出一个等密度面，使面内的概率密度占很大的比例，如 90%、95%、99%等，得到的这种图称为界面图，如图 9.14(b)所示。显然，界面半径 r 与所要求的百分数有关。

4）网络线图

用立体图表示电子云的概率密度得到的是网络线图。图 9.14(c)是由计算机计算并绘制的氢原子 2p 电子云密度的网络线图。图中的平面为 xy 平面，是过原子核的一个截面，垂直于此截面的峰高表示此截面上每一点的电子云密度。

9.4　多电子原子结构与周期律

除氢原子或类氢离子外，其他原子或离子核外都有多个电子，对某一指定电子而言，它除了受到核的引力之外，还受到其他电子的排斥作用。电子间的相互排斥致多电子原子的 Schrödinger 方程无法精确求解，常采用近似解。

9.4.1　中心力场模型、屏蔽效应和钻穿效应

1. 中心力场模型

对有 n 个电子的原子而言，当考察某电子 i 的行为时，该电子除了受原子核的吸引外，同时受其他 $n-1$ 个电子的排斥。假设其他 $n-1$ 个电子对电子 i 的排斥平均起来看成是球对称的电子云的作用，即视这 $n-1$ 个电子的电子云分布是球对称的，此时 Schrödinger 方程便可求解。将这 $n-1$ 个电子的电子云分布看成球对称分布是以原子核为中心的，因而称为中心

力场模型(central force field model)。由 Schrödinger 方程解得的能级是近似的,波函数的角度部分和单电子原子的相同,而径向部分和单电子原子则不同。

2. 屏蔽效应

如中心力场所假设,**其他 $n-1$ 个电子球对称分布的电子云对电子 i 的排斥,相当于部分抵消了核电荷对电子 i 的吸引作用,这种作用称为屏蔽效应**(screening effect)。好像其他电子的电子云"罩"住了核,使电子 i 真正受到吸引的核电荷小于 Z,这个电荷称为有效核电荷 Z^*(effective anuclear charge),即

$$Z^* = Z - \sigma \tag{9.12}$$

σ 称为屏蔽常数(screening constant),相当于被抵消的那部分核电荷数。在实际计算多电子原子的轨道能时,常将主量子数修正为 n^*,称为有效主量子数。n 和 n^* 的对应关系为

n	1	2	3	4	5	6
n^*	1	2	3	3.7	4	4.2

因此,多电子原子中某电子的能量可表示为

$$E_i = -\frac{(Z-\sigma)^2}{n^{*2}} \times 13.6\ \text{eV} = -\frac{Z^{*2}}{n^{*2}} \times 13.6\ \text{eV} \tag{9.13}$$

σ 是所有其他电子对电子 i 屏蔽作用的总和。影响屏蔽效应的因素很多,除了与产生屏蔽作用的电子的数目及其所处的原子轨道有关,还与被屏蔽电子本身离核远近及运动状态有关。根据光谱实验资料,斯莱特(J. C. Slater)提出了一个经验计算规则(后称 Slater 规则),他将原子的各层电子分成下列小组

(1s)(2s,2p)(3s,3p)(3d)(4s,4p)(4d)(4f)(5s,5p)…

则有下述原则:

(1) 外层[右边(　)内]电子对内层[左边(　)内]电子的屏蔽可忽略不计。

(2) 同组中电子相互屏蔽的常数为 0.35(如果同在 1s 层上则为 0.30)。

(3) 相邻两组中,内组对外组 s 和 p 电子的屏蔽常数是 0.85,对 d 和 f 电子的屏蔽常数则是 1.00。

(4) 更内层的电子对外层 s,p,d,f 各电子的屏蔽常数为 1.00。

利用这个规则能粗略估计不同轨道上电子的能量。

【例 9.1】 利用 Slater 规则分别计算基态锰原子中其他电子对一个 3p 电子和一个 3d 电子的屏蔽常数,并分别计算 E_{3p} 和 E_{3d}。

解: 锰原子序数 $Z=25$,分组后的电子结构式为$(1s^2)(2s^2 2p^6)(3s^2 3p^6)(3d^5)(4s^2)$

$$\sigma_{3p} = (1.00\times2) + (0.85\times8) + (0.35\times7) = 11.25$$

$$\sigma_{3d} = (1.00\times18) + (0.35\times4) = 19.40$$

将 σ_{3p} 和 σ_{3d} 分别代入式(9.11)中,有

$$E_{3p} = -13.6\times\frac{(25-11.25)^2}{3^2}\ \text{eV} = -285.69\ \text{eV}$$

$$E_{3d} = -13.6\times\frac{(25-19.40)^2}{3^2}\ \text{eV} = -47.39\ \text{eV}$$

屏蔽效应的实质是电子间的相互排斥削弱了核对该电子的吸引作用,这种互斥与双方所处的状态都有关系,即 σ 与彼此的量子数 n 和 l 都有关,因此多电子原子的轨道能由 n,l 共同决定。

3. 钻穿效应

从屏蔽效应和 Slater 规则可以看到,同一内层电子对不同外层电子的屏蔽作用是不同的。例如,2p 对 3p 的屏蔽系数为 0.85,而对 3d 的屏蔽系数为 1.00,这是由于 3p 和 3d 轨道径向分布不同。图 9.11(b)和图 9.17 清晰地说明了这种情况。**n 相同 l 不同的轨道,由于电子云径向分布的差异,电子穿过内层钻穿到核附近,回避其他电子对其屏蔽,这种现象称为钻穿效应**(penetration effect)。可见,钻穿与屏蔽是相互联系的,n 相同 l 不同的各个电子,钻穿回避内层电子屏蔽的能力一般是

$$ns > np > nd > nf$$

因此

$$E_{ns} < E_{np} < E_{nd} < E_{nf}$$

与光谱实验结果完全一致。

9.4.2 多电子原子轨道能级

在讨论原子的核外电子排布时,首先碰到的是原子轨道的能量次序问题。原子轨道能量由多种因素决定,包括该轨道上电子的动能、电子受核吸引的势能以及该电子与其他所有电子间的库仑排斥能。如果考虑电子自旋方向,则还包括交换能。

1. Pauling 近似轨道能级图

氢原子只有一个电子,无屏蔽与钻穿之说,轨道能量只与 n 有关,与 l 无关。图 9.15 是氢原子中各轨道能量高低次序和各层中轨道的个数(用小圆圈"○"代表原子轨道,也可用短杠"__"表示)。由图可见,氢原子中主量子数相同的轨道能量相同。

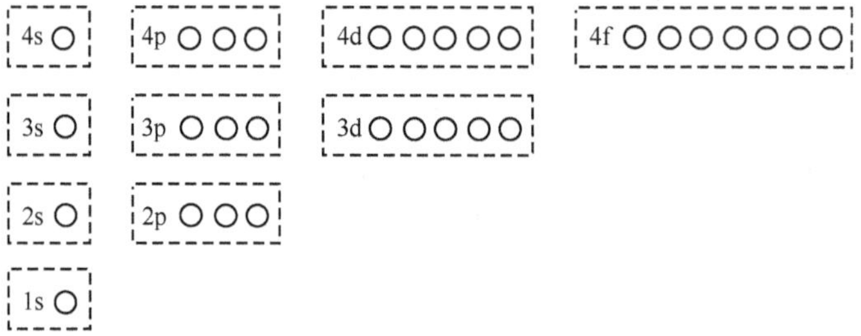

图 9.15 氢原子 $n=1\sim4$ 各轨道能量高低次序和各层中轨道的个数

但在多电子原子中,电子由于相互间的屏蔽与钻穿使其能量发生变化,轨道能量与 n 和 l 都有关,从而可能导致能级交错。Pauling 根据大量光谱实验数据以及理论计算,按轨道能量高低的顺序排列,绘成近似能级图,如图 9.16 所示。图中每一个方框中的几个轨道能量相近,称为一个能级组;虚线相连的轨道是氢原子中的简并轨道。

由图可见:**角量子数 l 相同的能级其能量由主量子数 n 决定**,如 s 和 p 的能量顺序为

$$E_{1s} < E_{2s} < E_{3s} < E_{4s}, E_{2p} < E_{3p} < E_{4p}, \cdots$$

主量子数 n 相同、角量子数 l 不同的能级,能量随 l 的增大而升高,如

$$E_{ns} < E_{np} < E_{nd} < E_{nf}$$

此现象称为能级分裂;**当主量子数 n 和角量子数 l 均不相同时,还会出现下列能级交错现**

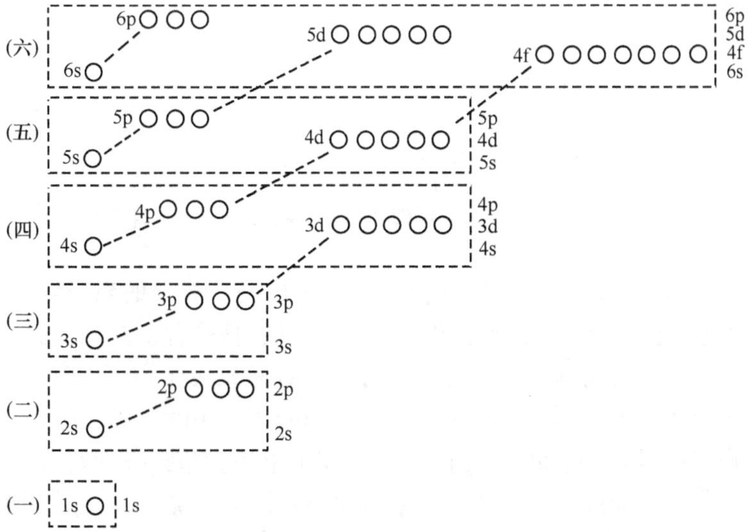

图 9.16　Pauling 多电子原子轨道近似能级图

象，如

$$E_{4s}<E_{3d}<E_{4p}, E_{5s}<E_{4d}<E_{5p}, E_{6s}<E_{4f}<E_{5d}<E_{6p}$$

如何看待 Pauling 能级图的合理性，有三个问题必须要弄清楚：①不同原子的径向分布函数图是否相同，或者说不同原子同一轨道的径向分布最大峰离核距离是否相同。②不同原子的同一轨道其能量是否相同，不同原子的能级是否都是这样交错的。例如，各原子都是 $E_{4s}<E_{3d}$ 吗？③如何用屏蔽效应和钻穿效应来解释这种能级分裂。

首先以 3d 和 4s 轨道为例来分析第一个问题。图 9.11(b)的径向分布函数图是根据表 9.1 的结果绘制的，氢原子无电子间的排斥。对多电子原子，由于电子间的排斥，有效核电荷的变化等都会引起径向分布函数的变化。一般而言，随有效核电荷的增加，径向分布函数的半径会收缩，这正是同周期从左至右元素原子半径减小的原因。图 9.17 是元素 K 和 Sc 的 3d 和 4s 径向分布图，与图 9.11(b)的结果不同且二者本身也存在很大的差异。

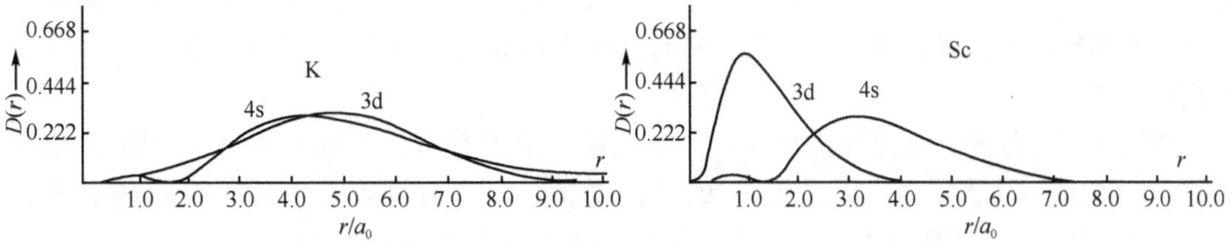

图 9.17　元素 K 和 Sc 的 3d 和 4s 径向分布图

第一峰太低太小，放大后才能看清

由此不难解释第二个问题：受有效核电荷、电子间排斥等的影响，不同原子同一轨道的径向分布发生变化，意即电子运动的主要区域发生改变，受核的吸引就会改变，所以轨道能也会随之而变。了解这一点对理解原子中电子的排布顺序和第 10 章中由原子轨道形成分子轨道的能量相近原则是有帮助的。图 9.18 是 H、Li、Na 和 K 的几个原子轨道能级顺序示意图。

不同原子的能级都是如 $E_{4s}<E_{3d}$ 这样交错的吗？当然不是。例如，18 号元素 Ar 的 18

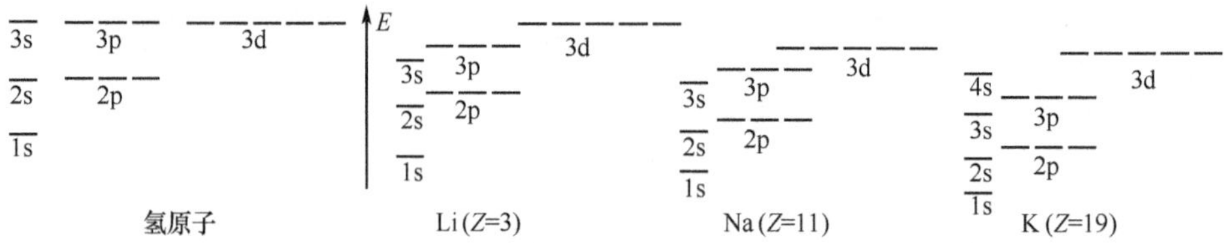

图 9.18　H、Li、Na 和 K 的几个原子轨道能级顺序示意图

个电子排满了 1s2s2p3s3p(用符号 $\mathbf{1s^2 2s^2 2p^6 3s^2 3p^6}$ 表示,称为**原子的电子组态或电子构型**)等 9 个轨道,这种全充满状态的电子云是真正球对称分布的,把这种全充满的具有稀有气体结构的电子组态称为原子实,常用稀有气体元素符号加方括号来表示(如[Ar])。那么 19 号元素 K 的前 18 个电子可用[Ar]表示,虽然 4s 和 3d 的 n 和 l 均不相同,但能级相近,最后一个电子就可能有两种排布状态:$4s^1$ 或 $3d^1$。因前 18 个电子的电子云是完全球对称的,并有确定的界面半径,对最后一个电子的屏蔽的总效果是抵消部分核电荷的吸引,因此,究竟是哪种排布就要看 4s 和 3d 的径向分布了。由图 9.17 可见,元素 K 的 4s 主峰甚至比 3d 还靠近核,小峰钻得更深,以致 4s 比 3d 电子能量低:$E_{4s}<E_{3d}$。由 Ca($4s^2$)到 Sc,最后一个电子只能进入 3d。当 3 个电子分别进入 4s 和 3d 后,核电荷同时也增加了 3 个单位,作用于 3d 电子的有效核电荷增加使 Sc 的 3d 径向分布半径大大收缩,能量降低。此时 3d 电子又屏蔽 4s 电子,相比之下 4s 钻穿作用不再突出,能级再次交错返回,$E_{4s}>E_{3d}$。这与光谱实验测得 Sc 的 4s 和 3d 轨道能量的结果相符合。

$[Ar]3d^1 4s^2 \longrightarrow [Ar]3d^0 4s^2 + e^-$　　3d 电子电离能(I)=7.98 eV　　$E_{3d}=-7.98$ eV

$[Ar]3d^1 4s^2 \longrightarrow [Ar]3d^1 4s^1 + e^-$　　4s 电子电离能(I)=6.62 eV　　$E_{4s}=-6.62$ eV

同理,$_{37}$Rb、$_{38}$Sr:$E_{5s}<E_{4d}$,而$_{39}$Y(及$_{57}$La)等元素以后能级交错现象也消失。当然,电子填充不能仅考虑轨道能的高低而是原子整体能量,决定轨道能和原子整体能量高低的也不止钻穿和屏蔽两个因素,电子库仑相关、相对论效应等都有待进一步加以考虑。

由以上讨论可见,Pauling 能级图反映的仅是多电子原子中原子轨道能量的近似高低,但未考虑各元素原子轨道能量高低随原子序数变化的情况,Pauling 能级图中各轨道能量高低的顺序与光谱实验所得各元素原子中电子排布情况大致相符,因此也可将这种能级图看成电子填充顺序图。

我国化学家徐光宪先生曾提出 $n+0.7l$ 规则,用以判断 n、l 不同的轨道属于哪一能级组。例如,按 $n+0.7l$ 规则,6s、4f、5d 和 6p 的整数位都是 6,它们均属于第 6 能级组,能量依次升高。可见,用 $n+0.7l$ 作为填充电子次序的规则基本正确,应用也方便。

2. Cotton 原子轨道能级图

很多学者从光谱实验结果和量子力学原理出发,总结出周期表中元素原子轨道能量高低随原子序数变化的规律,由此给出各种图形,尤以 1962 年美国当代无机结构化学家科顿(F. A. Cotton)的图(图 9.19)更能反映这种变化规律。图中纵坐标是轨道能量,横坐标是原子序数。由图可见,氢原子轨道能量是简并的;随原子序数的增加,有效核电荷增加,核对电子吸引力也加强,所以轨道能量逐渐降低。

9.4.3　核外电子排布及周期律

1. 核外电子排布规则

原子核外电子排布涉及许多微观状态及复杂的因素，根据原子光谱实验和量子力学理论，基态原子电子排布遵从以下一般原则。

1) Pauli 不相容原理

在同一原子中，不存在 4 个量子数完全相同的电子，或者说，每一原子轨道最多只能容纳 2 个电子，且自旋必须相反。这与自旋磁量子数 $m_s = \pm\frac{1}{2}$ 一致。这样，4 个量子数可决定一个电子的运动状态，按照图 9.16 即可推算各能级组最多容纳的电子数。这一原理是由奥地利人泡利(W. Pauli)提出的。

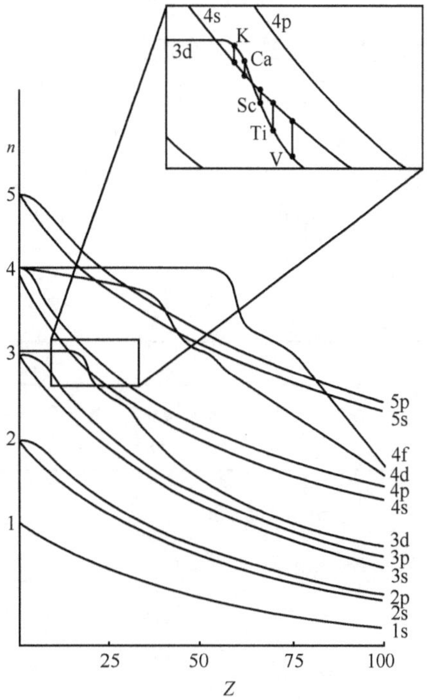

图 9.19　原子轨道能量和原子序数关系图

方框内是部分元素原子能级次序的放大图

2) 能量最低原理

在遵循不相容原理的条件下，电子在各原子轨道上排布时应尽可能使原子体系能量最低。一般情况下，将电子按原子轨道能级顺序由低到高排布时可使原子体系能量最低。但正如 9.4.2 节指出的那样，不同原子或离子的原子轨道能级顺序不尽相同，常出现能级交错。因此，决定原子核外基态电子排布的是体系的总能量而不是轨道能的高低。

德国人洪德(F. Hund)根据大量光谱实验结果发现，**电子在能量相同的简并轨道上排布时，总是尽可能以自旋相同的方式分占不同的轨道。**电子以这种方式填充可使总能量最低，将该现象称为 Hund 规则(Hund's rule)。

2. 原子的电子排布情况

每一元素原子都有许多的轨道和 Z 个电子。随原子序数增加，按 Pauling 电子填充顺序(图 9.16)，依次将电子填入到各原子轨道中，即可得到各个原子的基态电子构型(表 9.5)。通常将原子实内的电子称为内层电子，内层电子所占的轨道称为内层轨道；**原子实外的电子称为价电子，原子实外与价电子轨道同一主层的轨道称为价轨道。**此外，**按主量子数 n 来划分，将 n 值最大的价轨道称为外层轨道，比此 n 小 1 的轨道称为次外层(倒数第二层)轨道。**元素的化学性质主要取决于价电子，为方便起见，只需写出每个元素的价电子构型，内层电子用原子实来替代。例如，Mn 原子的电子构型是[Ar]$3d^5 4s^2$，有 7 个价电子；外层有 2 个电子($4s^2$)，次外层有 13 个电子($3s^2 3p^6 3d^5$)。为了体现电子填入轨道的两个原则，通常还用**电子轨道图**来形象地表示电子在轨道中的分布方式和自旋取向。例如

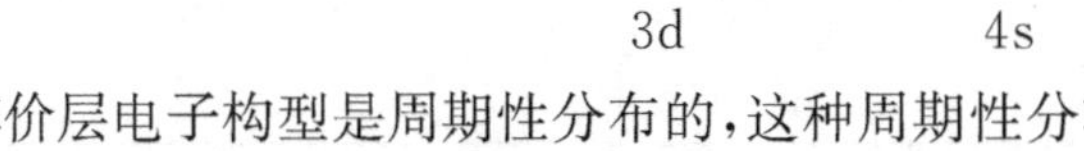

这些元素的原子其价层电子构型是周期性分布的，这种周期性分布是由四个量子数及其

相互制约关系、能级分裂与交错而共同决定的。按此周期关系排列即得元素周期表。这些**元素按能量划分属于 7 个周期，按电子结构特征分为 5 个区，共 18 族**。每个周期对应于一个能级组，7 个周期分别由 2，8，8，18，18，32 和 32(现有 28，未完)个元素组成，或说各能级组中分别有 1；4，4；9，9 和 16，16 个价轨道。这些轨道分别构成一个**主层或称壳层**，除第一主层外**每一主层又因 l 的不同分为多个亚层或称支壳层**，n 相同 l 不同的亚层其能量也略有差别。例如，$n=4$ 的第四周期，有 s 亚层、d 亚层和 p 亚层，其能量由它们的 n 和 l 共同决定，依次略有升高。

表 9.5　元素基态电子构型

周期序号	原子序数	元素	电子构型	周期序号	原子序数	元素	电子构型
(一)	1	H	$1s^1$	(四)	30	Zn	[Ar]$3d^{10}4s^2$
	2	He	$1s^2$		31	Ga	[Ar]$3d^{10}4s^24p^1$
(二)	3	Li	[He]$2s^1$		32	Ge	[Ar]$3d^{10}4s^24p^2$
	4	Be	[He]$2s^2$		33	As	[Ar]$3d^{10}4s^24p^3$
	5	B	[He]$2s^2p^1$		34	Se	[Ar]$3d^{10}4s^24p^4$
	6	C	[He]$2s^22p^2$		35	Br	[Ar]$3d^{10}4s^24p^5$
	7	N	[He]$2s^22p^3$		36	Kr	[Ar]$3d^{10}4s^24p^6$
	8	O	[He]$2s^22p^4$	(五)	37	Rb	[Kr]$5s^1$
	9	F	[He]$2s^22p^5$		38	Sr	[Kr]$5s^2$
	10	Ne	[He]$2s^22p^6$		39	Y	[Kr]$4d^15s^2$
(三)	11	Na	[Ne]$3s^1$		40	Zr	[Kr]$4d^25s^2$
	12	Mg	[Ne]$3s^2$		41	Nb	[Kr]$4d^45s^1$
	13	Al	[Ne]$3s^23p^1$		42	Mo	[Kr]$4d^55s^1$
	14	Si	[Ne]$3s^23p^2$		43	Tc	[Kr]$4d^55s^2$
	15	P	[Ne]$3s^23p^3$		44	Ru	[Kr]$4d^75s^1$
	16	S	[Ne]$3s^23p^4$		45	Rh	[Kr]$4d^85s^1$
	17	Cl	[Ne]$3s^23p^5$		46	Pd	[Kr]$4d^{10}$
	18	Ar	[Ne]$3s^23p^6$		47	Ag	[Kr]$4d^{10}5s^1$
(四)	19	K	[Ar]$4s^1$		48	Cd	[Kr]$4d^{10}5s^2$
	20	Ca	[Ar]$4s^2$		49	In	[Kr]$4d^{10}5s^25p^1$
	21	Sc	[Ar]$3d^14s^2$		50	Sn	[Kr]$4d^{10}5s^25p^2$
	22	Ti	[Ar]$3d^24s^2$		51	Sb	[Kr]$4d^{10}5s^25p^3$
	23	V	[Ar]$3d^34s^2$		52	Te	[Kr]$4d^{10}5s^25p^4$
	24	Cr	[Ar]$3d^54s^1$		53	I	[Kr]$4d^{10}5s^25p^5$
	25	Mn	[Ar]$3d^54s^2$		54	Xe	[Kr]$4d^{10}5s^25p^6$
	26	Fe	[Ar]$3d^64s^2$	(六)	55	Cs	[Xe]$6s^1$
	27	Co	[Ar]$3d^74s^2$		56	Ba	[Xe]$6s^2$
	28	Ni	[Ar]$3d^84s^2$		57	La	[Xe]$5d^16s^2$
	29	Cu	[Ar]$3d^{10}4s^1$		58	Ce	[Xe]$4f^15d^16s^2$

续表

周期序号	原子序数	元素	电子构型	周期序号	原子序数	元素	电子构型
	59	Pr	$[Xe]4f^{3}6s^{2}$	（六）	85	At	$[Xe]4f^{14}5d^{10}6s^{2}6p^{5}$
	60	Nd	$[Xe]4f^{4}6s^{2}$		86	Rn	$[Xe]4f^{14}5d^{10}6s^{2}6p^{6}$
	61	Pm	$[Xe]4f^{5}6s^{2}$		87	Fr	$[Rn]7s^{1}$
	62	Sm	$[Xe]4f^{6}6s^{2}$		88	Ra	$[Rn]7s^{2}$
	63	Eu	$[Xe]4f^{7}6s^{2}$		89	Ac	$[Rn]6d^{1}7s^{2}$
	64	Gd	$[Xe]4f^{7}5d^{1}6s^{2}$		90	Th	$[Rn]6d^{2}7s^{2}$
	65	Tb	$[Xe]4f^{9}6s^{2}$		91	Pa	$[Rn]5f^{2}6d^{1}7s^{2}$
	66	Dy	$[Xe]4f^{10}6s^{2}$		92	U	$[Rn]5f^{3}6d^{1}7s^{2}$
	67	Ho	$[Xe]4f^{11}6s^{2}$		93	Np	$[Rn]5f^{4}6d^{1}7s^{2}$
	68	Er	$[Xe]4f^{12}6s^{2}$		94	Pu	$[Rn]5f^{6}7s^{2}$
	69	Tm	$[Xe]4f^{13}6s^{2}$		95	Am	$[Rn]5f^{7}7s^{2}$
	70	Yb	$[Xe]4f^{14}6s^{2}$		96	Cm	$[Rn]5f^{7}6d^{1}7s^{2}$
（六）	71	Lu	$[Xe]4f^{14}5d^{1}6s^{2}$	（七）	97	Bk	$[Rn]5f^{9}7s^{2}$
	72	Hf	$[Xe]4f^{14}5d^{2}6s^{2}$		98	Cf	$[Rn]5f^{10}7s^{2}$
	73	Ta	$[Xe]4f^{14}5d^{3}6s^{2}$		99	Es	$[Rn]5f^{11}7s^{2}$
	74	W	$[Xe]4f^{14}5d^{4}6s^{2}$		100	Fm	$[Rn]5f^{12}7s^{2}$
	75	Re	$[Xe]4f^{14}5d^{5}6s^{2}$		101	Md	$[Rn]5f^{13}7s^{2}$
	76	Os	$[Xe]4f^{14}5d^{6}6s^{2}$		102	No	$[Rn]5f^{14}7s^{2}$
	77	Ir	$[Xe]4f^{14}5d^{7}6s^{2}$		103	Lr	$[Rn]5f^{14}6d^{1}7s^{2}$
	78	Pt	$[Xe]4f^{14}5d^{9}6s^{1}$		104	Rf	$[Rn]5f^{14}6d^{2}7s^{2}$
	79	Au	$[Xe]4f^{14}5d^{10}6s^{1}$		105	Ha	$[Rn]5f^{14}6d^{3}7s^{2}$
	80	Hg	$[Xe]4f^{14}5d^{10}6s^{2}$		106	Sg	$[Rn]5f^{14}6d^{4}7s^{2}$
	81	Tl	$[Xe]4f^{14}5d^{10}6s^{2}6p^{1}$		107	Bh	$[Rn]5f^{14}6d^{5}7s^{2}$
	82	Pb	$[Xe]4f^{14}5d^{10}6s^{2}6p^{2}$		108	Hs	$[Rn]5f^{14}6d^{6}7s^{2}$
	83	Bi	$[Xe]4f^{14}5d^{10}6s^{2}6p^{3}$			……	
	84	Po	$[Xe]4f^{14}5d^{10}6s^{2}6p^{4}$				

第一周期元素 H 与 He 分别只有 1 和 2 个电子，依次排布在能级最低的 1s 轨道上。

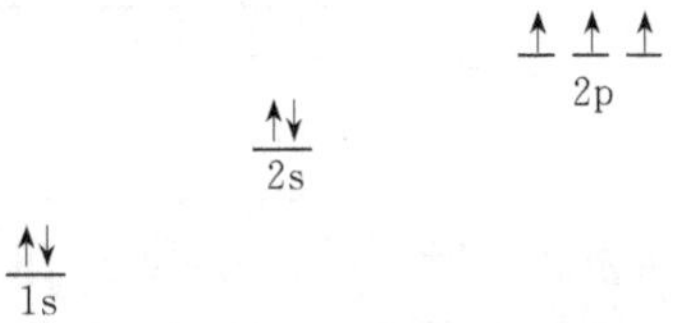

图 9.20　氮原子的电子构型图

第二周期 Li、Be 分别有 3 和 4 个电子，其中有 2 个电子填充在内层的 1s 轨道上，Li 剩下的 1 个电子填在 2s 价轨道上；因 2s 亚层的能量比 2p 亚层的能量低，因此 Be 的最后 1 个电子不排 2p 轨道而是继续排在 2s 轨道上（自旋成对）；B、C、N 三元素后续增加的电子填在 2p 轨道上。按 Hund 规则，N 的最后 3 个电子分占 3 个 2p 轨道且自旋方向相同，如图 9.20 所示。后面 O、F、Ne 的电子继续填充 2p 轨道。最后 Ne 的电子自旋成对地填满 3 个 2p 轨道，构成闭壳层，即所谓稀有气体稳定的电子构型。

第三周期从第 11 号元素 Na 到第 18 号元素 Ar。各元素均有 10 个电子排在 1s、2s 和 2p 轨道上,剩余的电子相继在 3s 和 3p 价轨道中排布,排布方式与第二周期相似:Na、Mg 的价电子构型为 $3s^{1\sim2}$,Al 到 Ar 为 $3s^2 3p^{1\sim6}$。

第四周期元素从 19 号 K 到 36 号 Kr 共 18 个元素。各元素均有 18 个内层电子,因价轨道能 $E_{4s}<E_{3d}<E_{4p}$,因此,前 2 个价电子先填入 4s,随后的电子再分别填入 3d 轨道,最后再分别依次填入 4p 轨道。从这一周期起,价电子填充在主量子数 n 不同的轨道上。第五周期也是 18 个元素,从 37 号 Rb 到 54 号 Xe,内层有 36 个电子,因价轨道能 $E_{5s}<E_{4d}<E_{5p}$,故它们的价电子排布与第四周期的相似。由此可见,第四、五周期元素的价电子构型特点是 $ns^{1\sim2}\rightarrow(n-1)d^{1\sim10}\rightarrow np^{1\sim6}(n=4,5)$。

第六周期虽然能级交错,使 $E_{6s}<E_{4f}<E_{5d}<E_{6p}$,但这些亚层能级相近,为同一主能级层,价电子排布顺序是 $6s^{1\sim2}\rightarrow 4f^{1\sim14}\rightarrow 5d^{1\sim10}\rightarrow 6p^{1\sim6}$。本周期共有 16 个价轨道,32 个元素。其中,从 58 号铈(Ce)开始,电子填充 4f 价轨道,到 71 号镥(Lu),填满 4f 之后再填充 5d,这些元素总称为镧系元素(Lanthanide elements),包括 La 在内共 15 个元素。第七周期价电子排布重复第六周期的规律,但未排完。从第 90 号钍(Th)到 103 号铹(Lr),连同锕(Ac)一起共 15 个元素,统称为锕系元素(Actinide elements)。

表 9.6 给出了周期表中元素分区、能级组与周期的关系。

表 9.6 周期表中元素分区、能级组与周期关系

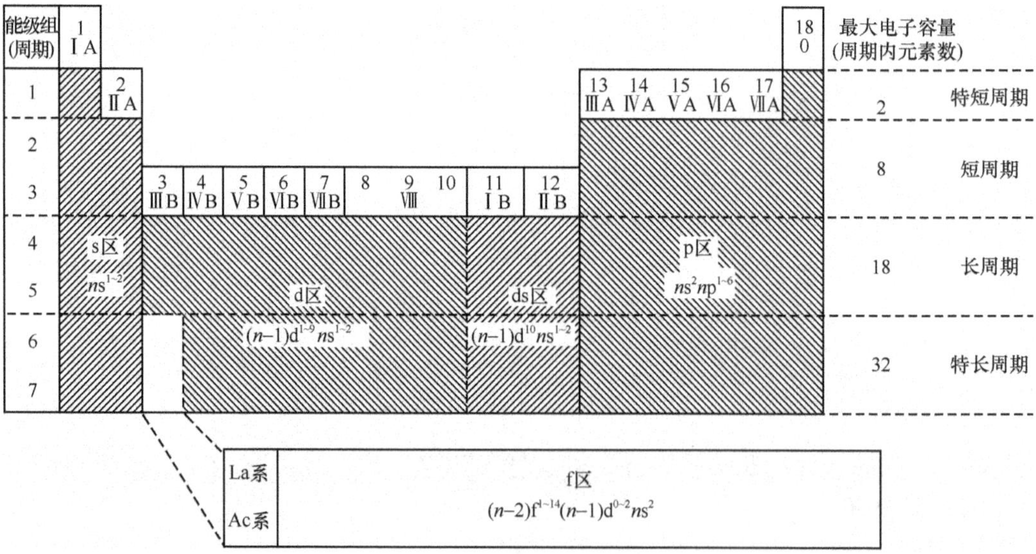

如表 9.6 所示,第一周期只有 2 个元素,为特短周期;第二、三周期比第一周期多了 3 个价 p 轨道,但这两周期元素数目仍较少,为短周期。与前两周期相比,第四、五两周期又多了 5 个价 d 轨道,可以容纳 10 个电子,比前两周期多了 10 个元素,从价 s 轨道过渡到价 p 轨道,因此称这些元素为过渡元素(transition elements),分别称为第一、二过渡系列,它们是周期表中的两个长周期。同样的规律,第六、七两周期比长周期又多了 7 个价 f 轨道,从而多了 14 个元素,这两组元素的共同特点是最后一个电子排布在 $(n-2)$f 轨道(由外向内数第三层,个别例外)上,因此常称它们为内过渡元素(inner transition elements)。在长式周期表中常把内过渡

元素分出放在周期表的下方。第六、七周期的 d 区元素也称第三、四过渡系列元素。因这两周期元素数目比长周期还多,因此称特长周期。第七周期是未完成的周期。

从价层电子构型特点来看,可将元素周期表中各元素分为 5 个区。

s 区元素:**价电子构型为 $ns^{1\sim2}$**,最后一个电子排在 s 轨道上。包括周期表中的ⅠA 和ⅡA 元素,即氢、碱金属和碱土金属。

p 区元素:**价电子构型是 $ns^2np^{1\sim6}$**,最后一个电子排布在 p 轨道上。包括周期表中从ⅢA 到ⅦA 和零族共六族元素。s 区和 p 区元素共同特点是最后一个电子都排在最外层,最外层电子的总数等于这个元素的族数,习惯上称它们为主族元素。

d 区元素:**价电子构型是 $(n-1)d^{1\sim9}ns^{1\sim2}$**,最后一个电子基本上都排在次外层,即 $(n-1)$d 轨道上(个别元素例外),第 3～7 列最高能级组中的电子总数等于这些元素的族数,被称为周期表的副族元素,记为ⅢB,ⅣB,…,ⅦB,8～10 列为Ⅷ等。

ds 区元素:**价电子构型为 $(n-1)d^{10}ns^{1\sim2}$**,含ⅠB、ⅡB 元素。其电子虽填充在外层 s 轨道上,但与 s 区不同,它的次外层 d 轨道充满了电子,也可以把它们列为 d 区元素。

f 区元素:**电子构型为 $(n-2)f^{1\sim14}(n-1)d^{0\sim2}ns^2$**。

总之,按横向(能级)将周期表共分 7 个周期;按纵向(价电子排布)分为 7 个主族(ⅠA～ⅦA)、7 个副族(ⅠB～ⅦB)、第Ⅷ和零族。也可以将自左至右的 18 列作为 18 族。

电子的排布原则上是按能量最低原理,由低能级向高能级逐一排布。如果按电子层和亚层顺序书写,有以下两种方式可循。例如,元素 Fe 的原子序数为 26,其电子构型可写成

(Ⅰ)　$[Ar]4s^2 3d^6$　按 Pauling 近似能级图中电子填充次序排布

(Ⅱ)　$[Ar]3d^6 4s^2$　按电子填充后能量由低到高的次序排列

第Ⅰ种方式是因电子先填 4s 后填 3d,有利于我们判断该元素是哪个区的元素。第Ⅱ种方式符合元素轨道能量高低的实际情况,有利于我们判断电离时先电离的是哪些电子,或者说有利于我们判断离子的价电子构型。例如,铁离子的价电子构型是 Fe^{2+}:$3d^6$,Fe^{3+}:$3d^5$。这对我们判断在不同环境下物质的磁性或颜色等是非常有用的。

从上面的讨论以及表 9.5 所列元素基态电子构型可见,有些元素在简并的亚层轨道上刚好自旋平行各填充 1 个电子,如 s^1,p^3,d^5,f^7,这种状态称为**半充满**;同理,简并轨道都被电子填充或无电子填充时分别称为**全充满**(如 s^2,p^6,d^{10},f^{14})或**全空**(如 s^0,p^0,d^0,f^0)。这种半充满或全充满状态的电子云整体是真正球对称分布的,并引起电子云半径收缩。**全充满的亚层称为闭支壳层,未充满的亚层**(如 s^1,p^2,p^3,p^5,d^8,f^{12} 等)**称为开支壳层**;同理,**全充满的主层称为闭壳层,未充满的主层**(如 35 号元素 Br:$[Ar]3d^{10}4s^2 4p^5$)**称为开壳层**。

【例 9.2】 第 100 号元素属于第几周期?第几族?有多少个价电子?写出该元素的电子构型。

解:首先需要计算内层电子数,以便知道有多少价电子,进而判断其周期和族,有了周期和族便可知价电子构型。

由表 9.6 可知,价电子数$=100-(2+8+8+18+18+32)=14<32$(第七周期的最后一个元素),因此,该元素位于第七周期;按第七周期电子排布支壳层的顺序 7s→5f→6d→7p,可知 14 个价电子的构型为 $7s^2 5f^{12}$。最后一个电子排在 f 轨道上并有 12 个价 f 电子,因此属于 f 区的第 12 个元素:镄,元素符号是 Fm。最后,按价电子能量高低将电子构型调整为$[Rn]5f^{12}7s^2$。

【例 9.3】 某元素在 $n=5$,$l=0$ 的轨道上有一个电子,它的次外层 $l=2$ 的轨道上电子处于全充满状态,则该元素处于第几周期第几族?是金属还是非金属?写出价电子构型。

解:元素在 $n=5,l=0$ 的轨道上只有一个电子,说明位于第 5 周期。它的次外层 $n=4$,次外层 $l=2$ 的轨道上电子处于全充满状态,即 $4d^{10}$。因此,价层电子构型为 $4d^{10}5s^1$。显然是 ds 区元素,因此它处于第 5 周期 ⅠB,为金属元素银,共有 36(内层)+11(外层)=47 个电子,即 $Z=47$。

应当注意,核外电子排布总是有例外的情况,特别是过渡元素。有一些可用半满、全满来解释,有的连这些规则都不符合,如钯(Pd)的电子构型不是[Kr]$4d^8 5s^2$,而是[Kr]$4d^{10}$;铂(Pt)的电子构型不是[Xe]$5d^8 6s^2$,而是[Xe]$5d^9 6s^1$。这些构型都是由光谱实验确定的。

9.5 元素基本性质的周期性变化规律

原子的基本性质,如原子半径、电离能、电子亲和能、电负性等,包括核电荷数以及相对原子质量,统称为原子参数。原子的这些基本性质随原子电子层结构的周期性变化也呈现出显著的周期性。一般只要知道元素原子的特征电子构型、原子参数以及它们的周期变化规律,不仅足以描述一个原子的特征,还可预示和说明元素的一些化学性质。

9.5.1 原子半径

原子本没有确定的半径。所谓**原子半径是指形成共价键或金属键时原子间接触所显出的半径**。同种元素的两原子以共价单键连接时,它们核间距离的一半称为原子的共价半径(covalent radius)。在金属晶格中相邻金属原子核间距离的一半称为原子的金属半径(metal radius)。原子的金属半径一般比其单键共价半径大 10%~15%,van der Waals 半径则更大。

如以原子半径(pm)对原子序数作图(图 9.21),可以更清楚地显出原子半径的周期变化规律。

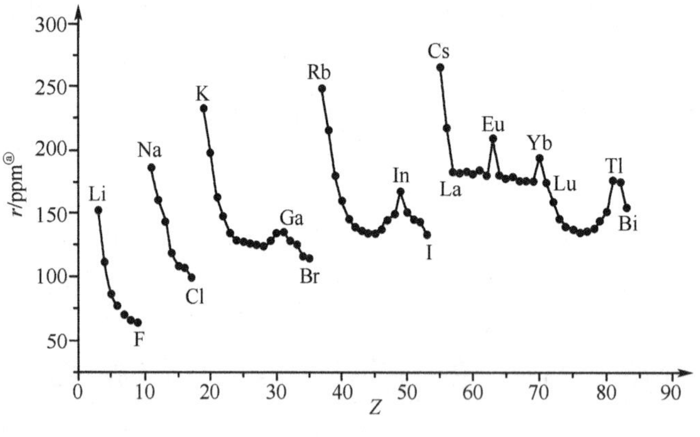

图 9.21 元素原子半径与原子序数的关系

1. 同一周期原子半径的变化

由图 9.21 可见,短周期的原子半径变化规律相似,长周期的原子半径变化规律也相似,特长周期所呈现的规律比较复杂。

ⓐ ppm 为非法定量级,量级为 1×10^{-16}。

短周期中由左至右原子半径都是减小的(稀有气体是 van der Waals 半径,所以例外),如 Li→Be→B→C→N→O→F。这是因为在短周期中,从左向右价电子都增加在同一外层,同一层内的电子相互屏蔽较小,随着原子序数的增加,有效核电荷增加,对电子吸引力增强,导致电子云收缩较快,半径减小。

长周期中,因过渡元素自左至右,电子逐一填入$(n-1)$d 层,次外层 d 电子对核的屏蔽作用较大,随着原子序数的增加,有效核电荷增加较缓慢,半径减小的幅度比主族元素小得多。第一过渡系元素至 Ni 最小,到 Cu、Zn、Ga 不降反而增加。因为 Cu 的 $3d^{10}4s^1$ 中的 $3d^{10}$ 构成的是闭支壳层,如前所述,闭支壳层球对称电子云半径相对较小,负电荷密度更集中,对核的屏蔽增大,所以 4s 电子有更大的半径;Zn 有 2 个 4s 电子,相互排斥使半径增加。对于内过渡元素,如镧系元素,电子填入更次外层,即$(n-2)$f 层,由于 f 电子对核的屏蔽作用更大,原子半径由左至右收缩的平均幅度更小。同理,半充满的 $4f^7$(Eu)和全充满的 $4f^{14}$(Yb)电子云球对称,$4f^7 6s^2$ 和 $4f^{14}6s^2$ 可近似看成某有效核电荷(Z^*)场中的 $4s^2$ 电子,因此半径都较相邻元素大。比较短周期和长周期,相邻元素原子半径减小的平均幅度大致为

非过渡元素 ＞过渡元素＞内过渡元素
(≈10 pm)　(≈5 pm)　(＜1 pm)

镧系 15 个元素随着原子序数的增加,原子半径收缩的总效果使镧系以后的第三过渡系和第二过渡系同族元素的半径相近因而性质相似的现象称为镧系收缩(如 Zr 与 Hf,Nb 与 Ta,Mo 与 W 原子半径相近,性质相似)。对镧系收缩应从两个方面来理解:① 从镧(183 pm)到镥(173.8 pm)半径总共减小约 10 pm,可见镧系各相邻元素原子半径缩小的幅度并不大,因为增加的电子填入更次外层,其对核的屏蔽作用大,有效核电荷增加小,原子半径收缩也小,致使镧系各元素原子半径彼此十分接近,因此性质也十分接近。② 第二过渡系比第一过渡系增加了一个电子层,半径约增加 10 pm,按理,第三过渡系比第二过渡系半径也应约大 10 pm,但镧系 15 个元素原子半径收缩累计约减小的 10 pm 恰好抵消了因电子层的增加而引起的半径增加,可见这一效应对镧系后面元素性质的影响是很大的。

2. 同一族中原子半径的变化

在同一主族中由上而下,原子半径一般是增大的,如 Li→Na→K→Rb→Cs 或 F→Cl→Br→I。因为同族元素原子由上而下电子层数(n)增多,电子层增加而使半径加大所起的作用超过了有效核电荷 Z^* 增加使半径缩小的作用。所以总的效果是半径由上至下加大。副族元素由上至下半径增大的幅度较小,特别是第五、六周期的同族元素,其原子半径非常接近,这是由于镧系收缩效应所造成的结果。

金属原子半径、非金属单键共价半径和稀有气体的 van der Waals 半径列于附录 9。

9.5.2　电离能

电离能(ionization energy)是指基态的气体原子失去某个电子成为气态+1 价离子(而其他电子状态保持不变)所需的能量,用 I 表示,单位常用 eV/原子或离子或 $kJ \cdot mol^{-1}$ 表示。通常,将相继电离最外层的第一,二,三,…个电子成为+1,+2,+3,…价气态离子所需的能量分别称第一,二,三,…电离能($I_1, I_2, I_3, \cdots$),并有 $I_1 < I_2 < I_3 < \cdots$。因为从正离子电离出电

子远比从中性原子电离出电子困难,离子所带电荷越多,再电离电子就越困难。图 9.22 和附录 11 给出了第一电离能随原子序数的周期性变化,它可以用来衡量原子失去电子倾向的大小,这些数值与元素的许多化学和物理性质密切相关。

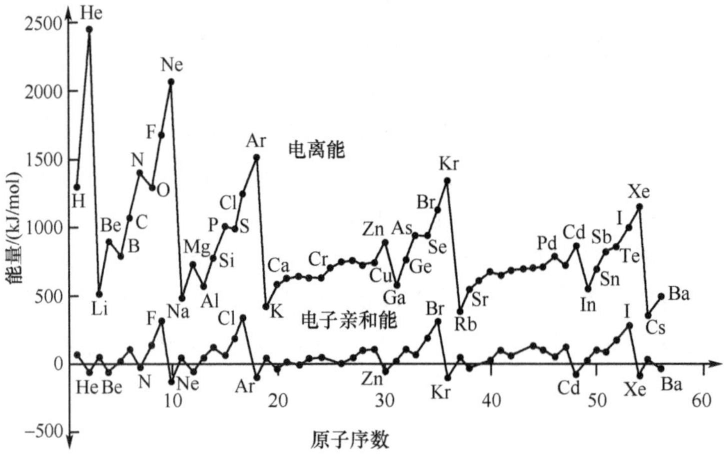

图 9.22　元素的第一电离能和电子亲和能随原子序数的周期性变化

在**同一主族元素中,由上而下随着原子半径增大电离能减小**,如 Li→Na→K→Rb→Cs,所以元素的金属性依次增加,由图 9.22 可见:第ⅠA 下方的 Cs(铯)第一电离能最小,它是最活泼的金属;而稀有气体 He(氦)的第一电离能最大。副族元素电离能变化不太规则,第六周期由于增加了镧系的 14 个核电荷而第三系列过渡元素电离能比相应同一副族增大,金属性减弱。

同一周期元素由左向右因半径减小,有效核电荷增加,电离能一般是增大的,增大的幅度随周期数的增大而减小。第二、第三周期元素由左向右,电离能变化有两个转折。Be 和 Mg 的 s^2 构型是闭支壳层,能量相对较低,而 B 和 Al 的最后一个电子排在能量相对较高的 p 轨道上,所以它们的电离能低于 Be 和 Mg;同理,N、P 的 p 轨道上是半充满状态,能量低,而 O 和 S 最后一个电子则排在已有一个电子的 p 轨道上,电子成对时的排斥作用使轨道能升高,电离能减小。一般来说,具有半满或全满电子构型的元素都有较大的电离能,即比其前、后元素的电离能都要大。稀有气体原子的电子构型属闭壳层,电离能在同周期中最高;外层电子为 ns^2 结构的碱土金属以及具有 $(n-1)d^{10}ns^2$ 构型的ⅡB 元素,属闭支壳层构型,也有较大的电离能。同一周期过渡元素和内过渡元素,由左向右电离能增加的幅度不大,且变化规律不明显。

对于主族元素,可用电离能说明常见氧化态(表 9.7 中折线内数据,以外有突变);同一元素的某两相邻电离势差有突变,有力证明了核外电子是分层排布的,层内能量相近,电离能变化小,层间能量差大,电离能变化也大。例如,C 原子相继电离能之差(eV)依次是 13.123 ($2p^2$ 属同一支壳层)、23.504 (2s 和 2p 属同一主层的不同支壳层)、16.605 ($2s^2$ 属同一支壳层)、327.588 (1s 和 2s 属不同主层)。此外,还可说明金属活泼性。I_1 越低,失电子越易,金属性越强。因此 I_1 是该元素活泼性的衡量尺度。所以了解电离能数据及其变化规律对于掌握元素性质是很有帮助的。

表 9.7　第一、二、三周期几个元素的各级电离能(eV)

元素	电子结构	I_1	I_2	I_3	I_4	I_5	I_6
H	$1s^1$	13.598					
He	$1s^2$	24.589	54.416				
Li	$1s^2 2s^1$	5.392	75.638	122.45			
Be	$1s^2 2s^2$	9.322	18.211	153.89	217.71		
B	$1s^2 2s^2 2p^1$	8.298	25.154	37.930	259.36	340.22	
C	$1s^2 2s^2 2p^2$	11.260	24.383	47.887	64.492	392.08	489.98
Na	$2s^2 2p^6 3s^1$	5.139	47.282	71.638	98.876		
Mg	$2s^2 2p^6 3s^2$	7.646	15.039	80.148	109.240		
Al	$2s^2 2p^6 3s^2 3p^1$	5.986	18.832	28.450	119.998		

正如 9.4.3 节中讨论的那样，对过渡元素，如 Fe，电子填充顺序虽然是先 4s 后 3d，但按轨道能量的顺序排列是[Ar]$3d^6 4s^2$，先电离的是 4s 电子。另外，电离后的 Fe^{2+} 的核外电子数及有效核电荷与 Fe 原子都不相同，以致轨道能量也不相同。Fe^{2+} 中有效核电荷比 Fe 大，钻穿效应影响成为次要因素，而主量子数 n 对能量的影响成为主要因素，因此，Fe^{2+} 中的 3d 轨道能量显著低于 4s。

9.5.3　电子亲和能

原子的电子亲和能(electron affinity)是指一个气态原子得到一个电子形成气态阴离子时所放出的能量，常以符号 E_{ea} 表示。电子亲和能等于电子亲和反应焓变的负值($-\Delta H$)。例如

$$Cl(g)+e^- \!=\!=\!= Cl^-(g) \qquad \Delta H^\ominus=-349\ kJ\cdot mol^{-1} \qquad E_{ea}=-\Delta H^\ominus=349\ kJ\cdot mol^{-1}$$

$$O(g)+e^- \!=\!=\!= O^-(g) \qquad \Delta H_1^\ominus=-141\ kJ\cdot mol^{-1} \qquad E_{ea_1}=-\Delta H_1^\ominus=141\ kJ\cdot mol^{-1}$$

$$O^-(g)+e^- \!=\!=\!= O^{2-}(g) \qquad \Delta H_2^\ominus=780\ kJ\cdot mol^{-1} \qquad E_{ea_2}=-\Delta H_2^\ominus=-780\ kJ\cdot mol^{-1}$$

一般来说，元素的第一电子亲和能($-\Delta H^\ominus$)为正值，而第二电子亲和能($-\Delta H^\ominus$)为负值，这是由于阴离子带负电排斥外来电子，如要结合电子必须吸收能量以克服电子间的斥力。由此可见，O^{2-}、S^{2-}等离子在气态时都是极不稳定的，只能存在于晶体和溶液之中。元素电子亲和能数据有限，主族元素的第一电子亲和能列入附录 12。

电子亲和能反映的是气态原子结合电子的能力，非金属原子的电子亲和能越大，则表示该原子生成负离子的倾向越大。氟虽是非金属单质中最活泼的，但氯的电子亲和能最大，氟的电子亲和能比氯小。这表明不能只用原子的电离能和电子亲和能来说明化学反应的趋势，要由 Gibbs 自由能来衡量，还必须考虑原子间的成键作用等其他因素的影响。

由图 9.22 可见，电子亲和能的周期变化规律与电离能的规律基本相同，但规律性不及电离能明显。如果元素具有高电离能，则它也倾向于具有高电子亲和能，但一般第二周期元素的电子亲和能比第三周期元素的小。这是由于第二周期非金属原子半径小，电子间排斥力很强，以致当加和一个电子形成负离子时放出的能量减小；而对第三周期元素来说，原子体积较大，且同一层中有空的 d 轨道容纳电子，电子排斥作用减小，因而加和电子形成负离子时放出的能量相对增大。

9.5.4 原子的电负性

电离能衡量一个原子失去电子的能力,电子亲和能衡量一个原子得到电子的能力。但像 H_2 和 Cl_2 反应生成 HCl 之类的化合物,电子只在 H、Cl 之间偏移,且不同的化合物偏移的程度不同。为了衡量电子在共价键中偏移的程度,电负性(electronegativity)概念便应运而生。**电负性是衡量分子中原子吸引成键电子的能力。**

电负性概念是 Pauling 于 1932 年在研究键能时首先提出的。他认为:若单质分子 A—A 的键能为 E_{AA},单质分子 B—B 的键能为 E_{BB},若化合物 AB 是由"纯"共价键组成,那么 A—B 的键能应为 E_{AA} 和 E_{BB} 的几何平均值,即 $E_{AB}=\sqrt{E_{AA}\times E_{BB}}$。但实验测得的 E_{AB} 总是要高些,二者之差 Δ 反映了 A 和 B 之间吸引电子能力(或电负性)的差别,即

$$\Delta=E_{AB}-\sqrt{E_{AA}\times E_{BB}}$$

Pauling 定义 χ_A 和 χ_B 分别为 A 和 B 的电负性,并提出下列半经验公式:

$$\chi_A-\chi_B=0.089\sqrt{\Delta}$$

其中 Δ 可由键能数据求算,0.089 由实验值拟合而得。Pauling 指定 $\chi_F=4.0$,用以求其他原子的电负性 χ_B。

有不少的化学家从不同的角度对电负性进行过研究和比较。例如,1934 年马利肯(R. S. Mulliken)提出以电离能 I 和电子亲和能 E 的平均值作为电负性的量度

$$\chi=\frac{1}{2}(I+E)$$

I 和 E 都以 eV 为单位。Mulliken 电负性与 Pauling 电负性的差别是,前者是由单一原子的性质来定义的,而后者涉及两种原子的成键性质。因电子亲和能数据不全,Mulliken 电负性数据不多,但经过适当的拟算,取 $\chi=0.18(I+E)$,Mulliken 和 Pauling 数据能呈现很好的线性关系,这对理解电负性与电离能和电子亲和能的关系以及电负性的物理意义是很有帮助的。

1957 年阿莱(A. L. Allred)和罗周(E. Rochow)又根据原子有效核电荷对电子的静电引力计算出一套电负性数据。1989 年埃伦(L. C. Allen)从光谱数据计算基态时原子价层电子的平均单电子能量,以此标定电负性等。现在对于同一元素的不同氧化态可以有不同电负性,如 Fe^{3+} 和 Fe^{2+} 分别为 1.96 和 1.83;还有基团的电负性,如 CH_3^- 和 $C_6H_5^-$ 分别为 2.3 和 3.0 等。

Pauling 电负性列于附录 13,周期变化的规律示于图 9.23。Pauling 电负性虽是一个相对的数值,但最经典,是公认最好的、数值最全的,在化学工作中得到广泛应用。例如,用以判断元素的金属性和非金属性:χ越小(大),(非)金属性强。由图 9.23 和附录 13 中数据可见,氟的电负性最大,铯的电负性最小,氢的为 2.1。一般规律是**同族由上向下元素的电负性减小,同周期由左向右元素的电负性增大**。非金属的电负性大都在 2.0 以上,碱金属和碱土金属(除去 Be、Mg)电负性均在 1.0 及以下,d、ds 和 p 区金属电负性大都在 1.7 左右;反映 A—B 键的极性和 A—B 键的离子性成分。一般而言,$\Delta\chi<1.7$ 为极性键,$\Delta\chi>1.7$ 为离子键。例如,NaCl:$\Delta\chi=2.23$,HCl:$\Delta\chi=0.96$,H_2S:$\Delta\chi=0.38$;H_2、O_2、N_2、X_2 等:$\Delta\chi=0$。

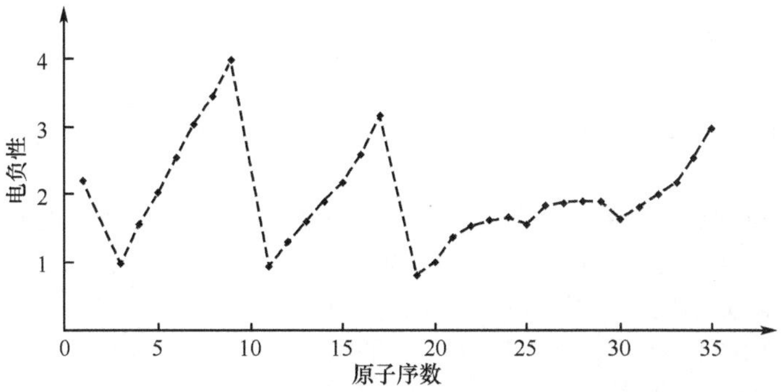

图 9.23 元素电负性与原子序数的关系

小 结

随着 19 世纪大量有关原子、电子等科学实验事实，以及黑体辐射和原子光谱对经典物理学理论的挑战，20 世纪初便诞生了量子力学，解决了微观粒子运动的一般规律。

1900 年，Planck 首先提出了量子化的概念。之后 Bohr 在处理氢原子光谱时，假设核外电子是在一些特定半径的轨道上运动，当电子在不同轨道之间跃迁时原子会吸收或辐射出光子，建立的氢原子模型较成功地解释了氢原子光谱。虽如此，但其理论基础仍沿用经典物理的“轨道”概念，自然有诸多的局限与不足，只能称之为旧量子论。

建立在波粒二象性基础上的 Schrödinger 波动方程才能正确反映微观粒子运动的规律。解 Schrödinger 方程得到一系列合理解 ψ、E 及其限制条件 n，l，m。ψ 是原子核外电子运动状态波函数，称为原子轨道只是借用一个术语而已，其意义可通过 $|\psi|^2$ 来表达，是各电子在空间的概率分布，也称为电子云；n，l，m 限定了电子运动状态 ψ 的数量、空间形状与取向、在空间的概率分布；能量 E 对应的状态的多少取决于核外电子是一个还是多个。

领悟原子轨道的角度分布图与径向分布图的含义与规律对后面的应用至关重要，将 1 个 s、3 个 p、5 个 d 轨道放在同一坐标系下考察，对于分析原子轨道的杂化、原子轨道线性组合形成分子轨道、在配体所形成的不同配位场作用下 d 轨道的分裂状态等，将是十分有益的。多电子原子中电子间的相互屏蔽与钻穿虽难以定量考量，却真实存在并关乎着诸电子所处轨道的能量变化与电子填充关系，Pauling 能级图就是电子填充顺序的写照。Pauli 不相容原理、能量最低原理和 Hund 规则是对电子填充的限制，加上 n，l，m 间的相互制约关系、屏蔽与钻穿的影响，诸元素原子的电子按这些要求排布，就构成了元素周期表。此图看似平淡朴素，却蕴含着无比巨大的知识能量，且有多种变化形式，为化学人毕生所依赖。原子的价电子构型是各区元素的脸谱或特征，原子核外电子排布的周期变化，决定了元素基本性质的周期性变化。所以，理解并熟记原子及其价电子构型对后续课程的学习定有不小的帮助。

思考与研讨

9.1 Bohr 氢原子模型作了什么样的假设？这种假设的成功之处是什么？缺陷又是什么？

9.2 基态氢原子吸收了 12.75 eV 的能量跃迁后，又放出 486 nm 波长的光子，试问氢原子的跃迁过程。

9.3 什么是波粒二象性？如何解释这种二象性？如何证明光和实物微粒具有波粒二象性？

9.4 如何描述原子中电子运动状态？量子数 n、l、m 各是在解什么方程时得到的？取值要求和相互关系是什么？简并度 $g=n^2$ 是如何得到的？

9.5 波动力学的“原子轨道”指的是什么？与 Bohr 原子轨道的本质区别在什么地方？

9.6　正文中常出现 ψ、$\psi(r,\theta,\varphi)$、$\psi_{n,l,m}$、$\psi_{n,l,m}(r,\theta,\varphi)$、$\psi^2$、$|\psi|^2$、$|\psi_{n,l,m}(r,\theta,\varphi)|^2$ 等,它们有无区别?为什么?

9.7　如何理解电子云的图像?波函数的角度分布图反映的是什么实质?

9.8　试用水果和牙签(或小棒)作为道具,将 1 个 s、3 个 p、5 个 d 轨道放在同一坐标系下,考察它们的空间关系。

9.9　什么是中心力场模型?为什么仍可用 $\psi_{n,l,m}(r,\theta,\varphi)$ 来描述多电子原子中各电子的运动状态?它的角度部分和径向部分与单电子原子的有何异同?为什么?

9.10　屏蔽效应与钻穿效应是怎么回事?对电子的能量有何影响?

9.11　填满 K、L、M、N、O、P 各层分别需要多少电子?第六周期元素原子共有 6 层电子,各层中分别有多少电子?与前者是否一致?为什么?

9.12　什么是镧系收缩?镧系收缩对元素的性质产生哪些影响?

9.13　为什么电离能都是正值,而电子亲和能却有正有负,且数值比电离能小得多?

9.14　我们现在常用的元素周期表是长式周期表,你能按照电子排布规律将长式周期表变换成其他形式吗?试查看元素周期表的其他形式。

9.15　若我们所在的世界不是三维的而是平面的,在二维世界里,根据三个量子数 $n=1,2,3,\cdots$,$m=0,\pm1,\pm2,\cdots,\pm(n-1)$,$m_s=\pm\frac{1}{2}$ 建立周期系。

(1) 画出周期表的前四个周期,标明各原子的原子序数,用原子序数(Z)作为元素符号,写出元素的价电子构型。

(2) 前三周期中的各元素对应于三维空间中的哪些元素?根据相似性,估计在常温、常压下二维世界中的单质哪些是气体、哪些是液体、哪些是固体。

(3) 画出 $n=2$ 各元素原子的杂化轨道。在平面世界中的有机化学是以哪一元素为基础的(用原子序数作为元素符号)?分别写出与乙烷、乙烯和环己烷对应的化合物,有无芳香化合物存在?

(4) 与 8 电子和 18 电子规则相当的规则是什么?

习　题

9.1　从 Li 表面释放出一个电子所需的能量是 2.37 eV,如果用氢原子中电子从能级 $n=2$ 跃迁到 $n=1$ 时辐射出来的光照射锂,计算能否有电子释放出来。若有,电子的最大动能是多少?

9.2　计算下列运动粒子的 de Broglie 波的波长,计算结果说明了什么?

(1) 速率为 $6.07\times10^6\ m\cdot s^{-1}$ 的自由电子;

(2) 动能为 13.6 eV 的电子;

(3) 质量为 1.0×10^{-7} g,速率为 $1.0\ cm\cdot s^{-1}$ 的尘埃。

9.3　氢原子基态电子要吸收多少能量才能跃迁到第三个 Bohr 轨道上?计算该轨道的半径(nm)和电子在此轨道上的能量。

9.4　下表描述合理解 ψ 的量子数 n、l、m 哪些是错误的?

n、l、m	1,0,0	1,1,0	1,0,1	2,1,0	2,1,−1	3,2,1	3,3,0	4,3,3	5,4,2
正/误									

9.5　以下哪些符号是正确的?

(1)5s　(2)1p　(3)3p　(4)2d　(5)3d　(6)3f　(7)4g

9.6　将 $n=4$ 主层的各种信息填入下表。

l	
m	
轨道符号	
亚层轨道数	
电子数	
总的轨道数	
总电子数	

9.7　回答下列问题。

(1) s、p、d、f、g 亚层各有几个轨道？可填充多少电子？

(2) Al^{3+}、Ga^{3+}、Bi^{3+}、Mn^{2+}、Sc^{3+}、Pb^{2+} 中哪些具有 8 电子外壳？哪些具有 18+2 电子外壳？

(3) 氢原子的 4s 和 3d 哪一个状态能量高？19 号元素钾和 26 号元素铁的 4s 和 3d 哪一个状态能量高？为什么？

9.8　画出 p_x、p_z、d_{xy}、d_{yz}、$d_{x^2-y^2}$、d_{z^2} 的角度分布图；2p、3p、3d、4s 的径向分布函数图；2s、2p、3p 的电子云图。

9.9　写出下列原子和离子的基态电子组态。

(1) N　(2) F　(3) Sc　(4) Bi　(5) W　(6) V^{3+}　(7) Mn^{2+}　(8) Co^{3+}　(9) Ga^{3+}　(10) Eu^{3+}　(11) Eu^{2+}

9.10　某元素位于长周期，其阳离子 M^{2+} 的次外层的某亚层轨道处于半充满，该元素的上一周期没有对应的元素。

(1) 写出 M 原子的价电子排布式；

(2) M 原子在周期表中的什么位置？元素符号是什么？原子序数是多少？

9.11　填空。

(1) 原子序数为 42 的元素，是周期表中第______周期、第______族的______，元素符号是______，属于______区，价电子组态为______。

(2) A^{3+} 与 B^{2-} 的电子排布均与氩原子相同，则 A 元素是位于周期表中第______周期、第______族的______，元素符号是______；B 元素位于周期表中第______周期、第______族的______，元素符号是______。

(3) 某元素位于周期表中的第六周期、第 10 列，其原子的价电子组态为______，原子序数为______，元素符号是______。

(4) 某元素原子的价电子组态为 $4f^7 6s^2$，该元素位于周期表中第______周期的______区，原子序数为______，元素符号是______。

(5) 某元素的+2 价离子有 7 个 5d 电子，该元素是第______周期______族元素，元素符号是______，原子序数为______，原子核外有______个未成对电子。

(6) 某元素原子最外层只有 1 个电子，其+3 价离子的最高能级组有 3 个电子，它的上一周期无对应的元素。该元素的符号是______，位于周期表的第______周期，第______族，属______区元素，价电子组态是______。

(7) 第 112 号元素已正式命名为"Copernicium"[为纪念著名天文学家哥白尼(N. Copernicus)]，元素符号为 Cn。该元素属于第______周期，第______族，价电子排布是______。

9.12　第六周期有几个亚层？各亚层的能量顺序是什么？各亚层中分别可填充多少个电子？该周期共有多少元素？

9.13　试根据构造原理预测。

(1) 核外出现第一个 5g 电子的元素其原子序数是多少？

(2) 第 150 号元素将属于第几周期？哪一区？价电子组态是什么？该元素位于上周期多少号元素之下？

(3) 第八周期将包括多少种元素？最后一个元素的原子序数多大？请写出它的基态原子价电子组态。

9.14 周期系从上到下、从左到右原子半径呈现什么变化规律？主族元素与副族元素的变化规律是否相同？为什么？

9.15 据理判定下列各对原子(或离子)中哪一个半径大。

H 与 He　Ba 与 Sr　Sc 与 Ca　Cu 与 Ni　Zr 与 Hf　La 与 Gd　S^{2-} 与 S　Al 与 Al^{3+}　Fe^{2+} 与 Fe^{3+}　Pb^{2+} 与 Sn^{2+}

9.16 Na^+、Mg^{2+}、Al^{3+} 的半径为什么越来越小？Na、K、Rb、Cs 的半径为什么越来越大？

9.17 试述元素第一电离能的含义。电离能的大小取决于哪些因素？为什么元素的逐级电离能依次增大？

9.18 计算氦元素的第一电离能 I_1 和第二电离能 I_2。I_1 与 I_2 的结果意味着什么？

9.19 试说明元素周期表中第三周期元素的原子半径和第一电离能的变化规律，并对电离能变化进行简要说明。

9.20 简要解释下列事实。

(1) K 的第一电离能小于 Ca 的第一电离能，而 Ca 的第二电离能小于 K 的第二电离能；

(2) Cr 元素原子的价层电子构型是 $3d^5 4s^1$，而不是 $3d^4 4s^2$。

9.21 氧的第一电子亲和能是 141 kJ · mol^{-1}，而过程 $O(g)+2e^- \longrightarrow O^{2-}$ 的反应热是 639 kJ · mol^{-1}，那么氧的第二电子亲和能是多少？

9.22 已知：$NaCl(g) = Na^+(g) + Cl^-(g)$ 的 $\Delta_r H_m^\ominus = 553.79$ kJ · mol^{-1}，Na 的电离能 $I_1 = 497.55$ kJ · mol^{-1}，Cl 的电子亲和能 $E_1 = 348.29$ kJ · mol^{-1}，试问在高温时 NaCl(g) 是解离为 $Na^+(g)$ 和 $Cl^-(g)$，还是 Na 和 Cl 原子？试通过计算加以说明。

9.23 不参考任何数据表，排出以下物种性质的顺序。

(1) Mg^{2+}，Ar，Br^-，Ca^{2+} 按半径增加的顺序；

(2) Na，Na^+，O，Ne 按第一电离能增加的顺序；

(3) H，F，Al，O 按电负性增加的顺序；

(4) O，Cl，Al，F 按第一电子亲和能增加的顺序。

9.24 周期系从左到右和从上到下元素的电负性变化呈现什么规律？为什么？哪一个元素的电负性最大？哪一个元素的电负性最小？

9.25 周期系从上到下、从左到右元素的氧化态稳定性有什么规律？

9.26 按由小到大的顺序排列以下原子的第一电离能。

	1s	2s	2p		1s	2s	2p
He	↑↓	_	_ _ _	C	↑↓	↑↓	↑ ↑ _
Be	↑↓	↑↓	_ _ _	N	↑↓	↑↓	↑ ↑ ↑
B	↑↓	↑↓	↑ _ _	O	↑↓	↑↓	↑↓ ↑ ↑

第 10 章　化学键与分子结构

众所周知，物质是由分子所组成，分子又是由原子结合而成的、稳定的、能保持物质基本化学性质的最小实体。虽然我们对原子的结构已有了初步的认识，可是，原子是如何形成分子的？两个或多个相互排斥的原子核依赖什么作用相互连接在一起呢？化学键有离子键、共价键(包括配位键)和金属键 3 种键型，可为什么会有这些不同的成键形式？在不同条件下同一种元素原子是只能形成其中的一种键型，还是可以形成不同的键型？其本质原因何在？这些成键形式各有什么样的规律？电子在不同物质分子体系中有怎样的运动形式和运动图像？它们对物质的物理、化学性质又有怎样的影响？分子的结构与物质的性质又有何关联？对相同系列物质为何有些物质的物理性质出现反常现象？本章我们就为你揭示一些基本的原因和简单的规律。

10.1　离子键理论

10.1.1　离子键的形成

离子键理论是 Kossel 于 1916 年提出的。他根据稀有气体具有稳定结构和大多数无机化合物有极性的事实，在《关于原子结构和分子形成》的论文中提出，稳定离子的形成是由原子获得或失去电子，以便达到惰性气体原子的电子结构而形成阴阳离子，阴离子(anion)和阳离子(cation)之间由库仑引力而相互吸引形成化学键。例如，当电离能较小的金属原子(如碱金属与碱土金属原子)和电子亲和能较大的非金属原子(如卤素及氧族原子)靠近时，前者易失去外层电子成正离子，后者易获得电子成负离子，正负离子都具有类似稀有气体原子的稳定结构(闭壳层电子构型)，它们以静电引力相结合形成离子化合物。这种**由原子间得失电子后靠静电作用而形成的化学键称为离子键**。

离子化合物的熔融态或水溶液具有导电性的事实有力地证明了 Kossel 关于离子键的观点；通过 X 射线衍射直接测出晶体中各处的电子相对密度，进而推算晶体中正负离子的存在及排列方式。例如，氯化钠晶体是由具有 10 个电子的钠离子和 18 个电子的氯离子按一定方式排列而成。

根据库仑(C. A. Coulomb)定律，两个带相反电荷 q^+ 和 q^- 的正负离子由远处相互靠近时，它们之间的静电作用(吸引)力与离子电荷的乘积成正比，与离子间距离 r 成反比

$$V_{吸引}=-\frac{q^+\cdot q^-}{4\pi\varepsilon_0 r} \tag{10.1}$$

式中，ε_0 为相对介电常数。当两离子相互靠近时，正负离子间将产生排斥作用，这种短程的排斥力不遵循 Coulomb 定律。根据 Born 的假定，其排斥能为

$$V_{排斥}=\frac{B}{r^m} \tag{10.2}$$

式中，B 为常数；m 为 Born 指数。当一对正负离子的核间距 r 为平衡核间距 r_0 时，总势能 $V(V=V_{吸引}+V_{排斥})$ 最低。

离子键是由活泼的金属元素原子与活泼的非金属元素原子形成的。一般而言，元素电负性差越大，形成的离子键就越强。电负性较小的碱金属与电负性较大的卤素原子之间形成的化学键一般都是离子键，但这并不是说它们就是 100%的离子键。由第 9 章原子轨道径向分布函数图可知，即使是由电负性相差很大的两元素原子(如 F 和 Cs)得失电子后，两离子以静电作用靠近成离子键时，两离子的电子云仍会有部分重叠，即仍有部分的共价性质。一般用离子性百分数来表示离子键的份额，它与电负性差值有关。表 10.1 给出的是单键离子性百分数与电负性差的一般关系。

表 10.1　单键离子性百分数与电负性差 $\Delta\chi$ 的关系

$\Delta\chi$	0.2	0.4	0.6	0.8	1.0	1.2	1.4	1.6	1.8	2.0	2.2	2.4	2.6	2.8	3.0	3.2
离子性百分数/%	1	4	9	15	22	30	39	47	55	63	70	76	82	86	89	92

当电负性差大于 1.7 时，离子性超过 50%，看成是离子键或离子化合物；反之，当电负性差小于 1.7 时，离子性低于 50%，看成是共价键或共价化合物。因此，将电负性差 1.7 作为判断是离子型化合物还是共价型化合物的一个参考值。

10.1.2　离子键的强度

离子化合物中离子键是晶体中相反电荷之间的吸引力与相同电荷间排斥力综合平衡的结果。离子型化合物中没有独立的分子单元，通常都是以正负离子聚集在一起形成的巨大分子形式存在，无分子式，而只有化学式。因而，离子化合物的结合力不是简单的两个正负离子之间的结合力，而是整个晶体的内在结合力。这种结合力与晶格能(lattice energy)有关，所以离子键的强度可用晶格能(或称点阵能)U 来衡量。

晶格能的定义：**在标准状态下，相互远离的气态正负离子结合生成 1 mol 离子晶体时所释放的能量，或 1 mol 离子晶体解离成自由的气态正负离子时所吸收的能量**。由第 4 章内容可知，这两种能量数值相同、符号相反，取其绝对值称为晶格能，符号为 U，单位为 $kJ\cdot mol^{-1}$。常用晶格能的大小来比较离子键的强度和晶体的稳定性。例如，晶体生成反应

$$mM^{n+}(g)+nX^{m-}(g)=\!=\!=M_mX_n(s)\qquad -\Delta H=U \tag{10.3}$$

焓变 ΔH 的负值就是晶格能 U。

晶格能常通过热化学方法从有关的实验数据间接计算得到。根据 Hess 定律，Born 和 Haber 设计了一个著名的热化学循环——Born-Haber 循环解决晶格能的计算问题。

现以反应 $Na(s)+1/2\ Cl_2(g)=\!=\!=NaCl(s)$ 为例，说明 Born-Haber 循环的过程(图 10.1)。这个总反应可拆分成下列 5 个分步反应：

(1) 1 mol 固体金属钠升华成气态钠原子，吸热过程，$\Delta H_1=108.8\ kJ\cdot mol^{-1}$；

(2) 1/2 mol 气态氯分子解离为 1 mol 气态氯原子，吸热过程，$\Delta H_2=119.7\ kJ\cdot mol^{-1}$；

(3) 1 mol 气态钠原子电离为 1 mol 气态钠离子，吸热过程，$\Delta H_3=493.3\ kJ\cdot mol^{-1}$；

(4) 1 mol 气态氯原子结合电子，形成 1 mol 气态氯离子，$\Delta H_4=-361.9\ kJ\cdot mol^{-1}$；

(5) 1 mol 气态钠离子和 1 mol 气态氯离子结合成 1 mol 固态氯化钠，所释放的能量 ΔH_5 即 NaCl (s)的晶格能 U，放热过程。

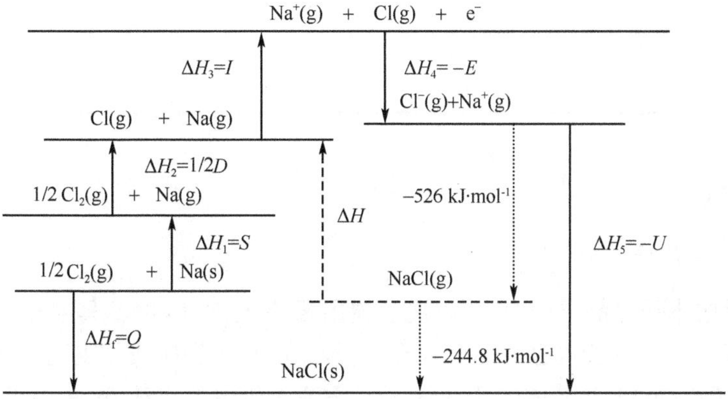

图 10.1　Born-Haber 循环计算 NaCl(s)晶格能示意图

根据多重平衡关系和 Hess 定律，NaCl(s)的生成焓 $\Delta_f H_m^{\ominus}$ 等于各分步反应的能量变化的总和，即

$$\Delta_f H_m^{\ominus} = \Delta H_1 + \Delta H_2 + \Delta H_3 + \Delta H_4 + \Delta H_5$$

或

$$Q = S + \frac{1}{2}D + I + (-E) + (-U)$$

则

$$U = -Q + S + \frac{1}{2}D + I - E \tag{10.4}$$

式中，$\Delta_f H_m^{\ominus}$，S，D，E，I 都有标准数据可查。

对 NaCl (s)，生成热已由实验测得，$\Delta_f H_m^{\ominus} = -410.9\ \text{kJ} \cdot \text{mol}^{-1}$，则

$$U(\text{NaCl}) = (410.9 + 108.8 + 119.7 + 493.3 - 361.9)\ \text{kJ} \cdot \text{mol}^{-1} = -770.8\ \text{kJ} \cdot \text{mol}^{-1}$$

这是一个不小的负值。

有时把 $\text{NaCl(g)} \longrightarrow \text{Na(g)} + \text{Cl(g)}$ 所吸收的能量称为离子键键能(图 10.1 虚线箭头)

$$\Delta H = 526 + 361.9 - 493.3 = 394.6 (\text{kJ} \cdot \text{mol}^{-1})$$

晶格能也可从理论上进行计算。根据 Coulomb 定律，1 mol 离子晶体总势能的绝对值即为晶格能

$$U = -V_{r_0} = \frac{q^+ \cdot q^-}{4\pi\varepsilon_0 r_0}\left(1 - \frac{1}{m}\right) A\ N_A \tag{10.5}$$

式中，N_A 为 Avogadro 常量；A 称为马德隆(E. Madelung)常数，它与晶格的类型有关；m 与原子的电子构型有关。

因为晶格能的大小标志着离子晶体裂解成气态阴阳离子的难易程度，反映离子晶体中离子键的强度，因而它与离子化合物的性质(如熔点、硬度、稳定性等)有着密切的联系。对相同类型的离子晶体来说，随着离子电荷 q 的增加，离子核间距 r_0 的降低，晶格能 U 增加，离子键强度增强，熔沸点升高、硬度增大、稳定性增强(表 10.2)。此外，对物质的溶解度也有影响。

表 10.2　离子电荷及半径对晶格能 U 和晶体熔点、硬度的影响

化合物	电荷	半径/pm	$U/(kJ \cdot mol^{-1})$	熔点/℃	Mohs 硬度
MgO	+2,−2	210	3791	2852	6.5
NaCl	+1,−1	282	787	801	2.5
NaI	+1,−1	323	704	661	<2.5

10.1.3　离子键的特征

1. 离子键的方向性与饱和性

由于离子键的本质是静电引力,所以离子键既没有方向性,也不具饱和性。带正、负电荷的离子因原子核外等价原子轨道上都充满着电子,一般是闭壳层或闭支壳层,电荷分布是球形对称的。例如,可以把 NaCl 晶体中的 Na^+、Cl^- 看成是带电的小球,这些小球在空间各个方向上吸引异性电荷离子的能力都是等同的,所以只要条件许可,离子可以在空间任何方向上与带相反电荷的离子相互吸引,形成的离子键没有一定方向。但离子都有一定的大小及同性离子间有排斥作用,只要周围空间许可,一个离子周围尽可能多地排列带相反电荷的离子,所以说离子键不具有饱和性。NaCl 晶体中每个 Na^+ 的上下、前后、左右等距离排列着 6 个相反电荷的 Cl^-,同样每个 Cl^- 周围也等距离排列着 6 个 Na^+,强度相同。**把一个离子周围等距离排列的异性离子的数目称为配位数**(coordination number,CN)。在 CsCl 晶体中每个 Cl^- 和在它周围的 8 个 Cs^+ 相接触(图 10.2)。在 NaCl 晶体中,中心离子如 Cl^-,除和最邻近的 6 个 Na^+ 相互吸引外,还可以与远层的若干 Cl^- 和 Na^+ 相互排斥和吸引,只不过距离较远相互作用较弱。从这个意义上讲,离子键更无所谓饱和性了。

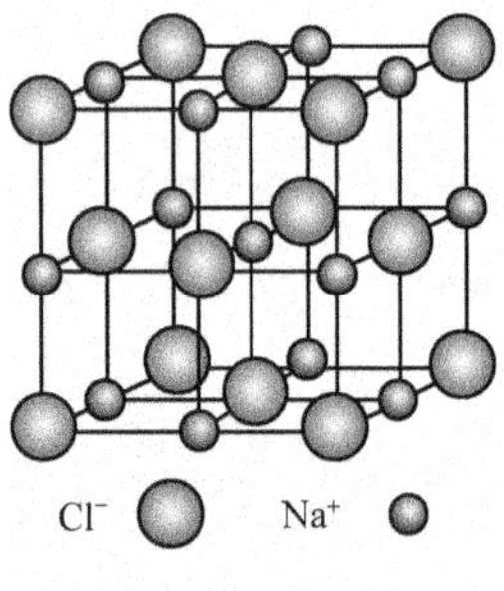

NaCl型离子晶体　CN=6

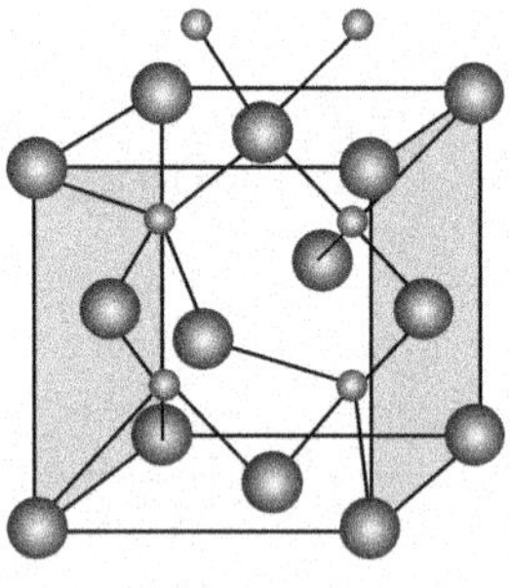

CsCl型离子晶体　CN=4

图 10.2　离子晶体的类型

2. 离子的电荷与电子构型

离子电荷是指原子在形成离子化合物过程中失去或获得的电子数,与元素原子的电子构型有关。对简单负离子来说,通常具有稳定的 8 电子构型,如 F^-、Cl^-、O^{2-} 等最外层都是稳定的稀有气体电子构型。对正离子来说,情况比较复杂。表 10.3 列出了 5 种离子构型与相应的离子。

离子电荷对离子间的相互作用力影响很大,离子电荷越高,与异号电荷间的吸引力越大,晶格能越大,离子键越强,离子化合物的熔沸点越高。

表 10.3　离子电荷与电子构型的关系

	闭(支)壳层				开壳层
电子构型	2 电子 ns^2	8 电子 ns^2np^6	18 电子 $ns^2np^6nd^{10}$	(18+2)电子 $(n-1)s^2(n-1)p^6(n-1)d^{10}ns^2$	9～17 电子 $ns^2np^6nd^{1\sim9}$
离子及电荷	Li^+、Be^{2+}	Na^+、K^+、Mg^{2+}、Ca^{2+}、Al^{3+}	Ag^+、Zn^{2+}、Hg^{2+}、Cd^{2+}	Pb^{2+}、Sn^{2+}、Bi^{3+}	Fe^{2+}、Fe^{3+}、Mn^{2+}、Cr^{3+}

离子的电子构型与离子键的强度也有关，对离子化合物的性质有影响。例如，ⅠA 的碱金属与ⅠB 的铜副族都能形成+1 价离子，分别为 8 电子构型和 18 电子构型，导致离子化合物的性质差别很大。例如，Na^+ 和 Ag^+ 的半径分别为 99 pm 和 100 pm，但 NaCl 易溶于水，而 AgCl 则难溶于水。

3. 离子半径

离子半径是离子的重要特征之一。由于核外电子不是在固定的轨道上运动，和原子半径一样，离子半径也是无法准确测定的。但在晶体中，正负离子间保持一定的平衡核间距离(r_0)，这样就显示出离子有一定的大小。如果近似地将构成 AB 型晶体的质点 A^+ 和 B^- 看成是两个相互接触的球体，则核间距 d 就等于两个球体的半径之和(这个离子半径也称为阳阴离子的接触半径)，如图 10.3 所示。

核间距可用 X 射线晶体衍射的方法测量，然后利用关系

$$d = r_+ + r_-$$

就可根据某已知离子半径推出另一离子的半径。

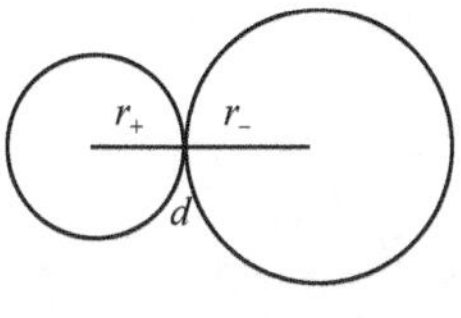

图 10.3　离子半径与核间距的关系

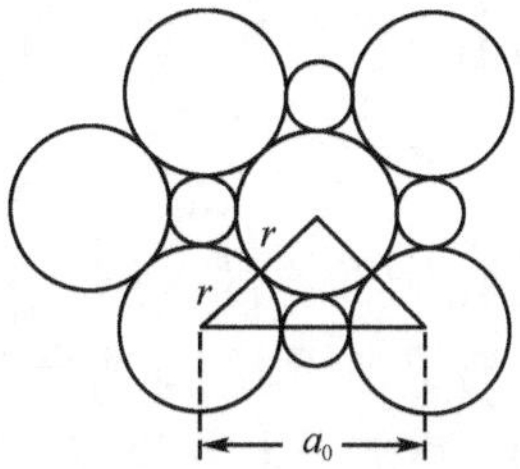

图 10.4　正负离子、负负离子都接触时的半径关系

前后半个多世纪，科学家从不同的角度先后提出了多种推算离子半径的方案，下面以时间先后的顺序进行简单介绍。

负离子一般比正离子大，在有些晶体中要比正离子大得多，以致负离子与负离子直接接触，而正离子则填充在负离子堆积的空隙之中(正负离子相互接触或不相接触)，如图 10.4 所示。1920 年朗德(A. Lande)利用这样的条件由实验测定负离子间距离，它的一半就是该负离子的半径。例如，用 X 射线衍射实验测定下列几种 NaCl 型结构的化合物中相邻两个正负离子间的距离 $r_0 = a_0/2$。

化合物	MgO	MnO	MgS	MnS	MgSe	MnSe
r_0/pm	210	224	260	259	273	273

Lande 由此计算出 $r(S^{2-}) = 184$ pm，$r(Se^{2-}) = 193$ pm。然后以 $r(S^{2-})$ 或 $r(Se^{2-})$ 为基准，晶体中凡能与 S^{2-} 或 Se^{2-} 直接接触的正离子半径 r_+ 就可由 r_0 减去 $r(S^{2-})$ 或 $r(Se^{2-})$ 得到。再由这样得到的正离子半径进一步推算其他一些负离子的半径，从而得到第一批正负离子的半径数据。

1927 年哥德斯密特(V. M. Goldschmidt)利用他人通过正负离子对光折射能力的不同推出 F^-(133 pm)

和 O^{2-}(132 pm)的半径,以此为基础,用上述方法推算出 80 多种离子的半径。

1960 年 Pauling 从有效核电荷和屏蔽常数出发,按 $r_{\pm}=C/(Z-\sigma)$,C 为比例常数,推算出一套离子半径。首先测得碱金属和卤素等电荷离子对(NaF,KCl 等)的离子半径,进而求得 $r(Na^+)=95$ pm,$r(F^-)=135$ pm,$r(K^+)=133$ pm,$r(Cl^-)=181$ pm。对高价离子,他认为 O^{2-} 的半径为 140 pm 更合理,并确定$r(Mg^{2+})=65$ pm。$r(Mg^{2+})$与 $r(O^{2-})$之和(205 pm)与实验值(210 pm)仅有 2%的误差。Pauling 就以 $r(O^{2-})=140$ pm 为基准,由实验 r_0 推算其他所有离子半径。Pauling 离子半径(表 10.4)被广泛采用。

表 10.4 常见离子 Pauling 半径

离子	半径/pm	离子	半径/pm	离子	半径/pm	离子	半径/pm
Li^+	60	Ni^{2+}	72	Cd^{2+}	97	Cr^{3+}	69
Na^+	95	Cu^{2+}	69	Hg^{2+}	110	Mn^{2+}	80
K^+	193	Ag^+	136	Al^{3+}	50	O^{2-}	140
Rb^+	133	Zn^{2+}	74	Sn^{2+}	112	S^{2-}	184
Cs^{2+}	169	Be^{2+}	31	Pb^{2+}	120	F^-	136
Fe^{2+}	76	Mg^{2+}	65	Bi^{3+}	120	Cl^-	181
Fe^{3+}	64	Ca^{2+}	99	Ti^{2+}	90	Br^-	195
Co^{2+}	74	Ba^{2+}	135	Ti^{4+}	68	I^-	216

桑诺(Shannon)等于 1976 年采用高分辨 X 射线衍射法测得上千种氧化物和氟化物中正负离子间距离 r_0,并以 Pauling 的 $r(O^{2-})=140$ pm 和 Goldschmidt 的 $r(F^-)=133$ pm[或以 $r(O^{2-})=126$ pm 和 $r(F^-)=119$ pm]为基准,并考虑一些复杂因素的影响,推算出一套较完整的离子半径,称为有效离子半径。

离子半径大致有如下的变化规律:

(1) 主族元素中,从上向下,相同电荷数的同族离子的半径增加。

(2) 同周期主族元素中,从左向右,r_+ 随正离子的电荷数增加而降低,r_- 随阴离子的电荷数减小而下降

$$Na^+ > Mg^{2+} > Al^{3+} \qquad C^{4-} > N^{3-} > O^{2-} > F^-$$

(3) 同一元素,高价态的半径比低价态的小。

(4) 阳(阴)离子半径比它的原子半径显著减小(增大)。

(5) 处于相邻族的左上方和右下方斜对角上阳离子的 r_+ 近似相等(对角线规则,这些半径相近的离子容易相互置换,在矿物中这些元素往往共生在一起)。

(6) 具有相同电子数的原子或离子的 r 随 Z 的增加而降低。例如

$$Ne > Na^+ > Mg^{2+} > Al^{3+}$$

离子半径只是一个近似的概念。上述各种离子半径的推算方案都有一定的假设条件,方案各有优缺点。各套离子半径都是自恰的,使用时不宜用不同方案的数据。

10.2 共价键理论

离子化合物的形成和特性可用离子键理论来描述,但对于由相同原子形成的单质分子(如 O_2、N_2、X_2 等)以及由电负性相近的元素原子所形成的分子(如 H_2O、NH_3、CH_4 等)属于共价化合物,对这类物质分子的本质和特征的描述则要用共价键理论。随着人类对共价键理论认识的深化,先后提出了经典价键理论(Lewis 学说)、近代价键理论、分子轨道理论、配位场理论等,其中包括杂化轨道理论、价层电子对互斥理论、晶体场理论等。

10.2.1　经典价键理论

经典价键理论也称 Lewis 理论或 Lewis 学说。依据化学性质不活泼的稀有气体原子外围都具有 8 电子层(ns^2np^6)稳定结构的事实，1916 年 Lewis 和 Langmuir 提出了共价键理论，认为由同种元素原子或电负性相近的原子形成分子时，原子之间可以通过共享电子对而使每一原子具有稳定的稀有气体 8(H 和 He 为 2)电子外层结构(简称八隅律，octet rule)，这样形成的分子称为共价分子，原子通过共用(而不是转移)电子对而形成的化学键称为共价键(covalent bond)。

通常用小黑点"·"代表原子的价电子，例如

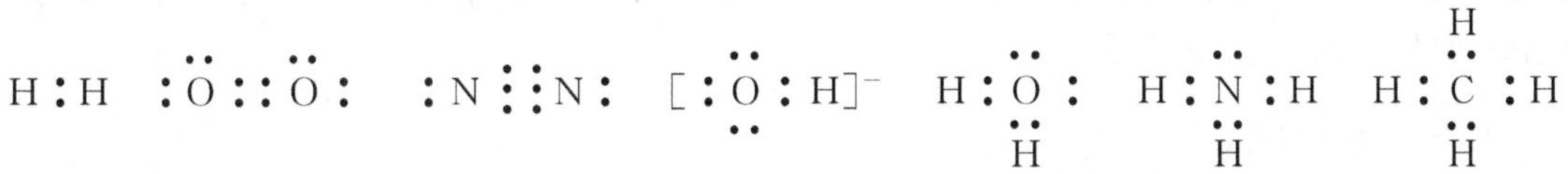

这种结构形式称为 Lewis 结构式。有时为了方便，用一根、两根和三根短线分别表示原子间形成共价单键(single bond)、共价双键(double bond)和共价叁键(triple bond)。

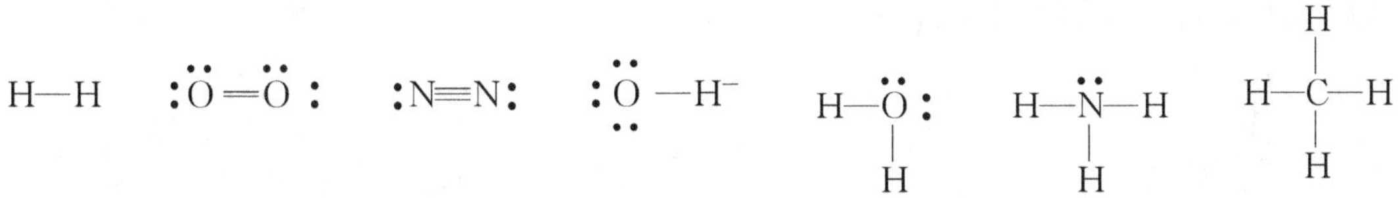

分子中两原子间共享电子对的对数称为键级(bond order)，原子中未参与成键的电子对称为孤对电子(lone pair electrons)。

画 Lewis 结构图的规则如下：

(1) 计算分子共享电子对(成键)总数 k

$$k=(n-m)/2$$

式中，n 为所有原子形成 8(或 2)电子结构所需的电子总数；m 为各原子的价电子之和。

例如甲醛 H_2CO 分子：$n=2\times2(\text{H})+2\times8(\text{C、O})=20$，$m=2\times1(\text{H})+4(\text{C})+6(\text{O})=12$，$k=(n-m)/2=4$(个键)。若是离子，则原子的价电子总数还要减去离子所带的电荷数，如 OH^-：$m=6(\text{O})+1(\text{H})-(-1)$(负电荷)$=8$；$NO^+$：$m=5(\text{N})+6(\text{O})-1$(正电荷)$=10$。

(2) 画出分子或离子的骨架结构，用单键将原子连接起来。分子或离子中原子排列方式的一般原则是：①H 原子总是放在中心原子的周围；②半径较大、电负性较小的原子位于中间，半径较小、电负性较大的原子位于侧端。例如，甲醛 H_2CO 的 4 个原子中 C 原子位于中心，其余位于侧端。

(3) 多重键的确定。如果分子中原子间所连键数等于 k，则只有单键而无多重键，如 H_2O(2)、NH_3(3)、CH_4(4)。此时，各原子的 8(或 2)电子结构应该得到满足。如果分子中原子间所连键数小于 k，则有多重键，如甲醛 $k=4$，但 4 个原子间只连 3 个单键，还多 1 个键。就按满足 8(或 2)电子结构来确定多重键的位置，如甲醛的双键在 C、O 之间。一般地，只有少数主族元素原子(C、N、P、O、S)之间可以形成多重键。

(4) 除成键电子之外，按 8(或 2)电子结构确定原子的孤对电子。

按上面的步骤可画出甲醛的 Lewis 结构

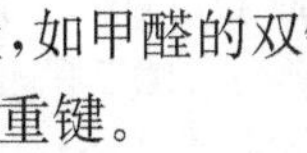

Lewis 八隅律虽能够说明很多主族元素化合物的成键情况，但其应用有较大的局限性：既未阐明共价键的本质和特性，而且例外也很多，对一些物质(如 O_2)的磁性也无力解释。即便如此，Lewis 结构是现代价键理论的前驱，至今仍受到广泛重视。

10.2.2 现代价键理论

现代价键理论(valence bond theory，VB 理论)简称价键理论，又称电子配对理论，是德国化学家海特勒(W. Heitler)和伦敦(F. London)于 1927 年首先建立的，他们将量子力学应用于分子结构的处理并获得极大的成功。稍后，Pauling 和 Slater 等将这一方法进行了推广，将它发展成为一个普遍适用于所有分子、固体的价键理论。VB 理论进一步阐明了共价键的本质，并可解释更多的实验现象。

1. 共价键的形成和本质

按量子力学的观点，只有自旋相反的电子才能占据相同的空间轨道，分子中两个电子要取同样的空间运动状态时，自旋也必须相反。Heitler 和 London 得到如图 10.5(a)所示的分子能量(E)与核间距(r)的关系曲线。

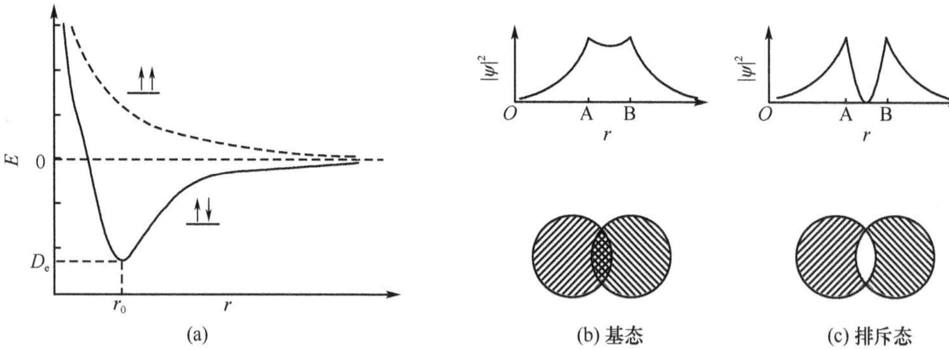

图 10.5 H_2 基态和排斥态的能量与核间距的关系(a)；$|\psi|^2$ 及原子轨道示意图(b)、(c)

因 H 的 1s 电子有一定的径向分布，当两核相距很远时，它们的电子云还不可能重叠，属于两个独立的原子，能级之和设为零；当两核继续靠近时，电子以自旋相反"↑↓"的方式开始电子云重叠，电子在两核间出现的概率增多，概率密度增大，如图 10.5(b)所示。两核间的电子云同时受到两个核的吸引，比单独受一个核的吸引时能量低；当 $r=r_0$ 时，能量出现最低值 D_e；当 r 进一步减小时，原子核之间的斥力占绝对优势，使体系的能量迅速升高。可见，当 $r=r_0$ 时，核间电子云与两核的吸引力和两核间的排斥力达到平衡，使 H_2 达到稳定状态，能量值 D_e 最低，这种状态称为基态。r_0 称为平衡核间距，当时得到 $r_0=87$ pm($r_{exp}=74$ pm)，后经多项校正，与 r_{exp} 几乎相等；能量的降低值 $D_e \approx 458$ kJ · mol^{-1} 称为 H_2 的结合能(近似等于 H_2 的键能)。

两原子相互靠近时，如果两个电子自旋平行，由量子力学原理可证明将会产生相互排斥作用，两核间有一节面，电子云密度为零[图 10.5(c)]，体系能量高于两个单独存在的氢原子能量之和。它们靠得越近，能量越高，始终不能形成稳定的 H_2。这种不稳定的状态称为 H_2 的排斥态。

由此，可从电荷密度和能量两个角度看共价键的本质：**两原子轨道重叠(波函数叠加)电子自旋相反成共价键时，密集于两核间的电子云能同时吸引相互排斥的两个核，电子云对两核的吸引力与两核间的排斥力相等，从而使两个核固定在一起成为稳定的分子；密聚于两核间的电**

子云同时受两个核的吸引其能量较单独受一个核吸引时的能量低得多。

2. 价键理论的基本要点

(1) 两原子相互接近时，其未成对电子以自旋相反的形式配对，核间电子云密度增大，形成稳定的化学键。

(2) 两原子各提供相等的电子成键，一个原子与周围原子成共价键的总数等于该原子的未成对价电子数，即原子的化合价。例如，$H(1s^1)$、$Li(2s^1)$、$B(2s^2 2p^1)$、$F(2s^2 2p^5)$，可形成共价单键分子 H_2、Li_2、B_2、F_2、HF；$Be(2s^2)$ 不能形成 Be_2；$N(2s^2 2p^3)$、$O(2s^2 2p^4)$ 可形成 N_2、O_2 及单键分子 NH_3、H_2O。当这一条件不满足时，**一原子也可提供一对自旋相反的电子与另一原子的空轨道成共价键，这种键称为共价配键**，以区别于前者，如 CO。

(3) 共价键有饱和性和方向性。共价键是通过价轨道重叠并共享电子对来形成的，而各种元素原子能提供成键的轨道和未成对电子的数量是确定的，因而成共价键的总数是一定的，即共价键具有饱和性；成键的两原子轨道尽可能沿着一定的方向达到最大程度的重叠（最大重叠原理），以形成更强更稳定的共价键。因原子轨道是有方向性的，由它们所成的键也有方向性。但是只有在 Pauling 提出杂化轨道理论后，方向性问题才真正得以解决。

3. 共价键的类型与特征

原子轨道要按一定的方向重叠形成分子轨道，不同的原子轨道按一定方向重叠可形成 3 种不同的分子轨道：σ 轨道、π 轨道和 δ 轨道。在 σ(π、δ) 轨道上的电子称为 σ(π、δ) 电子，由 σ(π、δ) 电子所形成的键称为 σ(π、δ) 键。所以，根据成键方式的差别共价键有 3 种类型：σ 键、π 键和 δ 键。分子中成键的两原子核间的连线称为键轴，在讨论由哪些原子轨道形成哪一类型键时一定要指定键轴的方向。在下面的叙述中均以 x 轴为键轴。

σ 键（或 σ 轨道） 原子轨道沿键轴的方向按“头碰头”的方式发生重叠，所形成的键称为 σ 键。其特点是 σ 轨道对键轴是轴对称的，电子云对键轴也是轴对称的；无节面。

π 键（或 π 轨道） 原子轨道沿键轴的方向按“肩并肩”的方式发生重叠，所形成的键称为 π 键。其特点是 π 轨道对包含键轴且垂直于另一个轴（如 z 轴）的平面（xy 面）是反对称的，电子云对此平面则是对称的；有 1 个节面（xy 面）。

δ 键（或 δ 轨道） 原子轨道沿键轴的方向按“面对面”的方式发生重叠，所形成的键称为 δ 键；有 2 个节面。δ 键的例子见本书下册第 13 章。

图 10.6 是 N_2 分子形成的示意图和分子轨道的形状。表 10.5 是一些原子轨道形成的 σ 轨道和 π 轨道（以 x 轴为键轴）。

N 原子的电子组态为 $1s^2 2s^2 2p_x^1 2p_y^1 2p_z^1$。形成 N_2 分子时，1s 因半径小，与 1s 几乎不重叠，对成键无贡献；2s-2s 对成键也无贡献。p_x-p_x“头碰头”重叠成 σ 键，p_y-p_y“肩并肩”重叠、p_z-p_z“肩并肩”重叠成两个 π 键，所以 N_2 是叁键。两个 π 键虽各有一个节面，但两个 π 键彼此相互垂直，一个 π 键的节面方向正好是另一 π 键电子云密度最大的方向，二者彼此重叠形成的是一个无节面的椭圆柱。所以这种 π 键稳定不易打开。

σ 键能达到最大程度的重叠，键能大，电子云对键轴呈轴对称，无节面，键强度大，稳定，不易打开而发生反应；而 π 键重叠程度小，键能小得多，比 σ 键弱，且 π 键有一个节面，因而 π 电子较活泼，在化学反应过程中 π 键易被打开而发生加成或取代等反应。

p_x-p_x成σ键　　p_y-p_y成π键，p_z-p_z成π键　　σ键与π键，两个π键上电子云构成一种无节面的椭圆柱

图 10.6　N_2 分子成键示意图

价键理论继承了 Lewis 共享电子对的概念，但它在量子力学理论的基础上，指出这对成键电子是自旋相反的，而且电子不是静止的、是运动的，并在核间有较大的概率分布。

表 10.5　形成 σ 键和 π 键的原子轨道及分子轨道特征示意图

	AO-AO	原子轨道	重叠过程	分子轨道
σ键	s-s	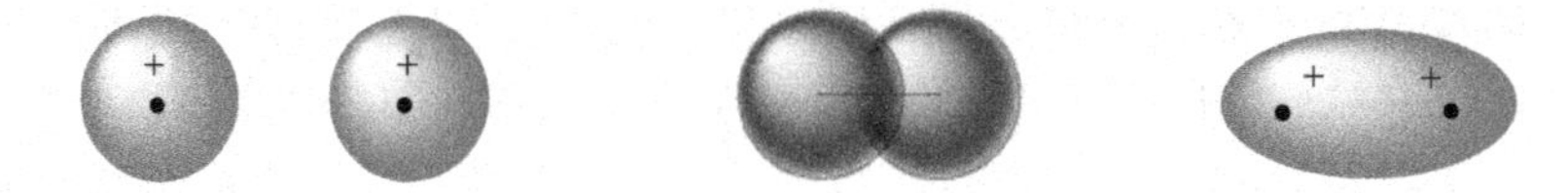		
	p_x-s			
	p_x-p_x			
	p_x-$d_{x^2-y^2}$	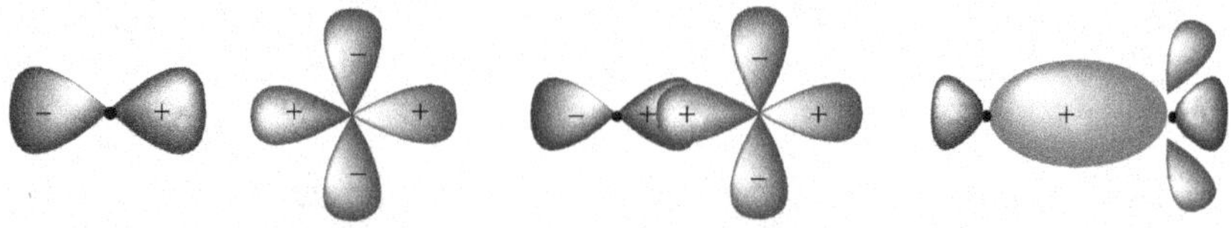		
	$d_{x^2-y^2}$-$d_{x^2-y^2}$	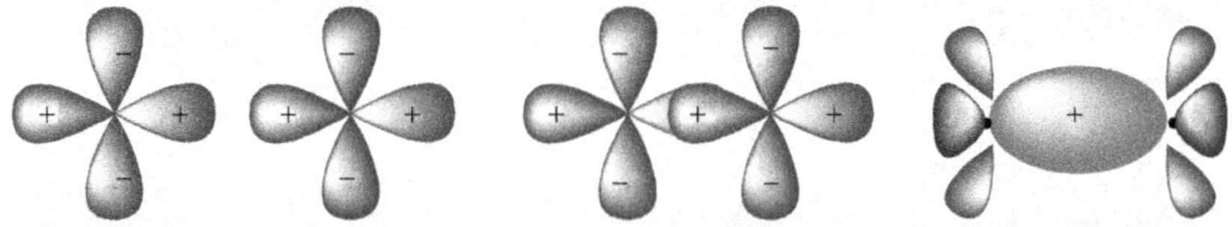		
π键	p_z-p_z p_y-p_y	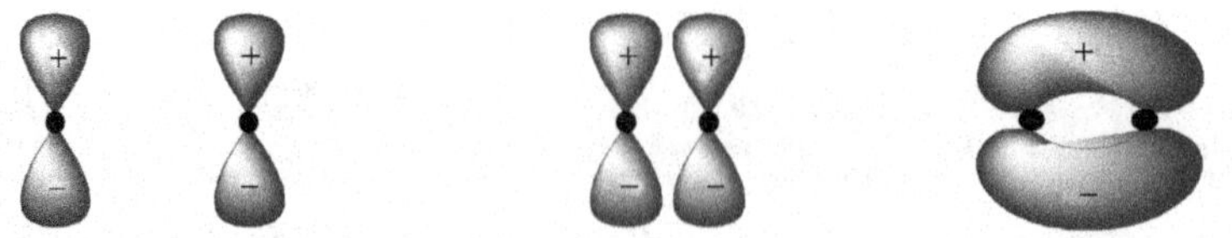		
	p_z-d_{xz}	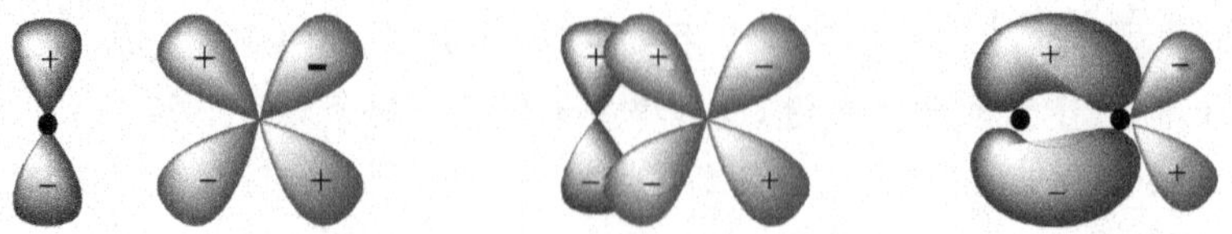		
	d_{xz}-d_{xz}	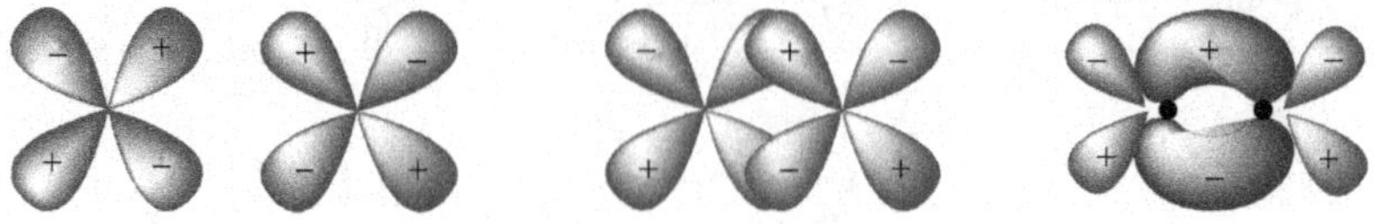		

10.2.3　杂化轨道理论

在价键理论的形成和应用过程中自然会遇到各种各样的难题，其中如何解释分子的空间结构就是一例。当时的实验结果已表明某些共价分子中各个键的键长(bond length)、键角(bond angle)毫无差别。例如 C 原子是 $2s^2 2p^2$ 价电子构型，只有 2 个未成对电子，应该只能与 2 个 H 形成 2 个共价单键。即使考虑到 C 原子的 1 个 2s 电子激发到 2p 轨道，可以和 4 个 H 形成 4 个 C—H 键，但由 C 原子的 3 个 2p 轨道形成的 C—H σ 键应是等同的，且相互垂直，互成 90°，而另一个由 C 的 2s 轨道形成的 σ 键与前面的 3 个 σ 键应不同，即 4 个 C—H 应是非等价的。然而事实表明，CH_4 的 4 个共价键键长、键角(109°28′)都是完全等同的。在 BCl_3、$BeCl_2$ 等分子中也有类似的情况。这说明前期的理论还不够完善，需要继续发展。为了解决这个问题，1931 年 Pauling 便提出了杂化(hybridization)的概念，从而丰富和发展了价键理论。

1. 杂化和杂化轨道

Pauling 认为，C 原子与 H 原子形成 CH_4 时，不再保持 $2s^2 2p^2$ 的价电子结构，1 个 2s 电子会激发到 2p 轨道，成为 $2s^1 2p_x^1 2p_y^1 2p_z^1$，4 个单电子占据的轨道可形成 4 个共价键；它们并不是以原来的状态成键，而是重新组合，得到 4 个完全等价的新轨道(图 10.7)，再与 4 个 H 的 1s 轨道重叠成键。由于 4 个新轨道完全相同，所成的 4 个 C—H 必然完全相同，键角均为 109°28′；2s 电子激发到 2p 轨道需要能量，但激发后比原来 $2s^2 2p^2$ 多形成的 2 个共价键所降低的能量远超过电子激发所需要的能量，体系能量降低，更趋于稳定。

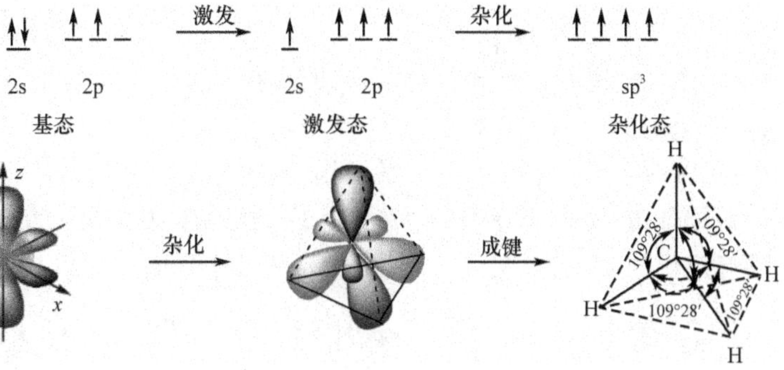

图 10.7　C 原子成键时 sp^3 杂化过程

这种在形成多原子分子的过程中，中心原子的若干能量相近的价原子轨道(s、p、d、f)可重新组合，形成一组新的轨道，这个过程称为轨道的杂化，形成的新轨道称为杂化轨道(hybrid atomic orbitals，HAB)。杂化轨道仍是原子轨道。杂化轨道的数目与参与杂化的原子轨道数目相等，称为轨道守恒。

轨道杂化的条件是：①原子相互结合形成分子时原子轨道才可能进行杂化，孤立原子的原子轨道不存在杂化。这说明 C 原子在形成 CH_4 过程中，2s 电子的激发、4 个原子轨道的重新组合、4 个新轨道与 4 个 H 的 1s 轨道重叠成键，不是按先后顺序完成的，而是同步进行的，举例时按顺序来叙述完全是为了方便分析。②参与杂化的原子轨道其能量必须接近。因此，参与杂化的原子轨道都是价轨道。

2. 杂化轨道的类型与特征

按参与杂化的原子轨道的类型不同，将杂化轨道进行分类，对每一类型又可根据参与杂化的原子轨道数目多少分成几种。

1) s-p 型杂化

只有 s 轨道和 p 轨道参与的杂化称为 s-p 型杂化，共有 3 种。

sp 杂化 由 1 个 s 轨道和 1 个 p 轨道重新组合得到 2 个杂化轨道，每个杂化轨道中含有 1/2 的 s 轨道成分和 1/2 的 p 轨道成分。若用 α、β 分别代表杂化轨道中所含的 s 和 p 轨道成分，则 sp 杂化轨道中，$\alpha=1/2$，$\beta=1/2$。两轨道呈直线型，夹角为 180°。

例如，Be 原子的价电子组态是 $2s^2 2p^0$，与 Cl 成键时，将其中的 1 个 2s 电子激发到 2p 轨道，2 个单电子占据的轨道进行杂化，得到 2 个杂化轨道，然后分别与 2 个 Cl 原子的 3p 轨道重叠，成 2 个 σ 键。有时把这种由 sp 杂化轨道和另一原子的 p 轨道所成的键标记成 sp-p σ 键。两轨道间夹角为 180°，所以 $BeCl_2$ 具有直线形的空间结构，如图 10.8 所示。

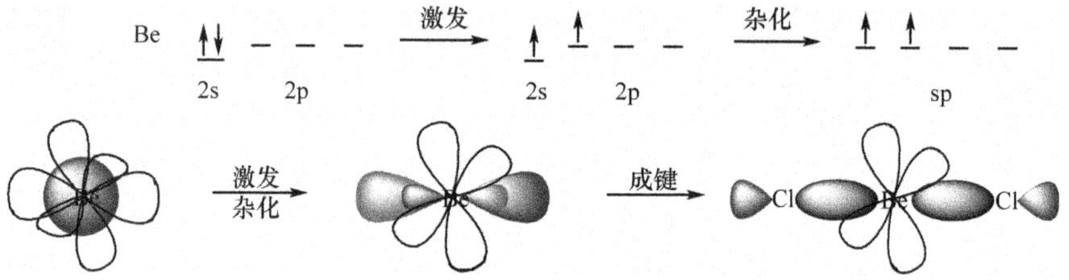

图 10.8 Be 原子成键时 sp 杂化过程

sp^2 杂化 由 1 个 s 轨道和 2 个 p 轨道进行杂化，得到 3 个杂化轨道，每个杂化轨道中 $\alpha=1/3$，$\beta=2/3$，杂化轨道间夹角为 120°，呈平面三角形。

如图 10.9 所示，B 原子的 1 个 2s 电子激发到 2p 轨道后再进行杂化，得到 3 个杂化轨道，然后分别与 3 个 F 原子的 2p 轨道重叠，形成 3 个 sp^2-p σ 键，夹角为 120°，所以 BF_3 为平面三角形构型。未参与杂化的 p 轨道(图中未画出)垂直于分子平面。

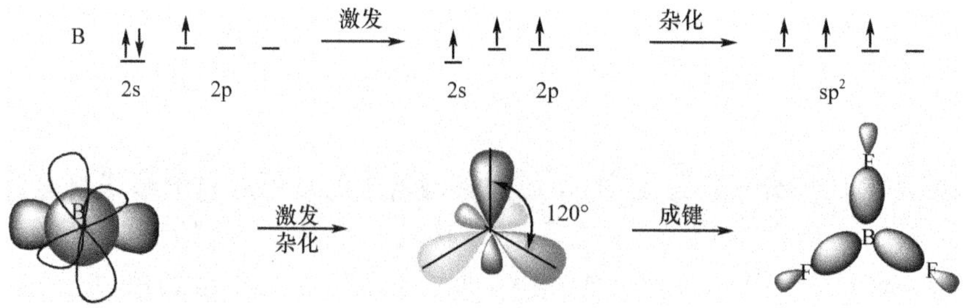

图 10.9 B 原子 sp^2 杂化过程及 BF_3 分子空间构型

sp^3 杂化 由 1 个 s 轨道和 3 个 p 轨道杂化，得到 4 个杂化轨道，每个杂化轨道中 $\alpha=1/4$，$\beta=3/4$，杂化轨道间夹角为 109°28′，呈四面体。

图 10.7 已给出 CH_4 中 C 原子的 sp^3 杂化过程，4 个杂化轨道完全相同，呈四面体，所以 CH_4 呈四面体空间构型。

2) s-p-d 型杂化

参与杂化的原子轨道除 s 轨道和 p 轨道外还有 d 轨道。常见的有 sp^3d^2、sp^3d、sp^2d。

sp^3d^2 杂化　与 s-p 型杂化一样，sp^3d^2 杂化是指由 1 个 s 轨道、3 个 p 轨道和 2 个 d 轨道重新组合的过程，得到 6 个杂化轨道。6 个杂化轨道之间的夹角为 90°和 180°，形成正八面体构型。

SF_6 分子中 6 个 sp^3d^2 杂化轨道指向八面体的 6 个顶点，其中的 4 个在同一平面上，夹角互成 90°，另外 2 个垂直于平面，所以 SF_6 分子的空间构型为正八面体，如图 10.10 所示。

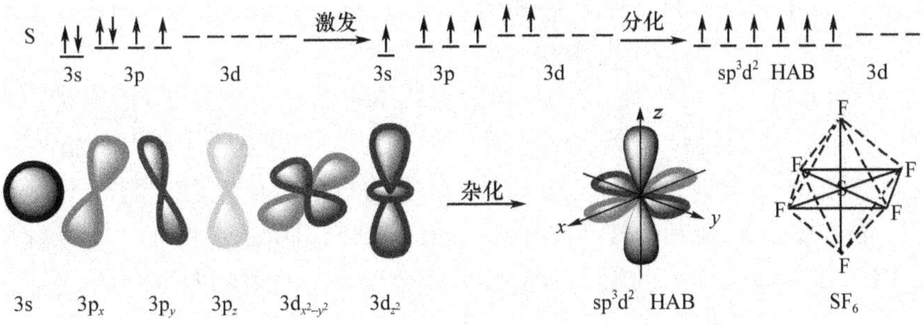

图 10.10　S 原子 sp^3d^2 杂化过程与 SF_6 空间构型示意图

sp^3d 杂化　与前面介绍的杂化轨道不同的是：①5 个 sp^3d 杂化轨道之间有 3 种夹角：90°、120°和 180°，呈三角双锥构型；②有两种不同的键。

图 10.11 是 P 原子的 sp^3d 杂化和 PCl_5 的三角双锥结构示意图。P 原子的价电子结构是 $3s^23p^3$，有 5 个价电子，但有 9 个价轨道 3s、3p、3d，它们能量相近。当 P 与 Cl 形成 PCl_5 时，将其中的 1 个 3s 电子激发到空的 3d 轨道，形成 5 个单电子占据轨道，再进行 sp^3d 杂化，得到 5 个呈三角双锥型的杂化轨道，然后分别与 5 个 Cl 原子的 3p 轨道重叠，形成 5 个 σ 键。

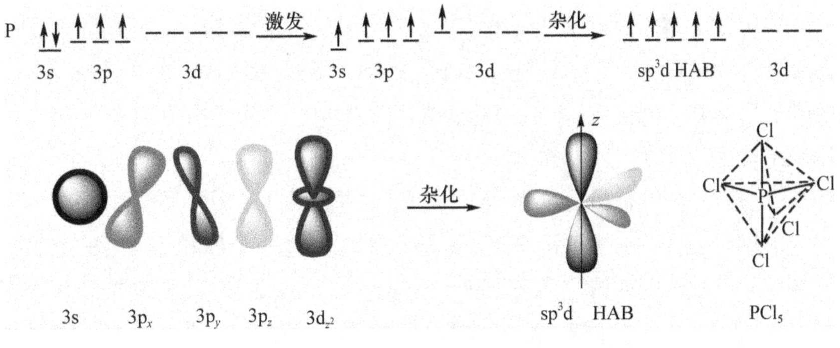

图 10.11　P 原子 sp^3d 杂化和 PCl_5 的结构

传统的看法认为，三角双锥构型分子的中心原子采取的是 sp^3d 杂化，但编者认为是 sp^2d^2 杂化。依据三角双锥型分子(D_{3h} 对称性)中心原子的杂化轨道对称性和中心原子的原子轨道对称性，中心原子不是采取 sp^3d 杂化，而应该是 sp^2d^2 杂化，并且参与杂化的 p 和 d 轨道都不是 2 个，而分别是 3 个。其中 d 轨道是 d_{z^2}、$d_{x^2-y^2}$、d_{xy}(d_{xz} 和 d_{yz} 轨道与杂化轨道的对称性不一致，因此不参与杂化)。除 p_z 和 d_{z^2} 原子轨道全部参与杂化外，p_x、p_y 及 d_{xy}、$d_{x^2-y^2}$ 只部分参与杂化，另一部分与配体原子轨道形成 σ 键，总的轨道数仍是守恒的。

sp^2d 杂化　sp^2d 杂化是指由 1 个 s 轨道、2 个 p 轨道和 1 个 d 轨道重新组合的过程，得到的是 4 个杂化轨道。每个杂化轨道中 $\alpha=1/4$，$\beta=1/2$，γ(含 d 成分)$=1/4$。4 个杂化轨道位于同一平面，互为 90°夹角，所形成的分子为平面四方形结构。sp^2d 杂化常出现在金属配合中。

除上面介绍的 3 种 s-p-d 型杂化外，还有 sp^3d^3 杂化等。参与杂化的 d 轨道既可以是与参与杂化的 s、p 轨道同层的，也可以是内层的[$(n-1)$d]。

3) 等性杂化与非等性杂化

上面介绍的 s-p 型和 s-p-d 型杂化的例子中，除 sp^3d 杂化外都有两个共同特点：**每一个杂化轨道所含的 s 成分、p 成分和 d 成分分别相等，是能量相同的一组简并轨道；形状完全相同，只是伸展方向不同，相邻杂化轨道间夹角都相同。这种杂化称为等性杂化**。还有一种情形的杂化称为不等性杂化。下面以 NH_3 和 H_2O 为例讨论之。

NH_3　N 原子的价电子组态是 $2s^22p^3$，4 个价轨道中有 5 个价电子，价电子数多于价轨道数。与 C 原子不同，sp^3 杂化后 4 个杂化轨道中有 1 个已是双电子占据的，为孤对电子，不能成键(但可和空轨道成 σ 配键)，只有另外 3 个单电子占据的杂化轨道才能与 H 原子的单电子占据轨道成 3 个正常 σ 键，键角小于 109°28′，如图 10.12(a)所示。由于 4 个杂化轨道中的电子占据情况不同，孤对电子占据的轨道能量较另 3 个单电子轨道的能量略低，它们所含的 s 成分和 p 成分也有差别。N 原子的这种杂化称为 sp^3 不等性杂化。

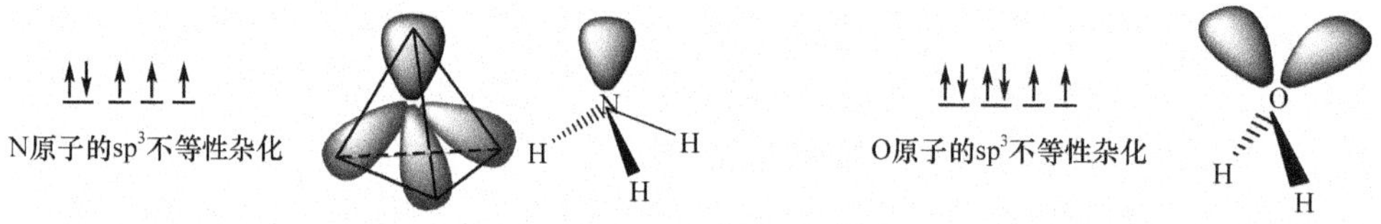

(a)　　(b)

图 10.12　N、O 原子的 sp^3 不等性杂化与 NH_3(a)、H_2O(b)空间结构

H_2O　O 原子的价电子组态是 $2s^22p^4$。同理，sp^3 杂化后 4 个杂化轨道中有 2 个已是双电子占据的，有 2 对孤对电子，只有 2 个单电子占据的杂化轨道能与 H 原子的 1s 轨道成 2 个正常 σ 键，键角只有 104.5°，更小，如图 10.12(b)所示。同样，孤对电子占据轨道的能量较单电子轨道的能量低，所含的 s 成分和 p 成分也不同，O 为 sp^3 不等性杂化。

4) 杂化形式与 π 轨道的形成

轨道杂化广泛用于说明有机分子的空间构型。例如 C_2H_6 中 C 原子以 sp^3 杂化，C—C 间形成 sp^3-sp^3 的 σ 键。在 C_2H_4 中，每个 C 原子只需与其他 3 个原子(2 个 H 和另一个 C)成 σ 键，只需 3 个杂化轨道，因此进行 sp^2(不等性)杂化。2 个相邻 C 原子未杂化的单电子占据的 p 轨道垂直于分子平面，可"肩并肩"重叠形成 1 个 π 键。这样，乙烯分子 C 与 C 之间就有 1 个 σ 键和 1 个 π 键，为双键，如图 10.13 所示。

(a) C的sp^2杂化轨道　(b) C与C成σ键　(c) 未杂化的p轨道间成π键　(d) 乙烯的空间构型

图 10.13　乙烯分子中 C 原子的轨道杂化与分子的空间结构

同样，C_2H_2 中每个 C 原子 sp 杂化，分别与 H 原子和另一 C 原子成 σ 键，成为直线形分子，如图 10.14 所示。每个 C 原子各有 2 个未参与杂化的 p 轨道，这些 p 轨道垂直于分子轴并相互垂直，如同 N_2 分子中情况那样，两两"肩并肩"重叠成 2 个相互垂直的 π 键。所以 C_2H_2 分子 C 与 C 之间是叁键：sp-sp σ 键、p_z-p_z π 键和 p_y-p_y π 键。

(a) C的sp杂化轨道　(b) C与C成σ键　(c) 第一个π键的形成　(d) 第二个π键　(e) 乙炔的线形结构

图 10.14　乙炔分子中 C 原子的轨道杂化与分子的空间结构

由杂化轨道参与形成的多重键不仅存在于有机分子中，一些无机分子或离子结构中也有完全类似情况。例如 CO_2 分子，其 Lewis 结构为 O═C═O，C 原子以 2 个 sp 杂化轨道分别与 2 个 O 原子的(单电子占据)p 轨道形成 2 个 sp-p σ 键，C 原子再以 2 个未杂化的 p 轨道分别与两侧的 2 个 O 原子的另一 p 轨道"肩并肩"形成 2 个 p-p π 键(图 10.15)。

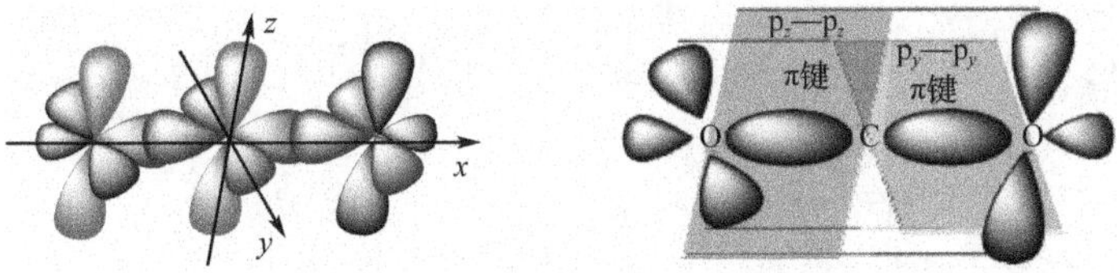

图 10.15　CO_2 的 Lewis 结构

3. 杂化轨道的成键能力与夹角

原子在形成分子的过程中，原子的轨道以杂化的形式相互成键时，杂化轨道能量降低、电子对间的排斥减小、成键能力增强。

s 和 p 之间形成的杂化轨道，其能量高于 s，低于 p，且随 p 成分的增多而升高，如图 10.16 所示。

因杂化轨道在一端比纯 s 或 p 轨道伸展都要远，而另一端则靠近核，伸展远的一端与另一原子的轨道成键时，重叠程度就要大。Pauling 从原子轨道的径向函数 $R_{n,l}(r)$ 出发，提出了成键能力，用 f 表示，他令 s 轨道的成键能力为 1，则成键能力

$$f_s = 1,\qquad f_p = \sqrt{3},\qquad f_{sp} = 1.932$$

$$f_{sp^2} = 1.992,\qquad f_{sp^3} = 2.0,\qquad f_d = \sqrt{5}$$

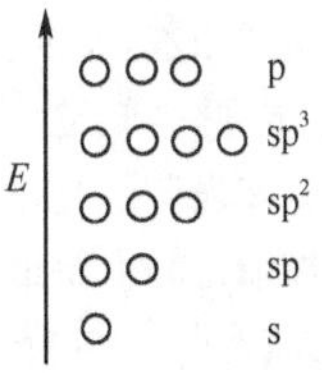

图 10.16　杂化轨道与纯 s、p 轨道能量的比较

3 个 p 轨道的夹角互为 90°，轨道杂化后，为使各电子对间的排斥最小，杂化轨道间的夹角会发生变化。对 s-p 型的杂化，杂化轨道间的夹角为

$$\cos\theta_{i,j} = -\frac{\sqrt{\alpha_i\alpha_j}}{\sqrt{(1-\alpha_i)(1-\alpha_j)}} \tag{10.6}$$

式中，$\theta_{i,j}$ 为两相邻杂化轨道 i 和 j 间的夹角；α 为杂化轨道中所含 s 轨道的成分。利用式(10.6)，通过实验测定物质分子的键角，就可计算出各杂化轨道所含 s 和 p 轨道的成分。

通过计算可知，孤对电子占据的轨道含 s 成分高些，含 p 成分低些。例如，NH_3 分子中 N 的孤对电子轨道含 s 成分超过 1/4，含 p 成分少于 3/4。这样一来，相对于另外 3 个轨道而言，孤对电子就要靠近核一些，略

为“肥胖”一些，对另外 3 对成键电子对的斥力大一些，使得 3 个 N—H 键角小于 109°28′。H_2O 中的 O 有 2 对孤对电子，所以 H_2O 的键角比 NH_3 的更小。

一般说来，孤对电子、成键电子对之间斥力大小顺序为

孤对电子↔孤对电子 ＞ 孤对电子↔成键电子 ＞ 成键电子↔成键电子

4. 杂化指数

在等性杂化中，每一杂化轨道所含的 s 成分、p 成分和 d 成分都是一定且相等的。例如，CH_4 中 C 原子的每一杂化轨道的 $\alpha=1/4$，$\beta=3/4$，$\beta:\alpha=3:1$，或者说，每一杂化轨道中所含 p 成分是 s 成分的 3 倍；对 sp^2d 杂化，$\alpha=1/4$，$\beta=1/2$，$\gamma=1/4$，s、p、d 轨道在每一杂化轨道中所占的比例是 1∶2∶1。但是属于这种情况的分子很少，对绝大多数共价分子来讲，原子轨道的杂化是不等性的或者是近似等性的。例如 NH_3 分子中，s、p 轨道在孤对电子占据的轨道中的贡献比例是多少？在另 3 个杂化轨道中的贡献比例又是多少？又如对富勒烯 C_{60} 类的分子，所有 C 原子构成一个球面而不在同一平面，在杂化轨道中 s、p 轨道的贡献比是多少？为了说明类似的问题，人们又提出了杂化指数的概念。

以 s-p 型杂化为例，如果某 HAB 中 s 成分与 p 成分之比为 $1:n_k$，即

$$n_k = \text{p 成分}/\text{s 成分}$$

则称为 sp^{n_k} 杂化，n_k 为 p 轨道的杂化指数，简称杂化指数。

按杂化指数，不同杂化轨道间的夹角与杂化指数的关系为

$$\cos\theta_{i,j} = -(n_i n_j)^{-1/2}$$

因杂化指数总是正数，可在 0～∞变化，所以 $\theta_{i,j}$ 的变化范围为 180°～90°。对 sp^2、sp^3 型杂化，两杂化轨道指数间有以下关系

等性 HAB　　$n_i = n_j = -(\cos\theta_{i,j})^{-1}$

非等性 HAB　　$n_i = (n_j \cos^2\theta_{i,j})^{-1}$

例如，实验测得 1,1-二氟乙烯键角∠FCF=109.6°，∠HCH=126°，如图 10.17 所示。因分子中两个 C—H 键和两个 C—F 键分别是等价的，a_1、a_2 两个杂化轨道等价，b_1、b_2 两个杂化轨道等价。所以

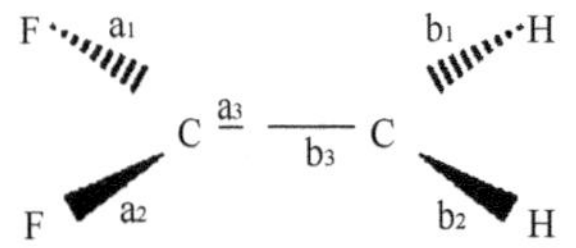

图 10.17　1,1-二氟乙烯分子结构

$$n_{a_1} = n_{a_2} = -(\cos 109.6°)^{-1} = 2.981$$

$$n_{b_1} = n_{b_2} = -(\cos 126°)^{-1} = 1.701$$

$$n_{a_3} = (2.981\cos^2 125.2°)^{-1} = 1.010$$

$$n_{b_3} = (1.701\cos^2 117°)^{-1} = 2.852$$

这意味着，a_1、a_2 两个轨道为 $sp^{2.981}$ 杂化，a_3 轨道为 $sp^{1.01}$ 杂化，a_1、a_2 两个杂化轨道中所含 p 成分多于 a_3；b_1、b_2 两个轨道为 $sp^{1.701}$ 杂化，b_3 轨道为 $sp^{2.852}$ 杂化，b_1、b_2 两个杂化轨道中所含 p 成分少于 b_3。

应该强调的是，虽然 sp^{n_k} 与 sp^n 具有相同的形式，但二者表达的意义不同，sp^n 表示原子的杂化类型，n 为参加杂化的 p 轨道的数目；sp^{n_k} 表示杂化轨道中的 p 成分与 s 成分之比等于 n_k，n_k 称为杂化指数。对等性杂化而言，sp^{n_k} 与 sp^n 不仅形式相同，实际意义也相同。例如 CH_4 中 C 的 4 个杂化轨道 $n_1=n_2=n_3=n_4=-(\cos 109°28')^{-1}=3.00$，C 原子为 sp^3 杂化，杂化指数也为 sp^3。但对不等性杂化则不同，如 C_{60}，杂化指数为 $sp^{2.28}$，可近似看成是 sp^2 杂化。

价键理论是在 Lewis 结构的基础上发展的，认为原子轨道重叠成键时，电子对自旋相反占据轨道，解决了共价键的饱和性和方向性；能量相近的轨道杂化，组合成的新轨道使成键能力增大，方向发生变化，解释了分子的几何构型。但价键理论不能解释为什么奇数电子的 H_2^+ 也能稳定存在；O_2 分子为什么是顺磁性的；一些复杂分子的结构(如 O_3、CO_2、BF_3、C_6H_6 等分子中的离域 π 键)与性能的关系。此外，由于同一中心原子在不同共价分子中可以采取不同的杂化类型，只有已知分子的几何构型，才能确定中心原子的杂化类型。

10.2.4 价层电子对互斥理论

1940 年西奇维克(N. V. Sidgwick)和鲍威尔(H. M. Powell)在总结许多已知分子结构的基础上，提出了一个既简单又较准确的判断分子几何构型的理论模型，现称为价层电子对互斥(valence shell electron pair repulsion，VSEPR)理论。

1. 理论要点

(1) 在一个共价分子或共价型离子中，中心原子价层电子对数(包括成键电子对和未成键的孤对电子)决定了这个分子或离子的几何形状。

(2) 中心原子的各价电子对应尽可能相互远离，以减小电子对之间的排斥作用。相邻电子对之间的角度(距离)越小其斥力越大。

2. 判断分子几何构型的步骤

(1) 确定中心原子(或离子)的价层电子对数。

$$\text{中心原子(离子)价电子对数}=\frac{\text{中心原子价电子数}+\text{配体提供的电子数}-\text{离子电荷数}}{2} \quad (10.7)$$

当分子中有双键和叁键时，作为一个整体当成一个单键(一对电子)来处理；如果出现奇数电子，则将此单电子也当成一对电子对待。

【例 10.1】 计算 BF_3、AsO_4^{3-} 和 NH_4^+ 中心原子或离子的价电子对数。

解： BF_3 [3(B)+3(F)]/2=3 (对)

AsO_4^{3-} {5(As)+0(O)[@]-[-3(离子电荷数)]}/2=4 (对)

NH_4^+ {5(N)+4(H)-[1(离子电荷数)]}/2=4 (对)

【例 10.2】 计算 CO_2、C_2H_4、CH_2O(甲醛)、NO_2 中心原子的价电子对数。

解：CO_2 的 C、O 间是双键，当成 1 对价电子处理，因此，C 的价电子对=(2+2)/2=2 (对)，分子为直线形。

C_2H_4 分子中两个中心原子都是 C，分别与 2 个 H 和另一个 C 成键，C、C 间是双键，按 1 对电子计算，所以，C 的价电子对=(2+2+2)/2=3 (对)。

和 C_2H_4 分子中的情况一样，CH_2O 的中心 C 原子与 2 个 H 和一个 O 成键，C、O 间是双键，按 1 对电子计算，C 的价电子对=(2+2+2)/2=3 (对)。

NO_2 中 N 有 5 个价电子，O 提供的电子数为 0。因此，中心 N 原子的总价电子数仍为 5，为 3 对电子对，其中 2 对与 O 成键，另 1 个成单电子为孤电子，NO_2 为 V 形。

(2) 根据中心原子的电子对数，按电子对尽量相互远离使斥力最小的原则确定**电子对的几何构型**。

电子对数	2	3	4	5	6
电子对几何构型	直线形	平面三角形	四面体	三角双锥	八面体
夹角/(°)	180	120	109.3	90,120	90,180
对应的杂化态	sp	sp^2	sp^3	sp^3d	sp^3d^2

(3) 判断电子对空间构型与分子几何构型是否一致。

@ 当氧原子以空轨道接受另一原子孤对电子成键时按零计算，以单电子成键时(如 H_2O_2)就要按 1 计算。

上面确定的几何构型是中心原子电子对的空间构型,还不一定是分子的空间构型。分子的空间构型是由中心原子与相邻成键的原子来决定。当与中心原子成键的原子数和中心原子的电子对数相等时(所有的电子对都参与成键,无孤对电子),分子的几何构型和电子对的几何构型一致(如 BF_3、CH_4、PCl_5、SF_6 等);当中心原子成键的原子数少于中心原子的价电子对数时(有孤对电子),分子的几何构型和电子对的几何构型不一致。这种情况下还需再判断分子的几何构型,确定的原则仍是电子对间排斥力的大小,主要规律是:

(i) $l \leftrightarrow l \gg l \leftrightarrow b > b \leftrightarrow b$　(l 为孤对电子;b 为成键电子对)。

(ii) $t \leftrightarrow t > t \leftrightarrow d > d \leftrightarrow d > d \leftrightarrow s > s \leftrightarrow s$　(t 为叁键;d 为双键;s 为单键)。

(iii) 按电子对之间的夹角大小来判断,电子对之间的夹角越小,排斥力越大。斥力大小顺序为 $90° > 120° > 180°$。

3. 应用举例

下面按上述列举的步骤以实例介绍。

1) AB_n 型

AB_n 型分子中心原子的 n 对价电子对全部用以与相邻 n 个原子成键,无孤对电子,电子对的空间构型就是分子的空间构型。这种类型有

$BeCl_2$、CO_2、BF_3、CO_3^{2-}、NO_3^-、CH_4、CCl_4、NH_4^+、SO_4^{2-}、PCl_5、SF_6、SiF_6^{2-}

2) AB_nL_m 型

AB_nL_m 中的 L 是指孤对电子,m 为孤电子的对数。由于孤对电子是不连接原子成键的,所以电子对的构型不代表分子的几何构型。先从简单例子入手。

NH_3(AB_3L)、**H_2O**(AB_2L_2)　NH_3 中 N 的价电子对数为 $(5+3)/2=4$(对),但只与 3 个 H 成键,还有 1 对孤电子。由于电子对的构型是四面体,所以这一孤对电子在任一位置都无差别,即分子只有唯一的构型。同理,H_2O 中 O 原子的价电子对数为 $(6+2)/2=4$(对),四面体构型,其中的 2 对与 2 个 H 原子成键,还有 2 对孤电子,分子构型也是唯一的(图 10.12)。

应当注意的是,成键电子是受两个原子核的作用,而孤对电子只受一个原子核的束缚,电子云偏向中心原子一侧而较"肥胖",从而对邻近的成键电子有较强的排斥作用,使邻近键角发生变化。所以,NH_3、H_2O 的键角分别只有 107°和 104.5°。

SF_4(AB_4L)　SF_4 中 S 有 5 对价电子,电子对是三角双锥构型,如图 10.18(a)所示。5 对电子只与 4 个 F 成键,还有 1 对孤电子,根据孤对电子所处的位置不同,有 2 种可能的构型,如图 10.18(b)、图 10.18(c)所示。两种构型哪一个更稳定要按电子对间的排斥力和夹角大小来判断。

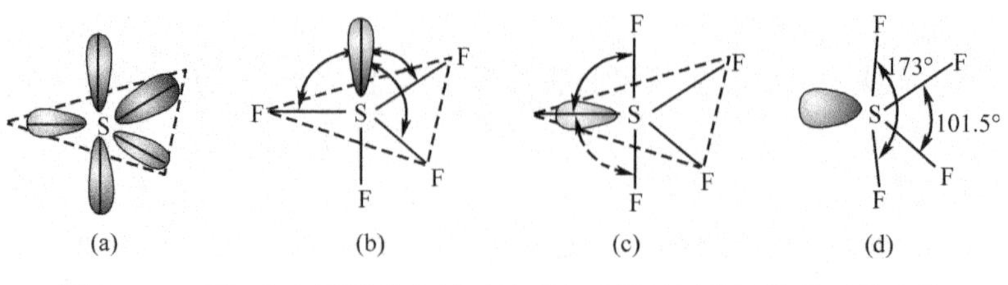

图 10.18　SF_4 中心原子的电子对构型和分子的两种可能构型的比较

由图 10.18 可见，孤对电子位于三角双锥顶部时，分子中存在 3 个 90°的孤对电子↔成键电子对的排斥作用；当孤对电子位于三角平面的一角时，只存在 2 个这样的排斥作用。排斥作用越小，分子越稳定。所以，(c)构型是 SF_4 分子的稳定构型。由于孤对电子对成键电子的排斥作用大，对键角有影响，SF_4 分子构型(不包括孤对电子)实际是一个变形的四面体，如图 10.18(d)所示，实验测得位于水平方向的键角∠FSF 不是 120°，而是 101.5°；轴线方向键角∠FSF 也不是 180°，而是 173°。

ClF_3(AB_3L_2)　Cl 的价电子对数为(7+3)/2=5(对)，电子对是三角双锥构型。5 对电子只与 3 个 F 成键，有 2 对孤电子。根据孤对电子所处的位置不同，有 3 种可能的构型，如图 10.19(a)～图 10.19(c)所示。在 3 种构型中，(a)构型有一个孤↔孤间 90°的排斥，能量最高；(b)构型中无孤↔孤排斥，但有 6 个孤↔对间 90°的排斥；(c)构型虽然有一个孤↔孤排斥，但 120°间的排斥很小，而孤↔对间 90°的排斥只有 4 个。相较而言，(c)构型比(b)构型更稳定。事实上，(c)构型中因孤对电子对成键电子的排斥，使轴向的 Cl—F 键发生偏转，为变形的 T 形，使得孤↔对间的排斥大于 90°，排斥能降低，(b)构型因对称而无法变形。

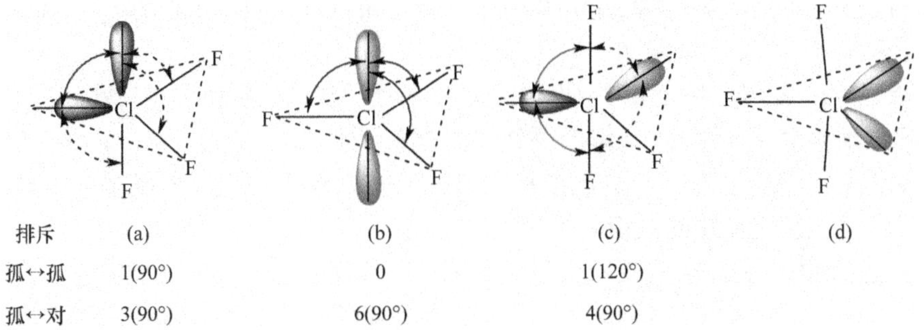

图 10.19　ClF_3 分子的 3 种可能构型(a)、(b)、(c)的比较与分子的空间构型(d)

用 VSEPR 理论判断一些(特别是第一、二、三周期元素原子形成的)分子或离子的几何构型确实比较方便简洁，与用杂化轨道理论判断分子构型的结果完全吻合。但用于判断含 d 电子的过渡元素以及长周期主族元素形成的分子结果常有出入，VSEPR 理论也不能说明共价键的形成和相对稳定性。

10.2.5　分子轨道理论

1932 年前后 Mulliken 和 Hund 等在价键理论提出之后不久，建立了分子轨道理论(molecular orbital theory)，能够很好地解决上面提到的价键理论所不能解决的问题。

1. 分子轨道理论要点

分子轨道理论以量子力学为基础，从分子的整体出发，认为电子是在整个分子内运动，且处于一系列不连续运动状态中。

(1) 分子轨道是由组成分子的原子的原子轨道线性组合而成的(linear combination of atomic orbitals，LCAO)。例如，双原子分子的分子轨道是两个原子的原子轨道 ψ_a 和 ψ_b 的线性组合，即

$$\Psi_i = c_a\psi_a \pm c_b\psi_b$$

式中,**Ψ 为分子轨道波函数,简称分子轨道**;c_a、c_b 是常数,称为组合系数,其大小反映的是原子轨道 ψ_a 和 ψ_b 对分子轨道 Ψ 贡献的大小。根据原子轨道 ψ_a、ψ_b 等对称性的不同,组合得到的分子轨道 Ψ_i 可以是 σ、π、δ、…分子轨道。

线性组合中,分子轨道和原子轨道间仍遵循轨道守恒原则。因分子轨道属于整个分子,分子轨道中的电子活动范围更大,受更多核的吸引,使分子轨道的能量发生变化,部分**分子轨道比原来的原子轨道能量低,**它们**称为成键分子轨道**(bonding molecular orbital,BO),用不带星号"*"的 σ 和 π 表示;有些**分子轨道能量高于原来的原子轨道能量**,这种轨道**称为反键分子轨道**(antibonding molecular orbital,ABO),用带星号"*"的 σ^* 和 π^* 表示;**分子轨道**还有可能**与原子轨道能量相同**,或者说分子轨道就是原来的原子轨道,这样的分子轨道**称为非键分子轨道**(nonbonding molecular orbital,NBO)。

同原子轨道一样,分子轨道波函数有相应的图像,相同的 σ(或 π)轨道,成键轨道和反键轨道的图像差别较大;而 $|\Psi|^2$ 同样表示分子中电子在空间各处出现的概率密度。下面以双原子分子为例,示意给出不同原子轨道线性组合得到的分子轨道的能级与图像。

s-s 组合 s-s 原子轨道线性组合得到 2 个 σ 分子轨道:能量低的成键分子轨道 σ 和能量高的反键分子轨道 σ^*。

s-p 组合 s-p 原子轨道线性组合也得到 2 个 σ 分子轨道:能量低的成键分子轨道 σ 和能量高的反键分子轨道 σ^*,但与 s-s 组合得到的图形有差别。

p-p"头碰头"组合 p 轨道与 p 轨道按"头碰头"的方式重叠组合形成 2 个 σ 轨道:能量低的成键分子轨道 σ 和能量高的反键分子轨道 σ^*。

3 种组合得到的 σ 分子轨道形状和能级如图 10.20 所示。

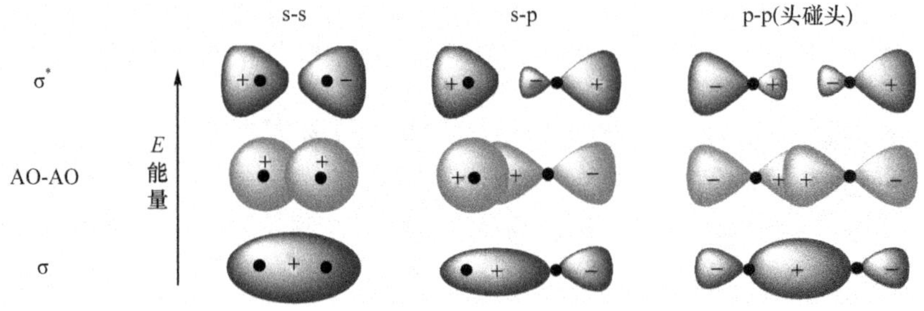

图 10.20 σ 分子轨道能级和轨道示意图

s-s 组合、s-p 组合、p-p"头碰头"组合都形成 σ 轨道,不论是 σ 或 σ^* 其共同特点是分子轨道或电子云对键轴是轴对称的,σ 轨道在两核间概率密度大,没有节面;σ^* 轨道在两核间有一节面,概率密度为 0。不同之处是 3 种线性组合得到的 σ 和 σ^* 轨道图像略有不同。

由于线性组合的原子轨道和形成的分子轨道都很多,为了区分哪些分子轨道是由哪些原子轨道组合得来的,常在 σ 或 π 符号的右下角标明原子轨道的符号。例如,由 1s-1s 组成的分子轨道记为 σ_{1s} 和 σ_{1s}^*;σ_{2s} 和 σ_{2s}^* 表示是由 2s-2s 组合得到的;同理,由 $2p_x$-$2p_x$ 得到的分子轨道应该表示成 σ_{2p_x} 和 $\sigma_{2p_x}^*$。

p-p"肩并肩"组合 p 轨道与 p 轨道按"肩并肩"的方式重叠组合形成 2 个 π 轨道:能量低的成键 π 轨道和能量高的反键 π^* 轨道。π 轨道有 1 个节面(包含键轴的面),而 π^* 轨道有 2 个节面(包含键轴的面和垂直于键轴的面);π 轨道对节面和中心都是反对称的,π^* 轨道对节面是反对称的而对中心则是对称的,如图 10.21 所示。

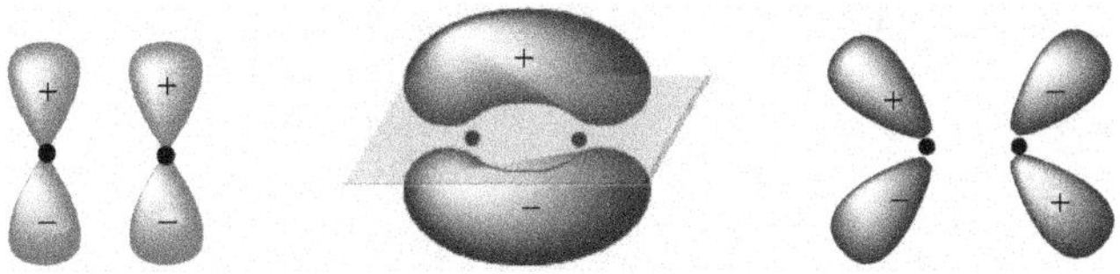

图 10.21　p-p 组合形成的 π 轨道和 π* 轨道

(2) 原子轨道有效组合成分子轨道必须满足三原则:对称性匹配原则,能量近似原则和轨道最大重叠原则。

对称性匹配原则　只有对称性相同的原子轨道才能组合成分子轨道。原子轨道波函数有正负区域,两个原子轨道相互叠加组成分子轨道时,波函数同号区域(正值与正值部分,负值与负值部分)重叠($c_a\psi_a + c_b\psi_b$)得到成键分子轨道 σ 和 π;波函数异号区域(正值与负值部分)重叠($c_a\psi_a - c_b\psi_b$)得到反键分子轨道 σ^* 和 π^*。能对称性匹配形成 σ、π 轨道的原子轨道与表 10.5 中的情况相同,图 10.20 和图 10.21 都属于对称性匹配的情况。图 10.22 中 p 和 s 及 p 和 p 重叠属于对称性不匹配,不能组合成分子轨道。

能量近似原则　在符合对称性匹配的前提下,只有能量相近的原子轨道才能有效地组合成分子轨道。因此,同核双原子分子中,2 个原子能量等同的 1s(或 2s,2p)轨道组合成分子轨道;而 1s 轨道和 2s、2p 轨道能量相差很大,不能有效组合成分子轨道;至于 2s 和 2p 轨道之间能否有效进行组合,则取决于 2s 和 2p 原子轨道间能量差,这个能量差随原子不同而异。

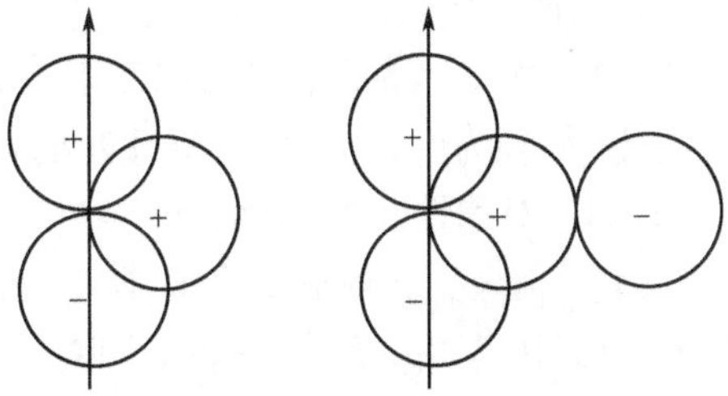

图 10.22　轨道重叠对称性不匹配的情况

轨道最大重叠原则　当满足前两个原则时,两原子轨道最大程度地重叠,以便高效地组成分子轨道,使成键分子轨道能量尽可能降低。最大重叠原则使原子成键具有方向性。

成键三原则中对称性匹配原则最关键。

(3) 分子中的电子作为整体,能量由低到高在分子轨道中排布,且每个分子轨道中最多容纳 2 个自旋相反的电子(Pauli 原理);当电子进入简并轨道时,也遵从半充满(Hund)规则。

2. 分子轨道理论应用举例

按上面叙述的分子轨道理论要点来分析几种双原子分子基态时的结构。为了说明分子轨道与原子轨道间的关系以及轨道能量的高低,通常按能量由低到高将分子轨道排在中间,分别将 2 个原子的原子轨道列于两边(用一个短杠"—"表示一个分子轨道或原子轨道),将相互有关联的分子轨道与原子轨道用虚线连接起来,标明分子轨道和原子轨道的符号,最后按能量由低到高将分子中的电子排布在分子轨道上,这样的图称为**分子轨道能级图**。图 10.23～图 10.25 都是这种图。

H_2^+、H_2、He_2^+　这 3 个分子(离子)分别只有 1、2、3 个电子,共同点是 2 个原子的 1s 原子轨道线性组合成 2 个分子轨道:σ_{1s} 和 σ_{1s}^*(图 10.23)。

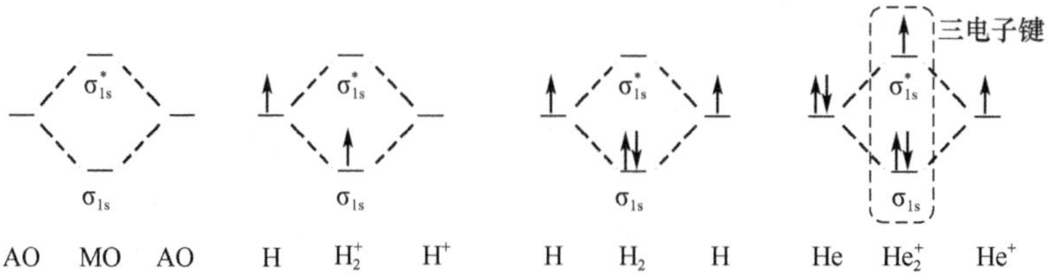

图 10.23 H_2^+、H_2、He_2^+ 的轨道能量与电子排布

H_2^+ 只有 1 个电子,填在 σ_{1s} 轨道上,未配对,称**单电子键**(one electron bond),键长 1.06 Å、键能 2.793 eV。H_2^+ 的存在是 Lewis 电子配对和价键理论成键概念所不能解释的。

H_2 的 2 个电子以自旋反平行的方式填入能量低的 σ_{1s} 轨道,而 σ_{1s}^* 轨道是空着的,这种键称为**双电子键**即**正常单键**。H_2 的键长 0.74 Å、键能 4.748 eV。

He_2^+ 的 3 个电子有 2 个填充在 σ_{1s} 轨道上,另 1 个填充在 σ_{1s}^* 轨道上。σ_{1s} 轨道能量较 1s 轨道能量低,起成键作用,σ_{1s}^* 轨道能量较 1s 轨道能量高,起反键作用,相当于抵消了 1 个电子的成键作用,总效果是只有 1 个电子起成键作用,这种键称为**三电子键**。实验表明,He_2^+ 的键长为 1.08 Å、键能 2.50 eV,比 H_2^+ 略弱一些。如果是 He_2 分子,则 4 个电子填满了成键和反键轨道,成键作用被反键作用完全抵消,所以 He_2 分子是不存在的。

O_2、F_2 O、F 都是第二周期元素,除 1s 轨道外,它们的价轨道 2s、2p 也组成相应分子轨道。若以 x 轴为键轴,根据对称性匹配和能量相近原则,1s-1s 组合,2s-2s 组合。6 个 2p 轨道中,$2p_x$-$2p_x$ 对称性匹配,形成 σ_{2p_x} 和 $\sigma_{2p_x}^*$;$2p_y$-$2p_y$ 和 $2p_z$-$2p_z$ 分别对称性匹配,形成 π_{2p_y} 和 $\pi_{2p_y}^*$ 及 π_{2p_z} 和 $\pi_{2p_z}^*$。虽然 2 个原子的 6 个 2p 轨道能量相同,但形成的 6 个分子轨道能量高低有别。这是因为 $2p_x$-$2p_x$“头碰头”重叠,相互作用强,成键轨道 σ_{2p_x} 能量的降低和反键轨道 $\sigma_{2p_x}^*$ 能量的升高都大;而 $2p_y$-$2p_y$ 和 $2p_z$-$2p_z$ 都是“肩并肩”重叠的,相互作用弱,成键轨道 π_{2p_y} 及 π_{2p_z} 能量的降低和反键轨道 $\pi_{2p_y}^*$ 及 $\pi_{2p_z}^*$ 能量的升高都相对小得多;但 $2p_y$-$2p_y$ 和 $2p_z$-$2p_z$ 间的相互作用相同,只是方向不同(相互垂直),因而 π_{2p_y} 与 π_{2p_z} 能量相同,$\pi_{2p_y}^*$ 与 $\pi_{2p_z}^*$ 简并。因此,由 6 个 2p 轨道组合得到的 6 个分子轨道的能量关系是:$E(\sigma_{2p_x})<E(\pi_{2p_y})=E(\pi_{2p_z})<E(\pi_{2p_y}^*)=E(\pi_{2p_z}^*)<E(\sigma_{2p_x}^*)$。

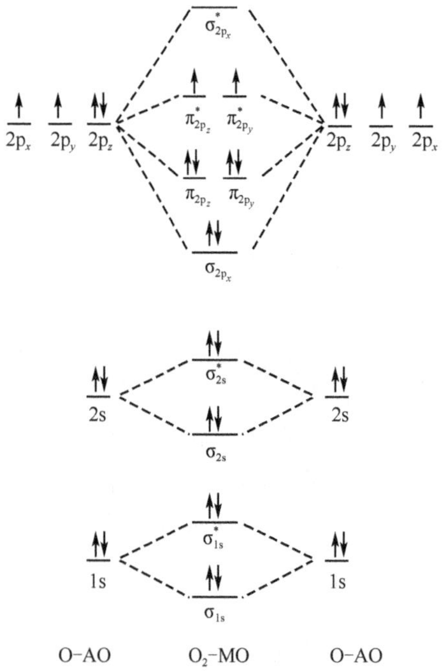

图 10.24 O_2 分子轨道能级相关图

O_2 和 F_2 的不同在于电子数的差别。O_2 分子有 16 个电子,从 σ_{1s} 到 π_{2p},7 个轨道已完成了 14 个电子的填充,剩下的 2 个电子在 2 个 π_{2p}^* 轨道上该如何填充呢?因 $\pi_{2p_y}^*$ 与 $\pi_{2p_z}^*$ 是简并的,电子填充遵循 Hund 规则,即最后 2 个电子在 $\pi_{2p_y}^*$ 和 $\pi_{2p_z}^*$ 轨道上各填 1 个,如图 10.24 所示。F_2 比 O_2 多 2 个电子,自然,多的这 2 个电子继续填充在 $\pi_{2p_y}^*$ 和 $\pi_{2p_z}^*$ 轨道上。

为了简洁而醒目地表示如图 10.24 所示的分子轨道的能量关系及电子排布情况,常采用**分子的电**

子组态(如同原子的电子组态一样)或称**分子轨道式**。例如 O_2 和 F_2 的电子组态(轨道式)为

$$(\sigma_{1s})^2(\sigma_{1s}^*)^2(\sigma_{2s})^2(\sigma_{2s}^*)^2(\sigma_{2p_x})^2(\pi_{2p_y})^2(\pi_{2p_z})^2 \begin{cases} (\pi_{2p_y}^*)^1(\pi_{2p_z}^*)^1 & O_2 \\ (\pi_{2p_y}^*)^2(\pi_{2p_z}^*)^2 & F_2 \end{cases}$$

如同将原子的内层电子写成原子一样,O_2 分子的轨道式可写成

$$KK(\sigma_{2s})^2(\sigma_{2s}^*)^2(\sigma_{2p_x})^2(\pi_{2p_y})^2(\pi_{2p_z})^2(\pi_{2p_y}^*)^1(\pi_{2p_z}^*)^1$$

由 O_2 的分子轨道式或图 10.24 可见,$(\sigma_{1s})^2$ 的成键作用被 $(\sigma_{1s}^*)^2$ 的反键作用所抵消(能量降、升互相抵消);同样,$(\sigma_{2s})^2$ 和 $(\sigma_{2s}^*)^2$ 相互抵消,对成键没有贡献;$(\pi_{2p_y})^2$ 及 $(\pi_{2p_z})^2$ 的成键作用被 $(\pi_{2p_y}^*)^1$ 及 $(\pi_{2p_z}^*)^1$ 的反键作用抵消了一半。$(\pi_{2p_y})^2(\pi_{2p_y}^*)^1$ 及 $(\pi_{2p_z})^2(\pi_{2p_z}^*)^1$ 为三电子 π 键。实际有效成键的只有 $(\sigma_{2p_x})^2$ 和 2 个三电子 π 键。O_2 分子的这种电子结构可以写成

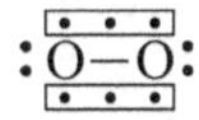　或　:O∴O:

每个三电子 π 键有 2 个电子在成键 π 轨道上,1 个电子在反键 π^* 轨道上,有未配对电子存在,可以很好地解释 O_2 分子的顺磁性,这是分子轨道理论获得成功的一个突出的例子。如按价键理论,O_2 的成键式是

:Ö═Ö:

其中所有电子都已配对,不存在自旋平行电子,无法解释 O_2 具有顺磁性这个实验事实。

在价键理论中,以键的数目来表示键级。在分子轨道理论中则**以净的成键电子数的一半来表示分子的键级**,即

$$键级=\frac{成键电子数-反键电子数}{2} \tag{10.8}$$

按式(10.8),三电子 π 键键级为[(2−1)/2]=0.5,相当于半个 π 键,2 个三电子 π 键键级为 1,再加 $(\sigma_{2p_x})^2$ 键,O_2 分子为双键[按总的计算是:键级为(10−6)/2=2]。实验测得 O_2 分子的键能和键长分别为 492 kJ · mol^{-1} 和 121 pm,与典型的双键(如乙烯的双键)大致接近。由此可见,分子轨道理论对氧分子性质的说明(如磁性、键能、键长等)是比较成功的,而价键理论对此却无能为力。

F_2 分子的键级为(10−8)/2=1,为单键,真正起成键作用的是 $(\sigma_{2p_x})^2$,相当于 F_2 的价键结构式 :F̤̈—F̤̈:。

N_2(C_2、B_2、Be_2、Li_2)　和 O 与 F 一样,N、C、B、Be、Li 也是第二周期元素,由它们形成同核双原子分子时,原子轨道相互作用形成分子轨道的情况与 O_2 和 F_2 的大致相同,但轨道能量出现变化,其轨道能量顺序(用 O_2、F_2 的作比较)为

$$KK(\sigma_{2s})(\sigma_{2s}^*)(\pi_{2p_y})(\pi_{2p_z})(\sigma_{2p_x})(\pi_{2p_y}^*)(\pi_{2p_z}^*) \qquad N_2(C_2、B_2、Be_2、Li_2)$$

$$KK(\sigma_{2s})(\sigma_{2s}^*)(\sigma_{2p_x})(\pi_{2p_y})(\pi_{2p_z})(\pi_{2p_y}^*)(\pi_{2p_z}^*) \qquad O_2、F_2$$

$(\pi_{2p_y})(\pi_{2p_z})$ 的能量比 (σ_{2p_x}) 的还低。

这些分子的电子按能量由低到高逐一填入这些轨道,例如 N_2(有 14 个电子)的轨道式:$KK(\sigma_{2s})^2(\sigma_{2s}^*)^2(\pi_{2p_y})^2(\pi_{2p_z})^2(\sigma_{2p_x})^2$。除 KK 外,有 8 个成键电子 2 个反键电子,键级为 3,与价键结构及 Lewis 结构式 :N≡N: 一致。但分子轨道理论能给出 $(\pi_{2p_y})(\pi_{2p_z})$ 的能量

比(σ_{2p_x})的低而价键理论则不能。正是因为(π_{2p_y})(π_{2p_z})的能量比(σ_{2p_x})的低,所以 N_2 的 π 键很稳定而不易打开。

C_2、B_2、Be_2、Li_2 的成键情况和电子排布读者可自行分析。

以上都是同核双原子分子的例子,现将有关情况小结如下:

(1) 分子轨道数=组成分子轨道的原子轨道数(轨道守恒);当 MO 为偶数时,成键轨道和反键轨道各占一半,当 MO 为奇数时则有非键轨道。

(2) 成键轨道核间电子云密集,能量降低;反键轨道核间出现节面,能量升高。

(3) 相对于原子轨道能量而言,成键轨道和反键轨道能量的降升近似对等;降升的程度与原子轨道重叠等因素相关。

(4) 分子中的成键电子起成键作用,反键电子起反键(破坏)作用。净成键电子的一半为原子间的键级,单电子键和三电子键相当于半个键。不存在键级为零的分子。一般而言,对相同系列的分子,键级越大,键越强,键能越大,键长越短。

(5) 分子轨道中如果有未配对的成单电子,则分子是顺磁性的,成单电子越多,磁性越大;如果分子轨道中没有未配对的成单电子,则分子是反磁性的。

下面再举两个异核双原子分子的例子,以便更好地说明成键三原则的应用。为了讨论问题方便,在举例之前先给出从 H 到 F 的原子轨道能量(表 10.6)。

表 10.6　从 H 到 F 的原子轨道能量　　(单位:10^{-19} J)

原子	H	He	Li	Be	B	C	N	O	F
1s	−21.8	−39.4	−104.0	−193.8	−315.9	−470.7	−653.6	−869.2	−1115.5
2s			−8.7	−15.1	−22.4	−31.2	−41.0	−51.9	−64.2
2p					−9.1	−17.1	−20.7	−25.5	−29.8

HF　H 被电子占据的只有 1s 轨道,而 F 则有 1s、2s、2p 等 5 个轨道。形成 HF 时 H 的 1s 轨道究竟和 F 的哪一个或哪一些轨道成键呢?先看对称性匹配情况,若以 x 轴为键轴,则 H 的 1s 和 F 的 1s、2s、$2p_x$ 轨道对称性匹配,与 $2p_y$、$2p_z$ 对称性不匹配;再比较轨道能量,H 的 1s 轨道能量比 F 的 2p 轨道能量都高,与 F 的 1s、2s 能量差太大,不能有效组成分子轨道。由此可见,H 的 1s 轨道沿着 x 轴的方向与 F 的 $2p_x$ 轨道达到最大重叠,所形成的键最有效。F 的 1s、2s、$2p_y$、$2p_z$ 轨道未参与成键,仍保持原子轨道的形状与能量,在分子体系中称为非键轨道(当作分子轨道)。由于原子轨道来源不同,分子轨道就难以标明原子轨道的来源,就按能量由低到高的顺序排列分子轨道,如图 10.25(a)所示。其中 1π 是简并轨道,4σ 是反键轨道,起成键作用的是 $3\sigma^2$,键级为 1。分子的电子组态为 $1\sigma^2 2\sigma^2 3\sigma^2 1\pi^4 4\sigma$。

CO　CO 的分子轨道能级图如图 10.25(b)所示,分子的电子结构为 $KK(\sigma_{2s})^2(\sigma_{2s}^*)^2(\pi_{2p_y})^2(\pi_{2p_z})^2(\sigma_{2p_x})^2$。CO 与 N_2 是等电子体,分子的轨道能级图相似,键级都为 3,CO 也有很好的稳定性。所不同的是,N_2 的叁键是两原子对等提供电子成键,但 C 比 N 少一个电子,而 O 又比 N 多一个电子,CO 的叁键中有一对电子是 O 原子独立提供的,因而常表示为 :C$\overset{\leftarrow}{=}$O: 。

分子轨道理论按轨道对称性和能量差来考察原子轨道间的组合,并将电子作为整体重新在分子轨道中排布,是一种离域的思想。它不仅能说明一些简单的无机分子结构,对于解释较

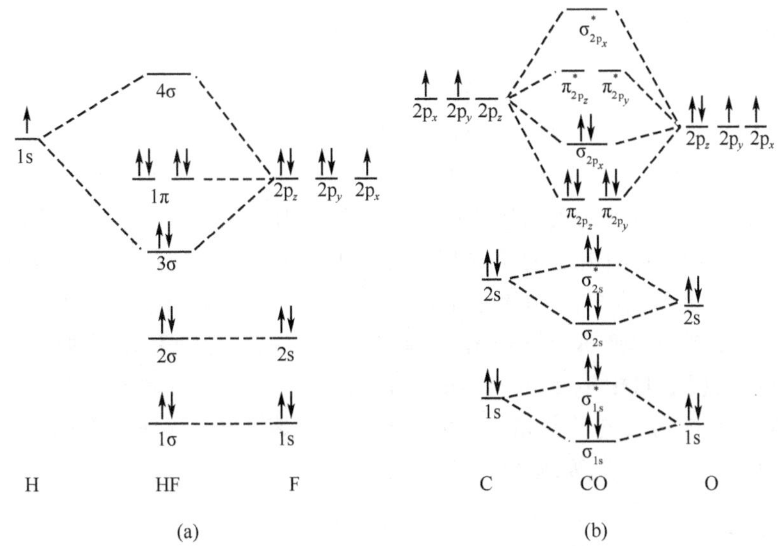

图 10.25　HF(a)和 CO(b)分子轨道能级图

复杂的、不仅具有简单共价键还含有离域大 π 键的无机和有机化合物的结构及结构与性质的关系时，更显示其优越性。其缺点是不如价键理论直观，不易与实际情况联系起来。但随着计算机技术的普及和计算程序的发展，分子轨道理论的发展较快，应用会越来越广。

10.3　金属键理论

在 100 多种元素中，金属元素约占 4/5。金属中的化学键又是怎样形成的呢？根据 X 射线衍射实验可知，每个金属原子周围相邻的原子数较多，配位数一般为 8～12，为什么金属在价电子数较少的情况下，仍可以形成如此高的配位数呢？为了说明金属键的原因，提出了两种主要的理论。

10.3.1　改性共价键理论——电子海模型

1. 基本要点

(1) 金属价电子数较少，半径较大，电负性较小，电离能较低，价电子容易脱落下来。

(2) 脱落下来的价电子为整个金属所有，可在金属的三维空间内自由运动，成为自由电子或离域电子。

(3) 金属离子(或原子)与自由电子以静电作用结合在一起形成金属体，使金属离子(原子)和自由电子胶合在一起的作用力称为金属键。

由此可知，金属键是一种电性作用力，可形象地描述成“金属离子沉浸在自由电子的海洋中”，即电子海模型。实际上自由电子是被所有的金属离子所共有的，所以可看成是一种特殊形式的共价键——改性的共价键。这种特殊的共价键与一般的共价键不同，它无方向性和饱和性，具有高配位数的特点，因此金属键的强度不用两原子间键能表示，而用金属原子化热来衡量。

2. 对金属性质的解释

(1) 金属有光泽、不透明、反辐射。金属中的自由电子在三维空间内自由运动,无特征能量限制,可以在较宽的范围内吸收可见光,并随即放出。

(2) 导电性、导热性。在外电场的作用下,自由电子的定向流动便形成电流;原子(离子)的振动,金属离子对自由电子的吸引形成电阻。当温度升高时,原子(离子)的振动加快,电阻增强,金属导电性下降。自由电子的流动和金属离子的振动传递能量,使金属温度均匀化。

(3) 延展性、可塑性。在外力的作用下,金属紧密堆积结构层间相对滑动,但仍属于自由电子三维空间,金属键未被破坏。离子晶体、原子晶体不具备这种性质,性脆不易机械加工。

(4) 熔沸点、硬度。自由电子与金属离子的相互作用强,且自由电子是在整个晶体范围内运动,破坏金属晶体需较高的能量,所以大部分金属熔点高(例外有 Hg:−38.84 ℃,Cs:28.5 ℃,Ga:29.76 ℃)、沸点高、硬度大,少数例外。

10.3.2 能带理论

能带理论是在分子轨道理论基础上发展起来的,把金属晶体看成一个大分子,这个分子由晶体中所有原子组合而成。它对于揭示金属键的本质、金属键键能起源以及金属的共同特性具有十分重要的意义。

1. 基本要点

(1) 金属原子的价电子是高度离域的,从属于所有金属原子。

(2) 金属晶体中金属原子数目(参与形成分子轨道的原子轨道数目)庞大,组合成的分子轨道能级差十分微小($\Delta E \to 0$),形成能带。

现以金属锂为例予以说明。Li 原子的电子组态是 $1s^2 2s^1$。根据分子轨道理论,Li_2 的分子轨道式是$(\sigma_{1s})^2(\sigma_{1s}^*)^2(\sigma_{2s})^2(\sigma_{2s}^*)^0$。如果将原子的数量增多,变成 Li_4、Li_6、Li_{10}、…、Li_∞,它们的分子轨道能级关系如图 10.26 所示。

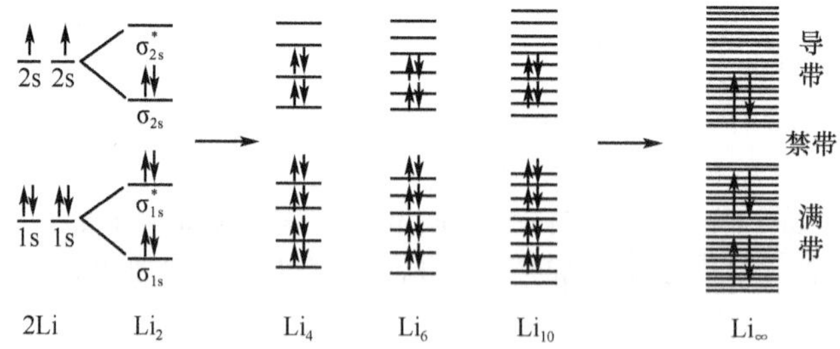

图 10.26　Li_2～Li_∞ 的分子轨道能级示意图

由图 10.26 可见,①随着原子数的增多,分子轨道数也增加,分子轨道能级差减小。金属晶体中原子数目很大($\to\infty$),分子轨道连成片,分子轨道能级差为零,成为能带。②由 n 个 1s 轨道组成的分子轨道已填满 $2n$ 个电子,这种全充满电子的低能量能带称为满带,由 n 个 2s 轨道组成的分子轨道中只有 $n/2$ 个轨道填充电子,这种未充满电子的能带称为导带。满带顶与导带底之间有个能量差的区域,称为禁带。③金属中相邻的能带有时可能相互重叠(如金属镁),增强了电子的流动性。

2. 能带理论对金属一些性质的说明

导带中有电子填充但又未充满,电子可在不同能级的轨道间跃迁而导电;满带是全充满状态,电子无法跃迁,空带中又无电子,所以满带和空带是不能导电的;但若在适当的条件下,满带的电子可以跃迁到空带上去,使满带留下空穴而不满,空带也有电子而不空,都成为了导带。因此,当晶体中有导带,或满带与空带发生重叠(如铍),或满带与空带间的禁带宽度很小($\Delta E<0.6$ eV)时,在外电场作用下电子很容易跃迁,这样的金属为导体;当满带与空带间(即禁带)的能差 $\Delta E<3$ eV 时,在外电场的激发下满带的电子可跃迁至空带成为半导体;禁带能差 $\Delta E\geqslant 5$ eV 时,因能级差过大,即使在外电场的激发下电子也不能跃迁,因而不能导电,为绝缘体。能带中的电子吸收光能并将吸收能量又发射出来,因而金属具有光泽;能带中的电子运动传输能量而导热。

10.4　分子间作用力和氢键

离子键、共价键和金属键是分子或晶体内部原子间的强相互作用力,原子借助这些作用力结合成分子和晶体。实验事实表明,除化学键外,物质的许多性质(如在温度足够低时许多气体凝聚为液体,甚至凝固为固体)还与一种分子间弱的相互作用力有关,这种分子间的弱相互作用力称为 van der Waals 力。由于 van der Waals 力与分子的极性有关,所以我们先介绍分子的极性。

10.4.1　分子的极性

一个分子中,所有的原子核有个正电荷中心(称为重心),所有的电子有个负电荷中心,当分子中正电荷中心与负电荷中心重合时,该分子是非极性分子,否则是极性分子。

1. 键的极性与分子的极性

若成键的 2 个原子或基团对共用电子的吸引力相同,使正负电荷重心重合,则该键是非极性的,否则其键是极性的。对双原子分子而言,同核双原子分子所成键是非极性的;异核双原子分子由于成键的 2 个原子电负性不同,对成键电子的吸引力不同,所成的键是极性键。对多原子分子而言,键一般是极性的,只有当成键的 2 个基团完全相同(如 H_2O_2 中的 O—O 键)时所成的键是非极性的;有些单质分子(如 P_4、S_8 等)中的键是非极性的。

分子的极性除与键的极性有关外还与分子的几何构型有关。对双原子分子而言,分子的极性与键的极性一致,键是(非)极性的,分子也是(非)极性的。对多原子分子而言,键的极性与分子的极性不完全一致。键为非极性,分子也为非极性的例子很少,如 S_8、P_4 等。键为极性,分子是否有极性取决于分子的几何构型。分子内原子排列的对称性使分子正负电荷重心重合时,分子就无极性,如 CO_2、BF_3、CH_4 等;分子内原子排列不对称或其对称性不能使分子的正负电荷重心重合,便是极性分子,如 HClCO、H_2O、NH_3、SO_2、$CHCl_3$ 等。

2. 偶极矩及其应用

偶极矩(dipole moment)是用以衡量物质极性强弱的一个物理量,并可通过实验进行测定。将大小相同符号相反的两个电荷(q^+,q^-)组成的体系称为偶极子,正负电荷重心间的距离称为偶极长,用 d 表示。偶极矩用符号 μ 表示,它等于偶极长 d 与偶极电荷量 q 的乘积

$$\mu=q\cdot d$$

单位为“Debye”,以 D 表示。当偶极长(分子中原子核间距)d 为 10^{-10} m,电子电量为 1.602×10^{-19} C 时,$\mu=4.8$ D。所以,1 D$=3.336\times10^{-30}$ C·m。偶极矩是一个矢量,按习惯其方向是由正电荷重心指向负电荷重心。分子的极性随 μ 的增大而增加。

通过实验测定分子的偶极矩,可以帮助判断分子的几何构型,因为分子的对称性反映了分子中原子核和电子云空间分布的对称性。双原子分子中,2 个原子间的偶极矩也称为键矩,其值的大小与 2 个原子的电负性差值有关。例如,在 HF、HCl、HBr、HI 分子中原子的电负性差($\Delta\chi$)分别为 1.8、1.0、0.8、0.5,相应键矩数值为 1.91 D、1.08 D、0.80 D、0.42 D。对多原子分子而言,各键键矩的矢量和为分子的偶极矩 μ。例如实验测得 CO_2 和 CCl_4 分子的 μ 都等于零,SO_2 分子的 $\mu=1.63$ D,这表示 CO_2 为直线形分子,CCl_4 为四面体对称结构,而极性分子 SO_2 属于 V 形构型。多数分子都可以通过测定偶极矩来判断其构型:$\mu=0$ 的必定是非极性分子,如 BF_3;而 $\mu\neq0$ 的是极性分子,如 NH_3。**凡有两种对称元素[a](轴或面)仅仅相交于一点的分子,必定是 $\mu=0$ 的非极性分子;否则,是 $\mu\neq0$ 的极性分子。**

偶极矩还可用于判断键的离子性百分数、推测化合物中原子的电荷分布。以 HX 为例,假设 HX 中 H 的电子完全给予卤素原子形成典型的离子键,偶极电荷就应该是一个电子的电荷量,$q=1.602\times10^{-19}$ C,此时键长(r)应等于偶极长(d),因此由计算可得 $\mu_{计}=q\cdot r$。这个值与实验测定的 $\mu_{实}$ 不相等,有人建议用($\mu_{实}/\mu_{计}$)$\times100$ %来表示分子的电价性(或离子性)百分数(%)。表 10.7 是各种卤化氢(HX)的键长(r)、偶极矩(μ)和离子性百分数的比较。

表 10.7 卤化氢的键长、偶极矩和离子性百分数

分子	键长 r/pm	偶极矩 μ/D		离子性百分数/%
		$\mu_{计}$	$\mu_{实}$	
HI	160	7.67	0.42	5
HBr	141	6.77	0.80	12
HCl	127	6.10	1.08	18
HF	91.7	4.41	1.91	41

由此可推测化合物分子中原子的电荷分布。例如 HCl,$\mu_{计}=6.10$ D,$\mu_{实}=1.08$ D,离子性百分数为 18%,可表示为 $H^{+0.18}Cl^{-0.18}$。

但要注意,键长 r 与偶极长 d 是两种不同的概念。用现代的实验技术可以测定分子的键长 r 以及分子的偶极矩 μ,但无法单独测定偶极长 d 及偶极电荷量 q。

10.4.2 分子间作用力

1. 分子的偶极与分子的极化

由于极性分子的正负电荷重心不重合,分子中始终存在着一个正极和一个负极,极性分子

ⓐ 使分子图形内部任意两点间距离都不变的某种动作称为对称操作,对称操作所依赖的几何元素(点、线、面)称为对称元素。详见结构化学。

的这种固有的偶极称为永久偶极(permanent dipole)。非极性分子中正负电荷的重心是重合在一起的,不存在永久偶极,但在外电场或极性分子永久偶极作用下,使正负电荷重心发生偏移而变成具有一定偶极的极性分子。这种非极性分子在外电场诱导下产生的偶极称为诱导偶极(induced dipole)。由于分子中电子不断运动和原子核不断振动,电子和原子核发生瞬时的相对位移,造成正负电荷重心不重合,这样产生的偶极称为瞬时偶极(instantaneous dipole)。永久偶极是极性分子所固有的,瞬时偶极是所有分子都具有的,诱导偶极虽说是非极性分子所具有,但永久偶极对永久偶极会产生诱导,瞬时偶极也会对邻近的分子产生诱导。诱导偶极是非永久的,外电场取消,诱导偶极随之消失。

在外电场(或永久偶极、瞬时偶极)中,极性分子趋向于定向排列(需克服热运动),这个过程称为取向;在外电场的作用下,使分子的电子云变形、正负电荷重心分离的过程(包括取向和变形)称为分子的极化,如图 10.27 所示。

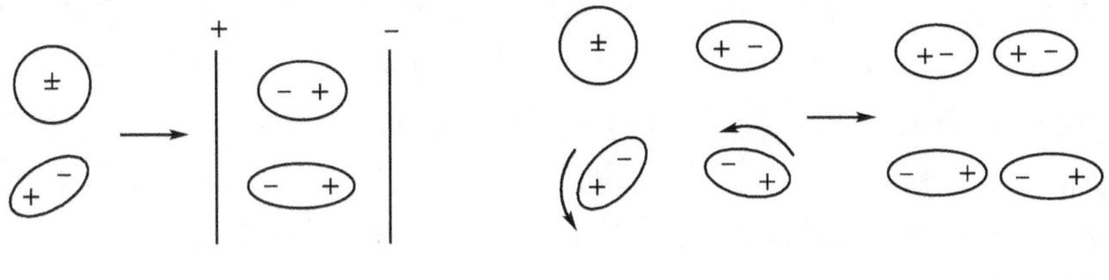

图 10.27　非极性分子和极性分子在电场(a)和永久偶极(b)中被诱导进而取向和变形示意图

2. 分子间作用力

3 种偶极之间的相互作用引起 3 种作用力,分别是取向力、诱导力、色散力。

1) 取向力

取向力(orientation force)是永久偶极间相互作用(同性相斥,异性相吸)而产生的作用力。取向力存在于极性分子之间,当两个极性分子相互靠近时,因同性相斥,异性相吸,使分子克服热运动,发生相对转动而定向排列。取向力随偶极矩 μ 的增大而增强,随偶极长 d 的增长和温度 T 的升高而下降。取向力又称为 Coulomb 力或定向力,也称葛生(W. H. Keeson)力。

2) 诱导力

极性分子的永久偶极与非极性分子的诱导偶极间的相互作用力称为诱导力(induction force)。诱导力发生于极性分子与非极性分子之间以及极性分子与极性分子之间。在极性分子永久偶极的作用下,非极性分子的电子云发生变形而产生诱导偶极,这种诱导也会使另一极性分子的永久偶极增强。诱导力随被诱导分子偶极矩 μ 的增大、变形性的增强而增大,但随偶极长 d 的增长而降低,与温度无关。诱导力是 Debye 于 1921 年提出来的,所以又称 Debye 力。

3) 色散力

由分子的瞬间偶极而产生的相互作用力称为色散力(dispersion force)。因任何分子中都有瞬间偶极,所以色散力存在于所有分子中。1930 年 London 用量子力学方法证明了这种力的存在,因从量子力学导出的公式与光色散公式相似,因此把这种力称为色散力,又称为 London 力。O_2、N_2、Cl_2 及稀有气体可液化或凝固,就与色散力有关。瞬时偶极虽然存在时间极短,但异极相邻的状态不断重复出现,使得分子之间始终存在这种作用力。

可将分子间作用力的特点归纳为：①分子间作用力永远存在于分子或原子间，具有普遍性；②分子间作用力较弱，作用能一般为 2～20 $kJ \cdot mol^{-1}$，比一般化学键(100～600 $kJ \cdot mol^{-1}$)弱得多，因此通常不影响物质的化学性质，只对物质的物理性质有影响；③分子间作用力是电性力，不具有方向性和饱和性；④分子间力作用范围很小，约几个 pm，随分子间距离增加而迅速衰减，所以固体间的作用力大于液体物质间的作用力，气体分子间的这种作用力要小得多，因此在高温低压的情况下，实际气体可近似为理想气体；⑤对大多数分子来说，色散力是主要的，只有极性很大的分子(如 H_2O、HF)取向力才占主要地位，诱导力通常很小。

3. 分子间作用力对物质性质的影响

分子间作用力的大小对物质的物理化学性质(如沸点、熔点、气化热、熔化热、溶解度、黏度等)有较大的影响。例如，卤素 X_2 是非极性分子，从 F 到 I 原子半径增加，分子的变形性也增加。随着相对分子质量增加、分子变形性的增大，分子间色散力增强。因此，F_2、Cl_2、Br_2、I_2 的熔点(−223 ℃、−102.4 ℃、−7.3 ℃、113.6 ℃)、沸点(−187.9 ℃、−34.0 ℃、58.0 ℃、184.5 ℃)依次升高，常温下 F_2、Cl_2 是气体，Br_2 是液体，而 I_2 是固体。20 ℃时稀有气体从 He 到 Xe 在水中溶解度(cm^3/dm^3 H_2O)分别为：13.8、14.7、37.9、73、110.9，依次增加。这是因为由 He 到 Xe 原子体积逐渐增加，水分子对稀有气体的诱导力依次加大。

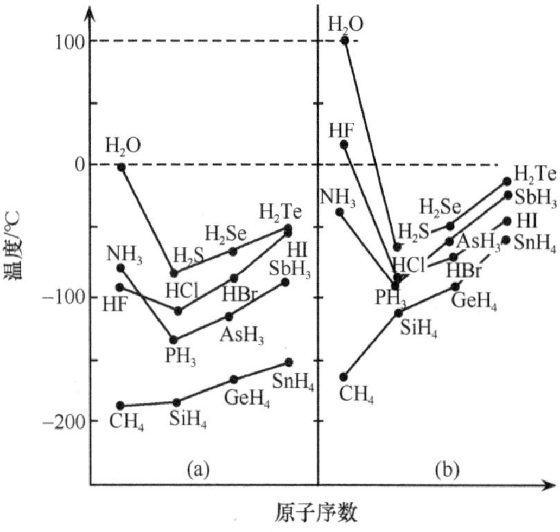

图 10.28　Ⅳ、Ⅴ、Ⅵ、Ⅶ主族元素氢化物熔点(a)与沸点(b)的变化

10.4.3　氢键

分子间作用力对物质的熔沸点有影响，其规律是：对同系物，随着相对分子质量的增加，分子间力增强，熔沸点升高。但实验事实发现，在同系物 HF → HI、H_2O → H_2Te、NH_3 → SbH_3、CH_4 → SnH_4 中，氢化物 NH_3、H_2O、HF 中却具有特别高的熔沸点(图 10.28)。为什么 NH_3、H_2O、HF 不符合规律性？进一步的研究表明，在 HF、H_2O、NH_3 中，除有正常的分子间作用力外，还存在着另外一种作用力——氢键(hydrogen bond)。氢键普遍存在于许多固体、液体化合物与溶液中，如水、醇、酚、酸、氨、胺、氨基酸、蛋白质、碳水化合物、氢氧化物、酸式盐、碱式盐(含 OH 基)、结晶水合物等。

1. 氢键的形成与本质

以 H_2O 分子为例来说明。氧原子以 sp^3 不等性杂化轨道分别与 2 个氢原子的 1s 轨道成键，形成 H_2O 分子，但由于氧的电负性(3.44)比氢的电负性(2.2)大得多，分子中 O—H 共用电子对强烈地偏向氧原子一边，使氧带较多的负电荷，而氢原子几乎变为“裸露”的质子。这个半径(10^{-3} pm)很小又带正电性的质子，与另一个水分子中 O 的孤对电子(负电荷密度大)接近时，会发生较强烈地静电吸引，结果水分子间构成 O—H…O 氢键而缔合起来。可见，氢键是由电负性大的原子 X 与氢形成的 X—H 和另一分子中电负性大的原子 Y 的孤对电子间因静电吸引所产生的一种力，表示为

X—H…Y

氢键的键长是指从 X 原子到 Y 原子的核间距。氢键的本质基本上是静电作用。

2. 氢键的形成条件、类型和特点

由上述分析知氢键形成的条件：①分子中必须含有 X—H 键；②X 和 Y 原子的电负性要大，体积要小，且形成分子后要有孤对电子，通常是 F、O、N 原子；③X、Y 可以是相同原子，也可以是不同原子。

氢键有两类：①分子间氢键，如 HF、H_2O、NH_3 等；②分子内氢键，如 HNO_3、邻硝基苯酚等。

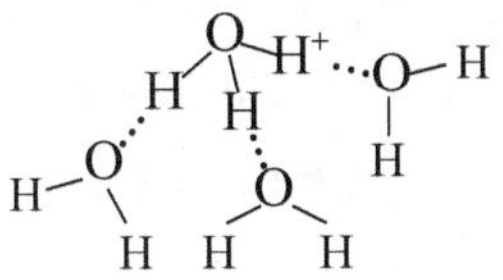

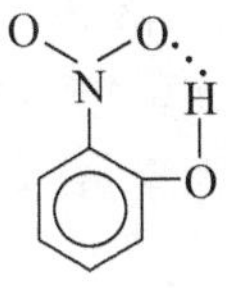

氢键的特点有：

(1) 具有方向性和饱和性(传统的看法)。当 X—H 与 Y 成键时，X—H 的键轴尽可能与 Y 的弧对电子的对称轴保持方向一致，即尽可能使 X—H…Y 在同一直线上，这样使 Y 的电子云密度最大限度接近氢原子，X 与 Y 的距离最远，两原子的电子云之间的排斥力最小，形成的氢键最牢固，体系最稳定。分子间氢键的键角∠XHY＝180°时，氢键最强，角度过小氢键不稳定。"裸露"的氢核非常小，形成 X—H…Y 时，体积小的 H 可看成是镶嵌在 Y 弧对电子的电子云中，如果与另一个 Y 结合，要受到电子云之间的排斥，因此不能再另成氢键，这就是氢键的饱和性。

氢键的饱和性和方向性与氢键是静电作用的本质不太一致。随着现代测试技术的发展以及晶体生长手段的掌握，对大量晶体的培养与测试发现，除 F、O、N 原子的化合物中存在氢键外，C—H 键、Cl—H 键也能与 F、O、N 甚至 C 形成更弱的氢键。这些弱的氢键常不遵守方向性和饱和性，当 H…Y 间距离较远时，一个 Y 原子可同时与几个 H 形成氢键。

(2) 氢键的键能小。氢键的键能是指 X—H…Y—R 分解成 X—H 和 Y—R 所需要的能量，单位为 $kJ \cdot mol^{-1}$。表 10.8 是一些常见氢键的键长与键能。

表 10.8　一些常见氢键的键能与键长

	F—H…F	O—H…O	N—H…N	N—H…F	N—H…O
键长/pm	255	276/266	358	266	286
键能/$(kJ \cdot mol^{-1})$	28.0	18.8/25.9	5.4	20.9	20.9
代表性化合物	$(HF)_n$	冰/甲醇，乙醇	NH_3	NH_4F	CH_3CONH_2

氢键键能的大小与 X、Y 的电负性有关，电负性越大，键能越大，氢键越强；还与 Y 原子的半径有关，半径减小，键能增大。常见氢键的强弱次序如下：

F—H…F ＞ O—H…O ＞ O—H…N ＞ N—H…N ＞ C—H…X

3. 氢键对物质性质的影响

(1) 氢键的形成使物质的熔沸点升高(熔解热、气化热、蒸气压等都升高)。因为升温时需要额外的能量破坏分子间的氢键。

(2) 氢键的形成使物质的溶解度增大。在水等极性溶剂中,如果溶质分子与溶剂分子间能形成氢键,则促使分子间的结合,使溶质的溶解度增大,如乙醇溶于水形成氢键 $CH_3CH_2O—H\cdots O—H_2$,乙醚不能与水形成氢键,因此不溶。

(3) 液体分子间若有氢键则黏滞性增大。例如甘油的黏度大,是因分子 $C_3H_5(OH)_3$ 间有氢键。分子晶体中若有氢键,则硬度增大,如冰。

(4) 氢键的形成对物质的密度有影响。例如,冰的密度小于水,可漂浮于水面上。水的密度 4 ℃时最大。这是因为全部水分子都以氢键相邻,形成一个空旷的结构。当冰溶化时,部分氢键被破坏,空旷结构"崩溃",液态水密度较大,但仍以 $(H_2O)_n$ 的结构形式存在;当 $(H_2O)_n$ 变为 nH_2O 时,分子排列更加紧密,密度增加,但分子的热运动使体积增大,密度下降。当水从 0 ℃升至 4 ℃时,第一个因素占主导地位,4 ℃以后第二个因素为主,因此 4 ℃时水的密度最大($1.00\ g\cdot cm^{-3}$)。

(5) 氢键对物质酸碱性有影响。

4. 非常规氢键

(1) X—H⋯π 氢键。在一个 X—H⋯π 氢键中,π 键或离域 π 键体系作为质子的接受体。由苯基等芳香环的离域 π 键形成的 X—H⋯π 氢键,又称为芳香氢键(aromatic hydrogen bonds)(图 10.29)。

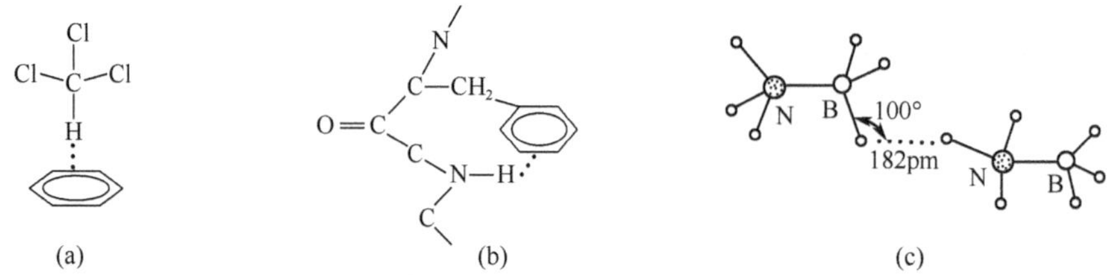

图 10.29　X—H⋯π 氢键(a)、(b)和 X—H⋯H—Y 二氢键(c)

(2) X—H⋯M 氢键,M 是金属原子。如在$\{(PtCl_4)\cdot cis\text{-}[PtCl_2(NH_2Me)_2]^{2-}\}$的结构中,由两个平面四方形的 Pt 的 4 配位配离子通过 N—H⋯Pt 和 N—H⋯Cl 两个氢键结合在一起。

(3) X—H⋯H—Y 二氢键。比较下面等电子系列的熔点,从中可以看出,在 $H_3N—BH_3$ 晶体中,分子间存在不寻常的强烈相互作用。这使人们提出 X—H⋯H—Y 二氢键观点。图 10.29(c)给出的是 $H_3N—BH_3$ 的二氢键结构。

$H_3C—CH_3$	$H_3C—F$	$H_3N—BH_3$
−181 ℃	−141 ℃	−104 ℃

分子间作用力和氢键对分子组装、分子器件以及蛋白质折叠等新兴领域也有着特殊的意义。现在人们利用分子间弱相互作用力和氢键进行分子组装,构筑超分子物质,这些物质具有的三维结构高度有序,令人叹为观止。van der waals 力和氢键的存在不仅影响着物质的结构,对物质的性能也会产生很大的影响,在催化反应、材料性能等领域中起着不可忽视的作用,因而引起人们极大的研究兴趣。但这方面的研究工作异常艰巨,无论是对理论化学家还是实

验化学家都是极大的挑战。

小　　结

把分子中相邻(直接和非直接)的两个或多个原子之间存在的一定形式的、强烈的相互作用称为化学键。

Lewis 价键要求分子中的每个原子满足 8(或 2)电子，即八隅体假说；价键理论依据量子力学中波的叠加原理，原子"轨道"相互重叠、电子配对形成共价键，阐明了共价键的本质。在形成共价键的过程中，为了使各电子对间的斥力最小，形成稳定的几何构型，中心原子能量相近的原子轨道必须相互叠加，组成等能量的杂化轨道。杂化轨道理论和价层电子对互斥理论都是基于中心原子的电子对间的斥力最小的原则，所以在判断、解释共价分子的几何构型时，二者非常吻合。

分子轨道理论从原子轨道的线性组合出发，着眼于分子的整体性，分子中所有原子的原子轨道只要对称性匹配、能量相近，都一起参与组合分子轨道，分子中的电子也不再只局限于两成键原子之间。提出了成键轨道、非键轨道和反键轨道，单电子键、双电子键和三电子键等概念，从而解释了价键理论所不能解释的分子磁性以及比较复杂的分子结构和性能的关系等。因价键理论和分子轨道理论在许多方面的结论一致，因此常互补使用。

分子间作用力和氢键是普遍存在于共价化合物中的弱相互作用力，不会改变共价化合物的化学性质，但会影响物理性质，如熔沸点、溶解度等。色散力普遍存在，极性大的物质中取向力才成为主要，诱导力通常较弱。氢键有分子间氢键和分子内氢键。

思考与研讨

10.1　在 NaCl 晶体中，每个 Na^+ 的上下、前后、左右等距离地排列着 6 个相反电荷的 Cl^-，同样每个 Cl^- 周围也等距离地排列着 6 个 Na^+，为什么还说"离子键没有方向性和饱和性"？

10.2　用 X 射线衍射实验测得下列 6 个化合物中相邻两个正负离子间的距离 r_0(pm)分别为 MgO：210、MnO：224、MgS：260、MnS：259、MgSe：273、MnSe：273。试根据这些值并以图 10.4 所示的半径关系推算 $r(S^{2-})$和 $r(Se^{2-})$。

10.3　共价键的饱和性和方向性的本质是什么？

10.4　从以下几方面比较 σ 键、π 键的特点：原子轨道的重叠方式与重叠程度(键能大小)、成键原子轨道的种类、这些轨道与键上电子云的对称特征、键中电子的活泼性。

10.5　判断等性杂化与非等性杂化的条件是什么？等性杂化与非等性杂化的本质区别是什么？C_2H_4 中 C 原子的杂化是等性杂化还是非等性杂化？

10.6　原子形成分子时中心原子的轨道需要杂化，端点原子的轨道是否也需要杂化？试举例讨论。

10.7　在计算 PO_4^{3-}、SO_2 等分子或离子的价层电子对数时，作为配体的氧被认为不提供电子，这样做的原因是什么？什么样的情况下氧提供的电子数不能按零计算？

10.8　试比较和评价用价层电子对互斥理论和杂化轨道理论来确定分子几何构型的异同点与优缺点。

10.9　简述价键理论和分子轨道理论的基本要点，并以 H_2^+、H_2、O_2、N_2、CO_2、HF 等分子为例，评价各自的特点、优缺点及互补性。

10.10　以 x 轴为键轴，ns-ns、np_x-np_x 形成化学键的强度哪个大？为什么？H_2 的键能(430.8 kJ · mol^{-1})比 F_2 的键能(154.8 kJ · mol^{-1})大，又是为什么？

10.11　实验测得 BF_3 分子中，B—F 键长为 130 pm，比理论 B—F 单键键长 152 pm 短，试分析其中可能的原因。

10.12　C_2H_2 和 N_2 是等电子体，C、C 之间及 N、N 之间都有一个 σ 键和两个 π 键，但它们的性质差异很大，

C_2H_2 性质活泼，而 N_2 非常惰性。试分析这一性质差别的可能原因。

10.13 试用价键理论和分子轨道理论分析 CO_2 分子，细心体会两种理论的本质，评价两种方法的异同之处与优缺点。

10.14 试比较离子键、共价键和金属键的本质与特点。反映在有关单质及化合物性质上有何不同？

10.15 试分析下列分子或离子中存在哪些类型的化学键。

(1) NH_3　(2) CO_2　(3) CO　(4) Na_2SO_4　(5) CaC_2　(6) NH_4^+

10.16 多原子单质分子如 S_8、P_4 等中的键是不是极性的？分子是不是极性的？O_3 分子中的 O—O 键有无极性？分子有无极性？由此可得出什么样的结论？

10.17 极化与变形是互相依存的一个矛盾的两个方面，并且分子或离子间的极化是相互的。试讨论离子化合物中离子间的这种相互极化给离子键和化合物性质会带来哪些可能的影响。

10.18 试推测卤素单质 X_2 从 F_2 到 I_2 的熔沸点的变化规律并分析原因。

习　题

10.1 由下列数据设计 Born-Haber 循环，计算溴化镁的晶格能。

	$\Delta_r H_m^{\ominus}/(kJ \cdot mol^{-1})$
① $Mg(s) \longrightarrow Mg(g)$	146
② $Mg(g) \longrightarrow Mg^{2+}(g)$	2187
③ $Br_2(l) \longrightarrow Br_2(g)$	37
④ $Br_2(g) \longrightarrow Br(g)$	193
⑤ $Br(g) + e^- \longrightarrow Br^-(g)$	−331
⑥ $Mg(s) + Br_2(l) \longrightarrow MgBr_2(s)$	−524

10.2 指出 2、8、18、18+2 和 9～17 电子构型的离子分别所在的区。按离子构型将下列离子归类。

Al^{3+}，Fe^{2+}，Bi^{3+}，Cd^{2+}，Mn^{2+}，Hg^{2+}，Ca^{2+}，Br^-。

10.3 画出下列各分子(或离子)的 Lewis 结构。

Cl_2CO，ClO_4^-，CS_2，PF_3，PH_4^+，SnH_4，CN^-，$H_2N—NH_2$，$HONH_2$，N_2O_3，H_2O_3(火箭燃料)，NaOCl(漂白剂)，$C_2H_6SiCl_2$(二甲基二氯硅烷)。

10.4 光化烟雾中最有害的化合物有过氧化乙酰基硝酸酯和丙烯醛，其分子骨架分别为

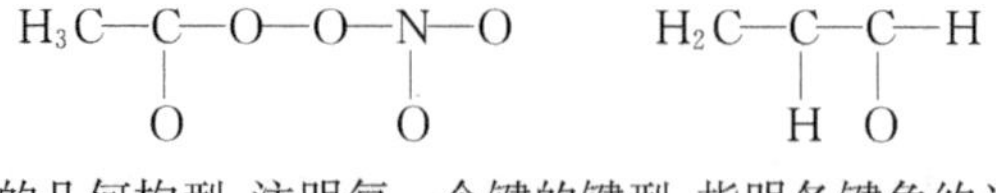

试粗略画出 Lewis 结构的几何构型，注明每一个键的键型，指明各键角约为多少。

10.5 设以 x 轴为键轴，形成下列双原子分子时，有效重叠成键的是哪些原子轨道？

(1) Cl_2　(2) N_2(σ 键和 π 键)　(3) Na_2　(4) CO (σ 键)　(5) HCl

10.6 判断下列分子或离子的中心原子杂化轨道类型。

(1) SiF_6^{2-}　(2) NO_2　(3) ClF_3　(4) NH_2^-　(5) PCl_6^-　(6) XeF_2　(7) SCl_2

(8) $H_2C{=}SF_4$ 中的 S 和 C　(9) H_3COH　(10) CH_2O　(11) $H_3C—CO—C{\equiv}C—CH_3$

10.7 填写下表。

	CO_2	CH_3Br	NH_3	BBr_3	ICl_4^-	ICl_3	IF_7
中心原子轨道杂化(注明是否等性)							

续表

	CO_2	CH_3Br	NH_3	BBr_3	ICl_4^-	ICl_3	IF_7
中心原子价电子对构型							
分子几何构型							
分子有无极性							
分子间作用力							

10.8　根据 VSEPR 理论画出下列各分子(离子)的空间结构,并写出中心原子的杂化轨道类型(标出孤对电子和 π 键)。

(1) I_2O_5　(2) NO_3^-　(3) SO_2　(4) SF_4　(5) ClO_2

10.9　用价层电子对互斥理论估计 $COCl_2$ 分子的构型和键角。

10.10　试讨论下列分子或离子的几何构型及键角大小顺序。

(1) XeF_2、XeF_4、NCl_3、CO_3^{2-}、PCl_4^+　(2) NO_2^+、NO_2、NO_2^-

10.11　若以 x 轴为键轴,A、B 原子成 AB 分子时,下列哪些原子轨道对称性是不匹配的?哪些是匹配的?能形成什么分子轨道?画出成键分子轨道与反键分子轨道简图。

A 原子:s、p_x、p_y、p_z、d_{xy}、d_{xz}、$d_{x^2-y^2}$　B 原子:s、p_x、p_y、p_z、d_{xy}、d_{yz}、d_{z^2}

10.12　写出 Li_2、Be_2、B_2、C_2 分子的电子组态,计算键级,说明分子的磁性。

10.13　写出下列各组分子或离子的电子组态,计算键级,说明磁性,按组给出稳定性、键长的顺序,并适当进行评论。

(1) O_2、O_2^-、O_2^+、O_2^{2-}　(2) N_2、N_2^-、N_2^{2-}、N_2^+

10.14　下列分子(或离子)中哪些是偶极子?哪些是非偶极子?

NO_2　CS_2　NF_3　O_3　SO_3^{2-}　BO_3^{3-}　AsO_3^{3-}　ClO_3^-　ClO_4^-　P_4　S_8　H_2O_2

10.15　实验测得 LiH 的偶极矩 $\mu=1.964\times10^{-29}$ C · m,原子核间距是 1.598×10^{-10} m,计算 LiH 的离子性百分数。(电子电荷 $e=1.6\times10^{-19}$ C)

10.16　二甲醚($CH_3—O—CH_3$)和乙醇(CH_3CH_2OH)为同分异构体,它们的沸点分别是 −23 ℃和 78.5 ℃,为什么差别这样大?

10.17　举例说明形成氢键必须具备的基本条件。

10.18　下列物质中,哪些没有氢键?哪些有分子间氢键?哪些有分子内氢键?

H_2S、HNO_3、PH_3、NH_3、H_2O、HF_2^-、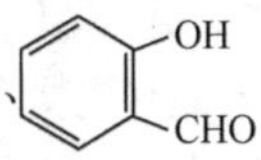

10.19　已知下列物质的沸点(℃),试推测这些分子间力的大小并列出由大到小的顺序,并就上述事实讨论这一顺序与这些分子的相对分子质量的关系。

Cl_2:−34.1　O_2:−183　N_2:−198.0　H_2:−252.8　I_2:181.2　Br_2:58.8

10.20　试解释:

(1) NH_3 易溶于水,N_2 和 H_2 均难溶于水;

(2) HBr 的沸点比 HCl 高,但又比 HF 低;

(3) 常温常压下,Cl_2 为气体,Br_2 为液体,I_2 为固体。

10.21　叙述离子的电子构型、价态、离子半径因素等对离子的极化力和变形性的影响。

第 11 章　晶体结构

物质常见的聚集状态有气态、液态、固态三种基本形式。与液体和气体相比，固体有比较固定的体积和形状、质地比较坚硬。以前你是否关注过固体的特性与组成它的粒子的特性有无区别？原因是什么？从微观的角度看，组成固体的这些粒子在空间是如何排列的？有多少排列形式？不同的排列形式对固体的物理、化学性质有何影响？为什么有些固体有固定的熔点，有些没有；有的硬度很大，有的很软；有的有延展性，有的性脆；有的有很好的导电、导热、光学或磁学性质，而有的则较差甚至没有这些性质？

随着晶体结构知识和测试技术（如晶体衍射和 X 射线粉末衍射）的发展，我们不仅能获得许多物质结构的实际知识（如键长、键角数据），借以阐明固体与材料的结构与性能的关系，还能通过改变组成固体的粒子成分和排列形式，实现分子调控，从而制备出我们需要的、具有不同性质的物质。

不过，学习晶体结构涉及很深的数理知识，目前我们期望值不能太高，本章只作一些基本的介绍。

11.1　晶体的特征与类型

11.1.1　晶体的宏观特征

与非晶体相比较，在宏观性质上，晶体一般有规则的几何外形、固定的熔点、各向异性等基本特征。人们常用这三个方面区别晶体与非晶体。

1. 晶体有规则的几何外形

人们很早就注意一些具有规则几何外形的固体，如岩盐、石英等，并将其称为晶体。显然，这并不严格，不能反映出晶体内部结构的本质。事实上，晶体在形成过程中，由于受到外界条件的限制和干扰，往往并不是所有晶体都能表现出规则外形，一些非晶体在某些情况下也能呈现规则的多面体外形。所以，判断固体是否为晶体，不能仅凭固体的外形，应结合其他宏观性质。虽然如此，但是有规则的几何外形是一般晶体最直接的宏观特征。

2. 晶体有固定的熔点

晶体的另一宏观特征是都具有固定的熔点。在一定压力下将晶体加热，只有达到某一温度（熔点）时，晶体才开始熔化；在晶体没有全部熔化之前，即使继续加热，温度仍保持恒定不变，直至晶体完全熔化后温度才继续上升。非晶体则不同，加热时先软化成黏度很大的物质，随着温度的升高黏度不断变小，最后成为流动性的熔体，从开始软化到完全熔化的过程中，温度是不断上升的，没有固定的熔点，只能说有一段软化的温度范围。例如松香在 50～70 ℃软化，70 ℃以上才基本成为熔体。

3. 晶体有各向异性的特点

一块晶体的某些性质，如光学性质、力学性质、导热导电性、机械强度、溶解性等，从晶体的不同方向去测定时，常常是不同的。例如，云母特别容易按纹理面（称解理面）的方向裂成薄片；石墨晶体内，平行于石墨层方向比垂直于石墨层方向的热导率要大 4～6 倍，电导率大 5000 倍。晶体的这种性质称为各向异性。非晶体是各向同性的，如玻璃在各个方向的导热性是相同的。

在实际工作中，判别固体是晶体或者非晶体需要根据上述三个方面综合考虑。晶体应该有规则的几何外形，一些看起来不是晶体的粉末实际上是晶体。例如，很多粉末在显微镜下观察可发现它们都是有规则几何外形的微小晶体。有规则的几何外形是指物质凝固或从溶液中结晶的自然生长过程中所形成的外形，而不是指加工成某种特定的几何外形（如玻璃加工品）。固定的熔点和各向异性的特点与晶体的本性密切相关，测定晶体的熔点和各向异性是判别晶体的必要内容。

晶体和非晶体宏观性质上的差异，反映了两者内部结构的差别。应用 X 射线研究表明，晶体内部微粒（原子、离子或分子）的排列是有序的、有规律的，它们总是在不同方向上按某些确定的规则重复性地排列，这种有序的、周期性的排列规律贯穿于整个晶体内部（微粒分布的这种特点称为远程有序），而且在不同方向上的排列方式往往不同，因而造成晶体的各向异性。非晶体内部微粒的排列是无次序的、不规律的。图 11.1 是石英晶体和石英玻璃（非晶体）中微粒排列示意图。

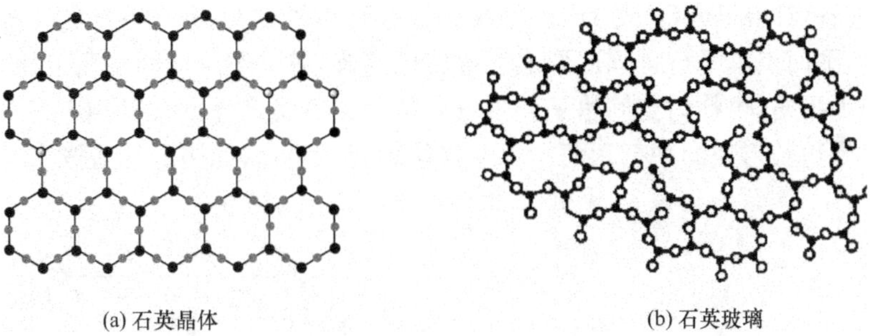

图 11.1　石英晶体和石英玻璃中微粒排列示意图

如上所述，晶体外形受到生长条件等因素的影响很大，在宏观上可能具有不同外形。例如水溶液中结晶得到的 NaCl 是立方体形状的，若溶液中同时含有尿素，则可得到八面体形的晶体。但是，晶体的本质特征是自范性，即晶体能够自发地呈现封闭的规则凸多面体，确定晶面之间的二面角——晶面夹角是不变的。这一规律具有普遍性，称为**晶面夹角守恒定律**，即同一种晶体在相同的温度和压力下，其对应晶面之间的夹角恒定不变。

图 11.2(a)是理想石英晶体的外形，图 11.2(b)是一种人造的石英晶体，表明由于外界条件的差异，晶体中某组晶面可以相对地变小，甚至消失。所以，晶体中晶面的大小和形状并不是表征晶体类型的固有特征。那么，由晶体内在结构所决定的晶体外形的固有特征是什么呢？实验表明：对于一定类型的晶体来说，不论其外形如何，总存在一组特定的夹角，如石英晶体的 m 与 m 面夹角为 60°，m 与 R 面夹角为 38°13′，m 与 r 面夹角为 38°13′。对于其他品种晶体，

晶面间则有另一组特征夹角。

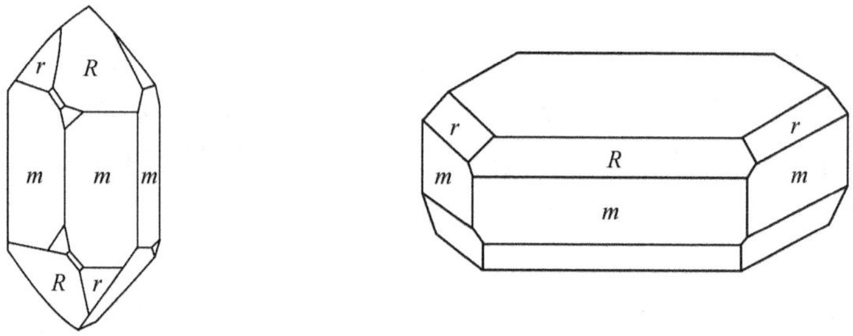

(a) 理想石英晶体　　(b) 一种人造石英

图 11.2　石英晶体的几何外形

11.1.2　晶体的微观结构

用锤子轻击具有整齐外形的晶体(如方解石),会发现晶体劈裂出现的新晶面与某一原晶面是平行的,这种现象称为晶体的**解理性**。晶体的这种宏观特性表明,晶体在微观上是由许多平行的平面构成。

晶体的微观结构包括两个方面:结构单元及空间排列方式。理论和实验研究都发现,组成晶体的结构单元(原子、离子、分子或原子团)在空间作有规则的周期性排列,或称为长程有序。为描述晶体内部结构的长程有序,人们引入"空间点阵"概念。

如图 11.3 所示,晶格理论把晶体中的每个结构单元抽象为一个点,许多点排成一行,称为直线点阵,行内各点间的距离相等;许多直线点阵平行排列而形成一个平面点阵,各行之间距离也相同;许多平面点阵平行排列即形成三维**空间点阵**,各平面点阵间距离也相等。把这些点联结在一起即为**晶格**,也称为**空间格子**。将点阵按一定方式划分,在点阵中以三维空间的 3 个周期 a、b 和 c 为边长形成的平行六面体称为**晶格单元**。显然,晶格是几何概念,是晶体结构数学抽象。

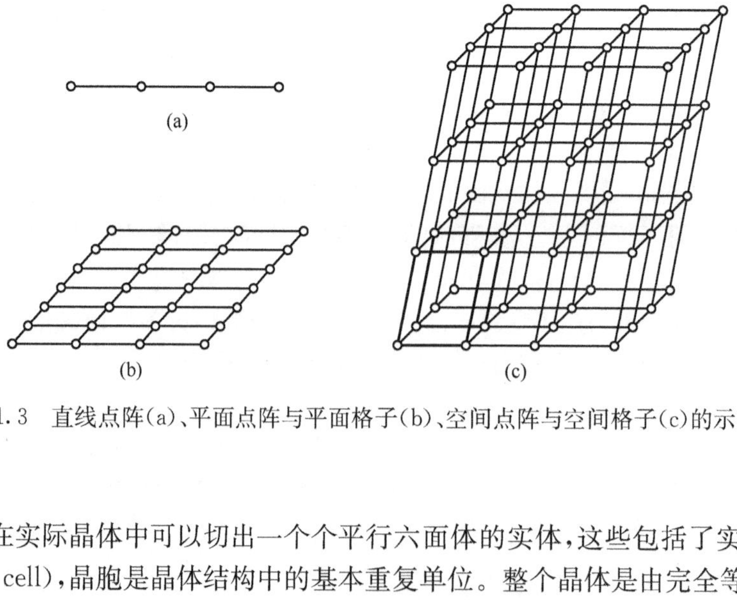

(b)　　(c)

图 11.3　直线点阵(a)、平面点阵与平面格子(b)、空间点阵与空间格子(c)的示意图

1. 晶胞

空间格子在实际晶体中可以切出一个个平行六面体的实体,这些包括了实际内容的实体称为**晶胞**(unit cell),晶胞是晶体结构中的基本重复单位。整个晶体是由完全等同的晶胞无隙

并置堆积而成的。晶胞具有平移性。

晶胞包括两个要素：一是晶胞的大小、形式；二是晶胞的内容。晶胞的大小、形式由 a、b、c 三个晶轴及它们间的夹角 α、β、γ 所确定。晶胞的内容由组成晶胞的原子或分子及它们在晶胞中的位置所决定。

可以选为晶胞的多面体很多，习惯使用的三维晶胞是平行六面体，称为**布拉维**（A. Bravais）**晶胞**。

2. Bravais 系

Bravais 晶胞的边长与夹角称为**晶胞参数**。如图 11.4 所示，共有 7 种不同几何特征的三维晶胞，称为 Bravais **系**或者**晶系**，如立方晶系、四方晶系等。晶系通过晶胞参数规定了晶胞的大小、形式。

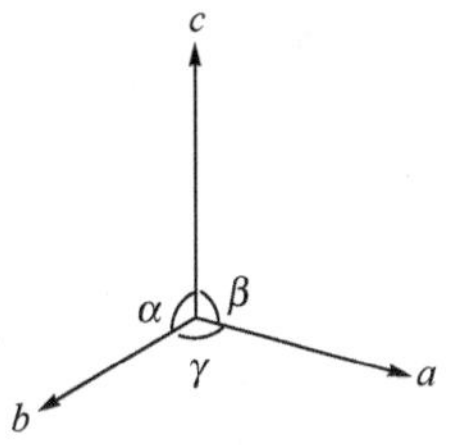

立方	cubic(c)	$a=b=c$，$\alpha=\beta=\gamma$ 90°
四方	tetragonal(t)	$a=b\neq c$，$\alpha=\beta=\gamma=90°$
正交	orthorhomic(o)	$a\neq b\neq c$，$\alpha=\beta=\gamma=90°$
六方	hexagonal(h)	$a=b\neq c$，$\alpha=\beta=90°$，$\gamma=120°$
菱方	rhombohedral(r)	$a=b=c$，$\alpha=\beta=\gamma$
单斜	monoclinic(m)	$a\neq b\neq c$，$\alpha=\gamma=90°$，$\beta\neq 90°$
三斜	anorthic(a)	$a\neq b\neq c$，$\alpha\neq\beta\neq\gamma$

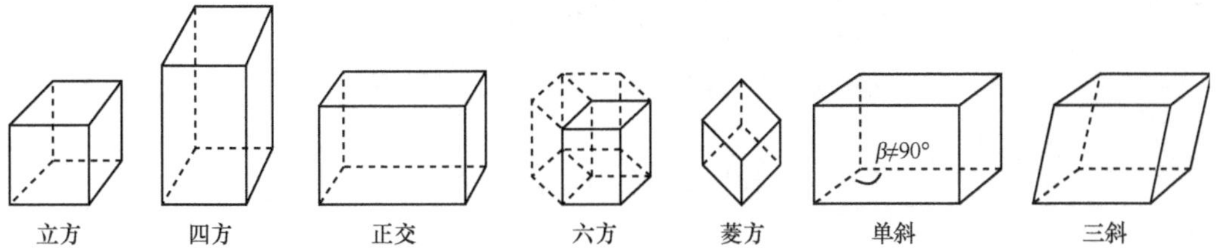

图 11.4　7 种晶系

3. 14 种 Bravais 点阵形式

将晶格点分布于 Bravais 晶胞，总共有 14 种，称为 14 种 Bravais **点阵**形式，包括简单、体心、面心和底心 4 种（图 11.5）。正交晶系有 4 种点阵形式，分别称为简单正交、体心正交、面心正交和底心正交；立方晶系有简单立方、体心立方和面心立方 3 种点阵形式；四方晶系有简单四方和体心四方 2 种点阵形式；单斜晶系有简单单斜和底心单斜 2 种点阵形式；六方、菱方、三斜都只有简单 Bravais 点阵形式。知道晶格点的具体内容（原子、原子坐标），由 Bravais 点阵形式就可以确定晶体结构。

晶格理论是人们从晶体外形的对称性推测、设想微粒在空间规则排列的几何理论。由相对原子质量、相对分子质量、Avogadro 常量以及晶体密度等数据可以算出晶体中原子间距离的数量级是 10^{-10} m（1 Å）。在 19 世纪末，人们发现 X 射线的波长也在这个数量级。劳厄（M. V. Laue）等在 20 世纪初用 $CuSO_4 \cdot 5H_2O$ 晶体作为光栅，得到了该晶体的衍射图。随后布拉格（Bragg）父子又把 Laue 的衍射理论简化为反射原理，导出著名的 Bragg 方程，并利用 X 射线衍射方法测定了 NaCl、KCl 等化合物的晶体结构，使人们对晶体内部结构的认识进入一个崭新的阶段。

X射线衍射至今仍是晶体研究应用最广的方法之一。近年来,中子衍射、同步辐射X射线衍射、电子衍射及高分辨显微镜成像等发展十分迅速,并在晶体结构测定中起着越来越重要的作用。

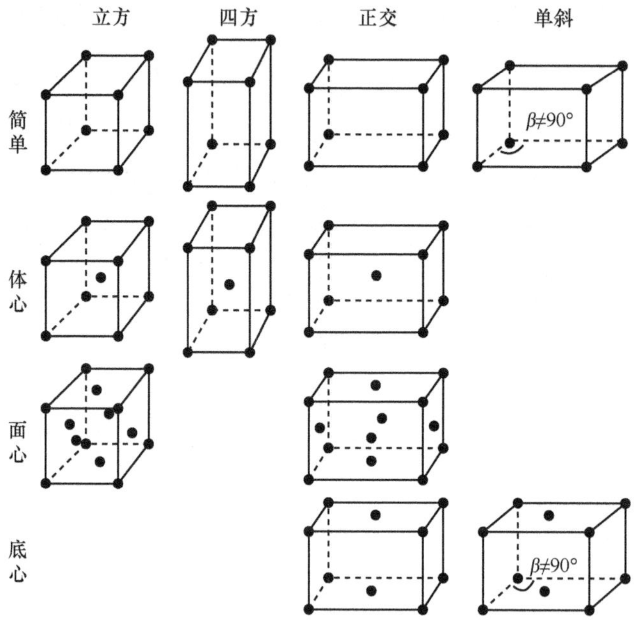

图 11.5 三维点阵的 14 种 Bravais 点阵形式

11.2 金属晶体

金属晶体的物理性质与其结构特点和金属键密切相关。金属键可以被看成是高度离域的共价键,成键电子可在整个金属中流动。然而,金属键没有饱和性和方向性,这与共价键显著不同。基于金属晶体的特点,其结构可用堆积模型说明。

11.2.1 金属晶体的堆积模型

所谓**密堆积原理**是指在由无方向性的金属键、离子键和 van der Waals 力等结合的晶体中,原子、离子和分子等微粒总是趋向于相互配位数高,堆积密度大,能充分利用空间,因而体系稳定的那些结构。金属原子的电子云分布基本上是球对称的,可以把单一元素的金属晶体看成是由半径相等的圆球构成。因此,金属晶体的结构可用等径圆球的密堆积模型来研究。把金属晶体看成是由直径相等的圆球状金属原子在三维空间堆积构成的模型称为金属晶体的堆积模型。

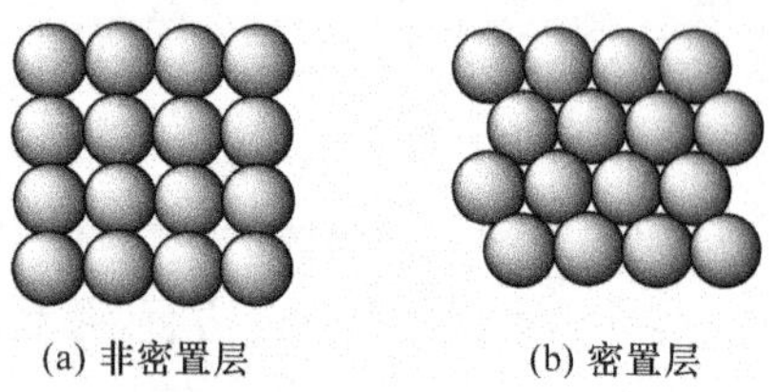

图 11.6 等径圆球的两种二维堆积方式

要理解等径圆球三维堆积结构,需要先了解两种二维堆积方式,它们分别称为非密置层和密置层堆积方式,如图 11.6 所示。在一维堆积中,一个等径圆球与相邻两个球相切,并且圆球中心成一直线。二维堆积利用一维堆积有两种方式,在非密置层堆积中,一维堆积的一个等径圆球与相邻一维堆积的一个球相切，所以每一个圆球最邻近的圆球有 4 个，并在结构中形成正方形空隙；在密置层堆积中，一维堆积的一个等径圆球与相邻一维堆积的两个球相切，所以每一个圆球最邻近的圆球有 6 个，并在结构中形成三角形空隙。

利用上述两种等径圆球二维堆积方式进行三维空间堆积，可以得到不同的堆积结构，下面将分别介绍。

1. 简单立方堆积

如图 11.7 所示，简单立方堆积是利用非密置层进行三维堆积，是一种非密堆积方式，其相邻堆积层中的第二层对第一层正重叠。三维堆积结构可以抽象出简单立方晶胞，金属原子只占据立方晶胞的顶点位置，原子配位数为 6。简单立方堆积空间占有率为 52.36%，空间利用率较低，是很不稳定的堆积方式。

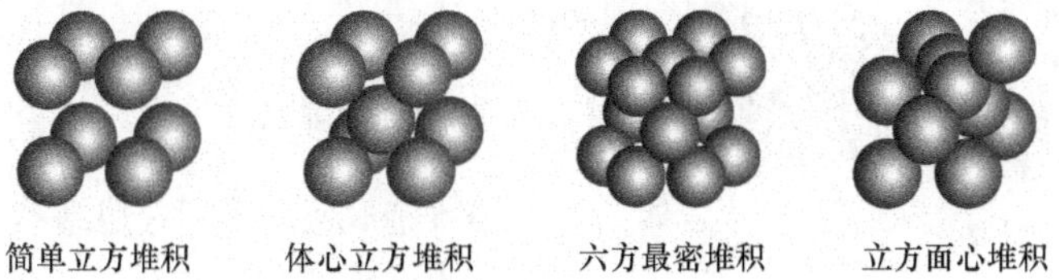

图 11.7　几种典型堆积的晶胞

2. 体心立方堆积

体心立方堆积(BCP)也利用非密置层进行三维堆积(图 11.7)，同样是一种非密堆积方式，与简单立方堆积不同，其相邻堆积层中的第二层对第一层交错重叠。该三维堆积结构可以抽取出体心立方晶胞，金属原子分别占据晶胞的顶点位置和体心位置，形成所谓体心立方堆积，原子配位数为 8。体心立方堆积空间占有率为 68.02%，空间利用率比简单立方堆积高，但也较低，也不是稳定的堆积方式。

3. 六方最密堆积

六方最密堆积(HCP)利用密置层进行紧密堆积，是一种密堆积方式。具体来说，在第一层中一个球与周围 6 个球相切所形成的 6 个三角形空隙(图 11.6 和图 11.8)，依次分别命名为 1、2、3、4、5、6 号空位，相邻堆积层中的第二层对第一层来讲最紧密的堆积方式是将球对准 1、3、5 位(或对准 2、4、6 位，情形是一样的)，第三层是将球依次对准第一层的球，于是每两层形成一个周期 AB，即…ABAB…堆积方式。该三维堆积结构可以抽取出体心六方晶胞。由于是密堆积，原子配位数为 12，空间占有率为 74.05%，空间利用率高，为稳定堆积结构。

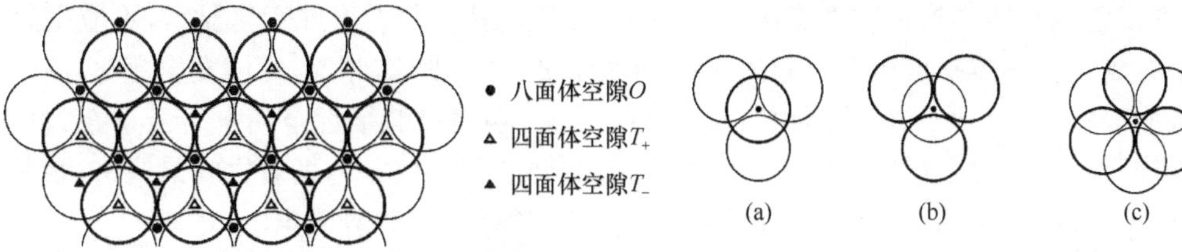

图 11.8　密置双层及空隙分布和三种空隙

4. 立方面心最密堆积

立方面心最密堆积(CCP,也称为 FCC)也利用密置层进行紧密堆积,是另外一种密堆积方式。其相邻堆积层中的第一、二层中堆积方式和六方最密堆积相同,第三层是将球对准第一层的 2、4、6 位,不同于 AB 堆积的位置,这是 C 层。第四层再排 A,于是形成…ABCABC…堆积,ABC 三层一个周期。立方面心堆积可以抽取出立方面心晶胞,原子除占据晶胞顶点位置外,还在 6 个面心分别有一个原子占据。这种紧密堆积空间占有率也为 74.05%,原子配位数为 12,同样为稳定堆积结构。

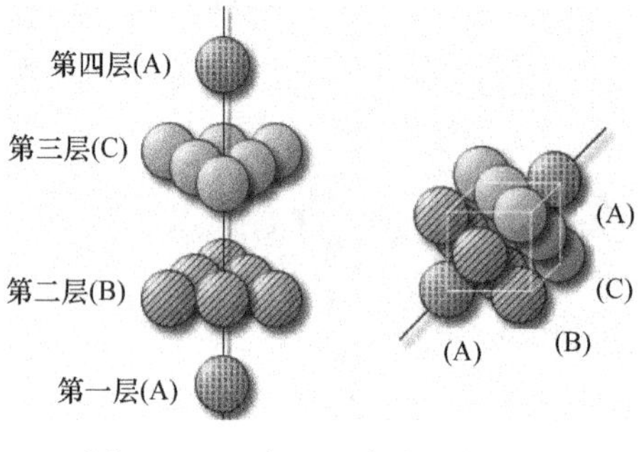

图 11.9　立方面心密堆积的晶胞

取出立方面心最密堆积的晶胞相对复杂,如图 11.9 所示,晶胞涉及 4 个堆积层,在取出晶胞内容后,整个堆积还需要向右旋转 90°才能获得习惯的晶胞形式。

11.2.2　金属晶体

虽然金属元素很多,但结构上它们只是属于几种典型的堆积结构,如图 11.10 所示。

碱金属 Li、Na、K、Rb、Cs 以及过渡金属 V、Nb、Ta、Mn、α-Fe、Cr、Mo、W 等属于体心立方结构;Ca、Sr、Pt、Pd、Cu、Ag、Au 等属于面心立方结构;Be、Mg、Sc、Ti、Zn、Cd 等属于六方密堆积结构。采用配位数小、空间利用率低的简单立方堆积的金属极少见,现在只知道第 84 号元素 α-Po 采取这种结构。

A1 面心立方密堆积
A2 体心立方堆积
A3 六方密堆积

Li A2	Be A3										
Na A2	Mg A3	Al A1									
K A2	Ca A1	Sc A3	Ti A3	V A2	Cr A2	Mn A2	Fe A2	Co A3	Ni A1	Cu A1	Zn A3
Rb A2	Sr A1	Y A3	Zr A3	Nb A2	Mo A2	Te A3	Ru A3	Rh A1	Pd A1	Ag A1	Cd A3
Cs A2	Ba A2	La A3	Hf A3	Ta A2	W A2	Re A3	Os A3	Ir A1	Pt A1	Au A1	Hg —

图 11.10　金属元素的晶体结构

需要注意的是,一个金属元素采用什么结构形式并无简单的规律,而且,压强或温度发生变化,许多金属晶体结构将发生变化,从一种结构变到另一种。这种变化显示,不应把这些金属原子看成是在晶体中堆积在一起的、无电子结构的独立硬球,相反,环境发生变化,原子的大小和堆积都有变化。原子在适当距离时相互吸引,当它们足够接近至其电子云重叠太多时存在相互排斥。吸引力和排斥力的大小受原子的具体电子构型影响,两者之间最终将达到平衡,并由此决定最稳定的结构。这些方面不能仅依靠简单的几何计算确定。

11.3　离 子 晶 体

离子晶体中常采取尽可能紧密的堆积形式，只不过这里至少有两种离子。应用堆积模型描述离子晶体，通常从一种离子的堆积出发，一般选择体积较大的离子(经常是负离子)使它们在晶体中尽可能相互接触，形成一种具体堆积形式，体积较小的另一种离子(如正离子)则填充在相应的堆积空隙中。堆积空隙有立方体、八面体、四面体等，填充离子一般尽可能选择体积较大的空隙，同时要与异号离子尽可能接触(作用距离小)，使其配位数较高并与异号离子之间有较强的作用力，使晶体最稳定。显然，堆积与填隙的具体形式与离子半径有一定关系。需要注意的是，这些原则对于晶体中所有离子都是适用的。

11.3.1　典型离子晶体

典型的离子晶体有 NaCl 型、CsCl 型、立方 ZnS 型(闪锌矿型)、六方 ZnS 型(纤维锌型)、CaF_2 型(萤石型)和 TiO_2 型(钙钛矿型)等。许多离子晶体的结构都可以看成是某种典型结构的类型或它的相关型。

1. NaCl 型

NaCl 型又称岩盐型结构，是 1∶1 型离子晶体较为普遍的一种结构。如图 11.11(a)所示，NaCl 晶体属立方晶系，位于顶点和面心的离子(如 Cl^-)构成面心立方堆积，晶体为面心立方晶格；Na^+ 位于棱心和体心，实际是 Cl^- 堆积形成的八面体空隙中心。负离子(Cl^-)和正离子(Na^+)的配位数均为 6，记为 6∶6，晶胞中有 4 个 NaCl 单位。如果将正负离子位置互换，上述描述同样正确。也就是说，位于棱心和体心的离子也是面心立方堆积。具有 NaCl 型结构的实例还有 KI、LiF、NaBr、MgO、CaS 等。

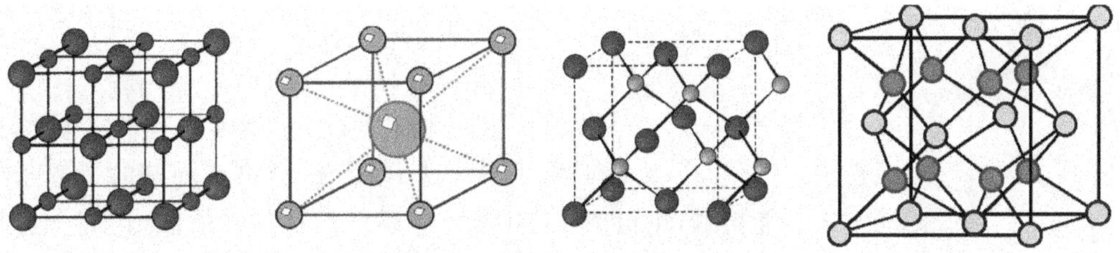

(a) NaCl型　(b) CsCl型　(c) 立方ZnS型　(d) CaF_2型

图 11.11　几种典型离子晶体的结构

2. CsCl 型

CsCl 型结构也是 1∶1 型离子晶体。从图 11.11(b)可以看出，该型结构也属立方晶系，简单立方晶格；正负离子位置也可以互换，都是简单立方堆积。晶体中异号离子占据立方体空隙，正负离子的配位数均为 8，记为 8∶8，晶胞中有 1 个 CsCl 单位。具有 CsCl 型结构的化合物还有 CsBr、CsI、TlCl、RbCl、NH_4Cl、NH_4Br、NH_4I 等。

3. 立方 ZnS 型

立方 ZnS 型结构属于立方晶系，半径较大的 S^{2-} 占据顶点和面心位置，为面心立方堆积，

半径较小的 Zn^{2+} 填充在四面体空隙中(占有率为 50%),如图 11.11(c)所示。晶体为面心立方晶格,含有 4 个 ZnS 单位,正负离子的配位数均为 4,记为 4∶4。正负离子位置也可以互换。BeS、CuCl、CuBr、CuI、CdS、BeO、ZnSe 等都具有这种结构。

4. CaF_2 型

CaF_2 俗称萤石,是一种 1∶2 型离子晶体,属立方晶系。位于顶点和面心的离子是 Ca^{2+},为面心立方堆积,氟离子作四面体填隙,填隙率为 100%[图 11.11(d)]。由于 F^- 半径大,Ca^{2+} 不可能相互接触。晶体为面心立方晶格,含有 4 个 CaF_2 单位,负离子 F^- 的配位数为 4,正离子的配位数为 8,记为 8∶4。当然,萤石型结构也可以理解为 F^- 作简单立方堆积,Ca^{2+} 填隙在立方体空隙中。ZrO_2、UO_2、ThO_2、CeO_2、BaF_2、PbF_2、SnF_2 等均采用萤石型结构。

Li_2O、Na_2O、K_2O 等也为萤石型结构,只不过正负离子位置全部互换,称为反萤石型结构,其中 Li^+、Na^+、K^+ 占有萤石结构中的 F^- 位置,而 O^{2-} 占据 Ca^{2+} 的位置。

11.3.2 离子晶体的半径比关系

同为 1∶1 型晶体,正负离子的配位数在 NaCl 中均为 6,在 CsCl 中均为 8,在 ZnS 中均为 4,它们的配位数为何不同?

从堆积模型来看,在离子晶体中,正负离子都倾向于尽量与较多的异号离子接触,使体系的能量尽可能降低,晶体趋于稳定。按照堆积原理,正负离子间的填隙关系由正负离子半径比 r_+/r_- 确定。

以 NaCl 晶体为例,半径较大的 Cl^- 形成面心立方堆积,半径较小的 Na^+ 填充在 Cl^- 堆积的八面体空隙中。如图 11.12 所示,考虑八面体的 4 个 Cl^- 和 Na^+ 位于同一平面,Cl^- 相互接触,Na^+ 与 4 个 Cl^- 接触,此时,Cl^- 的半径 r_- 和 Na^+ 的半径 r_+ 之间满足如下关系

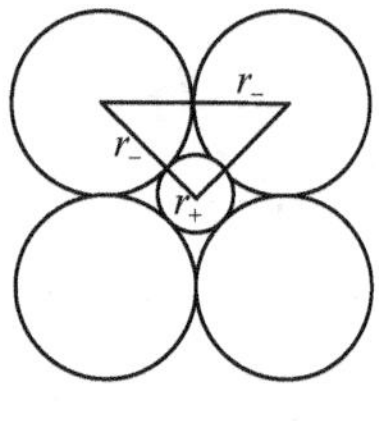

图 11.12　八面体填隙

$$2(r_-+r_+)^2=(2r_-)^2$$

$$(1+r_+/r_-)^2=2$$

$$r_+/r_-=1.414-1=0.414$$

若 $r_+/r_-<0.414$,则负离子相互接触,正负离子不能接触,体系不稳定;若 $r_+/r_->0.414$,正离子半径较大,会将其周围的负离子撑开使之不能接触,正负离子能接触,体系仍然稳定。所以,正离子进行八面体填隙,r_+/r_- 应大于 0.414。

如果正离子半径很大,使 $r_+/r_-=0.713$,则正离子半径已足够大,其周围能够容纳 8 个负离子,负离子相互接触,正负离子接触,体系将向 CsCl 型晶体转变。这样,形成八面体填隙的条件是 $0.414<r_+/r_-<0.713$,也就是 r_+/r_- 在 0.414～0.713 范围内,1∶1 型离子化合物一般会采用 NaCl 型结构。

对于 ZnS 型和 CsCl 型晶体进行相似的讨论,结果见表 11.1。这些结果称为半径比规则。在这里,该规则是针对 1∶1 型离子晶体的结果,其原理也可以用于其他类型离子晶体。

在多数情况下,离子晶体的结构符合半径比规则。需要注意的是,离子晶体还有其他一些结构类型,如 1∶1 型离子化合物还有六方 ZnS 型、NiAs 型等。而且,除了半径比规则对应的几何因素外,影响离子晶体结构类型的还有其他因素。

表 11.1　几种 1∶1 型离子化合物的晶体结构

离子晶体类型	r_+/r_-	负离子堆积方式	正离子填充的空隙	正负离子的配位数
ZnS 型晶体结构	0.225～0.414	面心立方堆积	四面体	4∶4
NaCl 型晶体结构	0.414～0.732	面心立方堆积	八面体	6∶6
CsCl 型晶体结构	0.732～1.000	简单立方堆积	立方体	8∶8

上述讨论针对的是相对简单的离子型化合物，如碱金属卤化物，可以选择的结构类型不多。相应于化学式 M^+X^-，仅有几种相对稳定的离子排列方式存在，而且影响晶体稳定性的各种因素是相互牵制的，没有一个因素能够确定地左右晶体究竟选用 NaCl 型结构或者 CsCl 型结构。对于复杂的化合物如云母 $KAl_3Si_3O_{10}(OH)_2$ 或者氯黄晶 $Al_{13}Si_5O_{20}(OH)_{18}Cl$ 来说，存在多种性质和稳定性差别很小的可能结构，而且可以预期，其中最稳定的结构即晶体实际采用的结果，将通过各种不同结构特点，反映出在决定离子晶体结构中起作用的各种因素。实际工作中，人们已经总结出有关复杂离子晶体稳定性的一整套规则。

11.4　共价晶体

原子之间通过共价键结合形成的晶体，称为共价晶体。金刚石、硅、氮化硅、氧化硅等都是共价晶体，整个晶体为一个巨大的分子。共价键的方向性和饱和性规定了共价晶体中原子间结合的方向和配位数。所以，在共价晶体中原子的配位数通常较低。例如在金刚石中，每个碳原子都以 4 个 sp^3 杂化轨道与相邻的碳原子形成共价键（碳原子配位数为 4），无数四面体构型的碳原子以这种方式相互键合，构成无限三维骨架结构。金刚石具有面心立方结构，如图 11.13 所示。该结构看起来与立方 ZnS 相似，只不过金刚石结构中所有原子均为碳原子。相应地，硅、锗、锡都具有相似的结构。

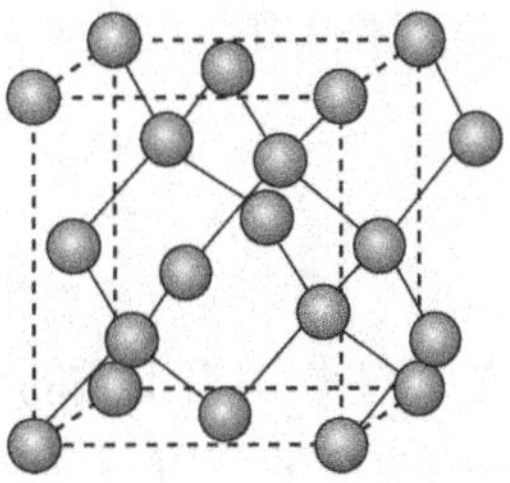

图 11.13　金刚石结构

二氧化硅是共价化合物，有多种晶型，它们都具有金刚石型结构。在这里，四面体是[SiO_4]，它们通过共用氧原子相互连接，形成巨大的共价分子。此外，金刚砂 SiC 的结构也与金刚石相似，只是其中含有交替的 Si—C 键。

一般来说，共价晶体的结构很稳定，具有很高的硬度和熔点。由于所有的价电子都参与成键，不能自由运动，因而共价晶体通常不导电。

11.5　分子晶体

分子晶体由分子组成，是由分子间作用力将分子结合起来的固体物质。分子晶体中的分子是共价分子，可以是极性分子，也可以是非极性分子，它们通过分子间作用力包括 van der Waals 力、氢键作用等结合，形成有序排列。分子间作用力很弱，所以分子晶体具有熔沸点较低、硬度小、易挥发等特性。

分子的形状非常多样，从最简单的（如球形、直线形）到非常复杂的都有。不管分子的形状如何，分子在晶体中的排列方式也是要使分子间作用力尽可能强，使体系能量降低而稳定。这样,堆积原理也可以用于说明一些分子晶体的结构。稀有气体的分子是球形的单个原子,在晶体中它们也形成密堆积结构,如具有面心立方或者六方结构。一些近似球形的分子,如 C_{60} 也采用面心立方堆积结构。还有一些简单的小分子,虽然其本身并不是球形分子,但由于分子作用力较弱,热运动使它们在晶体中能够相对自由的旋转,看起来就像球形分子一样,所以它们也采用最密堆积结构,如 H_2 晶体为六方晶格,HCl、HBr、HI、H_2S、CH_4 为面心立方晶格。

一些分子间作用力具有一定的方向性,它们可能影响晶体结构。如图 11.14 所示,干冰的晶体结构看起来好像是面心立方结构,但实际是简单立方结构,这是因为在面心与顶点位置 CO_2 分子的取向不同。由于 CO_2 分子的 C—O 键有极性,在晶体中分子间的偶极作用比较重要,而偶极作用的方向性使晶体中 CO_2 分子具有特定的取向。如图 11.14 中的排列方式可以使 CO_2 分子的碳原子与相邻分子的氧原子距离更近,增加分子间作用力,使晶体稳定。

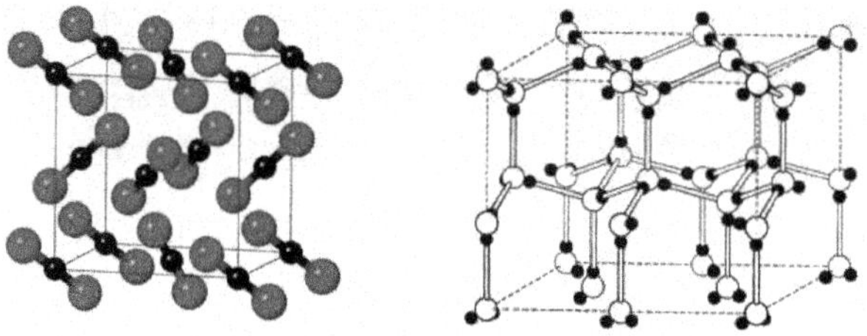

干冰　　　　立方冰

图 11.14　干冰和立方冰的结构

氢键作用具有明确的方向性,自然会影响分子晶体的结构。不同条件下,水可以形成多种晶型的冰,如常见的立方和六方晶型的冰。在这两种晶型中,6 个相邻水分子通过氢键形成六元环(图 11.14)。

11.6　化学键键型和晶体构型的变异

基于作用力本质的不同,晶体分为 4 种典型晶体,即金属晶体、离子晶体、共价晶体和分子晶体,对应的作用力分别是金属键、离子键、共价键和分子间作用力。晶体类型不同,它们的性质也不同,见表 11.2。实际情况远比这复杂,在典型化学键之间存在系列过渡性键型,相应也存在过渡型晶型。

表 11.2　晶体的基本类型和性质

晶体类型	晶体组分	组分间作用力	组分堆积情况	熔沸点	硬度	延展性	导电性
金属晶体	金属原子	金属键	多数是密堆积,配位数在 6 以上	一般较高	一般较大	良好	良好
离子晶体	正负离子	离子键	多数为负离子密堆积,正离子填充空隙	较高	较大	差	绝缘体
共价晶体	原子	共价键	空间利用率和配位数低	高	大	差	绝缘体(半导体)
分子晶体	分子	分子间作用力	多数是密堆积	低	小	差	绝缘体(分子导体、半导体)

11.6.1 键型和晶型

化学键型是指原子之间作用力的本质，典型的有离子键、共价键、金属键。化学键型可能与晶体组分间作用力一致，此时晶体属于对应的晶型。离子键、共价键和金属键是理想的化学键型，多数情况下，原子之间作用力不属于其中的任何一种，而是属于它们之间的过渡形式。这样，多数晶体应属于过渡型晶型。

可以把离子键和共价键看成是化学键的两种极端情况，具体化学键偏离它们的程度用离子性百分数表示。单键 A—B 的离子性百分数 $f(i)$可以由下式计算

$$f(i)=1-e^{-\frac{1}{4}(\chi_A-\chi_B)^2}$$

式中，χ_A和χ_B分别是原子 A 和 B 的电负性。表 10.1 给出了电负性差值 $\Delta\chi$ 与单键离子性百分数之间的关系，图 11.15 是其关系图。

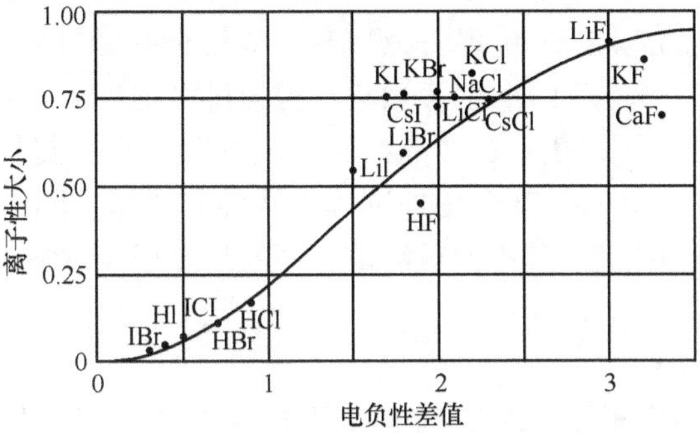

图 11.15 电负性差值与单键离子性百分数之间的关系

A—B 分子离子性百分数也可以用其实验偶极矩与理论偶极矩(电子电荷与键长的乘积)之比求得，图 11.15 同时标出了一些 A—B 分子的实验结果。可以看出，理论值与实验值粗略吻合。也就是说，实验结果和理论分析都说明，一般化学键既有离子性成分又有共价性成分，是两类化学键的某种“杂化”体；完全的共价键是存在的，实际并没有完全理想的离子键。

按照 $f(i)$计算式，当 A—B 键的两个原子电负性差值为 1.7 时，键的离子性和共价性都为 50%。这样，氟与任何金属或者其他电负性接近于 2 的元素如 H、B、P、As 和 Te 等结合时，所成之键都有很大的离子性；氧和任何金属之间的键都有不低于 50%的离子性。当然，这些计算只是粗略的，但仍能够反映化合物中化学键的基本方面，可以用于相互比较。

例如第三周期元素的氧化物，按照电负性差值的大小，氧原子与其他原子间的主要作用力，在 Na_2O、MgO、Al_2O_3 中可以认为是离子键，在 SiO_2、P_4O_{10} 和 Cl_2O_7 中是共价键，它们分别属于离子晶体、共价晶体和分子晶体。虽然 Na_2O、MgO、Al_2O_3 同是离子晶体，但是 Al_2O_3 应该有较大的共价成分，因为其熔点 2027 ℃比 MgO 熔点 2802 ℃低不少。相似的现象也存在于其他类型化合物中，如氟化物、氯化物等。

在共价键和金属键之间也存在过渡性键型。例如第三周期元素，从钠到氯，钠原子之间是典型的金属键，氯原子之间是典型的共价键，在两者之间单质的化学键是从金属键到共价键的过渡。这是因为金属原子电负性小，电子容易离域，离域电子可在较大范围内活动形成金属键。但周期表从左到右，原子的电负性增大，电子受原子核的吸引增加，电子定域性增加，化学

键过渡为定域特征的共价键,单质也由共价大分子过渡到共价小分子。

所以,单质形成的晶体可能是金属晶体、共价晶体、分子晶体,但是也存在一些过渡型晶型。在元素周期表中,属于分子晶体的为数不多,只有 F、Cl、Br、I、O、N 这些典型非金属元素的单质和稀有气体形成分子晶体。金属元素除 Ge、Sn、Sb、Bi、Sb 一些半金属外都是金属晶体,半金属元素和其他非金属元素单质属于共价晶体或过渡型晶型。此外,在高压低温下,H_2 也可以形成性质与金属相似的晶体。

实际上,不但多数晶体不能简单归结于某一典型晶型,相同组成的晶体也可能具有完全不同的晶型。例如,在自然界碳单质有两种晶体,金刚石和石墨(图 11.16)。金刚石无疑是典型的共价晶体,石墨晶体则不然。理论上,石墨晶体为一分子晶体,但其中的分子比较特别,是有典型共价键的巨大分子,具有明显的共价晶体特征。所以,石墨晶体最好看成是共价晶体和分子晶体之间的过渡晶型。碳单质也存在分子晶体,如人工合成的 C_{60} 等。石墨晶体是碳单质的稳定晶型,其他都是非稳定晶型。

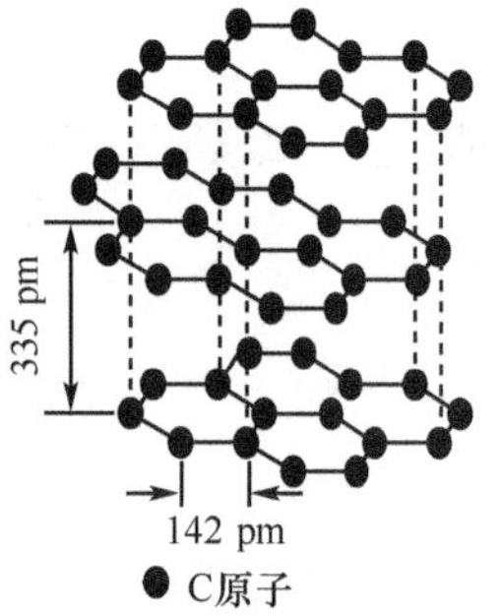

图 11.16　石墨晶体的结构

综上所述,多数化学键为过渡型键型,对应晶体也多属于过渡型晶型。由于晶体晶型确定的基础是化学键键型的确定,人们提出了很多理论用于更加准确地描述化学键,进而更细致地讨论晶体的相关性质,其中比较简单实用的是离子极化学说。

11.6.2　离子极化

离子极化学说以理想离子键为基础,考虑离子在晶体中的实际性质,进而对化学键进行修正。该学说认为离子化合物中正负离子之间的作用除了主要的静电引力之外,诱导力也很重要,必须加以考虑。事实是,离子都带有电荷,但离子不是点电荷,它们都有具体的电子结构,因此当离子靠近时必然会使其他离子或原子的电子云发生形变,同时,离子本身的电子云在与其他离子接近时也会产生形变。离子的这两种特性分别称为离子的**极化作用**和**变形性**。电荷、半径和电子构型为离子的基本特征,它们决定了离子的极化能力与变形性的大小。

1. 离子的极化作用

正离子因失去电子而使价层电子云发生收缩,半径小,电荷密度高,极化能力强,而变形性就相对较小;正离子有不同的电子构型,由于它们对核电荷的屏蔽能力不同而影响离子的极化能力,又由于它们与核结合的紧密程度不同而影响其变形性。考虑离子的极化作用,有如下规律。

(1) 在电子构型相同的情况下,正离子电荷数越高,半径越小,极化能力越强,如极化能力:$Al^{3+}>Mg^{2+}$,$Li^{+}>Na^{+}>K^{+}$,$Mg^{2+}>Ba^{2+}$。H^{+} 虽然电荷不高,但半径极小,因而极化能力极强。

(2) 对于不同电子构型的正离子,具有 d^n 电子构型的离子比具有闭壳层结构的离子有更强的极化能力。一般认为,不同电子构型的离子的相对极化能力顺序为:d^{10}、$d^{10}s^2$ 构型以及氦型离子>$d^{1\sim9}$ 构型>s^2p^6 构型。例如,Ag^{+}、Pb^{2+}、Bi^{3+} 等的极化能力比 Fe^{2+}、Co^{2+}、Ni^{2+}、Cr^{3+} 等强,Fe^{2+} 等又比 Rb^{+}、K^{+}、Ba^{2+} 的极化能力强。

d^{10}、$d^{10}s^2$ 构型之所以具有较强的极化能力,是因为其最外层 d 电子对于核电荷的屏蔽作用较弱。氦型结构的 Li^+ 和 Be^{2+} 由于只有一个电子层，半径特别小，因此也有强的极化能力。

(3) 负离子的极化能力一般较弱，但一些半径较小的负离子如 F^-、O^{2-} 有一定的极化能力。此外，一些电荷较高的复杂负离子，如 SO_4^{2-}、PO_4^{3-} 等也有一定的极化能力。

2. 离子的变形性

负离子因得到电子而价层电子云发生膨胀，半径大，电荷密度低，极化能力弱，常表现强的变形性。此外，一些电荷低、半径较大的正离子，特别是具有非闭壳层结构的正离子也有一定的变形性。

(1) 对于电子构型相同的离子来说，半径越大，负电荷越高，变形性越大，如变形性：$I^- > Br^- > Cl^- > F^-$；$O^{2-} > F^-$。

(2) 负离子的变形性比正离子的变形性大。例如具有同样电子构型的 Cl^- 变形性比 K^+ 大。

(3) d^{10}、$d^{10}s^2$ 电子构型的离子，甚至 d^n 构型的离子有较大的变形性，这主要是这些离子的外层 d 电子与核结合松弛的缘故，如变形性：$Ag^+ > K^+$；$Hg^{2+} > Ca^{2+}$。

3. 离子极化对物质性质的影响

离子键是用来描述正负离子之间的相互作用，在这里认为正离子完全失去电子，负离子完全接受了正离子失去的电子。这显然是一种极端情况。离子极化学说是将所有化学作用先看成是理想的离子键，然后考虑离子间的作用即离子极化作用的影响。**离子极化的本质是负离子的电子云与正离子部分共享，可以认为是基于典型离子键引入部分共价键的特征，增加了正负离子之间的作用力**。这样做更能反映化合物中化学键的本质。由于键型发生了变化，化合物的晶型也与典型晶型有差异，化合物的物理化学性质也随之有差异。

在考虑离子极化的时候，由于负离子的极化作用一般不显著，正离子的变形性又较小，所以通常只考虑正离子对负离子的极化作用。当正离子也容易变形时，往往会引起正负离子的**相互极化**作用，极化作用将更强。一般来说，$d^{10}s^2$ 电子构型的离子容易变形，易引起较强的相互极化；正负离子的变形作用越强，相互极化作用越强。

依离子极化作用，正离子电荷数增加，离子极化能力加强，晶体的特征作用力由离子键向共价键过渡。例如第三周期元素的氧化物，Na_2O 可以认为是典型的离子晶体；到 MgO 和 Al_2O_3，晶体的离子性减弱，共价性增强；再到 SiO_2 已为共价型的原子晶体。再往后，P_2O_5、SO_3、Cl_2O_7 则属于分子晶体。

所以，极化作用越强，键的共价性越强，并因此化合物的性质也发生变化。

1) 化合物的熔沸点

化学键型不同，化合物的晶型就可能发生变化，其熔沸点随之不同。例如 $NaCl$、$MgCl_2$、$AlCl_3$、$SiCl_4$ 是同一周期元素的氯化物，随着正离子有效电荷的增加，半径减小，极化作用增强，化合物的键型由离子键逐渐向共价键过渡，晶型由离子晶体逐渐变为分子晶体，熔点依次降低。

2) 化合物的颜色

离子极化作用本质上是使负离子的价层电子向正离子部分转移，极化作用越强，电子跃迁需要吸收的能量越低，宏观体现是化合物吸收光谱红移，颜色加深。例如 $NiCl_2$、$NiBr_2$、NiI_2 的颜色分别为黄褐色、棕色和黑色，就是因为从 Cl^- 到 Br^- 再到 I^-，负离子的变形性增加，离子极化作用增强,化合物的颜色依次加深。相似的,ZnS、CdS、HgS 分别为白、黄和红(黑)色,颜色依次加深,也是离子极化作用依次增强的结果。

3) 化合物的溶解度

离子极化导致离子键向共价键过渡,使化合物在水中的溶解度变小。例如,AgF 易溶于水,而 AgCl、AgBr、AgI 的溶解度依次递减。这是因为氟离子半径很小,不易变形,Ag^+ 和 F^- 的相互极化作用小,AgF 属离子晶体,可溶于水。银的其他卤化物,随 Cl、Br、I 顺序,共价性增强,所以溶解度递减。

4) 化合物的晶格类型

CdS 正负离子半径比为 0.53,应属于 NaCl 型,但实际为 ZnS 型。这是因为 Cd^{2+} 和 S^{2-} 相互极化,使正负离子相互接近,键的共价性增加,降低了阴阳离子半径之比,从而降低了离子的配位数,使晶型发生转变。表 11.3 比较了 AgX 的构型,从中可以看出离子极化对于化合物键型和晶型的影响。

表 11.3 离子极化对 AgX 的影响

化合物	AgF	AgCl	AgBr	AgI
实验值 r_0/pm	246	277	289	281
计算值$(r_+ + r_-)^*$/pm	248	296	311	335
r_+/r_-	0.86	0.64	0.59	0.52
键型	离子键	过渡型	过渡型	共价键
晶体构型	NaCl 型	NaCl 型	NaCl 型	ZnS 型

* 采用 Goldschmidt 离子半径数据,Ag^+ 半径为 6 配位的数据。

离子极化学说在化学中有多方面的应用,如应用它还可以说明无机化合物的稳定性、酸碱性、水解性及其他性质。不过,离子极化学说的局限性也是明显的,在实际应用中需要注意。

11.7 晶体缺陷

前面各节关于晶体的讨论涉及理想晶体或者完美晶体。实际晶体并不那么完美,都是存在缺陷的,称为晶体缺陷。晶体缺陷在晶体组成上往往是微小的,对于物质的基本化学性质影响很小,但是对于晶体的物理性质(如光学、电学、磁学等)经常起到决定性的作用。

晶体缺陷表现为晶体结构中局部范围内,质点的排布偏离周期性重复的空间格子规律而出现错乱的现象。晶体缺陷分为点、线、面缺陷三类。线、面缺陷主要是一些晶格之间的错位造成的。此外,晶体还可能有体缺陷,主要是沉淀相、晶粒内的气孔和第二相夹杂物等。下面主要介绍点缺陷。

点缺陷只涉及大约一个晶格点范围的晶格缺陷。它包括晶格位置上缺失正常应有的质点而造成的空位;由额外的质点充填晶格空隙而产生的填隙;由其他成分的质点替代了晶格中固有成分质点的位置而引起的替位等。在类质同晶混晶中替位是一种普遍存在的晶格缺陷。

1. 本征缺陷

在离子晶体中存在一类缺陷,称为肖特基缺陷(Schottky defect),其特征是晶体中存在成对的正负离子空位。例如在 NaCl 晶体中，同时存在 Na^+ 和 Cl^- 空位（图 11.17）；若是 $CaCl_2$ 晶体，存在一个 Ca^{2+} 空位，必定同时有两个 Cl^- 空位与其对应。

在离子晶体中还有一类缺陷，其特征是一个离子占据原来空位成为间隙原子，空出正常位置成为空位，称为弗仑克尔缺陷（Frenkel defect）。由于正离子通常比负离子小，所以经常是正离子成为间隙原子。如图 11.18 所示，AgBr 晶体中存在 Ag^+ 形成的 Frenkel 缺陷。

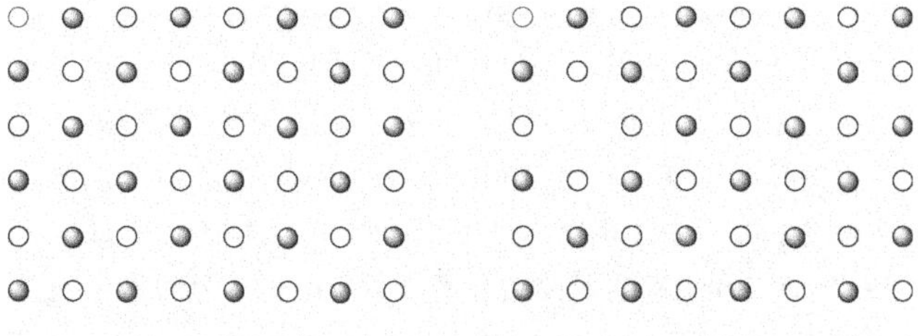

图 11.17　NaCl 晶体缺陷示意图

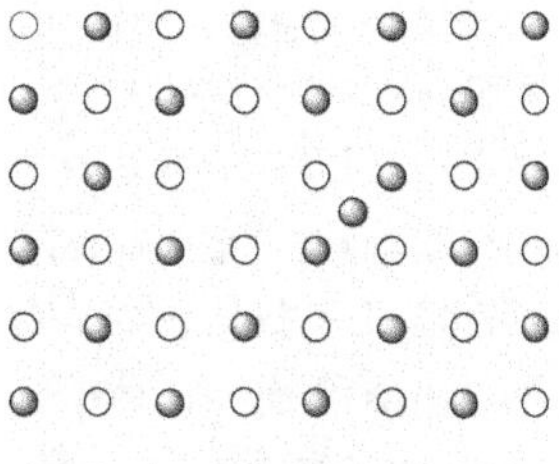

图 11.18　AgBr 晶体缺陷示意图

Schottky 缺陷和 Frenkel 缺陷都是热运动引起的，所以称为本征缺陷。温度越高，缺陷量越大。尽管如此，相对于晶体中原子的数量，缺陷量很小。由于这两类缺陷存在于化学计量化合物的晶体中，所以又称为化学计量缺陷。

2. 非整比缺陷

非整比化合物在过渡金属化合物中常见，因为过渡金属可具有不同氧化态。一个常见的例子是氧化亚铁，其结构可以认为氧原子采取立方密堆积，Fe^{2+} 填充所有的八面体空隙。实际上有一些空隙是空的，为了平衡电荷，对应的在另外位置上的铁是 Fe^{3+} 占据。所以，氧化亚铁的实际组成为 $Fe_{0.95}O$。相似的例子还有 TiO，其实际组成可以在 $Ti_{0.74}O$ 到 $Ti_{1.67}O$ 之间，依赖于制备时氧的压力。

与正离子缺少一样，负离子缺少也可以形成非整比缺陷。著名的超导材料 1-2-3 化合物 $YBa_2Cu_3O_{7-x}$（$0 \leqslant x \leqslant 0.5$），其结构中缺少 O^{2-} 而存在空位，有一部分 Cu 为 Cu^{3+} 而不是 Cu^{2+}。又如，将 NaCl 置于钠蒸气中，白色的固体可以转化为蓝色。蓝色固体的组成可以表示为 $Na_{1+x}Cl$，有相当一部分在 NaCl 晶体中 Cl^- 占据的位置现在由电子占据，形成所谓色中心（常称为 F 中心），电子能够由可见光激发从而显现颜色。与此类似的还有 $Cd_{1+x}Cl_2$ 等。

3. 其他点缺陷

由非晶格中固有成分引起的填隙和替位也是常见的缺陷类型。例如，镍和铜原子有相似的大小和电负性，镍和铜有相同的面心立方密堆积结构。两金属可以形成稳定的任意比例混合物，原子在合金中随机分布，实际形成的是固体溶液。

现代高度发展的电子工业是以晶体硅为基础，通过掺杂使材料具有特定的电子性质。例如，在硅基中掺入少量砷，砷原子占据硅原子的晶格位置形成替位缺陷。由于砷有 5 个价电子，比硅原子多一个，多余的电子在晶体中具有离域性，可以自由运动，使材料具有比基质材料更高的导电性。相反，如果掺入的是缺电子的 B 原子，将形成空穴。空穴也具有离域性并可以自由运动，掺杂材料也拥有更高的导电性。所以，这类具有特定导电性质的材料为半导体材料,都是有缺陷的晶体。

由于晶体缺陷对于晶体的物理性质(如光学、电学、磁学等)经常起到决定性的作用,它们在材料工业中有广泛应用,至今仍然是相关学科非常关切和感兴趣的研究课题。

小　结

本章介绍了晶体的特征、晶体结构的周期性、晶格、晶胞、晶系、晶格形式等基本知识;介绍了等径圆球堆积模型,接着基于晶体中组分间作用力的本质,介绍了金属晶体、离子晶体、原子晶体和分子晶体 4 种基本晶体类型,以及它们的基本结构与特性。晶体类型不同,晶体结构特点也不相同:由于金属键、离子键没有方向性和饱和性,金属晶体基本上可以看成是金属原子等径圆球堆积特别是密堆积;多数离子晶体是以负离子密堆积为基础,正离子则填充在相应空隙之中;共价晶体则由于共价键的方向性和饱和性,原子只在确定的方向堆积;分子晶体中分子根据 van der Waals 力的特性聚集成较密堆积。由于组分间作用力及堆积方式不同,各类晶体的物理化学性质呈现很大差异。

根据键的极性概念,本质上不同的离子键、共价键、金属键之间并没有绝对的界限。离子极化作用可以说明实际化学键在离子键到共价键之间的逐步过渡性质。键型的变异又导致晶体类型变异,从而使物质的性质变化万千。实际晶体是有缺陷的,晶体缺陷为数很小,但是对晶体的物理性质有较大的影响。

思考与研讨

11.1 举例说明下列概念。

(1) 晶体　(2) 晶格　(3) 晶胞

(4) 晶体类型　(5) 单独分子　(6) 巨型分子

11.2 下列哪些密置层排列方式不能形成密堆积晶格?

(1) ABCABC…　(2) ABAC…　(3) ABBA…

(4) ABCBC…　(5) ABABC…　(6) ABCCBA…

11.3 下列几种说法是否正确? 为什么?

(1) 凡是具有规则外形的固体都是晶体。

(2) 晶体的光学性质一定具有各向异性。

(3) 晶胞就是晶格。

(4) 体心立方晶胞中有 9 个原子。

(5) CsCl 型晶体是体心立方晶格。

11.4 Mg^{2+} 与 Mn^{2+} 半径分别为 66 pm 及 80 pm,但 MgSe 与 MnSe 化合物核间距都是 273 pm。请加以说明。

11.5 根据下列物质中各元素在晶胞中的配位数,写出有关化合物的化学式。

(1) 硫化锑,Sb:6,S:4。

(2) 氧化铼,Re:6,O:2。

(3) 氧化钍,Th:8,O:4。

11.6 怎样理解离子极化作用和变形性? 离子极化的应用原理是什么?

11.7 离子的极化能力和变形性分别与哪些因素有关? 为什么 Ag^+ 的半径(115 pm)比 Na^+ 的半径(102 pm)大,但 Ag^+ 的极化能力比 Na^+ 强? 为什么卤化铜 CuX 全部是 ZnS 结构,尽管它们的(r_+/r_-)值都大于 0.414? 电荷更高的 Zn^{2+}、Cd^{2+} 和 Hg^{2+} 的氧族元素化合物(如 ZnS)为何大多采用 ZnS 型晶体结构?

11.8 温度不同,RbCl 可能是 NaCl 型或 CsCl 型结构。如何理解该实验现象?

11.9　实际晶体是有缺陷的，缺陷对晶体的化学性质影响很小，但是对晶体的物理性质的影响较大。如何理解？

习　题

11.1　证明等径圆球面心立方最密堆积的空间占有率为 74.05%。

11.2　试根据原子半径 r 计算面心立方晶胞、六方晶胞、体心立方晶胞的体积。

11.3　金属镁原子作六方密堆积，测得它的密度为 1.74 $g \cdot cm^{-3}$，求它的晶胞体积。

11.4　比较 CsCl 和 CaF_2 类晶格，分别确定它们的配位数。

11.5　LiBr 具有 NaCl 型晶体结构，密度为 3.464 $g \cdot cm^{-3}$。请计算晶体中相邻正负离子之间的距离，并与离子半径之和比较。

11.6　纯铁在 912 ℃由体心立方结构转变成面心立方，体积随之减小 1.06%。根据面心立方结构的原子半径 $r_{面心}$ 计算体心立方结构的原子半径 $r_{体心}$。

11.7　金属钠为立方体心点阵，a 为 429 pm，计算其原子半径和理论密度。

11.8　有效离子半径可通过晶体结构测定算出。在下面 NaCl 型结构晶体中，测得 MgS 的晶胞参数 a=0.52 nm（在这种结构中，阴离子是相互接触的）。若 CaS(a=0.567 nm)、CaO(a=0.48 nm)和 MgO（a=0.42 nm)一般为阳离子-阴离子接触，试求这些晶体中各离子的半径。

11.9　灰锡为立方面心金刚石型结构，晶胞参数 a=648.8 pm。

(1) 计算 Sn 的原子半径；

(2) 灰锡的密度为 5.77 $g \cdot cm^{-3}$，求 Sn 的相对原子质量；

(3) 白锡为四方晶系，a=583.1 pm，c=318.2 pm，晶胞中含四个锡原子，请通过计算说明由白锡变为灰锡，体积是膨胀还是收缩。

(4) 已知白锡中 Sn—Sn 平均键长为 310 pm，判别哪一种晶型中的 Sn—Sn 键强，哪一种 Sn 的配位数高。

11.10　$BaTiO_3$ 晶体具有钙钛矿结构，可用立方晶格来描述，钡离子占据晶胞的角，氧离子占据晶胞的面心，钛离子占据晶胞的中心。

(1) 如果 Ti 被认为是占据 Ba—O 晶格的空隙，它占据的空隙属于什么空隙类型？

(2) Ti 占据该类型空隙的分数。

(3) 解释它占据空隙的类型为什么是这一种而不是另外一种。

11.11　试根据晶体中正负离子半径比值，判断下列 AB 型离子化合物的晶体构型。（用 Goldschmidt 半径数据）

CaS　　BeO　　NaBr　　CsBr　　MgTe

11.12　从晶体中质点间作用力分析 4 种晶体的区别。

11.13　对于 AgI 晶体，理论上按 r_+/r_-=0.583，应属于 NaCl 型结构。实际研究得知 AgI 为 ZnS 型结构。请做简要解释。

11.14　已知 NaCl、ZnO 为离子型化合物，ZnS、SiO_2、SiC 为共价型化合物，试解释。

11.15　比较 HCl、CsCl 和 TlCl 化合物的离子性百分数的大小，解释计算结果。已知 Cs—Cl 键长和偶极矩分别为 290 pm 和 10.42 D，Tl—Cl 键长和偶极矩分别为 320 pm 和 4.44 D。

11.16　试用离子极化观点排出下列化合物的熔点及溶解度由大到小的顺序。

(1) $BeCl_2$，$CaCl_2$，$HgCl_2$　　(2) CaS，FeS，HgS　　(3) LiCl，KCl，CuCl

第 12 章　配位化合物与配位平衡

也许你对配位化合物并不陌生，可配位化合物准确的概念是什么？独立、稳定存在的 $CoCl_3$ 和 NH_3 还能进一步反应生成新的、稳定的化合物吗？你是否知道配位化合物在化合物中占有多大的比例？众多的配位化合物是如何分类的？有哪些特点？我们又该如何描述配位化合物的微观结构？配位化合物有何新的成键理论？如何用这些理论来阐明配位化合物的各种物理、化学性质？配位化合物在化学工业和日常生活中扮演着怎样的角色？所有这些，我们不能不去关注、探索其中的原委。

12.1　配位化合物的基本概念

12.1.1　配位化合物的定义

随着配位化学的发展及多学科交叉的日益增多，给配位化合物下一个严格的定义变得越来越困难。配位化合物以前称为络合物，1980 年中国化学会公布的《无机化学命名原则》曾给予其这样的定义："配位化合物是由可以给出孤对电子或多个不定域电子的一定数目的离子或分子（称为配体）和具有接受孤对电子或多个不定域电子的空位的原子或离子（统称中心原子）按一定的组成和空间构型所形成的化合物"。

现在可以说，配位化合物是由中心离子或原子（以下均简称中心离子）和配位体（阴离子或分子）以配位键的形式结合而成的复杂离子（或分子），通常称这种复杂离子（或分子）为配位单元。凡是含有配位单元的化合物都称为配位化合物。配位化合物的特征就是含有配位键（配位键指的是若甲方具有已成对的孤对电子，乙方具有能量与甲方相近的空轨道，则成键的两个电子完全由甲方提供所形成的化学键）。

按照上述定义，$[FeF_6]^{3-}$、$[Ag(S_2O_3)_2]^{3-}$、$[AlCl_6]^{3-}$、$[Cu(NH_3)_4]^{2+}$、$[Fe(H_2O)_6]^{3+}$、$[Ag(NH_3)_2]^{+}$、$[Co(NH_3)_3Cl_3]$、$[Fe(CO)_5]$、$[PtCl_2(NH_3)_2]$等都含有中心离子以及配位体，且它们之间都形成配位键，因此都是配位离子（化合物）。

要注意到复盐与配位化合物的区别。复盐指的是由两种或两种以上同种晶型的简单盐类所组成的化合物，有些复盐是配位化合物，有些不是。例如，红色复盐 $CsRh(SO_4)_2 \cdot 4H_2O$ 和 $LiCl \cdot CuCl_2 \cdot 3H_2O$ 就是配位化合物，而复盐光卤石 $KCl \cdot MgCl_2 \cdot 6H_2O$ 以及钾镁矾 $K_2SO_4 \cdot MgSO_4 \cdot 6H_2O$ 却不是配位化合物。原因是前者的结构中存在 $Rh(SO_4)_2^-$ 和 $CuCl_3^-$ 这样的配位单元，而后者的结构中并不存在这样的配位单元，因此按照配位化合物的定义这样的复盐不属于配位化合物的范畴。

12.1.2　配位化合物的组成

或许你已经遇到过配位化合物了。例如 Ag^+ 的鉴定，向含有 Ag^+ 的溶液中加入 Cl^-，立即生成不溶于水的 AgCl 白色沉淀

$$Ag^+ + Cl^- \rightleftharpoons AgCl\downarrow$$

此时加入过量的 NH_3，不溶的 AgCl 沉淀立即溶解，溶液变得澄清，因为生成了稳定的配离子 $[Ag(NH_3)_2]^+$

$$AgCl + 2NH_3 \rightleftharpoons [Ag(NH_3)_2]Cl$$

如果继续向此澄清液中加入过量的 HNO_3，白色沉淀又重新出现。这是因为 HNO_3 与 NH_3 反应生成 NH_4^+ 使溶液中的 NH_3 浓度减少，上述平衡向左移动，又重新生成了 AgCl。

配位化合物的生成过程中常伴随着极为明显的颜色变化，最有趣的一个例子应该是 $CoCl_2$ 水溶液作为隐形墨水的使用。用 $CoCl_2$ 水溶液进行书写几乎看不到字迹，如果加热一下就变成清晰的蓝色，经放置后蓝色又缓慢褪去，重新变成无色。这是因为

$$2[Co(H_2O)_6]Cl_2 \rightleftharpoons Co[CoCl_4] + 12H_2O$$

$[Co(H_2O)_6]Cl_2$ 原本是淡粉色的，经过稀释后变成几乎无色，所以写出的字迹几乎看不见，但是一旦加热，水分释放出来就生成了蓝色的配位化合物 $Co[CoCl_4]$，经过放置后，空气中的水分被 $Co[CoCl_4]$吸收，又重新生成了$[Co(H_2O)_6]Cl_2$。

上述配位化合物$[Ag(NH_3)_2]Cl$、$[Co(H_2O)_6]Cl_2$ 和 $Co[CoCl_4]$都有着共同的特点：Ag^+ 和中括号内的 Co^{2+} 称为中心离子，NH_3 和中括号内的 Cl^- 称为配位体，中心离子与配体之间以配位键相结合，在水中不发生电离，构成了配位化合物的**内配位层**（或称内界、配离子、配位单元），通常把它们放于中括号内；而中括号以外的称为**外配位层**（或称外界），内界与外界之间以离子键相结合，在水中完全电离。例如

$$[Ag(NH_3)_2]Cl \longrightarrow [Ag(NH_3)_2]^+ + Cl^-$$

在配位化合物 $Co[CoCl_4]$中，一个 Co^{2+} 为中心离子，与配位体 Cl^- 之间形成配位键，构成配位化合物的内界 $[CoCl_4]^{2-}$，另外一个 Co^{2+} 是外界，在水中电离方式为

$$Co[CoCl_4] \longrightarrow Co^{2+} + [CoCl_4]^{2-}$$

下面以$[Co(NH_3)_6]Cl_3$ 为例说明配位化合物的组成（图 12.1）。

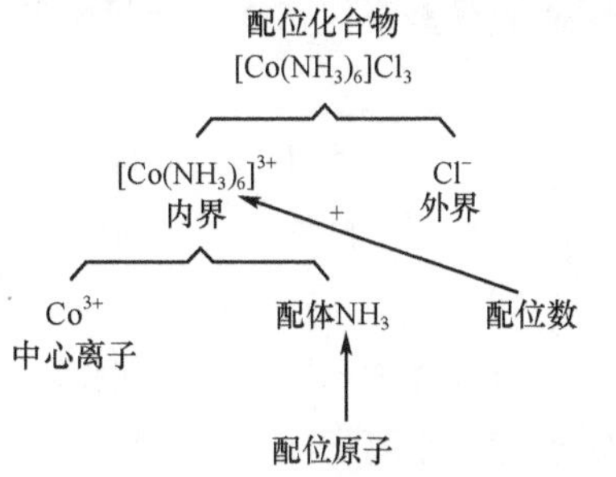

图 12.1　配位化合物组成示意图

1. 中心离子

配位化合物的中心一般为带正电的阳离子、电中性的原子和极少数的阴离子，如$[Ag(NH_3)_2]Cl$ 中的 Ag^+，$[Ni(CO)_4]$中的 Ni 原子和 $H[Co(CO)_4]$中的 Co^-。

能充当中心离子的元素几乎遍及元素周期表的各个区域，但常见的是金属离子，特别是一些过渡金属离子，也有少量的非金属元素可以作为中心离子，如 $H_2[SiF_6]$中的 Si^{4+}、$[BF_4]^-$ 中的 B^{3+} 等。

中心离子必须有空轨道以接受配位体提供的孤对电子。

2. 配位体

配位体常简称为配体，它可以是阴离子如 X^-（卤离子）、CN^-、SCN^-、OH^-、PO_4^{3-} 等，也可以是中性分子如 NH_3、H_2O、CO 等。配体中不是所有原子都提供孤对电子，在配体中能够提供孤对电子、直接与中心离子形成配位键的原子称为配位原子。配位原子必须含有孤对电

子，如 H_2O 中的 O 原子，NH_3 中的 N 原子。配位原子主要是周期表中第四～七主族的电负性较大的原子，如 C、N、O、P、S、X 等原子，除此之外 Sb、Bi、Se、Te 等不常见的金属原子也可作为配位原子。

有些配体的所有原子都没有孤对电子存在，但是其 π 键上的电子可以作为孤对电子与中心离子形成配位键，如乙烯、苯和环戊二烯离子($C_5H_5^-$)等不饱和烃类。

有些配体中的一个配位原子可以同时与两个中心离子配位，这样的配体称为桥联配体，又称为中继基，如 OH^-、Cl^- 等。

根据配体中含有的配位原子数目不同，可以将配体分为**单齿配体**和**多齿配体**。单齿配体是只含有一个配位原子，提供一对孤对电子，形成一个配位键的配体；多齿配体是具有两个或两个以上配位原子，能提供两对以上孤对电子，形成数个配位键的配体。配体含几个配位原子即几齿配体。

常见的单齿配体有卤离子(F^-、Cl^-、Br^-、I^-)、其他离子(CN^-、SCN^-、NO_3^-、NO_2^-、$RCOO^-$)、中性分子(R_3N、R_3P、R_2S、H_2O、C_5H_5N)等。大体说来，卤离子为弱配体，以 O、S、N 为配原子的配体是中强配体，以 C 原子为配位原子的配体是强配体。

乙二胺(en)分子中含有两个配位 N 原子，是二齿配体，乙二胺四乙酸根(EDTA)有两个配位 N 原子和四个配位 O 原子，是六齿配体。多齿配体和中心离子之间能形成环状结构，像螃蟹的双螯钳住东西一样起螯合作用。因此，多齿配体又称为螯合剂。

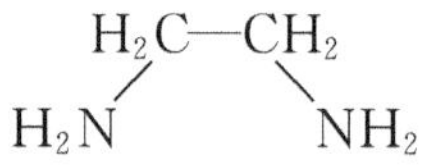

en

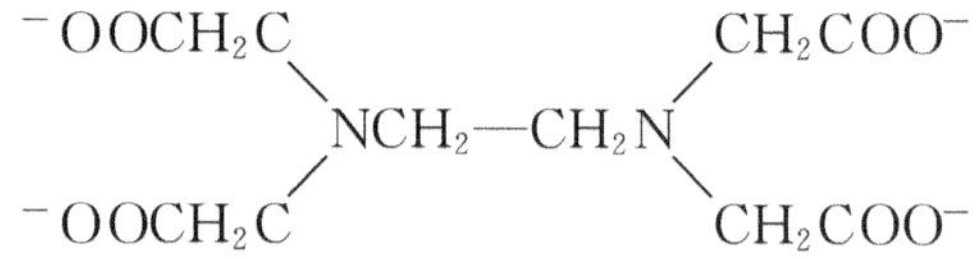

EDTA

与螯合剂不同，有些配体虽然也具有两个或多个配位原子，但在一定条件下仅有一种配位原子与中心离子配位，这类配体称为**两可配体**。例如硝基(—NO_2^-，配位原子为 N 原子)与亚硝酸根(—O—N═O^- ，配位原子为 O 原子)，硫氰根(SCN^-，配位原子为 S 原子)和异硫氰根(NCS^-，配位原子为 N 原子)。一些常见的配体见表 12.1。

表 12.1　常见的配体

配体类型	分子式
单齿配体	X^-、NH_3、H_2O、NO_2^-、CO、CH_2═CH_2、吡啶(Py)等
两可配体	NO_2^-(硝基)和 ONO^-(亚硝酸根)、SCN^-(硫氰酸根)和 NCS^-(异硫氰酸根)等
桥联配体	同时连接两个以上中心离子的配体，OH^-、X^-、O^{2-} 等
多齿配体	en、$C_2O_4^{2-}$、CO_3^{2-}、乙二胺三乙酸、EDTA 等
大环配体	卟啉环、咕啉环等

部分配件的结构如下：

吡啶：
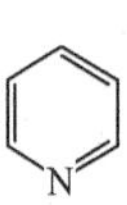

；卟啉环：
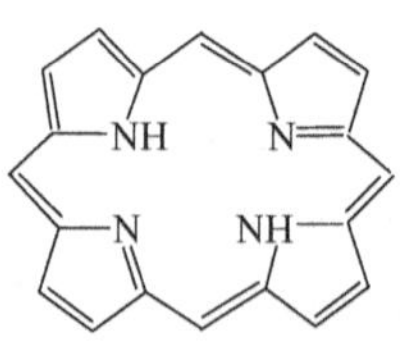

；咕啉环：
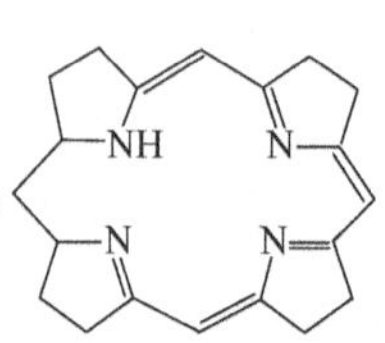

3. 配位数

配位化合物中直接与中心离子相配位的配位原子总数称为中心离子的配位数。此概念首先由维尔纳(A. Werner)在 1893 年提出。如果与中心离子相配位的是单齿配体，那么单齿配体的数目就是中心离子的配位数，如$[Cu(NH_3)_4]^{2+}$中Cu^{2+}的配位数为 4；如果与中心离子相配位的是多齿配体，那么多齿配体中配位原子的总数是中心离子的配位数，如$[Pt(en)_2]^{2+}$，因为 en 为二齿配体，所以Pt^{2+}的配位数为 4，而配体数为 2。

通常，配位数可以从 2 到 9，最为常见的配位数是 4 和 6。如在配位化合物$[Nb(H_2O)_9]^{3+}$和$[ReH_9]^{2-}$中配位数为 9；在$[Mo(CN)_8]^{4-}$和$[TaF_8]^{3-}$中配位数为 8；在$[ZrF_7]^{3-}$和$[NbF_7]^{2-}$中配位数为 7；在$[Ti(H_2O)_6]^{3+}$和$[Co(NH_3)_6]^{3+}$中配位数为 6；在$[CdCl_5]^{3-}$和 $Fe(CO)_5$ 中配位数为 5；在$[BeCl_4]^{2-}$、$[Zn(CN)_4]^{2-}$和 $Ni(CO)_4$ 中配位数为 4；在$[HgI_3]^-$中配位数为 3；在$[Ag(NH_3)_2]^+$和$[Au(CN)_2]^-$中配位数为 2。配位数为 10 或更高(11 或 12)的情况只在镧系和锕系配位化合物中偶尔发现，是极少见的。最近研究的 $PbHe_{15}$，该离子中铅的配位数至少为 15。

影响中心离子配位数的因素主要有中心离子和配体的电荷、半径、电子层结构以及形成配位化合物时体系所处的状态，如浓度和温度等。

(1) 电荷影响。一般来讲，中心离子的正电荷越高，可吸引配体的数目就越多。例如，等电子系列的中心离子 Ag^+、Cd^{2+} 和 In^{3+} 与 Cl^- 分别生成配位数为 2、4 和 6 的$[AgCl_2]^-$、$[CdCl_4]^{2-}$和$[InCl_6]^{3-}$。同一元素不同氧化态的离子常具有不同的配位数，Pt^{2+}的配位数为 4，而 Pt^{4+} 的配位数为 6，如$[PtCl_2(Ph_3P)_2]$和$[Pt(NH_3)_6]^{4+}$。配体的负电荷越高，中心离子与配体间的吸引力增大，但配体间的排斥力也相应增大，总的结果会使配位数减少，如 $Zn(NH_3)_6^{2+}$ 和 $Zn(CN)_4^{2-}$。

(2) 半径影响。中心离子的半径越大，在引力允许的范围内，其周围可容纳的配体就越多，配位数就越大。例如 Al^{3+} 半径大于 B^{3+}，它们与氟形成的配合物为 AlF_6^{3-} 和 BF_4^-。但是如果中心离子的半径过大，其与配体间的作用力会减弱，配位数降低，如 $CdCl_6^{4-}$ 和 $HgCl_4^{2-}$。配体的半径越大，中心离子周围可容纳的配体数目就越少，配位数减少，如 AlF_6^{3-} 和 $AlCl_4^-$。

(3) 温度影响。其他条件相同时，温度升高导致热振动加剧，中心离子与配体间的作用力将减弱，配位数减少。

(4) 浓度影响。其他条件相同时，配体的浓度越大，有利于配位反应的进行，配位数增加。例如，Fe^{3+} 与 SCN^- 的反应可以随着配体浓度的增大由 $Fe(SCN)^{2+}$ 递变到 $Fe(SCN)_6^{3-}$。

影响中心离子配位数的因素非常多，但是一般来说，在一定的条件下，某一确定的中心离子有一个特征的配位数。

12.1.3　配位化合物的命名

由于配位化合物的复杂性和多样性，命名也比较复杂。鉴于大多数的配位化合物都具有颜色，早期是根据配位化合物的颜色来进行命名的。现在使用的命名法来源于 IUPAC 无机物系统命名法。

配位化合物的命名与一般简单无机化合物的命名原则是相同的，从后向前或从右向左。其具体规则如下。

(1) 配位化合物的外界命名原则。

配位化合物的外界若是一个简单的阴离子(如 Cl^-),称为某化某;若是一个复杂的阴离子(如 SO_4^{2-}),则称为某酸某;若为氢离子(H^+),则在配离子名称后面加上酸字;若为其余的阳离子(Na^+),则在配离子名称后面加上酸某(钠);若为氢氧根离子(OH^-),则称为氢氧化某。

(2) 比较复杂的是配位化合物的内界命名,要按照如下顺序:

配体数→配体名称→合→中心离子名称(中心离子氧化数,用罗马数字标明)。

若含有多个配体,则多个配体之间用"·"隔开,配体的命名顺序为:①无机配体在前,有机配体在后;②阴离子在前,阳离子、中性分子在后;③同类配体的名称按配位原子的元素符号在英文字母中的顺序排列;④同类配体若配位原子相同,则含原子数少的配体排在前面;⑤同类配体若配位原子相同,含原子数也相同,则按结构式中与配位原子相连原子的元素符号在英文字母中的顺序排列。例如

$[Ag(NH_3)_2]Cl$　　氯化二氨合银(Ⅰ)

$[Cu(NH_3)_4]SO_4$　　硫酸四氨合铜(Ⅱ)

$H[Pt(Cl_3NH_3)]$　　三氯·一氨合铂(Ⅱ)酸

$K_2[Co(SO_4)_2]$　　二硫酸根合钴(Ⅱ)酸钾

$[Cu(NH_3)_4](OH)_2$　　氢氧化四氨合铜(Ⅱ)

$[PtCl_2(Ph_3P)_2]$　　二氯·二(三苯基磷)合铂(Ⅱ)

$[Pt(NO_2)(NH_3)(NH_2OH)(Py)]Cl$　　氯化一硝基·一氨·一羟氨·一吡啶合铂(Ⅱ)

$[Pt(NH_3)_2(OH)_2Cl_2]$　　二氯·二羟基·二氨合铂(Ⅳ)

$[Co(en)_2(ONO)Cl]SCN$　　硫氰酸一氯·一亚硝酸根·二(乙二胺)合钴(Ⅲ)

$Fe(CO)_5$　　五羰基合铁(0)

$K_3[Fe(CN)_6]$　　六氰合铁(Ⅲ)酸钾

有些配体加圆括号和不加圆括号代表不同的意义。例如,(O_2):代表双氧,即氧分子,O_2:代表 O_2^{2-};$K_2[Cr(CN)_2O_2(NH_3)(O_2)]$命名为二氰·过氧根·氨·双氧合铬(Ⅱ)酸钾。

(3) 由桥联配体形成的配位化合物的命名。

在桥联基团或原子的前面冠以希腊字母"μ-",并加圆点与配位化合物其他部分隔开。两个或多个桥联基团,用"二(μ-)"等表示;如果桥基以不同的配位原子与两个中心离子连接,则该桥基名称的后面加上配位原子的元素符号来标明。例如

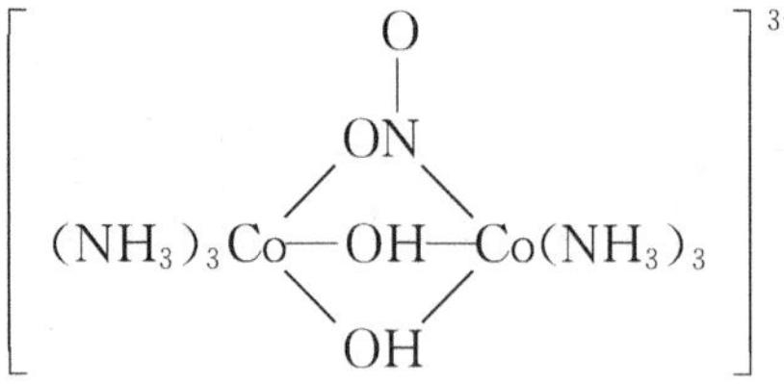

二(μ-羟基)·μ-亚硝酸根(O-N)·二[三氨合钴(Ⅲ)]

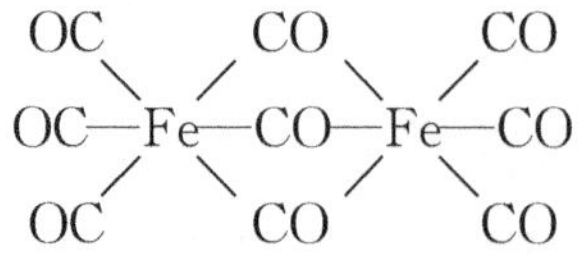

三(μ-羰基)·二[三羰基合铁(Ⅲ)]

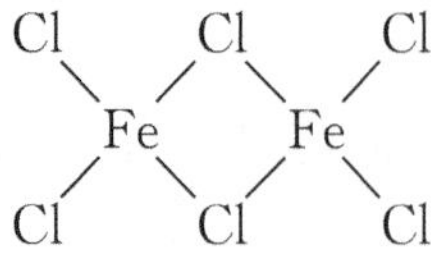

二(μ-氯)·二[二氯合铁(Ⅲ)]

(4) 有 π 电子配体的配位化合物的命名。在 π 电子配体的前面冠以词头“η-”以显示其特殊性。例如

$[PtCl_2(NH_3)(C_2H_4)]$　　二氯·氨·(η-乙烯)合铂(Ⅱ)

$K[PtCl_3(C_2H_4)]$　　三氯·(η-乙烯)合铂(Ⅱ)酸钾

(5) 有一些配位化合物还保留着原来的传统习惯命名。例如

$[Cu(NH_3)_4]^{2+}$　铜氨配离子　　$[Ag(NH_3)_2]^+$　银氨配离子

$K_2[PtCl_6]$　氯铂酸钾　　$K_3[Fe(CN)_6]$　铁氰化钾(赤血盐)

$K_4[Fe(CN)_6]$　亚铁氰化钾(黄血盐)

12.1.4　配位化合物的类型

配位化合物范围极广，大致可以分为以下几种。

1. 简单配位化合物

简单配位化合物是指由**单齿配体与中心离子形成的配位化合物**，也称 Werner 型配位化合物。简单配位化合物在配位化合物中数量最多，在水溶液中可发生逐级解离现象，例如

$$[Cu(NH_3)_4]^{2+} \rightleftharpoons [Cu(NH_3)_3]^{2+} + NH_3$$

$$[Cu(NH_3)_3]^{2+} \rightleftharpoons [Cu(NH_3)_2]^{2+} + NH_3$$

$$[Cu(NH_3)_2]^{2+} \rightleftharpoons [Cu(NH_3)]^{2+} + NH_3$$

$$[Cu(NH_3)]^{2+} \rightleftharpoons Cu^{2+} + NH_3$$

2. 螯合物

螯合物是指由**多齿配体与中心离子形成的具有环状结构的配位化合物**，也称为内配合物，其结构大多较为复杂，在水溶液中不发生解离，其环多为五元环或六元环。

例如，二齿配体 en 与 Cu^{2+} 形成如图 12.2(a)所示的五元环螯合物。有些多齿配体除了能够提供孤对电子与中心离子配位外，还有负电荷可以中和中心离子的正电荷，生成的螯合物称为中性螯合物或内配盐，如氨基乙酸的酸根离子($NH_2CH_2COO^-$)和 Cu^{2+} 可以生成如图 12.2(b)所示的内配盐。

与简单配位化合物相比，螯合物由于形成环状结构，因此比简单配位化合物稳定得多。

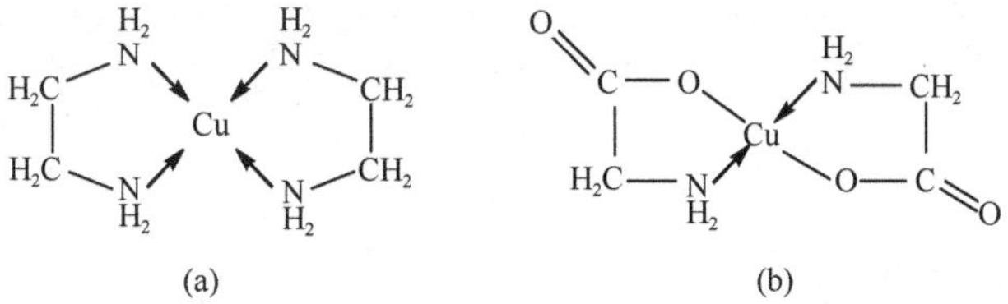

图 12.2　$[Cu(en)_2]^{2+}$(a)与 $Cu(NH_2CH_2COO)_2$(b)的配位结构

3. 多核配位化合物

多核配位化合物是指由**桥连配体与两个或两个以上中心离子形成的配位化合物**。例如二(μ-羟基)·二[四氨合钴(Ⅱ)](图 12.3)，在此配位化合物中，配体 OH^- 中的配位氧原子同时连接两个中心离子 Co^{2+}，形成双核配位化合物。这种结构的配位化合物相当多。

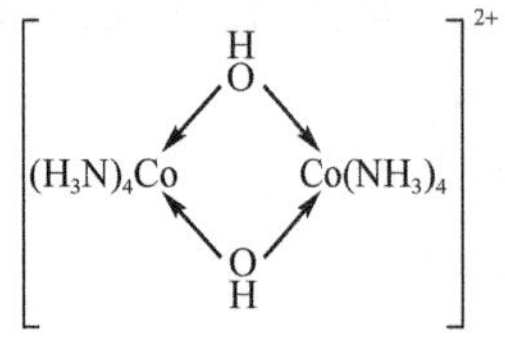

图 12.3 二(μ-羟基)·二[四氨合钴(Ⅱ)]的配位结构

4. 多酸型配位化合物

多酸型配位化合物是指**一个含氧酸(根)中的 O^{2-} 被另一个含氧酸(根)取代的产物**。若两个含氧酸根是相同的则为**同多酸**,如$[PO_3(O)PO_3]^{2-}$,即 PO_4^{3-} 中的一个 O^{2-} 被另一个 PO_4^{3-} 取代而得[图 12.4(a)];若两个含氧酸根是不同的则为**杂多酸**,如$[PW_{12}O_{40}]^{3-}$,即 PO_4^{3-} 中的四个 O^{2-} 全部被四个$[W_3O_{10}]^{2-}$取代而得[图 12.4(b)]。多酸型配位化合物实际上是多核配位化合物的特例。

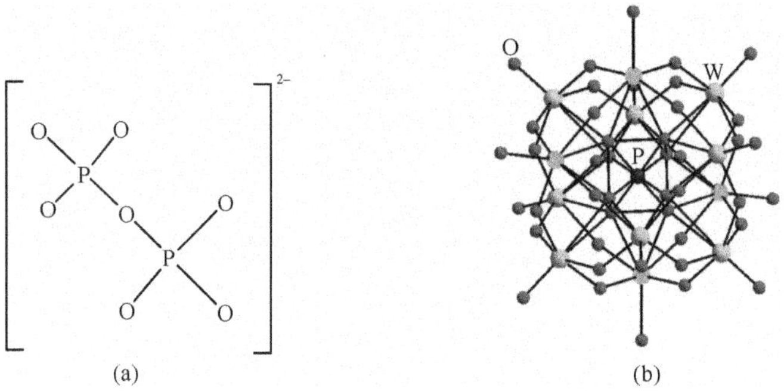

图 12.4 同多酸根 $[PO_3(O)PO_3]^{2-}$(a) 和 杂多酸根 $[PW_{12}O_{40}]^{3-}$(b) 的结构

12.2 配位化合物的异构现象

12.2.1 配位化合物的空间构型

配位化合物的空间结构主要取决于配位单元的空间结构。当配体在中心离子周围配位时,为了减少配体之间的静电排斥作用,配体间就要尽量地互相远离,以使整个体系能量最低,达到最稳定态,因而配体在中心离子周围通常采取对称分布的方式。相关的实验测定证实了配体的这种分布方式。配位化合物常见的配位数与对应的空间构型列于表 12.2。

表 12.2 配位化合物的空间构型

配位数	空间构型		实例
2	直线形		$[Ag(NH_3)_2]^+$、$[Cu(NH_3)_2]^+$
3	平面三角形	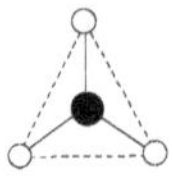	$[HgI_3]^-$
4	四面体	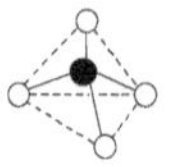	$[Zn(NH_3)_4]^{2+}$、$Ni(CO)_4$
4	平面正方形	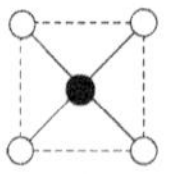	$[Ni(CN)_4]^{2-}$、$[Cu(NH_3)_4]^{2+}$
5	四方锥	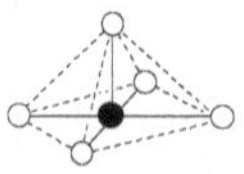	$[Co(CN)_5]^{3-}$、$[MnCl_5]^{2-}$

续表

配位数	空间构型		实例
5	三角双锥	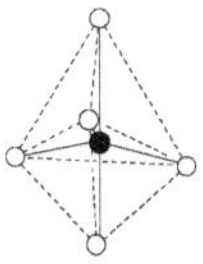	$Fe(CO)_5$、$[Mn(CO)_5]^-$
6	八面体	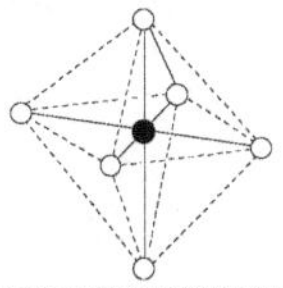	$[Fe(CN)_6]^{3-}$、$[AlF_6]^{3-}$

12.2.2　配位化合物的异构现象

化学组成相同但结构不同的分子或离子称为异构体。配位化合物有以下几类不同形式的异构现象。

1. 立体异构

由于配体位于中心离子周边不同的位置而产生的异构现象，称为立体异构。立体异构可以分为以下几种。

1) 几何异构(顺-反异构)

对于配位数为 2、3 和 4(四面体)的配位化合物来说不存在这种异构现象，因为这些空间结构中的配位位置是彼此相邻的，没有反位的现象存在。但对于平面正方形和正八面体配位化合物来说，顺-反异构现象则非常常见，如平面正方形的二氯·二氨合铂(Ⅱ)有如图 12.5 所示的两种几何异构。

顺-$[PtCl_2(NH_3)_2]$ 或 *cis*-$[PtCl_2(NH_3)_2]$　　反-$[PtCl_2(NH_3)_2]$ 或 *trans*-$[PtCl_2(NH_3)_2]$

图 12.5　$PtCl_2(NH_3)_2$ 的顺、反异构体

相同的配体 Cl^- 或 NH_3 处于顺位位置，为顺式异构体，一般用“顺-”或“*cis*-”表示；相同的配体 Cl^- 或 NH_3 处于反位位置，为反式异构体，一般用“反-”或“*trans*-”表示。

有少数 Pt(Ⅱ)的平面正方形配位化合物含有 4 个不同的配体，这种情况下就会有 3 种异构体存在，如$[Pt(NH_3)(NH_2OH)(Py)(NO_2)]^+$配离子。这种情况就不能用简单的顺-反来表明，一般是把两组反位的配体放在角括号中，如图 12.6 所示。

配位数为 6 的八面体结构，其顺-反异构现象与平面正方形的情况类似，但情况较为复杂。

对于 MAB_5 型配位化合物，没有几何异构体存在。

MA_2B_4 型配位化合物，有 2 种立体异构体。如图 12.7(a)所示的$[CoCl_2(NH_3)_4]^+$。

MA_3B_3 型配位化合物，如$[RhCl_3(Py)_3]$也有如图 12.7(b)所示的 2 种异构体。MA_3B_3

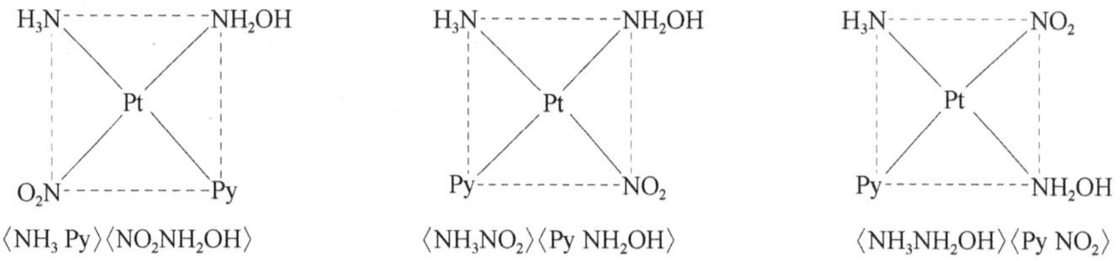

图 12.6　$[Pt(NH_3)(NH_2OH)(Py)(NO_2)]^+$ 配离子的 3 种异构体

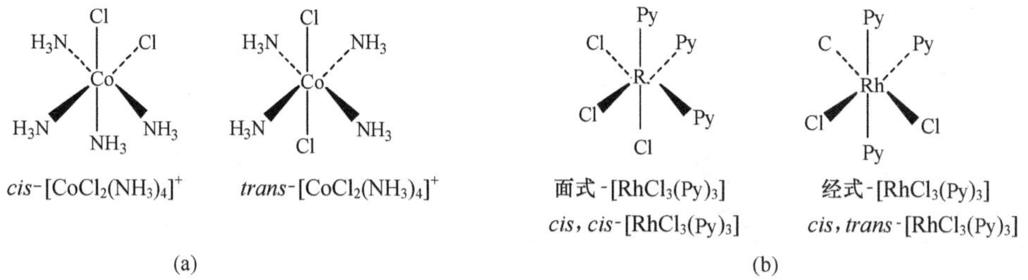

图 12.7　$[CoCl_2(NH_3)_4]^+$(a) 和 $[RhCl_3(Py)_3]$(b) 的两种立体异构

异构体中,若 A、B 两种配体各自连成互相平行的平面则称为面式异构体,反之若两平面互相垂直则称为经式异构体。

有 3 种配体的 MAB_2C_3 有 3 种异构体[图 12.8(a)];$MA_2B_2C_2$ 有 5 种异构体[图 12.8(b)]。

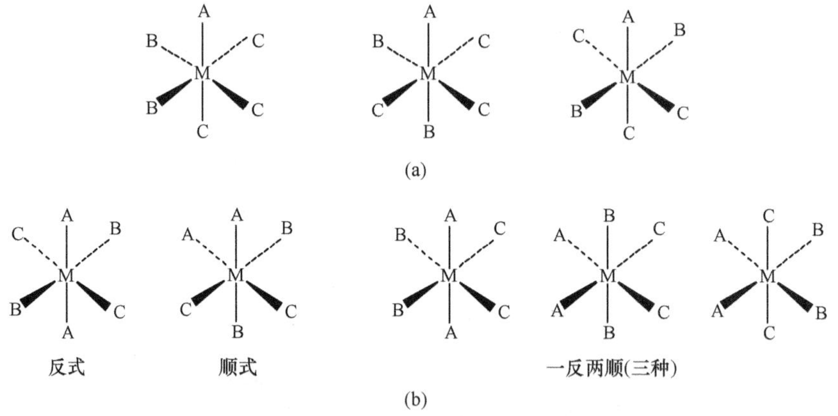

图 12.8　三种配体 MAB_2C_3(a) 和 $MA_2B_2C_2$(b) 的立体异构

对于 MABCDEF 这样的配位化合物应该有 15 种几何异构体,唯一存在的此类配位化合物为$[Pt(Py)(NH_3)(NO_2)(Cl)(Br)(I)]$,但目前只制得其中的 3 种。

2) 镜像异构(旋光异构)

当两种化合物的组成和相对位置均相同,但它们互为镜像关系,像左右手一样不能重合时,这种异构称为手性异构、镜像异构或旋光异构。

很多年前人们已经认识了旋光异构现象,1848 年著名的法国微生物学家、化学家巴斯德(L. Pasteur)发现酒石酸铵钠存在两种不同的变体,他通过手工挑选将它们分离开来。这两种异构体的水溶液具有使偏振光平面向右或向左旋转的能力，因此认为它们是旋光活性的，称为旋光异构体，一种为右旋(d)异构体，一种为左旋(l)异构体。旋光异构体熔点相同，但光学性质不同。相同浓度的两种异构体的混合溶液两种旋转互相抵消，称为外消旋混合物。不同的旋光异构体在生物体内的作用及活性不同，如天然存在于烟草中的左旋-尼古丁的毒性要比实验室中制备出来的右旋-尼古丁的毒性大得多，像这样的专一性来自于它们在生物体中的不对称反应位置，因此在药物合成领域有着极其重要的意义。

四面体结构的金属配位化合物，其中心离子如果被四个不同的配体包围，虽然没有几何异构体，但会有旋光异构体存在。由于四面体结构的金属配位化合物性质较活泼，因此很难被分离。首例含有四个不同配体的四面体金属配位化合物是在 1963 年报道的，但至今还未完成它的拆分工作。存在旋光异构体的四面体结构金属配位化合物的一个例子是双(苯基乙酰丙酮)合铍(Ⅱ)，如图 12.9 所示。平面正方形的配位化合物一般没有旋光异构体。

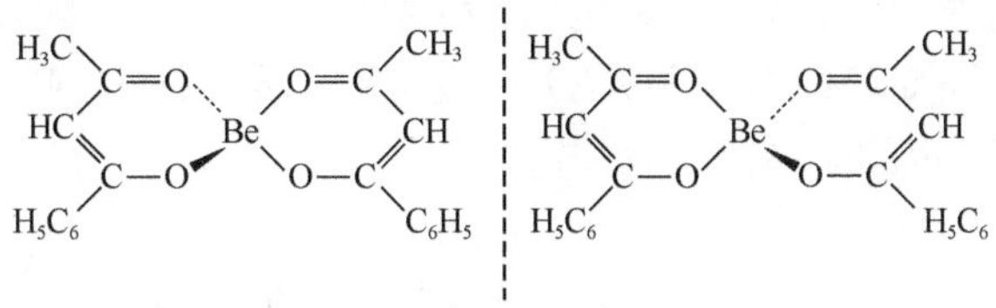

图 12.9　双(苯基乙酰丙酮)合铍(Ⅱ)的旋光异构体

八面体配位化合物的旋光异构现象较为常见，如前面讲到的 $MA_2B_2C_2$ 有 5 种几何异构，其中顺式的还有旋光异构体。$[CoCl_2(NH_3)_2en]^+$ 的旋光异构体如图 12.10(b)所示。

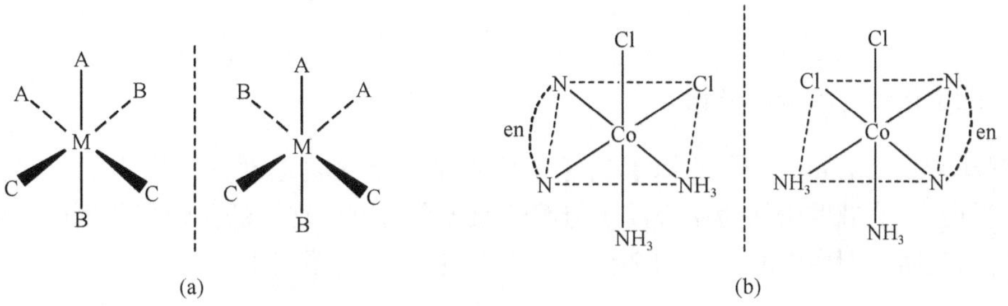

图 12.10　八面体配合物 $MA_2B_2C_2$(a) 和 $[CoCl_2(NH_3)_2en]^+$(b) 的旋光异构

2. 解离异构

解离异构是指组成相同但在溶液中电离出不同离子的异构体。一般源于配位化合物内界与外界之间配体的交换，解离异构体常具有不同的颜色。一个典型的例子是配位化合物 $Co(NH_3)_5(SO_4)(Br)$，存在紫色的$[Co(NH_3)_5Br]SO_4$ 和红色的$[Co(NH_3)_5SO_4]Br$ 两种解离异构体，它们的根本区别在于前者在水溶液中电离出 SO_4^{2-}，而后者在水溶液中电离出来的是 Br^-。

$$[Co(NH_3)_5Br]SO_4 \longrightarrow [Co(NH_3)_5Br]^{2+} + SO_4^{2-}$$
$$[Co(NH_3)_5SO_4]Br \longrightarrow [Co(NH_3)_5SO_4]^+ + Br^-$$

由水分子在内外界的数量不同而造成的异构现象也是一种解离异构，通常称水合异构，如紫色的$[Cr(H_2O)_6]Cl_3$，亮绿色的$[Cr(H_2O)_5Cl]Cl_2 \cdot H_2O$ 和暗绿色的$[Cr(H_2O)_4Cl_2]Cl \cdot 2H_2O$。

$$[Cr(H_2O)_6]Cl_3 \longrightarrow [Cr(H_2O)_6]^{3+} + 3Cl^-$$
$$[Cr(H_2O)_5Cl]Cl_2 \cdot H_2O \longrightarrow [Cr(H_2O)_5Cl]^{2+} + 2Cl^- + H_2O$$
$$[Cr(H_2O)_4Cl_2]Cl \cdot 2H_2O \longrightarrow [Cr(H_2O)_4Cl_2]^{+} + Cl^- + 2H_2O$$

3. 配位异构

配位异构通常是指两个配位单元的中心离子互换配体所得到的配位化合物，如$[Co(NH_3)_6][Cr(C_2O_4)_3]$和$[Co(C_2O_4)_3][Cr(NH_3)_6]$，$[Cr(NH_3)_6][Cr(NCS)_6]$和$[Cr(NH_3)_4(NCS)_2][Cr(NCS)_4(NH_3)_2]$即为配位异构体。

4. 键合异构

键合异构是由两可配体产生的一种异构现象，如$[(OC)_5Mn—SCN]^+$和$[(OC)_5Mn—NSC]^+$，前者以 S 原子为配位原子与 Mn^{2+} 配位，而后者以 N 原子为配位原子与 Mn^{2+} 配位。$[(NH_3)_5Co—NO_2]^{2+}$和$[(NH_3)_5Co—ONO]^{2+}$也是键合异构体，其亚硝酸根配位化合物是不稳定的，并能重排生成稳定的硝基配合物。

12.3 配位化合物的成键理论

配位化合物的早期成键理论有布洛姆斯特兰(Blomstrand)的链式理论和 Werner 的配位理论，其中 Werner 的配位理论奠定了配位化学的基础。经过后来的发展，现在配位化合物的主要理论有价键理论、晶体场理论、分子轨道理论和配位场理论，本书着重介绍价键理论和晶体场理论。

12.3.1 配位化合物的价键理论

价键理论是 Pauling 发展起来的，简单地说就是将杂化轨道理论应用于配位化合物的结构与成键研究。**价键理论认为中心离子与配位原子是通过杂化了的共价配位键而结合的。**配位化合物的空间构型由中心离子的杂化方式而定，它们的关系列于表 12.3。

表 12.3 配位化合物构型与中心离子杂化方式的关系

配位数	中心杂化方式	构型	实例	配位数	中心杂化方式	构型	实例
2	sp	直线形	$[Ag(NH_3)_2]^+$	5	dsp^3	三角双锥	$[Fe(CO)_5]$
3	sp^2	平面三角形	$[HgI_3]^-$	5	sp^3d	三角双锥	$[Fe(SCN)_5]^{2-}$
4	sp^3	四面体	$[FeBr_4]^{2-}$	6	d^2sp^3	正八面体	$[Co(CN)_6]^{3-}$
4	dsp^2	平面正方形	$[Ni(CN)_4]^{2-}$	6	sp^3d^2	正八面体	$[Co(NH_3)_6]^{2+}$

$Cr^{3+}(d^3)$的八面体配位化合物采取如下的杂化方式成键

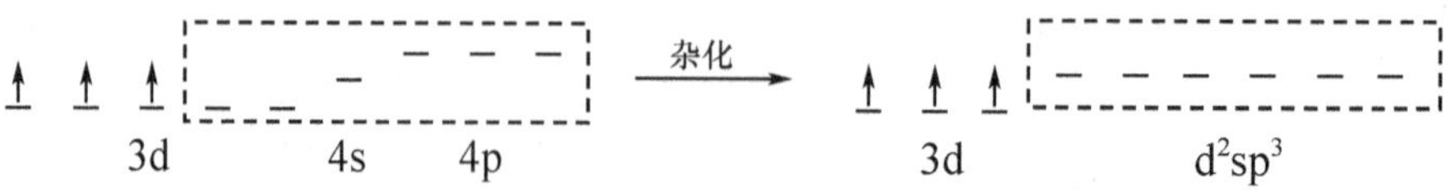

这种杂化方式由于使用了内层的 d 轨道，称为 d^2sp^3 杂化，形成内轨型配位化合物，所有 Cr^{3+} 的八面体配位化合物都是以这种方式来形成内轨型配位化合物。

Fe^{3+}（d^5）情况则有些不同，它有两种杂化方式：对于 $[Fe(CN)_6]^{3-}$ 来说，Fe^{3+} 3d 轨道上的电子重排空出两个空的 3d 轨道，与 Cr^{3+} 相似，以 d^2sp^3 杂化形成内轨型的八面体配位化合物，所形成的配位键称为共价配键

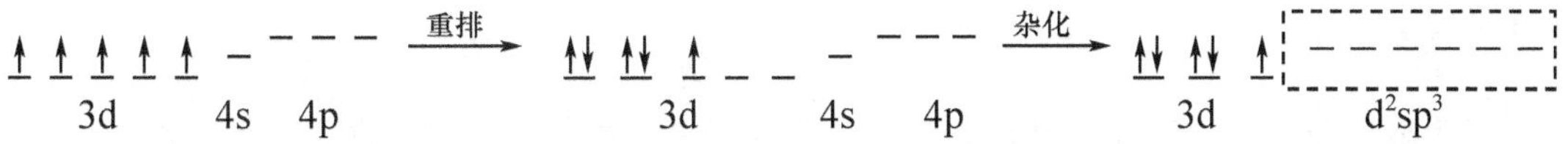

对于 $[FeF_6]^{3-}$ 来说，Fe^{3+} 3d 轨道上的电子没有重排，因此需使用外层的 4d 轨道，以 sp^3d^2 的杂化方式形成外轨型的配位化合物，所形成的配位键称为电价配键。

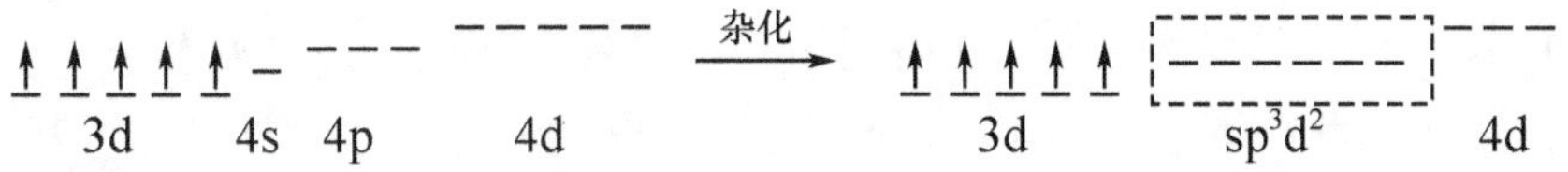

由于外轨型配位化合物杂化时用的是外层的 d 轨道，能量较高，因此外轨型配位化合物的稳定性低于内轨型配位化合物。

Ni^{2+}（d^8）可以形成两种四配位的配位化合物。在 $[Ni(CN)_4]^{2-}$ 中，Ni^{2+} 发生重排以 dsp^2 杂化形成平面正方形结构

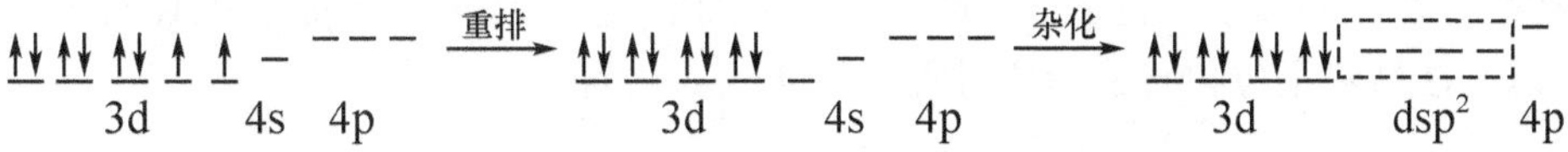

而 $[Ni(NH_3)_4]^{2+}$ 中 Ni^{2+} 则不发生重排，以 sp^3 杂化形成四面体结构

中心离子是否重排主要取决于配体的性质，**能使中心离子发生重排的配体称为强场配体，不能使中心离子发生重排的配体称为弱场配体**。常见的强场配体有 CN^-、CO 和 NO_2^- 等，常见的弱场配体有 F^-、Cl^- 和 H_2O 等。NH_3 属于中强配体，在 $[Ni(NH_3)_4]^{2+}$ 中属于弱配体，而在 $[Co(NH_3)_6]^{3+}$ 中属于强配体，能使 Co^{3+} 3d 轨道发生重排，以 d^2sp^3 杂化形成内轨型的八面体结构。

配位化合物的价键理论中涉及的几个基本概念。

1. 高自旋、低自旋与磁矩

前面讲到 $[Fe(CN)_6]^{3-}$ 以 d^2sp^3 杂化形成内轨型的八面体配位化合物，单电子数为 1，称为低自旋态；$[FeF_6]^{3-}$ 以 sp^3d^2 杂化形成外轨型的配位化合物，单电子数为 5，称为高自旋态。

中心离子的电子是否发生重排、配合物是呈高自旋态还是低自旋态常可以通过实验测得的磁矩来判断。在磁天平上可以测得物质的磁矩（μ），磁矩与物质中存在的未成对电子数 n 有如下的关系

$$\mu = \sqrt{n(n+2)}\,\mu_B \tag{12.1}$$

式中，μ_B 为磁矩的单位，称为 Bohr 磁子（B. M.）。测出磁矩可推算出未成对电子数，进而推断

和解释配位化合物的成键情况。

根据式(12.1)可计算出磁矩,理论计算值与实验测得的磁矩略有出入。

未成对电子数/n	0	1	2	3	4	5
$\mu_{计算}$/(B.M.)	0	1.73	2.83	3.87	4.90	5.92

2. 反馈 π 键

过渡金属与羰基、氰、烯烃等含 π 电子的配体形成的配位化合物经常有反馈 π 键形成。以 $Ni(CO)_4$ 为例,$Ni(CO)_4$ 中的 Ni 原子由 $3d^8 4s^2$ 重排为 $3d^{10}$,空出 4s 轨道,经 sp^3 杂化并接受 CO 提供的 4 对孤对电子形成四面体构型的 $Ni(CO)_4$。

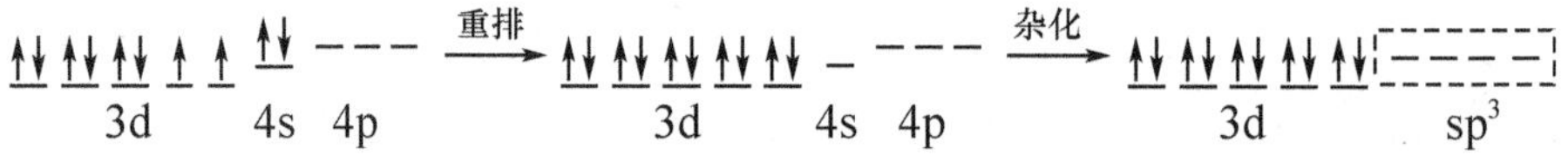

同时,CO 的 π^* 分子轨道是空的[图 10.25(b)],而 Ni 有 3d 电子,Ni 的 3d 轨道与 CO 的 π^* 分子轨道能量相近、对称性一致,因此作为配体的 CO 可以接受 Ni 的 3d 电子,形成反馈 π^* 键。由于反馈 π^* 键的存在,$Ni(CO)_4$ 非常稳定。

价键理论可以很好地解释配位化合物的几何构型、磁性和稳定性等,但价键理论的缺陷是无法描述配体对中心离子 d 轨道影响的本质,不能预料在具体配体情况下中心离子 d 轨道的杂化类型,无法解释配位化合物形成过程中的颜色变化问题。

12.3.2　配位化合物的晶体场理论

1. 晶体场中 d 轨道的能级分裂

晶体场理论与价键理论完全不同,是以离子键为基础。它最早是由物理学家贝特(H. Bethe)提出的,在解释配位化合物光谱等方面特别成功。

晶体场理论采用的一个近似是**将配体看成是一个带负电的点电荷,在中心离子周围形成一个电场,与中心离子之间只存在静电作用,无共价作用存在**。中心离子处于这样的电场中,其原来简并的 5 个 d 轨道会发生分裂,随着配体形成的电场不同,分裂的情况也有所不同。

1) 八面体场

以第一过渡系的金属阳离子 M^{n+} 为例。如图 12.11(a)所示,在笛卡儿(R. Descartes)坐标系中,M^{n+} 处于坐标中心,6 个配体(常用 L 表示)分别位于正立方体 6 个面的面心(即三个坐标轴上),形成正八面体场,每个配体都是一个带负电的点电荷。L 与 M^{n+} 之间存在静电引力的同时,M^{n+} 的 d 电子与 L 之间又存在着排斥作用。

对于自由 M^{n+},其 5 个 d 轨道是简并的;若点电荷形成球形电场,则 M^{n+} 的 5 个 d 轨道的能量将同等程度地升高,但仍然是简并态;若点电荷形成八面体场,M^{n+} 的 $d_{x^2-y^2}$ (d_{z^2} 与 $d_{x^2-y^2}$ 完全一样)轨道直接指向配体[图 12.11(b)],排斥作用大,能量升高多,而 d_{xy} (d_{yz} 和 d_{xz})轨道的 4 个瓣分别指向 4 个配体连线之间[图 12.11(c)],排斥作用小,能量升高少。这样 d 轨道的能量不再简并,而是分裂成两组(图 12.12)。

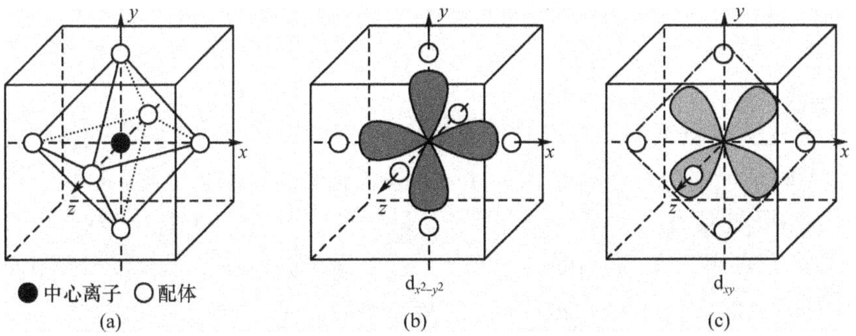

图 12.11　八面体场及 $d_{x^2-y^2}$、d_{xy} 与配体关系示意图

第一组：d_{z^2} 和 $d_{x^2-y^2}$，为 e_g 组。

第二组：d_{xy}、d_{yz} 和 d_{xz}，为 t_{2g} 组。

在这里，e 和 t 指的是轨道简并数：e 指两重简并，t 指三重简并；下标 g 指的是反转操作下波函数的行为为偶数性质，当体系存在一个对称中心时才用到。如果采用光谱学符号，e_g 轨道可记为 d_γ 轨道，t_{2g} 轨道可记为 d_ε 轨道。

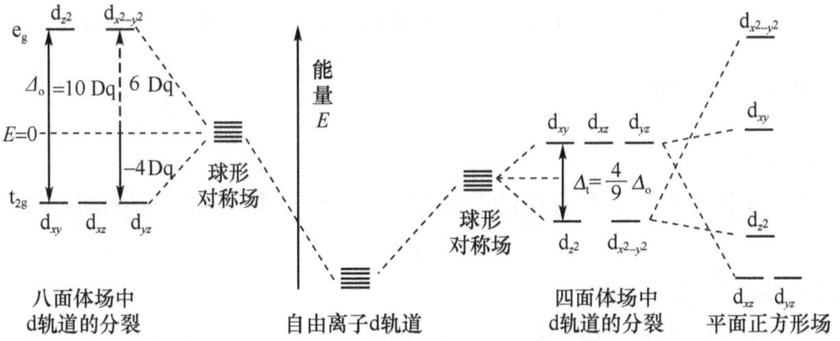

图 12.12　d 轨道在八面体场、四面体场和平面正方形场中的分裂

分裂后的两组轨道间的能级差可用 Δ_o 来表示(o：octahedral)，**Δ_o 称为八面体晶体场分裂能，是晶体场强度的衡量尺度**。自由金属离子的五重简并 d 轨道转化成具有不同能量的几套 d 轨道是晶体场理论的主要特点，称为晶体场分裂。产生分裂的原因是 d 轨道在空间的取向不同。

2）四面体场

同样，将一个四面体电场放入 Descartes 坐标系中，4 个配体分别位于正立方体相互正对的顶角(图 12.13)。考察 5 个 d 轨道的伸展方向发现，没有一个 d 轨道直接指向配体，但是 d_{xy}、d_{yz} 和 d_{xz} 轨道比 d_{z^2} 和 $d_{x^2-y^2}$ 轨道更靠近配体，排斥作用略大些。因此在四面体场中，d_{xy}、d_{yz} 和 d_{xz} 轨道是能量相对较高的轨道，而 d_{z^2} 和 $d_{x^2-y^2}$ 则是低能轨道，与八面体场的情况正好相反。另一方面，四面体场的晶体场分裂能 Δ_t(t：tetrahedral)小于八面体场的分裂能 Δ_o，$\Delta_t=\frac{4}{9}\Delta_o$，仅约为 Δ_o 的一半。其一是由于八面体场中有 6 个配体与中心离子的 d 轨道作用，而四面体场则少了 2 个配体；其二是由于 5 个 d 轨道均未与配体迎头相碰，分别指向四面体的面心与棱心，它们与配体间的距离均较八面体场中的要远(根据几何关系自行分析)。

在四面体场中不存在对称中心,因此分裂的两组轨道分别标记为 e(d_{z^2} 和 $d_{x^2-y^2}$)及 t_2(d_{xy}、d_{yz} 和 d_{xz})。

3) 平面正方形场

配体呈平面正方形排列的情况可以看成是将八面体中 z 轴上的两个配体移走而得到的。这样就会使 d_{z^2} 轨道能量急剧下降,d_{yz} 和 d_{xz} 轨道的能量也有少量下降,而 $d_{x^2-y^2}$ 轨道由于与配体处于迎头相碰,能量升高。图 12.12 和图 12.13 中分别给出了直角坐标系下的平面正方形场和 5 个 d 轨道的分裂情况。由图 12.12 可见,平面正方形场的晶体场分裂能(最高轨道与最低轨道能量之差)Δ_p(p: planer)远大于八面体场的分裂能 Δ_o。

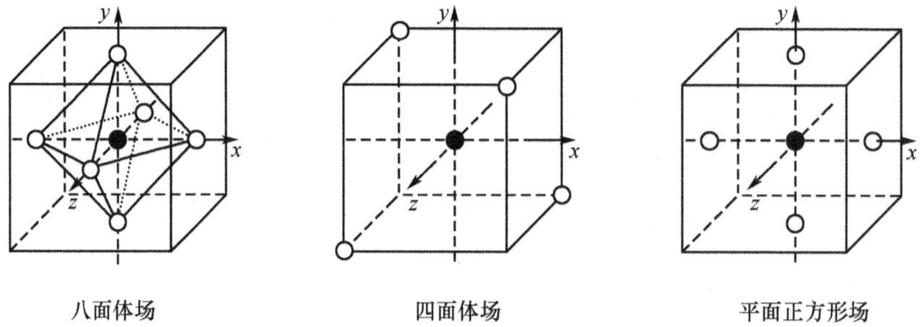

图 12.13 金属离子 M^{n+} 在八面体场、四面体场和平面正方形场中与配体关系的比较

2. 影响晶体场分裂能的因素

1) 晶体场对称性

若中心离子和配体相同,正方形场的分裂能最大,四面体场的分裂能最小,即

$$\Delta_p > \Delta_o > \Delta_t$$

2) 中心离子的电荷数

若中心离子与配体相同、晶体场对称性相同,则中心离子电荷越高,其与配体的引力越大,距离越短,其 d 轨道与配体间的排斥作用越大,分裂能越大。例如,$[Fe(CN)_6]^{3-}$ 和 $[Fe(CN)_6]^{4-}$,其八面体场分裂能分别为 35 000 cm^{-1} 和 33 800 cm^{-1};$[Fe(H_2O)_6]^{3+}$ 和 $[Fe(H_2O)_6]^{2+}$,其八面体场分裂能分别为 13 700 cm^{-1} 和 9400 cm^{-1}。

3) 中心离子所在的周期

在配体相同、晶体场对称性相同、中心离子电荷相同的情况下,中心离子所处的周期数越大,其 d 轨道伸展越远,排斥作用越大,分裂能也越大。例如

$$[Ir(NH_3)_6]^{3+} > [Rh(NH_3)_6]^{3+} > [Co(NH_3)_6]^{3+}$$

4) 配体

配体中配位原子电负性越小,对电子的约束力就越弱,其与中心离子 d 电子之间的排斥作用就越强,分裂能就越大。常见配体的分裂能增加顺序为

$I^- < Br^- < NCS^- < Cl^- < F^- < OH^- < ox^{2-} \approx H_2O < NCS^- < NH_3 < en < bpy < phen < CN^- \approx CO$

这一顺序称为**光谱化学系列**。

一些常见的配位化合物的 Δ_o 列于表 12.4。

表 12.4　一些常见配位化合物的 Δ_o

配位化合物	Δ_o/cm^{-1}	配位化合物	Δ_o/cm^{-1}	配位化合物	Δ_o/cm^{-1}	配位化合物	Δ_o/cm^{-1}
$[TiF_6]^{3-}$	17 000	$[Fe(OX)_3]^{3-}$	14 100	$[Cr(H_2O)_6]^{2+}$	14 100	$[Co(en)_3]^{3+}$	24 000
$[Ti(H_2O)_6]^{3+}$	20 300	$[Fe(CN)_6]^{3-}$	35 000	$[Cr(NH_3)_6]^{3+}$	21 600	$[Co(H_2O)_6]^{3+}$	18 200
$[V(H_2O)_6]^{3+}$	17 850	$[Fe(CN)_6]^{4-}$	33 800	$[Cr(CN)_6]^{3-}$	26 600	$[Co(H_2O)_6]^{2+}$	9 300
$[V(H_2O)_6]^{2+}$	12 400	$[CoF_6]^{3-}$	13 100	$[MnF_6]^{2-}$	21 800	$[Ni(H_2O)_6]^{2+}$	8 500
$[CrF_6]^{3-}$	15 000	$[Co(NH_3)_6]^{3+}$	22 900	$[Fe(H_2O)_6]^{3+}$	13 700	$[Ni(NH_3)_6]^{2+}$	10 800
$[Cr(H_2O)_6]^{3+}$	17 400	$[Co(NH_3)_6]^{2+}$	10 200	$[Fe(H_2O)_6]^{2+}$	9 400	$[Ni(en)_3]^{2+}$	11 500

3. d 电子在晶体场中的排布及晶体场稳定化能

在分裂后的 d 轨道中排布电子时，仍然遵循电子排布三原则：能量最低原理、Pauli 不相容原理和 Hund 规则。

1）八面体场

对于八面体场中的具有 d^4 排布的中心离子，按照上述规则，前 3 个电子全部以自旋相同的方式进入能量较低的 t_{2g} 轨道，但涉及第 4 个电子时，则有如下两种排布方式

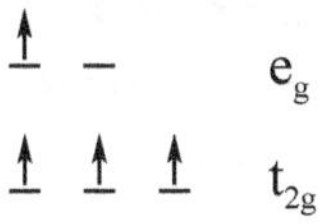

d^4八面体弱场

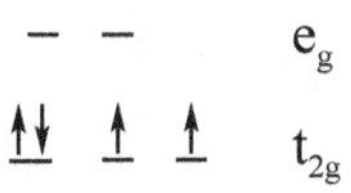

d^4八面体强场

第一种方式是电子成对能（P）大，而 Δ_o 数值小，即 $\Delta_o<P$，属于八面体弱场。为了避免电子成对，第 4 个电子填入高能量的 e_g 轨道，电子排布为 $t_{2g}^3\ e_g^1$，单电子数为 4，称为高自旋态。第二种方式是电子成对能小，而 Δ_o 数值大，即 $\Delta_o>P$，属于八面体强场。电子克服成对能全部进入低能量的 t_{2g} 轨道，电子排布为 $t_{2g}^4\ e_g^0$，单电子数为 2，称为低自旋态。

一般来说，$\Delta_o<P$，采取高自旋排布；$\Delta_o>P$，则采取低自旋排布。

在八面体场中，对于第一过渡系的金属，具有 d^1、d^2、d^3 和 d^8、d^9、d^{10} 构型的中心离子只有一种排布状态；而对于 d^4、d^5、d^6 和 d^7 构型的中心离子，则有两种排布状态，一种为高自旋（分别为 $t_{2g}^3\ e_g^1$、$t_{2g}^3\ e_g^2$、$t_{2g}^4\ e_g^2$、$t_{2g}^5\ e_g^2$），一种为低自旋（分别为 $t_{2g}^4\ e_g^0$、$t_{2g}^5\ e_g^0$、$t_{2g}^6\ e_g^0$、$t_{2g}^6\ e_g^1$）。

第五周期和第六周期的过渡金属比同族的第四周期金属离子更易生成低自旋配位化合物，这是由于 4d 和 5d 轨道的空间范围比 3d 大，能容纳一对电子而斥力较小（$P<\Delta_o$）。

假定球形电场中 5 个简并的 d 轨道能量为零，而且 d 轨道分裂后总能量保持不变，仍然为零，即 e_g 轨道的去稳定化作用与 t_{2g} 轨道的稳定化作用相等，根据重心原理，有

$$2E(e_g)+3E(t_{2g})=0$$

同时根据晶体场稳定化能的概念

$$E(e_g)-E(t_{2g})=\Delta_o$$

联立以上两个方程式求解可得到分裂后两组 d 轨道的能量

$$\begin{cases} E(e_g)=\frac{3}{5}\Delta_o=0.6\Delta_o \\ E(t_{2g})=-\frac{2}{5}\Delta_o=-0.4\Delta_o \end{cases}$$

即 e_g 轨道能量比球形电场时升高了 $0.6\Delta_o$，t_{2g} 轨道的能量则降低了 $0.4\Delta_o$。

若以 $\Delta_o=10$ Dq 来表示，则

$$\begin{cases} E(e_g)=6\ \text{Dq} \\ E(t_{2g})=-4\ \text{Dq} \end{cases}$$

中心离子的 d 电子在分裂后的八面体场中排布，其能量用 $E_{晶}$ 表示，在球形场中的能量用 $E_{球}$ 表示，**晶体场稳定化能(CFSE)是晶体场分裂后体系总能量的降低值**，即

$$\text{CFSE}=E_{球}-E_{晶}=0-E_{晶}=-E_{晶} \tag{12.2}$$

例如，d^4(高自旋态)　CFSE=0－(－4 Dq×3＋6 Dq×1)＝6 Dq

d^4(低自旋态)　CFSE=0－(－4 Dq×4＋6 Dq×0＋P)＝16 Dq－P

d^5(八面体强场)　CFSE=0－(－4 Dq×5＋2 P)＝20 Dq－2 P

通过晶体场分裂能和电子成对能的相对数值可以判断强场或弱场，进而计算 CFSE。

【例 12.1】 已知：$[Fe(CN)_6]^{4-}$ 的 $\Delta_o=33\ 000\ \text{cm}^{-1}$，$P=15\ 000\ \text{cm}^{-1}$，求 CFSE。

解：由于 $\Delta_o>P$，因此为八面体强场，低自旋排布。Fe^{2+} 的电子构型为 d^6，所以

$$\begin{aligned}\text{CFSE}&=0-(-4\ \text{Dq}\times6+2P)=24\ \text{Dq}-2P=2.4\times33\ 000-2\times15\ 000\\&=49\ 200\ (\text{cm}^{-1})\end{aligned}$$

2) 四面体场

四面体场的分裂能 Δ_t 同样可以求解如下的联立方程组

$$\begin{cases} E(e)-E(t_2)=\Delta_t \\ 2E(e)+3E(t_2)=0 \end{cases}$$

得到

$$\begin{cases} E(e)=\frac{2}{5}\Delta_t \\ E(t_2)=-\frac{3}{5}\Delta_t \end{cases}$$

【例 12.2】 试求 d^6 离子在四面体场中的 CFSE。

解：d^6 离子在四面体场中的排布方式为

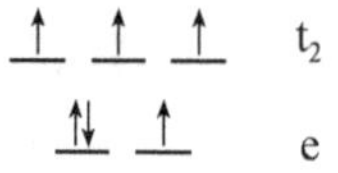

CFSE=0－(－6 Dq×3＋4 Dq×3)＝6 Dq

在四面体场中，对于第一过渡系的中心离子，由于 Δ_t 较小，因而尚未发现低自旋配位化合物。

3）平面正方形场

$[Ni(CN)_4]^{2-}$为平面正方形构型，中心离子 Ni^{2+} 的电子构型为 d^8，8 个电子填充在低能的 4 个轨道（图 12.12）上，为抗磁性；而$[NiCl_4]^{2-}$为四面体构型，电子排布为 $e^4\ t_2^4$，有 2 个未成对电子，显示顺磁性。

4. Jahn-Teller 效应

1937 年，姜（H. A. Jahn）和特勒（E. Teller）指出：在对称的非线性分子中，如果一个体系的基态有几个简并能级，则不稳定，一定要发生畸变。中心离子的电子构型为 d^9 和高自旋 d^4 的八面体配位化合物就常发生变形，即中轴上的两个配位键的长度与平面上四个配位键的长度是不同的，称为拉长八面体和压缩八面体，如$[Cu(NH_3)_4(H_2O)_2]^{2+}$和$[Cr(H_2O)_6]^{2+}$。

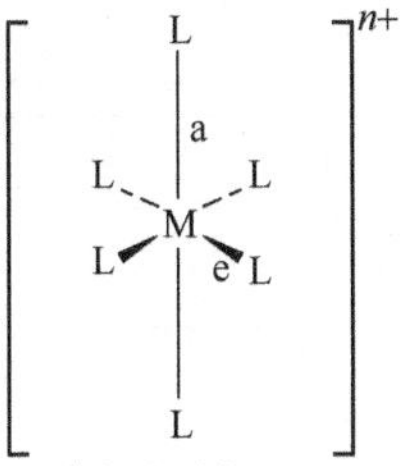

拉长八面体 a>e

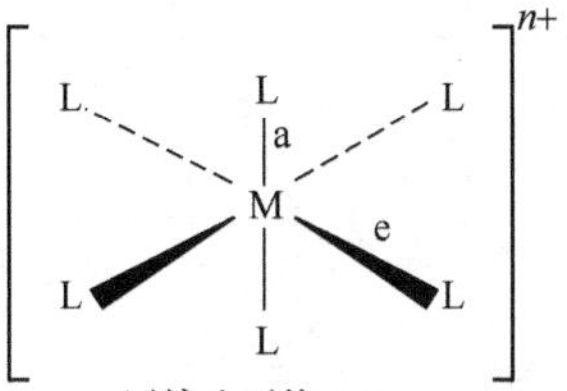

压缩八面体 a<e

八面体场中高自旋的 d^4 构型，第 4 个电子只能占据 e_g 轨道中的一个，另一个 e_g 轨道是空的。如果电子占据的是 d_{z^2} 轨道，则中心离子和 z 轴上的两个配体间的静电排斥作用比它和其他 4 个配体间的排斥要大得多，正八面体就变成拉长的八面体；如果电子占据的是 $d_{x^2-y^2}$ 轨道，则中心离子和 z 轴上的两个配体间的静电排斥作用比它和其他 4 个配体间的排斥要小得多，正八面体就变成压扁的八面体。$[Cr(H_2O)_6]^{2+}$测得的电子密度分布显示其排布为 $d_{xy}^1\,d_{yz}^1\,d_{xz}^1\,d_{z^2}^1$，因此为拉长八面体结构。显然，压扁的八面体结构是不稳定的。

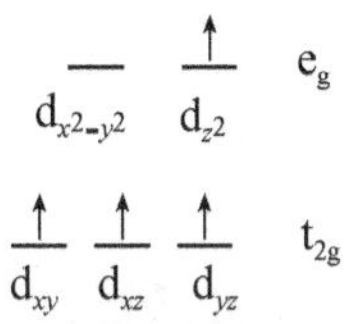

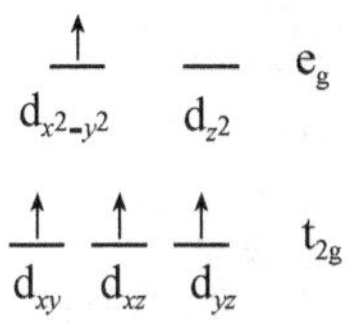

对于 d^9（为半充满 d^5+d^4）也是一样的情况。如果一对电子占据的是 d_{z^2} 轨道，则为拉长的八面体；如果一对电子占据的是 $d_{x^2-y^2}$ 轨道，则为压缩的八面体。

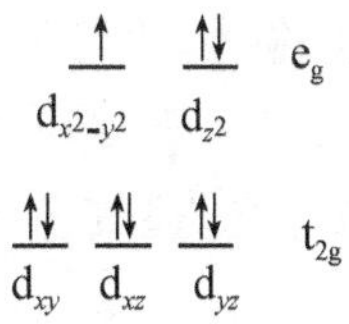

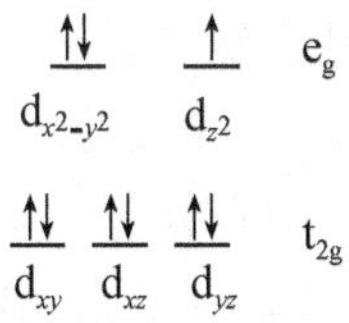

这恰好可以解释$[Cu(NH_3)_4(H_2O)_2]^{2+}$为拉长的八面体结构这一现象，当 z 轴上的两个配体离中心离子太远时，这两个配体就会失去而形成正方形结构，$[Cu(NH_3)_4]^{2+}$的正方形结构也证实了这一结论的正确性。

5. 配位化合物的吸收光谱

当太阳光照射时，若可见光全部通过，物质是无色透明的；若可见光全部反射，物质为白色；若可见光全部被吸收，物质为黑色；当可见光中部分波长的光被吸收，其余部分的光反射出来时,物质的颜色则为这些反射出来的光的颜色。

1) d-d 跃迁

晶体场 d 轨道中的电子在光照下吸收了能量相当于分裂能 Δ 的光能后从低能的 d 轨道跃迁至高能的 d 轨道的行为,称为 **d-d 跃迁**。若 d-d 跃迁所需能量恰好在可见光能量范围内,则化合物就显示颜色;若 d-d 跃迁吸收的是紫外光或红外光,则化合物为无色或白色(表 12.5)。

表 12.5　物质吸收的光波长与颜色

吸收光(波长/nm)	吸收可见光颜色	物质的颜色(互补色)	吸收光(波长/nm)	吸收可见光颜色	物质的颜色(互补色)
380～430	紫	黄	560～580	黄	紫
430～490	蓝	橙	580～620	橙	蓝
490～560	绿	红	620～700	红	绿

例如,配位化合物$[Ti(H_2O)_6]^{3+}$显红色是因为中心离子 Ti^{3+} 只有一个 d 电子,在八面体场中吸收可见光发生跃迁,$t_{2g}^1 \rightarrow e_g^1$,跃迁所需能量 Δ。为 490～560 nm 范围内的绿色,所以$[Ti(H_2O)_6]^{3+}$显其互补色红色。

又如,配位化合物$[Mn(H_2O)_6]^{2+}$呈粉红色,是因中心离子 Mn^{2+} 有 5 个 d 电子,H_2O 为弱场配体,其电子排布式为 $t_{2g}^3e_g^2$,其在八面体场中吸收可见光发生跃迁,电子排布变为 $t_{2g}^2e_g^3$,跃迁所需能量为蓝绿色部分,所以$[Mn(H_2O)_6]^{2+}$显其互补色橙红色,但是由于跃迁受到限制,发生跃迁的概率较小,因此实际颜色为粉红色。

中心离子电子构型为 d^1-d^9 的配合物,通常都能发生 d-d 跃迁,因而都显示一定的颜色。

2) 电荷跃迁

中心离子电子构型为 d^0 和 d^{10} 的配合物,不能发生 d-d 跃迁,因此应该是无色或白色的,如 ZnI_2。与其同族的 CdI_2 和 HgI_2 却呈现为黄绿色和红色。这是由中心离子的极化作用和配体的变形性导致的,作为配体的 I^- 半径较大,变形性较强,Zn^{2+} 半径小,对于电子迁移的支持度小,要吸收紫外光方可实现电子从 I^- 到 Zn^{2+} 的迁移,因此可见光全透过,即在可见区无吸收,无色;而 Cd^{2+} 半径大,与 I^- 之间相互极化程度大,电荷转移易于进行,吸收可见光中的紫光,因而显黄绿色;HgI_2 电荷跃迁更容易,吸收蓝绿色光,显红色。这种显色机理称为电荷跃迁。一些高价金属离子的含氧酸根,其中心离子均为 d^0 结构,无 d-d 跃迁,但由于具有较强的极化能力使 O^{2-} 发生电荷跃迁而显色。其中 Mn(Ⅶ)的极化能力最强,吸收黄绿光,显紫色。

	VO_3^-	CrO_4^{2-}	MnO_4^-
吸收光颜色/显示的颜色	蓝色/黄色	蓝色/黄色	黄绿色/紫色

温度对极化和电荷跃迁有影响,因而影响颜色。例如 AgI,常温下是黄色的;高温下极化作用强,电荷跃迁更容易,吸收比蓝光更低的蓝绿光,显红色;低温时,电荷跃迁变难,吸收紫外光,显白色。

晶体场理论在解释光谱，讨论 CFSE 和 Jahn-Teller 畸变上，比价键理论前进了一步。但是，该理论完全是静电模型，在讨论中性配体如 NH_3 的配位化合物时，显得勉强。而配位场理论从分子轨道理论角度获得了新的发展，将在物质结构课程中进一步学习。

12.4　配位化合物的稳定性

配位化合物的内界与外界之间是离子键，在水溶液中全部电离，而内界的中心离子与配体之间是配位键，存在配位-解离平衡，所以**配位化合物的稳定性指的是配离子的稳定性**。

12.4.1　配位化合物的稳定常数

向硝酸银溶液中加入过量的氨水，生成$[Ag(NH_3)_2]^+$，在溶液中存在着下述平衡

$$Ag^+ + 2NH_3 \rightleftharpoons [Ag(NH_3)_2]^+$$

按式(5.1)，该平衡的平衡常数 $K_{稳}$ 可以表达为

$$K^{\ominus}_{稳} = \frac{[Ag(NH_3)_2^+]}{[Ag^+][NH_3]^2}$$

平衡常数 $K^{\ominus}_{稳}$ 越大，表示配位化合物越稳定。

配位化合物解离过程的平衡常数称为配位化合物的不稳定常数，记为 $K^{\ominus}_{不稳}$。

对于任一配位反应

$$M + L \rightleftharpoons ML$$

$$K^{\ominus}_{稳} = \frac{[ML]}{[M][L]} \qquad K^{\ominus}_{不稳} = \frac{[M][L]}{[ML]} \qquad K^{\ominus}_{稳} = \frac{1}{K^{\ominus}_{不稳}} \tag{12.3}$$

配位化合物的生成和解离都是分级进行的，每一级反应都对应着一个平衡常数，称为配位化合物的逐级平衡常数。例如$[Ag(NH_3)_2]^+$的配位反应实际是分两步进行的，每一步的平衡常数分别用 $K^{\ominus}_1$、$K^{\ominus}_2$ 表示

$$Ag^+ + NH_3 \rightleftharpoons [Ag(NH_3)]^+ \qquad K^{\ominus}_1$$

$$[Ag(NH_3)]^+ + NH_3 \rightleftharpoons [Ag(NH_3)_2]^+ \qquad K^{\ominus}_2$$

显然

$$K^{\ominus} = K^{\ominus}_1 \times K^{\ominus}_2$$

【例 12.3】 将 0.1 $mol \cdot dm^{-3}$ 的 $AgNO_3$ 溶液与 1.0 $mol \cdot dm^{-3}$ 的 $NH_3 \cdot H_2O$ 等体积混合，计算平衡时溶液中 Ag^+、NH_3、$[Ag(NH_3)_2]^+$的浓度。已知$[Ag(NH_3)_2]^+$的 $K^{\ominus}_{稳} = 1.1 \times 10^7$。

解：等体积混合后，$AgNO_3$ 溶液的浓度为 0.05 $mol \cdot dm^{-3}$，$NH_3 \cdot H_2O$ 浓度为 0.5 $mol \cdot dm^{-3}$。由于$[Ag(NH_3)_2]^+$的稳定常数较大，且 NH_3 过量，因此可以认为 Ag^+ 全部转化为$[Ag(NH_3)_2]^+$。

因此平衡时，$[Ag(NH_3)_2^+] = 0.05(mol \cdot dm^{-3})$，$[NH_3] = 0.5 - 0.1 = 0.4(mol \cdot dm^{-3})$

$$K^{\ominus}_{稳} = \frac{[Ag(NH_3)_2^+]}{[Ag^+][NH_3]^2} = \frac{0.05}{[Ag^+](0.4)^2} = 1.1 \times 10^7$$

$$[Ag^+] = 2.84 \times 10^{-8}(mol \cdot dm^{-3})$$

12.4.2　配位-解离平衡的移动

1. 配位-解离平衡与酸-碱平衡

配离子中的配体若为弱酸根（如 F^-、CN^-、SCN^-、CO_3^{2-}、$C_2O_4^{2-}$ 等），它们能与外加的酸

生成弱酸,从而使配位平衡发生移动。

例如$[FeF_6]^{3-}$溶液中存在着下列平衡

$$[FeF_6]^{3-} \rightleftharpoons Fe^{3+} + 6F^-$$

当溶液中$[H^+]>0.5\ mol \cdot dm^{-3}$时,生成弱酸HF, $H^+ + F^- \rightleftharpoons HF$。溶液中$F^-$浓度降低,导致配位-解离平衡向右移动,$[FeF_6]^{3-}$会发生解离;反之,如果溶液碱性增强,HF会解离,$F^-$浓度增大,配位平衡向左移动,配离子稳定性增强。

向$FeCl_3$溶液中加入$K_2C_2O_4$溶液,生成绿色的$K_3[Fe(C_2O_4)_3]$,继续加入HCl,溶液变为黄色。其原因是$C_2O_4^{2-}$遇到强酸HCl结合为$H_2C_2O_4$,而$H_2C_2O_4$为弱酸,导致溶液中$C_2O_4^{2-}$浓度降低,平衡发生移动,配离子$[Fe(C_2O_4)_3]^{3-}$发生解离,生成$[FeCl_4]^-$,显黄色。

$$Fe^{3+} + 3C_2O_4^{2-} \rightleftharpoons [Fe(C_2O_4)_3]^{3-}$$

$$[Fe(C_2O_4)_3]^{3-} + 4Cl^- \rightleftharpoons [FeCl_4]^- + 3C_2O_4^{2-}$$

2. 配位-解离平衡与沉淀-溶解平衡

配位-解离平衡与沉淀-溶解平衡的关系实际上是沉淀剂与配合剂对中心离子的争夺。

【例12.4】 已知298.2 K时$K^{\ominus}_{sp}(AgCl)=1.8\times10^{-10}$;$K^{\ominus}_{稳}[Ag(NH_3)_2^+]=1.67\times10^7$。问在该温度下保持$[NH_3]=1.0\ mol \cdot dm^{-3}$的溶液中AgCl的溶解度是多少?欲在1 dm^3水中溶解0.1 mol AgCl,需向该1 dm^3溶液中加入多少mol NH_3?(计算中不考虑因NH_3的加入而引起的水体积的变化)

解:①设平衡时AgCl的溶解度为x,则

$$\begin{array}{ccc} AgCl \rightleftharpoons Ag^+ + Cl^- & \qquad & Ag^+ + 2NH_3 \rightleftharpoons [Ag(NH_3)_2]^+ \\ x-y \quad\ x & & x-y \quad 1.0 \qquad\qquad y \end{array}$$

解联立方程

$$\begin{cases} K^{\ominus}_{sp}(AgCl)=x(x-y) \\ K^{\ominus}_{稳}[Ag(NH_3)_2^+]=y/[(x-y)\times1^2] \end{cases}$$

得该温度下在$[NH_3]=1.0\ mol \cdot dm^{-3}$溶液中AgCl的溶解度,$x=0.055\ mol \cdot dm^{-3}$。

②由$K^{\ominus}_{sp}(AgCl)=0.1\times[Ag^+]$得

$$[Ag^+]=1.8\times10^{-9}\ mol \cdot dm^{-3}$$

设需要NH_3的起始浓度为$[NH_3]_0$,由

$$K^{\ominus}_{不稳}[Ag(NH_3)_2^+]=(1.8\times10^{-9})\{[NH_3]_0-2\times(0.1-1.8\times10^{-9})\}^2/(0.1-1.8\times10^{-9})$$

或

$$K^{\ominus}_{不稳}[Ag(NH_3)_2^+]=(1.8\times10^{-9})\{[NH_3]_0-2\times0.1\}^2/0.1$$

解得

$$[NH_3]_0=0.2+[0.1\times K^{\ominus}_{不稳}/1.8\times10^{-9}]^{1/2}=2.02(mol)$$

3. 配位-解离平衡与氧化-还原平衡

一些金属氧化态在水溶液中常常是不稳定的,但形成配位化合物后稳定性大大增加。例如$PbCl_4$,由于Pb(Ⅳ)的强氧化性而很不稳定,极易分解为$PbCl_2$和Cl_2,但当形成$[PbCl_6]^{2-}$后,Pb(Ⅳ)在水溶液中就能稳定存在了,究其原因是金属形成配位化合物后,其电极电势降低,因此相应的氧化能力下降。

【例 12.5】 已知 $\varphi^\ominus(Cu^{2+}/Cu)=0.377\ V$，$K^\ominus_{稳}[Cu(NH_3)_4^{2+}]=4.3\times10^{13}$，计算 $\varphi^\ominus([Cu(NH_3)_4]^{2+}/Cu)$。

解： 首先计算出 $[Cu(NH_3)_4]^{2+}$ 在平衡时解离出来的 Cu^{2+} 浓度

$$[Cu(NH_3)_4]^{2+} \rightleftharpoons Cu^{2+} + 4NH_3$$

$$K^\ominus_{不稳}[Cu(NH_3)_4^{2+}]=\frac{1}{K^\ominus_{稳}}=\frac{1}{4.3\times10^{13}}=\frac{[Cu^{2+}][NH_3]^4}{[Cu(NH_3)_4^{2+}]}$$

电极反应式为

$$[Cu(NH_3)_4]^{2+} + 2e^- \rightleftharpoons Cu + 4NH_3$$

在标准态时 $[Cu(NH_3)_4]^{2+}$ 和 NH_3 浓度都为 1 mol · dm^{-3}，则

$$[Cu^{2+}]=\frac{1}{4.3\times10^{13}}$$

代入 Nernst 方程

$$\varphi^\ominus([Cu(NH_3)_4]^{2+}/Cu)=\varphi(Cu^{2+}/Cu)=\varphi^\ominus(Cu^{2+}/Cu)+\frac{0.0591}{2}\lg[Cu^{2+}]=-0.026(V)$$

4. 配位-解离平衡与配位化合物的取代反应

向红色的 $[Fe(SCN)_n]^{3-n}$ $(n=1\sim6)$ 溶液中加入 NaF 溶液，溶液的红色逐渐褪去，最终变为无色。以上现象是由于发生了配体取代反应

$$[Fe(SCN)_n]^{3-n} + mF^- \rightleftharpoons [FeF_m]^{3-m}\ (m=1\sim6) + nSCN^-$$

此取代反应的平衡常数

$$K=\frac{K^\ominus_{稳}([FeF_m]^{3-m})}{K^\ominus_{稳}([Fe(SCN)_n]^{3-n})}$$

12.4.3 影响配位化合物稳定性的因素

由于配位化合物的稳定性主要取决于配位单元的稳定性，而配位单元包括中心离子和配体，所以影响配位化合物稳定性的因素主要是中心离子与配体。

1. 中心离子的影响

1) 中心离子电荷

中心离子所带正电荷越高，半径越小，配位化合物越稳定。因为电荷高，与配体间的引力增大，半径小，它们的中心可以靠得更近。例如

$$[Co(NH_3)_6]^{3+} > [Co(NH_3)_6]^{2+}$$

$$K^\ominus_{稳}([Co(NH_3)_6]^{3+})=1.58\times10^{35},\ K^\ominus_{稳}([Co(NH_3)_6]^{2+})=1.29\times10^{5}$$

$$[Fe(CN)_6]^{3-} > [Fe(CN)_6]^{4-}$$

$$K^\ominus_{稳}([Fe(CN)_6]^{3-})=1.0\times10^{42},\ K^\ominus_{稳}([Fe(CN)_6]^{4-})=1.0\times10^{35}$$

$$[Co(NH_3)_6]^{3+} > [Ni(NH_3)_6]^{2+}$$

$$K^\ominus_{稳}([Co(NH_3)_6]^{3+})=1.58\times10^{35},\ K^\ominus_{稳}([Ni(NH_3)_6]^{2+})=5.49\times10^{8}$$

2) 中心离子所处周期

对于同一族的元素，一般所处的周期越大，d 轨道伸展度越高，配合物就越稳定。例如

$$[HgCl_4]^{2-} > [ZnCl_4]^{2-}$$

$$K^\ominus_{稳}([HgCl_4]^{2-})=1.17\times10^{15},\ K^\ominus_{稳}([ZnCl_4]^{2-})=1.58$$

$$[Pt(NH_3)_6]^{2+} > [Ni(NH_3)_6]^{2+}$$

$$K^{\ominus}_{稳}([Pt(NH_3)_6]^{2+}) = 2.0 \times 10^{35},\ K^{\ominus}_{稳}([Ni(NH_3)_6]^{2+}) = 5.49 \times 10^{8}$$

3) 有效原子序数规则(EAN 规则)

有效原子序数规则主要是针对过渡金属,它是一个经验规则:过渡金属离子与配体成键时倾向于其 9 个价轨道(5 个 d 轨道,1 个 s 轨道和 3 个 p 轨道)全部充满电子,即价层达到 18 个电子的饱和状态,这样的配位化合物通常可以稳定存在。

例如,$[Co(NH_3)_6]^{3+}$ 中 Co(Ⅲ)的 EAN 可以计算如下:

Co 的原子序数 27,有 27 个电子,价电子数为 9,Co(Ⅲ)有 9－3＝6 个价电子;6 个 NH_3 分子提供 2×6＝12 个电子。因此,$[Co(NH_3)_6]^{3+}$ 中 Co(Ⅲ)的 EAN＝6＋12＝18。

对 $Fe(CO)_5$,Fe 的原子序数 26,有 26 个电子,价电子数为 8;5 个 CO 提供 2×5＝10 个电子。因此 $Fe(CO)_5$ 中 Fe 的 EAN＝8＋10＝18。

它们都符合 18 电子规则,因此可以稳定存在。而 $Mn(CO)_5$ 的 EAN＝7＋10＝17,配合物不能稳定存在,而 $(CO)_5Mn—Mn(CO)_5$ 的 EAN 可以计算如下:

Mn 的价电子数为 7,5 个 CO 提供 10 个电子,Mn—Mn 键的另一个 Mn 提供一个,共 7＋10＋1＝18,因此该配位化合物就可以稳定存在。

但也不是所有不符合 18 电子规则的配位化合物都不能稳定存在,即 18 电子规则也有例外的情况。

2. 配体的影响

1) 配体中配位原子的电负性

通常配体中配位原子的电负性越小,其给电子能力就越强,配位化合物就越稳定。例如

$$[Hg(NH_3)_4]^{2+} > [HgCl_4]^{2-}$$

$$K^{\ominus}_{稳}([Hg(NH_3)_4]^{2+}) = 1.91 \times 10^{19},\ K^{\ominus}_{稳}([HgCl_4]^{2-}) = 1.17 \times 10^{15}$$

$$[HgI_4]^{2-} > [HgCl_4]^{2-} \qquad K^{\ominus}_{稳}([HgI_4]^{2-}) = 6.76 \times 10^{29}$$

2) 配体的类型

多齿配体与中心离子形成的螯合物由于具有多元环的结构,通常稳定性要高于一般的配位化合物,称为螯合效应。螯合物中以形成五元环或六元环最为稳定,如 Cu^{2+} 与氨基乙酸根形成的螯合物。

3) 配体的反位效应

某些配体能使在正方形平面中处于它们反位的基团活化,变得容易被取代,称为反位效应。例如

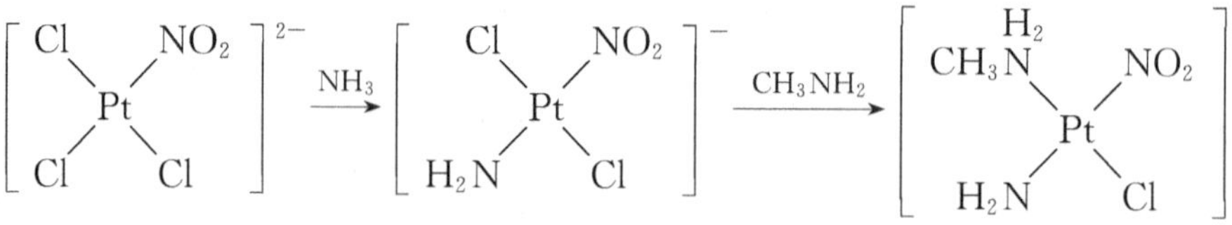

相当广泛的研究工作指出多种配体的反位效应顺序如下:

$CN^- \approx CO \approx C_2H_4 > PH_3 \approx SH_2 > NO_2^- > I^- > Br^- > Cl^- > NH_3 \approx Py > OH^- > H_2O$

小　　结

配位化合物与普通化合物最重要的区别是其内界的中心离子与配体间存在配位键。在只有单齿配体存在的情况下，配位数才等于配体数；如果配位化合物中有多齿配体存在，则配位数就不等于配体数。由多齿配体形成的螯合物由于具有多元环，其稳定性远大于普通的配位化合物。

配位化合物的异构包括立体异构、解离异构、配位异构和键合异构，其中立体异构还分为几何异构和旋光异构。

配位化合物的价键理论能较好地解释配位化合物的配位数、构型和磁性质，但只是定性说明，并没有用定量的方法阐述配位化合物的上述性质，此外，价键理论也不能对配位化合物的颜色和光谱等性质予以说明。晶体场理论不仅可以解释配位化合物的磁性，还可以很好地解释配位化合物的电子光谱和颜色这些价键理论所无能为力的问题。

自 1893 年 Werner 发表第一篇有关配位化学理论的论文算起，配位化学至今已经走过了近 120 年的发展历程。我国配位化学的发展主要是从新中国成立以后，1978 年在南京大学成立我国第一个配位化学研究基地——南京大学配位化学研究所，1987 年我国成功地组织召开了第 25 届国际配位化学会议。现在，我国配位化学的发展日新月异，在稀土配位化学、簇合物配位化学、生物配位化学、配位磁化学以及新型功能配位化合物的研究方面都取得了重要进展。尤其是 20 世纪 80 年代超分子化学的出现和纳米科学与技术的迅猛发展都为配位化学的进一步发展拓展了空间。

思考与研讨

12.1　举例说明配位化合物的命名原则。

12.2　讨论影响晶体场分裂能大小的因素有哪些。

12.3　如何判断一个配位化合物是内轨型还是外轨型？举例说明。

12.4　简述配位化合物的价键理论和晶体场理论的要点。它们的主要区别是什么？

12.5　影响中心离子配位数的主要因素有哪些？

12.6　配位化合物存在哪些异构现象？举例说明。

12.7　讨论影响配位化合物稳定性的因素。

12.8　何谓有效原子序数规则？举例说明。

12.9　$[Ni(H_2O)_6]Cl_2$ 呈现绿色，$[Ni(NH_3)_6]Cl_2$ 呈现紫色，推测两种配位化合物何者吸收较长波长的光。预测哪种配位化合物的 Δ_o 较大。H_2O 和 NH_3 在光化学序列中的顺序如何？

12.10　解释八面体的 Ni(Ⅱ)配位化合物磁矩一般在 2.9～3.4 μ_B，四面体的 Ni(Ⅱ)配位化合物磁矩近似为 4.1 μ_B，而平面正方形的 Ni(Ⅱ)配位化合物是反磁性的。

12.11　$[Ti(H_2O)_6]^{3+}$ 的吸收光谱在 $\lambda_{max} = 510$ nm 处有一吸收峰，讨论何种颜色的光被吸收并且 $[Ti(H_2O)_6]^{3+}$ 的水溶液将呈现何种颜色。

12.12　$K_3[TiF_6]$测得的磁矩为 1.70 μ_B，计算此配位化合物的磁矩。

习　　题

12.1　解释下列术语及概念。

(1) 高自旋(high-spin)

(2) 低自旋(low-spin)

(3) 外轨型配位化合物(outer orbital complex)

(4) 内轨型配位化合物(inner orbital complex)

(5) 晶体场理论(crystal field theory)
(6) 弱场配体(weak-field ligand)
(7) 强场配体(strong-field ligand)
(8) 光谱化学系列(spectrochemical series)
(9) 晶体场稳定化能(crystal field stabilization energy,CFSE)
(10) 电子成对能(electron pairing energy)
(11) Jahn-Teller 效应(Jahn-Teller distortion)
(12) d-d 跃迁(d-d transition)
(13) 晶体场分裂能(crystal field splitting energyΔ)
(14) 几何异构体(geometric isomer)
(15) 旋光异构体(optical isomer)
(16) 抗磁性(antimagnetism)
(17) 顺磁性(paramagnetism)

12.2 命名下列配位化合物。
(1) $[Ni(en)_3]Cl_2$
(2) $K_3[Co(NO_2)_6]$
(3) $[Pt(Py)_4][PtCl_4]$
(4) $[Co(NH_3)_6]_2(SO_4)_3$
(5) $K_4[Co\ (C_2O_4)_2(\mu\text{-}OH)_2Co(C_2O_4)_2]$

12.3 应用晶体场理论阐述在八面体配位化合物中的 5 个 d 轨道为何不再简并。

12.4 画出下列配体的结构，标明配位原子。
(1) en (2) CN^- (3) CO (4) $[ox]^{2-}$ (5) $[NCS]^-$ (6) PMe_3

12.5 将下列配体按照晶体场强增加的顺序排列。
(1) Br^- (2) CN^- (3) NH_3 (4) OH^- (5) H_2O (6) F^-

12.6 下列配位化合物哪一个八面体场的分裂能 Δ_o 较大？为什么？
(1) $[Cr(H_2O)_6]^{2+}$ 和 $[Cr(H_2O)_6]^{3+}$ (2) $[Cr(NH_3)_6]^{3+}$ 和 $[CrF_6]^{3-}$
(3) $[Fe(CN)_6]^{4-}$ 和 $[Fe(CN)_6]^{3-}$ (4) $[Ni(H_2O)_6]^{2+}$ 和 $[Ni(en)_3]^{2+}$
(5) $[MnF_6]^{2-}$ 和 $[ReF_6]^{2-}$ (6) $[Co(en)_3]^{3+}$ 和 $[Rh(en)_3]^{3+}$

12.7 解释对于 d^8 组态的金属离子其八面体场的高自旋和低自旋排布没有区别；讨论对于 d^4 组态的金属离子配位化合物其在八面体场中，什么情况下分裂成高自旋态，什么情况下分裂成低自旋态，如何通过实验验证？

12.8 解释下列配位化合物中所观察到的未成对电子数(括号内的数字)。
(1) $[Mn(CN)_6]^{4-}$ (1) (2) $[Mn(CN)_6]^{2-}$ (3) (3) $[Cr(en)_3]^{2+}$ (4)
(4) $[Fe(ox)_3]^{3-}$ (5) (5) $[Pd(CN)_4]^{2-}$ (0) (6) $[CoCl_4]^{2-}$ (3)
(7) $[NiBr_4]^{2-}$ (2)

12.9 解释为何 $[CoCl_4]^{2-}$ 具有四面体构型而 $[CuCl_4]^{2-}$ 具有平面正方形结构。

12.10 下列哪个配位化合物可能会发生 Jahn-Teller 效应？说明理由。
(1) $[CrI_6]^{4-}$ (2) $[Cr(CN)_6]^{4-}$ (3) $[CoF_6]^{3-}$ (4) $[Mn(ox)_3]^{3-}$

12.11 解释为何 $[Et_4N]_2[NiBr_4]$ 具有顺磁性而 $K_2[PdBr_4]$ 具有抗磁性。

12.12 (1) 八面体的 Cr(Ⅲ)配位化合物中有多少 d-d 吸收带？
(2) 为何反式 $[Co(en)_2F_2]^+$ 颜色要比顺式 $[Co(en)_2F_2]^+$ 和反式 $[Co(en)_2Cl_2]^+$ 浅？

12.13 已知两个配离子的分裂能和成对能

	$[Co(NH_3)_6]^{3+}$	$[Fe(H_2O)_6]^{2+}$
Δ/cm^{-1}	23 000	10 400
P/cm^{-1}	21 000	15 000

(1) 用价键理论及晶体场理论解释$[Fe(H_2O)_6]^{2+}$是高自旋的,$[Co(NH_3)_6]^{3+}$是低自旋的；

(2) 计算两种配离子的晶体场稳定化能。

12.14 向 $Fe_2(SO_4)_3$ 溶液依次加入饱和$(NH_4)_2C_2O_4$ 溶液、少量 KSCN 溶液、少量盐酸、过量 NH_4F 溶液，溶液的颜色如何变化?

已知:$[Fe(C_2O_4)_3]^{3-}$为黄绿色,$K^\ominus_{稳}=1.6\times10^{20}$,$H_2C_2O_4$ 的 $K^\ominus_{a_1}=5.4\times10^{-2}$;$[Fe(SCN)_5]^{2-}$为红色,$K^\ominus_{稳}=2.5\times10^6$,HSCN 为强酸;$[FeF_5]^{2-}$为无色,$K^\ominus_{稳}=5.9\times10^{15}$。

12.15 已知 $\varphi^\ominus(Fe^{3+}/Fe^{2+})=0.77$ V,$\varphi^\ominus[Fe(SCN)_5{}^{2-}/Fe^{2+}]=0.39$ V。求以下反应的平衡常数。

$$Fe^{3+}+5SCN^- \rightleftharpoons [Fe(SCN)_5]^{2-}$$

12.16 试给下列配位化合物画出所有可能的异构体。

(1) $[Co(NH_3)_4Cl_2]^+$　(2) $[Rh(en)_2Br_2]^+$　(3) $[Ir(C_2O_4)_2Cl_2]^{3-}$

(4) $[Cr(EDTA)]^-$　(5) $[Pt(en)Br_2Cl_2]$

12.17 根据下列配离子的磁矩画出它们中心离子的价层电子分布,指出杂化轨道和配离子的空间构型。

	$[Co(H_2O)_6]^{2+}$	$[Mn(CN)_6]^{4-}$	$[Ni(NH_3)_6]^{2+}$
μ/(B. M.)	4.3	1.8	3.11

12.18 向 1 cm^3 含 0.2 mg Ni^{2+} 溶液中加入 1 cm^3 1.0 mol · dm^{-3} KCN 溶液，求平衡时溶液中$[Ni(CN)_4]^{2-}$、Ni^{2+}、CN^-的浓度。已知$[Ni(CN)_4]^{2-}$的平衡常数为 3.3×10^{15}。

12.19 讨论下列实验现象。

(1) 尽管 Co^{2+}在溶液中用浓 HCl 处理后形成四面体配位化合物$[CoCl_4]^{2-}$,但是 Ni^{2+}不会发生同样的现象;

(2) 半反应$[Fe(CN)_6]^{3-}+e^- \rightleftharpoons [Fe(CN)_6]^{4-}$的 $\varphi^\ominus$ 与溶液的 pH 有关,在强酸性介质中为正值。

12.20 回答下列问题。

(1) 为什么在八面体场中 d_{z^2} 轨道的能量升高而 d_{xz} 轨道的能量降低?

(2) $[Fe(H_2O)_6]^{2+}$、$[Fe(CN)_6]^{3-}$、$[Fe(CN)_6]^{4-}$的 Δ_o 大小顺序。

部分习题答案

第2章

2.1 3.17 kPa

2.2 (1) 0.877 (2) 0.918 (3) 0.977

2.3 (1) 4.11 g·dm^{-3} (2) N_2O_4

2.4 1.343×10^6 Pa; 1.335×10^6 Pa; 0.60%

2.5 Zn 70.2%, Al 29.8%

2.6 (1) 1.68 dm^3 (2) 0.94 dm^3

2.7 (1) 无液态水出现,298 cm^3

(2) $p(H_2O)$=47.3 kPa; $p(H_2)$=52.7 kPa

(3) 水蒸气全部液化

2.8 $v_{氢气}$: $v_{氧气}$=4 : 1

2.9 C_2H_6:0.0200 mol; O_2:0.141 mol

2.10 (1) 1.07 mol·kg^{-1}

(2) 1.02 mol·dm^{-3}

(3) 1.89×10^{-2}

2.11 0.040 mol·dm^{-3}

2.12 393.8 K

2.13 (1) 156.8 Pa (2) 57.4%

2.14 373.29 K

2.15 $C_{10}H_{14}N_2$

2.16 1.6×10^3 g·mol^{-1}

2.17 1.2 g

2.18 (1) 1280 (2) 105.2 kPa

2.19 蛙肌细胞分别为皱缩、正常和膨胀

2.20 692.1 g·mol^{-1}

2.21 226.95

2.22 按活度进行计算:756 kPa

按浓度进行计算:868 kPa

2.23 (1) 99 kPa (2) 84 kPa (3) 85 kPa

第3章

3.1 0.028 mol·dm^{-3}·mol^{-1}

0.112 mol·dm^{-3}·mol^{-1}

3.2 4.2×10^{-6} mol·dm^{-3}·s^{-1}

3.85×10^{-6} mol·dm^{-3}·s^{-1}

3.55×10^{-6} mol·dm^{-3}·s^{-1}

3.3 5.33×10^{-3} s^{-1}

3.4 18 320.7 年

3.5 5.8×10^{-4} mol^{-1}·dm^{-3}·s^{-1}; 5.8×10^{-5} s^{-1}

3.6 5.06×10^3 s

3.7 二级; 1.73×10^{-4} kPa^{-1}·min^{-1}

3.8 三级

3.9 零级

3.10 0.15c_A

3.11 (1) 一级 (2) k=0.0963 h^{-1}, $t_{1/2}$=7.2 h

(3) 6.7 h

3.12 176 kJ·mol^{-1}

7.88 × 10^{-4} mol^{-1}·dm^3·s^{-1}

0.191 mol^{-1}·dm^3·s^{-1}

3.15 98.42 kJ·mol^{-1}

3.16 15.06 min

3.17 17%

第4章

4.1 0.881 kJ·℃$^{-1}$

4.2 $Q_{吸}$=490 J; ΔH=26.1 kJ·mol^{-1}

4.3 W=1723 J; $Q=W$

4.4 $\Delta_r H_m^\ominus$=−323 kJ·mol^{-1}

$\Delta_r U_m^\ominus$=−325.5 kJ·mol^{-1}

4.5 −125.7 kJ·mol^{-1}

4.6 17.84 kJ

4.7 91.25 kJ·mol^{-1}

4.8 −627 kJ·mol^{-1}

4.9 −16.6 kJ

4.10 −75.2 kJ·mol^{-1}

4.11 −197.4 kJ·mol^{-1}

4.12 6×(4)=3×(1)−(2)−2×(3); 8.67 kJ·mol^{-1}

4.13 −1090 kJ·mol^{-1}

4.14 (1) −793 kJ·mol^{-1} (2) 145 kJ·mol^{-1}

4.15 (1) −875 kJ·mol^{-1}; −33.6 kJ·g^{-1}

(2) −923 kJ·mol^{-1}; −32.9 kJ·g^{-1}

4.16 $\Delta_f H_m^\ominus(NF_3, g)$=−111 kJ·mol^{-1}

$\Delta_f H_m^\ominus(NCl_3, g)$=234 kJ·mol^{-1}

4.18 −7.2 J·mol^{-1}·K^{-1}; 44.3 J·mol^{-1}·K^{-1}

4.19 (1) −43.76 kJ·mol^{-1} (2) 1.64×10^3 K

4.20 0.12 kJ·mol^{-1}

4.21 (1) 54.56 kJ·mol^{-1}
(2) 5.24 kJ·mol^{-1}
(3) 49.32 kJ·mol^{-1}
(4) 0.0866 kJ·mol^{-1}·K^{-1}
(5) $\Delta_r G_m^\ominus = 0$
4.22 焓熵双减反应，$T = 383$ K
4.25 (1) 413 J·mol^{-1}·K^{-1}
(2) 低温下 $SiCl_4$(g) 较稳定
4.26 焓熵双减反应，$T < 3770$ K
4.27 (1) $\Delta_r G_m^\ominus$(298 K) =399 kJ·mol^{-1}
(2) $\Delta_r G_m^\ominus$(298 K) =462 kJ·mol^{-1}
(3) $\Delta_r G_m^\ominus$(298 K) =82 kJ·mol^{-1}
第三个还原反应消耗热能最省

第5章

5.2 (1) 2500 (2) 4×10^{-4}
5.3 26.2
5.4 1.8×10^{-14}
5.5 78.3%;1.6;0.037;1.6
5.6 0.88 kPa;2.94 kPa;6.3×10^{-3};12%
5.7 31%
5.8 370.6 K;8.39 kJ·mol^{-1};−3.49 kJ·mol^{-1}
5.9 1.7×10^{2} kPa;270 K;气态
5.10 (1) 644 K (2) 933 kPa;311 kPa;622 kPa
5.11 (1) 3.52×10^{4} (2) 1.90×10^{4} kPa
5.12 $\Delta_r G_m = -12.17$ kJ·mol^{-1}，反应能自发进行
$K_c^\ominus = 4.50\times10^{-5}$，反应趋势很小
5.13 (1) 75.65 kJ·mol^{-1};5.25×10^{-14}
(2) 26.4 kJ·mol^{-1}，不风化，能潮解
5.14 3.71×10^{-6}
5.15 (1) 6.32×10^{-5} (2) 104.6 kJ·mol^{-1}
5.16 (1) 8.5 kPa (2) $T_b = 349$ K
5.17 $Q_p = 3.37\times10^{-5} < K_p^\ominus = 1.6\times10^{2}$
H_2 可将 Fe_2O_3 还原为 Fe
5.18 307 kJ·mol^{-1}
5.19 AgF:易溶
AgCl:难溶，$K_{sp}^\ominus = 1.8\times10^{-10}$
AgBr:难溶，$K_{sp}^\ominus = 4.2\times10^{-13}$
AgI:难溶，$K_{sp}^\ominus = 8.3\times10^{-17}$
5.20 (2)−(1)，$K = 1.5\times10^{7}$
Fe^{3+} 可氧化 Cu^{2+}，反应相当完全
5.21 (1)+(2)−(3)，$K = 8.1\times10^{5}$
5.22 (1) 难溶，$K_{sp}^\ominus = 2.94\times10^{-7}$
(2) 加酸，使$[H^+] = 1.00$ mol·dm^{-3}，则
$\Delta_r G_m^\ominus = -8.8$ kJ·mol^{-1}，$K^\ominus = 19.92$，可溶解
5.23 CuS 溶于酸时 $K = 6.0\times10^{-11}$，不溶
FeS 溶于酸时 $K = 6.0\times10^{7}$，溶

第6章

6.1 (1) 2.9×10^{-8} (2) 2.2×10^{-11}
(3) 2.13×10^{-4} (4) 4.5×10^{-2}
6.2 $K_b(HPO_4^{2-}) = 1.6\times10^{-7}$，$NH_3$ 的碱性较强
6.3 0.095 ℃
6.4 (1) 3.03 (2) 12.58 (3) 0.86
6.5 (1) 6.96 (2) 6.32
6.6 1.13×10^{-13}
6.7 2.0×10^{-5}
6.8 (1) 0.40 mol·dm^{-3}
(2) 0.40 mol·dm^{-3}
6.9 0.30;0.0074;0.076;1.0×10^{-7};1.3×10^{-13};
0.076(单位均为:mol·dm^{-3})
6.10 1.4×10^{-3};7.1×10^{-12};1.4×10^{-3};0.10
(单位均为:mol·dm^{-3})
6.11 8.4×10^{-3};8.0×10^{-3};4.2×10^{-4}
(单位均为:mol·dm^{-3})
6.12 (1) 8.88 (2) 9.74
6.14 3.15;3.3;3.0
6.14 (1) 1.77 (2) 7.21
6.15 (1) 4.93 (2) 5.13
(3) 4.75 (4) 4.96
6.16 (1) 7.7×10^{-12} mol·dm^{-3}
(2) 5.6×10^{-10} mol·dm^{-3}
(3) 1.3%;0.018%
6.17 150 cm^3
6.18 mol·dm^{-3}:1.76×10^{-5};1.76×10^{-5};0.498
6.19 (1) 不能 (2) 能 (3) 不能 (4) 能
6.20 (1) 1.9×10^{3} (2) 7.65 (3) 6.9
6.21 (1) 7.21 (3) 7.25
6.22 0.100 mol·dm^{-3} 的 $H_2C_2O_4$ 溶液和 0.100 mol·dm^{-3} 的 NaOH 溶液按 2∶3 体积比混合
6.23 $Q[Mg(OH)_2] = 8\times10^{-12} < K_{sp}^\ominus[Mg(OH)_2]$
不能产生 $Mg(OH)_2$ 沉淀
6.24 2.8×10^{-2}
6.25 (1) 黄，黄，橙，红，红 (2) 红，黄，蓝

第7章

7.1 (1) 2.45×10^{-4} g·(100 g 水)$^{-1}$

(2) 1.1×10^{-3} mol·dm^{-3}、8.58×10^{-3} g·(100 g水)$^{-1}$

(3) 7.97×10^{-8} mol·dm^{-3}

7.2 (1) 3.88×10^{-10} (2) 2.84×10^{-11}

7.3 4.53×10^{-16}

7.4 4.96×10^{-9}

7.5 (1) 1.1×10^{-4} mol·dm^{-3};2.2×10^{-4} mol·dm^{-3}

(2) 5.6×10^{-8} mol·dm^{-3}

(3) 1.2×10^{-5} mol·dm^{-3}

7.6 7.0×10^{-3} g

7.7 0.46 mol·dm^{-3}

7.8 4.0×10^{-7} mol·dm^{-3};8.5×10^{-7} mol·dm^{-3}

7.9 (1) 有沉淀生成

(2) $c(Zn^{2+})=2.17\times10^{-2}$ mol·dm^{-3},沉淀不完全

(3) $V=2.17$ cm^3

7.10 0.008 mol;0.051 mol·dm^{-3}

7.12 pH=4.0时,$[Fe^{3+}]=2.64\times10^{-9}$ mol·dm^{-3}

$[Mn^{2+}]=1.9\times10^{7}$ mol·dm^{-3}

pH=5.0时,$[Fe^{3+}]=2.64\times10^{-12}$ mol·dm^{-3}

$[Mn^{2+}]=1.9\times10^{5}$ mol·dm^{-3}

7.13 (1) 1.5×10^{-17} mol·dm^{-3}

(2) 1.5×10^{-15} mol·dm^{-3}

7.14 $[Mn^{2+}]=0.10$ mol·dm^{-3}

$[Cu^{2+}]=4.6\times10^{-17}$ mol·dm^{-3}

$[Bi^{3+}]=2.2\times10^{-20}$ mol·dm^{-3}

Cu^{2+}最先沉淀,然后为Bi^{3+},Mn^{2+}不沉淀

7.15 $AgI\rightarrow Ag_2CO_3$,$K=8.5\times10^{-22}$,不能转化

$AgI\rightarrow Ag_2S$,$K=1.2\times10^{18}$,可转化

7.16 $K^{\ominus}_{sp}[Ca_5(PO_4)_3OH]=1.40\times10^{-63}$

$K^{\ominus}_{sp}[Ca_5(PO_4)_3F]=6.16\times10^{-69}$

$Ca_5(PO_4)_3F$在有机酸中较稳定

第8章

8.3 (1) 0.165 V (2) $(0.0591/2)\lg(c_1/c_2)$

(3) 0.41 V

8.4 (1) 0.195 V,能,否,3.97×10^{6}

(2) 0.16 V,能,能,2.60×10^{5}

(3) 酸性正向进行,碱性逆向进行

(4) −0.294 V,否,否

8.5 −0.2676 V, 0.073 V

8.6 (1) -1.4×10^{2} kJ·mol^{-1},2.6×10^{25}

(2) −0.039 V

(3) 2.6×10^{25},38 kJ·mol^{-1}

8.7 0.223 V

8.8 (1) 0.367 V (2) 5×10^{16}

8.9 3.8×10^{16}

8.10 pH=1.00时,反应正向进行

pH=7.00时,反应逆向进行

8.11 $E=1.08$ V;能全部溶解并还原

8.12 2.6×10^{-5}, 1.52

8.13 (3) 0.83 V (4) 1.1×10^{14}

8.14 4.96×10^{-21}

8.15 1.04×10^{-7}

8.16 (1) 1.05×10^{6} (2) 9.5×10^{-7}

(3) 6.6×10^{5}

8.17 6.8×10^{-12}

8.18 2.0×10^{34}

8.19 −963 kJ·mol^{-1}

8.20 (1) 1.19 V (2) −0.42 V

8.21 (1) $E^{\ominus}_1=0.97$ V,$E^{\ominus}_2=0.69$ V,反应均能进行

(2) 4.5×10^{66}

8.22 $E^{\ominus}=0.18$ V,正向

第9章

9.1 7.8 eV

9.2 (1) 1.2×10^{2} pm (2) 333 pm

(3) 6.6×10^{-22} m

9.3 (1) 1.3 nm (2) 8.72×10^{-20} J

9.7 (1) 1,3,5,7,9;2,6,10,14,18

(2) Al^{3+}、Sc^{3+}:8电子

Bi^{3+}、Pb^{2+}:18+2电子

(3) 4s;3d;4s

9.9 (1) $[He]2s^22p^3$ (2) $[He]2s^22p^5$

(3) $[Ar]3d^14s^2$ (4) $[Xe]4f^{14}5d^{10}6s^23p^3$

(5) $[Xe]4f^{14}5d^46s^2$ (6) $[Ar]3d^2$

(7) [Ar] (8) $[Ar]3d^5$

(9) $[Ar]3d^6$ (10) $[Ar]3d^{10}$

(11) $[Xe]4f^6$ (12) $[Xe]4f^7$

9.10 (1) $[Ar]3d^54s^2$

(2) 第四周期、ⅦB;Mn; 25

9.11 (1) 五,ⅣB,钼, Mo,d,$4d^55s^1$

(2) 四,ⅢB,钪,Sc;三,ⅥA,硫,S

(3) $5d^96s^1$,78,Pt(铂)

(4) 六,f,63,Eu(铕)

(5) 六,Ⅷ(ⅧB),Ir(铱),77,3

(6) Cr;四;ⅥB;d,$3d^5 4s^1$

(7) 七,ⅡB族(锌副族),[Rn] $5f^{14} 6d^{10} 7s^2$

9.12 4;6s<4f<5d<6p

2,14,10,6;32

9.13 (1) 121,[118] $8s^2 5g^1$

(2) 第八周期,f 区,[118]$5g^{18} 6f^{12} 8s^2$,Fm

(3) 50, 168, $8s^2 5g^{18} 6f^{14} 7d^{10} 8p^6$

9.18 2335 $kJ \cdot mol^{-1}$;5248 $kJ \cdot mol^{-1}$

9.21 −780 $kJ \cdot mol^{-1}$

9.23 (1) Mg^{2+},Ca^{2+},Ar,Br^-

(2) Na,O,Ne,Na^+

(3) Al,H,O,F

(4) Al,O,F,Cl

第 10 章

10.1 2425 $kJ \cdot mol^{-1}$

10.6 (1) sp^3d^2 (2) sp^2 (3) sp^3d (4) sp^3

(5) sp^3d^2 (6) sp^3d (7) sp^3 (8) sp^3d,sp^2

(9) sp^3 (10) sp^2 (11) sp^3,sp^2,sp,sp,sp^3

10.15 76.8%

第 11 章

11.2 $16\sqrt{2}r^3$;$24\sqrt{2}r^3$;$64 \times r^3/3\sqrt{3}$

11.3 1.39×10^{-22} cm^3

11.4 8;8

11.5 5.44 Å

11.6 0.9755 $r_{面心}$

11.7 186 pm;0.967 $g \cdot cm^{-3}$

11.8 S^{2-}:1.84 Å; Ca^{2+}:0.95 Å

O^{2-}:1.40 Å; Mg^{2+}:0.70 Å

11.9 (1) 140.5 pm (2) 118.57

(3) 体积膨胀

(4) 灰锡 Sn—Sn 键更强,白锡配位数更高

11.10 (1) 八面体空隙 (2) 25%

11.16 (1) $CaCl_2$>$BeCl_2$>$HgCl_2$

(2) CaS>FeS>HgS

(3) KCl>LiCl>CuCl

第 12 章

12.4 (1) N,双齿 (2) C,单齿

(3) C,单齿 (4) O,双齿

(5) N或S,单齿 (6) P,单齿

12.5 Br^-<F^-<OH^-<H_2O<NH_3<CN^-

12.6 (1) $[Cr(H_2O)_6]^{3+}$ 高氧化态

(2) $[Cr(NH_3)_6]^{3+}$ 强场配体

(3) $[Fe(CN)_6]^{3-}$ 高氧化态

(4) $[Ni(en)_3]^{2+}$ 强场配体

(5) $[ReF_6]^{2-}$ Re是第三过渡系金属

(6) $[Rh(en)_3]^{3+}$ Rh是第二过渡系金属

12.8 (1) 八面体低自旋 d^5 (2) 八面体 d^3

(3) 八面体高自旋 d^4 (4) 八面体高自旋 d^5

(5) 平面正方形 d^8 (6) 四面体 d^7

(7) 四面体 d^8

12.13 (2) $[Fe(H_2O)_6]^{2+}$:CFSE=4160 cm^{-1}

$[Co(NH_3)_6]^{3+}$:CFSE=13 200 cm^{-1}

12.15 $K_{稳} = 2.8 \times 10^6$

附　　录

附录 1　一些非推荐单位、导出单位与 SI 单位的换算

物理量	换算单位
长度	1 A$=10^{-10}$ m, 1 im$=2.54\times10^{-2}$ m
质量	1(市)斤=0.5 kg, 1(市)两=50 g, 1 lb(磅)=0.454 kg, 1 oz(盎司)=28.35 g
压力	1 atm=760 mmHg$=1.013\times10^{5}$ Pa, 1 mmHg=1 Torr=133.3 Pa, 1 bar$=10^{5}$ Pa, 1 Pa=1 N·m^{-2}
温度	$T(\text{K})=t(℃)+273.15$, $F(℉)=\frac{9}{5}t(℃)+32$
能量	1 cal=4.184 J, 1 eV$=1.602\times10^{-19}$ J, 1 erg$=10^{-7}$ J
电量	1 esu(静电单位库仑)$=3.335\times10^{-10}$ C
其他	R(摩尔气体常量)=1.986 cal·K^{-1}·mol^{-1}=0.082 06 dm^{-3}·atm·K^{-1}·mol^{-1}=8.314 J·K^{-1}·mol^{-1}=8.314 kPa·dm^{3}·K^{-1}·mol^{-1} 1 eV·粒子$^{-1}$ 相当于 96.5 kJ·mol^{-1}, 1 C·m^{-1}=12.0 J·mol^{-1} 1 D(Debye, 德拜)$=3.336\times10^{-30}$ C·m

附录 2　一些常用的物理化学常数

名称	符号	数值和单位
理想气体摩尔体积	V_m	22.413 996(39) dm^{3}·mol^{-1}(273.15 K, 101.3 kPa)
		22.710 981(40) dm^{3}·mol^{-1}(273.15 K, 1 bar)
标准大气压	atm	101 325 Pa
标准压力	$p^{\ominus}$	1 bar=1×105 Pa
摩尔气体常量	R	8.314 472(15) J·mol^{-1}·K^{-1}
Boltzmann 常量	k	1.380 650 3(24)$\times10^{-23}$ J·K^{-1}
Avogadro 常量	N_A	6.022 141 99(47)$\times10^{23}$ mol^{-1}
水的三相点	$T_{tp}(H_2O)$	273.16 K
水的沸点	$T_b(H_2O)$	99.975 ℃
Faraday 常量	F	9.648 534 15(39)$\times10^{4}$ C·mol^{-1}
Planck 常量	h	6.626 068 76(52)$\times10^{-34}$ J·s
真空光速	c_0	299 792 458 m·s^{-1}
元电荷	e	1.602 176 462(63)$\times10^{-19}$ C
电子质量	m_e	9.109 381 88(72)$\times10^{-31}$ kg
Rydberg 常量	R_∞	10 973 731.568 549(83) m^{-1}
Bohr 半径	a_0	5.291 772 083(19)$\times10^{-11}$ m
Bohr 磁子	μ_B	9.274 008 99(37)$\times10^{-24}$ J·T^{-1}
真空电容率	ε_0	8.854 187 817$\times10^{-12}$ F·m^{-1}
原子质量常量$\left[\frac{1}{12}m(^{12}C)\right]$	m_u	1.660 538 73(13)$\times10^{-27}$ kg

数据摘自 CRC Handbook of Chemistry and Physics. 82nd ed. 2001～2002, 1-2～1-9。

附录 3　不同温度下的水蒸气压

温度/℃	蒸气压/kPa		温度/℃	蒸气压/kPa	温度/℃	蒸气压/kPa
−14.0	0.208 0*	0.181 22	36.0	5.945 3	86.0	60.119
−12.0	0.244 5*	0.217 32	38.0	6.629 8	88.0	64.958
−10.0	0.286 5*	0.259 90	40.0	7.381 4	90.0	70.117
−8.0	0.335 2*	0.309 98	42.0	8.205 4	92.0	75.614
−6.0	0.390 8*	0.368 73	44.0	9.107 5	94.0	81.465
−4.0	0.454 6*	0.437 47	46.0	10.094	96.0	87.688
−2.0	0.527 4*	0.517 72	48.0	11.171	98.0	94.301
0.0		0.611 29	50.0	12.344	100.0	101.32
2.0		0.706 05	52.0	13.623	102	108.77
4.0		0.813 59	54.0	15.012	104	116.67
6.0		0.935 37	56.0	16.522	106	125.03
8.0		1.073 0	58.0	18.159	108	133.88
10.0		1.228 1	60.0	19.932	110	143.24
12.0		1.402 7	62.0	21.851	112	153.13
14.0		1.598 8	64.0	23.952	114	163.58
16.0		1.818 5	66.0	26.163	116	174.61
18.0		2.064 4	68.0	28.576	120	198.48
20.0		2.338 8	70.0	31.176	150	475.72
22.0		2.644 7	72.0	33.972	200	1 553.6
24.0		2.985 0	74.0	36.978	250	3 973.6
26.0		3.362 9	76.0	40.205	300	8 583.8
28.0		3.781 8	78.0	43.665	350	16 521
30.0		4.245 5	80.0	47.373	370	21 030
32.0		4.757 8	82.0	51.342	374	22 055
34.0		5.322 9	84.0	55.585		

数据摘自 CRC Handbook of Chemistry and Physics. 82nd ed. 2001～2002，6-9～6-11。

* 0 ℃以下为冰蒸气压，为过冷水蒸气压。

附录 4　常见物质的 $\Delta_f H_m^\ominus$、$\Delta_f G_m^\ominus$ 和 $S_m^\ominus$(298.15 K，100.00 kPa)

物质	$\Delta_f H_m^\ominus$/(kJ · mol^{-1})	$\Delta_f G_m^\ominus$/(kJ · mol^{-1})	$S_m^\ominus$/(J · K^{-1} · mol^{-1})
Ag(cr)	0	0	42.55
Ag^+(aq)	105.6	77.1	72.68
AgBr(cr)	−100.4	−96.9	107.1
AgCl(cr)	−127.1	−109.8	96.2
AgI(cr)	−61.84	−66.19	115.5
$AgNO_3$(cr)	−124.4	−33.41	140.9

续表

物质	$\Delta_f H_m^\ominus$/(kJ · mol⁻¹)	$\Delta_f G_m^\ominus$/(kJ · mol⁻¹)	$S_m^\ominus$/(J · K⁻¹ · mol⁻¹)
Ag_2O(cr)	−31.05	−11.20	121.3
Al(cr)	0	0	28.33
Al^{3+}(aq)	−531.0	−485.0	−321.7
$AlCl_3$(cr)	−704.2	−628.8	110.7
Al_2O_3(cr,α-刚玉)	−1676.0	−1582.0	50.92
$Al_2(SO_4)_3$(cr)	−3441.0	−3100.0	239.0
B(cr)	0	0	5.86
B_2H_6(g)	35.6	86.7	232.1
B_2O_3(cr)	−1272.77	−1193.6	53.97
Ba(cr)	0.0	0.0	62.8
Ba^{2+}(aq)	−537.6	−560.8	9.6
$BaCl_2$(cr)	−858.6	−810.4	123.7
$BaCO_3$(cr)	−1216.3	−1137.6	112.1
BaO(cr)	−553.5	−525.1	70.42
$BaSO_4$(cr)	−1473.0	−1362.0	132.2
Be(cr)	0	0	9.5
$BeCl_2$(cr)	−490.4	−445.6	82.68
BeO(cr)	−609.6	−580.3	14.14
Br_2(l)	0	0	152.2
Br_2(g)	30.91	3.11	245.5
Br^-(aq)	−121.6	−104.0	82.4
BrF_3(g)	−255.6	−229.4	292.5
HBr(g)	−36.40	−53.45	198.7
C(cr,石墨)	0	0	5.74
C(cr,金刚石)	1.9	2.9	2.38
CCl_4(g)	−102.9	−60.59	309.9
CCl_4(l)	−135.4	−65.21	216.4
CH_4(g)	−74.81	−50.72	186.3
C_2H_2(g)	226.7	209.2	200.9
C_2H_4(g)	52.26	68.15	219.6
C_2H_6(g)	−84.68	−32.82	229.60
C_3H_8(g)	−103.8	−23.3	270.3
C_6H_6(g)	82.6	129.8	269.3
C_6H_6(l)	49.0	124.5	173.4
CH_3OH(g)	−200.7	−162.0	239.8
CH_3OH(l)	−238.7	−166.3	126.8

续表

物质	$\Delta_f H_m^\ominus/(kJ \cdot mol^{-1})$	$\Delta_f G_m^\ominus/(kJ \cdot mol^{-1})$	$S_m^\ominus/(J \cdot K^{-1} \cdot mol^{-1})$
$C_2H_5OH(g)$	−235.1	−168.5	282.7
$C_2H_5OH(l)$	−277.7	−174.8	160.7
$CO(g)$	−110.5	−137.2	197.7
$CO_2(g)$	−393.5	−394.4	213.7
$HCOOH(l)$*	−425.0	−361.4	129.0
$Ca(cr)$	0	0	41.42
$Ca^{2+}(aq)$	−542.8	−553.6	−53.1
$CaCl_2(cr)$	−795.8	−748.1	104.6
$CaCO_3$(cr，方解石)	−1207.0	−1129.0	92.9
$CaF_2(cr)$	−1220.0	−1167.0	68.87
$CaH_2(cr)$	−186.2	−147.2	42.0
$CaO(cr)$	−635.1	−604.0	39.75
$Ca(OH)_2(cr)$	−986.1	−898.5	83.39
$CaSO_4$(cr，无水石膏)	−1434.0	−1322.0	106.7
$Cl_2(g)$	0	0	223.1
$Cl(g)$	121.7	105.7	165.2
$Cl^-(aq)$	−167.2	−131.2	56.5
$HCl(g)$	−92.31	−95.3	186.9
$HCl(aq)$	−167.2	−131.2	56.5
$Cr(cr)$	0	0	23.77
$CrO_4^{2-}(aq)$	−881.2	−727.8	50.21
$Cr_2O_7^{2-}(aq)$	−1490.0	−1301.0	261.9
$Cr_2O_3(cr)$	−1139.7	−1058.1	81.2
$Cu(cr)$	0	0	33.15
$Cu^{2+}(aq)$	64.77	65.49	−99.6
$CuO(cr)$	−157.3	−129.7	42.63
$CuSO_4(cr)$*	−771.36	−661.8	109.0
$CuSO_4 \cdot 5H_2O(cr)$	−2280.0	−1880.0	300.4
$F_2(g)$	0	0	202.8
$F^-(aq)$	−332.6	−278.8	−13.8
$HF(g)$	−271.1	−273.2	173.8
$Fe(cr)$	0	0	27.28
$Fe^{2+}(aq)$	−89.1	−78.9	−137.7
$Fe^{3+}(aq)$	−48.5	−4.7	−315.9
$FeCl_3(cr)$	−399.5	−344.0	142.3
$Fe(CO)_5(l)$*	−774.0	−705.3	338.1

续表

物质	$\Delta_f H_m^\ominus$/(kJ • mol^{-1})	$\Delta_f G_m^\ominus$/(kJ • mol^{-1})	$S_m^\ominus$/(J • K^{-1} • mol^{-1})
Fe_2O_3(cr，赤铁矿)	−824.2	−742.2	87.4
Fe_3O_4(cr，磁铁矿)	−1118.0	−1015.0	146.4
H_2(g)	0	0	130.7
H^+(aq)	0	0	0
H_3O^+(aq)*	−285.83	−237.13	69.91
H_2O(g)	−241.8	−228.6	188.8
H_2O(l)	−285.8	−237.1	69.91
H_2O_2(aq)	−191.17	−134.1	143.9
H_2O_2(l)	−187.8	−120.4	109.6
Hg(l)	0	0	76.02
Hg(g)	61.32	31.82	175.0
$HgCl_2$(cr)	−224.3	178.6	146.0
Hg_2Cl_2(cr)	−265.4	−210.7	191.6
HgO(cr,红，斜方晶)	−90.83	−58.54	70.29
HgS(cr,红)	−58.2	−50.6	82.4
I_2(cr)	0	0	116.1
I_2(g)	62.44	19.33	260.7
I^-(aq)	−55.19	−51.57	111.3
HI(g)	26.48	1.7	206.6
K(cr)	0	0	64.18
K^+(aq)	−252.4	−283.3	102.5
KCl(cr)	−436.7	−409.1	82.59
KClO(cr)	−397.73	−296.25	143.1
$KClO_3$(cr)	−397.7	−296.3	143.1
$KClO_4$(cr)	−432.8	−303.1	151.0
KI(cr)	−327.9	−324.9	106.3
$KMnO_4$(cr)	−837.2	−737.6	171.7
KOH(cr)	−424.8	−379.1	78.9
KOH(aq)	−482.4	−440.5	91.6
Li(cr)	0	0	29.12
Li(g)	159.4	126.7	138.8
Mg(cr)	0	0	32.68
Mg^{2+}(aq)	−466.9	−454.8	−138.1
$MgCl_2$(cr)	−641.3	−591.8	89.62
$MgCO_3$(cr)	−1096.0	−1012.0	65.7
MgO(cr)	−601.7	−569.4	26.94

续表

物质	$\Delta_f H_m^{\ominus}/(kJ \cdot mol^{-1})$	$\Delta_f G_m^{\ominus}/(kJ \cdot mol^{-1})$	$S_m^{\ominus}/(J \cdot K^{-1} \cdot mol^{-1})$
$Mg(OH)_2$(cr)	−924.5	−833.5	63.18
$MgSO_4$(cr)	−1285.0	−1171.0	91.6
Mn(cr)	0	0	32.01
MnO_2(cr)	−520.0	−465.1	53.05
N_2(g)	0	0	191.6
NH_3(g)	−46.11	−16.45	192.5
NH_3(aq)	−80.29	−26.5	111.3
$NH_3 \cdot H_2O$(aq,非电离)*	−366.12	263.63	181.21
NH_4^+(aq)	−132.5	−79.31	113.4
NH_4Cl(cr)	−314.4	−202.9	94.6
NH_4NO_3(cr)	−365.6	−183.9	151.1
$(NH_4)_2SO_4$(cr)	−1181.0	−901.7	220.1
N_2H_4(l)	50.63	149.3	121.2
N_2H_4(g)	95.4	159.4	238.5
NO(g)	90.25	86.55	210.8
NO_2(g)	33.18	51.31	240.1
N_2O(g)	82.05	104.2	219.9
N_2O_4(g)	9.16	97.89	304.3
N_2O_4(l)	−19.5	97.54	209.2
NO_3^-(aq)	−205.0	−108.7	146.4
HNO_3(l)	−174.1	−80.71	155.6
Na(cr)	0	0	51.21
Na^+(aq)	−240.1	−261.9	59.0
NaBr(cr)	−361.1	−349.0	86.82
NaCl(cr)	−411.2	−384.1	72.13
NaCl(aq)	−407.3	−393.1	115.5
Na_2CO_3(cr)	−1131.0	−1044.0	135.0
NaI(cr)	−287.8	−286.1	98.53
$NaNO_3$(cr)	−467.9	−367.0	116.5
NaOH(cr)	−425.6	−379.5	64.46
Na_2O(cr)*	−414.22	−375.46	75.06
Na_2O_2(cr)	−510.9	−447.7	95.0
Na_2SO_4(cr，斜方晶)	−1387.0	−1270.0	149.6
$Na_2SO_4 \cdot 10H_2O$(cr)	−4327.0	−3647.0	592.0
Ni(cr)*	0	0	29.87
NiO(cr)*	−240.6	−211.7	38.0

续表

物质	$\Delta_f H_m^\ominus/(kJ \cdot mol^{-1})$	$\Delta_f G_m^\ominus/(kJ \cdot mol^{-1})$	$S_m^\ominus/(J \cdot K^{-1} \cdot mol^{-1})$
$NiSO_4$(cr)	−891.2	−773.62	77.82
$NiSO_4 \cdot 6H_2O$(黑色)	−2688.22	−2221.7	298.3
O_2(g)	0	0	205.1
O_3(g)	142.7	163.2	238.9
OH^-(aq)	−230.0	−157.2	−10.75
P(cr,白)	0	0	41.09
P(cr,红)	−17.6	−12.1	22.8
PCl_3(g)	−287.0	−267.8	311.8
PCl_5(g)	−374.9	−305.0	364.6
PH_3(g)	5.4	13.4	210.2
P_4O_{10}(cr)	−2984.0	−2698.0	228.9
PO_4^{3-}(aq)	−1277.0	−1019.0	−222
H_3PO_4(cr)	−1284.4	−1124.3	110.5
Pb(cr)	0	0	64.81
Pb^{2+}(aq)	−1.7	−24.43	10.5
$PbCl_2$(cr)*	−359.41	−314.10	136.0
PbO(cr,黄)*	−217.32	−187.89	68.70
PbO(cr, 红)*	−219.0	−188.9	66.5
PbO_2(cr)	−277.4	−213.7	68.6
$PbSO_4$(cr)	−919.9	−813.1	148.6
S(cr, 正交晶)	0	0	31.80
SO_2(g)	−296.8	−300.2	248.2
SO_3(g)	−395.7	−371.1	256.8
SO_4^{2-}(aq)	−909.3	−744.5	20.1
H_2SO_4(l)	−814.0	−690.0	156.9
H_2SO_4(aq)	−909.3	−744.5	20.1
HSO_4^-(aq)	−887.3	−755.9	131.8
H_2S(g)	−20.63	−33.56	205.8
Si(cr)	0	0	18.83
$SiCl_4$(g)*	−657.0	−617.0	330.7
SiF_4(g)*	−1615.0	−1572.8	282.8
SiH_4(g)	34.3	56.9	204.6
SiO_2(cr, α-石英)	−910.9	−856.6	41.84
Sn(cr,白)	0	0	51.55
Sn(cr,灰)	−2.09	0.13	44.14
$SnCl_4$(l)	−511.3	−440.1	258.6

续表

物质	$\Delta_f H_m^{\ominus}/(kJ \cdot mol^{-1})$	$\Delta_f G_m^{\ominus}/(kJ \cdot mol^{-1})$	$S_m^{\ominus}/(J \cdot K^{-1} \cdot mol^{-1})$
SnO_2(cr)	−580.7	−519.6	52.3
Ti(cr)	0	0	30.63
$TiCl_4$(l)	−804.2	−737.2	252.3
$TiCl_4$(g)	−763.2	−726.7	354.9
TiO_2(cr)	−944.7	−889.5	50.33
Zn(cr)	0	0	41.63
Zn^{2+}(aq)	−153.9	−147.1	−112.1
$ZnCl_2$(cr)*	−415.05	−369.398	111.46
$ZnCl_2$(aq)*	−488.2	−409.5	0.8
ZnO(cr)	−348.3	−318.3	43.64
ZnS(cr,闪锌矿)*	−205.98	−201.29	57.7

数据摘自 Petrucci R H，Harwood W S，Herring F G. General Chemistry：Principles and Modern Applications. 8th ed. 2002。

注：cr：结晶固体；l：液体；g：气体；aq：水溶液。

* 取自 Wagman D D，et al. NBS化学热力学性质表. 刘天和，赵梦月译. 中国标准出版社. 1998。

附录5　常见弱酸、弱碱的电离平衡常数(298.15 K)

1. 弱酸的电离平衡常数

弱酸		化学式	$K_a^{\ominus}$	$pK_a^{\ominus}$
砷酸	arsenic	H_3AsO_4	$K_1=6.0\times10^{-3}$	2.22
			$K_2=1.0\times10^{-7}$	7.00
			$K_3=3.2\times10^{-12}$	11.49
亚砷酸	arsenous	H_3AsO_3	6.6×10^{-10}	9.18
硼酸*	boric	H_3BO_3	5.4×10^{-10}	9.27
乙酸	acetic	CH_3COOH	1.75×10^{-5}	4.76
柠檬酸	citric	$H_3C_6H_5O_7$	$K_1=7.4\times10^{-4}$	3.13
			$K_2=1.7\times10^{-5}$	4.76
			$K_3=4.0\times10^{-7}$	6.40
苯酚	phenol	C_6H_5OH	1.0×10^{-10}	10.00
甲酸	formic	HCOOH	1.8×10^{-4}	3.75
乙二酸	oxalic	$H_2C_2O_4$	$K_1=5.4\times10^{-2}$	1.27
			$K_2=5.3\times10^{-5}$	4.28
苯甲酸	benzoic	C_6H_5COOH	6.3×10^{-5}	4.20
碳酸**	carbonic	H_2CO_3	$K_1=4.4\times10^{-7}$	6.36
			$K_2=4.7\times10^{-11}$	10.33
氰氢酸	hydrocyanic	HCN	6.2×10^{-10}	9.21
铬酸*	chromic	H_2CrO_4	$K_1=1.8\times10^{-1}$	0.74
			$K_2=3.2\times10^{-7}$	6.49
氢氟酸	hydrofluoric	HF	6.6×10^{-4}	3.18

续表

弱酸		化学式	$K_a^\ominus$	$pK_a^\ominus$
碘酸	iodic	HIO_3	1.6×10^{-1}	0.80
叠氮酸	hydrazoic	HN_3	1.9×10^{-5}	4.72
亚硝酸	nitrous	HNO_2	7.2×10^{-4}	3.14
过氧化氢	hydrogen peroxide	H_2O_2	2.2×10^{-12}	11.66
次溴酸	hypobromous	HOBr	2.5×10^{-9}	8.60
次氯酸	hypochlorous	HOCl	2.9×10^{-8}	7.54
次碘酸	hypoiodus	HOI	2.3×10^{-11}	10.64
磷酸	phosphoric	H_3PO_4	$K_1=7.1\times10^{-3}$	2.15
			$K_2=6.3\times10^{-8}$	7.20
			$K_3=4.2\times10^{-13}$	12.38
亚磷酸	phosphorous	H_3PO_3	$K_1=3.7\times10^{-2}$	1.43
			$K_2=2.1\times10^{-7}$	6.68
氢硫酸	hydrosulfuric	H_2S	$K_1=1.0\times10^{-7}$	7.00
			$K_2=1.3\times10^{-13}$	12.89
硫酸	sulfuric	H_2SO_4	$K_2=1.1\times10^{-2}$	1.96
亚硫酸	sulfurous	H_2SO_3	$K_1=1.3\times10^{-2}$	1.89
			$K_2=6.2\times10^{-8}$	7.21

* 数据摘自 CRC Handbook of Chemistry and Physics. 82nd ed. 2001～2002.

** 碳酸的浓度假定为$[H_2CO_3]+[CO_2]$之和。

2. 弱碱的电离平衡常数

弱酸		化学式	$K_b^\ominus$	$pK_b^\ominus$
氨	ammonia	NH_3	1.8×10^{-5}	4.74
苯胺	aniline	$C_6H_5NH_2$	7.4×10^{-10}	9.13
二甲氨	dimethylamine	$(CH_3)_2NH$	5.9×10^{-4}	3.23
肼(联氨)	hydrazine	NH_2NH_2	$K_1=8.5\times10^{-7}$	6.07
		$NH_2NH_3^+$	$K_2=8.9\times10^{-16}$	15.05
羟氨	hydroxylamine	NH_2OH	9.1×10^{-9}	8.04
甲胺	methylamine	CH_3NH_2	4.2×10^{-4}	3.38
吡啶	pyridine	C_5H_5N	1.5×10^{-9}	8.82
三甲氨	trimethylamine	$(CH_3)_3N$	6.3×10^{-5}	4.20

数据摘自 Petrucci R H, Harwood W S, Herring F G. General Chemistry: Principles and Modern Applications. 8th ed. 2002。

附录 6 一些难溶化合物的溶度积(298.15 K)

分子式	$K_{sp}^\ominus$	$pK_{sp}^\ominus$	分子式	$K_{sp}^\ominus$	$pK_{sp}^\ominus$
AgAc*	1.9×10^{-3}	2.72	AgBr	5.0×10^{-13}	12.3
Ag_3AsO_4	1.0×10^{-22}	22.0	$AgBrO_3$	5.50×10^{-5}	4.26

续表

分子式	$K_{sp}^{\ominus}$	$pK_{sp}^{\ominus}$	分子式	$K_{sp}^{\ominus}$	$pK_{sp}^{\ominus}$
AgCN	1.2×10^{-16}	15.92	$Cr(OH)_3$	6.3×10^{-31}	30.2
AgCl	1.8×10^{-10}	9.75	$Cu_3(AsO_4)_2$	7.6×10^{-36}	35.12
Ag_2CO_3	8.5×10^{-12}	11.07	CuCl*	1.72×10^{-7}	6.76
Ag_2CrO_4	1.1×10^{-12}	11.96	CuCN	3.2×10^{-20}	19.49
AgI	8.5×10^{-17}	16.07	$CuCO_3$	1.4×10^{-10}	9.85
$AgIO_3$	3.0×10^{-8}	7.52	$CuCrO_4$	3.6×10^{-6}	5.44
$AgNO_2$	6.0×10^{-4}	3.22	CuI	1.1×10^{-12}	11.96
α-Ag_2S	6.0×10^{-51}	50.22	$Cu(OH)_2$	2.2×10^{-20}	19.66
AgSCN	1.0×10^{-12}	12.0	CuS	6×10^{-37}	36.22
Ag_2SO_3	1.5×10^{-14}	13.82	$FeCO_3$	3.2×10^{-11}	10.49
Ag_2SO_4	1.4×10^{-5}	4.85	$Fe_4[Fe(CN)_6]_3$	3.3×10^{-41}	40.48
$Al(OH)_3$	1.3×10^{-33}	32.89	$Fe(OH)_2$*	4.87×10^{-17}	16.31
$AlPO_4$	6.3×10^{-19}	18.20	$Fe(OH)_3$*	2.64×10^{-39}	38.58
$BaCO_3$	2.58×10^{-9}	8.59	$FePO_4$	1.3×10^{-22}	21.89
$BaCrO_4$	1.2×10^{-10}	9.92	FeS	6.0×10^{-19}	18.22
BaF_2*	1.84×10^{-7}	6.74	Hg_2Br_2	5.6×10^{-23}	22.25
$Ba(OH)_2$	5.0×10^{-3}	2.3	Hg_2Cl_2	1.3×10^{-18}	17.89
$BaSO_3$	8.0×10^{-7}	6.1	Hg_2I_2	4.5×10^{-29}	28.35
$BaSO_4$	1.1×10^{-10}	9.96	Li_2CO_3*	8.15×10^{-4}	3.09
BaS_2O_3	1.6×10^{-5}	4.8	LiF	3.8×10^{-3}	2.42
$CaCO_3$	2.8×10^{-9}	8.55	Li_3PO_4	3.2×10^{-9}	8.49
CaC_2O_4	4.0×10^{-9}	8.4	$MgCO_3$*	6.82×10^{-6}	5.17
$CaCrO_4$	7.1×10^{-4}	3.15	$Mg(OH)_2$	1.8×10^{-11}	10.74
CaF_2	5.3×10^{-9}	8.28	$Mg_3(PO_4)_2$	1.0×10^{-25}	25.0
$CaHPO_4$	1.0×10^{-7}	7.0	$MnCO_3$	1.8×10^{-11}	10.74
$Ca(OH)_2$	5.5×10^{-6}	5.26	$Mn(OH)_2$	1.9×10^{-13}	12.72
$Ca_3(PO_4)_2$*	2.07×10^{-33}	32.68	$NiCO_3$*	1.42×10^{-7}	6.85
$CaSO_3$	6.8×10^{-8}	7.17	$Ni(OH)_2$(新)	2.0×10^{-15}	14.7
$CaSO_4$*	7.10×10^{-5}	4.15	$PbBr_2$	4.0×10^{-5}	4.4
$CdCO_3$	5.2×10^{-12}	11.28	$PbCl_2$	1.6×10^{-5}	4.8
$Cd(OH)_2$*	5.27×10^{-15}	14.1	$PbCO_3$	7.4×10^{-14}	13.13
CdS	8.0×10^{-28}	27.1	$PbCrO_4$	2.8×10^{-13}	12.55
$CoCO_3$	1.4×10^{-13}	12.85	PbF_2	2.7×10^{-8}	7.57
$Co(OH)_2$(粉红，新沉淀)	1.6×10^{-15}	14.80	PbI_2	7.1×10^{-9}	8.15
$Co(OH)_3$	1.6×10^{-44}	43.8	$Pb(OH)_2$*	1.42×10^{-20}	19.85
$Cr(OH)_2$	2.0×10^{-16}	15.7	PbS	3.0×10^{-28}	27.52

续表

分子式	$K_{sp}^{\ominus}$	$pK_{sp}^{\ominus}$	分子式	$K_{sp}^{\ominus}$	$pK_{sp}^{\ominus}$
$PbSO_4$	1.6×10^{-8}	7.8	TlBr	3.4×10^{-6}	5.47
ScF_3	4.2×10^{-18}	17.38	TlCl	1.7×10^{-4}	3.77
$Sc(OH)_3$	8.0×10^{-31}	30.1	TlI	6.5×10^{-8}	7.19
$Sn(OH)_2$ *	5.45×10^{-27}	27.49	$Tl(OH)_3$	6.3×10^{-46}	45.2
SnS	3.25×10^{-28}	27.49	$ZnCO_3$ *	1.19×10^{-10}	9.92
$SrCO_3$	1.1×10^{-10}	9.96	ZnC_2O_4	2.7×10^{-8}	7.57
$SrCrO_4$	2.2×10^{-5}	4.66	$Zn(OH)_2$	1.2×10^{-17}	16.92
SrF_2	2.5×10^{-9}	8.6	$Zn_3(PO_4)_2$	9.0×10^{-33}	32.05
$SrSO_4$	3.2×10^{-7}	6.49	ZnS	2.0×10^{-25}	24.7

数据摘自 Petrucci R H，Harwood W S，Herring F G. General Chemistry：Principles and Modern Applications. 8th ed. 2002。

* 数据摘自 CRC Handbook of Chemistry and Physics. 82nd ed. 2001～2002。

附录 7　一些半反应的标准电极电势(298.15 K)

1. 在酸性溶液中

	电极反应	$E^{\ominus}$/V
Ag	$Ag^{+}(aq)+e^{-}=Ag(s)$	0.80
	$Ag^{2+}(aq)+e^{-}=Ag^{+}(aq)$	1.98
	$AgBr(s)+e^{-}=Ag(s)+Br^{-}(aq)$	0.071
	$AgCl(s)+e^{-}=Ag(s)+Cl^{-}(aq)$	0.222
	$AgI(s)+e^{-}=Ag(s)+I^{-}(aq)$	−0.152
	$Ag_2CrO_4(aq)+2e^{-}=2Ag(s)+CrO_4^{2-}(aq)$ *	0.447
Al	$Al^{3+}(aq)+3e^{-}=Al(s)$	−1.676
As	$HAsO_2(aq)+3H^{+}(aq)+3e^{-}=As(s)+2H_2O(l)$	0.240
	$H_3AsO_4(aq)+2H^{+}(aq)+2e^{-}=HAsO_2(aq)+2H_2O(l)$ *	0.560
Au	$Au^{3+}(aq)+3e^{-}=Au(s)$	1.52
	$Au^{3+}(aq)+2e^{-}=Au^{+}(aq)$	1.36
	$AuCl_4^{-}(aq)+3e^{-}=Au(s)+4Cl^{-}(aq)$	1.002
Ba	$Ba^{2+}(aq)+2e^{-}=Ba(s)$	−2.92
Br	$Br_2(l)+2e^{-}=2Br^{-}(aq)$	1.065
	$2BrO_3^{-}(aq)+12H^{+}(aq)+10e^{-}=Br_2(l)+6H_2O(l)$	1.478
C	$2CO_2(g)+2H^{+}(aq)+2e^{-}=H_2C_2O_4(aq)$	−0.49
Ca	$Ca^{2+}(aq)+2e^{-}=Ca(s)$	−2.84
Cd	$Cd^{2+}(aq)+2e^{-}=Cd(s)$	−0.403
Cl	$Cl_2(g)+2e^{-}=2Cl^{-}(aq)$	1.358
	$ClO_3^{-}(aq)+6H^{+}(aq)+6e^{-}=Cl^{-}(aq)+3H_2O(l)$	1.450
	$2ClO_3^{-}(aq)+12H^{+}(aq)+10e^{-}=Cl_2(g)+6H_2O(l)$ *	1.47

续表

	电极反应	$E^\ominus$ /V
Cl	$ClO_4^-(aq)+2H^+(aq)+2e^- = ClO_3^-(aq)+H_2O(l)$	1.189
	$2HClO(aq)+2H^+(aq)+2e^- = Cl_2(g)+2H_2O(l)$ *	1.611
Co	$Co^{2+}(aq)+2e^- = Co(s)$	−0.277
	$Co^{3+}(aq)+e^- = Co^{2+}(aq)$ *	1.92
Cr	$Cr^{2+}(aq)+2e^- = Cr(s)$	−0.90
	$Cr^{3+}(aq)+e^- = Cr^{2+}(aq)$	−0.424
	$Cr_2O_7^{2-}(aq)+14H^+(aq)+6e^- = 2Cr^{3+}(aq)+7H_2O(l)$	1.33
Cs	$Cs^+(aq)+e^- = Cs(s)$	−2.923
Cu	$Cu^+(aq)+e^- = Cu(s)$	0.52
	$Cu^{2+}(aq)+e^- = Cu^+(aq)$	0.159
	$Cu^{2+}(aq)+2e^- = Cu(s)$	0.34
	$Cu^{2+}(aq)+I^-(aq)+e^- = CuI(s)$	0.86
F	$F_2(g)+2e^- = 2F^-(aq)$	2.866
	$OF_2(g)+2H^+(aq)+4e^- = H_2O(l)+2F^-(aq)$	2.1
Fe	$Fe^{2+}(aq)+2e^- = Fe(s)$	−0.44
	$Fe^{3+}(aq)+e^- = Fe^{2+}(aq)$	0.771
	$Fe(CN)_6^{3-}(aq)+e^- = Fe(CN)_6^{4-}(aq)$	0.361
H	$2H^+(aq)+2e^- = H_2(g)$	0.000
Hg	$Hg^{2+}(aq)+2e^- = Hg(l)$	0.854
	$Hg_2^{2+}(aq)+2e^- = 2Hg(l)$ *	0.7973
	$2Hg^{2+}(aq)+2e^- = Hg_2^{2+}(aq)$ *	0.920
	$2HgCl_2(aq)+2e^- = Hg_2Cl_2(s)+2Cl^-(aq)$	0.63
	$Hg_2Cl_2(s)+2e^- = 2Hg(l)+2Cl^-(aq)$	0.2676
I	$I_2(s)+2e^- = 2I^-(aq)$	0.535
	$I_3^-(aq)+2e^- = 3I^-(aq)$	0.536
	$2IO_3^-(aq)+12H^+(aq)+10e^- = I_2(s)+6H_2O(l)$	1.20
In	$In^{3+}(aq)+3e^- = In(s)$	−0.338
K	$K^+(aq)+e^- = K(s)$	−2.924
La	$La^{3+}(aq)+3e^- = La(s)$	−2.38
Li	$Li^+(aq)+e^- = Li(s)$	−3.04
Mg	$Mg^{2+}(aq)+2e^- = Mg(s)$	−2.356
Mn	$Mn^{2+}(aq)+2e^- = Mn(s)$	−1.18
	$MnO_2(s)+4H^+(aq)+2e^- = Mn^{2+}(aq)+2H_2O(l)$	1.23
	$MnO_4^-(aq)+8H^+(aq)+5e^- = Mn^{2+}(aq)+4H_2O(l)$	1.51
	$MnO_4^-(aq)+4H^+(aq)+3e^- = MnO_2(s)+2H_2O(l)$	1.70
	$MnO_4^-(aq)+e^- = MnO_4^{2-}(aq)$	0.56

续表

	电极反应	$E^{\ominus}$/V
N	$NO_3^-(aq)+4H^+(aq)+3e^- = NO(g)+2H_2O(l)$	0.956
	$NO_3^-(aq)+3H^+(aq)+2e^- = HNO_2(aq)+H_2O(l)$ *	0.934
	$2NO_3^-(aq)+4H^+(aq)+2e^- = N_2O_4(aq)+2H_2O(l)$ *	0.803
Na	$Na^+(aq)+e^- = Na(s)$	−2.713
Ni	$Ni^{2+}(aq)+2e^- = Ni(s)$	−0.257
O	$O_2(g)+2H^+(aq)+2e^- = H_2O_2(aq)$	0.695
	$O_2(g)+4H^+(aq)+4e^- = 2H_2O(l)$	1.229
	$O_3(g)+2H^+(aq)+2e^- = O_2(g)+H_2O(l)$	2.075
	$H_2O_2(aq)+2H^+(aq)+2e^- = 2H_2O(l)$	1.763
P	$H_3PO_4(aq)+2H^+(aq)+2e^- = H_3PO_3(aq)+H_2O(l)$	−0.276
Pb	$Pb^{2+}(aq)+2e^- = Pb(s)$	−0.125
	$PbO_2(s)+SO_4^{2-}(aq)+4H^+(aq)+2e^- = PbSO_4(s)+2H_2O(l)$	1.69
	$PbO_2(s)+4H^+(aq)+2e^- = Pb^{2+}(aq)+2H_2O(l)$	1.455
	$PbSO_4(s)+2e^- = Pb(s)+SO_4^{2-}(aq)$	−0.356
Rb	$Rb^+(aq)+e^- = Rb(s)$	−2.924
S	$S(s)+2H^+(aq)+2e^- = H_2S(g)$	0.144
	$H_2SO_3(aq)+4H^+(aq)+4e^- = S(s)+3H_2O(l)$ *	0.449
	$SO_4^{2-}(aq)+4H^+(aq)+2e^- = SO_2(g)+2H_2O(l)$	0.17
	$SO_4^{2-}(aq)+4H^+(aq)+2e^- = H_2SO_3(aq)+H_2O(l)$ *	0.172
	$S_2O_8^{2-}(aq)+2e^- = 2SO_4^{2-}(aq)$	2.01
	$S_2O_8^{2-}(aq)+2H^+(aq)+2e^- = 2HSO_4^-(aq)$ *	2.123
Sn	$Sn^{2+}(aq)+2e^- = Sn(s)$	−0.137
	$Sn^{4+}(aq)+2e^- = Sn^{2+}(aq)$	0.154
Sr	$Sr^{2+}(aq)+2e^- = Sr(s)$	−2.89
Ti	$Ti^{2+}(aq)+2e^- = Ti(s)$	−1.630
U	$U^{3+}(aq)+3e^- = U(s)$	−1.66
V	$VO_2^+(aq)+2H^+(aq)+e^- = VO^{2+}(aq)+H_2O(l)$	1.00
	$VO^{2+}(aq)+2H^+(aq)+e^- = V^{3+}(aq)+H_2O(l)$	0.337
Zn	$Zn^{2+}(aq)+2e^- = Zn(s)$	−0.763

2. 在碱性溶液中

	电极反应	$E^{\ominus}$/V
Ag	$2AgO(s)+H_2O(l)+2e^- = Ag_2O(s)+2OH^-(aq)$	0.604
	$Ag_2O(s)+H_2O(l)+2e^- = 2Ag(s)+2OH^-(aq)$	0.342
Al	$Al(OH)_4^-(aq)+3e^- = Al(s)+4OH^-(aq)$	−2.31
	$H_2AlO_3^-(aq)+H_2O(l)+3e^- = Al(s)+4OH^-(aq)$ *	−2.33

续表

	电极反应	$E^\ominus$/V
As	$As(s)+3H_2O(l)+3e^-$ ══ $AsH_3(g)+3OH^-(aq)$	−1.21
	$AsO_2^-(aq)+2H_2O(l)+3e^-$ ══ $As(s)+4OH^-(aq)$	−0.68
	$AsO_4^{3-}(aq)+2H_2O(l)+2e^-$ ══ $AsO_2^-(aq)+4OH^-(aq)$	−0.67
Br	$BrO^-(aq)+H_2O(l)+2e^-$ ══ $Br^-(aq)+2OH^-(aq)$	0.766
	$BrO_3^-(aq)+3H_2O(l)+6e^-$ ══ $Br^-(aq)+6OH^-(aq)$	0.584
Ca	$Ca(OH)_2(s)+2e^-$ ══ $Ca(s)+2OH^-(aq)$	−3.02
Cl	$ClO^-(aq)+H_2O(l)+2e^-$ ══ $Cl^-(aq)+2OH^-(aq)$	0.890
	$ClO_3^-(aq)+3H_2O(l)+6e^-$ ══ $Cl^-(aq)+6OH^-(aq)$	0.622
	$ClO_3^-(aq)+H_2O(l)+2e^-$ ══ $ClO_2^-(aq)+2OH^-(aq)$ *	0.33
	$ClO_4^-(aq)+H_2O(l)+2e^-$ ══ $ClO_3^-(aq)+2OH^-(aq)$ *	0.36
Cr	$Cr(OH)_3(s)+3e^-$ ══ $Cr(s)+3OH^-(aq)$ *	−1.48
	$CrO_4^{2-}(aq)+4H_2O(l)+3e^-$ ══ $Cr(OH)_3+5OH^-(aq)$ *	−0.13
Cu	$Cu_2O(s)+H_2O(l)+2e^-$ ══ $2Cu(s)+2OH^-(aq)$ *	−0.360
Fe	$Fe(OH)_2(s)+2e^-$ ══ $Fe(s)+2OH^-(aq)$	−0.8914
	$Fe(OH)_3(s)+e^-$ ══ $Fe(OH)_2(s)+OH^-(aq)$ *	−0.56
H	$2H_2O(l)+2e^-$ ══ $H_2(g)+2OH^-(aq)$	−0.8277
Hg	$HgO(s)+H_2O(l)+2e^-$ ══ $Hg(s)+2OH^-(aq)$ *	0.0977
I	$IO^-(aq)+H_2O(l)+2e^-$ ══ $I^-(aq)+2OH^-(aq)$ *	0.485
	$2IO^-(aq)+2H_2O(l)+2e^-$ ══ $I_2(s)+4OH^-(aq)$	0.42
	$IO_3^-(aq)+3H_2O(l)+6e^-$ ══ $I^-(aq)+6OH^-(aq)$ *	0.26
Mg	$Mg(OH)_2(s)+2e^-$ ══ $Mg(s)+2OH^-(aq)$ *	−2.69
Mn	$Mn(OH)_2(s)+2e^-$ ══ $Mn(s)+2OH^-(aq)$ *	−1.56
	$MnO_4^-(aq)+2H_2O(l)+3e^-$ ══ $MnO_2(s)+4OH^-(aq)$	0.595
	$MnO_4^{2-}(aq)+2H_2O(l)+2e^-$ ══ $MnO_2(s)+4OH^-(aq)$ *	0.60
N	$NO_3^-(aq)+H_2O(l)+2e^-$ ══ $NO_2^-(aq)+2OH^-(aq)$	0.01
O	$O_2(g)+2H_2O(l)+4e^-$ ══ $4OH^-(aq)$	0.401
	$O_3(g)+H_2O(l)+2e^-$ ══ $O_2(g)+2OH^-(aq)$	1.246
Pb	$HPbO_2^-(aq)+H_2O(l)+2e^-$ ══ $Pb(s)+3OH^-(aq)$	−0.54
S	$S(s)+2e^-$ ══ $S^{2-}(aq)$ *	−0.455
	$SO_4^{2-}(aq)+H_2O(l)+2e^-$ ══ $SO_3^{2-}(aq)+2OH^-(aq)$ *	−0.93
	$2SO_3^{2-}(aq)+3H_2O(l)+4e^-$ ══ $S_2O_3^{2-}(aq)+6OH^-(aq)$ *	−0.571
Sb	$SbO_2^-(aq)+2H_2O(l)+3e^-$ ══ $Sb(s)+4OH^-(aq)$ *	−0.66
Zn	$Zn(OH)_2(s)+2e^-$ ══ $Zn(s)+2OH^-(aq)$	−1.246

数据摘自 Petrucci R H，Harwood W S，Herring F G. General Chemistry：Principles and Modern Applications. 8th ed. 2002。

* 数据摘自 CRC Handbook of Chemistry and Physics. 82nd ed. 2001～2002。

附录 8 一些配离子的标准稳定常数(298.15 K)

配离子	K_f	配离子	K_f	配离子	K_f
$Ag(CN)_2^-$	5.6×10^{18}	$Co(SCN)_4^{2-}$	1.0×10^{3}	HgI_4^{2-}	6.8×10^{29}
$Ag(EDTA)^{3-}$	2.1×10^{7}	$Cr(EDTA)^-$	1.0×10^{23}	$Hg(ox)_2^{2-}$	9.5×10^{6}
$Ag(en)_2^+$	5.0×10^{7}	$Cr(OH)_4^-$	8.0×10^{29}	$Ni(CN)_4^{2-}$	2.0×10^{31}
$Ag(NH_3)_2^+$	1.6×10^{7}	$CuCl_3^{2-}$	5.0×10^{5}	$Ni(EDTA)^{2-}$	3.6×10^{18}
$Ag(SCN)_4^{3-}$	1.2×10^{10}	$Cu(CN)_4^{3-}$	2.0×10^{30}	$Ni(en)_3^{2+}$	2.1×10^{18}
$Ag(S_2O_3)_2^{3-}$	1.7×10^{13}	$Cu(EDTA)^{2-}$	5.0×10^{18}	$Ni(NH_3)_6^{2+}$	5.5×10^{8}
$Al(EDTA)^-$	1.3×10^{16}	$Cu(en)_2^{2+}$	1.0×10^{20}	$Ni(ox)_3^{4-}$	3.0×10^{8}
$Al(OH)_4^-$	1.1×10^{33}	$Cu(NH_3)_4^{2+}$	1.1×10^{13}	$PbCl_3^-$	2.4×10^{1}
$Al(ox)_3^{3-}$	2.0×10^{16}	$Cu(ox)_2^{2-}$	3.0×10^{8}	$Pb(EDTA)^{2-}$	2.0×10^{18}
$CdCl_4^{2-}$	6.3×10^{2}	$Fe(CN)_6^{3-}$	1.0×10^{42}	PbI_4^{2-}	3.0×10^{4}
$Cd(CN)_4^{2-}$	6.0×10^{18}	$Fe(CN)_6^{4-}$	1.0×10^{37}	$Pb(OH)_3^-$	3.8×10^{14}
$Cd(en)_3^{2+}$	1.2×10^{12}	$Fe(EDTA)^-$	1.7×10^{24}	$Pb(ox)_2^{2-}$	3.5×10^{6}
$Cd(NH_3)_4^{2+}$	1.3×10^{7}	$Fe(EDTA)^{2-}$	2.1×10^{14}	$Pb(S_2O_3)_3^{4-}$	2.2×10^{6}
$Co(EDTA)^-$	1.0×10^{36}	$Fe(en)_3^{2+}$	5.0×10^{9}	$PtCl_4^{2-}$	1.0×10^{16}
$Co(EDTA)^{2-}$	2.0×10^{16}	$Fe(ox)_3^{3-}$	2.0×10^{20}	$Pt(NH_3)_6^{2+}$	2.0×10^{35}
$Co(en)_3^{2+}$	8.7×10^{13}	$Fe(ox)_3^{4-}$	1.7×10^{5}	$Zn(CN)_4^{2-}$	1.0×10^{18}
$Co(en)_3^{3+}$	4.9×10^{48}	$Fe(SCN)^{2+}$	8.9×10^{2}	$Zn(EDTA)^{2-}$	3.0×10^{16}
$Co(NH_3)_6^{2+}$	1.3×10^{5}	$HgCl_4^{2-}$	1.2×10^{15}	$Zn(en)_3^{2+}$	1.3×10^{14}
$Co(NH_3)_6^{3+}$	4.5×10^{33}	$Hg(CN)_4^{2-}$	3.0×10^{41}	$Zn(NH_3)_4^{2+}$	4.1×10^{8}
$Co(ox)_3^{3-}$	1.0×10^{20}	$Hg(EDTA)^{2-}$	6.3×10^{21}	$Zn(OH)_4^{2-}$	4.6×10^{17}
$Co(ox)_3^{4-}$	5.0×10^{9}	$Hg(en)_2^{2+}$	2.0×10^{23}	$Zn(ox)_3^{4-}$	1.4×10^{8}

数据摘自 Petrucci R H, Harwood W S, Herring F G. General Chemistry: Principles and Modern Applications. 8th ed. 2002。

ox:乙二酸根离子(oxalate ion);en:乙二胺(ethylenediamine);EDTA:乙二胺四乙酸根离子(ethylenediamine tetraacetato ion),$EDTA^{4-}$。

附录 9 离子半径

离子	配位数	r/pm	离子	配位数	r/pm	离子	配位数	r/pm
F^-	6	133	S^{2-}	6	184	Na^+	12	139
Cl^-	6	181	Se^{2-}	6	198	K^+	4	137
Br^-	6	196	Te^{2-}	6	221		6	138
I^-	6	220	Li^+	4	59		8	151
OH^-	4	135		6	76		12	164
	6	137	Na^+	4	99	Rb^+	6	152
O^{2-}	2	121		6	102		8	161
	6	140		8	118		10	166
	8	142		9	124		12	172

续表

离子	配位数	r/pm	离子	配位数	r/pm	离子	配位数	r/pm
Cs^{+}	6	167	Ba^{2+}	12	161	Co^{2+}	6	65(LS)
	8	174	Ra^{2+}	8	148			74.5(HS)
	10	181		12	170		8	90
	12	188	Cu^{2+}	4(rsq)	57	Ti^{2+}	6	86
Cu^{+}	2	46		6	73	Al^{3+}	4	39
	4	60	Zn^{2+}	4	60		5	48
	6	77		6	74		6	54
Ag^{+}	4	100		8	90	Sc^{3+}	6	75
	6	115	Cd^{2+}	4	78		8	87
	8	128		6	95	Y^{3+}	6	90
Au^{+}	6	137		8	110		8	102
Tl^{+}	6	150	Hg^{2+}	2	69		9	108
	8	159		5	96	Ga^{3+}	6	47
	12	170		6	102		8	62
Be^{2+}	4	27		8	114	In^{3+}	4	62
	6	45	Mn^{2+}	4	66(HS)		6	80
Mg^{2+}	4	57		6	83(HS)	Tl^{3+}	4	75
	6	72		8	96		6	89
	8	89	Ni^{2+}	4(sq)	49		8	98
Ca^{2+}	6	100		6	69	Ti^{3+}	6	67
	8	112	Pb^{2+}	6	119	Fe^{3+}	4	49(HS)
	10	123		8	129		6	55(LS)
	12	134		10	140			64.5(HS)
Sr^{2+}	6	118		12	149		8	78(HS)
	8	126	Fe^{2+}	4	63(HS)	Cr^{3+}	6	62
	10	136		6	61(LS)	Ti^{4+}	4	42
	12	144			78(HS)		6	61
Ba^{2+}	6	135		8	92(HS)		8	74
	8	142	Co^{2+}	4	56	Ce^{4+}	6	87

摘自 CRC Handbook of Chemistry and Physics. 82nd ed. 2001～2002，12-14～12-16。

数据来源于实验测定，以 $r(O^{2-})=140$ pm、$r(F^{-})=133$ pm 为参照标准；还有另一种数据以 $r(O^{2-})=126$ pm、$r(F^{-})=119$ pm 为标准，阴离子要比表中数据小 14 pm，阳离子要大 14 pm。

表中括号内：sq，平面四方配位；LS，低自旋状态；HS，高自旋状态。一些 HS 和 LS 数据摘自 Lange's Handbook of Chemistry. 15th ed. 1999。

附录 10　原子半径

H 30*																	He 140**
Li 152	Be 111.3											B 86 88*	C 77.2*	N 70*	O 66*	F 64*	Ne 154**
Na 186	Mg 160											Al 143 126*	Si 118 117*	P 108 110*	S 106 104*	Cl 99*	Ar 188**
K 232	Ca 197	Sc 162	Ti 147	V 134	Cr 128	Mn 127	Fe 126	Co 125	Ni 124	Cu 128	Zn 134	Ga 135	Ge 128 122*	As 124.8 121*	Se 116 117*	Br 114*	Kr 202**
Rb 248	Sr 215	Y 180	Zr 160	Nb 146	Mo 139	Tc 136	Ru 134	Rh 134	Pd 137	Ag 144	Cd 148.9	In 167	Sn 151	Sb 145	Te 142 137*	I 133*	Xe 216**
Cs 265	Ba 217.3	La 183	Hf 159	Ta 146	W 139	Re 137	Os 135	Ir 135.5	Pt 138.5	Au 144	Hg 151	Tl 175.9	Pb 175	Bi 154.7	Po 164	At	Rn
Ac 187.8	Fr 270	Ra (220)															

Ce 181.8	Pr 182.4	Nd 181.4	Pm 183.4	Sm 180.4	Eu 208.4	Gd 180.4	Tb 177.3	Dy 178.1	Ho 176.2	Er 176.1	Tm 175.9	Yb 193.3	Lu 173.8
Th 179	Pa 163	U 156	Np 155	Pu 159	Am 178	Cm 174	Bk	Cf 186	Es 186	Fm	Md	No	Lr

摘自 Lange's Handbook of Chemistry. 15th ed. 1999,4.30～4.34。金属半径(单位:pm),配位数为 12;当配位数为 8、6、4 时,半径值要分别乘以 0.97、0.96、0.88。

* 摘自 Lange's Handbook of Chemistry. 15th ed. 1999,4.35～4.36。原子共价半径单位:pm,配位数为 4。

* * 范氏半径单位:pm,为 Bondi 数据。

附录 11　元素的第一电离能(eV)

H 13.598																	He 24.587
Li 5.392	Be 9.323											B 8.298	C 11.260	N 14.534	O 13.618	F 17.423	Ne 21.565
Na 5.139	Mg 7.646											Al 5.986	Si 8.152	P 10.487	S 10.35	Cl 12.968	Ar 15.760
K 4.341	Ca 6.113	Sc 6.562	Ti 6.828	V 6.746	Cr 6.767	Mn 7.434	Fe 7.902	Co 7.881	Ni 7.640	Cu 7.726	Zn 9.394	Ga 5.999	Ge 7.899	As 9.789	Se 9.752	Br 11.814	Kr 14.000
Rb 4.177	Sr 5.695	Y 6.217	Zr 6.834	Nb 6.759	Mo 7.092	Tc 7.28	Ru 7.361	Rh 7.459	Pd 8.337	Ag 7.576	Cd 8.994	In 5.786	Sn 7.344	Sb 8.608	Te 9.010	I 10.451	Xe 12.130
Cs 3.894	Ba 5.212	La 5.577	Hf 6.825	Ta 7.550	W 7.864	Re 7.834	Os 8.482	Ir 8.967	Pt 8.959	Au 9.226	Hg 10.438	Tl 6.108	Pb 7.417	Bi 7.286	Po 8.417	At	Rn 10.749
Fr 4.073	Ra 5.278	Ac 5.17															

摘自 CRC Handbook of Chemistry and Physics. 82nd ed. 2001～2002,10-175～10-176。

附录 12　主族元素第一电子亲和能(eV)

H 0.754 593							He
Li 0.618 0	Be	B 0.277	C 1.262 9	N	O 1.461 110 3	F 3.401 90	Ne
Na 0.547 926	Mg	Al 0.441	Si 1.385	P 0.746 5	S 1.385	Cl 3.612 69	Ar
K 0.501 47	Ca 0.024 55	Ga 0.3	Ge 1.233	As 0.81	Se 2.020 267 0	Br 3.363 590	Kr
Rb 0.485 92	Sr 0.048	In 0.3	Sn 1.112	Sb 1.046	Te 1.970 8	I 3.059 038	Xe
Cs 0.471 626	Ba 0.15	Tl 0.2	Pb 0.364	Bi 0.946	Po	At	Rn

摘自 CRC Handbook of Chemistry and Physics. 82nd ed. 2001～2002,10-147～10-148。

附录 13 元素的电负性(χ)

(L. Pauling 标度)

H 2.20																	He
Li 0.98	Be 1.57											B 2.04	C 2.55	N 3.04	O 3.44	F 3.98	Ne
Na 0.93	Mg 1.31											Al 1.61	Si 1.90	P 2.19	S 2.58	Cl 3.16	Ar
K 0.82	Ca 1.00	Sc 1.36	Ti 1.54	V 1.63	Cr 1.66	Mn 1.55	Fe 1.83	Co 1.88	Ni 1.91	Cu 1.90	Zn 1.65	Ga 1.81	Ge 2.01	As 2.01	Se 2.55	Br 2.96	Kr
Rb 0.82	Sr 0.95	Y 1.22	Zr 1.33	Nb 1.6	Mo 2.16	Tc 2.10	Ru 2.2	Rh 2.28	Pd 2.20	Ag 1.93	Cd 1.69	In 1.78	Sn 1.96	Sb 2.05	Te 2.1	I 2.66	Xe 2.60
Cs 0.79	Ba 0.89	La 1.0-1.1	Hf 1.3	Ta 1.5	W 1.7	Re 1.9	Os 2.2	Ir 2.2	Pt 2.2	Au 2.4	Hg 1.9	Tl 1.8	Pb 1.8	Bi 1.9	Po 2.0	At 2.2	Rn
Fr 0.7	Ra 0.9	Ac 1.1															

摘自 CRC Handbook of Chemistry and Physics. 82nd ed. 2001～2002，9-75。

附录 14 元素名称和相对原子质量

原子序数	元素符号	名称	英文名称	相对原子质量	原子序数	元素符号	名称	英文名称	相对原子质量
1	H	氢	hydrogen	1.007 94	16	S	硫	sulfur	32.065
2	He	氦	helium	4.002 602	17	Cl	氯	chlorine	35.453
3	Li	锂	lithium	6.941	18	Ar	氩	argon	39.948
4	Be	铍	beryllium	9.012 182	19	K	钾	potassium	39.098 3
5	B	硼	boron	10.811	20	Ca	钙	calcium	40.078
6	C	碳	carbon	12.010 7	21	Sc	钪	scandium	44.955 910
7	N	氮	nitrogen	14.006 7	22	Ti	钛	titanium	47.867
8	O	氧	oxygen	15.999 4	23	V	钒	vanadium	50.941 5
9	F	氟	fluorine	18.998 4032	24	Cr	铬	chromium	51.996 1
10	Ne	氖	neon	20.179 7	25	Mn	锰	manganese	54.938 049
11	Na	钠	sodium	22.989 770	26	Fe	铁	iron	55.845
12	Mg	镁	magnesium	24.305 0	27	Co	钴	cobalt	58.933 200
13	Al	铝	aluminium	26.981 538	28	Ni	镍	nickel	58.693 4
14	Si	硅	silicon	28.085 5	29	Cu	铜	copper	63.546
15	P	磷	phosphorus	30.973 761	30	Zn	锌	zinc	65.409

续表

原子序数	元素符号	名称	英文名称	相对原子质量	原子序数	元素符号	名称	英文名称	相对原子质量
31	Ga	镓	gallium	69.723	66	Dy	镝	dysprosium	162.500
32	Ge	锗	germanium	72.64	67	Ho	钬	holmium	164.930 32
33	As	砷	arsenic	74.921 60	68	Er	铒	erbium	167.259
34	Se	硒	selenium	78.96	69	Tm	铥	thulium	168.934 21
35	Br	溴	bromine	79.904	70	Yb	镱	ytterbium	173.04
36	Kr	氪	krypton	83.798	71	Lu	镥	lutetium	174.967
37	Rb	铷	rubidium	85.467 8	72	Hf	铪	hafnium	178.49
38	Sr	锶	strontium	87.62	73	Ta	钽	tantalum	180.947 9
39	Y	钇	yttrium	88.905 85	74	W	钨	tungsten	183.84
40	Zr	锆	zirconium	91.224	75	Re	铼	rhenium	186.207
41	Nb	铌	niobium	92.906 38	76	Os	锇	osmium	190.23
42	Mo	钼	molybdenum	95.94	77	Ir	铱	iridium	192.217
43	Tc	锝*	technetium	(97.907)	78	Pt	铂	platinum	195.078
44	Ru	钌	ruthenium	101.07	79	Au	金	gold	196.966 55
45	Rh	铑	rhodium	102.905 50	80	Hg	汞	mercury	200.59
46	Pd	钯	palladium	106.42	81	Tl	铊	thallium	204.383 3
47	Ag	银	silver	107.868 2	82	Pb	铅	lead	207.2
48	Cd	镉	cadmium	112.411	83	Bi	铋	bismuth	208.980 38
49	In	铟	indium	114.818	84	Po	钋*	polonium	(208.98)
50	Sn	锡	tin	118.710	85	At	砹*	astatine	(209.99)
51	Sb	锑	antimony	121.760	86	Rn	氡*	radon	(222.02)
52	Te	碲	tellurium	127.60	87	Fr	钫*	francium	(223.02)
53	I	碘	iodine	126.904 47	88	Ra	镭*	radium	(226.03)
54	Xe	氙	xenon	131.293	89	Ac	锕*	actinium	(227.03)
55	Cs	铯	caesium	132.905 45	90	Th	钍*	thorium	232.038 1
56	Ba	钡	barium	137.327	91	Pa	镤*	protactinium	231.035 88
57	La	镧	lanthanum	138.905 5	92	U	铀*	uranium	238.028 91
58	Ce	铈	cerium	140.116	93	Np	镎*	neptunium	(237.05)
59	Pr	镨	praseodymium	140.907 65	94	Pu	钚*	plutonium	(244.06)
60	Nd	钕	neodymium	144.24	95	Am	镅*	americium	(243.06)
61	Pm	钷*	promethium	(144.91)	96	Cm	锔*	curium	(247.07)
62	Sm	钐	samarium	150.36	97	Bk	锫*	berkelium	(247.07)
63	Eu	铕	europium	151.964	98	Cf	锎*	californium	(251.08)
64	Gd	钆	gadolinium	157.25	99	Es	锿*	einsteinium	(252.08)
65	Tb	铽	terbium	158.925 34	100	Fm	镄*	fermium	(257.10)

续表

原子序数	元素符号	名称	英文名称	相对原子质量	原子序数	元素符号	名称	英文名称	相对原子质量
101	Md	钔*	mendeleviuim	(258.10)	108	Hs	*	hassium	(265.13)
102	No	锘*	nobelium	(259.10)	109	Mt	*	mietnerium	(266.13)
103	Lr	铹*	lawrencium	(260.11)	110	Ds	*	darmstadtium	(271)
104	Rf	*	rutherfordium	(261.11)	111	Rg	*	roentgenium	(272)
105	Db	*	dubnium	(262.11)	112	Cn	*	copernicium	(277)
106	Sg	*	seaborgium	(263.12)	114	Uuq	*		(289)
107	Bh	*	bohrium	(264.12)	116	Uuh	*		(289)

注:括号内为放射性元素最长寿命同位素的相对原子质量或质量数,带*的是放射性元素。